Gottfried Jetschke

Mathematik der Selbstorganisation

Gottfried Jetschke

Mathematik der Selbstorganisation

Qualitative Theorie nichtlinearer dynamischer Systeme und gleichgewichtsferner Strukturen in Physik, Chemie und Biologie

Friedr. Vieweg & Sohn Braunschweig/Wiesbaden

CIP-Kurztitelaufnahme der Deutschen Bibliothek

Jetschke, Gottfried:
Mathematik der Selbstorganisation : qualitative Theorie nichtlinearer dynamischer Systeme und gleichgewichtsferner Strukturen in Physik, Chemie und Biologie / Gottfried Jetschke. — Braunschweig ; Wiesbaden : Vieweg, 1989

ISBN-13: 978-3-528-06346-7 e-ISBN-13: 978-3-322-85918-1
DOI: 10.1007/978-3-322-85918-1

1989

Softcover reprint of the hardcover 1st edition 1989

Lizenzausgabe für Friedr. Vieweg & Sohn Verlagsgesellschaft mbH, Braunschweig, mit Genehmigung des VEB Deutscher Verlag der Wissenschaften Berlin/DDR

Vorwort

Das Forschen nach den Ursachen der spontanen Strukturbildung in der unbelebten und der belebten Natur ist gegenwärtig ein faszinierendes und breit betriebenes Anliegen der modernen Physik, Chemie und Biologie. Die Entdeckung, daß in offenen gleichgewichtsfernen und deshalb nichtlinearen Systemen geordnete zeitliche, räumliche oder funktionale Strukturen als Folge kooperativer innerer Wechselwirkungen entstehen können, hat zu einer stürmischen Entwicklung auf diesem Gebiet geführt und auch die mathematische Forschung wesentlich befruchtet. Aber auch in vielen anderen Bereichen aus Naturwissenschaft und Technik wird das Wissen um Verhaltensweisen nichtlinearer dynamischer Systeme und deren Beherrschung heute unabdingbar.

Das vorliegende Lehrbuch ist aus Vorlesungen entstanden, die ich in den Jahren 1981—1986 an der Friedrich-Schiller-Universität Jena vor Physik- und Mathematikstudenten gehalten habe und will solche grundlegenden Kenntnisse einer modernen Theorie nichtlinearer Systeme vermitteln. Damit soll eine spürbare Lücke in der vorhandenen Lehrbuchliteratur geschlossen und ein Material bereitgestellt werden, das an anderen Einrichtungen Grundlage ähnlicher Kurse sein könnte.

Beim Aufbau des Buches habe ich die Darstellung der *mathematischen Methoden* zur Behandlung nichtlinearer autonomer dynamischer Systeme in den Vordergrund gerückt. Deshalb wird großer Wert auf eine möglichst präzise Formulierung von Begriffen und Sachverhalten gelegt, so daß die meisten Aussagen in Form mathematischer „Sätze" gegeben und weitgehend bewiesen werden. Die Beweise einiger tiefliegender Theoreme werden nur angedeutet, doch es dürfte insgesamt eine gut begründete und nachvollziehbare mathematische Theorie entstehen. Durchgängige *physikalische Motivation* bleibt das Problem der spontanen Strukturbildung, dem auch sämtliche Beispiele gewidmet sind. Zusammen mit der Einführung und dem ausführlichen thermodynamischen Anhang soll dies wesentlich dazu beitragen, daß zugleich die physikalische Theorie der Selbstorganisation in gleichgewichtsfernen Systemen erlernt wird.

Das Buch wendet sich vorrangig an theoretische Physiker sowie Chemiker, Biologen, Techniker und andere „Anwender", aber auch an Mathematiker, denen die behandelten Methoden bzw. deren Anwendungen weniger geläufig sind. Den Physiker (und andere) möchte ich auffordern, sich nicht von der Art der Darstellung und der verwendeten modernen Sprechweise abschrecken zu lassen; viele Begriffe (z. B. Diffeomorphismus, Phasenfluß) sind nur Abkürzungen für überschaubare Zusammenhänge. Vorausgesetzt werden neben dem Wissen um einfache Integrationsverfahren von Differentialgleichungen lediglich die Anfänge der Funktionalanalysis und ein Grundverständnis der Wahrscheinlichkeitstheorie. Dem ernsthaften Mathematiker bleibt es natürlich nicht erspart, sich die Details der Beweise in der angegebenen Literatur zu erarbeiten.

Den Kern des Buches bilden die Kapitel 1—5, in denen systematisch die qualitative Theorie nichtlinearer gewöhnlicher Differentialgleichungen in ein, zwei und mehr Dimensionen entwickelt wird. Zugleich werden zeitdiskrete Systeme diskutiert, die sonst verhältnismäßig selten behandelt werden, obwohl es in der Betrachtung viele Gemeinsamkeiten gibt. Einen breiten Raum habe ich dem Kapitel 5 über „Chaos“ gegeben, weil hier wichtige Ergebnisse der gegenwärtigen Forschung vorgestellt werden, die von unmittelbarer praktischer Bedeutung sind. Das Kapitel 8 dehnt die Art der Untersuchung auf partielle Differentialgleichungen aus, während die Kapitel 6 und 7 ergänzenden und systematisierenden Charakter tragen und für das erste Lesen nicht notwendig sind.

Einen zweiten Schwerpunkt bilden die Kapitel 9—11, die sich mit verschiedenen stochastischen Systemen, insbesondere stochastischen Differentialgleichungen beschäftigen. Dabei wird in Abschnitt 9.1. die in der Mathematik übliche maßtheoretische Formulierung eingeführt, um anschließend diskrete und stetige Verteilungen bzw. Zufallsgrößen einheitlich behandeln zu können. Etwas anspruchsvoller ist das Kapitel 13 über stochastische partielle Differentialgleichungen (das die Kenntnis von Kapitel 8 voraussetzt), es beruht im wesentlichen auf Forschungsergebnissen des Autors.

Zwei wichtige Fragestellungen werden nicht (oder fast nicht) behandelt, nämlich analytische Näherungsverfahren sowie Methoden zur numerischen Lösung von Differentialgleichungen bzw. deren Simulation. Hier muß auf die entsprechende Literatur verwiesen werden.

Dem Leser, der das Buch nicht von Anfang bis Ende durcharbeiten möchte und sich nur für die wichtigsten mathematischen Aussagen interessiert, möchte ich unbedingt die Kapitel 1, 3, 5, 8 sowie 10 empfehlen. Wer dagegen vorrangig die physikalischen Anwendungen studieren will, der sollte in folgender Weise vorgehen: Einführung (E.), thermodynamische Grundlagen (A.3.), mathematische Methoden (1., 3.1.—3.3., 4.1., 5., 8.2., 9.), physikalische Systeme (2., 3.1.), chemische Systeme (2.2., 3.6., 6.2., 8.3., 8.4.), biologische Systeme (2.2., 3.6., A.2.4., 4.3.), stochastische Modellierung (10.1.3., 10.2.3., 10.3., 11., 13.3.).

Kommentierende Textstellen, Nebengedanken oder für das erste Lesen weniger wichtige Passagen sind in Kleindruck gesetzt, ebenso die meisten Beispiele, sofern sie nicht grundsätzlicher Natur sind. Der Leser sollte sich aber auf jeden Fall um die selbständige Lösung der zahlreichen Aufgaben bemühen, um seine Fähigkeiten zur Anwendung der erworbenen Kenntnisse zu überprüfen. Die Hinweise im Anhang sind dabei als Hilfestellung und zum nachträglichen Vergleich gedacht.

Noch einige Bemerkungen zur Notation, die an manchen Stellen von der in der Physik üblichen abweicht: Vektoren werden generell nicht durch Pfeile oder Fettdruck hervorgehoben, weil ihr Charakter in der Regel aus dem Zusammenhang eindeutig hervorgeht. Elemente des n-dimensionalen Raumes $\mathbb{R}^n$ werden mit $x = (x_1, \ldots, x_n)$ bezeichnet, analog Vektorfelder mit $f = (f_1, \ldots, f_n)$. Im Falle $n = 2$ bzw. $n = 3$ wird häufig die indexsparende Schreibweise (x, y) bzw. (x, y, z) verwendet. Die Jacobi-Matrix einer Abbildung $f\colon \mathbb{R}^n \to \mathbb{R}^m$ wird kurz mit $f'(x)$ bezeichnet. Wo es nicht nötig ist, werden Spalten- und Zeilenvektoren nicht unterschieden. Das Skalarprodukt zweier Vektoren a und b wird mit (a, b) abgekürzt. Ein Punkt über einer Variablen bedeutet stets die (totale) Ableitung nach der Zeit (also $\dot{x} \equiv dx(t)/dt$).

Definitionen, Sätze, Beispiele und Aufgaben sind innerhalb jedes zweiziffrigen Abschnittes — dreiziffrige Unterabschnitte, wie 1.4.1., dienen nur der übersichtlicheren Gliederung — fortlaufend numeriert und benannt, sie werden außerhalb des jeweiligen Abschnittes in der Form Definition (Satz, ...) 1.4./2 zitiert. Formeln sind jeweils im gesamten Kapitel durchgängig numeriert (z. B. Gleichung (1.13)).

Danken möchte ich zuerst meinen akademischen Lehrern, Herrn Dr. G. Neugebauer und Herrn Prof. H. Triebel, die mich direkt oder indirekt mit den dargestellten Ideen und Methoden vertraut gemacht haben. Ebenfalls danken möchte ich all meinen Hörern und Kollegen, namentlich Herrn Prof. K.-H. Fichtner, für ihre kritischen Hinweise zur Vorlesung und zu Teilen des Manuskripts. Ganz besonderer Dank gebührt meiner Studentin Frl. Ch. Stiewe für die mehrmalige aufmerksame Durchsicht des Manuskripts während seiner Entstehung sowie Frau G. Girlich für die sorgfältige Reinschrift. Für die Anfertigung der Computerrechnungen zu den Abbildungen 63, 69, 73 und 144 bin ich Herrn Dr. T. Wolf zu Dank verpflichtet. Dem VEB Deutscher Verlag der Wissenschaften und der verantwortlichen Lektorin, Frau K. Bratz, danke ich für die aufgeschlossene Zusammenarbeit.

Jena, im Mai 1987 Gottfried Jetschke

Inhaltsverzeichnis

E.	**Einführung**	**13**
E.1.	Ordnung und Selbstorganisation	13
E.2.	Selbsterregte Schwingungen einer gestrichenen Saite	15
E.3.	Dissipative Strukturen	19
1.	**Deterministische dynamische Systeme**	**24**
1.1.	Phasenfluß	24
1.2.	Gewöhnliche Differentialgleichungen	25
1.2.1.	Lösung einer Differentialgleichung	25
1.2.2.	Existenz und Eindeutigkeit	28
1.2.3.	Fortsetzbarkeit	30
1.3.	Lineare Differentialgleichungen mit konstanten Koeffizienten	31
1.3.1.	Allgemeine Lösung von $\dot{x} = Ax$	31
1.3.2.	Berechnung von e^{tA}	33
1.3.3.	Topologische Typen linearer Flüsse	38
1.4.	Stabilität von Fixpunkten	41
1.4.1.	Methode der Linearisierung	43
1.4.2.	Methode der Ljapunow-Funktion	48
1.5.	Grenzmengen und Attraktoren	52
1.6.	Zeitdiskrete Systeme (iterierte Abbildungen)	58
1.7.	Strukturelle Stabilität	65
2.	**Systeme mit einem Freiheitsgrad**	**68**
2.1.	Allgemeine Eigenschaften	68
2.2.	Weitere Beispiele	70
3.	**Systeme mit zwei Freiheitsgraden**	**75**
3.1.	Multistabilität	75
3.2.	Grenzzyklen. Satz von Poincaré	81
3.3.	Wiederkehrabbildung	84
3.4.	Van der Polsche Differentialgleichung	87
3.5.	Mittelungsverfahren	92
3.6.	Weitere Beispiele	95
3.7.	Poincaré-Index	100
4.	**Systeme mit mehr als zwei Freiheitsgraden**	**103**
4.1.	Invariante Tori	103
4.2.	Elimination schneller Variabler	105
4.3.	Selektion und Evolution	108

5. Chaotische Attraktoren . . . 112

5.1. Chaos in zeitdiskreten Systemen . . . 112
5.1.1. Stückweise lineare Abbildungen . . . 113
5.1.2. Parabel-Abbildung . . . 117
5.1.3. Hénon-Abbildung . . . 128
5.2. Chaos bei Differentialgleichungen . . . 129
5.2.1. Lorenz-Attraktor . . . 130
5.2.2. Ergänzungen . . . 136
5.3. ω-Grenzmengen und invariante Verteilungen . . . 138
5.4. Eigenschaften chaotischer Attraktoren . . . 143
5.4.1. Ljapunow-Exponenten . . . 143
5.4.2. Weitere Eigenschaften . . . 150

6. Bifurkationstheorie . . . 155

6.1. Zentrale Mannigfaltigkeit . . . 155
6.2. Bifurkationen von Fixpunkten einparametriger Differentialgleichungen . . . 158
6.3. Bifurkationen von Fixpunkten einparametriger Abbildungen . . . 168

7. Katastrophentheorie . . . 171

7.1. Einführung . . . 171
7.2. Falten und Spitzen . . . 176
7.3. Elementare Katastrophen . . . 178

8. Reaktions-Diffusions-Systeme . . . 183

8.1. Grundgleichung . . . 183
8.2. Fixpunkte und deren Stabilität . . . 184
8.3. Kubische Nichtlinearität und Diffusion . . . 187
8.4. Brüsselator mit Diffusion . . . 193

9. Stochastische dynamische Systeme . . . 199

9.1. Wahrscheinlichkeitstheoretische Grundbegriffe . . . 199
9.2. Stochastische Prozesse . . . 205
9.3. Markow-Prozesse . . . 207

10. Stochastische Differentialgleichungen . . . 216

10.1. Additives weißes Rauschen . . . 216
10.1.1. Modell und Lösungsbegriff . . . 216
10.1.2. Markow-Eigenschaft. Invariante Verteilung . . . 218
10.1.3. Beispiele . . . 223
10.2. Multiplikatives weißes Rauschen . . . 228
10.2.1. Lösung einer stochastischen Differentialgleichung . . . 228
10.2.2. Markow-Eigenschaft. Randverhalten. Invariante Verteilung . . . 231
10.2.3. Rauschinduzierte Übergänge . . . 235
10.3. Farbiges Rauschen . . . 238

11. Geburts- und Todesprozesse . . . 242

11.1. Modell und Grundgleichungen . . . 242
11.2. Invariante Verteilung . . . 246

12. Zeitdiskrete Systeme mit Rauschen 252

13. Stochastische partielle Differentialgleichungen 255

13.1. Modell und Lösungsbegriff 255
13.2. Markow-Charakter und invariante Verteilung 258
13.3. Wahrscheinlichste Zustände und Tunnelverhalten 262

A. Anhang 266

A.1. Mathematische Modellbildung 266
A.2. Einzelwissenschaftliche Ergänzungen 268
A.2.1. Mechanische Systeme 268
A.2.2. Elektrische Systeme 269
A.2.3. Chemische Systeme 272
A.2.4. Biologische Systeme 276
A.3. Thermodynamische Grundlagen 280
A.3.1. Systeme im thermodynamischen Gleichgewicht 280
A.3.2. Nichtgleichgewichtssysteme 284
A.3.3. Thermodynamische Stabilitätstheorie 290
A.4. Synergetik 296

Lösungen der Aufgaben 301

Weiterführende Literatur 325

Abbildungsnachweis 329

Sachverzeichnis 330

E. Einführung

E.1. Ordnung und Selbstorganisation

1. Wir beginnen mit einigen typischen Beobachtungen im Alltag: Durch Kontakt verschieden warmer Körper kommt es stets zum Temperaturausgleich, nach Überschichten zweier Flüssigkeiten führt Diffusion zur stofflichen Vermischung. Tropft Säure auf ein Gewebe, so zerstört eine chemische Reaktion diese Struktur, und ein Gas entweicht aus einem Behälter mit Überdruck, sobald ein Ventil geöffnet wird.

Diesen Erscheinungen ist eines gemeinsam: Sie verlaufen zeitlich nur in eine Richtung (ihre spontane Umkehrung wird nie beobachtet), und sie bauen Strukturiertheit und Ordnung ab. Noch deutlicher zeigt dies die mechanische Reibung, die beispielsweise ein Fahrzeug, dessen Motor gestoppt wird, abbremst und zum Stillstand bringt. Dabei wird die kinetische Energie der makroskopischen Bewegung in Wärme umgewandelt und damit in die thermische Bewegung sehr vieler Mikroteilchen „zerstreut" (dissipiert). Ein bloßes Abkühlen der Räder hat dagegen noch nie ein Auto in Fahrt gesetzt.

In der Sprache der Physik hat diese Einseitigkeit des Ablaufs von Prozessen ihre Beschreibung im zweiten Hauptsatz der Thermodynamik gefunden (Clausius, 1850), der die Existenz einer Zustandsgröße „Entropie" postuliert, die in abgeschlossenen Systemen bis zu einem Maximalwert zunimmt. Später wurde von Boltzmann (um 1870) gezeigt, daß die Entropie ein gewisses Maß für die molekulare Unordnung ist, so daß der zweite Hauptsatz die physikalische Erfahrung des spontanen Abbaus von Ordnung ausdrückt.

Im Gegensatz dazu steht die biologische Erfahrung: Schon einzellige Lebewesen sind komplexe Objekte, und im Verlaufe der Entwicklung einer Pflanze oder eines Tieres entstehen Millionen verschiedener Zellen, in denen eine Vielzahl gekoppelter chemischer Reaktionen abläuft. Die stammesgeschichtliche Entwicklung brachte immer höher organisierte Arten hervor. Dies veranlaßte Darwin 1859 zur Formulierung seines berühmten Evolutionsprinzips, demzufolge sich auf Grund natürlicher Selektion im Kampf ums Dasein immer besser angepaßte Spezies durchsetzen.

Dieser scheinbar tiefgreifende Widerspruch zwischen Physik und Biologie führte in der Vergangenheit oft zu einseitigen Haltungen. Doch weder die unzulässige Verallgemeinerung des Gesetzes der Entropiezunahme, die den „Wärmetod" des Weltalls voraussagt und die uns umgebenden Strukturen als riesige zufällige Schwankung ansieht, noch die Annahme der Existenz besonderer Kräfte in lebenden Systemen, die nicht den Gesetzen der Physik unterliegen, ist auf die Dauer akzeptabel. Um so bedeutsamer ist der in den letzten zwei Jahrzehnten erreichte Fortschritt unserer Erkenntnis, der die prinzipielle Vereinbarkeit beider Seiten zeigt, das Auftreten spontaner Strukturbildung auch in unbelebten Systemen nachweist und deren physikalische Ursachen, innere Mechanismen und Gemeinsamkeiten herausstellt.

2. Natürlich werden in physikalischen Systemen nicht alle Strukturen spontan zerstört. So entsteht beim Abkühlen von Wasserdampf, dessen Moleküle sich ungeordnet bewegen, durch Verflüssigung eine relative Nahordnung, und weiteres Abkühlen erzeugt Eis- oder Schneekristalle mit streng regelmäßigem Aufbau. Ein Ferromagnet verliert bei hohen Temperaturen seine spontane Magnetisierung, doch wächst diese beim Abkühlen unterhalb einer kritischen Temperatur wieder an. Das geschieht, weil auf mikroskopischer Ebene die vielen wechselwirkenden Elementarmagneten sich kooperativ verhalten und mit dem Nachlassen der thermischen Bewegung sich immer mehr parallel ausrichten. Aber auch die biologischen Riesenmoleküle der Proteine und Nukleinsäuren besitzen eine exakte räumliche Anordnung aller Bausteine (mit Primär-, Sekundärstruktur usw.), wie es die Doppel-Helix der DNS eindrucksvoll beweist.

Offenbar kann durch Abkühlung, also Wärmeentzug, der Ordnungsgrad eines Systems erhöht werden. Das liegt daran, daß zwischen den einzelnen Teilchen konservative Kräfte wirken und das gesamte System einem lokalen Minimum der potentiellen Energie zustrebt. Man nennt solche Strukturen deshalb *konservative Strukturen*. Sie bleiben im Gleichgewicht — bei Isolation von der Umgebung — erhalten und sind statischer Natur, beliebig teilbar und meist von mikroskopischer Größenordnung (typische Längen $10^{-6} \dots 10^{-8}$ m, typische Zeiten (von Schwingungen) $10^{-6} \dots 10^{-8}$ s). Wir halten fest, daß Temperaturerniedrigung die Entropie verringert und zur Bildung konservativer Strukturen führt.

Dieser Mechanismus kann aber niemals der Erklärung biologischer Vorgänge dienen, denn Abkühlung bedeutet Tod, während Ordnung und Funktion von Lebewesen nur durch ständigen Stoff- und Energieaustausch mit der Umgebung aufrecht erhalten werden. Dabei wird die chemische Energie relativ unstrukturierter Nahrung letztlich in geordnete Erscheinungen, wie Bewegung, Regulation, Musterbildung umgesetzt und in Form von Wärme und geringwertigen Stoffen wieder abgegeben. Die äußeren Bedingungen sind so beschaffen, daß sich das System stets im Nichtgleichgewicht befindet und durch einen ständigen Fluß von Stoff und Energie (mit ausgeglichener Gesamtbilanz) Entropieexport und damit Strukturaufbau möglich wird. Solche Strukturen wollen wir *dissipative Strukturen* nennen. Auf Grund dieser heuristischen Hinweise werden wir auch in der unbelebten Natur nach selbstorganisierenden Systemen suchen und solche finden.

3. Um Unklarheiten zu vermeiden, wollen wir einige allgemeinwissenschaftliche Begriffe in ihrer Bedeutung präzisieren.

Ein *System* ist eine relativ stabile, geordnete Gesamtheit von Elementen und Beziehungen, die durch die Existenz bestimmter Gesetze, d. h. allgemein-notwendiger und wesentlicher Zusammenhänge charakterisiert ist. In diesem Sinne können wir von einem chemisch reagierenden System oder einem Vielteilchensystem sprechen.

Von zentraler Bedeutung ist der Begriff der Struktur, mit dem in der Mathematik die Art der Relationen und definierbaren Operationen auf einer Menge unterscheidbarer Elemente bezeichnet wird. Deshalb wollen wir unter der *Struktur eines Systems* die Art der Anordnung und Verknüpfung der Elemente, kurz die Gesamtheit der Beziehungen zwischen den Elementen verstehen. So gibt es räumliche und zeitliche Strukturen, die sich in gewissen Symmetrien zeigen können, aber auch funktionale Strukturen. Strukturbildung im weiteren Sinne ist das Entstehen neuer Strukturen (denn jedes System besitzt eine Struktur!), aber im engeren Sinne wollen wir unter *Strukturbildung* stets das Entstehen höherer, reicherer, geordneter Strukturen verstehen. Dabei wird der Begriff *Ordnung* (einer Struktur) so verstanden, daß er gewisse Regelmäßigkeiten innerhalb vorhandener Unterschiede bezeichnen soll. Ein fluides Medium mit einem periodischen Konzentrationsprofil ist deshalb mehr geordnet als eine homogene Stoffverteilung. Von geordneteren Strukturen werden wir insbesondere dann sprechen, wenn sich die *Symmetrie* des Systems verringert hat.

Organisation nennen wir das funktionale Zusammenspiel der Elemente zu einer das gesamte System betreffenden Wirkung. Dies wird in der Regel von außen gesteuert. Bei der Ausbildung dissipativer Strukturen differenziert sich aber ein System, ohne daß dies von außen aufgeprägt wird. Wir sprechen dann von *Selbstorganisation* (oder spontaner Strukturbildung) und meinen damit die spontane, d. h. ohne direkten äußeren Einfluß erfolgende Ausbildung eines höheren Grades des Zusammenwirkens der Elemente eines Systems, was zu einem höheren Grad an Ganzheit führt.

E.2. Selbsterregte Schwingungen einer gestrichenen Saite

Mit diesem Beispiel wollen wir ein System betrachten, das spontane Strukturbildung aufweist und zugleich den Prozeß der Modellbildung und die Art der verwendeten Methoden demonstrieren.

1. Jeder weiß, daß ein Geiger Töne und Klänge hervorbringt, wenn er mit seinem Bogen über die Saiten streicht. Weniger bekannt ist aber, daß damit (im Gegensatz zum Zupfen der Saite) ein eindrucksvoller Vorgang von zeitlicher Selbstorganisation beobachtet wird! Ein physikalisches Modell dieses Vorgangs entsteht durch fort-

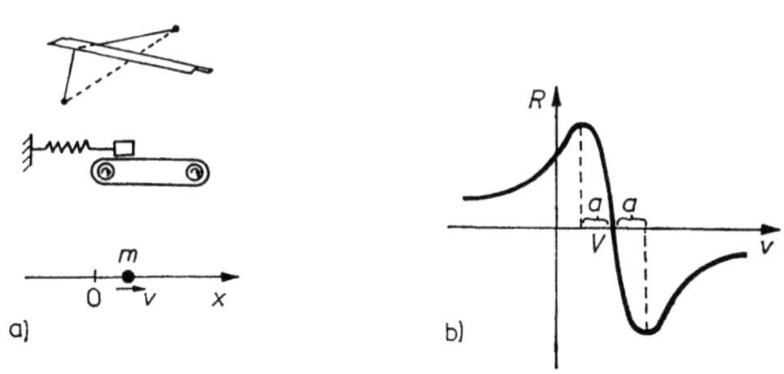

Abb. 1
a) Modellbildung für die gestrichene Saite
b) Verlauf der Reibungskraft

laufende Abstraktion (Abb. 1a): Wesentlich ist, daß eine elastische Saite von einem gradlinigen Bogen reibend gestrichen wird, während Material der Saite oder Länge des Bogens weniger bedeutsam sind (1. Stufe). Der Teil der Saite, wo der Bogen aufliegt, entspricht einem beweglichen, an einer Feder befestigten Körper. Das Gleiten des Bogens über die Saite bedeutet, daß der Körper reibend auf einem sich bewegenden Band liegt (Schwinger mit einseitigem Reibungszug, 2. Stufe). Den Körper idealisieren wir durch einen Massenpunkt m am Ort x mit der Geschwindigkeit v, auf den die lineare, rücktreibende Federkraft und die geschwindigkeitsabhängige Reibungskraft gemäß dem Newtonschen Grundgesetz einwirken (3. Stufe). Das mathematische Modell besteht dann in der Abbildung auf die gewöhnliche Differentialgleichung

$$m\ddot{x} = -kx + R(\dot{x}), \quad k > 0, \quad x \in \mathbb{R}^1,$$

die durch Einführung der Geschwindigkeit v in die zwei Differentialgleichungen erster Ordnung

$$\dot{x} = v, \quad \dot{v} = -\omega^2 x + \frac{1}{m} R(v), \quad \omega := \sqrt{k/m}, \tag{E.1}$$

übergeht. Von der Reibungskraft nehmen wir an, daß sie nur von der Geschwindigkeitsdifferenz $w \equiv v - V$ von Körper und Band abhängt und relativ zum Band stets „bremsend" wirkt:

(V 1) $R(v) = \hat{R}(v - V)$ (V Bandgeschwindigkeit),

(V 2) $\hat{R}$ ungerade, stetig differenzierbar,

(V 3) $\hat{R}(w) < 0$ für $w > 0$.

Von der trockenen Reibung zwischen festen Körpern fordern wir (etwas willkürlich)

(V 4) $\hat{R}$ fallend in $(0, a)$, wachsend in (a, ∞).

Damit ist $\hat{R}$ maximal für $w = -a$ (Abb. 1b). (In der Praxis wird man den Limes $a \downarrow 0$ betrachten und die Unstetigkeit von $\hat{R}$ in Null als Effekt der Haftreibung verstehen, doch dies ist im Moment nebensächlich.)

2. Die beiden Differentialgleichungen (E.1) bedeuten

$$\Delta x = f(x, v) \cdot \Delta t + o(\Delta t), \quad f(x, v) := v,$$
$$\Delta v = g(x, v) \cdot \Delta t + o(\Delta t), \quad g(x, v) := -\omega^2 x + R(v)/m,$$

d. h., das Vektorfeld (f, g) gibt in jedem Punkt (x, y) des Zustandsraumes $\mathbb{R}^2$ die infinitesimale zeitliche Zustandsänderung an. Durch die Kurven $f(x, v) = 0$ und $g(x, v) = 0$ (hier: $v = 0$ und $R(v) = m\omega^2 x$) werden dann Gebiete begrenzt, in denen die Vektorpfeile nach rechts bzw. links und oben bzw. unten zeigen (Abb. 2a). Da die zu einem Anfangszustand (x_0, v_0) gehörende Trajektorie $(x(t), v(t))$ diese Pfeile als Tangentialvektoren besitzt, erhält man bereits eine grobe Vorstellung vom qualitativen Verlauf der Bewegung.

Speziell gibt es einen zeitunabhängigen, stationären Zustand

$$\begin{aligned} x(t) &\equiv x^0 = R(0)/m\omega^2, \\ v(t) &\equiv v^0 = 0, \end{aligned} \tag{E.2}$$

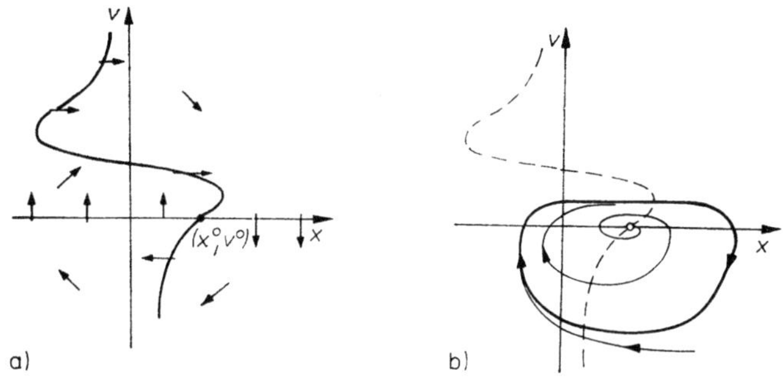

Abb. 2
a) Qualitativer Verlauf des Vektorfeldes der Differentialgleichung (E.1)
b) stabiler Grenzzyklus für überkritische Bandgeschwindigkeit

in dem $\dot{x} = 0$, $\dot{v} = 0$ gilt. Bei der Auslenkung x^0 bleibt der Schwinger in Ruhe, weil sich rücktreibende Kraft und Reibungskraft gerade aufheben. Damit bleibt aber völlig offen, wie das Tönen der gestrichenen Saite entsteht.

In Wirklichkeit sind die Gleichungen (E.1) eine Idealisierung, weil zusätzlich unvermeidliche kleine Störungen (und sei es durch Stöße der Luftmoleküle) auftreten und ständige Schwankungen des Systemzustandes bewirken. Wir untersuchen deshalb (rein deterministisch), was eine kleine Störung $(\delta x, \delta v)$ des stationären Zustandes (x^0, v^0) bewirkt.

Für kleine Abweichungen $\delta x(t) := x(t) - x^0$, $\delta v(t) := v(t) - v^0$ können wir die Differentialgleichungen (E.1) linearisieren, d. h. f und g an der Stelle (x^0, v^0) in eine Taylor-Reihe entwickeln, und erhalten bei Abbruch nach dem linearen Term

$$\begin{aligned} (\dot{\delta x}) &= \dot{x} = v = v^0 + \delta v = \delta v, \\ (\dot{\delta v}) &= \dot{v} = -\omega^2(x^0 + \delta x) + \frac{1}{m} R(\delta v) = -\omega^2 \cdot \delta x + \frac{1}{m} R'(0) \cdot \delta v + \cdots, \end{aligned} \tag{E.3}$$

was der linearen Differentialgleichung 2. Ordnung mit konstanten Koeffizienten

$$(\ddot{\delta x}) - 2\varepsilon(\dot{\delta x}) + \omega^2 \cdot \delta x = 0, \quad 2\varepsilon := R'(0)/m, \tag{E.4}$$

äquivalent ist. Das ist die Bewegungsgleichung eines gedämpften harmonischen Oszillators, bei dem der Reibungskoeffizient 2ε beide Vorzeichen annehmen kann.

Mit dem Ansatz $x(t) = C \cdot e^{\lambda t}$ erhalten wir aus (E.4) die charakteristische Gleichung

$$\lambda^2 - 2\varepsilon\lambda + \omega^2 = 0$$

mit den Wurzeln $\lambda_{1,2} = \varepsilon \pm \sqrt{\varepsilon^2 - \omega^2}$. Die allgemeine Lösung von (E.3) lautet dann (für $\varepsilon \neq \omega$)

$$\delta x(t) = C_1 \, e^{\lambda_1 t} + C_2 \, e^{\lambda_2 t}, \quad \delta v(t) = \lambda_1 C_1 \, e^{\lambda_1 t} + \lambda_2 C_2 \, e^{\lambda_2 t}, \tag{E.5}$$

wobei C_1 und C_2 Integrationskonstanten bezeichnen.

Für $\varepsilon^2 > \omega^2$ sind beide Wurzeln reell, so daß für $\varepsilon < -\omega < 0$ (das heißt $\lambda_1 < 0$,

$\lambda_2 < 0$) die Störungen für $t \to \infty$ exponentiell abklingen, während sie für $0 < \omega < \varepsilon$ exponentiell anwachsen.

Im Falle $\varepsilon^2 < \omega^2$ sind die Wurzeln $\lambda_{1,2} = \varepsilon \pm i\beta$, $\beta := \sqrt{\omega^2 - \varepsilon^2}$ konjugiertkomplex, und mit $C_1 = \frac{1}{2}(B_1 - iB_2)$, $C_2 = \frac{1}{2}(B_1 + iB_2)$ entsteht aus (E.5) die reelle Lösung

$$\delta x(t) = e^{\varepsilon t}(B_1 \cos \beta t + B_2 \sin \beta t),$$

$$\delta v(t) = e^{\varepsilon t}[(B_1\varepsilon + B_2\beta) \cos \beta t + (B_2\varepsilon - B_1\beta) \sin \beta t],$$

die für $-\omega < \varepsilon < 0$ im Limes $t \to \infty$ oszillatorisch abklingt, aber für $0 < \varepsilon < \omega$ oszillatorisch-exponentiell anwächst.

Somit münden für $\varepsilon < 0$ (das heißt Re $\lambda_1 < 0$, Re $\lambda_2 < 0$) alle Trajektorien, die in der Nähe des stationären Zustandes (x^0, v^0) beginnen, asymptotisch in diesen ein, der deshalb *stabil* heißt. Für $\varepsilon > 0$ werden dagegen Anfangsstörungen aufgeschaukelt, der stationäre Zustand ist instabil und physikalisch nicht relevant.

Im letzten Falle divergieren in linearer Näherung die Störungen, aber eine genauere Diskussion der Gleichungen (E.1) ergibt (siehe z. B. Kap. 3), daß für $\varepsilon > 0$ alle Trajektorien, die außerhalb (x^0, v^0) beginnen, unabhängig vom Anfangszustand asymptotisch in eine periodische Bewegung einmünden, die wir mathematisch einen stabilen Grenzzyklus, physikalisch eine selbsterregte Schwingung nennen und die den von der gestrichenen Saite erzeugten Ton (einschließlich Obertönen!) beschreibt (Abb. 2b).

3. Wir interpretieren das Ergebnis physikalisch: Das System nimmt aus einer zeitlich homogenen Umgebung (feste Geschwindigkeit des Bogens bzw. Bandes) mechanische Energie auf, wandelt diese durch die Reibung in Wärme (und Schall) um und bildet spontan eine zeitlich periodische Struktur in Form selbsterregter Schwingungen. Die Nichtlinearität der Dynamik ist wesentlich, weil erst für $\varepsilon > 0$, also $R'(0) > 0$, Selbsterregung auftritt. Das erfordert eine überkritische Bandgeschwindigkeit $V > a$ und damit einen Mindestabstand vom (mechanischen) Gleichgewicht. Die Bedingung $R'(0) > 0$ bedeutet eine positive Rückkopplung in Form einer Reibungsbeschleunigung, da (lokal) mit wachsender Geschwindigkeit die positive (!) Reibungskraft größer wird.

Selbsterregte Schwingungen einer gestrichenen Saite (und anderer Systeme) sind eine typische Form zeitlicher Selbstorganisation außerhalb belebter Systeme. Durch die obige Interpretation haben wir wichtige heuristische Hinweise für das Auftreten solcher Erscheinungen erhalten.

Zugleich erkennen wir, welche Zweige der Mathematik wir zur Beschreibung benötigen. Wir werden *dynamische Systeme* mit Bewegungsgleichungen vom Typ

$$\dot{x} = f(x, \mu) \tag{E.6}$$

betrachten, wo x aus einem geeigneten Zustandsraum M (einem Vektor- oder Funktionenraum) stammt, f einen im allgemeinen nichtlinearen Operator darstellt und μ einen Satz fixierter Bedingungen, insbesondere steuerbare Parameter, umfaßt. Die

Lösung $x(t)$ beschreibt dann die zeitliche Entwicklung des Systems im Zustandsraum. Somit befassen wir uns mit nichtlinearen (gewöhnlichen oder partiellen) Differentialgleichungen, deren Trajektorienverlauf wir mit geometrisch-qualitativen Methoden untersuchen werden.

Besonders interessant sind zeitunabhängige Strukturen, also *stationäre Zustände* $x(t) \equiv x^0$, für die $dx/dt = 0 = f(x^0, \mu)$ gilt. Physikalisch relevant sind aber nur *stabile* stationäre Zustände, bei denen kleine Störungen wieder abgebaut werden. Andere interessante Strukturen sind periodische Vorgänge, vor allem, wenn sie asymptotisch für $t \to \infty$ erreicht werden.

Weiterhin werden wir die Abhängigkeit des Trajektorienverlaufs vom Parametersatz μ betrachten, was u. a. Methoden der Bifurkationstheorie erfordert.

Die Einbeziehung zufälliger Einflüsse in die Dynamik (E.6) führt auf stochastische Differentialgleichungen oder auf andere Typen stochastischer Prozesse.

E.3. Dissipative Strukturen

1. Nach der gestrichenen Saite wollen wir kurz zwei weitere Systeme mit spontaner Strukturbildung vorstellen.

Erhitzt man eine horizontale Flüssigkeitsschicht von unten und hält die Oberseite ebenfalls auf einer festen, aber niedrigeren Temperatur, so wird bei einer kleinen Temperaturdifferenz die Energie ausschließlich durch Wärmeleitung transportiert, wobei die Flüssigkeit makroskopisch in Ruhe bleibt.

Oberhalb einer kritischen Temperaturdifferenz setzt dagegen spontan Konvektion in Form streng hexagonaler Rollzellen ein, in denen die Flüssigkeit auf- und wieder absteigt und einen größeren Wärmestrom ermöglicht. Man nennt diese Erscheinung Bénard-Effekt (Abb. 3).

Offenbar überwiegt bei überkritischem Abstand vom thermodynamischen Gleichgewicht ein kooperativer Effekt, indem kleine Flüssigkeitselemente zufällig etwas aufsteigen, leichter als ihre Umgebung werden und dadurch weiter steigen. Überwiegt dieser Effekt die innere Reibung, so kommt es zu einer räumlichen Selbstorganisation

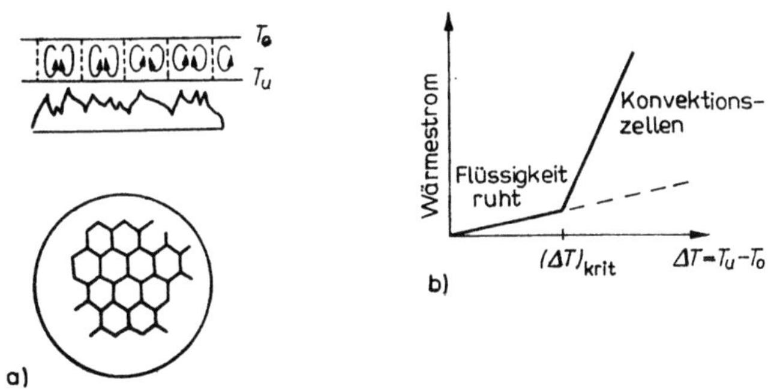

Abb. 3

a) Konvektionszellen beim Bénard-Effekt

b) Wärmestrom als Funktion der Temperaturdifferenz

des Systems, weil die geometrische Form der Konvektionszellen nicht von außen aufgeprägt wird.

Bénard-Zellen sind sichtbar in bestimmten Wolkenformen und in der Granulation der Sonnenoberfläche. (Gelegentlich kann man sie in einer Tasse Kakao oder Kaffee beobachten, doch bleibt das Muster dort zeitlich nicht konstant.)

Ein anderes Beispiel stellt der *Laser* dar, der zwischen zwei Spiegeln ein „aktives" Material enthält, dessen Atome durch Energiezufuhr („Pumpen") von außen angeregt werden können. Jedes Atom sendet dann wie eine kleine Antenne eine Lichtwelle von etwa 3 m Länge aus. Die Spiegel dienen der Richtungsselektion. Bei niedriger Pumprate emittieren alle Atome unabhängig voneinander, die ausgesandte Leistung ist gering, das Gerät arbeitet als „Lampe".

Oberhalb einer kritischen Pumprate oszillieren dagegen alle Atome spontan phasengleich, so daß ein kohärenter Wellenzug von rund 300000 km Länge emittiert wird! Die ausgesandte Leistung ist hoch, das Gerät arbeitet als „Laser" (Abb. 4).

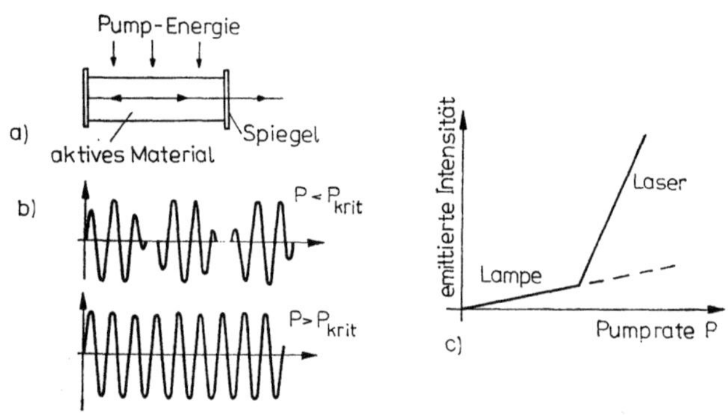

Abb. 4
a) schematischer Aufbau des Lasers
b) emittierte Lichtwellen bei unter- bzw. überkritischer Pumprate
c) emittierte Intensität als Funktion der Pumprate (Knick bei P_{krit})

Offenbar arbeitet der Laser fernab vom thermischen Gleichgewicht. Seine Untersysteme, die Atome, arbeiten kooperativ zusammen, weil durch den Vorgang der induzierten Emission, bei der sich Photonen frequenz-, phasen- und richtungsgleich verdoppeln, eine positive Rückkopplung vorliegt. Überwiegt diese die Verluste, so tritt eine makroskopische Strukturbildung in Form kohärenten Laserlichts auf.

2. Wir können unsere bisherigen physikalischen Erfahrungen in folgender Form verallgemeinern:

a) Jedes thermodynamische System besitzt einen eindeutigen stabilen *Gleichgewichtszustand* (der sich bei Isolation nach hinreichend langer Zeit einstellt).
b) Durch die Randbedingungen, die die Wechselwirkung mit der Umgebung festlegen, kann ein offenes System daran gehindert werden, das Gleichgewicht zu erreichen. In Gleichgewichtsnähe strebt es dann gegen einen eindeutigen stabilen *stationären Nichtgleichgewichtszustand*

c) Diese stationären Zustände gehen stetig aus dem Gleichgewicht hervor und werden *thermodynamischer Lösungszweig* genannt. Ihre Stabilität beruht auf dem Vorherrschen linearer Abhängigkeiten.
d) In Gleichgewichtsferne ist die Dynamik meist nichtlinear. Der thermodynamische Zweig kann instabil werden, so daß es zur *Bifurkation* neuer stabiler Lösungen in Form *dissipativer Strukturen* kommt (Abb. 5).

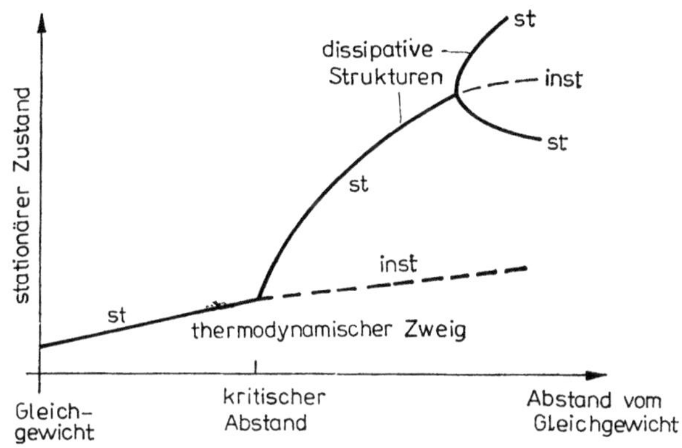

Abb. 5
Auftreten dissipativer Strukturen jenseits der Instabilität des thermodynamischen Zweiges (st = stabil, inst = instabil)

Nach PRIGOGINE wollen wir alle jenseits der Instabilität des thermodynamischen Zweiges auftretenden stabilen Zustände als *dissipative Strukturen* bezeichnen. Sie besitzen meist einen höheren Ordnungsgrad. Offenbar sind folgende Existenzbedingungen notwendig:

(i) Offenheit des Systems (ständiger Stoff- und Energieaustausch mit der Umgebung),
(ii) Nichtlinearität der inneren Dynamik,
(iii) Überschreiten kritischer Parameterwerte, insbesondere eines Mindestabstandes vom Gleichgewicht,
(iv) Kooperativität der Mikroprozesse,
(v) Auftreten geeigneter Fluktuationen (d. h. zufälliger, kleiner Störungen).

Mit (i) und (iii) werden thermodynamische Gemeinsamkeiten genannt, die von PRIGOGINE (um 1967) als Grundlage der Selbstorganisation erkannt wurden: Um dissipative Strukturen zu bilden, muß das System offen sein und Entropie exportieren. Die Energiebilanz ist quantitativ ausgeglichen, aber es wird „hochwertige" Energie, wie elektrische Arbeit, energiereiche Stoffe, Wärme bei hoher Temperatur, aufgenommen und als „geringwertige" Energie, z. B. Wärme bei niedriger Temperatur, abgegeben.

Die Bedingungen (ii) und (iii) sind zugleich formal-mathematische Aspekte und weisen auf die Untersuchung nichtlinearer Gleichungen hin.

Mit (iv) wird ein kybernetisch-systemtheoretischer Aspekt genannt, der Haken (um 1969) zur Begründung des Wissenschaftszweiges *Synergetik* veranlaßte: In Systemen, die aus vielen Untersystemen bestehen und die unter geeigneten Bedingungen kooperativ zusammenwirken, können makroskopische Strukturen auftreten, die durch wenige Größen (die sog. Ordnungsparameter) beschrieben werden.

Tabelle 1: Vergleich verschiedener Typen von Strukturbildung

konservative Strukturen	dissipative Strukturen	dispersive Strukturen
(abgeschlossene) Systeme im Gleichgewicht	offene Systeme im Nichtgleichgewicht	spezielle impulsförmige Lösungen nichtlinearer Wellengleichungen beschreiben das Ausbreiten von lokalisierten Strukturen sehr großer Lebensdauer (Solitonen), Anregung z. B. durch geeignete Anfangsbedingungen
reversible Prozesse: ohne Aufnahme und Verschleiß von Energie	irreversible Prozesse: ständiger Fluß von Stoff und Energie, ständig Produktion und Export von Entropie	
durch Temperaturerniedrigung	durch Entfernen vom Gleichgewicht	
Minimum der potentiellen Energie zwischenmolekularer Kräfte	Instabilität des thermodynamischen Zweigs durch kooperative Mikroprozesse: Nichtlinearität kompensiert Dissipation	Nichtlinearität kompensiert Dispersion
mikroskopische Dimension	makroskopische Dimension	großer Dimensionsbereich
beliebig teilbar oder überlagerbar	nicht beliebig teilbar oder überlagerbar	nicht beliebig teilbar oder überlagerbar, Wechselwirkung ähnelt der mechanischer Teilchen
Kristalle, Ferromagnet, biologische Makromoleküle	Uhr, Motor, elektrischer Oszillator, Bénard-Zelle, Laser, chemische Strukturen, Zelle, Lebewesen, Populationen	Plasma-, Festkörperphysik, ultrakurze Lichtimpulse
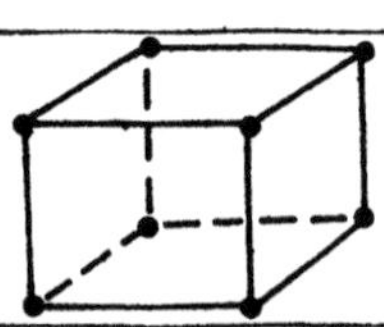	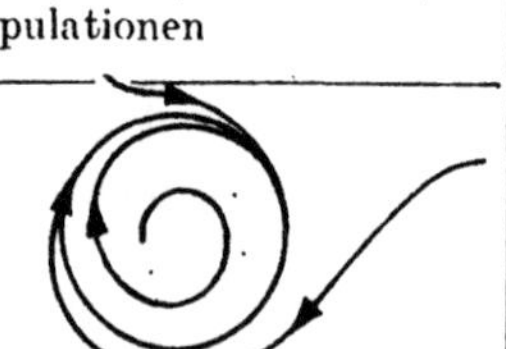	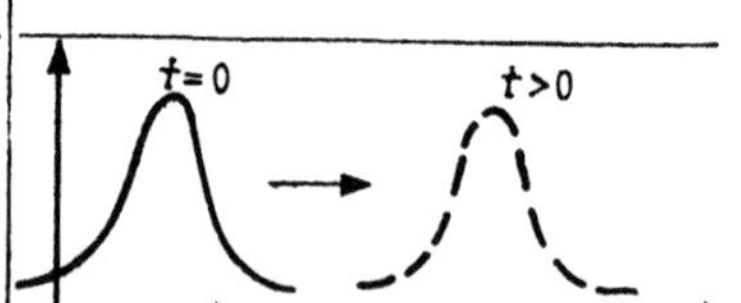
universelles Prinzip	unter speziellen Bedingungen	unter speziellen Bedingungen

Aufgabe: Erläutern Sie Existenzbedingungen und Eigenschaften dissipativer Strukturen am Beispiel der gestrichenen Saite, des Bénard-Effektes, des Lasers und einer mechanischen Uhr!

In der Tabelle sind noch einmal die verschiedenen Typen der Strukturbildung gegenübergestellt. Dabei erwähnen wir auch die *dispersive* Selbstorganisation in Form von *Solitonen* (auf die wir in diesem Buch nicht eingehen), wobei ein direkter Vergleich schwierig ist und zum Teil fließende Übergänge zwischen beiden Typen nichtlinearer Strukturen möglich sind.

Das weitere Vorgehen in diesem Buch ist an den mathematischen Methoden orientiert, die wir zur Beschreibung nichtlinearer Systeme benötigen. Durchgängige physikalische Motivation bleibt aber die spontane Strukturbildung.

1. Deterministische dynamische Systeme

Im ersten Teil des Buches (den Kapiteln 1 bis 8) werden wir *deterministische dynamische Systeme* behandeln, das sind Systeme mit zeitlich veränderlichem Zustand, deren Entwicklungsgesetz keine zufälligen Einflüsse enthält, so daß zukünftige Zustände streng durch den gegenwärtigen Zustand determiniert sind. Die Menge der möglichen Zustände, der *Phasenraum*, kann endlich- oder unendlichdimensional, die Zeit stetig oder diskret sein. Vorwiegend werden wir uns mit gewöhnlichen (und partiellen) nichtlinearen Differentialgleichungen beschäftigen.

1.1. Phasenfluß

Wir betrachten (fast) ausschließlich *autonome* Systeme, deren Dynamik nicht explizit von der Zeit (und damit der Wahl des Zeitnullpunkts) abhängt. Das abstrakte Modell für einen solchen deterministischen Prozeß ist der *Phasenfluß*.

Auf dem Zustandsraum M erklären wir eine Familie $(T_t)_{t\in\theta}$, $\theta \subset \mathbb{R}$, $0 \in \theta$, von Abbildungen, indem jedem Anfangszustand $x(0) = x_0$ der Zustand $x(t)$ zur Zeit t zugeordnet wird,

$$T_t\colon\ M \to M\,, \quad T_t(x_0) = x(t) \quad \forall x_0 \in M\,, \quad \forall t \in \theta\,,$$

wobei das verfügbare Zeitintervall θ von x_0 abhängen kann.

Mitunter ist die Umkehrbarkeit nicht uneingeschränkt gewährleistet, z. B. bei der Lösung parabolischer Differentialgleichungen oder der Iteration nichtinvertierbarer Abbildungen. Dann ist nur ein *Semifluß* erklärt.

Der Einfachheit halber nehmen wir zunächst an, daß T_t für alle reellen t erklärt ist. Aus der Autonomie folgt dann $T_{t+s} = T_t T_s = T_s T_t$, so daß (T_t) eine kommutative Gruppe mit Einselement $T_0 = I$ ist.

Definition. a) Seien M eine Menge, der *Phasenraum* (oder *Zustandsraum*), und $(T_t)_{t\in\mathbb{R}}$ eine einparametrige Gruppe von Transformationen von M. Dann heißt $\big(M, (T_t)_{t\in\mathbb{R}}\big)$ *Phasenfluß* des dynamischen Systems.

b) Die Abbildung $\varphi_x\colon \mathbb{R} \to M$ mit $\varphi_x(t) = T_t(x)$ für alle t heißt *Bewegung* (*des Punktes* x) unter dem Fluß $\big(M, (T_t)\big)$, das Bild dieser Abbildung heißt *Trajektorie* (*Phasenkurve, Orbit*) des Flusses.

c) Das Produkt $\mathbb{R} \times M$ heißt *erweiterter Phasenraum* des Flusses $(M, (T_t))$, der Graph der Abbildung φ_x heißt *Integralkurve* (Abb. 6).

Ist x_0 die Anfangsbedingung zur Zeit $t = 0$, so schreiben wir für den Zustand zur Zeit t wahlweise $x = T_t(x_0) = \varphi(t) = \varphi_{x_0}(t) = \varphi(t, x_0)$ oder $x = x(t) = x(t, x_0)$.

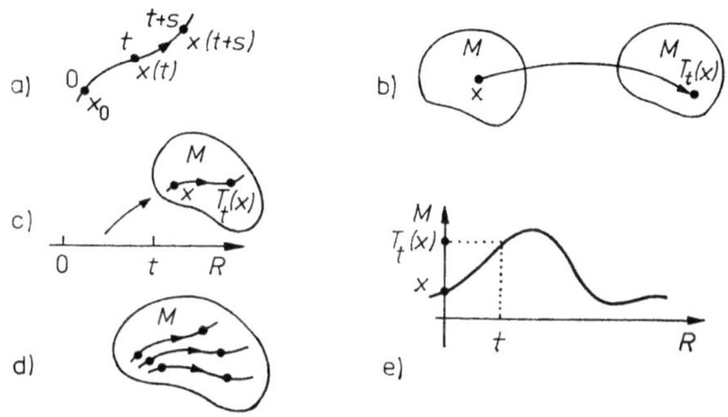

Abb. 6

Zustandsänderung (a), Phasenfluß (b), Bewegung (c), Trajektorien (d) und Integralkurve (e) eines dynamischen Systems

Bemerkungen. Da ein deterministischer Prozeß vorliegt, verläuft durch jeden Punkt aus M genau eine Trajektorie und somit durch jeden Punkt aus $\mathbb{R} \times M$ genau eine Integralkurve.

Ist φ_x eine Integralkurve, so ist auch $h_s\varphi_x$ mit $(h_s\varphi_x)(t) := \varphi_x(t + s)$ für beliebige s eine Integralkurve.

Da $(T_t)_{t\in\mathbb{R}}$ eine Gruppe bildet, ist für jedes t die Abbildung T_t bijektiv, d. h. umkehrbar eindeutig (von M auf $T_t(M)$), mit $T_t^{-1} = T_{-t}$.

Ein Punkt x^0 mit $T_t(x^0) = x^0$ für alle t heißt *Fixpunkt* des Flusses (den wir nur noch kurz mit (T_t) bezeichnen).

Im übrigen gelten alle bisherigen Aussagen auch analog für Systeme mit diskreter Zeit, wenn wir $\mathbb{R}$ durch die ganzen Zahlen $\mathbb{Z}$ ersetzen.

1.2. Gewöhnliche Differentialgleichungen

1.2.1. Lösung einer Differentialgleichung

Häufig werden *differenzierbare* deterministische Prozesse betrachtet, bei denen der Zustandsraum eine differenzierbare Mannigfaltigkeit (also ein Euklidischer Raum $\mathbb{R}^n$ bzw. eine offene Menge daraus, eine Kreislinie, eine Kugel, ein Torus o. ä.) und die Zustandsänderung eine differenzierbare Funktion der Zeit (und des Anfangszustandes) ist.

Wir nehmen deshalb an, daß der Phasenfluß $(T_t)_{t\in\mathbb{R}}$ durch eine einparametrige Gruppe von Diffeomorphismen von M gegeben ist, d. h., wir verlangen

(i) $T_{(\cdot)}(\cdot)$ ist stetig differenzierbar für alle $(t, x) \in \mathbb{R} \times M$,

(ii) T_t: $M \to M$ ist für alle $t \in \mathbb{R}$ ein Diffeomorphismus[1]),

(iii) $(T_t)_{t\in\mathbb{R}}$ ist eine Gruppe.

Dabei folgt (ii) bereits aus (i) und (iii) (Beweis?). Für unsere Zwecke ist es ausreichend, M als offene Teilmenge von $\mathbb{R}^n$ oder als $\mathbb{R}^n$ selbst aufzufassen, gelegentlich werden wir aber auf andere Fälle hinweisen.

Beispiel 1. Die gleichförmige Bewegung eines Massenpunktes im dreidimensionalen Raum wird durch $M = \mathbb{R}^3$, $T_t(x) = x + v \cdot t$, $v \in \mathbb{R}^3$, beschrieben.

Definition 1. Die Ableitung $\frac{d}{dt}\, T_t(x)|_{t=0} =: f(x)$ (1.1)

heißt *Phasengeschwindigkeit* des Flusses (T_t) im Punkt $x \in M$.

Bemerkungen. Die Phasengeschwindigkeit f existiert, da die Bewegung differenzierbar ist, und beschreibt die differentielle Entwicklung (im Punkt x).

In kartesischen Koordinaten mit $x = (x_1, \ldots, x_n)$ ist das *Vektorfeld* f (auf M) durch

$$f(x) = \big(f_1(x), \ldots, f_n(x)\big), \quad f_k(x) = \frac{d}{dt}\big(T_t(x)\big)_k\big|_{t=s}, \quad k = 1, \ldots, n,$$

gegeben (Abb. 7a).

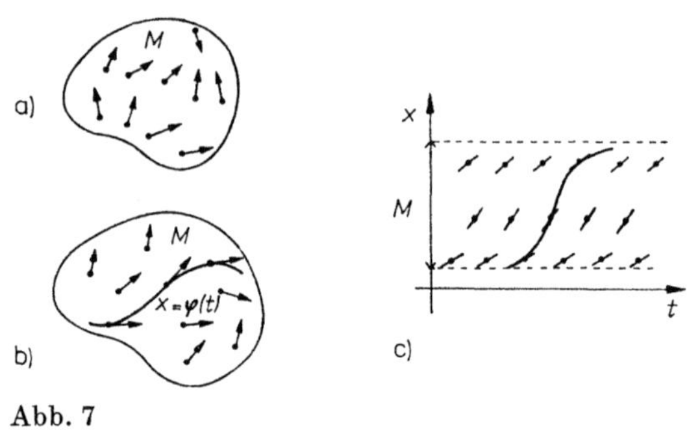

Abb. 7
Vektorfeld (a), Lösung (b) und Richtungsfeld (c) einer Differentialgleichung

Da (T_t) eine Gruppe ist, gilt $dT_t(x)/dt|_{t=s} = f\big(T_s(x)\big)$. Ein Punkt $x^0 \in M$ mit $f(x^0) = 0$ heißt *singulärer Punkt* des Vektorfeldes f, weil sich beim Durchlaufen von x^0 i. allg. die Richtung der Feldvektoren unstetig ändert.

Aufgabe 1. Zeigen Sie, daß x^0 genau dann Fixpunkt des Phasenflusses ist, wenn er singulärer Punkt des Vektorfeldes der Phasengeschwindigkeit ist!

Definition 2. a) Seien $M \subset \mathbb{R}^n$ ein Gebiet[2]) und $f: M \to \mathbb{R}^n$ ein Vektorfeld auf M. Die Gleichung

$$\dot{x} = f(x) \tag{1.2}$$

[1]) d. h., T_t ist eineindeutig und zusammen mit T_{-t} stetig differenzierbar.

[2]) d. h., eine offene zusammenhängende Menge.

(in kartesischen Koordinaten $\dot{x}_i = f_i(x_1, \ldots, x_n)$, $i = 1, \ldots, n$) heißt die *durch das Vektorfeld f definierte Differentialgleichung* (auf dem Phasenraum M).

b) Eine differenzierbare Abbildung $\varphi\colon (a, b) \to M$ heißt *Lösung* der Differentialgleichung (1.2) auf (a, b), wenn gilt

$$d\varphi(t)/dt = f(\varphi(t)) \quad \forall t \in (a, b). \tag{1.3}$$

c) Die Lösung φ erfüllt die *Anfangsbedingung* $\varphi(t_0) = x_0$, falls für $t_0 \in (a, b)$ gilt $\varphi(t_0) = x_0$.

Bemerkung. Das Vektorfeld f ordnet jedem Punkt $x \in M$ einen Vektor $f(x)$ zu, der in x „angeheftet" ist. Diese Redeweise der Physiker kann man präziser fassen: Wird jedem $x \in M$ ein n-dimensionaler Vektorraum $T_x\mathbb{R}^n$ (der Tangentialraum) zugeordnet, so ist ein Vektorfeld eine Abbildung $f\colon M \to TM := \bigcup_{x \in M} T_x\mathbb{R}^n$, $x \mapsto f(x) \in T_x\mathbb{R}^n$.

Ist M ein Gebiet in R^n, so ist $T_x\mathbb{R}^n$ mit $\mathbb{R}^n$ identifizierbar (wobei aber der Nullpunkt in x liegt!). Klarer wird die begriffliche Trennung, wenn M eine „gekrümmte" Mannigfaltigkeit, z. B. eine Kugel, und $T_x\mathbb{R}^n$ die Tangentialebene in x ist (vgl. [3]).

Die Lösung einer Differentialgleichung mit Anfangsbedingung erfordert somit die Suche einer Funktion $\varphi(t)$, so daß die in M liegende und mit t parametrisierte Kurve $x = \varphi(t)$ in jedem ihrer Punkte x gerade $f(x)$ als Tangentialvektor hat und durch x_0 verläuft (Abb. 7b) bzw. der in $\mathbb{R} \times M$ liegende Graph von $x = \varphi(t)$ in jedem Punkt $(t, \varphi(t))$ eine Tangente mit Anstiegs„vektor" $(1, f(x))$ hat (die Menge dieser Tangentenstückchen heißt *Richtungsfeld* (Abb. 7c)).

Satz 1. *Sei $(T_t)_{t\in\mathbb{R}}$ eine Gruppe von Diffeomorphismen des Gebietes M und sei $f\colon M \to \mathbb{R}^n$ die zugehörige Phasengeschwindigkeit. Dann ist die Bewegung $\varphi_{x_0}\colon \mathbb{R} \to M$, $\varphi_{x_0}(t) = T_t(x_0)\ \forall t$, Lösung der Differentialgleichung $\dot{x} = f(x)$ mit der Anfangsbedingung $\varphi(0) = x_0$.*

Wir sehen dies leicht:

$$\frac{d}{dt}\, T_t(x)|_{t=r} = \frac{d}{ds}\, T_{r+s}(x)|_{s=0} = \frac{d}{ds}\, T_s(T_r(x))|_{s=0} = f(T_r(x)) \quad \forall r.$$

Definition 3. Eine Lösung $\varphi(t) \equiv x^0$ von (1.3) heißt *stationäre Lösung.*

Satz 2. *Jeder singuläre Punkt x^0 des Vektorfeldes f erzeugt eine stationäre Lösung der Differentialgleichung $\dot{x} = f(x)$.*

Obwohl die Bezeichnungen Fixpunkt, singulärer Punkt und stationäre Lösung begrifflich verschieden sind, werden sie in der Redeweise häufig synonym verwendet.

Bemerkung. Trajektorien müssen offenbar nicht notwendig mit t parametrisiert werden, denn für $f(x^0) = 0$ ist x^0 selbst Trajektorie, und für $f(x) \neq 0$ gibt es ein $k \in \{1, \ldots, n\}$, so daß $f_k(x) \neq 0$ in einer Umgebung von x gilt. Dann erhält man aber aus (1.2) (lokal) $n - 1$ nichtautonome Differentialgleichungen $dx_i/dx_k = f_i(x)/f_k(x)$, $i = 1, \ldots, n$, $i \neq k$, für die Funktionen $x_i = \psi_i(x_k)$, $i = 1, \ldots, n$, $i \neq k$. Im Spezialfall

$$M \subset \mathbb{R}^2\colon\ \dot{x} = f(x, y), \quad \dot{y} = g(x, y)$$

werden (für $f(x, y) \neq 0$) durch $dy/dx = g(x,y)/f(x, y) := m$ lokal Familien von Kurven $y = y(x, m)$, die *Isoklinen*, definiert, auf denen das Vektorfeld (f, g) gleiche Richtung besitzt. Insbesondere die *Haupt*isoklinen $g(x, y) = 0$ ($\triangleq m = 0$) bzw. $f(x, y) = 0$ ($\triangleq m = \pm\infty$) teilen die Ebene in Gebiete ein, innerhalb derer die Trajektorien nach „rechts oben", „rechts unten" usw. verlaufen (Abb. 8).

Beispiel 2.

$$M = \mathbb{R}^2\colon \quad \dot{x} = y, \quad \dot{y} = -\beta y + \mu x - x^3, \quad \beta > 0 \quad \mu > 0. \tag{1.4}$$

Die Hauptisoklinen sind $y = 0$ bzw. $y = (\mu x - x^3)/\beta$, die Fixpunkte sind $(0, 0)$, $(\sqrt{\mu}, 0)$ und $(-\sqrt{\mu}, 0)$ (siehe Abb. 8).

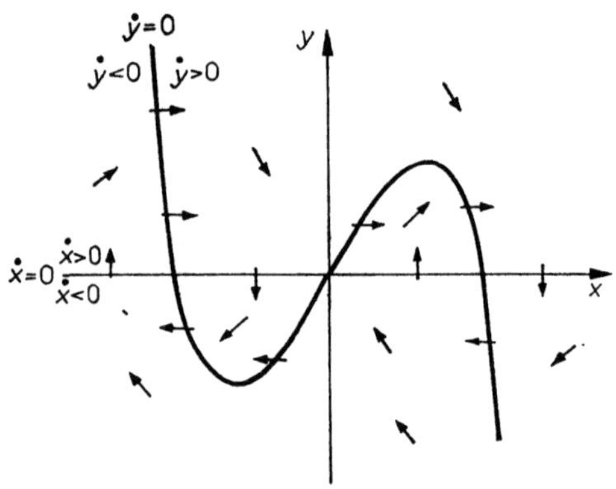

Abb. 8
Hauptisoklinen und qualitativer Verlauf des Vektorfeldes für den nichtlinearen, gedämpften Oszillator (1.4)

Aufgabe 2. Untersuchen Sie die Hauptisoklinen und die qualitative Richtung der Feldvektoren für die Differentialgleichung

$$M = \mathbb{R}_+{}^2 := \{(x, y) \mid x \geqq 0, y \geqq 0\}: \quad \dot{x} = A - (B + 1)\, x + x^2 y, \; \dot{y} = Bx - x^2 y \tag{1.5}$$

mit $A > 0, B > 0$!

1.2.2. Existenz und Eindeutigkeit

Wir betrachten nur Differentialgleichungen 1. Ordnung im $\mathbb{R}^n$ (d. h. Systeme aus n gekoppelten Differentialgleichungen für n gesuchte reelle Funktionen), weil sich Gleichungen höherer Ordnung durch Einführung zusätzlicher Variabler auf Systeme 1. Ordnung reduzieren lassen. Da wir uns auf autonome Systeme beschränken, müssen wir Gleichungen vom Typ

$$M \subset \mathbb{R}^n\colon \dot{x} = f(x), \quad x(0) = x_0, \tag{1.6}$$

untersuchen.

Hierbei entstehen drei grundsätzliche Fragen: Wann hat die Differentialgleichung (1.6) überhaupt eine Lösung, wann ist diese eindeutig, und auf welchem maximalen Zeitintervall ist diese definierbar?

Die Existenz ist nicht sofort klar, weil die Lösung meist nicht explizit konstruierbar ist. So besitzt die Differentialgleichung

$$M = \mathbb{R}^1: \quad \dot{x} = \operatorname{sgn} x, \quad x(0) = 0,$$

keine Lösung, da der einzige „Kandidat" $x(t) = |t|$ bei $t = 0$ nicht differenzierbar ist. Hinreichend für die Existenz ist die Stetigkeit von f (Satz von PEANO, vgl. [18]).

Auch die Eindeutigkeit ist nicht notwendig gesichert. Im Beispiel

$$M = \mathbb{R}^1: \dot{x} = 2\sqrt{|x|}, \quad x(0) = 0,$$

erfüllen sowohl $x(t) = t^2 \cdot \operatorname{sgn} t$ als auch $x(t) \equiv 0$ die Differentialgleichung. Hinreichend für die Eindeutigkeit ist die stetige Differenzierbarkeit von f.

Aufgabe 3. Zeigen Sie, daß die Differentialgleichung

$$M = \mathbb{R}^1: \dot{x} = x^{2/3}, \quad x(0) = 0,$$

auf jedem Intervall $(-b, b)$ unendlich viele Lösungen besitzt! Für welche Werte von b gibt es unendlich viele Lösungen auf $[0, b)$ mit $x(0) = -1$?

Satz 3 ([7]). *Seien $M \subset \mathbb{R}^n$ ein Gebiet, $f: M \to \mathbb{R}^n$ eine C^1-Abbildung*[1]) *und $x_0 \in M$. Dann gibt es ein $b > 0$, so daß die Differentialgleichung* (1.6) *eine eindeutige Lösung $x: (-b, b) \to M$ besitzt.*

Bemerkung. Die Forderung, daß f zur Klasse $C^1(M)$ gehört, also auf M stetig differenzierbar ist, ist bequem und läßt weitere Folgerungen zu. Der Satz bleibt aber unter der schwächeren Forderung richtig, daß f eine (lokale) Lipschitz-Bedingung erfüllt, d. h., daß für jede kompakte[2]) Menge $K \subset M$ eine Zahl $L > 0$ existiert, so daß

$$|f(x) - f(x')| \leqq L \cdot |x - x'| \quad \forall x, x' \in K$$

gilt. Offenbar ist jede C^1-Abbildung lokal Lipschitz-stetig.

Die Eindeutigkeitsaussage des Satzes 3 ist von zentraler Bedeutung. Wir schließen daraus unmittelbar:

a) Zwei Trajektorien können sich nicht kreuzen oder tangieren (und eine Trajektorie sich selbst auch nicht).
b) Ein Fixpunkt kann nicht in endlicher Zeit erreicht werden.
c) Eine Trajektorie mit $x(t_1) = x(t_1 + T)$ für $T > 0$ ist eine geschlossene Kurve.

Satz 4 ([7]). *Seien $M \subset \mathbb{R}^n$ ein Gebiet, $f: M \to \mathbb{R}^n$ ein C^1-Vektorfeld und $\bar{x}_0 \in M$.*

a) *Dann gibt es eine Umgebung U von $\bar{x}_0$, so daß für alle $x_0 \in U$ die Lösungen $x = \varphi(t, x_0)$ von* (1.6) *auf einem gemeinsamen Intervall $(-b, b)$ eindeutig existieren und φ stetig nach x_0 differenzierbar ist.*
b) *Seien $x(t)$, $y(t)$ zwei Lösungen auf dem Intervall $(-b, b)$. Besitzt f auf M die Lipschitz-Konstante L, so gilt*

$$|x(t) - y(t)| \leqq |x(0) - y(0)| \cdot \exp(L \cdot |t|) \quad \text{für} \quad |t| < b. \tag{1.7}$$

Bemerkung. Im Teil a) wird die stetige (und sogar stetig differenzierbare) Abhängigkeit der Lösung von der Anfangsbedingung formuliert; Teil b) zeigt, daß dies aber nicht ein exponentielles Auseinanderlaufen ausschließt, wie es für Annäherungen an einen Sattel oder chaotische Bewegungen typisch ist.

---

[1]) d. h., f ist auf M stetig differenzierbar.

[2]) d. h. beschränkte und abgeschlossene Menge.

1.2.3. Fortsetzbarkeit

Die Aussage von Satz 3 ist lokaler Natur, weil eine eindeutige Lösung zunächst nur in einer Umgebung von $t = 0$ existiert. Wie weit ist nun diese Lösung nach vorn bzw. hinten fortsetzbar?

Die Lösung einer Differentialgleichung kann nicht immer auf ganz $\mathbb{R}^1$ ausgedehnt werden. Im Beispiel

$$M = \mathbb{R}^1: \dot{x} = 1 + x^2, \quad x(0) = x_0,$$

„lebt" die Lösung $x(t) = \tan(t - c)$, $c := -\arctan x_0$ höchstens auf dem Intervall $\left(c - \frac{\pi}{2}, c + \frac{\pi}{2}\right)$.

Satz 5 ([7], [3]). *Sei M ein Gebiet, $f: M \to \mathbb{R}^n$ eine C^1-Abbildung, $x_0 \in M$. Dann gilt:*

a) *Für alle $x_0 \in M$ gibt es ein maximales offenes Intervall (α, β) mit $-\infty \leqq \alpha < \beta \leqq \infty$, auf dem eine Lösung $x(t)$ von $\dot{x} = f(x)$, $x(0) = x_0$, existiert.*

b) *Ist $x(t)$ eine Lösung auf einem maximalen offenen Intervall (α, β) mit $\beta < \infty$, so gibt es für jede kompakte Menge $K \subset M$ ein $\tau \in (\alpha, \beta)$ mit $x(\tau) \notin K$.*

Eine eindeutige Lösung läßt sich somit maximal nach vorn (bzw. hinten) fortsetzen. Sie existiert dann *global*, d. h. für alle $t \geqq 0$, oder sie erreicht in endlicher Zeit den Rand von M (und außerhalb ist f nicht definiert!) bzw. es tritt (im Falle $M = \mathbb{R}^n$) nach endlicher Zeit eine „*Explosion*" $|x(t)| \to \infty$ ein (analog für negative t).

Für die praktische Anwendung formulieren wir Satz 5, Teil b um:

Kriterium. *Falls eine kompakte Menge $K \subset M$ von keiner in ihr startenden Lösung verlassen werden kann, so existiert für alle $x_0 \in K$ eine zeitlich globale Lösung mit $x(t, x_0) \in K$ für alle $t \geqq 0$.*

Üblicherweise sucht man sich eine (möglichst große) kompakte Menge K, von deren (stückweise glattem) Rand ∂K das Vektorfeld f nach innen zeigt, so daß das Skalarprodukt $\big(f(x), \nu(x)\big)$ aus Vektorfeld und äußerem Normalenvektor $\nu(x)$ für alle $x \in \partial K$ negativ ist (Abb. 9).

Wir haben nunmehr die Situation aus Abschnitt 1.1. realisiert: Ist $x = \varphi(t)$, $\varphi(0) = x_0$ Lösung der Differentialgleichung $\dot{x} = f(x)$ auf dem maximalen offenen Intervall $\theta(x_0)$, so wird durch die Zuordnung $x = T_t(x_0)$, $t \in \theta(x_0)$, eine in (t, x_0) differenzierbare Abbildung $T: \Omega \to M$, $\Omega := \{(t, x_0) \subset \mathbb{R} \times M \mid t \in \theta(x_0)\}$ erklärt. Bei festem x_0 ist $T_t: M \to T_t(M)$ bijektiv, und es gilt $T_{t+s} = T_t T_s$, sobald eine der beiden Seiten existiert.

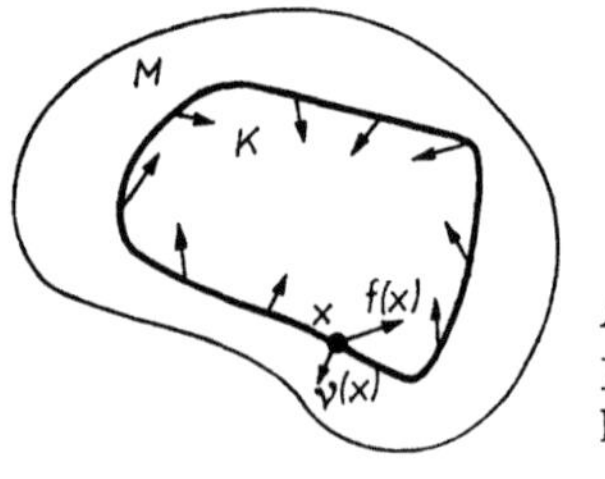

Abb. 9
Eine kompakte Menge K mit $\big(f(x), \nu(x)\big) < 0$ auf ∂K kann mit wachsender Zeit nicht verlassen werden.

Aufgabe 4. Diskutieren Sie den Phasenfluß der Gleichung $M = \mathbb{R}^1$: $\dot{x} = x^2$, $x(0) = x_0$, und geben Sie für alle $x_0 \in \mathbb{R}^1$ das maximale offene Intervall $\theta(x_0)$ an!

Im Gegensatz zu den bisherigen Beispielen sind Differentialgleichungen meist nicht explizit mittels elementarer Funktionen lösbar. Wir werden deshalb eine *qualitative Theorie* entwickeln, die mit vorwiegend geometrischen Methoden wesentliche Eigenschaften des Trajektorienverlaufs erschließt. Die Untersuchung spezieller Lösungen, insbesondere von Fixpunkten und periodischen Bewegungen, und das Lösungsverhalten in deren Nähe ergibt bereits wichtige Aussagen über die Phasenraumstruktur, so daß danach gezielte numerische Integrationen einsetzen können.

1.3. Lineare Differentialgleichungen mit konstanten Koeffizienten

Eine besonders wichtige Klasse stellen die linearen Differentialgleichungen dar, weil sie explizit lösbar sind und zu ihrer Behandlung eine umfangreiche Theorie vorliegt. Ihre Bedeutung für unsere Zwecke besteht darin, daß wir nichtlineare Differentialgleichungen in der Nähe von Fixpunkten durch lineare Gleichungen approximieren werden, um so den topologischen Typ des Fixpunktes zu bestimmen.

1.3.1. Allgemeine Lösung von $\dot{x} = Ax$

Wir wollen für eine gegebene $n \times n$-Matrix A die lineare Differentialgleichung

$$M = \mathbb{R}^n: \quad \dot{x} = Ax, \quad x(0) = x_0, \quad A = (a_{ik})_{i,k=1}^n, \tag{1.8}$$

d. h.

$$\dot{x}_i = \sum_{k=1}^{n} a_{ik} x_k, \quad x_i(0) = x_{0,i}, \quad i = 1, \ldots, n,$$

untersuchen.

Für $n = 1$ ist die Lösung von $\dot{x} = ax$ durch $x(t) = e^{at}x_0$ gegeben. Wir streben deshalb für $n > 1$ die Lösung in der Form $x(t) = e^{At}x_0$ an, wobei A jetzt eine Matrix ist.

Definition 1. Sei A eine $n \times n$-Matrix. Die Matrix e^A mit

$$e^A := \sum_{k=0}^{\infty} \frac{A^k}{k!}, \quad A^0 := I, \tag{1.9}$$

nennt man *Exponentialfunktion* von A.

Bemerkung. Die Definition ist sinnvoll, da wegen

$$\|e^A\| = \left\|\sum_k A^k/k!\right\| \leqq \sum_k \|A^k\|/k! \leqq \sum_k \|A\|^k/k! = e^{\|A\|} < \infty$$

e^A endliche Komponenten besitzt.

Die Menge der reellen $n \times n$-Matrizen A, die wir als Operatoren in einem reellen n-dimensionalen Vektorraum auffassen (den wir mit $\mathbb{R}^n$ identifizieren können), wollen wir mit $\mathcal{L}(\mathbb{R}^n)$ bezeichnen.

Beispiel 1. Der Raum der Polynome kleineren als n-ten Grades $\mathbb{P}^n$ kann durch die Zuordnung $p(x) = \sum_{j=1}^{n} a_j x^{j-1} \leftrightarrow (a_1, \ldots, a_n) \in \mathbb{R}^n$ mit $\mathbb{R}^n$ identifiziert werden. Die Ableitung

$$(Ap)(x) := p'(x)$$

ist dann ein linearer Operator $A \in \mathscr{L}(\mathbb{R}^n)$. Seine Exponentialfunktion

$$(e^{hA}p)(x) = \sum_{k=0}^{\infty} \frac{h^k}{k!} (A^k p)(x) = \sum_{k=0}^{\infty} \frac{h^k}{k!} p^{(k)}(x) = p(x+h)$$

bewirkt (nach dem Satz von TAYLOR) eine Argumentverschiebung um h.

Beispiel 2. Für eine Diagonalmatrix erhalten wir

$$A = \operatorname{diag}(\lambda_1, \ldots, \lambda_n) := \begin{pmatrix} \lambda_1 & 0 \ldots 0 \\ 0 & \lambda_2 & \\ \vdots & & \ddots \\ 0 & & & \lambda_n \end{pmatrix},$$

$$A^k = \operatorname{diag}(\lambda_1^k, \ldots, \lambda_n^k), \quad e^A = \operatorname{diag}(e^{\lambda_1}, \ldots, e^{\lambda_n}).$$

Satz 1. Die eindeutige Lösung von $\dot{x} = Ax$, $x(0) = x_0$ lautet

$$x(t) = e^{tA}x_0 \quad \forall t \in \mathbb{R}. \tag{1.10}$$

Zum Beweis zeigt man, daß $(e^{tA})_{t\in\mathbb{R}}$ eine einparametrige Gruppe linearer Diffeomorphismen ist, für die gilt

$$e^{tA}e^{sA} = e^{(t+s)A}, \quad \frac{d}{dt}(e^{tA}) = A\, e^{tA} \quad \forall t, s \in \mathbb{R}.$$

Dazu muß man nachweisen, daß die Reihen e^{tA} und e^{sA} formal multipliziert und differenziert werden dürfen. (Eine ausführliche Darstellung dieses Abschnitts findet der Leser bei ARNOLD [3], S. 99ff.)

Warnung. Für nicht vertauschbare Matrizen A und B gilt im allgemeinen $e^A e^B \neq e^{A+B}$.

Besitzt A die Eigenwerte $\lambda_1, \ldots, \lambda_n$, so folgt aus Definition 1, daß e^A die Eigenwerte $e^{\lambda_1}, \ldots, e^{\lambda_n}$ besitzt. Das ergibt eine wichtige Folgerung:

Satz 2. *Der Phasenfluß $(e^{tA})_{t\in\mathbb{R}}$ der linearen Differentialgleichung* (1.8) *ändert während der Zeit t das Volumen einer beliebigen (meßbaren) Menge um den Faktor* $\exp(t \cdot \operatorname{sp} A)$.

Es genügt, die Aussage für ein Parallelflach zu beweisen, das zur Zeit $t = 0$ von x_0 ausgehende Kantenvektoren $u^1, \ldots, u^n$ und das Volumen $V(0) = |\det(u^1, \ldots, u^n)|$ besitzt. Sein Bild zur Zeit t ist ein Parallelflach mit den Kantenvektoren $e^{tA}u^1, \ldots, e^{tA}u^n$ bei $e^{tA}x_0$ und dem Volumen

$$V(t) = |\det(e^{tA}u^1, \ldots, e^{tA}u^n)| + |\det e^{tA}| \cdot V(0).$$

Wegen $\det e^{tA} = \prod_{k=1}^{n} e^{t\lambda_k} = \exp\left(t \cdot \sum_{k=1}^{n} \lambda_k\right) = \exp(t \cdot \operatorname{sp} A)$ folgt die Aussage des Satzes, wobei die Spur $\operatorname{sp} A = \sum_{k=1}^{n} a_{kk}$ eine von der Koordinatenwahl unabhängige Größe ist.

Beispiel 3. Bei dem harmonischen Oszillator mit linearer Reibung

$$M = \mathbb{R}^2: \dot{x} = y, \quad \dot{y} = -\beta y - kx, \quad A = \begin{pmatrix} 0 & 1 \\ -k & -\beta \end{pmatrix}, \quad \operatorname{sp} A = -\beta,$$

werden für $\beta > 0$ (dämpfende Reibung) alle Phasenvolumina verkleinert, für $\beta < 0$ vergrößert, für $\beta = 0$ bleiben sie zeitlich konstant.

Mitunter erweist es sich als notwendig, Differentialgleichungen für komplexe Funktionen zu untersuchen. Auf die lineare Gleichung

$$\dot{z} = Az, \quad z(0) = z_0, \quad A \text{ komplexe } n \times n\text{-Matrix},$$

ist alles oben Gesagte wörtlich übertragbar, ihre eindeutige Lösung ist durch $z(t) = e^{tA}z_0$ gegeben.

Für uns ist vor allem der Spezialfall wichtig, komplexe Lösungen bei gegebener reeller Matrix $A \in \mathscr{L}(\mathbb{R}^n)$ zu suchen. Die Matrix ${}^{c}A : \mathbb{C}^n \to \mathbb{C}^n$ mit ${}^{c}A(x + iy) := Ax + iAy$ für alle $z = x + iy \in \mathbb{C}^n$ heißt dann *Komplexifizierung* von A. Die Differentialgleichung

$$M = \mathbb{C}^n: \dot{z} = {}^{c}Az, \quad A \in \mathscr{L}(\mathbb{R}^n), \tag{1.11}$$

besitzt dann offenbar folgende Eigenschaften ([3]):

a) Mit $z(t)$, $z(0) = z_0$ ist auch $\overline{z(t)}$, $\overline{z(0)} = \bar{z}_0$ eine Lösung.
b) Ist z_0 reell, so ist die Lösung $z(t)$ reell und erfüllt $\dot{z} = Az$.
c) $z(t)$ ist Lösung von (1.11) genau dann, wenn $\operatorname{Re} z(t)$ und $\operatorname{Im} z(t)$ Lösungen von $\dot{x} = Ax$ sind.

1.3.2. Berechnung von e^{tA}

Dieser Unterabschnitt erfordert vor allem Kenntnisse aus der linearen Algebra. Ist A eine reelle $n \times n$-Matrix, so besitzt ihre Komplexifizierung ${}^{c}A$ die n (nicht notwendig verschiedenen) komplexen Eigenwerte $\lambda_1, \ldots, \lambda_n$, für die die Gleichung

$${}^{c}Az = \lambda z$$

nichttriviale Lösungen ($z \neq 0$) besitzt. Solche existieren genau dann, wenn die Bedingung

$$0 = \det(A - \lambda I) = \begin{vmatrix} a_{11} - \lambda & a_{12} & \cdots & a_{1n} \\ a_{21} & a_{22} - \lambda & & \vdots \\ \vdots & & \ddots & \\ a_{n1} & & & a_{nn} - \lambda \end{vmatrix} \tag{1.12}$$

erfüllt ist. Nach dem Entwicklungssatz für Determinanten ist die *charakteristische Gleichung* (1.12) eine polynomiale Gleichung n-ten Grades

$$p(\lambda) := \sum_{k=0}^{n} a_{n-k}\lambda^k = 0, \tag{1.13}$$

deren Wurzeln $\lambda_1, \ldots, \lambda_n$ gerade die Eigenwerte von A sind.

1. *Reelle, einfache Eigenwerte.* Sind alle Eigenwerte $\lambda_1, \ldots, \lambda_n$ reell und verschieden, so gibt es eine invertierbare reelle $n \times n$-Matrix Q, die A diagonalisiert:

$$QAQ^{-1} = \operatorname{diag}(\lambda_1, \ldots, \lambda_n).$$

Wegen $QA^2Q^{-1} = QAQ^{-1}QAQ^{-1} = \operatorname{diag}(\lambda_1^2, \ldots, \lambda_n^2)$ erhalten wir $Q\,e^{tA}Q^{-1} = \operatorname{diag}(e^{\lambda_1 t}, \ldots, e^{\lambda_n t})$, so daß

$$x(t) = Q^{-1} \cdot \operatorname{diag}(e^{\lambda_1 t}, \ldots, e^{\lambda_n t})\, Qx_0 \tag{1.14}$$

die eindeutige Lösung von (1.8) ist.

Die Matrix Q läßt sich angeben: Sind $u^1, \ldots, u^n$ die (rechten) Eigenvektoren (Spalten) von A, $v^1, \ldots, v^n$ deren linke Eigenvektoren (Zeilen) und damit $(v^1)^T, \ldots, (v^n)^T$ die rechten Eigenvektoren von A^T,

$$Au^k = \lambda_k u^k, \quad A^T(v^k)^T = \lambda_k (v^k)^T, \quad k = 1, \ldots, n,$$

mit der Normierung $(v^i, u^k) = \delta_{ik}$, dann gilt

$$Q = \begin{pmatrix} \text{---}\; v^1 \;\text{---} \\ \vdots \\ \text{---}\; v^n \;\text{---} \end{pmatrix}, \quad Q^{-1} = \begin{pmatrix} | & & | \\ u^1 & \ldots & u^n \\ | & & | \end{pmatrix},$$

so daß (1.14) übergeht in

$$x(t) = \sum_{k=1}^{n} (v^k, x_0) \cdot u^k \cdot e^{\lambda_k t}. \tag{1.15}$$

Hieran erkennen wir noch deutlicher, daß die allgemeine Lösung von $\dot{x} = Ax$ eine Linearkombination der Funktionen $e^{\lambda_1 t}, \ldots, e^{\lambda_n t}$ ist. Der Ausdruck (1.15) läßt sich auch durch Separationsansatz erhalten: Wir suchen spezielle Lösungen in der Form $x(t) = T(t)\,u$, in der $T(t)$ eine skalare Funktion ist. Einsetzen in die Differentialgleichung ergibt $(\dot{T}/T)\,u = Au$, so daß $\lambda := \dot{T}/T$ eine Konstante sein muß, was auf $T(t) = e^{\lambda t}$ und die Eigenwertaufgabe $Au = \lambda u$ führt. Die Linearkombination $x(t) = \sum_{k=1}^{n} c_k u^k e^{\lambda_k t}$ stellt dann die allgemeine Lösung dar und geht mit $c_k = (v^k, x_0)$ in die spezielle Lösung (1.15) zur Anfangsbedingung x_0 über.

Das Lösungsverfahren läßt sich geometrisch deuten: Die lineare Transformation $y = Qx$ führt auf $\dot{y} = Q\dot{x} = QAx = QAQ^{-1}y$, d. h.

$$\dot{y}_i = \lambda_i y_i, \quad i = 1, \ldots, n.$$

Nach Einführung neuer, schiefwinkliger Koordinaten wird somit die Differentialgleichung komponentenweise entkoppelt und besitzt die besonders einfache Lösungsstruktur

$$y_i(t) = e^{\lambda_i t} \cdot y_i(0), \quad i = 1, \ldots, n.$$

2. *Komplexe, einfache Eigenwerte.* Da A eine reelle Matrix ist, muß mit $\lambda = \alpha + i\omega$ auch $\bar{\lambda} = \alpha - i\omega$ Eigenwert von ${}^cA$ sein. Der Einfachheit halber nehmen wir an, daß $n = 2m$ gerade ist und alle Eigenwerte $\lambda_k = \alpha_k \pm i\omega_k$, $k = 1, \ldots, m$, komplex und einfach sind. Es gibt zwar jetzt eine komplexe $n \times n$-Matrix R, so daß $RAR^{-1} = \operatorname{diag}(\lambda_1, \bar{\lambda}_1, \ldots, \lambda_m, \bar{\lambda}_m)$, doch wollen wir eine reelle Normalform erzeugen.

Wir betrachten zunächst den Fall $n = 2$. Sei $u + iw$ Eigenvektor von ${}^cA$ zum

Eigenwert $\lambda = \alpha + \mathrm{i}\omega$,

$$Au + \mathrm{i}Aw = {}^{\mathrm{c}}A(u + \mathrm{i}w) = (\alpha + \mathrm{i}\omega)(u + \mathrm{i}w) = (\alpha u - \omega w) + \mathrm{i}(\omega u + \alpha w).$$

Die Matrix $Q^{-1} = (w, u)$, deren Spalten die reellen, unabhängigen Vektoren w und u sind, ergibt dann unmittelbar die neue Koordinatendarstellung

$$QAQ^{-1} = \begin{pmatrix} \alpha & -\omega \\ \omega & \alpha \end{pmatrix}. \tag{1.16}$$

Das ist aber eine Matrix, die um den Winkel arctan ω/α dreht und um den Faktor $\sqrt{\alpha^2 + \omega^2}$ streckt (sie entspricht im Komplexen der Multiplikation mit $\alpha + \mathrm{i}\omega$). Daraus folgt dann

$$\exp\left[t \cdot \begin{pmatrix} \alpha & -\omega \\ \omega & \alpha \end{pmatrix}\right] = \mathrm{e}^{\alpha t} \begin{pmatrix} \cos \omega t & -\sin \omega t \\ \sin \omega t & \cos \omega t \end{pmatrix}, \tag{1.17}$$

was eine Drehung um den Winkel ωt und eine Streckung um den Faktor $\mathrm{e}^{\alpha t}$ bewirkt (und im Komplexen der Multiplikation mit $\mathrm{e}^{(\alpha + \mathrm{i}\omega)}$ entspricht).

Für beliebige Dimension $n = 2m$ existiert entsprechend eine invertierbare Matrix Q, so daß sich mit

$$L_k := \begin{pmatrix} \alpha_k & -\omega_k \\ \omega_k & \alpha_k \end{pmatrix}, \quad D_k := \mathrm{e}^{\alpha_k t} \begin{pmatrix} \cos \omega_k t & -\sin \omega_k t \\ \sin \omega_k t & \cos \omega_k t \end{pmatrix}, \quad k = 1, \ldots, m,$$

die Darstellungen

$$QAQ^{-1} = \operatorname{diag}(L_1, \ldots, L_m), \quad Q\,\mathrm{e}^{tA}Q^{-1} = \operatorname{diag}(D_1, \ldots, D_m)$$

ergeben, wo jetzt quadratische Blöcke auf der Haupt„diagonalen" stehen. Somit ist bei komplexen, einfachen Eigenwerten die Lösung von (1.8) durch

$$x(t) = Q^{-1} \operatorname{diag}(D_1, \ldots, D_m)\, Qx_0 \tag{1.18}$$

gegeben.

Sind $u^k + \mathrm{i}w^k$ die Eigenvektoren zu den Eigenwerten $\alpha_k + \mathrm{i}\omega_k$, $k = 1, \ldots, m$, so ist $Q^{-1} = (w^1, u^1, \ldots, w^m, u^m)$ die neue Basis, und die allgemeine Lösung

$$x(t) = \sum_{k=1}^{m} [(c_k u^k + d_k w^k) \cos \omega_k t + (d_k u^k - c_k w^k) \sin \omega_k t]\, \mathrm{e}^{\alpha_k t} \tag{1.19}$$

ist eine Linearkombination von $\mathrm{e}^{\alpha_k t} \cos \omega_k t$, $\mathrm{e}^{\alpha_k t} \sin \omega_k t$, $k = 1, \ldots, m$. Dieses Ergebnis können wir auch anders erhalten: Aus der komplexen Diagonalform ergibt sich für $\dot{z} = {}^{\mathrm{c}}Az$ die allgemeine komplexe Lösung

$$z(t) = \sum_{k=1}^{m} [(a_k + \mathrm{i}b_k)(u^k + \mathrm{i}w^k)\, \mathrm{e}^{\mathrm{i}\omega_k t} + (e_k + \mathrm{i}f_k)(u^k - \mathrm{i}w^k)\, \mathrm{e}^{-\mathrm{i}\omega_k t}]\, \mathrm{e}^{\alpha_k}$$

mit Integrationskonstanten a_k, b_k, e_k, f_k, $k = 1, \ldots, m$. Ihr Realteil ist dann die allgemeine reelle Lösung und stimmt (für $c_k = a_k + e_k$, $d_k = f_k - b_k$) mit (1.19) überein.

Die lineare Koordinatentransformation $y = Qx$ führt somit auf

$$\frac{d}{dt}\begin{pmatrix} y_{2k-1} \\ y_{2k} \end{pmatrix} = \begin{pmatrix} \alpha_k & -\omega_k \\ \omega_k & \alpha_k \end{pmatrix}\begin{pmatrix} y_{2k-1} \\ y_{2k} \end{pmatrix}, \quad k = 1, \ldots, m,$$

und entkoppelt die Differentialgleichung (1.8) in unabhängige zweidimensionale Teilgleichungen.

3. *Reelle, mehrfache Eigenwerte.* Seien jetzt $\lambda_1, \ldots, \lambda_r$ reelle Eigenwerte der Vielfachheiten $n_1, \ldots, n_r$ (mit $\sum_j n_j = n$). In diesem Falle läßt sich A auf die *Jordansche Normalform* transformieren: Es gibt eine reelle, invertierbare Matrix Q, so daß gilt

$$QAQ^{-1} = \operatorname{diag}(J_1, \ldots, J_r), \quad J_j = \operatorname{diag}(J_j^{(1)}, \ldots, J_j^{(m_j)}), \quad j = 1, \ldots, r,$$

wobei die Matrizen $J_j^{(s)}$ elementare Jordan-Blöcke der Form

$$J_j^{(s)} = \begin{pmatrix} \lambda_j & 1 & 0 & \ldots & 0 \\ 0 & \lambda_j & 1 & & \\ \vdots & & \ddots & \ddots & 1 \\ 0 & & \ldots & & \lambda_j \end{pmatrix}$$

sind. Somit enthält J_j in der Hauptdiagonale den Eigenwert λ_j und in der darüberliegenden Diagonale Einsen oder Nullen. Für $n_j = 2$ gibt es deshalb zwei Möglichkeiten:

$$\text{a)}\ J_j = \begin{pmatrix} \lambda_j & 0 \\ 0 & \lambda_j \end{pmatrix} \quad \text{oder} \quad \text{b)}\ J_j = \begin{pmatrix} \lambda_j & 1 \\ 0 & \lambda_j \end{pmatrix}.$$

Der Fall a) heißt *reduzibel*, hier besitzt J_j zwei eindimensionale invariante Unterräume, die durch die beiden unabhängigen Eigenvektoren aufgespannt werden. Der Fall b) heißt *irreduzibel*, weil J_j auf einen zweidimensionalen invarianten Unterraum von A wirkt, zu dem nur ein Eigenvektor gehört.

Wir zerlegen einen elementaren Jordan-Block der Länge m in $J = \lambda I + N$ mit

$$N = \begin{pmatrix} 0 & 1 & 0 & \ldots & 0 \\ 0 & 0 & 1 & & \vdots \\ \vdots & & & \ddots & 1 \\ 0 & & \ldots & & 0 \end{pmatrix}, \quad N^l = \begin{pmatrix} 0 & \ldots & 0 & 1 & \ldots & 0 \\ & & & & \ddots & \vdots \\ \vdots & & & & & 1 \\ 0 & & \ldots & & & 0 \end{pmatrix}, \quad l = 1, \ldots, m-1,$$

und $N^l = 0$, $l \geqq m$. Deshalb wird e^{tN} durch eine endliche Reihe berechnet,

$$e^{tN} = \sum_{k=0}^{m-1} \frac{t^k}{k!} N^k = \begin{pmatrix} 1 & t & t^2/2 & \ldots & t^{m-1}/(m-1)! \\ 0 & 1 & t & \ldots & t^{m-2}/(m-2)! \\ 0 & 0 & 1 & & \vdots \\ \vdots & & & & \vdots \\ 0 & \ldots & & \ldots & 1 \end{pmatrix}.$$

Da λI und N vertauschbar sind, gilt $e^{tJ} = e^{t\lambda I} \cdot e^{Nt}$. Damit ist die Lösung von (1.8)

$$x(t) = Q^{-1} \operatorname{diag} \left(e^{tJ_1^{(1)}}, \ldots, e^{tJ_r^{(m_r)}}\right) Qx_0$$

berechenbar und eine Linearkombination der Funktionen $t^{l_k} e^{\lambda_k t}$, $k = 1, \ldots, r$, wobei l_k von Null bis höchstens $n_k - 1$ läuft.

4. *Komplexe, mehrfache Eigenwerte.* In diesem Fall kann A auf eine *reelle kanonische Form* transformiert werden. Eine passende Matrix Q erzeugt nämlich

$$QAQ^{-1} = \operatorname{diag}(K_1, \ldots, K_r), \quad K_j = \operatorname{diag}(K_j^{(1)}, \ldots, K_j^{(m_j)}), \quad j = 1, \ldots, r,$$

$$K_j^{(s)} = \begin{pmatrix} L_j & I_2 & \cdots & 0 \\ \vdots & L_j & I_2 & \vdots \\ \vdots & & \ddots & I_2 \\ 0 & \cdots & & L_j \end{pmatrix}, \quad L_j = \begin{pmatrix} \alpha_j & -\omega_j \\ \omega_j & \alpha_j \end{pmatrix}, \quad I_2 = \begin{pmatrix} 1 & 0 \\ 0 & 1 \end{pmatrix}.$$

Wir erhalten somit in Verallgemeinerung von 2. und 3. eine Normalform, in der auf der Haupt„diagonalen" Drehstreckmatrizen L_j (ensprechend der Vielfachheit von $\lambda_j = \alpha_j + i\omega_j$) und darüber 2×2-Einheitsmatrizen oder nur Nullen stehen.

Die Lösung von (1.8)

$$x(t) = Q^{-1} \cdot \operatorname{diag} \left(e^{tK_1^{(1)}}, \ldots, e^{tK_r^{(m_r)}}\right) Qx_0$$

ist damit wieder als Linearkombination aus Funktionen $t^{l_k} e^{\alpha_k t} \cos \omega_k t$, $t^{l_k} e^{\alpha_k t} \sin \omega_k t$ berechenbar.

Satz 3. *Jede Komponente $x_i(t)$ der allgemeinen Lösung von $\dot{x} = Ax$ ist eine Linearkombination der Funktionen $t^l e^{\alpha t} \cos \omega t$, $t^l e^{\alpha t} \sin \omega t$, wobei $\alpha + i\omega$ alle Eigenwerte von ${}^cA$ mit $\omega \geqq 0$ durchläuft und $l + 1$ höchstens die Vielfachheit des entsprechenden Eigenwertes erreicht.*

Damit können wir das Langzeitverhalten der linearen Differentialgleichung (1.8) charakterisieren.

Satz 4. *Sei $A \in \mathcal{L}(\mathbb{R}^n)$, sei $x(t)$ die Lösung von $\dot{x} = Ax$, $x(0) = x_0$ und seien $\lambda_1, \ldots, \lambda_n$ die Eigenwerte von ${}^cA$.*

a) *Aus $Re\, \lambda_k < 0$ für alle $k = 1, \ldots, n$ folgt* $\lim\limits_{t\to\infty} x(t) = 0$.

b) *Aus $Re\, \lambda_i > 0$ für ein $i \in \{1, \ldots, n\}$ folgt* $\lim\limits_{t\to\infty} |x(t)| = \infty$.

Die Aussage ergibt sich unmittelbar aus Satz 3, weil für $t \to \infty$ der Ausdruck $t^l e^{\alpha t} \cos \omega t$ unabhängig von ω und $l = 0, 1, \ldots$ für $\alpha < 0$ gegen Null strebt und für $\alpha > 0$ betragsmäßig über alle Grenzen wächst. Falls alle Realteile von Null verschieden sind, gibt es mit wachsender Zeit nur zwei Verhaltensweisen der Lösung von (1.8): asymptotisches Einlaufen in den Nullpunkt oder Divergenz (längs der Unterräume zu Eigenwerten mit positivem Realteil).

1.3.3. Topologische Typen linearer Flüsse

0. Seien $\lambda_1, \ldots, \lambda_r, \mu_1, \bar{\mu}_1, \ldots, \mu_m, \bar{\mu}_m, r + 2m = n$ die Eigenwerte von ${}^cA$. Die Überlegungen aus 1.3.2. zeigen, daß für *einfache* Eigenwerte die Matrix A und der Raum $\mathbb{R}^n$ in geeigneten Koordinaten die eindeutige Zerlegung

$$A = A_1 \oplus \cdots \oplus A_r \oplus B_1 \oplus \cdots \oplus B_m,$$
$$\mathbb{R}^n = E_1 \oplus \cdots \oplus E_r \oplus F_1 \oplus \cdots \oplus F_m$$

besitzen, wobei

$$\dim E_i = 1, \quad A|_{E_i} := A_i\colon E_i \to E_i, \quad E_i = \operatorname{span}\{u^i\}, \quad i = 1, \ldots, r,$$
$$\dim F_j = 2, \quad A|_{F_j} := B_j\colon F_j \to F_j, \quad F_j = \operatorname{span}\{v^j, w^j\}, \quad j = 1, \ldots, m,$$

und $Au^i = \lambda_i u^i$, ${}^cA(v^j + \mathrm{i}w^j) = (\alpha_j + \mathrm{i}\omega_j)(v^j + \mathrm{i}w^j)$, $\mu_j = \alpha_j + \mathrm{i}\omega_j$ gilt. Der Raum $\mathbb{R}^n$ ist somit die direkte orthogonale Summe aus bezüglich A *invarianten* ein- bzw. zweidimensionalen Unterräumen, so daß die Gleichung $\dot{x} = Ax$ (in geeigneten schiefwinkligen Koordinaten) in unabhängige Differentialgleichungen mit ein- bzw. zweidimensionalem Phasenraum

$$\dot{x} = A_i x, \quad x \in E_i, \quad \dot{x} = B_j x, \quad x \in F_j,$$

zerfällt. Damit läßt sich aber der Trajektorienverlauf durch Überlagerung der entsprechenden ein- bzw. zweidimensionalen Bewegungen gewinnen.

Im Falle *mehrfacher* Eigenwerte ist eine Zerlegung in invariante Unterräume höherer Dimension nötig (die maximal die Vielfachheit des reellen bzw. doppelte Vielfachheit des komplexen zugehörigen Eigenwertes erreichen).

1. *Eindimensionale Flüsse.* Die lineare Differentialgleichung

$$M = \mathbb{R}^1\colon \dot{x} = ax, \quad a \text{ reell},$$

besitzt drei topologisch verschiedene Lösungsscharen $x(t) = e^{at}x_0$, $x_0 \in \mathbb{R}^1$ (Abb. 10):

a) $\lim\limits_{t\to\infty} x(t) = 0 \quad \forall x_0, \quad$ falls $a < 0$,

b) $x(t) \equiv x_0 \quad \forall t, \quad$ falls $a = 0$,

c) $\lim\limits_{t\to\infty} x(t) = \pm\infty \quad \forall x_0 \gtrless 0, \quad$ falls $a > 0$.

2. *Zweidimensionale Flüsse.* Die lineare Differentialgleichung

$$M = \mathbb{R}^2\colon \quad \dot{x} = Ax, \quad A \text{ reelle } 2\times 2\text{-Matrix},$$

besitzt in Abhängigkeit von den Eigenwerten λ_1, λ_2 von ${}^cA$ unterschiedliche Trajektorienverläufe. Sind λ_1 und λ_2 reell und verschieden, so erhalten wir das direkte Produkt zweier Fälle mit $n = 1$. Für $\lambda_1 = \lambda_2$ oder $\lambda_{1,2} = \alpha \pm \mathrm{i}\omega$, $\omega > 0$, ergeben sich dagegen topologisch neue Typen (Tabelle 2).

Bei einem *nichtentarteten Knoten* sind die Trajektorien in den beiden Hauptachsenrichtungen Teile von Geraden und sonst zur Achse mit dem betragsmäßig größeren Eigenwert gekrümmt. Bei einem *entarteten Knoten* münden alle Trajektorien tangential in die einzige Eigenrichtung ein. Ein *Sattel* wird von Hyperbeln umgeben. Bei einem *Strudel* sind die Trajektorien ein- bzw. auslaufende (elliptische) Spiralen, denn führen wir in der (orthogonalen!) u-v-Ebene Polarkoordinaten $u = r \cdot \cos\varphi, v = r \cdot \sin\varphi$ ein, so ergibt sich diese Normalform $\dot{r} = \alpha r$, $\dot{\varphi} = \omega$. Ein *Wirbel* wird von Ellipsen umgeben.

Aufgabe 1. Geben Sie die explizite (d. h. nicht in t parametrisierte) Gestalt der Trajektorien im Falle eines Knotens an!

Aufgabe 2. Untersuchen Sie den harmonischen Oszillator mit linearer Reibung

$$M = \mathbb{R}^2: \quad \dot{x} = y, \quad \dot{y} = -\beta y - kx, \quad k > 0, \quad \beta \text{ reell},$$

und klassifizieren Sie den Fixpunkt (0, 0)!

Aufgabe 3. Beschreiben Sie den Trajektorienverlauf der dreidimensionalen linearen Differentialgleichung $M = \mathbb{R}^3$, $\dot{x} = Ax$ für die Eigenwertlagen a) $\lambda_1 < \lambda_2 < 0 < \lambda_3$, b) $\lambda_{1,2} = \alpha \pm i\omega$, $\omega > 0$, $\alpha < \lambda_3 < 0$ und c) $\lambda_{1,2} = \alpha \pm i\omega$, $\omega > 0$, $\lambda_3 < \alpha < 0$!

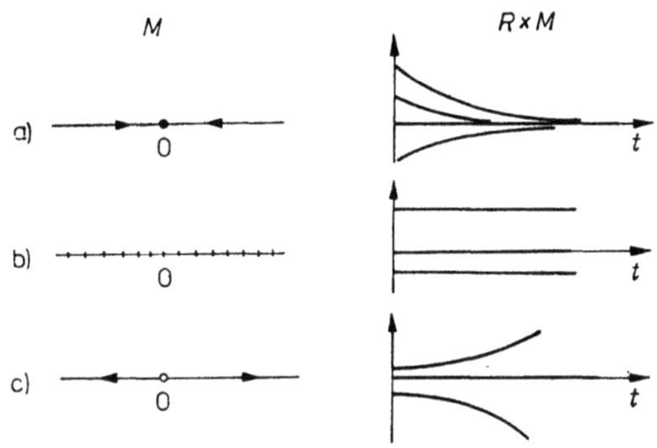

Abb. 10

Unterschiedliche Typen von Trajektorien bzw. Integralkurven der Differentialgleichung $M = \mathbb{R}^1$, $\dot{x} = ax$ für $a < 0$ (a), $a = 0$ (b) und $a > 0$ (c)

3. Definition 2. Sind $v_1, \ldots, v_{n_s}$ (bzw. $u_1, \ldots, u_{n_u}$ bzw. $w_1, \ldots, w_{n_c}$) die verallgemeinerten Eigenvektoren zu den Eigenwerten mit negativem (bzw. positivem bzw. verschwindendem) Realteil, so heißt der von ihnen aufgespannte Raum E_s (bzw. E_u bzw. E_c) *stabiler* (bzw. *instabiler* bzw. *zentraler*) *invarianter Unterraum*.

Bemerkung. Natürlich gilt $n_s + n_u + n_c = n$. Hat die Gleichung $(A - \lambda I)\, x = 0$ zu einem reellen Eigenwert $\lambda = \lambda_k$ der Vielfachheit n_k nur $\nu_k < n_k$ linear unabhängige Eigenvektoren, so hat $(A - \lambda I)^2\, x = 0$ mindestens $\nu_k + 1$ linear unabhängige Eigenvektoren usw. Auf diese Weise ist die Basis der „verallgemeinerten" Eigenvektoren im entsprechenden (n_k-dimensionalen) Unterraum konstruierbar. Bezeichnet $N(C)$ den Nullraum der Matrix C, so ist E_s durch

$$E_s = \bigoplus_{\mathrm{Re}\,\lambda_k < 0} N(A - \lambda_k I)^{n_k}$$

gegeben (und analog E_u bzw. E_c).

Im Falle konjugiert-komplexer Eigenwerte $\lambda_k = \alpha_k \pm i\omega_k$ mit den Eigenvektoren $e_1{}^k \pm ie_2{}^k$, wird der Raum E_s von den reellen Vektoren $\{e_1{}^k, e_2{}^k \mid \mathrm{Re}\,\lambda_k < 0\}$ auf-

Tabelle 2: Topologische Typen linearer zweidimensionaler Flüsse (es fehlen die entarteten Fälle $\lambda_1 = \lambda_2 = 0$, $\lambda_1 = \lambda_2 > 0$ und $\lambda_1 = 0$, $\lambda_2 > 0$)

Eigenwerte λ	Normalform von A	Name des Fixpunktes	Trajektorienverlauf
	$\begin{pmatrix} \lambda_1 & 0 \\ 0 & \lambda_2 \end{pmatrix}$	stabiler Knoten	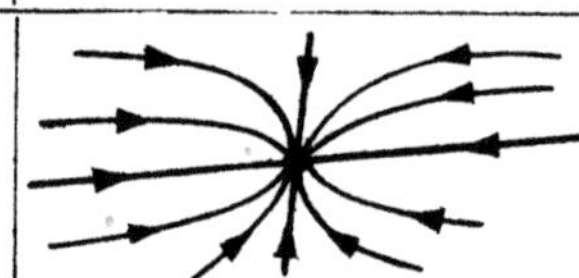
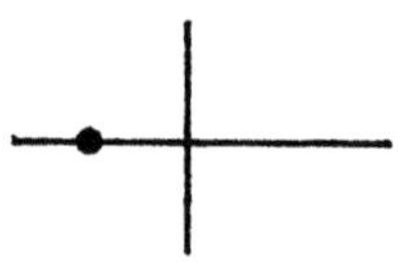	$\begin{pmatrix} \lambda & 0 \\ 0 & \lambda \end{pmatrix}$		
	$\begin{pmatrix} \lambda & 1 \\ 0 & \lambda \end{pmatrix}$	entarteter stabiler Knoten	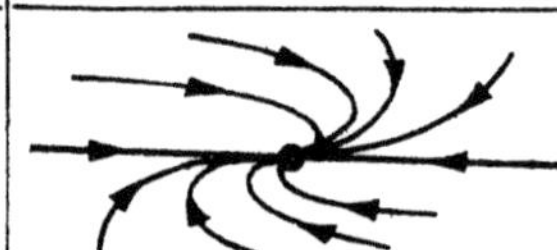
	$\begin{pmatrix} \lambda_1 & 0 \\ 0 & \lambda_2 \end{pmatrix}$	Sattel	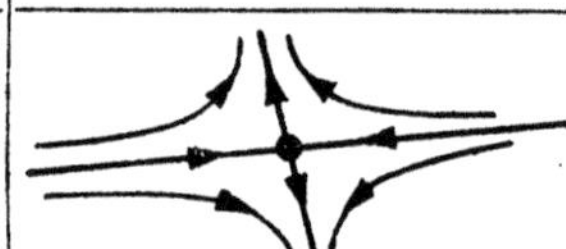
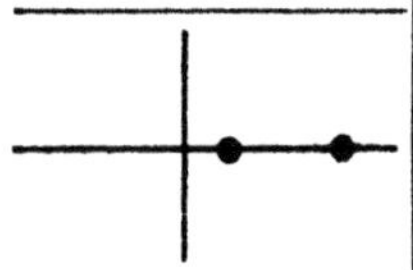	$\begin{pmatrix} \lambda_1 & 0 \\ 0 & \lambda_2 \end{pmatrix}$	instabiler Knoten	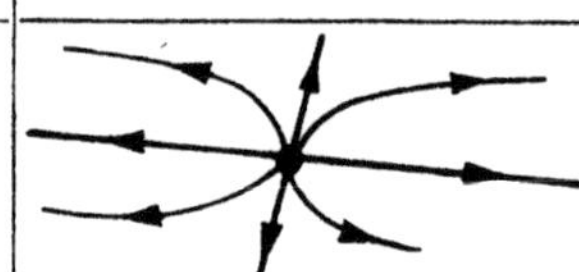
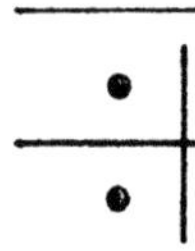	$\begin{pmatrix} \alpha & -\omega \\ \omega & \alpha \end{pmatrix}$	stabiler Strudel	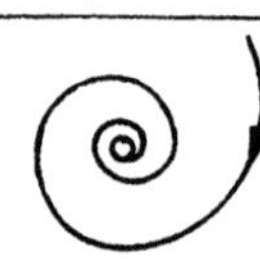
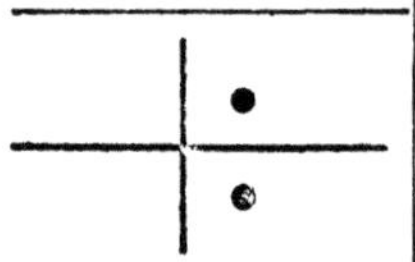	$\begin{pmatrix} \alpha & -\omega \\ \omega & \alpha \end{pmatrix}$	instabiler Strudel	
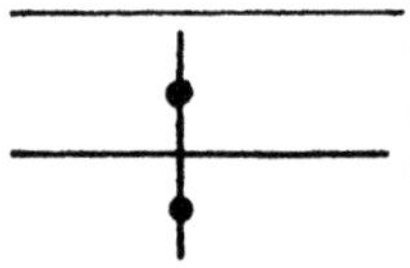	$\begin{pmatrix} 0 & -\omega \\ \omega & 0 \end{pmatrix}$	Wirbel (Zentrum)	
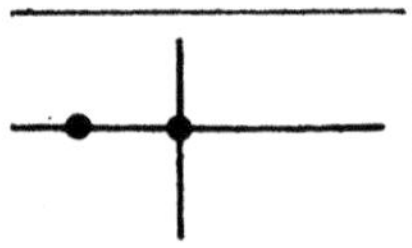	$\begin{pmatrix} \lambda & 0 \\ 0 & 0 \end{pmatrix}$	—	

gespannt (und analog E_u bzw. E_c), wobei bei mehrfachen Eigenwerten wieder entsprechende Potenzen von $A - \lambda_k I$ betrachtet werden.

Haben alle Eigenwerte von ${}^cA$ von Null verschiedene Realteile, so heißt e^{tA} ***hyperbolischer Fluß***. Bei sämtlich negativen Realteilen liegt eine *Kontraktion* vor, bei sämtlich positiven eine *Expansion*.

Lösungen in E_s fallen exponentiell (monoton oder oszillierend) auf Null, Lösungen in E_u wachsen exponentiell (monoton oder oszillierend). Lösungen in E_c bleiben konstant oder oszillieren, falls einfache Eigenwerte vorliegen (Abb. 11).

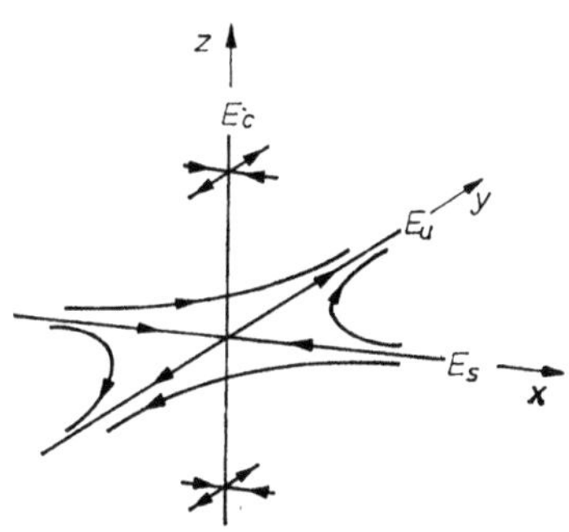

Abb. 11
Invariante Unterräume E_s, E_u und E_c der Gleichung $\dot{x} = -ax$, $\dot{y} = bx$, $\dot{z} = 0$, $(x, y, z) \in \mathbb{R}^3$ für $a > 0$, $b > 0$

Die Realteile $\operatorname{Re} \lambda_1, \ldots, \operatorname{Re} \lambda_n$ der Eigenwerte heißen *Ljapunow-Exponenten* des linearen Systems und charakterisieren die exponentiellen Ausdehnungsraten in den Hauptachsenrichtungen.

Ist λ ein reeller, einfacher Eigenwert von A mit $Au = \lambda u$, so folgt für $x_0 \in \operatorname{span}\{u\}$ die Entwicklung $x(t) = x_0 e^{\lambda t}$ das heißt

$$\lambda = t^{-1} \ln [x(t)/x(0)].$$

Die Volumenänderung wird nach Satz 2 (der auch für komplexe Eigenwerte richtig bleibt) durch die Summe der Ljapunow-Exponenten $\sum_{k=1}^{n} \operatorname{Re} \lambda_k = \operatorname{sp} A$ bestimmt.

Im Abschnitt 5.4. werden wir ausführlich Ljapunow-Exponenten für nichtlineare Systeme behandeln.

1.4 Stabilität von Fixpunkten

In diesem Abschnitt untersuchen wir die nichtlineare Differentialgleichung

$$M \subset \mathbb{R}^n: \quad \dot{x} = f(x), \quad x(0) = x_0, \tag{1.20}$$

und nehmen dabei an, daß $f: M \to \mathbb{R}^n$ ein C^1-Vektorfeld auf dem Gebiet M ist.

Fixpunkte x^0 (für die $f(x^0) = 0$ gilt) sind von besonderem Interesse, weil mit ihnen zeitlich konstante Lösungen $x(t) \equiv x^0$ verbunden sind, die man mitunter „Gleichgewichts"lagen nennt. Das Beispiel einer Kugel in welligem Gelände zeigt, daß Lösungen $x(t)$ mit Anfangswerten $x(0)$ nahe bei x^0 sehr unterschiedliches Verhalten besitzen können (Abb. 12).

Von physikalischer Relevanz sind offenbar nur stabile Fixpunkte, bei denen kleine Störungen zeitlich wieder abgebaut werden.

Definition 1. a) Ein Fixpunkt x^0 heißt *stabil* (gegenüber kleinen Störungen, im Ljapunowschen Sinne), wenn es für alle $\varepsilon > 0$ ein $\delta > 0$ gibt, so daß für die Lösungen $x(t) = x(t, x(0))$ gilt

$$\|x(t) - x^0\| < \varepsilon \; \forall \, t \geqq 0, \quad \forall x(0) \quad \text{mit} \quad \|x(0) - x^0\| < \delta$$

(und $x(t)$ für alle $t \geqq 0$ existiert).

b) Ein stabiler Fixpunkt heißt *asymptotisch stabil*, falls zusätzlich gilt

$$\lim_{t \to \infty} \|x(t) - x^0\| = 0 \quad \forall x(0) \quad \text{mit} \quad \|x(0) - x^0\| < \delta .$$

c) Ein Fixpunkt, der nicht stabil ist, heißt *instabil*.

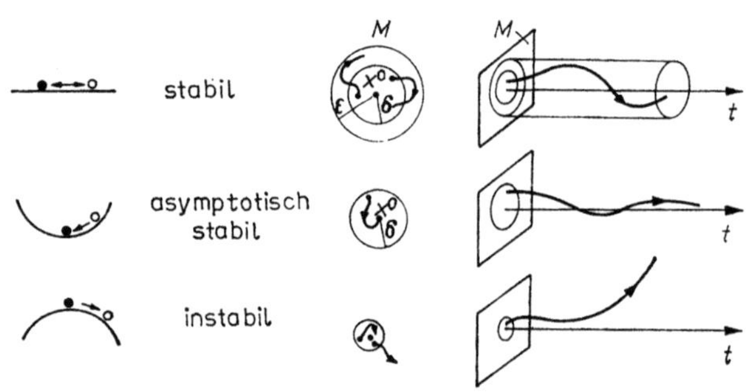

Abb. 12
Stabilität eines Fixpunktes: Kugel in welligem Gelände (links) und abstrakte Definition (rechts)

Die Definition ist unabhängig vom benutzten Koordinatensystem und auch unabhängig von der gewählten Norm.

Mitunter ist es zweckmäßig, statt der Euklidischen Norm $\|x\|_2 = \sqrt{\sum_{i=1}^{n} |x_i|^2}$ eine andere Norm[1]) zu wählen, beispielsweise

$$\|x\|_1 = \sum_{i=1}^{n} |x_i| \quad \text{bzw.} \quad \|x\|_\infty = \max_{i=1,\dots,n} |x_i| .$$

In einem n-dimensionalen Vektorraum ergeben alle Normen gleiche Konvergenzaussagen.

Bei einem stabilen Fixpunkt bleiben anfänglich benachbarte Lösungen weiterhin benachbart, bei einem asymptotisch stabilen Fixpunkt werden alle hinreichend kleinen Störungen zeitlich wieder abgebaut. In jeder Umgebung eines instabilen Fixpunktes gibt es dagegen Anfangspunkte von Trajektorien, die diese Umgebung verlassen (vgl. Abb. 12).

Beispiel 1. Für den harmonischen Oszillator mit linearer Reibung

$$M = \mathbb{R}^2: \; \dot{x} = y, \quad \dot{y} = -\beta y - kx, \quad k > 0,$$

---

[1]) Eine Norm in einem linearen Vektorraum B ist eine Funktion $\|\cdot\|: B \to [0, \infty)$, so daß $\|x\| = 0$ nur für $x = 0$, $\|cx\| = |c| \cdot \|x\|$ und $\|x + y\| \leqq \|x\| + \|y\|$ gilt.

zeigt die explizite Lösung (siehe 1.3.3. bzw. E.2.2.), daß der Fixpunkt $(x^0, y^0) = (0, 0)$ für $\beta > 0$ asymptotisch stabil und für $\beta < 0$ instabil ist (jeweils Knoten oder Strudel). Für $\beta = 0$ (Wirbel) liegt nur Stabilität vor.

1.4.1. Methode der Linearisierung

1. Um die Stabilität eines Fixpunktes x^0 von (1.20) zu untersuchen, erweist es sich als äußerst effektiv, die Differentialgleichung in der Nähe von x^0 zu linearisieren. Nach Koordinatenverschiebung $y := x - x^0$ und einer Potenzreihenentwicklung bei x^0 finden wir, daß kleine Störungen $y(t) = x(t) - x^0$ sich (wegen $f(x^0) = 0$) gemäß

$$\dot{y} = \dot{x} = f(x^0 + y) = f'(x^0)\, y + \cdots,$$

das heißt

$$\dot{y} = Ay + o(\|y\|), \quad A := \left(\frac{\partial f_i}{\partial x_k}(x^0)\right)_{i,k=1}^{n}$$

entwickeln. Dabei ist A die Matrix der partiellen Ableitungen des Vektorfeldes f (die Jacobi-Matrix) am Punkt x^0.

Die wesentliche Idee besteht in der Vorstellung, daß die Terme höherer Ordnung $o(\|y\|)$ in der Nähe von $y^0 = 0$ keinen wesentlichen Einfluß auf die topologische Struktur der Trajektorien haben, so daß wir sie in erster Näherung weglassen. Daß dies richtig ist, erfordert einen längeren Beweis (zu dem wir in 1.4.2. etwas bemerken), wird aber häufig nur intuitiv begründet. Wir untersuchen deshalb die lineare Differentialgleichung (mit konstanten Koeffizienten)

$$M = \mathbb{R}^n\colon \quad \dot{y} = Ay, \quad y(0) = y_0, \quad A = \left(\frac{\partial f_i}{\partial x_k}(x^0)\right)_{i,k=1}^{n}, \tag{1.21}$$

die *Linearisierung* der Gleichung (1.20) im Punkt x^0 heißt.

Streng genommen handelt es sich um eine Differentialgleichung im Tangentialraum $T_{x^0}\mathbb{R}^n$ am Punkt x^0, für die man

$$\dot{y} = f_{*x^0} y$$

schreibt. Dabei ist $y \in T_{x^0}\mathbb{R}^n$ ein Tangentialvektor und f_{*x^0} eine Abbildung (das Differential von f)

$$f_{*x^0}\colon y \mapsto f'(x^0)\, y,$$

die von $T_{x^0}\mathbb{R}^n \cong \mathbb{R}^n$ in $T_{f(x^0)}\mathbb{R}^n \cong T_y\mathbb{R}^n$ abbildet ([3]).

Satz 1 ([6], [3]). *Seien $\lambda_1, \ldots, \lambda_n$ die Eigenwerte der (komplexifizierten) Matrix A der linearisierten Gleichung* (1.21).

a) *Gilt*

$$\operatorname{Re} \lambda_k < 0 \quad \forall k = 1, \ldots, n,$$

so ist der Fixpunkt x^0 der nichtlinearen Gleichung (1.20) *asymptotisch stabil.*

b) *Gilt*

$$\operatorname{Re} \lambda_i > 0 \quad \text{für ein} \quad i \in \{1, \ldots, n\},$$

so ist der Fixpunkt x^0 von (1.20) *instabil.*

Bemerkung. Sind ein oder mehrere Realteile gleich Null, so erfordert dies die Einbeziehung der nächsthöheren nichtlinearen Terme (siehe Beispiel 2).

Dieser Satz ist ein sehr wichtiges Hilfsmittel bei der qualitativen Diskussion der Lösungsstruktur nichtlinearer Differentialgleichungen! Seine Aussage, daß die linearisierte Gleichung bereits eine ausreichende Information über den Trajektorienverlauf in der Nähe von x^0 liefert, werden wir in Satz 2 noch weiter präzisieren.

Um Satz 1 anwenden zu können, muß die charakteristische Gleichung $\det(A - \lambda I) = 0$, die auf eine polynomiale Gleichung

$$\sum_{k=0}^{n} a_{n-k}\lambda^k = 0, \quad a_0 \overset{!}{=} 1, \tag{1.22}$$

mit reellen Koeffizienten $a_1, \ldots, a_n$ führt, nicht explizit gelöst werden (wir können o. B. d. A. $a_0 = 1$ voraussetzen). Zur Entscheidung, ob alle Wurzeln von (1.22) negative Realteile besitzen, gibt es verschiedene algebraische Kriterien (ein Blättern in Lehrbüchern lohnt sich!), von denen wir ein nach HURWITZ benanntes zitieren.

Kriterium (HURWITZ). *Die Eigenwerte $\lambda_1, \ldots, \lambda_n$ der Matrix A besitzen genau dann sämtlich negative Realteile, wenn für die Koeffizienten $a_1, \ldots, a_n$ des charakteristischen Polynoms* (1.22) *folgende Ungleichungen gelten (sei $a_k \equiv 0$ für $k > n$):*

$$D_1 := a_1 > 0, \quad D_2 := \begin{vmatrix} a_1 & 1 \\ a_3 & a_2 \end{vmatrix} > 0, \ldots, \quad D_n := \begin{vmatrix} a_1 & 1 & 0 & \ldots & & 0 \\ a_3 & a_2 & a_1 & 1 & 0 \ldots & 0 \\ a_5 & a_4 & a_3 & a_2 & \ldots & 0 \\ \vdots & \vdots & & & & \vdots \\ a_{2n-1} & a_{2n-2} & & \ldots & & a_n \end{vmatrix} > 0. \tag{1.23}$$

Bemerkung. Wegen $D_n = D_{n-1} \cdot a_n$ ist die letzte Ungleichung ersetzbar durch $a_n > 0$.

Aufgabe 1. Geben Sie in der (a_1, a_2)-Ebene die Bereiche an, für die der Fixpunkt (0, 0) des ebenen Systems $M = \mathbb{R}^2$, $\dot{y} = Ay$ ein stabiler (instabiler) Knoten bzw. Strudel, ein Sattel oder ein Wirbel ist!

Die leichte Handhabbarkeit des Hurwitz-Kriteriums hat auch ihren Preis: Da nicht bekannt wird, ob die Eigenwerte reell oder komplex, einfach oder mehrfach sind, erfordert eine genauere Diskussion des Trajektorienverlaufs weitere Kenntnisse (siehe z. B. 3.1.1.).

Beispiel 2. Wir betrachten die allgemeine eindimensionale Gleichung

$$M = \mathbb{R}^1: \quad \dot{x} = f(x), \quad f(x^0) = 0, \tag{1.24}$$

mit der Linearisierung (sei f eine C^1-Abbildung)

$$M = \mathbb{R}^1: \quad \dot{y} = f'(x^0) \cdot y.$$

Aus 1.3.3. wissen wir, daß es drei verschiedene Fälle gibt (Abb. 13):

a) Für $f'(x^0) < 0$ ist x^0 asymptotisch stabil, so daß kleine Störungen exponentiell abklingen.

b) Für $f'(x^0) > 0$ ist x^0 instabil, Störungen wachsen (lokal) exponentiell an.
c) Für $f'(x^0) = 0$ macht die lineare Näherung keine Aussage, so daß die niedrigste nichtverschwindende Ableitung entscheidet, ob Störungen (nach einem Potenzgesetz!) anwachsen oder abklingen.

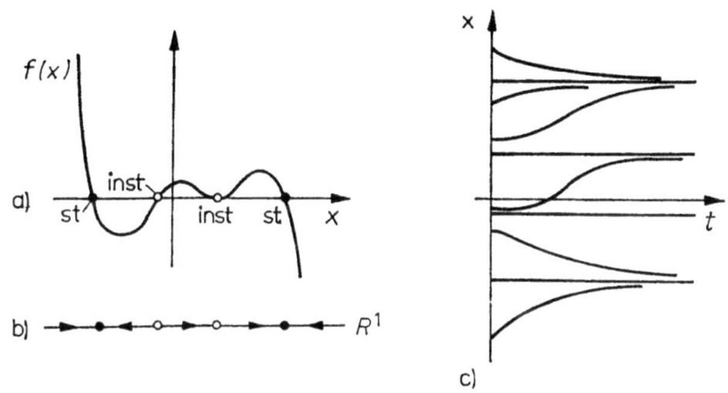

Abb. 13
Eindimensionale Systeme: Stabilität von Fixpunkten (a) und globaler Verlauf von Trajektorien (b) bzw. Integralkurven (c)

Ist z. B. f dreimal stetig differenzierbar mit $f'(x^0) = 0$, so ist x^0 für $f''(x^0) \neq 0$ stets instabil (Abb. 13), für $f''(x^0) = 0$, $f'''(x^0) < 0$ dagegen asymptotisch stabil.

Da Trajektorien im $\mathbb{R}^1$ ihre Richtung nicht ändern können, ist damit bereits das globale Lösungsverhalten von (1.24) bekannt (Abb. 13).

Beispiel 3. Die Differentialgleichung (1.4) aus Beispiel 1.2./2

$$M = \mathbb{R}^2: \quad \dot{x} = y, \quad \dot{y} = -\beta y + \mu x - x^3, \quad \beta > 0,$$

besitzt stets den Fixpunkt $x^0 = y^0 = 0$ und für $\mu \geqq 0$ die Fixpunkte $x^0 = \pm\sqrt{\mu}$, $y^0 = 0$ sowie die linearisierte Matrix

$$A = \begin{pmatrix} 0 & 1 \\ \mu - 3(x^0)^2 & -\beta \end{pmatrix}$$

mit der charakteristischen Gleichung

$$\det (A - \lambda I) = \lambda^2 + \beta\lambda - \mu + 3(x^0)^2 \stackrel{!}{=} 0.$$

Nach dem Hurwitz-Kriterium liegt asymptotische Stabilität vor, falls $a_1 = \beta \stackrel{!}{>} 0$, $a_2 = -\mu + 3(x^0)^2 \stackrel{!}{>} 0$ gilt.

Der Fixpunkt $(0, 0)$ ist wegen $a_2 = -\mu$ für $\mu < 0$ asymptotisch stabil (und zwar ein Knoten für $-\beta^2/4 < \mu < 0$ bzw. ein Strudel für $\mu < -\beta^2/4$) und für $\mu > 0$ instabil (Sattel (warum?)).

Die Fixpunkte $\left(\pm\sqrt{\mu}, 0\right)$ sind wegen $a_2 = 2\mu$ für $\mu > 0$ stets asymptotisch stabil (Knoten für $0 < \mu < \beta^2/8$, Strudel für $\beta^2/8 < \mu$). Damit ist das Verhalten der Lösungen in der Nähe der Fixpunkte qualitativ bekannt. Zusammen mit weiteren Kenntnissen über das Vektorfeld (Isoklinen, Kap. 3: keine geschlossenen Orbits) kann der globale Trajektorienverlauf erschlossen werden (Abb. 14a, b). Während das System für $\mu < 0$ nur einen stabilen Fixpunkt besitzt, gibt es für $\mu > 0$ zwei, so daß *Bistabilität* vorliegt. Die Abhängigkeit der Fixpunkte x^0 vom Parameter μ weist bei $\mu = 0$ eine *Bifurkation* (Verzweigung) auf (Abb. 14c). Da es sich physikalisch um einen nichtlinearen gedämpften Oszillator handelt, münden (für $\mu > 0$) alle Trajektorien asymptotisch in einen der beiden stabilen Fixpunkte ein mit Ausnahme derjenigen (spiralförmigen Kurven), die den Sattel (0, 0) erreichen. Letztere heißen *Separatrizen*, weil sie die Anziehungsbereiche A_+ und A_- der beiden stabilen Fixpunkte trennen (Abb. 14d).

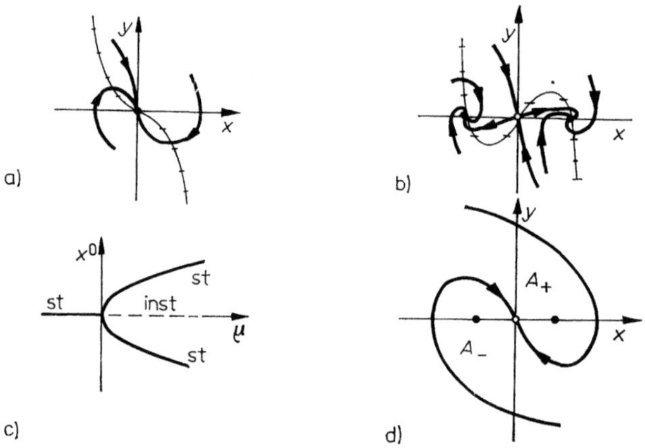

Abb. 14
Trajektorienverlauf der Differentialgleichung (1.4) für $\mu < 0$ (a) bzw. $\mu > 0$ (b), Bifurkation der Fixpunktmenge (c) und Separatrix für $\mu > 0$ (d)

2. Satz 2 ([6]). *Hat die Matrix A der bei x^0 linearisierten Differentialgleichung* (1.20) *keinen Eigenwert mit verschwindendem Realteil, so gibt es einen Homöomorphismus*[1]) *h auf einer Umgebung $U(x^0)$ des Fixpunktes x^0, der die Trajektorien des nichtlinearen Flusses (T_t) auf die des linearen Flusses (e^{tA}) abbildet. Dabei erhält h den Durchlaufsinn und kann so gewählt werden, daß auch die Parametrisierung in t erhalten bleibt.*

In einer geeigneten Umgebung $U(x^0)$ sind somit die Phasenflüsse der nichtlinearen Gleichung (1.20) und ihrer Linearisierung (1.21) *topologisch äquivalent* (Abb. 15), das heißt, es gibt eine eineindeutige und in beiden Richtungen stetige Abbildung

$$h\colon\ U(x^0) \to V(0)$$

(auf eine Umgebung V von Null), so daß gilt

$$h \circ T_t = e^{tA} \circ h \quad \forall t \in \mathbb{R}. \tag{1.25}$$

[1]) d. h. eine eineindeutige und umkehrbar stetige Abbildung.

Die Koordinatentransformation $z = h(x)$ überführt deshalb jede Trajektorie $x(t) = T_t(x_0)$ von (T_t) in eine solche von (e^{tA}),

$$z(t) = h[x(t)] = h[T_t(x_0)] = e^{tA}h(x_0) = e^{tA}z_0 \quad \forall t$$

und umgekehrt.

Für die differenzierbare Äquivalenz (h ist Diffeomorphismus) sind zusätzliche Forderungen nötig.

Zwei lineare Flüsse (e^{tA}) und (e^{tB}) mit von Null verschiedenen Realteilen ihrer Eigenwerte sind genau dann topologisch äquivalent, wenn sie gleich viele Eigenwerte mit positivem bzw. mit negativem Realteil besitzen ([3]). Deshalb sind stabile Knoten und stabile Strudel untereinander topologisch äquivalent, nicht aber einem Sattel.

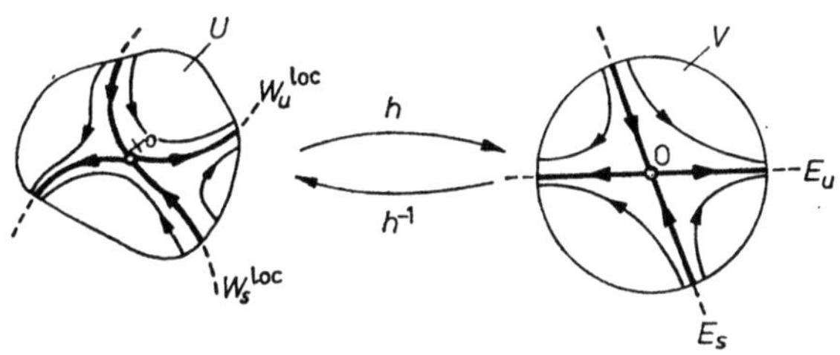

Abb. 15
Topologische Äquivalenz der Linearisierung

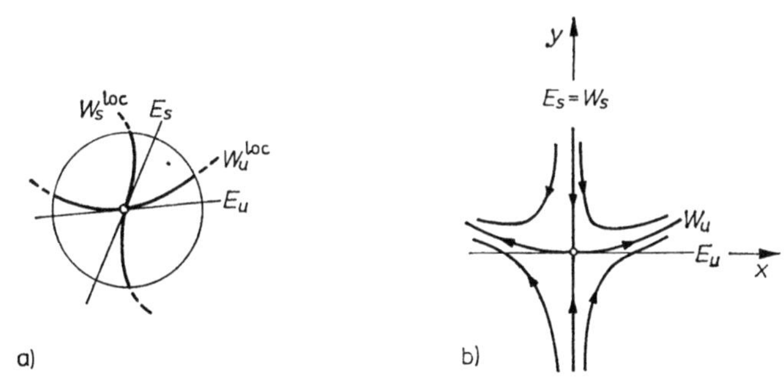

Abb. 16
a) Approximation von W_s^{loc} bzw. W_u^{loc} durch E_s bzw. E_u
b) W_s und W_u für die Gleichung (1.26)

Definition 2. Sei x^0 Fixpunkt der Differentialgleichung $\dot{x} = f(x)$, sei U eine Umgebung von x^0. Dann heißen

$$W_s^{loc}(x^0) := \{x \in U \mid T_t(x) \in U \ \forall t \geqq 0, \ T_t(x) \to x^0 \text{ für } t \to \infty\}$$

bzw.

$$W_u^{loc}(x^0) := \{x \in U \mid T_t(x) \in U \ \forall t \leqq 0, \ T_t(x) \to x^0 \text{ für } t \to -\infty\}$$

lokale stabile bzw. *lokale instabile Mannigfaltigkeit* von x^0.

W_s^{loc} und W_u^{loc} sind die nichtlinearen Analoga der „flachen" Eigenräume E_s und E_u und werden von den letzteren approximiert (Abb. 16a). Wir formulieren die

Aussage für einen *hyperbolischen* Fixpunkt, bei dem die Realteile der Eigenwerte der Jacobi-Matrix sämtlich von Null verschieden sind.

Satz 3 ([6]). *Sei x^0 ein hyperbolischer Fixpunkt von $\dot{x} = f(x)$. Dann existieren die lokalen Mannigfaltigkeiten $W_s^{\text{loc}}(x^0)$ bzw. $W_u^{\text{loc}}(x^0)$, haben die gleiche Dimension n_s bzw. n_u wie die Eigenräume E_s bzw. E_u der Linearisierung und werden in x^0 von diesen tangiert.*

Für ein C^1-Vektorfeld sind W_s^{loc} und W_u^{loc} differenzierbare Mannigfaltigkeiten, während die *globale* stabile bzw. instabile Mannigfaltigkeit

$$W_s(x^0) := \bigcup_{t \leqq 0} T_t\big(W_s^{\text{loc}}(x^0)\big), \quad W_u(x^0) := \bigcup_{t \geqq 0} T_t\big(W_u^{\text{loc}}(x^0)\big)$$

nicht notwendig echte Mannigfaltigkeiten sind, sondern sich kompliziert falten und im Raum dicht liegen können.

Auf Grund der eindeutigen Lösbarkeit einer Differentialgleichung können sich stabile (bzw. instabile) Mannigfaltigkeiten verschiedener Fixpunkte und auch die eines Fixpunktes nicht schneiden, während W_s und W_u für verschiedene Fixpunkte (teilweise) zusammenfallen können (vgl. Abb. 21, 22).

Beispiel 4. Das System

$$M = \mathbb{R}^2\colon \quad \dot{x} = x, \quad \dot{y} = x^2 - y \tag{1.26}$$

besitzt nur den Fixpunkt $(x^0, y^0) = (0, 0)$. Die Linearisierung $\dot{x} = x$, $\dot{y} = -y$ besitzt offenbar die Eigenräume $E_s = \{(x, y) \mid x = 0\}$, $E_u = \{(x, y) \mid y = 0)\}$. Für $x \neq 0$ erfüllen die Trajektorien von (1.26) die Gleichung $dy/dx = x - y/x$, deren allgemeine Lösung durch $y(x) = x^2/3 + c/x$ gegeben ist. Im Limes $x \to 0$ gilt $y(0) = 0$ nur für $c = 0$. Damit ist $W_u\big((0, 0)\big) = \{(x, y) \mid y = x^2/3\}$. Aus $x_0 = 0$ folgt als Lösung $x(t) \equiv 0$, $y(t) = y_0 \, e^{-t}$, so daß sich $W_s\big((0, 0)\big) = E_s$ ergibt (Abb. 16b). Natürlich kann man das Ergebnis auch durch explizite Lösung von (1.26) erhalten.

1.4.2. Methode der Ljapunow-Funktion

1. Definition 3. Seien $M \subset \mathbb{R}^n$ ein Gebiet, $f\colon M \to \mathbb{R}^n$ ein Vektorfeld, $\varphi\colon \mathbb{R}^1 \to M$ eine glatte Kurve mit $\varphi(t) = x$, $\dot{\varphi}(t) = f(x)$ für $x \in M$ und $\Phi\colon M \to \mathbb{R}^1$ eine stetig differenzierbare Funktion. Dann heißt die Abbildung

$$L_f\Phi\colon M \to \mathbb{R}^1, \quad (L_f\Phi)(x) := \frac{d}{dt}\,\Phi[\varphi(t)] \quad \forall x \in M,$$

Ableitung von Φ längs des Vektorfeldes f.

In moderner geometrischer Auffassung ist ein Tangentialvektor $f(x_0)$ eine Äquivalenzklasse von Kurven, die sich sämtlich in x_0 tangieren. Da zwei Kurven φ_1 und φ_2 mit $\varphi_1(t_0) = \varphi_2(t_0) = x_0$, $\dot{\varphi}_1(t_0) = \dot{\varphi}_2(t_0) = f(x_0)$ denselben Wert $(L_f\Phi)(x_0)$ ergeben, ist damit die obige Definition repräsentantenunabhängig und überdies koordinatenfrei ([3]).

In kartesischen Koordinaten erhalten wir

$$(L_f\Phi)(x) = \sum_{k=1}^{n} \frac{\partial \Phi}{\partial x_k} \big(\varphi(t)\big) \cdot \dot{\varphi}_k(t) = \sum_{k=1}^{n} \frac{\partial \Phi}{\partial x_k} (x) \cdot f_k(x),$$

das wir auch als Skalarprodukt

$$(L_f\Phi)(x) = \big(\operatorname{grad} \Phi(x), f(x)\big) \tag{1.27}$$

schreiben können (Abb. 17a).

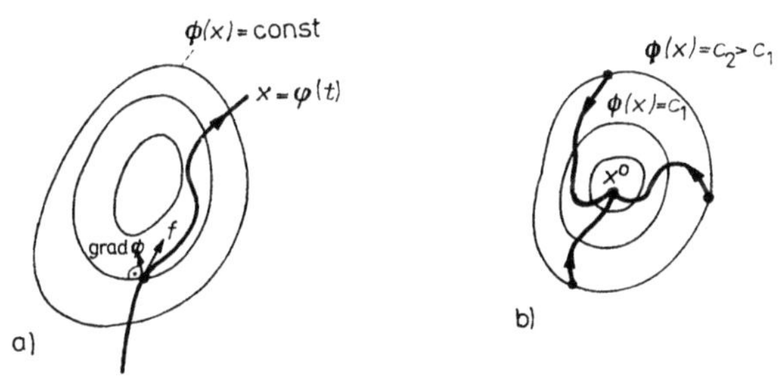

Abb. 17

a) Ableitung längs eines Vektorfeldes

b) Niveaulinien der LJAPUNOW-Funktion und Trajektorien

Die inhaltliche Deutung von $L_f\Phi$ als zeitliche Ableitung von Φ „längs einer Trajektorie" wird klar, wenn wir einen in der Kurve $x = \varphi(t)$ mitbewegten Beobachter betrachten. Weil Φ eine Funktion des Zustandes x ist, wird für ihn Φ eine zeitlich veränderliche Funktion $\Phi[\varphi(t)]$, deren totale Ableitung gerade durch $L_f\Phi$ gegeben ist.

Aus (1.27) erkennen wir auch, daß die Ableitung $L_f\Phi$ sowohl in f als auch in Φ additiv ist.

Die Stabilität von Fixpunkten läßt sich auch mittels einer von LJAPUNOW entwickelten, mehr globalen Methode nachweisen. Ihr Wesen besteht darin, eine definite Funktion Φ zu finden, deren Ableitung längs des Vektorfeldes der Differentialgleichung gerade entgegengesetzt definit ist.

Satz 4 ([6], [7], [3]). a) *Sei x^0 Fixpunkt der Gleichung $\dot{x} = f(x)$, sei U eine Umgebung von x^0, und sei $\Phi\colon U \to \mathbb{R}^1$ eine auf U stetige und in $U' := U \setminus \{x^0\}$ stetig differenzierbare Funktion, für die*

(i) $\Phi(x^0) = 0,\ \Phi(x) > 0\ \forall x \in U'$,

(ii) $(L_f\Phi)(x) \leqq 0\ \forall x \in U'$

gilt. Dann ist x^0 stabil.

b) *Gilt zusätzlich*

(iii) $(L_f\Phi)(x) < 0\ \forall x \in U'$,

dann ist x^0 asymptotisch stabil.

Eine Funktion, die (i) und (iii) erfüllt, heißt (*strenge*) *Ljapunow-Funktion.* Der Inhalt des Satzes ist anschaulich klar (Abb. 17b): Die positiv definite Funktion Φ

definiert durch ihre Niveaulinien $\Phi(x) \equiv c$, $c \geqq 0$, lokal eine Schar geschlossener Kurven um x^0 mit nach außen wachsendem Parameter c. $L_f\Phi = 0$ bedeutet, daß diese Kurven niemals nach außen überschritten werden können und jede Trajektorie „gefangen" bleibt. Wegen der Stetigkeit von Φ erreichen für $L_f\Phi < 0$, $x \neq x^0$ alle Trajektorien (asymptotisch für $t \to \infty$) den Fixpunkt x^0.

Weil U so groß gewählt werden kann, wie es die Forderungen (i), (ii) (bzw. (iii)) zulassen, läßt sich auch die globale Stabilität (gegenüber großen Abweichungen) untersuchen. Insbesondere folgt aus (i) und (iii), daß alle Punkte in U zum *Anziehungsbereich* von x^0 gehören.

Die Ljapunowsche Methode ist zwar mathematisch sehr elegant, aber es gibt keine konstruktiven Verfahren, eine Ljapunow-Funktion zu finden, so daß wir bei konkreten Anwendungen auf unsere Intuition und auf Probieren angewiesen sind. Beispielsweise ist in mechanischen Systemen mit Reibung die Gesamtenergie ein guter Kandidat.

Beispiel 5. Der gedämpfte harmonische Oszillator

$$M = \mathbb{R}^2\colon \dot{x} = y, \quad \dot{y} = -\beta y - kx, \quad \beta > 0, \quad k > 0$$

mit dem einzigen Fixpunkt (0, 0) besitzt als Energiefunktion $H = \frac{1}{2}(kx^2 + y^2)$. Wegen

$$\dot{x}\,\frac{\partial H}{\partial x} + \dot{y}\,\frac{\partial H}{\partial y} = -\beta y^2 < 0 \quad \text{für} \quad y \neq 0$$

ist zunächst nur die Stabilität bewiesen (in den Umkehrpunkten mit $y = 0$ wirkt momentan keine Reibung!). Die modifizierte „Energie"

$$\tilde{H} = \frac{1}{2}(kx^2 + y^2) + \varepsilon xy$$

ist aber für hinreichend kleine Werte von ε auf ganz $\mathbb{R}^2$ eine strenge Ljapunow-Funktion, so daß (0, 0) asymptotisch stabil ist.

Aufgabe 2. Wie klein muß ε in Beispiel 5 sein, damit $\tilde{H}$ eine strenge Ljapunow-Funktion ist?

Aufgabe 3. Geben Sie für den Fixpunkt (0, 0) des Systems

$$M = \mathbb{R}^2\colon \dot{x} = -2x - y^2, \quad \dot{y} = -y - x^2$$

eine strenge Ljapunow-Funktion (oder mehrere) an!

2. Definition 4. Eine Differentialgleichung $\dot{x} = f(x)$, für die eine zweimal stetig differenzierbare Funktion $V\colon M \to \mathbb{R}^n$ existiert, so daß gilt

$$f = -\operatorname{grad} V, \tag{1.28}$$

heißt *Gradientensystem.*

Aus der Vertauschbarkeit der zweiten partiellen Ableitungen von V ergibt sich, daß $\dot{x}_i = f_i(x_1, \ldots, x_n)$, $i = 1, \ldots, n$, dann ein Gradientensystem ist, wenn

$$\frac{\partial f_i}{\partial x_k}(x) = \frac{\partial f_k}{\partial x_i}(x), \quad i, k = 1, \ldots, n, \quad \forall x \in M \tag{1.29}$$

gilt, was die zugelassenen Vektorfelder f stark einschränkt. Liegt aber ein Gradientensystem vor, so können wir stets eine Ljapunow-Funktion angeben und damit nachfolgend Satz 5 beweisen.

Ein Punkt x mit $(\operatorname{grad} V)(x) = 0$ heißt *kritisch*, andernfalls *regulär*.

Satz 5. *Für ein Gradientensystem* $\dot{x} = -\operatorname{grad} V$ *gilt:*

a) *In regulären Punkten kreuzen die Trajektorien die Niveauflächen* $V(x) = \text{const}$ *orthogonal.*
b) *Fixpunkte des Systems sind kritische Punkte von* V.
c) *Isolierte Minima von* V *sind asymptotisch stabile Fixpunkte.*
d) *Nichtentartete Fixpunkte (d. h.* $\det f'(x^0) \neq 0$) *sind (n-dimensionale) Knoten oder Sättel.*
e) *Geschlossene Trajektorien sind nicht möglich.*

Die Niveaufläche $\{x \mid V(x) = c\}$ hat in einem regulären Punkt $\bar{x}$ die $(n-1)$-dimensionale Tangential(hyper)ebene $\{x \mid (\operatorname{grad} V(\bar{x}), x - \bar{x}) = 0\}$, deren Normalenvektor $\nu = \operatorname{grad} V(\bar{x}) \neq 0$ offenbar der Phasengeschwindigkeit $f(\bar{x})$ (dem Tangentialvektor an die Trajektorie) gerade entgegengesetzt gerichtet ist.

Ist nun x^0 ein isoliertes Minimum von V, so ist $\Phi(x) = V(x) - V(x^0)$ in einer geeigneten Umgebung U von x^0 positiv definit. Weil aber gilt

$$(L_f\Phi)(x) = \sum_{k=1}^{n} \frac{\partial \Phi}{\partial x_k}(x)\, f_k(x) = -\sum_{k=1}^{n} \left(\frac{\partial V}{\partial x_k}(x)\right)^2 \leqq 0$$

und für $x \neq x^0$ echte Ungleichheit besteht, ist x^0 asymptotisch stabil.

Die linearisierte Matrix A mit den Elementen

$$A_{ik} = (\partial f_i/\partial x_k)(x^0), \quad i, k = 1, \ldots, n,$$

ist wegen (1.29) symmetrisch und besitzt deshalb nur reelle Eigenwerte, die bei Nichtentartung von x^0 alle von Null verschieden sind. Weil dadurch die Anziehung bzw. Abstoßung in den Teilräumen von E_s bzw. E_u (genauer: in den Untermannigfaltigkeiten von $W_s^{\text{loc}}(x^0)$ bzw. $W_u^{\text{loc}}(x^0)$) monoton erfolgt, sind strudelartige Annäherungen ausgeschlossen. Isolierte Minima von V entsprechen somit asymptotisch stabilen Knoten, Maxima von V gehören zu instabilen Knoten, und Sattelpunkte von V sind auch Sattelpunkte der Differentialgleichung. Die Bewegung bei einer Gradientendynamik $\dot{x} = -\operatorname{grad} V$ entspricht offenbar der eines überdämpften mechanischen Teilchens im äußeren Potential V (deshalb das traditionelle Minuszeichen!), die entlang der Fall-Linien von V zum nächstgelegenen Minimum (oder Sattel) erfolgt.

Ist $x = \varphi(t) = \varphi(t + T)$, $T > 0$, eine geschlossene Trajektorie, so gilt $V[\varphi(t)] = V[\varphi(t + T)]$, was für $\varphi(t) \not\equiv x^0$ im Widerspruch zu

$$dV[\varphi(t)]/dt = (L_f V)[\varphi(t)] < 0 \quad \text{für} \quad \varphi(t) \neq x^0$$

steht.

Beispiele für Gradientensysteme werden wir u. a. in den Abschnitten 2.1., 3.1. und 13.2. behandeln.

Aufgabe 4. Geben Sie das „Potential" V für das Gradientensystem

$$M = \mathbb{R}^2: \quad \dot{x} = 2x - 2y - 4x^3, \quad \dot{y} = -2x + 2y - 4y^3$$

an und charakterisieren Sie die Fixpunkte!

3. Der Satz von der Linearisierung (Satz 1) wird gerade mit Hilfe einer geeigneten Ljapunow-Funktion bewiesen: Wählen wir die Eigenvektoren $u^1, \ldots, u^n$ der linearisierten Matrix A zu den reellen einfachen Eigenwerten $\lambda_1, \ldots, \lambda_n$ als orthogonale Basis, so erhalten wir

$$y = \sum_{k=1}^{n} y_k u^k, \quad \|y\|^2 = \sum_{k=1}^{n} y_k{}^2, \quad (Ay, y) = \sum_{k=1}^{n} \lambda_k y_k{}^2$$

(im Falle komplexer einfacher Eigenwerte treten statt λ_k die Realteile α_k auf). Damit ist (Ay, y) für $\lambda_k < 0$ (bzw. $\operatorname{Re} \lambda_k < 0$), $k = 1, \ldots, n$, eine negativ definite quadratische Form. Das ist aber genau die Ableitung der positiv definiten Funktion $\Phi(y) := \|y\|^2/2$ längs des linearen Vektorfeldes $f_1(y) := Ay$,

$$(L_{f_1}\Phi)(y) = \sum_{k=1}^{n} \frac{\partial \Phi}{\partial y_k} \cdot (Ay)_k = (Ay, y) < 0 \quad \text{für} \quad y \neq 0.$$

Der Anteil für $f_2(y) = f(y) - Ay = o(\|y\|)$

$$(L_{f_2}\Phi)(y) = \sum_{k=1}^{n} \frac{\partial \Phi}{\partial y_k} \cdot f_{2,k}(y) = o(\|y\|^2)$$

ist aber wegen $\partial \Phi / \partial y_k = y_k = o(1)$, $f_{2,k}(y) = o(\|y\|)$ ein Term der Ordnung $o(\|y\|^2)$, so daß in einer hinreichend kleinen Umgebung von $y^0 = 0$

$$(L_f \Phi)(y) < 0 \quad \forall y \in U \setminus \{y^0\}$$

gilt, woraus die asymptotische Stabilität von x^0 folgt.

Bei mehrfachen Eigenwerten müssen die Eigenvektoren passend skaliert werden, damit die Nichtdiagonalterme von A so klein werden, daß (Ay, y) immer noch negativ definit ist ([3]).

1.5. Grenzmengen und Attraktoren

1. Wir betrachten weiterhin die Differentialgleichung

$$M \subset \mathbb{R}^n: \quad \dot{x} = f(x), \quad f: M \to \mathbb{R}^n, \quad C^1\text{-Vektorfeld},$$

und nehmen an, daß es eine hinreichend große kompakte Menge $K \subset M$ gibt, die von keiner Trajektorie $x(t)$ verlassen werden kann.

Wir wissen bereits, daß in der Nähe asymptotisch stabiler Fixpunkte $x(t) \to x^0$ für $t \to \infty$ gilt. Die folgenden Beispiele zeigen, daß es langzeitlich auch andere Bewegungsformen gibt.

Beispiel 1. Der eindimensionale harmonische Oszillator

$$M = \mathbb{R}^2: \quad \dot{x} = y, \quad \dot{y} = -kx, \quad k > 0,$$

besitzt als Trajektorien eine Familie periodischer Orbits (Ellipsen, Abb. 18a).

Beispiel 2. Das System

$$M = \mathbb{R}^2: \quad \dot{x} = x - y - x(x^2 + y^2), \quad \dot{y} = x + y - y(x^2 + y^2)$$

besitzt in Polarkoordinaten die einfache Form

$$\dot{r} = r(1 - r^2), \quad \dot{\varphi} = 1, \quad r_0 = 0.$$

Da $r^0_{(1)} = 1$ asymptotisch stabiler Fixpunkt der Radialbewegung, $r^0_{(2)} = 0$ dagegen instabil ist, erfolgt wegen $\varphi(t) = t + \varphi_0$ ein Aufspiralen $(0 < r_0 < 1)$ bzw. Einrollen $(1 < r_0)$ auf den Kreis $r = 1$. Die geschlossene Trajektorie $x^2 + y^2 = 1$ wird somit asymptotisch für $t \to \infty$ von fast allen Anfangswerten (außer $r_0 = 0$) erreicht (Abb. 18b) und heißt stabiler *Grenzzyklus*. (Geben Sie $r(t)$ explizit an!)

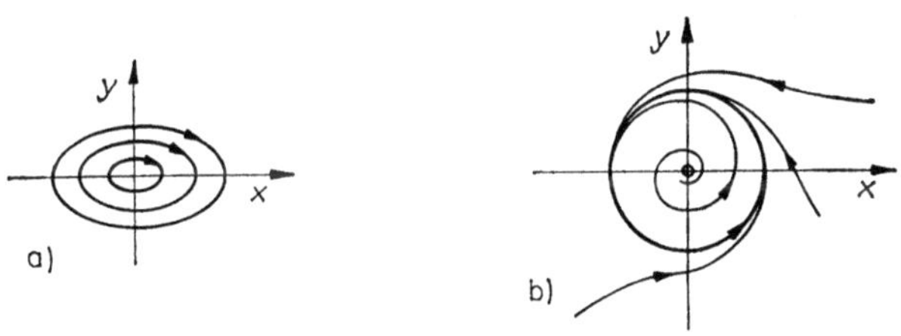

Abb. 18
Familien geschlossener Kurven (a) und stabiler Grenzzyklus (b) als langzeitliche Bewegungstypen

Offenbar läßt sich auch für geschlossene Trajektorien ein Stabilitätsbegriff einführen. Weil wir aber auch von Stabilität sprechen wollen, wenn sich benachbarte Trajektorien als Ganzes nähern, während sich zwei einzelne Bahnpunkte u. U. „aus den Augen verlieren" (man setze im 2. Beispiel $\dot{\varphi} = 1 + r$!), müssen wir einen passenden Abstandsbegriff einführen. Für eine geschlossene Trajektorie C erklären wir deshalb als Abstand des Punktes x von C

$$d(x, C) := \min_{y \in C} \|x - y\|. \tag{1.30}$$

Definition 1. a) Eine geschlossene Trajektorie C heißt (*orbital*) *stabil*, wenn es für alle $\varepsilon > 0$ ein $\delta > 0$ gibt, so daß für die Lösungen $x(t) = T_t(x_0)$ gilt

$$d\big(T_t(x_0), C\big) < \varepsilon \quad \forall t \geqq 0, \quad \forall x_0 \quad \text{mit} \quad d(x_0, C) < \delta$$

(und $x(t)$ für alle $t \geqq 0$ existiert).

b) C heißt (*orbital*) *asymptotisch stabil*, falls zusätzlich gilt

$$\lim_{t \to \infty} d\big(T_t(x_0), C\big) = 0 \quad \forall x_0 \quad \text{mit} \quad d(x_0, C) < \delta.$$

Alle periodischen Orbits in Beispiel 1 sind stabil, aber nicht asymptotisch stabil. Der Grenzzyklus aus Beispiel 2 ist asymptotisch stabil.

Obige Definition ist auch auf allgemeinere Mengen C anwendbar. Ist $C = x^0$ ein Fixpunkt, so erhalten wir wörtlich Definition 1.4./1. Für kompliziertere Mengen C, z. B. gefaltete Flächen im $\mathbb{R}^n$, verwendet man statt (1.30) besser $d(x, C) = \inf\{\|x - y\| \mid y \in C\}$, weil das Minimum nicht immer realisiert wird.

Ist $U = \{x \mid d(x, C) < \delta\}$ eine Umgebung der geschlossenen Trajektorie C, so führen wir die lokale stabile bzw. instabile Mannigfaltigkeit

$$W_s^{\text{loc}}(C) := \left\{x \in U \mid T_t(x) \in U \;\; \forall t \geqq 0,\; d\big(T_t(x), C\big) \to 0 \text{ für } t \to \infty\right\},$$

$$W_u^{\text{loc}}(C) := \left\{x \in U \mid T_t(x) \in U \;\; \forall t \leqq 0,\; d\big(T_t(x), C\big) \to 0 \text{ für } t \to -\infty\right\}$$

und die entsprechenden globalen Analoga $W_s(C)$, $W_u(C)$ ein.

Aufgabe 1. Zeigen Sie, daß das Gleichungssystem

$$M = \mathbb{R}^3\colon\; \dot{x} = x - y - x(x^2 + y^2), \quad \dot{y} = x + y - y(x^2 + y^2), \quad \dot{z} = z$$

genau einen geschlossenen Orbit C besitzt, und bestimmen Sie dessen stabile bzw. instabile Mannigfaltigkeit W_s und W_u!

2. Bisher haben wir für das Langzeitverhalten einer Trajektorie (abgesehen von unbeschränktem Wachstum) drei Möglichkeiten gefunden: Entweder ist $x(t)$ ein Fixpunkt oder eine geschlossene Trajektorie oder $x(t)$ erreicht für $t \to \infty$ asymptotisch einen Fixpunkt oder eine geschlossene Trajektorie. In den Kapiteln 4 und 5 werden wir sehen, daß auch andere und mitunter recht komplizierte Mengen langzeitlich erreicht werden können.

In der folgenden Definition führen wir einige Begriffe ein, die für eine genauere Beschreibung notwendig sind, und erläutern diese anschließend.

Definition 2. a) Eine Menge G heißt *invariant* (bzw. *positiv invariant*) für einen Fluß $(T_t)_{t\in\mathbb{R}}$, falls für alle $x \in G$ gilt

$$T_t(x) \in G \quad \forall t \in \mathbb{R} \quad (\text{bzw. } \forall t \geqq 0).$$

b) Eine Menge N heißt *nichtwandernd*, falls für alle $x \in N$ und jede Umgebung $U(x)$ von x gilt

$$\forall t > 0 \quad \exists t' \geqq t\colon\quad T_{t'}\big(U(x)\big) \cap U(x) \neq \emptyset.$$

c) Die Menge

$$L_\omega(x) := \{y \mid \exists (t_n)_{n=1}^\infty,\; t_n \to \infty \text{ mit } T_{t_n}(x) \to y \text{ für } n \to \infty\}$$

heißt *ω-Grenzmenge (von x)*. Für $t_n \to -\infty$ ergibt sich entsprechend die *α-Grenzmenge (von x)*.

d) Eine abgeschlossene invariante Menge A heißt *anziehend,* falls es eine positiv invariante Umgebung U von A gibt, so daß gilt

$$\lim_{t\to\infty} d\big(T_t(x), A\big) = 0 \quad \forall x \in U.$$

e) Eine anziehende Menge, die eine Trajektorie als dichte[1]) Teilmenge enthält, heißt *Attraktor.*

Positiv invariante Mengen G haben wir bereits verwendet, um die zeitlich globale Existenz von Lösungen $x(t)$ für $t \geqq 0$ mit Anfangsbedingungen aus G zu sichern

[1]) B liegt dicht in A, wenn jede beliebige kleine Kugel um jeden Punkt aus A auch Punkt(e) aus B enthält.

(vgl. Abb. 9). Invarianz ist eine viel stärkere Forderung, weil jede Lösung auch für negative Zeiten in G verbleiben soll! Beispiele für invariante Mengen sind Fixpunkte und periodische Orbits, aber auch deren stabile und instabile Mannigfaltigkeiten (Abb. 19). In ebenen Systemen ist das Innere jedes periodischen Orbits invariant.

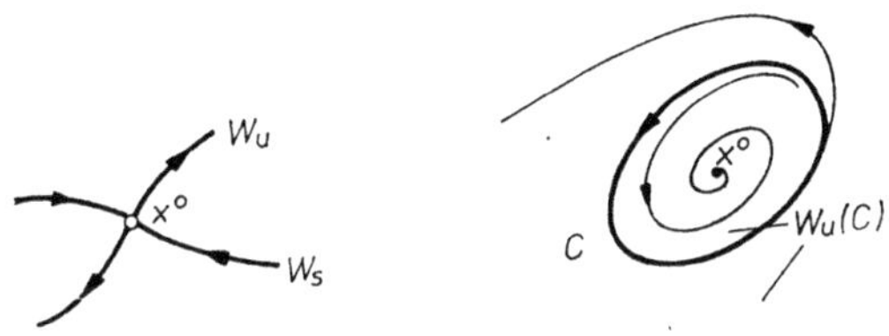

Abb. 19
Invariante Mengen

Nichtwandernde Punkte beschreiben das Langzeitverhalten genauer: Sie liegen auf oder nahe bei Trajektorien, die beliebig oft in ihre Nähe zurückkehren. Die Menge der nichtwandernden Punkte ist nach Konstruktion abgeschlossen (Beweis?), zu ihr gehören alle Fixpunkte und periodischen Orbits.

Der Begriff der Grenzmenge ist eine vernünftige Definition für den „Limes" einer Trajektorie für $t \to \pm\infty$. So ist die ω-Grenzmenge $L_\omega(x)$ die Menge aller Häufungspunkte der Trajektorie $T_t(x)$ für $t \to \infty$, weil für jeden Punkt $y \in L_\omega(x)$ eine Teilfolge $T_{t_n}(x)$ der Trajektorie gegen y konvergiert.

Beispiel 3. Jede Trajektorie eines ebenen Systems, die im offenen Ring R zwischen den geschlossenen Trajektorien C_1 und C_2 verläuft, möge sich von C_1 auf C_2 „aufwickeln". Dann gilt

$$C_1 = L_\alpha(x), \quad C_2 = L_\omega(x) \quad \forall x \in R,$$

weil es für jeden Punkt $y \in C_2$ und jeden Punkt $x \in R$ eine Folge (t_n) von Zeiten gibt, so daß $T_{t_n}(x) \to y$ für $t_n \to \infty$ (für C_1 und $t_n \to -\infty$ analog) (Abb. 20a).

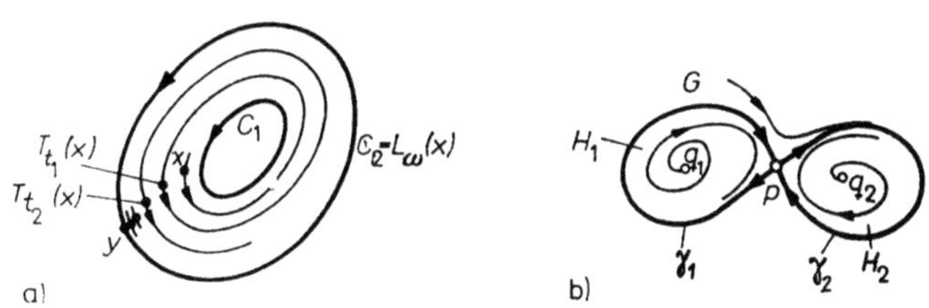

Abb. 20
Verschiedene Typen von Grenzmengen aus Beispiel 3(a) und Beispiel 4(b)

Aufgabe 2. Geben Sie für jeden Punkt der Ebene seine α- und ω-Grenzmenge bezüglich der Dynamik

$$M = \mathbb{R}^2: \ \dot{x} = -y - x[(x^2 + y^2)^2 - 3(x^2 + y^2) + 2],$$
$$\dot{y} = x - y[(x^2 + y^2)^2 - 3(x^2 + y^2) + 2]$$

an (Hinweis: Polarkoordinaten)!

Beispiel 4. Wir zerlegen die Ebene in die disjunkten offenen Mengen G, H_1, H_2, γ_1, γ_2 und die Fixpunkte p (Sattel), q_1 und q_2 (instabile Strudel). Wenn wir dazu den in Abb. 20b angegebenen Trajektorienverlauf annehmen, so gilt

$$\gamma_i \cup p = L_\omega(x) \quad \forall x \in H_i, \quad i = 1, 2,$$

$$\gamma_1 \cup \gamma_2 \cup p = L_\omega(x) \quad \forall x \in G,$$

aber $\quad p = L_\omega(x) \quad \forall x \in \gamma_1 \cup \gamma_2.$

Nach Konstruktion sind Grenzmengen abgeschlossen und invariant (Beweis?). Zwei Punkte auf der gleichen Trajektorie besitzen offenbar die gleichen Grenzmengen. Offensichtlich enthält jede positiv invariante, abgeschlossene Menge die ω-Grenzmengen aller ihrer Punkte (und bei Invarianz auch die α-Grenzmengen).

Eine anziehende Menge heißt so, weil jede Trajektorie mit Anfangswerten aus einer passenden Umgebung U im Sinne unseres Abstandsbegriffs „angezogen" wird. Die Menge $\bigcup\limits_{t \leq 0} T_t(U)$ heißt *Anziehungsbereich* von A (das ist die stabile Mannigfaltigkeit von A). Kennen wir andererseits eine (einfach zusammenhängende) positiv invariante Menge G, so ist $\bigcap\limits_{t \geq 0} T_t(G)$ die zugehörige anziehende Menge. Die Anziehungsbereiche verschiedener anziehender Mengen können sich nicht schneiden und werden von den stabilen Mannigfaltigkeiten der nichtanziehenden invarianten Mengen getrennt (Abb. 21).

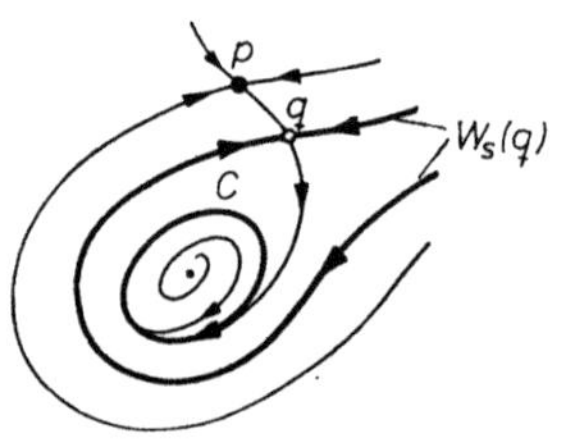

Abb. 21
Die stabile Mannigfaltigkeit $W_s(q)$ des Sattels q trennt als Separatrix die Anziehungsbereiche des Fixpunktes p und des Grenzzyklus C

Anziehende Fixpunkte heißen *Senken*, abstoßende (d. h. für $t \to -\infty$ anziehende) heißen *Quellen*.

Jede anziehende Menge ist im Sinne der Definition 1 asymptotisch stabil. Das folgende Beispiel zeigt aber, daß damit das Langzeitverhalten noch nicht differenziert genug beschrieben wird.

Beispiel 5. Weil das System

$$M = \mathbb{R}^2: \quad \dot{x} = x - x^3, \quad \dot{y} = -y \tag{1.31}$$

ein direktes Produkt zweier eindimensionaler Differentialgleichungen ist, kann das Trajektorienbild leicht erschlossen werden (Abb. 22). Die einzigen ω-Grenzmengen sind der Sattel $(0, 0)$ und die asymptotisch stabilen Knoten $(1, 0)$ und $(-1, 0)$. Das gesamte Intervall $\{(x, y) \mid -1 \leq x \leq 1, y = 0\}$ ist offenbar eine anziehende Menge, aber alle Punkte (mit Ausnahme der genannten Fixpunkte) sind wandernd. Attraktoren — als Endpunkte fast aller Bahnen — sind nur die Fixpunkte $(1, 0)$ und $(-1, 0)$.

Dieses Beispiel motiviert unsere Verschärfung, daß ein Attraktor eine solche anziehende Menge ist, für die eine Trajektorie existiert, die dichte Teilmenge ist und damit jedem Punkt des Attraktors beliebig nahe kommt.

Warnung: Die Aufgabe 3 zeigt, daß unsere Definition eines Attraktors (nach GUCKENHEIMER und HOLMES [5]) noch nicht für alle Situationen passend ist und modifiziert werden kann (LANFORD verlangt, daß die anziehende Menge nicht in disjunkte invariante Teilmengen zerlegt werden kann), doch wollen wir sie als Arbeitsdefinition beibehalten.

Aufgabe 3. Beschreiben Sie den Trajektorienverlauf der Differentialgleichung

$$M = \mathbb{R}^2: \begin{array}{l} \dot{x} = x(1 - x^2 - y^2) - y\left(1 - x/\sqrt{x^2 + y^2}\right), \\ \dot{y} = y(1 - x^2 - y^2) + x\left(1 - x/\sqrt{x^2 + y^2}\right) \end{array} \quad (x, y) \neq (0, 0)$$

und $\dot{x} = \dot{y} = 0$ für $x = y = 0$ (Hinweis: Polarkoordinaten). Welche Menge ist nach Definition und welche nach Ihrem Verständnis Attraktor?

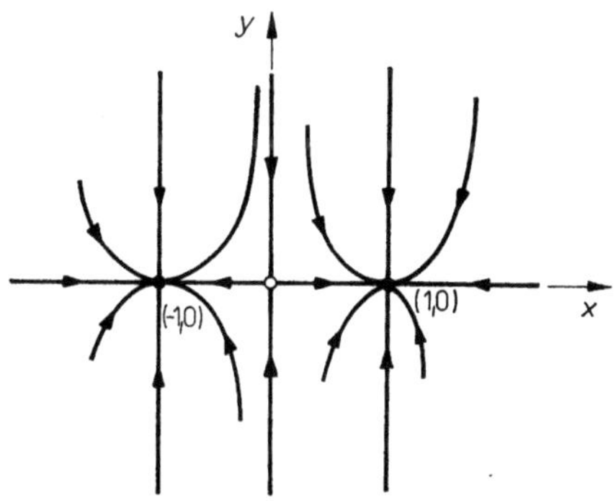

Abb. 22
Phasenporträt der Differentialgleichung $\dot{x} = x - x^3$, $\dot{y} = -y$

3. Zwangsläufig entsteht die Frage, wann überhaupt „Konvergenz" fast aller Trajektorien gegen einen Attraktor (oder mehrere) auftritt. Attraktoren sind offenbar niederdimensionale Mengen, so daß das Volumen jeder Menge von Anfangspunkten im Laufe der Zeit auf den Wert Null kontrahiert wird.

Ist $T_t = e^{tA}$ der Phasenfluß eines linearen Systems $\dot{x} = Ax$, dann gilt für das Volumen des Bildes $T_t(Q)$ einer beliebigen (Lebesgue-meßbaren) Menge von Anfangspunkten Q nach Satz 1.3./2

$$|T_t(Q)| = |Q| \cdot e^{\Lambda t}, \quad \Lambda := \operatorname{sp} A$$

($|B|$ möge das Volumen der Menge B bezeichnen). Entsprechend gilt in der Umgebung des Fixpunktes x^0 der nichtlinearen Gleichung $\dot{x} = f(x)$ für eine hinreichend kleine Menge Q

$$|T_t(Q)| = |Q| \cdot e^{\Lambda t + o(t)}, \quad \Lambda := \operatorname{sp} f'(x^0) = (\operatorname{div} f)(x^0).$$

Diese Beziehung bleibt auch für beliebige, durch den Fluß mitbewegte Punkte x richtig. Somit gibt $\Lambda(x) := (\operatorname{div} f)(x)$ die *lokale* infinitesimale Änderungsrate eines kleinen Volumenelements am Ort x an.

Gilt $\Lambda(x) < 0 \ \forall x \in M$, so wird das Volumen jeder Menge aus M ständig kontrahiert, so daß asymptotisch ein Attraktor mit dem Volumen Null erreicht wird.

Beispiel 6. Ein mechanisches System mit linearer Reibung

$$M = \mathbb{R}^2: \dot{x} = y, \quad \dot{y} = (-\beta y + F(x))/m, \quad \beta > 0, \quad m > 0,$$

besitzt konstante Dissipation $(\operatorname{div} f)(x, y) \equiv -\dfrac{\beta}{m} < 0$.

Beispiel 7. Das Lorenz-Modell (siehe 5.2.)

$$M = \mathbb{R}^3: \quad \dot{x} = s(y + x), \quad \dot{y} = rx - y - xz, \quad \dot{z} = xy - bz,$$
$$s > 0, \quad r > 0, \quad b > 0,$$

erfüllt $(\operatorname{div} f)(x, y, z) = -(s + 1 + b) < 0$ für alle (x, y, z).

Die Forderung $\operatorname{div} f < 0$ ist aber nicht notwendig, weil es ausreicht, wenn alle Volumina im Langzeitmittel kontrahieren,

$$\lim_{t\to\infty} |T_t(Q)| = 0, \tag{1.32}$$

wobei sogar zeitweise Expansion auftreten kann. Systeme, für die (1.32) für alle Mengen von Anfangspunkten Q erfüllt ist, heißen *dissipative Systeme.*

Die Van der Polsche Differentialgleichung (siehe 3.4.)

$$M = \mathbb{R}^2: \quad \dot{x} = y, \quad \dot{y} = \varepsilon(1 - x^2)\, y - x, \quad \varepsilon > 0,$$

beschreibt ein dissipatives System, aber $(\operatorname{div} f)(x, y) = \varepsilon(1 - x^2)$ kann beide Vorzeichen annehmen.

Es gibt kein allgemeines Kriterium, das es erlaubt, von einer gegebenen Differentialgleichung zu entscheiden, ob sie dissipativ ist, so daß wir auf Aussagen über das physikalische Modell angewiesen sind. Dissipative Systeme treten vorwiegend auf, wenn Reibungseffekte allgemeinster Art (mechanische Reibung, elektrischer Widerstand, Wärmeleitung, chemische Reaktionen oder andere irreversible Prozesse) eine Rolle spielen.

Im Gegensatz dazu erfüllen die *konservativen* Systeme der Mechanik $\operatorname{div} f \equiv 0$ (Satz von Liouville), so daß Phasenvolumina zeitlich konstant bleiben und nur in der Form verzerrt werden.

1.6. Zeitdiskrete Systeme (iterierte Abbildungen)

1. In diesem Abschnitt betrachten wir dynamische Systeme mit *diskreter Zeit,* die durch *iterierte Abbildungen* der Form

$$M \subset \mathbb{R}^n: \quad x_{k+1} = f(x_k), \quad k = 0, 1, 2, \ldots, \tag{1.33}$$

beschrieben werden, wobei $f\colon M \to \mathbb{R}^n$ eine gegebene Abbildung und x_0 ein gegebener Anfangswert sind.

Im Gegensatz zu Differentialgleichungen werden solche Systeme weitaus seltener in Lehrbüchern behandelt, obwohl es viele Gemeinsamkeiten, ähnliche Begriffsbildungen und innere Zusammenhänge gibt.

Daß nur diskrete Zeiten $k \in \mathbb{N}_0$ (oder $k \in \mathbb{Z}$, $\mathbb{Z}$ ganze Zahlen) auftreten, kann in der Natur des beschriebenen Vorgangs liegen: So kann man x_k als Zahl der Individuen einer Population in der k-ten Generation oder als Systemzustand an bestimmten Tagen, Monaten oder Jahren (z. B. Niederschlagsmenge im Monat) oder im k-ten Umlauf eines periodischen Vorgangs (z. B. Teilchenenergie in einem Ringbeschleuniger) auffassen.

Andererseits können wir auch zeitstetige Systeme diskretisieren, um eine vereinfachte Beschreibung zu erreichen: Es sei $\dot{x} = F(x)$ eine Differentialgleichung mit einem C^1-Vektorfeld F.

(i) Die ***stroboskopische Methode*** besteht darin, den Systemzustand nur in äquidistanten Zeitpunkten $t = k\tau$, $k = 0, 1, 2, \ldots, \tau > 0$, zu betrachten. Mit $x_k := x(k\tau)$ und $x_{k+1} = T_\tau(x_k)$ folgt aus der eindeutigen Lösbarkeit, daß $f = T_\tau$ eine diffeomorphe Abbildung ist.

(ii) Die ***Wiederkehrmethode*** untersucht aufeinanderfolgende Durchstoßpunkte x_0, x_1, $x_2, \ldots$ der Trajektorie durch eine niederdimensionale Menge S, so daß (1.33) eine „Wiederkehr"-Abbildung ist (siehe 3.3.).

(iii) Die *Amplitudenmethode* wird bei näherungsweise periodischen Bewegungen verwendet und versucht, aufeinanderfolgende lokale Maxima der Trajektorie in funktionale Abhängigkeit zu bringen.

Die genannten Methoden sind auch bei empirischen Meßwerten oder numerischen Simulationen ein wichtiges Hilfsmittel, um qualitative Eigenschaften der Dynamik zu erkennen.

Die Begriffsbildungen über Phasenflüsse aus Abschnitt 1.1. sind inhaltlich voll übertragbar, wenn wir t durch den diskreten Parameter k ersetzen. Insbesondere heißt die Folge $(x_k)_{k\in\mathbb{Z}}$ *Trajektorie* (oder *Orbit*) des Systems (1.33) und ist, falls f auf M eindeutig umkehrbar ist, zeitlich global definiert. Es ist aber auch sinnvoll, nichtumkehrbare Abbildungen f zu betrachten, so daß nur die *positive Halbtrajektorie* $(x_k)_{k=0}^{\infty}$ existiert.

Bei eindimensionalen iterierten Abbildungen $f\colon \mathbb{R}^1 \to \mathbb{R}^1$ läßt sich die Folge x_0, x_1, $x_2, \ldots$ leicht grafisch konstruieren, indem wir fortlaufend senkrecht zum Graphen von f und waagerecht zur Winkelhalbierenden des 1. bzw. 3. Quadranten gehen (Abb. 23). (Aus diesem Grunde werden wir stets die Winkelhalbierende mit einzeichnen.)

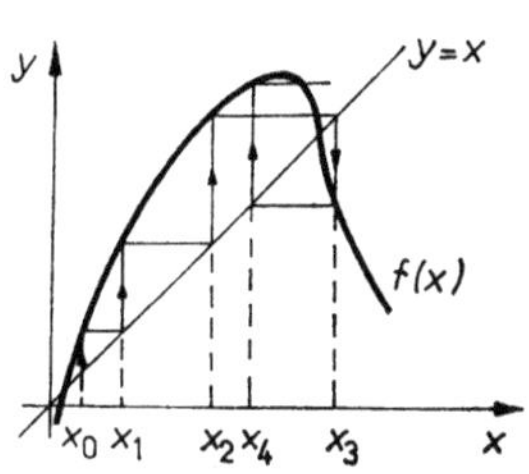

Abb. 23
Eindimensionale iterierte Abbildung
$x_{k+1} = f(x_k)$, $k = 0, 1, \ldots$

Definition 1. Ein Punkt x^0 mit $x^0 = f(x^0)$ heißt ***Fixpunkt*** der Abbildung (1.33), eine Trajektorie $(x_k)_{k=0}^{N-1}$ mit $f^N(x_0) = x_0$, $f^i(x_0) \neq x_0$ für $i = 1, \ldots, N-1$ heißt ***periodischer Orbit*** der Periode N.

Bemerkung. Offenbar gehört x genau dann zu einem periodischen Orbit C der Periode N, wenn x Fixpunkt der N-fach iterierten Abbildung $f^N := \underbrace{f\cdots f}_{N\text{-mal}}$ ist (und es gilt dann $f^N(x_k) = x_k$ für alle $x_k \in C$). Dadurch sind (im Gegensatz zu Differentialgleichungen) periodische Bahnen leichter zu finden und zu untersuchen.

Definition 2. a) Ein Fixpunkt x^0 von (1.33) heißt *stabil*, wenn gilt

$$\forall \varepsilon > 0 \quad \exists \delta > 0: \quad \|x_0 - x^0\| < \delta \to \|x_k - x^0\| < \varepsilon \quad \forall k \in \mathbb{N}$$

und *asymptotisch stabil*, wenn zusätzlich gilt

$$\lim_{k\to\infty} \|x_k - x^0\| = 0.$$

b) Ein periodischer Orbit C der Periode N von (1.33) heißt *stabil* (bzw. *asymptotisch stabil*), wenn ein Punkt $x \in C$ stabiler (bzw. asymptotisch stabiler) Fixpunkt von f^N ist.

Bemerkung. In der Definition, die die unmittelbare Übertragung von Definition 1.4./1 auf diskrete Zeit darstellt, haben wir vorausgesetzt, daß die Folge (x_k) den Definitionsbereich von f nicht verläßt. In Satz 2 werden wir feststellen, daß die Aussage b) nicht von der speziellen Wahl des Punktes $x \in C$ abhängt.

Zur Stabilitätsuntersuchung verwenden wir wieder die Methode der Linearisierung (siehe 1.4.1.).

Satz 1. *Sei x^0 Fixpunkt der Iteration $x_{k+1} = f(x_k)$, sei f: $M \to \mathbb{R}^n$ eine C^1-Funktion und seien $\lambda_1, \ldots, \lambda_n$ die Eigenwerte der (komplexifizierten) Matrix*

$$A = \left(\frac{\partial f_i}{\partial x_j}(x^0)\right)_{i,j=1}^n . \tag{1.34}$$

a) *Falls $|\lambda_k| < 1$ für alle $k = 1, \ldots, n$ gilt, so ist x^0 asymptotisch stabil.*
b) *Gilt $|\lambda_i| > 1$ für ein $i \in \{1, \ldots, n\}$, so ist x^0 instabil.*

Die Verschiebung $y := x - x^0$ überführt die Dynamik (1.33) in

$$y_{k+1} = x_{k+1} - x^0 = f(x^0 + y_k) - x^0, \quad k = 0, 1, \ldots,$$

so daß wir nach Entwicklung von f in eine Taylor-Reihe wegen $f(x^0) = x^0$

$$y_{k+1} = f'(x^0)\, y_k + o(\|y_k\|), \quad k = 0, 1, \ldots,$$

erhalten, wobei $f'(x^0)$ die Jacobi-Matrix (1.34) der ersten partiellen Ableitungen im Punkt x^0 ist.

Im Falle einfacher reeller Eigenwerte liefert die Transformation $z = Qy$ auf die Eigenbasis die besonders einfache Form

$$z_{k+1} = \operatorname{diag}(\lambda_1, \ldots, \lambda_n)\, z_k + o(\|z_k\|), \quad k = 0, 1, \ldots,$$

die in Komponenten $z = (z^{(1)}, \ldots, z^{(n)})$

$$z_{k+1}^{(i)} = \lambda_i z_k^{(i)} + o(z_k^{(i)}), \quad i = 1, \ldots, n, \quad k = 0, 1, \ldots,$$

lautet (und in linearer Näherung explizit lösbar ist). Mit der Maximumsnorm $\|z\| = \max\{|z^{(i)}|, i = 1, \ldots, n\}$ folgt daraus

$$\|z_{k+1}\| = \max |\lambda_i| \cdot \|z_k\| + o(\|z_k\|),$$

so daß für $|\lambda_i| < 1$, $i = 1, \ldots, n$, eine hinreichend kleine Umgebung von $z^0 = 0$ gefunden werden kann, in der $\|z_{k+1}\| < \|z_k\|$ für alle k und damit $\|z_k\| \to 0$ für $k \to \infty$ gilt.

Im Falle einfacher komplexer Eigenwerte läuft der Beweis ähnlich ab. So ist klar, daß für $n = 2$ und die Eigenwerte $\lambda_{1,2} = \alpha \pm i\omega$ die Multiplikation mit der Matrix (1.16) eine Drehstreckung mit dem Streckungsfaktor $|\lambda| = \sqrt{\alpha^2 + \omega^2}$ bewirkt, die für $|\lambda| < 1$ die gewünschte Kontraktion liefert.

Bei Vorliegen mehrfacher Eigenwerte ist zusätzlich eine skalierte Eigenbasis zu wählen, die A „fast" diagonalisiert.

Ein Fixpunkt, für den alle Eigenwerte betragsmäßig kleiner als Eins sind, heißt *Senke* (und, falls alle Beträge größer als Eins sind, *Quelle*).

Für eindimensionale Abbildungen

$$M \subset \mathbb{R}^1: \quad x_{k+1} = f(x_k), \quad k = 0, 1, \ldots,$$

ist die Aussage von Satz 1 unmittelbar geometrisch ablesbar: Wird f lokal bei x^0 durch eine Gerade mit dem Anstieg $\lambda = f'(x^0)$ approximiert, so erkennen wir, daß für $|f'(x^0)| < 1$ lokal eine Kontraktion und für $|f'(x^0)| > 1$ lokal eine Expansion vorliegt. Die Annäherung bzw. Abstoßung erfolgt dabei für $f'(x^0) > 0$ monoton und für $f'(x^0) < 0$ oszillierend (Abb. 24).

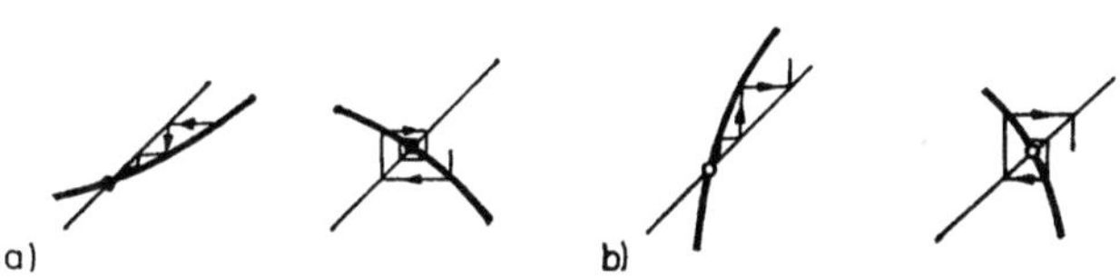

Abb. 24
Stabile (a) und instabile (b) Fixpunkte eindimensionaler iterierter Abbildungen

Beispiel 1. Die iterierte Abbildung

$$M = [0, 1]: \quad x_{k+1} = f(x_k), \quad f(x) = rx(1 - x), \quad r \in [0, 4], \tag{1.35}$$

besitzt stets den Fixpunkt $x^0_{(1)} = 0$ und für $r \geqq 1$ den Fixpunkt $x^0_{(2)} = 1 - 1/r$. Aus $f'(0) = r$, $f'(1 - 1/r) = 2 - r$ erkennen wir, daß $x^0_{(1)}$ asymptotisch stabil für $r \in [0, 1]$ und $x^0_{(1)}$ instabil und $x^0_{(2)}$ asymptotisch stabil für $r \in (1, 3)$ ist. Für $r > 3$ sind beide Fixpunkte instabil.

Aufgabe 1. Führen Sie die Iteration (1.35) auf einem programmierbaren Rechner für $r \geqq 3$ durch! Welcher Attraktor wird für $r = 3{,}2$, für $r = 3{,}5$ und für andere Werte von r erreicht?

Beispiel 2. Wir betrachten die zweidimensionale lineare Abbildung

$$M = [0, 1)^2: \quad \begin{aligned} x_{k+1} &= x_k + y_k \pmod 1, \\ y_{k+1} &= x_k + 2y_k \pmod 1, \end{aligned} \quad k = 0, 1, \ldots, \tag{1.36}$$

auf dem halboffenen Einheitsquadrat, das wir auch mit dem zweidimensionalen Einheitstorus T^2 (man verhefte gegenüberliegende Ränder!) identifizieren können. (Dabei bedeutet $z(\text{mod } a)$ die kleinste nichtnegative Zahl, die ein ganzzahliges Vielfaches von a übersteigt.)

Der einzige Fixpunkt von (1.36) ist $(x^0, y^0) = (0, 0)$. Die Matrix

$$A = \begin{pmatrix} 1 & 1 \\ 1 & 2 \end{pmatrix}$$

besitzt die Eigenwerte $\lambda_{1,2} = \left(3 \pm \sqrt{5}\right)/2$. Wegen $\lambda_1 \approx 2{,}62$, $\lambda_2 \approx 0{,}38$ ist $(0, 0)$ instabil und zwar ein Sattel.

Aufgabe 2. Klassifizieren Sie das Verhalten der linearen Abbildung

$$M = \mathbb{R}^2\colon \begin{pmatrix} x_{k+1} \\ y_{k+1} \end{pmatrix} = \begin{pmatrix} a_{11} & a_{12} \\ a_{21} & a_{22} \end{pmatrix} \begin{pmatrix} x_k \\ y_k \end{pmatrix}, \quad k = 0, 1, \ldots,$$

an Hand der Normalformen der Matrix $A = (a_{ik})$!

Der Satz 1 enthält eine zu Satz 1.4./1 analoge Aussage für zeitdiskrete Flüsse. Ebenso lassen sich für lineare (oder linearisierte) Abbildungen $x \mapsto Ax$ die invarianten Unterräume E_s, E_u und E_c einführen, die zu Eigenwerten mit Beträgen größer, kleiner oder gleich Eins gehören.

Für diffeomorphe Abbildungen f (d. h. solche, für die eine stetig differenzierbare Umkehrung f^{-1} existiert) gibt es weitere bemerkenswerte Ähnlichkeiten. So behält der Satz 1.4./2 von der topologischen Äquivalenz hier ebenfalls seine Gültigkeit (vgl. [6]), d. h., es gibt einen Homöomorphismus $h : U(x^0) \to V(0)$, der die Trajektorien der Dynamik $x_{k+1} = f(x_k)$ in einer Umgebung U des Fixpunktes x^0 auf die des linearisierten Systems

$$z_{k+1} = h(x_{k+1}) = f'(x^0)\, h(x_k) = f'(x^0)\, z_k, \quad k = 0, 1, \ldots,$$

abbildet (und die Parametrisierung in k erhält).

Ganz entsprechend zu Definition 1.4./2 (mit $t = k \in \mathbb{Z}$) werden die lokalen invarianten Mannigfaltigkeiten $W_s^{\text{loc}}(x^0)$ und $W_u^{\text{loc}}(x^0)$ und ihre globalen Analoga eingeführt. Satz 1.4./3 bleibt wörtlich richtig, wenn alle Eigenwerte von $f'(x^0)$ betragsmäßig von Eins verschieden sind ([6]).

Es gibt aber einen grundsätzlichen Unterschied: Während bei Flüssen mit stetiger Zeit W_s und W_u Vereinigungen glatter Kurven $\left(T_t(x)\right)_{t \in \mathbb{R}}$ darstellen, sind bei Abbildungen W_s und W_u Vereinigungen diskreter Punktfolgen $(x_k)_{k \in \mathbb{Z}}$, die zwar lokal glatte Gebilde ergeben (Abb. 25), sich aber global sehr komplex durchdringen können.

Ob eine Abbildung f lokal Volumina kontrahiert (oder expandiert), hängt davon ab, ob $|\det f'(x^0)| < 1$ (oder > 1) gilt.

Beispiel 3. Die Abbildung (1.36) besitzt zu den Eigenwerten $\lambda_{1,2} = \left(3 \pm \sqrt{5}\right)/2$ die (nicht normierten) Eigenvektoren $u^{1,2} = \left(1, \left(1 \pm \sqrt{5}\right)/2\right)$. Da die Abbildung linear ist, gilt

$$W_s(0, 0) \equiv E_s = \left\{(x, y) \in M \mid \exists\, l, m \in \mathbb{Z}\colon y - l = \frac{1}{2}\left(1 + \sqrt{5}\right)(x - m)\right\},$$

$$W_u(0, 0) \equiv E_u = \left\{(x, y) \in M \mid \exists\, l, m \in \mathbb{Z}\colon y - l = \frac{1}{2}\left(1 - \sqrt{5}\right)(x - m)\right\}$$

mit $M = [0, 1)^2$. W_s und W_u bestehen deshalb aus Geradenabschnitten in M, die durch Einschränkung aller Geraden mit den Anstiegen $(1 \pm \sqrt{5})/2$ durch ganzzahlige Gitterpunkte (m, l) entstehen und bedecken, da beide Anstiege irrational sind, das Einheitsquadrat M dicht (Abb. 26a) (bzw. winden sich unendlich oft um den Torus, ohne sich zu schließen). Damit ist das gesamte Quadrat M (bzw. der gesamte Torus) „Attraktor".

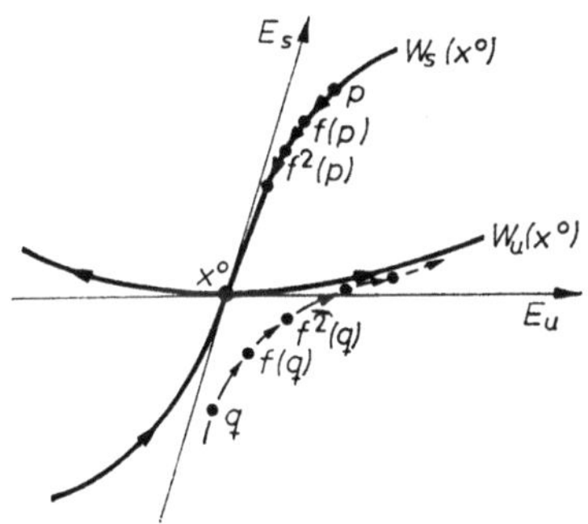

Abb. 25
Invariante Mannigfaltigkeiten und Trajektorien einer iterierten Abbildung f

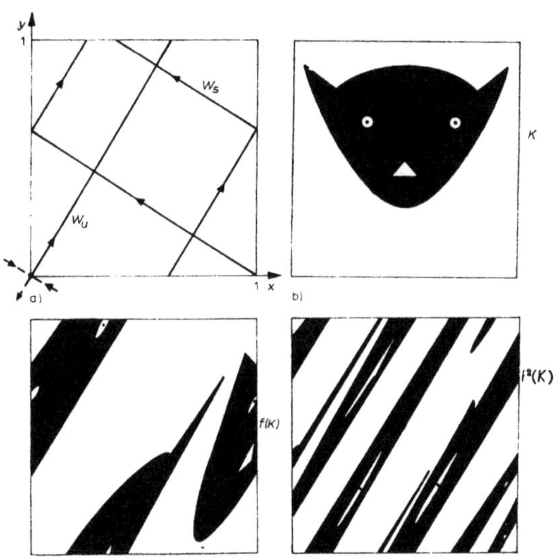

Abb. 26
ARNOLDS „Katzenabbildung" (1.36) ist mischend

Obwohl die Abbildung (1.36) flächenerhaltend ($\det A = 1$!) und deshalb nicht dissipativ ist, wirkt sie doch in dem Sinne *mischend*, daß durch die fortgesetzte Streckung längs W_u bzw. Stauchung längs W_s jede Menge in immer feinere, langgestreckte Teile zerlegt wird, die sich über ganz M ausbreiten (Abb. 26b).

Satz 2. *Sei $C = (x_1, \ldots, x_N)$ ein Orbit der Periode N für die Iteration $x_{k+1} = f(x_k)$, sei $f\colon M \to \mathbb{R}^n$ eine C^1-Abbildung, und seien $\lambda_1, \ldots, \lambda_n$ die Eigenwerte der Jacobi-*

Matrix von f^N,

$$A = (f^N)'(x_m)$$

für ein $x_m \in C$.

a) *Falls* $|\lambda_k| < 1$ *für alle* $k = 1, \ldots, n$ *gilt, so ist* C *asymptotisch stabil.*

b) *Gilt* $|\lambda_i| > 1$ *für ein* $i \in \{1, \ldots, n\}$, *so ist* C *instabil.*

Bemerkung. Der Satz folgt unmittelbar aus Satz 1, wenn wir berücksichtigen, daß x_m Fixpunkt von f^N ist. Die wesentliche Aussage besteht vielmehr darin, daß wir f^N an einem *beliebigen* Punkt des periodischen Orbits linearisieren können!

Mit Hilfe der Kettenregel erhalten wir

$$(f^N)'(x_m) = (f \circ f^{N-1})'(x_m) = f'[f^{N-1}(x_m)]\,(f^{N-1})'(x_m)$$

$$= f'(x_{N+m-1})\,(f^{N-1})'(x_m) = \cdots = \prod_{i=1}^{N} f'(x_{N+m-i}). \tag{1.37}$$

Für $n = 1$ können wir die Faktoren vertauschen und erhalten wegen $x_{N+m-i} = x_{m-i}$

$$(f^N)'(x_m) = \prod_{i=0}^{N-1} f(x_{N-i}) = (f^N)'(x_1), \quad m = 1, \ldots, n,$$

d. h., die Ableitung der N-fachen Iterierten f^N ist an allen Punkten des Orbits der Periode N gleich (dem Produkt der Ableitungen von f an allen Bahnpunkten).

Für $n > 1$ ist die rechte Seite von (1.37) ein Produkt nicht vertauschbarer Matrizen. Eine *zyklische* Vertauschung von Matrizen ändert aber die Eigenwerte ihres Produktes nicht: Für die Matrizen $A_i := f'(x_i)$, $i = 1, \ldots, N$, folgt nämlich aus

$$A_N A_{N-1} \ldots A_1 u^k = \mu_k u^k, \quad k = 1, \ldots, n,$$

unmittelbar

$$(A_1 A_N A_{N-1} \ldots A_2)(A_1 u^k) = \mu_k (A_1 u^k), \quad k = 1, \ldots, n.$$

Deshalb hängen die Eigenwerte des Produkts (1.37) nicht vom speziell gewählten Bahnpunkt $x_m \in C$ ab.

Ist C ein asymptotisch stabiler Orbit und damit das Matrizenprodukt (1.37) eine Kontraktion, so kann die Abbildung f trotzdem in der Umgebung einzelner Bahnpunkte expandieren, sofern die Kontraktion über den gesamten periodischen Orbit überwiegt.

Aufgabe 3. Geben Sie für die iterierte Abbildung

$$M = [-1, 1]: \quad x_{k+1} = f(x_k), \quad f(x) = 1 - \mu x^2, \quad \mu \in [0, 2],$$

alle Fixpunkte und Orbits der Periode 2 sowie deren Stabilität an!

Aufgabe 4. Zeigen Sie, daß die Abbildung (1.36) abzählbar unendlich viele periodische Orbits besitzt, die alle instabil sind! (Hinweis: Untersuchen Sie rationale Anfangswerte (x_0, y_0).)

1.7. Strukturelle Stabilität

Wir haben bisher Methoden entwickelt, die uns die qualitative Gestalt des Trajektorienverlaufs *einer* gegebenen Differentialgleichung $\dot{x} = f(x)$ oder iterierten Abbildung $x_{k+1} = f(x_k)$ erschließen.

Ein physikalisches System hängt aber im allgemeinen von inneren oder äußeren *Parametern* ab, das sind Kenngrößen, die zeitlich konstant bleiben, deren willkürlicher Wert aber häufig frei wählbar oder von außen steuerbar ist. Solche Parameter beschreiben zum Beispiel Materialeigenschaften (Reibungskoeffizient, Wärmeleitfähigkeit, Wachstumsrate) oder die Wechselwirkung mit der Umgebung (Temperatur, Stofffluß, Rohstoffmenge) oder die Systemgröße.

Wir betrachten deshalb *Familien* von dynamischen Systemen

$$M \subset \mathbb{R}^n\colon \quad \dot{x} = f(x, \mu), \quad x_{k+1} = f(x_k, \mu), \quad \mu = (\mu_1, \ldots, \mu_m) \in \mathbb{R}^m, \tag{1.38}$$

mit einer von μ abhängigen Struktur der Phasenbahnen. Damit entsteht die Frage, wann sich zwei Trajektorienbilder für verschiedene Werte von μ qualitativ gleichen. Zur Beantwortung brauchen wir den Begriff der topologischen Äquivalenz, der bereits in 1.4.1. eine Rolle spielte.

Definition 1. a) Zwei (iterierte) Abbildungen $f, g\colon \mathbb{R}^n \to \mathbb{R}^n$ heißen *topologisch äquivalent*, falls es einen Homöomorphismus $h\colon \mathbb{R}^n \to \mathbb{R}^n$ gibt, so daß gilt

$$h \circ f = g \circ h,$$

d. h. $h[f(x)] = g[h(x)]\ \forall x \in \mathbb{R}^n$.

b) Zwei Vektorfelder $f, g\colon \mathbb{R}^n \to \mathbb{R}^n$ heißen *topologisch äquivalent*, falls es einen Homöomorphismus $h\colon \mathbb{R}^n \to \mathbb{R}^n$ gibt, der die Trajektorien $x(t)$ der Differentialgleichung $\dot{x} = f(x)$ auf die Trajektorien $y(t)$ der Gleichung $\dot{y} = g(y)$ abbildet (und umgekehrt) und dabei den zeitlichen Durchlaufsinn erhält.

Bemerkung. Für iterierte Abbildungen folgt sofort, daß der Homöomorphismus (also die eineindeutige, in beiden Richtungen stetige Abbildung) h auch die Parametrisierung in der Zeit erhält:

$$h[f^k(x)] = g^k[h(x)], \quad k = 0, 1, 2, \ldots$$

Bei Flüssen von Differentialgleichungen ist das nicht möglich, weil beispielsweise periodische Orbits verschiedene Umlaufzeiten haben können. Sind aber (T_t^f) und (T_t^g) die Flüsse der Vektorfelder f und g, dann gibt es für alle $t_1 \geqq 0$ einen Wert $t_2 \geqq 0$, so daß gilt

$$h[T_{t_1}^f(x)] = T_{t_2}^g[h(x)] \quad \forall x \in \mathbb{R}^n$$

(und analog für $t \leqq 0$).

Änderungen von Parametern bedeuten „Störungen" der Systemdynamik als Ganzes, so daß für C^1-Funktionen die folgende Definition sinnvoll ist.

Definition 2. a) Eine C^1-Funktion $g\colon \mathbb{R}^n \to \mathbb{R}^n$ heißt *ε-Störung* von $f \in C^1(\mathbb{R}^n)$, falls es eine kompakte Menge K gibt, so daß gilt

$$|f_i(x) - g_i(x)| < \varepsilon, \quad \left|\frac{\partial f_i}{\partial x_j}(x) - \frac{\partial g_i}{\partial x_j}(x)\right| < \varepsilon \quad \forall i, j \in \{1, \ldots, n\}, \quad \forall x \in K$$

und $f(x) = g(x)$ für $x \in \mathbb{R}^n \setminus K$.

b) Eine Abbildung (oder ein Vektorfeld) $f\colon \mathbb{R}^n \to \mathbb{R}^n$ heißt *strukturell stabil*, falls es ein $\varepsilon > 0$ gibt, so daß alle ε-Störungen von f topologisch äquivalent sind.

Wir wollen nun annehmen, daß die Abhängigkeit der Dynamik (1.38) vom Parametersatz μ derart ist, daß für alle μ mit $\|\mu - \mu_0\| < \delta$ die Funktion $f(\cdot, \mu)$ eine ε-Störung von $f(\cdot, \mu_0)$ ist. Damit können wir festlegen, wann sich ein Trajektorienbild qualitativ ändert.

Definition 3. a) Alle Parameterwerte $\mu_0 \in \mathbb{R}^m$, für die die Flüsse der (ε-gestörten) dynamischen Systeme $\dot{x} = f(x, \mu)$ bzw. $x_{k+1} = f(x_k, \mu)$ für alle μ aus einer hinreichend kleinen Umgebung $\|\mu - \mu_0\| < \delta$ topologisch äquivalent sind, heißen *reguläre Werte*; der Fluß selbst heißt *strukturell stabil.*

b) Parameterwerte $\mu_c \in \mathbb{R}^m$, für die es in jeder Umgebung $\|\mu - \mu_c\| < \delta$ topologisch nicht äquivalente Flüsse gibt, heißen *kritische Werte* (oder Verzweigungswerte); der Fluß heißt *strukturell instabil* (bei μ_c).

Strukturelle Stabilität bedeutet Robustheit des Systemverhaltens gegenüber (kleinen) Änderungen der gesamten Dynamik, wobei die Trajektorienbilder durch stetige, eineindeutige Transformationen ineinander übergehen. Beim Durchgang durch kritische Werte ändert sich das Systemverhalten dagegen drastisch, weil benachbarte Flüsse nicht mehr topologisch äquivalent sind. Deshalb ist die Suche nach kritischen Parameterwerten ein zentrales Problem bei der qualitativen Analyse nichtlinearer Differentialgleichungen (oder Abbildungen) und zugleich wesentlicher Inhalt der *Bifurkationstheorie* (Kap. 6).

Es sei noch einmal nachdrücklich auf folgenden Unterschied hingewiesen: Stabilität von Fixpunkten oder periodischen Orbits ist die Eigenschaft einer speziellen Trajektorie eines gegebenen Systems und hängt vom Verlauf benachbarter Trajektorien (mit gestörten Anfangswerten) ab. Strukturelle Stabilität ist Eigenschaft einer Differentialgleichung (oder iterierten Abbildung), das heißt ihres gesamten Trajektorienverlaufs, wobei der Charakter „benachbarter" Systeme (mit gestörter Dynamik) untersucht wird.

Beispiel 1. Das eindimensionale lineare System

$$M = \mathbb{R}^1\colon \quad \dot{x} = ax, \quad a \in \mathbb{R}^1,$$

aus 1.3.3. besitzt als einzigen kritischen Wert $a_c = 0$. Für $a < 0$ bzw. $a > 0$ sind die Flüsse nicht äquivalent.

Aufgabe 1. Zeigen Sie, daß die Flüsse der Differentialgleichungen $M = \mathbb{R}^1\colon \dot{x} = a_1 x$, $\dot{x} = a_2 x$ mit $a_2 < 0 < a_1$ topologisch nicht äquivalent sind!

Beispiel 2. Der harmonische Oszillator mit linearer Reibung

$$M = \mathbb{R}^2\colon \quad \dot{x} = y, \quad \dot{y} = -\beta y - kx, \quad k > 0,$$

besitzt am kritischen Wert $\beta_c = 0$ Ellipsen als Phasenbahnen, die für positive Reibung $\beta > 0$ in einlaufende Spiralen und für $\beta < 0$ in auslaufende Spiralen übergehen.

Der für die praktische Anwendung ebenfalls wichtige Unterschied zwischen oszillierendem oder monotonem Abklingen der Integralkurven (z. B. Schwingfall und Kriechfall eines Galvanometers) tritt hier nicht in Erscheinung, weil stabile Strudel und Knoten topologisch äquivalent sind.

Ein Fixpunkt einer Differentialgleichung (bzw. einer iterierten Abbildung) heißt *hyperbolisch*, wenn alle Eigenwerte der linearisierten Matrix von Null verschiedene Realteile (bzw. von Eins verschiedene Werte) besitzen. Offenbar ist ein Vektorfeld (bzw. eine Abbildung) mit nichthyperbolischen Fixpunkten strukturell instabil, denn kleinste Störungen erzeugen (wegen der stetigen Abhängigkeit vom Parameter) eine Quelle, eine Senke oder einen Sattel oder lassen den Fixpunkt ganz verschwinden. In strukturell stabilen Systemen sind notwendigerweise alle Fixpunkte (und sinngemäß alle periodischen Orbits) hyperbolisch.

Diese Eigenschaft ist aber nicht hinreichend, ja nicht einmal *generisch* (d. h. für „fast alle" C^1-Vektorfelder) erfüllt, denn es gibt strukturell instabile Systeme, die es bei kleinen Störungen bleiben (srehe z. B. [4], [5], [7]).

Beispiel 3. Der nichtlineare Oszillator mit Reibung

$$M = \mathbb{R}^2: \quad \dot{x} = y, \quad \dot{y} = \mu x - x^3 - \beta y$$

aus Beispiel 1.4./3 ist bei $\mu_c = 0$ strukturell instabil, weil für $\mu < 0$ ein stabiler Fixpunkt und für $\mu > 0$ drei Fixpunkte (davon zwei stabile) vorliegen (vgl. Abb. 14).

Aufgabe 2. Welche der folgenden Systeme sind strukturell stabil in der Menge aller ein- bzw. zweidimensionalen C^1-Systeme:

a) $\dot{x} = x^2$, b) $\dot{x} = \sin x$,

c) $\ddot{x} = \sin x$, d) $\ddot{x} + \dot{x} + x^5 = 0$?

2. Systeme mit einem Freiheitsgrad

In diesem Kapitel nehmen wir an, daß die Bewegung des betrachteten Systems durch eine einzige Zustandsgröße $x(t)$ beschrieben wird, die der Differentialgleichung

$$M \subset \mathbb{R}^1: \quad \dot{x} = f(x), \quad x(0) = x_0, \tag{2.1}$$

genügt, wobei $f\colon M \to \mathbb{R}^1$ eine stetig differenzierbare Funktion ist.

2.1. Allgemeine Eigenschaften

Der Zustandsraum von (2.1) ist Teil einer Geraden (der reellen Achse), auf der sich die Trajektorie als Wanderung des Bahnpunktes widerspiegelt.

Gilt $f(x) > 0$ in $(-\infty, x_1]$, $f(x) < 0$ in $[x_2, \infty)$, dann ist jedes Intervall $[a, b]$ mit $a \leqq x_1 < x_2 \leqq b$ positiv invariant, so daß für keinen Anfangswert unbeschränktes Wachstum auftritt.

Fixpunkte x^0 mit $f(x^0) = 0$ stellen spezielle Lösungen $x(t) \equiv x^0$ dar und werden von anderen Anfangspunkten aus nur für $t \to \infty$ (oder $-\infty$) erreicht. Geschlossene Trajektorien (mit positiver Periode) kann es nicht geben, da wegen der Stetigkeit in den Umkehrpunkten $\dot{x} = 0$ gelten muß, was nur für Fixpunkte erfüllt ist. Deshalb verläuft die Bewegung zwischen den Fixpunkten monoton (vgl. Abb. 13).

Im Abschnitt 1.4.1. hatten wir bereits wesentliche Verhaltensmerkmale eindimensionaler Systeme festgestellt. Fixpunkte mit $f'(x^0) < 0$ sind asymptotisch stabil, für $f'(x^0) > 0$ dagegen instabil. Bei isolierten Fixpunkten mit $f'(x^0) = 0$ entscheidet die erste nichtverschwindende Ableitung über die Stabilität, und Anziehung bzw. Abstoßung erfolgen zeitlich nach einem Potenzgesetz.

Der Zustandsraum wird durch die Fixpunkte $x^0_{(1)}, x^0_{(2)}, \ldots$ in offene Intervalle zerlegt, wobei asymptotisch stabile Fixpunkte Attraktoren (Senken) und instabile Fixpunkte Repelloren (Quellen) sind. Sind alle Fixpunkte nichtentartet (d. h. $f'(x^0) \neq 0$), so gehört fast jeder Punkt zum Anziehungsbereich eines Attraktors mit Ausnahme der Quellen, die diese Bereiche trennen.

Bei Vorliegen entarteter Fixpunkte kann dagegen eine Trajektorie für $t \to \infty$ gegen einen (einseitig!) instabilen Fixpunkt konvergieren.

Durch die Formel

$$t(x) = \int_{x_0}^{x} \frac{dy}{f(y)} \tag{2.2}$$

sind die Integralkurven (in Monotonieintervallen von f) im Prinzip angebbar, doch ist eine Integration mittels elementarer Funktionen bzw. die explizite Umkehrung häufig nicht möglich.

Die Abhängigkeit von Parametern wollen wir an einem typischen Beispiel untersuchen. Dazu betrachten wir die eindimensionale Bewegung eines Teilchens der Masse m (sei o. B. d. A. $m = 1$) unter dem Einfluß der äußeren Kraft $F(x)$ und der Reibungskraft $-\beta\dot{x}$,

$$\ddot{x} = -\beta\dot{x} + F(x).$$

Im Grenzfall sehr großer Reibung $\beta \gg 1$ erhalten wir daraus auf der neuen Zeitskala $t \mapsto t/\beta$ (siehe 4.2.) die Differentialgleichung 1. Ordnung

$$\dot{x} = F(x), \quad x(0) = x_0. \tag{2.3}$$

Systeme mit einem Freiheitsgrad lassen sich wegen

$$F(x) = -V'(x)$$

stets als Gradientensysteme auffassen, so daß Minima von V asymptotisch stabile Fixpunkte und Maxima von V instabile Fixpunkte darstellen (siehe 1.4.2.).

Der anharmonische Oszillator mit der *kubischen Nichtlinearität* $F(x) = \mu x - x^3$ besitzt das Potential

$$V(x) = \frac{1}{4} x^4 - \frac{\mu}{2} x^2. \tag{2.4}$$

(Wie man eine solche Feder realisieren kann, zeigt Aufgabe 2.2./1.)

a) Für $\mu < 0$ (anziehende Federkraft) ist der einzige Fixpunkt $x^0 = 0$ asymptotisch stabil.

b) Für $\mu > 0$ (Abstoßung bei kleinen Auslenkungen) sind die Fixpunkte $x^0_{(1),(2)} = \pm\sqrt{\mu}$ asymptotisch stabil und $x^0_{(3)} = 0$ instabil, so daß *Bistabilität* vorliegt (Abb. 27a).

Die Abhängigkeit der Fixpunkte x^0 vom Parameter μ zeigt bei $\mu_c = 0$ eine („Heugabel"-)*Bifurkation*, indem aus der Lösung $x^0 = 0$ zwei neue, stabile Lösungen abzweigen (Abb. 27a).

Weil das Potential (2.4) bezüglich Raumspiegelung ($x \mapsto -x$) symmetrisch ist, aber für $\mu > 0$ nur *einer* der beiden Zustände $x^0_{(1),(2)}$ asymptotisch erreicht wird, sprechen wir auch von einer *spontanen Symmetriebrechung*.

Es möge jetzt zusätzlich eine konstante äußere Kraft γ auf den Oszillator wirken, so daß wir (2.3) mit

$$F(x) = \mu x - x^3 + \gamma, \quad V(x) = \frac{1}{4} x^4 - \frac{\mu}{2} x^2 - \gamma x \tag{2.5}$$

betrachten. Für $\mu < 0$ ist das System monostabil (mit $x^0 \neq 0$), aber für $\mu > 0$ ist das System im Intervall $\gamma \in (-\gamma_c, \gamma_c)$, $\gamma_c^2 = 4\mu^3/27$, bistabil. Die Abhängigkeit der

Fixpunkte x^0 vom Parameter γ ist durch $\gamma = (x^0)^3 - \mu x^0$ implizit gegeben und in Abb. 27b dargestellt.

Wenn wir den Parameter γ so langsam ändern, daß das System sich praktisch immer in einem stabilen Fixpunkt aufhält, so verbleibt das System in dem anfänglich gewählten (stabilen) Lösungszweig, bis es den Wert $\gamma = \gamma_c$ von unten bzw. $\gamma = -\gamma_c$ von oben erreicht. Dort erfolgt innerhalb sehr kurzer Zeit (wegen $\dot{\gamma} \ll 1$) ein Übergang auf den anderen stabilen Zweig (Abb. 27b). Weil der aktuelle Zustand damit von der Vorgeschichte des Systems abhängt, nennen wir diese Erscheinung *Hysterese*.

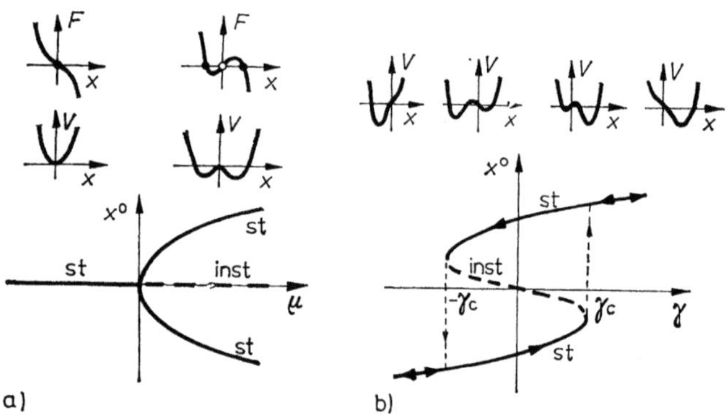

Abb. 27
Kubische Nichtlinearität: Bifurkation (a) und Hysterese (b)

Die Abhängigkeit der Fixpunkte x^0 vom Parameterpaar (μ, γ) besitzt die Form einer glatten Fläche mit einer doppelten Falte über der Menge

$$\{(\mu, \gamma) \mid 0 < \gamma^2 < 4\mu^3/27\} \tag{2.6}$$

(„Spitzen-Katastrophe", siehe Kap. 7) und läßt den inneren Zusammenhang von Bifurkation, Bistabilität und Hysterese noch deutlicher werden (vgl. Abb. 107).

Aufgabe. Charakterisieren Sie das Verhalten des Systems in Abhängigkeit von μ bei einem festen Wert $\gamma \neq 0$!

Zusammenfassung.

1. In Systemen mit einem Freiheitsgrad sind nur Fixpunkte als Attraktoren möglich. Falls mehrere Fixpunkte asymptotisch stabil sind, liegt *Multistabilität* vor. Zwischen den Fixpunkten verläuft die Bewegung im Zustandsraum monoton.
2. Bei Änderung von Parametern kann sich durch *Bifurkation* die Zahl der stabilen bzw. instabilen Fixpunkte ändern und *Hysterese* auftreten.

2.2. Weitere Beispiele

1. Überdämpfte mechanische Systeme genügen einer Dynamik 1. Ordnung und zeigen, wie oben beschrieben, Stabilitätsumschlag von stationären Zuständen, Multistabilität und u. U. Hysterese. Solche Phänomene treten beispielsweise auf bei der Knickung von Stäben, die bei überkritischer Last ausbeulen, oder bei der Durchbiegung von Tragwerken (siehe etwa [16], [32]).

Aufgabe 1. Zwei Federn (mit der Federkonstante k), die im entspannten Zustand die Länge L besitzen, sind symmetrisch so verbunden, daß ihre Befestigungspunkte den horizontalen Abstand $2a$ besitzen (Abb. 28). Ihr gemeinsamer Verbindungspunkt kann sich nur auf einer senkrechten Geraden (mit der Koordinate x) stark gedämpft nach der Dynamik $\dot{x} = -V'(x)$ bewegen, wobei V die potentielle Energie beider Federn ist. (Eine Feder der Länge l besitzt die potentielle Energie $k(l - L)^2/2$.)

Welche stabilen stationären Zustände gibt es? Wie ändert sich die Situation, wenn zusätzlich in vertikaler Richtung eine Kraft F (z. B. Schwerkraft) wirkt, die mit $-F \cdot x$ zum Potential beiträgt?

2. Isomorphe Erscheinungen finden wir in elektrischen Schaltungen mit einem zeitverzögernden Glied (Induktivität oder Kapazität). Schalten wir einen Kondensator der Kapazität C mit einem nichtlinearen Bauelement mit der Strom-Spannungs-Kennlinie $I = F(U)$ in Reihe (Abb. 29), so wird der Spannungsabfall U an letzterem durch die Gleichung

$$\dot{U} = -\frac{1}{C} F(U)$$

beschrieben. Bei geeignetem Verlauf von F (z. B. einer Halbleiterdiode) ist Bistabilität möglich.

Ein System mit bistabilem Verhalten kann Information speichern und besitzt damit bereits ein primitives Gedächtnis.

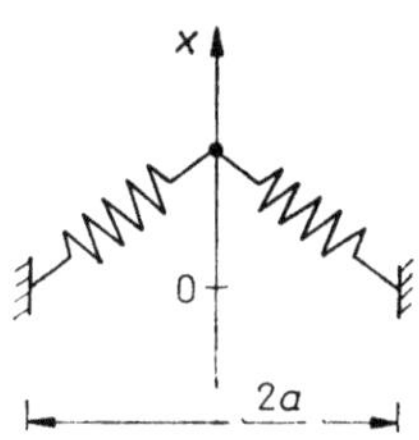

Abb. 28
Federmodell zu Aufgabe 2.2./1

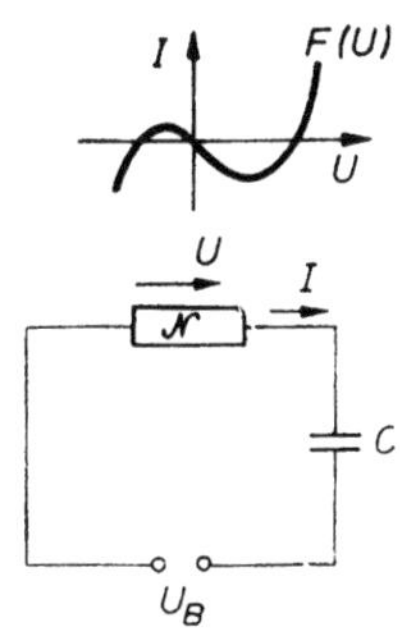

Abb. 29
Bistabile elektrische Schaltung

3. Chemische Reaktionen mit einer freien Stoffkomponente führen gleichfalls auf Gleichungen der Form (2.1). Die Reaktionsfolge

$$A + 2X \underset{k_1^-}{\overset{k_1^+}{\rightleftarrows}} 3X, \quad B + X \underset{k_2^-}{\overset{k_2^+}{\rightleftarrows}} C \tag{2.7}$$

(„Schlögl-Reaktion") möge so ablaufen, daß die Konzentrationen n_A, n_B und n_C der Ausgangsstoffe A, B und des Endprodukts C zeitlich konstant gehalten werden. Die reaktionskinetischen Ansätze (siehe A.2.3.) ergeben dann für die Konzentration n_X des Zwischenprodukts X die Differentialgleichung

$$\dot{n}_X = k_1^+ n_A n_X^2 - k_1^- n_X^3 - k_2^+ n_B n_X + k_2^- n_C. \tag{2.8}$$

Wir wollen explizit zeigen, wie man geeignete dimensionslose Variable einführt. Durch die Ansätze

$$t = \lambda\tau, \quad n_X = \varkappa x, \quad n_A = \alpha A, \quad n_B = \beta B, \quad n_C = \gamma C$$

führen wir Maßeinheiten tragende Vorfaktoren λ, $\varkappa$, α, β, γ ein und erhalten aus (2.8)

$$\frac{dx}{d\tau} = -k_1^-\lambda\varkappa^2x^3 + k_1^+\lambda\alpha\varkappa Ax^2 - \lambda k_2^+\beta Bx + \lambda k_2^-\gamma\varkappa^{-1}C.$$

Nun setzen wir möglichst viele Koeffizenten (hier alle) gleich Eins und bekommen

$$\varkappa = 1/\sqrt{k_1^-\lambda}, \quad \alpha = \sqrt{k_1^-}/\sqrt{\lambda}\,k_1^+, \quad \beta = 1/k_2^+\lambda, \quad \gamma = 1/\sqrt{k_1^-\lambda}\,k_2^-\lambda$$

sowie $\lambda = 1 \cdot$ Zeiteinheit. Damit lautet (2.8) in dimensionslosen Größen (sei jetzt $dx/d\tau \equiv \dot{x}$)

$$\dot{x} = -x^3 + Ax^2 - Bx + C, \quad A \geqq 0,\ B \geqq 0,\ C \geqq 0, \tag{2.9}$$

wobei wir aus physikalischen Gründen $M = \mathbb{R}_+^1 := [0, \infty)$ fordern. Das ist die aus 2.1. bekannte kubische Nichtlinearität, die mittels $y = x - A/3$ auf Normalform $-y^3 + \mu y + \gamma$ ($\mu = A^2/3 - B$, $\gamma = C - AB/3 + 2A^3/27$) gebracht werden kann.

Bistabilität tritt auf, wenn (bei festem A) die Werte von B und C so gewählt werden, daß gilt (man vergleiche mit (2.6))

$$B \leqq \frac{A^2}{3}, \quad C \in (C_{c_1}, C_{c_2}), \quad C_{c_{1,2}} = \frac{AB}{3} - \frac{2}{27}A^3 \pm \frac{2}{27}(A^2 - 3B)^{3/2} \tag{2.10}$$

(vgl. Abb. 106). Hysterese tritt zum Beispiel auf, wenn bei festen Werten von A und B (mit $B \leqq A^2/3$) C hinreichend langsam variiert (Abb. 30).

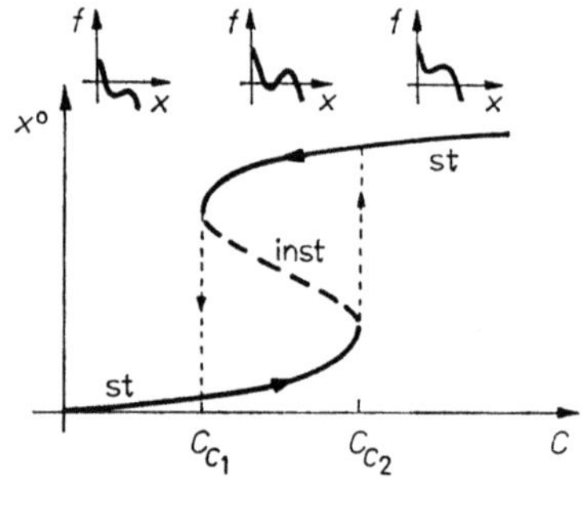

Abb. 30
Chemische Hysterese bei der kubischen Nichtlinearität $f(x) = -x^3 + Ax^2 - Bx + C$

Offenbar sind auch in chemischen Reaktionen einfachste Gedächtniseffekte (hier: zwei alternative stabile Konzentrationswerte des Zwischenprodukts) möglich, wenn kooperative Teilprozesse (hier: die *autokatalytische* Reaktion $A + X \to 2X$) auftreten.

Bistabiles und multistabiles Verhalten finden wir auch bei zahlreichen Enzymreaktionen (Enzyme sind Biokatalysatoren!), deren Beherrschung durch die Biotechnologie zunehmend wichtiger wird.

Aufgabe 2. Die chemische Reaktionsfolge

$$A + X \rightleftharpoons 2X, \quad B + X \rightleftharpoons C$$

führt in geeigneten dimensionslosen Größen bei festen Konzentrationen von A, B und C auf die Differentialgleichung

$$M = \mathbb{R}_+^1: \quad \dot{x} = -x^2 + (A - B)\,x + C, \quad A, B, C \geqq 0,$$

mit einer quadratischen Nichtlinearität. Untersuchen Sie Lage und Stabilität der Fixpunkte für $C > 0$ und für $C = 0$!

4. Als letztes Beispiel betrachten wir einfache Modelle der Populationsdynamik für das Wachstum einer Spezies.

Da die Zahl N der Individuen einer Population meist sehr groß ist, wollen wir N als reelle, nichtnegative Zahl ansehen. Wir nehmen an, daß im Zeitintervall der Länge Δt ein Zuwachs $\Delta^+ N$ bzw. ein Verlust $\Delta^- N$ an Individuen auftritt, die Funktionen des jeweiligen aktuellen Zustands $N(t)$ sind,

$$\Delta^+ N := \lambda[N(t)] \cdot \Delta t + o(\Delta t), \quad \Delta^- N := \mu[N(t)] \cdot \Delta t + o(\Delta t).$$

Das führt in der Gesamtbilanz und im Limes $\Delta t \downarrow 0$ auf die Differentialgleichung

$$\dot{N} = \lambda(N) - \mu(N). \tag{2.11}$$

Für die (*absolute*) *Geburtsrate* λ bzw. *Sterberate* μ gilt vom Modell her

$$\lambda(N) \geqq 0, \quad \mu(N) \geqq 0 \quad \forall N \in [0, \infty), \quad \mu(0) = 0. \tag{2.12}$$

In statistischen Jahrbüchern sind die relativen Geburts- und Sterberaten $\lambda(N)/N$ bzw. $\mu(N)/N$ angegeben.

Wir betrachten nun die Differentialgleichung

$$M = \mathbb{R}_+^1: \quad \dot{x} = f(x), \quad f(0) \geqq 0, \quad x(0) = x_0, \tag{2.13}$$

mit $f := \lambda - \mu$ für einige spezielle Ratenansätze.

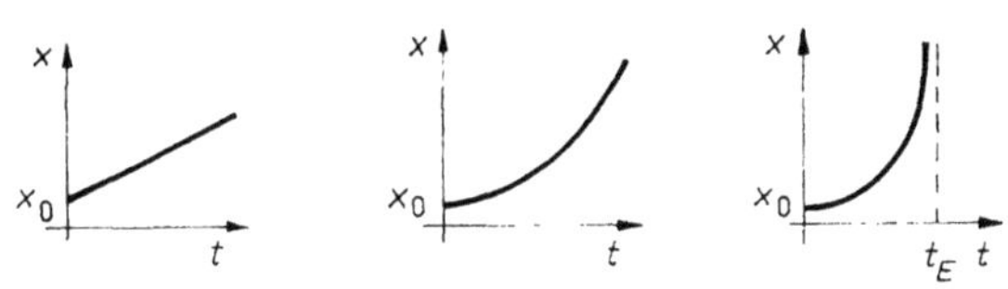

Abb. 31
Lineares, exponentielles und hyperbolisches Wachstum

a) *Reines Wachstum* (Abb. 31):

(i) *Konstante* Geburtsrate $a > 0$ ergibt

$$\dot{x} = a, \quad a > 0, \quad \text{d.h.} \quad x(t) = x_0 + at, \quad t \geqq 0,$$

und damit *lineares* Wachstum.

(ii) *Lineare*, der Populationsgröße proportionale Geburtsrate $\lambda(x) = ax$ ergibt

$$\dot{x} = ax, \quad a > 0, \quad \text{d.h.} \quad x(t) = x_0\, e^{at}, \quad t \geqq 0,$$

also *exponentielles* Wachstum.

Dieses Modell ist in vielen Fällen eine geeignete Beschreibung, insbesondere wenn das Wachstum ungehemmt erfolgen kann. So hat man bei Feldmäusen $a = 4{,}5/\text{Jahr}$ gefunden. Auch das Wachstum der Weltbevölkerung bis etwa 1960 erfolgte ziemlich genau exponentiell (mit $a = 0{,}02/\text{Jahr}$), wohingegen heute durch verschiedene Einflüsse (u. a. bewußte Steuerung) ein abweichendes Verhalten auftritt.

(iii) Eine *quadratische* Geburtsrate $\lambda(x) = ax^2$ bewirkt wegen

$$\dot{x} = ax^2, \quad a > 0, \quad \text{d. h.} \quad x(t) = \left(\frac{1}{x_0} - at\right)^{-1}, \quad t \in [0, t_E),$$

ein *hyperbolisches* Wachstum, das bei $t_E := 1/ax_0$ zur Explosion führt.

b) *Wachstum und Absterben*:

(i) Sind Geburts- und Sterberaten beide linear,

$$\dot{x} = (a - b)\,x \quad \text{d, h.} \quad x(t) = x_0\,\mathrm{e}^{(a-b)t}, \quad t \geqq 0,$$

so wächst für $a > b$ die Population exponentiell und stirbt für $a < b$ exponentiell aus.

(ii) Wird das Wachstum z. B. durch Rohstoffverknappung begrenzt, so führt der Ansatz $\dot{x} = a(x)\,x$, $a(x) := a - bx$ (d. h. $\lambda(x) = ax$, $\mu(x) = bx^2$) auf

$$\dot{x} = ax - bx^2, \quad a > 0, \quad b > 0, \quad x(t) = \frac{a}{b}\cdot\left[1 + \left|\frac{a}{bx_0} - 1\right| \mathrm{e}^{-at}\right]^{-1}$$

und beschreibt für $x_0 < a/b$ ein Wachstum bis zur *Sättigung* bei $x^0 = a/b$ (Abb. 32).

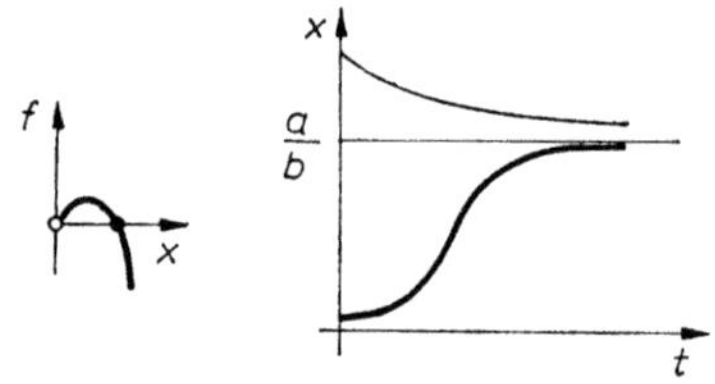

Abb. 32
Sättigung bei logistischem Wachstum

Diese von VERHULST (1837) eingeführte logistische Gleichung beschreibt (in guter Übereinstimmung mit Beobachtungsdaten) viele Biopopulationen mit beschränktem Lebensraum, aber auch die Anzahl der technologischen Innovationen bzw. der wissen schaftlichen Publikationenauf einem bestimmten Gebiet oder die Verkaufszahlen bestimmter Konsumgüter (Mode?!).

3. Systeme mit zwei Freiheitsgraden

In diesem Kapitel werden wir Differentialgleichungen 1. Ordnung für Paare reeller Funktionen $x(t) = (x_1(t), x_2(t))$ betrachten,

$$M \subset \mathbb{R}^2: \ \dot{x} = f(x) \leftrightarrow \begin{array}{l} \dot{x}_1 = f_1(x_1, x_2) \\ \dot{x}_2 = f_2(x_1, x_2) \end{array}, \quad x(0) = x_0, \tag{3.1}$$

und dabei $f: M \to \mathbb{R}^2$ als C^1-Vektorfeld annehmen.

Das qualitativ Neue von Bewegungen in der Ebene ist die Möglichkeit, daß geschlossene Bahnkurven auftreten können. Dabei ist ein *geschlossener Orbit* eine nichttriviale periodische Lösung, d. h., es gilt $x(t) = x(t + T)$ für ein $T > 0$ und alle $t \in \mathbb{R}$ (und $x(t) \not\equiv \text{const}$). Für dissipative Systeme sind insbesondere *Grenzzyklen* typisch, das sind periodische Orbits, die benachbarte Trajektorien spiralförmig anziehen oder abstoßen.

Die in den Abschnitten 3.3. und 3.5. behandelten Methoden sind auch für die Untersuchung periodischer Bewegungen im $\mathbb{R}^n$ wichtig.

3.1. Multistabilität

1. In diesem Abschnitt werden zunächst keine geschlossenen Trajektorien auftreten.

Da die einfachsten zweidimensionalen Systeme direkte Produkte aus eindimensionalen sind, werden offenbar alle aus Kapitel 2 bekannten Verhaltensweisen, wie Multistabilität, Bifurkation und Hysterese, zu erwarten sein. Während es aber für $n = 1$ nur zwei Typen nichtentarteter Fixpunkte gibt, sind es für $n = 2$ bereits wesentlich mehr, darunter Sattelpunkte mit einer anziehenden und einer abstoßenden Richtung.

Satz 1. *Sei x^0 ein Fixpunkt von (3.1), an dem die Linearisierung auf die charakteristische Gleichung*

$$\lambda^2 + a_1(x^0)\,\lambda + a_2(x^0) = 0$$

mit

$$a_1 = -\left(\frac{\partial f_1}{\partial x_1} + \frac{\partial f_2}{\partial x_2}\right), \quad a_2 = \frac{\partial f_1}{\partial x_1}\cdot\frac{\partial f_2}{\partial x_2} - \frac{\partial f_1}{\partial x_2}\cdot\frac{\partial f_2}{\partial x_1}$$

führt. Dann ist x^0 für $0 < a_2 < a_1^2/4$ ein Knoten, für $a_1^2/4 < a_2$ ein Strudel, die jeweils für $a_1 > 0$ asymptotisch stabil und für $a_1 < 0$ instabil sind. Für $a_2 < 0$ tritt ein Sattel und für $a_1 = 0$, $a_2 > 0$ ein Wirbel auf (Abb. 33).

Die Aussage folgt unmittelbar aus den Eigenwerten $\lambda_{1,2} = -a_1/2 \pm \sqrt{a_1^2/4 - a_2}$ und der Klassifikation in 1.3.3.

Beispiel 1. Die Abb. 34 zeigt die stark vereinfachte Schaltung eines sogenannten *Triggers* (oder symmetrischen Röhrenrelais), der in der Elektrotechnik dazu benutzt wird, bistabiles Verhalten zu erzeugen.

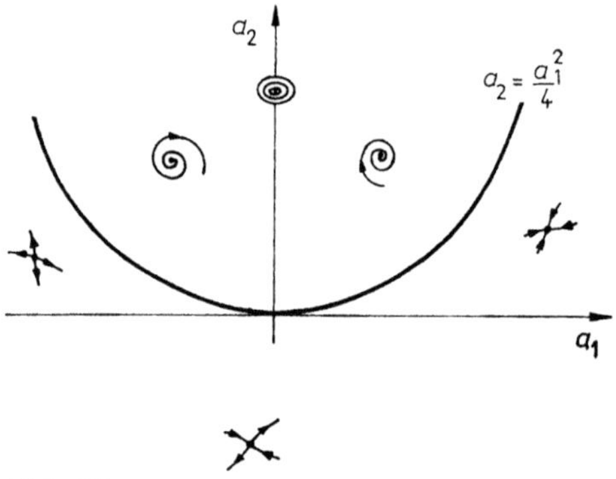

Abb. 33
Charakter des Fixpunktes in Abhängigkeit von den Koeffizienten der charakteristischen Gleichung

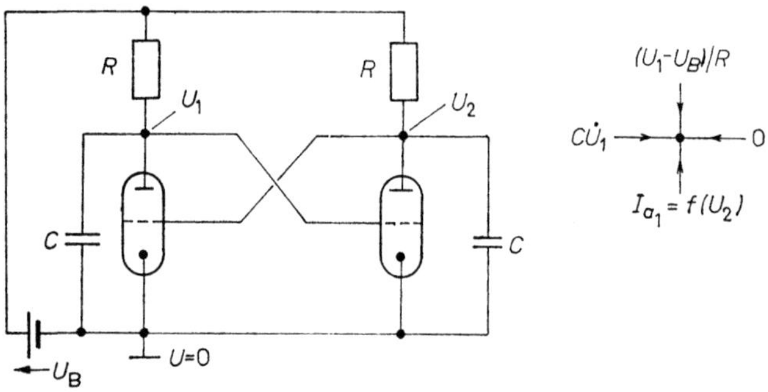

Abb. 34
Schaltung eines symmetrischen Röhrentriggers (siehe auch A.2.2.)

Im Anhang (A.2.2.) werden wir herleiten, daß die Anodenspannungen der beiden Röhren in geeigneten dimensionslosen Variablen x_1, x_2 den Gleichungen

$$M = \mathbb{R}^2: \; \dot{x}_1 = u - x_1 - r \cdot h(x_2), \quad \dot{x}_2 = u - x_2 - r \cdot h(x_1), \quad r > 0, \tag{3.2}$$

genügen. Dabei mißt u die angelegte Betriebsspannung, r den Lastwiderstand, und h ist eine Strom-Spannungs-Charakteristik der Röhre, von der wir die folgenden

Eigenschaften annehmen (vgl. Abb. 135b):

$$\begin{aligned} &h: \mathbb{R}^1 \to [0, a] \text{ stetig differenzierbar,} \\ &h \text{ streng monoton wachsend mit genau einem Wendepunkt,} \\ &\lim_{x\to-\infty} h(x) = 0, \quad \lim_{x\to\infty} h(x) = a. \end{aligned} \tag{3.3}$$

Aus der Symmetrie von (3.2) erkennen wir, daß das Trajektorienbild im (x_1, x_2)-Phasenraum (einschließlich der Parametrisierung in t) symmetrisch zur Geraden $x_2 = x_1$ verläuft, die damit selbst Trajektorie ist.

Leicht nachprüfbar ist auch, daß jedes Quadrat $Q = \{x \mid |x_1| \leqq c, |x_2| \leqq c\}$ mit $c > \max(u, ra - u)$ positiv invariant ist, weil das Vektorfeld (3.2) vom Rand nach innen zeigt. Trajektorien mit Anfangswerten innerhalb eines hinreichend großen Quadrats können dieses somit nicht verlassen.

Fixpunkte (x_1^0, x_2^0) sind Lösungen der Gleichungen

$$x_2^0 = F(x_1^0), \quad x_1^0 = F(x_2^0), \quad F(x) := u - rh(x),$$

die sich grafisch leicht diskutieren lassen:

(i) Den Fixpunkt $x^0_{1_{(1)}} = x^0_{2_{(1)}} = x^0$ mit $x^0 = F(x^0)$ gibt es stets, er ist für $F'(x^0) > -1$ der einzige Fixpunkt.

(ii) Für $F'(x^0) < -1$ gibt es zusätzlich zwei weitere (zu $x_1 = x_2$ spiegelsymmetrische) Fixpunkte $x^0_{1_{(2)}} = x^0_{2_{(3)}} \neq x^0_{1_{(3)}} = x^0_{2_{(2)}}$.

Die Eigenwertgleichung

$$0 = \begin{vmatrix} -1 - \lambda & -rh'(x_2^0) \\ -rh'(x_1^0) & -1 - \lambda \end{vmatrix}$$

läßt sich umformen zu

$$\lambda^2 + 2\lambda + 1 - F'(x_1^0)\, F'(x_2^0) = 0.$$

Wegen $a_2 - a_1^2/4 = -F'(x_1^0)\, F'(x_2^0) < 0$ können keine Strudel oder Wirbel auftreten, und wegen $a_1 = 2 > 0$ können instabile Fixpunkte nur Sättel sein.

Aus $F'(x_1^0)\, F'(x_2^0) = F'(x_1^0)/(F^{-1})'\,(x_1^0)$ und $F'(x) < 0$ für alle x leiten wir ab, daß ein Fixpunkt genau dann stabil ist ($a_2 > 0$), wenn $(F^{-1})'\,(x_1^0) < F'(x_1^0) < 0$ erfüllt ist. Das bedeutet, daß der Graph von F^{-1} im Schnittpunkt beider Graphen stärker fällt als F (Abb. 35).

Damit steht fest: (i) Ist die symmetrische Lösung $x_1^0 = x_2^0 = x^0$ einziger Fixpunkt, so ist dieser ein stabiler Knoten. (ii) Gibt es drei stationäre Lösungen, so ist der Fixpunkt (1) ein Sattel, die anderen beiden sind stabile Knoten.

Das Vektorfeld $f = (f_1, f_2)$ der Differentialgleichung (3.2) besitzt wegen $\operatorname{div} f \equiv -2$ eine überall konstante negative Volumenkontraktionsrate, so daß (als Folge von Satz 2 weiter unten) keine geschlossenen Trajektorien auftreten können. Nach Satz 3.2./1 sind deshalb die genannten Fixpunkte die einzigen Grenzmengen.

Jede Trajektorie mündet somit asymptotisch in den bzw. in die stabilen Fixpunkte. Aus Symmetriegründen ist im Fall (ii) die Gerade $x_1 = x_2$ stabile Mannigfaltigkeit des Sattels (x^0, x^0) und stellt die *Separatrix* dar, die die Einzugsbereiche der beiden

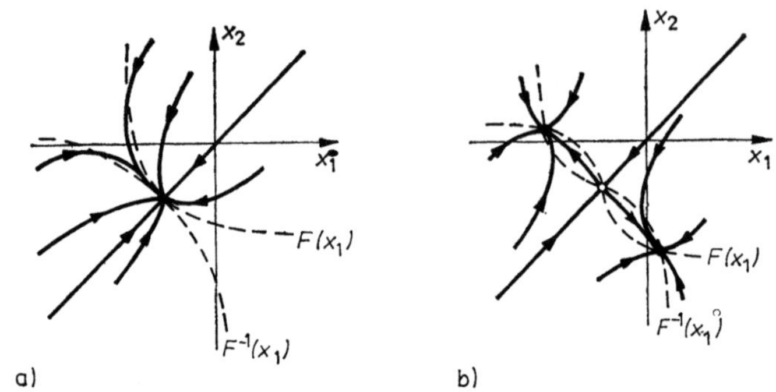

Abb. 35
Monostabiles und bistabiles Verhalten einer Triggerschaltung

stabilen Knoten trennt (vgl. Abb. 35). Damit ist der Trajektorienverlauf qualitativ vollständig erschlossen.

Wegen $F'(x) = -rh'(x)$ bedeutet das Ergebnis physikalisch, daß bei flacher Kennlinie h oder kleinem Widerstand r das System monostabil ist und (nach Abklingen von Einschalteffekten) an beiden Röhren die gleiche Spannung x^0 anliegt. Bei steiler Kennlinie oder großem Widerstand ist das System *bistabil*, eine der beiden Röhren durch eine große negative Spannung „blockiert" und die andere bei einer geringen Spannung „offen". Ein Übergang zwischen diesen beiden stationären Zuständen kann nur durch Anlegen eines genügend großen Spannungsimpulses erfolgen.

Reale Triggerschaltungen sind natürlich komplizierter aufgebaut, wobei fast durchweg Transistoren verwendet werden, zeigen aber grundsätzlich das gleiche Verhalten. Die Kopplung bistabiler Systeme ermöglicht die Ausführung dualer arithmetischer und logischer Operationen und bildet die Basis jedes elektronischen Rechners.

Bistabile Systeme haben auch Bedeutung für die Modellierung biologischer Funktionen (z. B. Gedächtnis).

2. Satz 2. (Negatives Kriterium von Bendixson). *Falls in einem einfach zusammenhängenden Gebiet $D \subset \mathbb{R}^2$ der Ausdruck*

$$(\operatorname{div} f)(x_1, x_2) := \frac{\partial f_1}{\partial x_1}(x_1, x_2) + \frac{\partial f_2}{\partial x_2}(x_1, x_2) \tag{3.4}$$

festes Vorzeichen ($\neq 0$) *besitzt, so besitzt die Differentialgleichung* (3.1) *in D keine geschlossenen Kurven, die ganz aus Trajektorien bestehen.*

Bemerkung. Dieses Kriterium schließt nicht nur die Existenz von periodischen Orbits aus, sondern auch von geschlossenen Kurven, die Vereinigungen von Trajektorien (einschließlich Fixpunkten) sind.

Ist C eine geschlossene Kurve, die D umrandet, ganz aus Trajektorien besteht und nur endlich viele Fixpunkte enthält, so gibt es eine Parameterdarstellung

$$C = \{x \mid x_1 = x_1(t), x_2 = x_2(t), t \in I_i, i = 1, \ldots, N\},$$

in der $I_1, \ldots, I_N$ Zeitintervalle sind. Unter Verwendung des Gaussschen (= Stokesschen) Integralsatzes und (3.1) erhalten wir

$$\iint_D \left(\frac{\partial f_1}{\partial x_1} + \frac{\partial f_2}{\partial x_2}\right) dx_1\, dx_2 = \oint_C \{f_1(x)\, dx_2 - f_2(x)\, dx_1\}$$

$$= \sum_{i=1}^{N} \int_{I_i} \{f_1[x(t)] \cdot \dot{x}_2(t) - f_2[x(t)] \cdot \dot{x}_1(t)\}\, dt = 0,$$

so daß div f in D das Vorzeichen wechseln muß (oder identisch verschwindet).

Aufgabe 1. Zeigen Sie, daß Satz 2 richtig bleibt, wenn für eine beliebige, stetig differenzierbare Funktion $q(x_1, x_2)$ der Ausdruck $\partial(qf_1)/\partial x_1 + \partial(qf_2)/\partial x_2$ festes Vorzeichen besitzt (Kriterium von Dulac)!

Hat die Differentialgleichung

$$M = \mathbb{R}^2: \quad \dot{x} = x(y - 1), \quad \dot{y} = x + y - 2y^2$$

periodische Lösungen? (Hinweis: $q = x^3$)

3. Beispiel 2. Wir betrachten ein System aus zwei identischen Teilsystemen mit je einem Freiheitsgrad, die linear so miteinander verbunden sind, daß Unterschieden entgegengewirkt wird („*diffusive*“ *Kopplung*):

$$M \subset \mathbb{R}^2: \quad \dot{x}_1 = f(x_1) + d(x_2 - x_1), \quad \dot{x}_2 = f(x_2) - d(x_2 - x_1), \quad d \geqq 0. \quad (3.5)$$

Eine solche Kopplung entsteht beispielsweise, wenn zwei nichtlineare Federnsysteme (siehe Aufgabe 2.2./1) durch eine lineare Feder verbunden oder zwei nichtlineare Schaltungen aus 2.2.2. durch einen Ohmschen Widerstand R gekoppelt werden (Abb. 36). Auch die Konzentrationen x_1 und x_2 einer chemischen Substanz in zwei homogenen Teilsystemen, die durch Diffusion linear gekoppelt sind, werden durch (3.5) beschrieben (Zweiboxenmodell eines Reaktions-Diffusions-Systems).

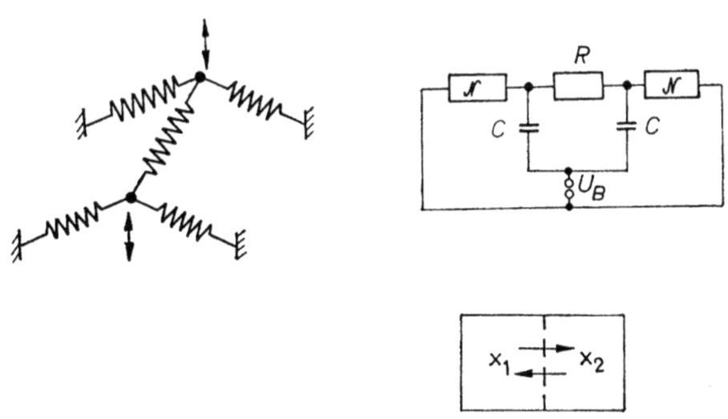

Abb. 36
Systeme mit diffusiver Kopplung

Bezeichnen wir die rechte Seite von (3.5) mit $F = (F_1, F_2)$, dann erkennen wir aus $\partial F_1/\partial x_2 = d = \partial F_2/\partial x_1$, daß ein Gradientensystem vorliegt, das mittels $F = -\text{grad}\, V$ aus dem Potential

$$V(x_1, x_2) = \tilde{V}(x_1) + \tilde{V}(x_2) + \frac{d}{2} \cdot (x_2 - x_1)^2, \quad \tilde{V}(z) := -\int^{z} f(v)\, dv \quad (3.6)$$

hervorgeht. Damit sind geschlossene Trajektorien nicht möglich, und Fixpunkte sind kritische Punkte von V.

Wir wollen annehmen, daß die für $d = 0$ unabhängigen Teilsysteme nur beschränkte Lösungen haben (z. B. für $f \in C^1$, $f(v) \to \mp\infty$ für $v \to \pm\infty$). Dann ist auch V nach unten beschränkt, und jede Trajektorie verbleibt für $t \geqq 0$ innerhalb einer (durch ihren Anfangswert festgelegten) beschränkten Menge.

Fixpunkte $(x_1{}^0, x_2{}^0)$ des Zweiboxenmodells (3.5) ergeben sich aus

$$x_2{}^0 = h(x_1{}^0), \quad x_1{}^0 = h(x_2{}^0), \quad h(v) := v - f(v)/d \tag{3.7}$$

und können leicht als Schnittpunkte der Graphen von h und der (jeweils lokal definierten!) Umkehrfunktion $g := h^{-1}$ gefunden werden. Die charakteristische Gleichung

$$0 = \begin{vmatrix} f'(x_1{}^0) - d - \lambda & d \\ d & f'(x_2{}^0) - d - \lambda \end{vmatrix}$$

läßt sich umformen zu

$$\lambda^2 + d[h'(x_1{}^0) + 1/g'(x_1{}^0)]\,\lambda + d^2[h'(x_1{}^0)/g'(x_1{}^0) - 1] = 0\,.$$

Daraus erkennen wir, daß für $h'(x_1{}^0) > g'(x_1{}^0) > 0$ ein stabiler Knoten, für $h'(x_1{}^0) < g'(x_1{}^0) < 0$ ein instabiler Knoten und sonst ein Sattel vorliegt. Auch diese Bedingungen lassen sich grafisch leicht diskutieren (Abb. 37).

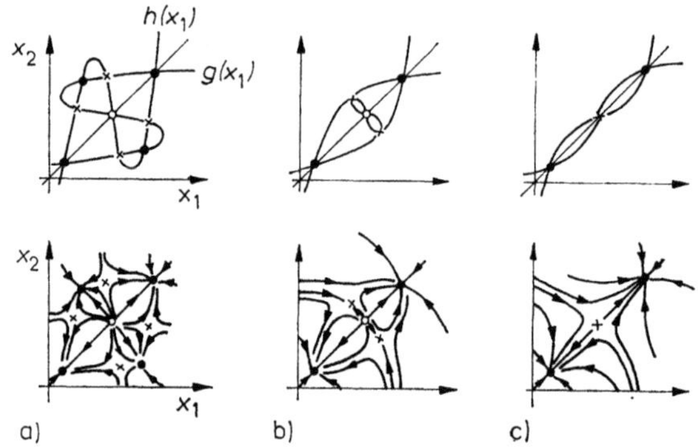

Abb. 37
Trajektorienverlauf des Zweiboxenmodells (3.5) mit kubischer Nichtlinearität bei schwacher (a), mäßiger (b) und starker Diffusion (c)

Aus der Untersuchung von (3.7) für verschiedene Werte von d erhalten wir damit die folgenden allgemeinen Aussagen:

a) Aus den Nullstellen v^0 von f ergeben sich die homogenen Lösungen $x_1{}^0 = x_2{}^0 = v^0$ des Zweiboxenmodells. Ist v^0 stabiler (instabiler) Fixpunkt des eindimensionalen Systems, so ist (v^0, v^0) stabiler (instabiler) Fixpunkt des Zweiboxenmodells.

b) Inhomogene stationäre Zustände $x_1{}^0 \neq x_2{}^0$ treten nur auf, wenn f mehrere Nullstellen hat und d hinreichend klein ist. Hat f genau N Nullstellen, so beträgt für hinreichend kleine d die Zahl der Fixpunkte des Zweiboxenmodells N^2 und nimmt mit wachsendem d auf N ab.

c) Hat f m stabile Nullstellen, so hat das System (3.5) für kleine d auch m^2 und für hinreichend große d nur noch m stabile Fixpunkte.

Am Beispiel der kubischen Nichtlinearität (2.9) sind in Abb. 37 typische Fälle des Trajektorienverlaufs dargestellt. Bei Überschreiten der kritischen Werte d_{c_1} bzw. d_{c_2} nimmt die Zahl der Fixpunkte von neun (vier stabile Knoten, vier Sättel, ein instabiler Knoten) auf fünf (zwei stabile Knoten, zwei Sättel, ein instabiler Knoten) bzw. drei (zwei stabile Knoten, ein Sattel) ab. Die stabilen Mannigfaltigkeiten der Sättel trennen als Separatrizen die Anziehungsbereiche der Attraktoren.

Zusammenfassend können wir feststellen: Diffusive Kopplung von zwei Teilsystemen mit einem Freiheitsgrad bewirkt keine spontane Strukturbildung. Multistabilität des Gesamtsystems tritt nur bei Multistabilität der Teilsysteme auf, inhomogene stabile stationäre Zustände sind nur bei hinreichend kleiner Kopplung möglich.

Aufgabe 2: Geben Sie für den Fall $f(x) = \mu x - x^3$ alle Fixpunkte des Zweiboxenmodells (3.5) explizit an und diskutieren Sie Lage und Stabilitätscharakter in Abhängigkeit von $d \geqq 0$ und μ!

3.2. Grenzzyklen. Satz von Poincaré

Das qualitativ Neue an zweidimensionalen Bewegungen gegenüber denen auf einer Geraden ist die Möglichkeit der Existenz geschlossener Trajektorien, über die der Satz von Poincaré grundlegende Aussagen macht. Bevor wir ihn formulieren, sind einige Vorbetrachtungen nötig, wobei der folgende Begriff auch für n-dimensionale Systeme wichtig ist.

Definition 1. Sei $M \subset \mathbb{R}^n$, sei $f\colon M \to \mathbb{R}^n$ ein C^1-Vektorfeld und sei H eine $(n-1)$-dimensionale Hyperebene durch $\bar{x} \in M$. Eine offene Menge $S \subset H$ heißt *lokaler Schnitt* von f bei $\bar{x}$, wenn $\bar{x} \in S$ und f *schräg* zu S verläuft (d. h., es gilt $(f(x), \nu) \neq 0$ für alle $x \in S$ mit ν als Normalenvektor von H).

Inhaltlich bedeutet die Definition, daß f in keinem Punkt von S tangential zu H verläuft und insbesondere nirgends verschwindet. Weil f stetig ist, besitzt f dann auf ganz S eine positive (oder negative) Normalkomponente (Abb. 38).

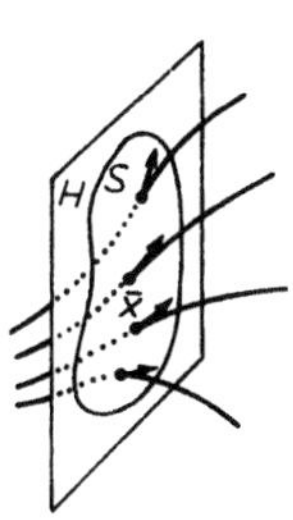

Abb. 38
Lokaler Schnitt eines Vektorfeldes

Die Trajektorien der Differentialgleichung $\dot{x} = f(x)$ treten somit „schräg" durch S hindurch (überall im gleichen Durchlaufsinn), auf S selbst befindet sich kein Fixpunkt.

Von nun an betrachten wir die *zwei*dimensionale Differentialgleichung (3.1), d. h.

$$M \subset \mathbb{R}^2: \quad \dot{x} = f(x), \quad x(0) = x_0.$$

Die Topologie von Trajektorien in der Ebene wird wesentlich von der folgenden Aussage bestimmt, deren Richtigkeit intuitiv klar ist.

Hilfssatz (*Monotonielemma*, [7]). *Sei S ein lokaler Schnitt eines ebenen C^1-Systems, und sei $x_0, x_1, \ldots$ eine Folge verschiedener Punkte auf S, die zur gleichen Trajektorie C gehören. Ist die Folge monoton auf C (im Sinne der Zeitordnung), so ist sie auch monoton auf S (im Sinne der Ordnung auf einer Geraden).*

Diese Aussage folgt aus der Tatsache, daß eine ebene geschlossene Kurve ohne Doppelpunkte die Ebene in genau zwei nicht zusammenhängende Teile, ein Außen- und ein Innengebiet, zerlegt. Eine Trajektorie mit $x_0 \in S$, die zur Zeit $t_1 > 0$ zum ersten Mal wieder S im Punkt $x_1 = T_{t_1}(x_0)$ erreicht, erzeugt ein Gebiet D (dessen Rand aus $\{T_t(x_0) \mid 0 \leqq t \leqq t_1\}$ und dem „Intervall" $[x_0, x_1] \in S$ besteht), das positiv invariant (Abb. 39) oder negativ invariant ist. Die Trajektorie sperrt sich damit selbst von einem Teil der Ebene ab (und das bei jedem Erreichen von S).

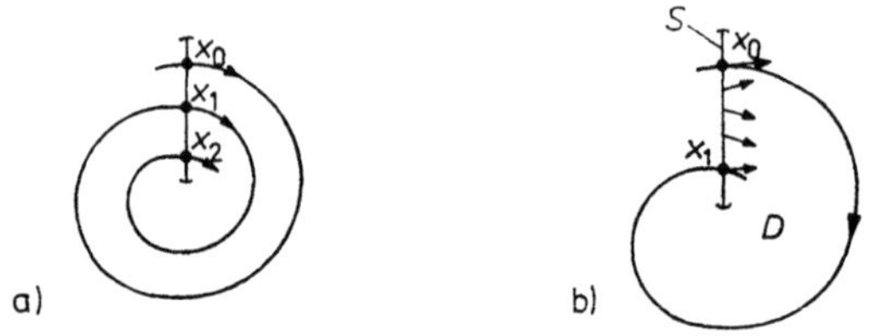

Abb. 39
Aussage des Monotonielemmas (a) und sein Beweis (b)

In Dimensionen $n > 2$ ist die Situation ganz anders, dort können nicht geschlossene Bahnen einem früheren Punkt immer wieder beliebig nahe kommen (siehe 5.2.).

Satz 1 (Poincaré, [7]). *Eine nichtleere kompakte Grenzmenge eines ebenen C^1-Systems, die keinen Fixpunkt enthält, ist ein geschlossener Orbit.*

Der Beweis dieses tiefliegenden Satzes verwendet wesentlich das Monotonielemma, die Eigenschaften von Grenzmengen sowie Stetigkeitseigenschaften der Trajektorien und ihrer Abhängigkeit von den Anfangswerten, die aus der Differenzierbarkeit des Vektorfeldes folgen.

Der Satz bleibt auch für eine beliebige nichtleere kompakte, positiv (oder negativ) invariante Menge richtig, weil diese ihre ω-Grenzmenge (bzw. α-Grenzmenge) enthält. Unmittelbar daraus ergibt sich die folgende Formulierung:

Satz 2 ([7], [8]). *Eine positive (bzw. negative) Halbtrajektorie eines ebenen Systems, die in einer kompakten Menge verbleibt, ohne einen Fixpunkt zu erreichen, ist eine geschlossene Kurve oder erreicht eine solche asymptotisch für $t \to \infty$* (bzw. $t \to -\infty$).

Es läßt sich zeigen, daß in der Ebene $\mathbb{R}^2$ jede Grenzmenge aus Fixpunkten, geschlossenen Orbits oder aus Trajektorien besteht, die Fixpunkte verbinden (Abb. 40). Trajektorien, die verschiedene Fixpunkte verbinden, heißen ***heterokline*** Orbits, solche, die gleiche Fixpunkte verbinden, heißen ***homokline*** Orbits.

In dissipativen Systemen sind Grenzzyklen von besonderem Interesse.

Definition 2. Eine geschlossene Trajektorie C, für die $C \subset L_\omega(x)$ oder $C \subset L_\alpha(x)$ für ein $x \notin C$ gilt, heißt *Grenzzyklus*.

Ein ω-Grenzzyklus zieht somit für $t \to \infty$ wenigstens einen von ihm verschiedenen Punkt und damit aus Stetigkeitsgründen eine ganze Umgebung $U(x)$ an.

Die Sätze 1 und 2 lassen beliebige geschlossene Orbits zu (insbesondere auch periodische Bewegungen konservativer mechanischer Systeme). Damit Grenzzyklen auftreten, muß man sichern, daß es periodische Orbits gibt, die Grenzmengen anderer Punkte sind. Als Folge von Satz 2 erhalten wir eine für praktische Zwecke besonders geeignete Aussage.

Satz 3. *Ein ringförmiges Gebiet ohne Fixpunkte, von dessen beiden Rändern das Vektorfeld jeweils nach innen zeigt, enthält einen stabilen Grenzzyklus. Dabei kann der innere Rand auf einen instabilen Knoten oder Strudel zusammengezogen werden.*

Mit Hilfe dieses Satzes wird üblicherweise die Existenz von Grenzzyklen in ebenen Systemen nachgewiesen. Ob es genau einen Grenzzyklus gibt, ist meist schwieriger zu beweisen (siehe 3.4.).

Abb. 40
Grenzmengen in der Ebene

Aufgabe. Zeigen Sie, daß die Differentialgleichung

$$M = \mathbb{R}^2: \quad \dot{x} = x - y - x\left(x^2 + \frac{3}{2}y^2\right), \quad \dot{y} = x + y - y\left(x^2 + \frac{1}{2}y^2\right)$$

einen stabilen Grenzzyklus besitzt, und geben Sie einen möglichst kleinen Existenzbereich an!

Satz 4. *Im Innern jeder geschlossenen Trajektorie (falls dort das Vektorfeld überall erklärt ist) befindet sich wenigstens ein Fixpunkt.*

Ist nämlich C der periodische Orbit mit dem Innengebiet D, dann ist $C \cup D$ nicht leer, kompakt und invariant. Gibt es in D keinen Fixpunkt, so muß es nach Satz 2 in D einen periodischen Orbit C_1 geben, folglich in dessen Innerem einen periodischen Orbit C_2 usw. Diese Folge bricht entweder bei C_N ab oder „häuft" sich bei einem periodischen Orbit C_∞. Innerhalb C_N bzw. C_∞ gibt es dann keinen periodischen Orbit und keinen Fixpunkt, was im Widerspruch zu Satz 2 steht.

3.3. Wiederkehrabbildung

1. In diesem Abschnitt erarbeiten wir uns eine Methode zur Untersuchung des Trajektorienverhaltens in der Umgebung (annähernd) periodischer Orbits in beliebigen Raumdimensionen $n \geqq 2$. Deshalb betrachten wir die Differentialgleichung

$$M \subset \mathbb{R}^n: \quad \dot{x} = f(x), \quad x(0) = x_0, \quad f \in C^1\text{-Vektorfeld}. \tag{3.8}$$

Definition. Sei S ein lokaler Schnitt, sei C eine geschlossene Trajektorie, die S im Punkt $\bar{x}$ schneidet, und sei U eine hinreichend kleine Umgebung von $\bar{x}$, so daß $\bar{x}$ der einzige Schnittpunkt von C und U ist. Die Abbildung $\sigma\colon U \to S$ mit

$$\sigma(x) := T_{\tau(x)}(x), \quad \tau(x) := \min\{t > 0 \mid T_t(x) \in S\} \quad \forall x \in U, \tag{3.9}$$

heißt *Wiederkehr-* (oder *Poincaré-*) *Abbildung.*

Die Wiederkehrabbildung σ ordnet jedem Anfangswert $x \in U$ den Punkt der ersten Wiederkehr in S zu. Sie ist nicht notwendig auf ganz S erklärbar, weil nicht alle in S startenden Trajektorien zurückkehren müssen. Auf Grund der stetigen Abhängigkeit der Lösung von (3.8) vom Anfangswert gibt es aber eine Umgebung U von $\bar{x} \in S \cap C$, so daß alle Trajektorien mit Anfangswerten $x \in U$ wieder S erreichen (Abb. 41).

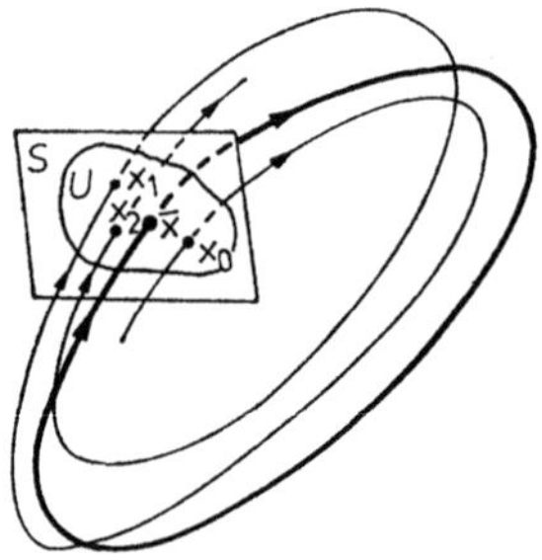

Abb. 41
Wiederkehrabbildung

Ist C ein geschlossener Orbit der Periode τ, dann gilt nach Definition $\sigma(\bar{x}) := T_{\bar{\tau}}(\bar{x}) = \bar{x}$. Aus Stetigkeitsgründen folgt dann $\tau(x) \to \bar{\tau}$ für $x \to \bar{x}$. Aus 1.2. wissen wir, daß σ ein Diffeomorphismus ist.

Die Abbildung σ ist auch definierbar, wenn numerische Rechnungen nur auf eine annähernd periodische Bewegung hindeuten (häufig liegt dort ein instabiler periodischer Orbit vor). Andererseits kann σ auf eine größere Menge $\tilde{U} \subset S$ ausgedehnt werden, wobei $C \cap \tilde{U}$ nicht mehr einelementig zu sein braucht. Dann gilt $\sigma^N(\bar{x}) = \bar{x}$ für ein $N > 1$.

Im Fall $\sigma(U) \subset U$ erzeugt die iterierte Abbildung $x_{k+1} = \sigma(x_k)$, $k = 0, 1, \ldots$, eine unendliche Punktfolge $x_0, x_1, \ldots$ (Abb. 41).

Satz. *Sei $\sigma\colon U \to S$ eine Wiederkehrabbildung der Differentialgleichung* (3.8), *sei C eine geschlossene Trajektorie, sei $C \cap U$ einelementig.* Dann gilt:

a) *Für alle $x \in U$ mit $\lim_{k\to\infty} \sigma^k(x) = \bar{x}$ folgt $\lim_{t\to\infty} d(T_t(x), C) = 0$.*

b) *Ist $\bar{x}$ Senke für die (iterierte) Abbildung σ, so ist C asymptotisch stabil.*

Offenbar gilt $\sigma(\bar{x}) = \bar{x}$ genau dann, wenn $\bar{x}$ der (eindeutige) Schnittpunkt von C und U ist. Aus der Stetigkeit von σ folgt aber

$$\bar{x} = \lim_{k\to\infty} \sigma^{k+1}(x) = \lim_{k\to\infty} \sigma\big(\sigma^k(x)\big) = \sigma\left(\lim_{k\to\infty} \sigma^k(x)\right) = \sigma(\bar{x}),$$

so daß $\bar{x}$ Fixpunkt von σ und damit Element von C ist. Weil dann $C \subset L_\omega(x)$ gilt ($T_t(x)$ häuft sich in $\bar{x}$!), spiralt sich die Trajektorie $T_t(x)$, $t \geqq 0$, auf C auf.

Ist $\bar{x}$ Senke von σ, so konvergieren alle Trajektorien $\big(\sigma^k(x)\big)_{k=0}^{\infty}$ aus einer geeigneten Umgebung V (von $\bar{x}$) gegen $\bar{x}$. Deshalb spiralen alle Trajektorien von (3.8) mit Anfangswerten aus V und damit alle Trajektorien, die innerhalb des „Horns" $\{T_t(x) \mid x \in V, t \in [0, \tau(x)]\}$ beginnen, auf C auf.

Der Satz sagt im wesentlichen aus, daß die Stabilitätseigenschaften des periodischen Orbits C der Gleichung (3.8) sich in entsprechenden Eigenschaften des Fixpunktes $\bar{x}$ der Abbildung σ widerspiegeln. Die Angabe der Poincaré-Abbildung erfordert aber die Kenntnis der allgemeinen Lösung der Differentialgleichung (und ist damit zunächst nicht einfacher!), doch in vielen Fällen läßt sich σ qualitativ oder näherungsweise durch Störungsrechnung oder Mittelungsverfahren (siehe 3.5.) erhalten.

Ist $\bar{x}$ ein hyperbolischer Fixpunkt von σ mit n_s Eigenwerten vom Betrag größer als Eins und n_u Eigenwerten vom Betrag kleiner als Eins, dann gilt für die Abbildung σ $\dim W_s(\bar{x}) = n_s$, $\dim W_u(\bar{x}) = n_u$ (mit $n_s + n_u = n - 1$). Da Orbits von σ in W_s bzw. W_u gerade die Schnitte von S mit Orbits des Flusses (T_t) in $W_s(C)$ bzw. $W_u(C)$ sind, ergibt sich daraus $\dim W_s(C) = n_s + 1$, $\dim W_u(C) = n_u + 1$ (Abb. 42).

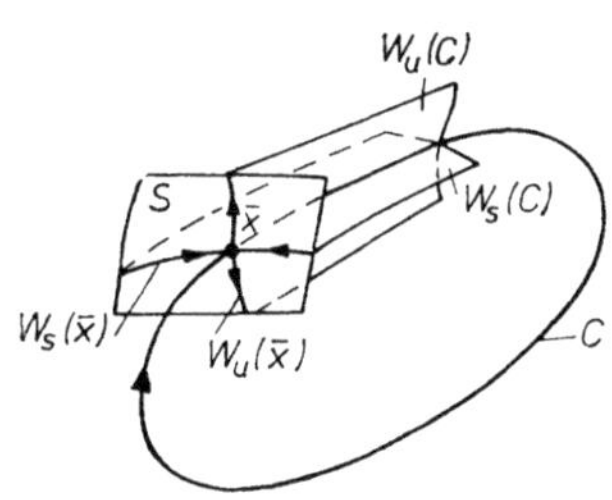

Abb. 42
Stabile und instabile Mannigfaltigkeit der Wiederkehrabbildung und des periodischen Orbits

Aufgabe. Zeigen Sie, daß für die Differentialgleichung

$$M = \mathbb{R}^3\colon \quad \dot{x} = x - y - x(x^2 + y^2), \quad \dot{y} = x + y - y(x^2 + y^2), \quad \dot{z} = z$$

die Menge $S = \{(x, y, z) \mid x > 0, y = 0\}$ ein lokaler Schnitt ist, und geben Sie die Wiederkehrabbildung sowie W_s und W_u für den einzigen Grenzzyklus C an!

2. Die Aussage des Satzes wird auch verständlich, wenn wir die Stabilität der geschlossenen Trajektorie C mit der Methode der Linearisierung untersuchen.

Es sei durch $\bar{x}(t) = \bar{x}(t + T)$, $T > 0$, für alle t ein periodischer Orbit C der Differentialgleichung (3.8) gegeben. Die Transformation auf mitbewegte Koordinaten $y(t) := x(t) - \bar{x}(t)$ ergibt dann

$$\dot{y} = \dot{x} - \dot{\bar{x}} = f[\bar{x}(t) + y(t)] - f[\bar{x}(t)] = f'[\bar{x}(t)]\, y(t) + o\big(\|y(t)\|\big),$$

das heißt, die zugehörige um C linearisierte Gleichung lautet

$$\dot{y} = A(t)\,y\,, \quad A(t) := \left(\frac{\partial f_i}{\partial x_k}\,(\bar{x}(t))\right)_{i,k=1}^{n} . \tag{3.10}$$

Wir haben damit eine lineare, nichtautonome Differentialgleichung mit einer periodischen Koeffizientenmatrix $A(t) = A(t+T)$ erhalten, zu deren Diskussion wir ein wenig Floquet-Theorie benötigen.

Sei $Y(t)$ eine fundamentale Lösungsmatrix von (3.10), deren Spalten also n linear unabhängige Lösungen $y(t)$ bilden. Für eine beliebige Matrix S mit $\det S \neq 0$ ist dann auch $\tilde{Y}(t) := Y(t)\,S$ eine fundamentale Lösungsmatrix. Speziell für $\tilde{Y}(t) = Y(t+T)$ (dies ist wegen der Periodizität von $A(t)$ auch Lösungsmatrix) finden wir eine (von $Y(0)$ abhängige) Matrix $\tilde{R}$, so daß $Y(t+T) = Y(t)\,\tilde{R}$. Mittels $R := Y(0) \times \tilde{R}\,Y(0)^{-1}$ erhalten wir $Y(T) = R\,Y(0)$, wobei R unabhängig vom Anfangswert $Y(0)$ ist, und mit $R := e^{TM}$ (die Exponentialfunktion ist auch für Matrizen umkehrbar eindeutig) finden wir schließlich, daß die Lösung von (3.10) zur Zeit T durch

$$y(T) = e^{TM} y(0) \tag{3.11}$$

gegeben ist.

Mit dem Ansatz $Y(t) := U(t)\,e^{tM}\,Y(0)$ und unter Verwendung von $e^{TM}\,Y(0) = R\,Y(0) = Y(0)\,\tilde{R}$ erhalten wir $Y(t+T) = U(t+T)\,e^{tM}\,Y(0)\,\tilde{R}$. Ein Vergleich mit $Y(t+T) = Y(t)\,\tilde{R} = U(t)\,e^{tM}\,Y(0)\,\tilde{R}$ zeigt dann, daß $U(t) = U(t+T)$ eine periodische Matrix ist. Damit können wir die Lösung von (3.10) in der Form

$$y(t) = U(t)\,e^{tM} y(0) \tag{3.12}$$

schreiben. Wählen wir jetzt neue Koordinaten $z = Qy$, so daß

$$\Lambda := QMQ^{-1} = \operatorname{diag}(\mu_1, \ldots, \mu_n) \tag{3.13}$$

diagonalisiert, geht (3.12) über in

$$z(t) = V(t) \cdot \operatorname{diag}(e^{\mu_1 t}, \ldots, e^{\mu_n t}) \cdot z(0)$$

mit $V(t) := QU(t)\,Q^{-1}$ bzw. in Komponentendarstellung

$$z_i(t) = \sum_{k=1}^{n} v_{ik}(t)\,e^{\mu_k t} z_k(0) .$$

Dabei sind die v_{ik} periodische Funktionen, so daß das Langzeitverhalten der Lösung (3.12) allein von $\operatorname{Re}\mu_1, \ldots, \operatorname{Re}\mu_n$ bestimmt wird.

Die Realteile $\lambda_1 = \operatorname{Re}\mu_1, \ldots, \lambda_n = \operatorname{Re}\mu_n$ der Eigenwerte von M heißen *charakteristische* oder *Ljapunow-Exponenten*, die Eigenwerte $e^{\mu_1 T}, \ldots, e^{\mu_n T}$ von e^{MT} heißen *Floquet-Faktoren* des periodischen Orbits.

Da längs des Orbits C Störungen erhalten bleiben, muß ein Eigenwert von e^{MT} gleich Eins und seine Eigenrichtung in $\bar{x}(0)$ tangential zu C sein. Wählen wir deshalb ein neues Koordinatensystem $z = Qy$, dessen n-te Koordinate in Richtung $\dot{\bar{x}}(0)$ zeigt, so erhalten wir aus (3.11)

$$z(t) = e^{\Lambda T} z(0)\,, \quad \Lambda = QMQ^{-1}\,, \quad e^{\Lambda T} = \operatorname{diag}(e^{\Lambda' T}, 1)\,,$$

wobei wir im Falle einfacher reeller Eigenwerte stets die spezielle Form (3.13) erreichen können, während sich für mehrfache oder komplexe Eigenwerte die üblichen

Modifikationen ergeben. Mit $z = (z', z_n)$, $z' = (z_1, \ldots, z_{n-1})$ folgt schließlich

$$z'(T) = e^{\Lambda' T} z'(0), \quad e^{\Lambda' T} = (e^{\Lambda T})_{i,k=1}^{n-1}, \tag{3.14}$$

und das ist die linearisierte Wiederkehrabbildung für einen geeigneten lokalen Schnitt durch $\bar{x}(0)$!

Also ist der periodische Orbit C asymptotisch stabil, wenn die Eigenwerte $\mu_1, \ldots, \mu_{n-1}$ von M negative Realteile besitzen, weil genau dann alle Eigenwerte $e^{\mu_1 T}, \ldots, e^{\mu_{n-1} T}$ betragsmäßig kleiner als Eins sind. Auf diese Weise haben wir eine Verallgemeinerung des Satzes 1.4./1 für periodische Orbits erhalten.

Warnung. $Q(t)$ kann so bestimmt werden, daß $\Lambda(t) := Q(t)\, M Q^{-1}(t)$ stets Diagonalform (bzw. Standardform) erreicht, aber die Koordinatenwahl $z(t) = Q(t)\, y(t)$ diagonalisiert nicht die Differentialgleichung (3.10)! Deshalb sind auch die Eigenwerte von e^{MT} nicht die über eine Periode gemittelten Eigenwerte zu den (zeitabhängigen) Eigenrichtungen von $A(t)$.

3.4. Van der Polsche Differentialgleichung

1. In diesem Abschnitt behandeln wir eine Klasse von Differentialgleichungen genauer, von der wir zeigen können, daß als einziger Attraktor ein Grenzzyklus auftritt.

Die Differentialgleichung 2. Ordnung

$$\ddot{x} = \varphi(x)\, \dot{x} - x \tag{3.15}$$

für eine reelle Funktion $x(t)$ beschreibt zum Beispiel einen harmonischen Oszillator (o. B. d. A. $m = 1$, $k = 1$) mit ortsabhängigem Reibungskoeffizienten, aber auch das Auftreten selbsterregter Schwingungen bei Röhrengeneratoren (siehe Ende dieses Abschnitts). Mit dem speziellen Ansatz

$$\varphi(x) = \varepsilon(1 - x^2), \quad \varepsilon > 0, \tag{3.16}$$

heißt (3.15) auch *Van der Polsche Differentialgleichung.*

Wir schreiben nun y_1 statt x und erhalten für die vektorielle Funktion $y(t) = \big(y_1(t), y_2(t)\big)$ die beiden Gleichungen 1. Ordnung

$$\tilde{M} \subset \mathbb{R}^2: \quad \dot{y}_1 = y_2, \quad \dot{y}_2 = \varphi(y_1) \cdot y_2 - y_1. \tag{3.17}$$

Es erweist sich als zweckmäßig, die umkehrbar eindeutige Koordinatentransformation

$$x_1 := R(y_1) - y_2, \quad x_2 := y_1, \quad R(v) := \int_0^v \varphi(u)\, du \tag{3.18}$$

vorzunehmen, die (3.17) in

$$M \subset \mathbb{R}^2: \quad \dot{x}_1 = x_2, \quad \dot{x}_2 = R(x_2) - x_1 \tag{3.19}$$

überführt. Die Gleichung (3.19) (bzw. die äquivalente Gleichung $\ddot{x}_1 = R(\dot{x}_1) - x_1$) heißt *Rayleigh*sche (mitunter auch *Lienard*sche) Differentialgleichung und beschreibt z. B. einen harmonischen Oszillator mit geschwindigkeitsabhängiger Reibungskraft, also auch die gestrichene Saite aus E.2. Wir wollen sie jetzt genauer untersuchen.

Von der Funktion R: $\mathbb{R}^1 \to \mathbb{R}^1$ nehmen wir folgendes an:

(A1) R sei ungerade und zweimal stetig differenzierbar.

(A2′) R sei streng monoton fallend

bzw.

(A2) $R(v)$ streng monoton $\begin{cases} \text{wachsend für} & |v| < c, \\ \text{fallend für} & |v| > c. \end{cases}$

Aus (A1) und (A2) folgt, daß R genau zwei von Null verschiedene Nullstellen $\pm a$, $a > 0$, besitzt (Abb. 43a).

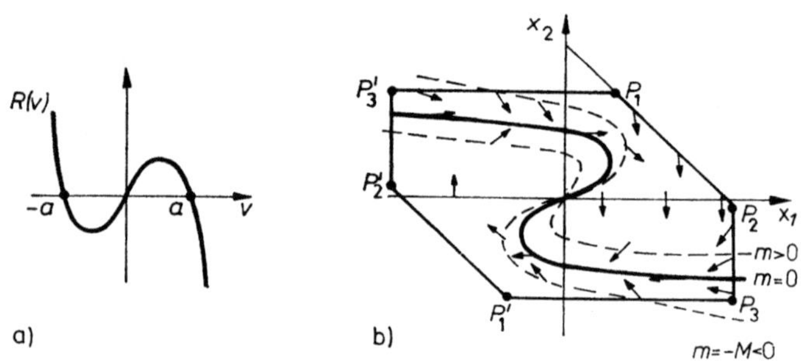

Abb. 43

RAYLEIGHsche Gleichung (3.19): Nichtmonotone Reibungskraft (a) und positiv invariante Menge $P_1P_2P_3P_1'P_2'P_3'$ (b)

Aus der Symmetrie von (3.19) erkennen wir, daß mit $(x_1(t), x_2(t))$ auch $(-x_1(t), -x_2(t))$ Trajektorie ist, so daß wir unsere Diskussion auf eine Halbebene beschränken können. Der einzige Fixpunkt ist $x_1^0 = x_2^0 = 0$.

Satz. a) *Unter den Voraussetzungen* (A1), (A2′) *ist der Fixpunkt* (0, 0) *der Gleichung* (3.19) *asymptotisch stabil und einziger Attraktor* (*mit dem Anziehungsbereich* $\mathbb{R}^2$).

b) *Unter den Voraussetzungen* (A1), (A2) *ist* (0, 0) *ein instabiler Strudel oder Knoten. Dann besitzt* (3.19) *genau einen asymptotisch stabilen Grenzzyklus* (*mit dem Anziehungsbereich* $\mathbb{R}^2 \setminus \{(0, 0)\}$).

2. Falls R streng monoton fällt, ist $\Phi(x_1, x_2) := x_1^2 + x_2^2$ wegen

$$(L_f\Phi)(x_1, x_2) = 2x_2 \cdot R(x_2) \leqq 0$$

in ganz $\mathbb{R}^2$ Ljapunow-Funktion, wobei Gleichheit genau für $x_2 = 0$ gilt. Die Kreise $\Phi(x_1, x_2) = \text{const}$ sind aber keine Trajektorien, so daß $\Phi[x_1(t), x_2(t)]$ längs jeder Trajektorie zeitlich monoton abnehmen muß. Folglich ist (0, 0) asymptotisch stabil und zieht alle in $\mathbb{R}^2$ beginnenden Trajektorien an.

Auch aus $(\operatorname{div} f)(x_1, x_2) = R'(x_2) < 0$ erkennen wir, daß es keine geschlossenen Bahnen geben kann.

3. Interessanter ist die Dynamik unter den Bedingungen (A1), (A2): Zunächst untersuchen wir den Verlauf der Isoklinen $dx_2/dx_1 = (R(x_2) - x_1)/x_2 := m$, das sind

Kurvenscharen $x_1 = R_m(x_2) := R(x_2) - mx_2$, die bei festem Wert $x_2 > 0$ monoton fallend in m sind, und konstruieren daraus eine positiv invariante Menge.

Wir nehmen hier noch zusätzlich an, daß $R(v)$ für große v mindestens linear fällt. Dann wählen wir feste Werte $b > 0$ und $M > 0$, so daß die Geraden $x_2 = \gamma_\pm(x_1) := \pm b - Mx_1$ ganz oberhalb bzw. ganz unterhalb des Graphen von R_{-M} liegen (Abb. 43b). Danach wählen wir Punkte $P_2 = \big(d, \gamma_+(d)\big)$ mit $\gamma_+(d) < 0$, $R_0\big(\gamma_+(d)\big) < 0$ und $P_3 = (d, e)$ mit $e < 0 < R_{-m}(e) < d$ und setzen $P_1 = \big((b+e)/M, -e\big)$ sowie $P_i' = -P_i$, $i = 1, 2, 3$. Mit dieser Konstruktion, die stets möglich ist, haben wir ein positiv invariantes Polygon $K = P_1P_2P_3P_1'P_2'P_3'$ erhalten, weil auf dem gesamten Rand das Vektorfeld nach innen gerichtet ist.

Linearisieren wir (3.19) am Fixpunkt (0, 0), so folgt aus

$$0 = \begin{vmatrix} -\lambda & 1 \\ -1 & R'(0) - \lambda \end{vmatrix} = \lambda^2 - R'(0)\,\lambda + 1,$$

daß für $R'(0) > 0$ ein instabiler Strudel oder Knoten vorliegt. Wegen Satz 3.2./3 muß es deshalb in K wenigstens einen stabilen Grenzzyklus geben.

4. Um die Eindeutigkeit des Grenzzyklus zu beweisen, müssen wir den Fluß von (3.19) genauer untersuchen.

Die Halbstrahlen $g_+ = (0, \infty)$ und $g_- = (-\infty, 0)$ werden offenbar von jeder Trajektorie (außer (0, 0)) abwechselnd unendlich oft im negativen Drehsinn gekreuzt. Deshalb führen wir die Abbildung

$$\alpha\colon\ g_+ \to g_-,\quad \alpha(p) := T_{\tau(p)}(p),\quad \tau(p) := \min\{t > 0 \mid T_t(p) \in g_-\} \tag{3.20}$$

ein (wobei wir statt $(x_1, 0)$ einfach x_1 schreiben). Da g_+ ein lokaler Schnitt für das Vektorfeld aus (3.19) ist, stellt auf Grund der Symmetrie des Problems

$$\sigma\colon\ g_+ \to g_+,\quad \sigma(p) := -\alpha\big(-\alpha(p)\big) \tag{3.21}$$

die zugehörige Wiederkehrabbildung dar. Nach Konstruktion sind α und σ eineindeutige, stetig differenzierbare Funktionen.

Sei $p_0 \in g_+$ der Punkt, für den es eine Zeit $t \in \big(0, \tau(p)\big)$ mit $T_t(p) = (0, -a)$ gibt ($\pm a$ sind Nullstellen von R!), und sei

$$\delta\colon\ g_+ \to \mathbb{R}^1,\quad \delta(p) := [\alpha(p)]^2 - p^2. \tag{3.22}$$

Wir wollen nun zeigen, daß gilt

$$\delta(p) > 0 \quad \text{für} \quad 0 < p < p_0, \tag{3.23a}$$

$$\delta(p) \text{ monoton fallend (auf } -\infty) \text{ für } p_0 < p. \tag{3.23b}$$

Mit $\Phi(x_1, x_2) = x_1^2 + x_2^2$ und $x_2(0) = x_2(\tau) = 0$ erhalten wir

$$\delta(p) = x_1(\tau)^2 - x_1(0)^2 = \int_0^\tau \frac{d}{dt}\,\Phi[x_1(t), x_2(t)]\,dt = 2\int_0^\tau x_2(t)\,R[x_2(t)]\,dt,$$

was wegen $x_2R(x_2) > 0$ für $|x_2| < a$ (3.23a) beweist.

Nun zerlegen wir die in $p > p_0$ beginnende Trajektorie in drei Teile (Abb. 44a):

$$\begin{array}{llll} C_1\colon & 0 \leqq t \leqq \tau_1, & 0 \geqq x_2 \geqq -a, & x_1 = \varphi_1(x_2), \\ C_3\colon & \tau_2 \leqq t \leqq \tau, & -a \leqq x_2 \leqq 0, & x_1 = \varphi_3(x_2), \\ C_2\colon & \tau_1 < t < \tau_2, & b > x_1 > d, & x_2 = \psi(x_1). \end{array}$$

Integration längs C_1 ergibt unter Verwendung von (3.19)

$$\int_0^{\tau_1} x_2(t)\, R[x_2(t)]\, dt = \int_{-a}^{0} \frac{x_2 \cdot R(x_2)}{\varphi_1(x_2) - R(x_2)}\, dx_2 .$$

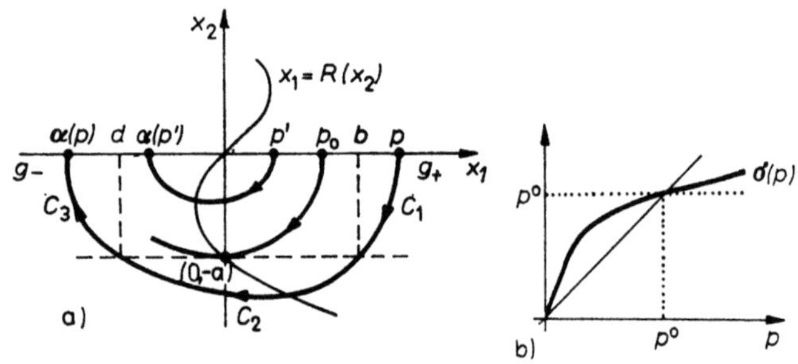

Abb. 44
Wiederkehrabbildung für die Gleichung (3.19)

Da der Integrand positiv ist und der Nenner bei gleichem x_2 mit p wächst, ist das Integral monoton fallend in p. Analog sehen wir, daß die Integration längs C_3 einen in p fallenden Beitrag liefert. Längs C_2 erhalten wir

$$\int_{\tau_1}^{\tau_2} x_2(t)\, R[x_2(t)]\, dt = -\int_d^b R[\psi(x_1)]\, dx_1 .$$

Weil mit wachsendem p das Integrationsintervall (d, b) größer und (bei festem x_1) der Wert $x_2 = \psi(x_1)$ kleiner werden, ist auch dieser Beitrag monoton fallend (auf $-\infty$) in p, so daß (3.23b) richtig ist.

Aus der Stetigkeit von δ und (3.23) können wir schließen, daß $\delta(p)$ genau eine Nullstelle $p^0 \in g_+$, $p^0 > p_0$ besitzt, was mit (3.22) und (3.21) auf

$$\sigma(p^0) = p^0$$

führt. Somit gibt es genau einen Grenzzyklus C für das System (3.19), der notwendig p^0 enthält.

Aus $\delta(p) < 0$ für alle $p > p^0$ folgt $|\alpha(p)| < p$ und damit wegen (3.21)

$$p^0 < \sigma(p) < p \quad \text{für alle} \quad p > p^0$$

(für $p < p^0$ gelten die entgegengesetzten Ungleichungen). Damit ist die Wiederkehrabbildung (3.21) qualitativ konstruiert (Abb. 44b). Wegen $0 < \sigma'(p^0) < 1$ ist der Grenzzyklus asymptotisch stabil.

Bemerkung. Die Existenz (und Eindeutigkeit) des Grenzzyklus ist damit auch ohne die einschränkende Annahme aus 3. bewiesen. In Übereinstimmung mit Satz 3.1./2 sehen wir, daß der Grenzzyklus Gebiete durchläuft, in denen $\operatorname{div} f$ verschiedene Vorzeichen besitzt.

5. Die Selbsterregung von Schwingungen in einem Röhrengenerator (oder auf Transistorbasis) stellt ein wichtiges Beispiel für das Auftreten der Van der Polschen Gleichung (3.15) bzw. (3.17) dar.

In A.2.2. ist die vereinfachte Schaltung eines Röhrengenerators angegeben. Dort leiten wir auch her, daß die Spannung $U(t)$, die durch induktive Rückkopplung im Gitterkreis entsteht, der Gleichung

$$LC\ddot{U} + (RC - aM + bMU^2)\,\dot{U} + U = 0$$

genügt. Alle auftretenden Konstanten sind positiv, insbesondere ist a ein Maß für die Verstärkung der Röhre. Der einzige stationäre Zustand (mit $\dot{U} \equiv V$) ist $U^0 = V^0 = 0$, er ist für $aM < RC$ asymptotisch stabil. Selbsterregte Schwingungen können nur auftreten, wenn Verstärkung a und Rückkopplung M die Dämpfungsverluste RC überwiegen.

Führen wir für $aM > RC$ die dimensionslosen Größen x und τ mittels

$$U = \sqrt{\frac{aM - RC}{bM}} \cdot x, \quad t = \sqrt{LC}\,\tau$$

ein, so erhalten wir damit

$$\frac{d^2x}{d\tau^2} + \varepsilon(x^2 - 1)\frac{dx}{d\tau} + x = 0, \qquad \varepsilon := \frac{aM - RC}{\sqrt{LC}} > 0,$$

also die Van der Polsche Gleichung.

Physikalische Interpretation: Der Röhrengenerator ist ein offenes System, in dem dissipative Prozesse (Ohmscher Widerstand!) ablaufen und das trotz zeitlich konstanter Energiezufuhr fernab vom Gleichgewicht spontan oszilliert. Notwendig für

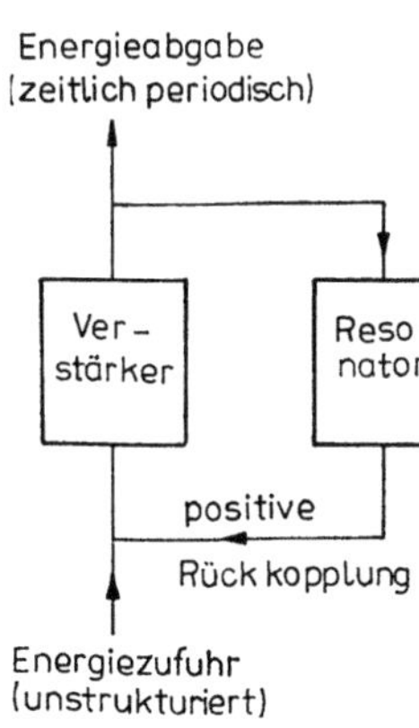

Abb. 45
Schema für die Erzeugung selbsterregter Schwingungen

die zeitliche Selbstorganisation in Form selbsterregter Schwingungen sind überkritische Rückkopplung und Verstärkung (also das Vorherrschen kooperativer Effekte).

Dieses Wirkprinzip ist für die Selbsterregung von Schwingungen in vielen Systemen charakteristisch (z. B. gestrichene Saite, Uhren, Funksender, Verbrennungsmotoren, Laser) (Abb. 45). Der Gedanke, daß viele biologische, rhythmisch ablaufende Prozesse (z. B. Herzschlag) ebenfalls selbsterregte Schwingungen darstellen, ist deshalb naheliegend und inzwischen in vielen Fällen nachgewiesen.

3.5. Mittelungsverfahren (für kleine Nichtlinearität)

1. In diesem Abschnitt entwickeln wir eine Methode zur näherungsweisen Lösung schwach nichtlinearer Probleme.

Wir untersuchen die Differentialgleichung

$$M \subset \mathbb{R}^2: \quad \dot{x}_1 = x_2, \quad \dot{x}_2 = -x_1 - \varepsilon F(x_1, x_2), \quad \varepsilon \ll 1, \tag{3.24}$$

die einen harmonischen Oszillator ($m = 1, k = 1$) mit einer kleinen nichtlinearen Reibungskraft εF beschreibt. Speziell für

$$F(x_1, x_2) = (x_1^2 - 1)\, x_2 \tag{3.25}$$

erhalten wir die Van der Pol-Gleichung (3.17).

Für $\varepsilon = 0$ liegt ein lineares System vor, dessen explizite Lösung in kartesischen Koordinaten bzw. in Polarkoordinaten

$$\begin{aligned} x_1(t) &= r_0 \cos (t - \varphi_0) \\ x_2(t) &= -r_0 \sin (t - \varphi_0) \end{aligned} \quad \leftrightarrow \quad \begin{aligned} r(t) &= r_0, \\ \varphi(t) &= \varphi_0 - t \end{aligned}$$

(mit Integrationskonstanten r_0, φ_0) lautet. Da das System (3.24) für kleine, von Null verschiedene Werte von ε nahezu linear ist, erwarten wir für die Lösung des schwach gestörten Problems nur kleine zusätzliche Korrekturterme.

In Polarkoordinaten $r = \sqrt{x_1^2 + x_2^2}$, $\varphi = \arctan (x_2/x_1)$ erhalten wir aus (3.24)

$$\dot{r} = -\varepsilon \sin \varphi \cdot G(r, \varphi), \quad \dot{\varphi} = -(\varepsilon/r) \cos \varphi \cdot G(r, \varphi) - 1,$$

$$G(r, \varphi) := F(r \cos \varphi, r \sin \varphi),$$

und der Übergang zur „mitbewegten" Koordinate $\psi := \varphi + t$ liefert

$$\begin{aligned} \dot{r} &= \varepsilon \cdot R(r, \psi, t) := -\varepsilon \sin (\psi - t) \cdot G(r, \psi - t), \\ \dot{\psi} &= \varepsilon \cdot \Psi(r, \psi, t) := -(\varepsilon/r) \cos (\psi - t) \cdot G(r, \psi - t). \end{aligned} \tag{3.26}$$

Das ist ein nichtautonomes System, dessen rechte Seiten R, Ψ periodisch in t mit der Periode 2π (des ungestörten Systems) sind und die beide den kleinen Faktor ε enthalten.

Die Idee des *Mittelungsverfahrens* (nach Krylow und Bogoljubow, 1934) besteht nun in folgendem: Für $|\varepsilon| \ll 1$ sind $\dot{r}$ und $\dot{\psi}$ klein, also $r(t)$ und $\psi(t)$ im Vergleich zu t langsam veränderliche Größen. Deshalb ersetzen wir die rechten Seiten von (3.26) durch ihre bei festem r und ψ über eine Periode in t gemittelten Größen,

$$r(s) \approx r(t), \quad \psi(s) \approx \psi(t) \quad \text{für} \quad s \in [t, t+2\pi),$$

$$H[r(s), \psi(s) - s] \approx \frac{1}{2\pi} \int_t^{t+2\pi} H[r(t), \psi(t) - s]\, ds \tag{3.27}$$

$$= \frac{1}{2\pi} \int_0^{2\pi} H[r(t), -s]\, ds := \overline{H}[r(t)]$$

für $H = R$ bzw. $H = \Psi$ (wobei wir die Periodizität des Integranden berücksichtigt haben). Damit erhalten wir das *gemittelte* autonome System

$$M = \mathbb{R}_+{}^1 \times \mathbb{R}^1\colon \quad \dot{r} = \varepsilon \overline{R}(r), \quad \dot{\psi} \equiv \varepsilon \overline{\Psi}(r) \tag{3.28}$$

(dessen rechte Seiten in unserem Fall nur noch von r abhängen), das mit den bisher entwickelten Methoden qualitativ diskutierbar ist. Gegenüber der exakten Gleichung (3.26) sind hier Terme der Ordnung $o(\varepsilon)$ vernachlässigt (siehe nachfolgenden Satz).

2. Speziell für die Van der Pol-Gleichung mit (3.25) liefert die Mittelung (3.27)

$$\dot{r} = \varepsilon \overline{R}(r) = \varepsilon \frac{r}{2}\left(1 - \frac{r^2}{4}\right), \quad \dot{\psi} = \varepsilon \overline{\Psi}(r) = 0.$$

Hier können wir sogar die explizite Lösung angeben:

$$\begin{aligned} &r(t) = 2/(1 + a\,\mathrm{e}^{-\varepsilon t})^{1/2}, \quad a := \frac{4}{r(0)^2} - 1 \\ &\psi(t) \equiv \varphi_0 \quad \text{bzw.} \quad \varphi(t) = \varphi_0 - t, \end{aligned} \tag{3.29}$$

die in kartesischen Koordinaten

$$x_1(t) = r(t) \cos(t - \varphi_0), \quad x_2(t) = -r(t) \sin(t - \varphi_0)$$

lautet. Wir sehen daran, daß genau ein asymptotisch stabiler Grenzzyklus auftritt (das war nach Satz 3.4. zu erwarten), der hier ein Kreis vom Radius $r^0 = 2$ ist und auf den alle Trajektorien im negativen Drehsinn asymptotisch aufspiralen (man vergleiche mit Beispiel 1.5./2!). Die selbsterregte Schwingung ist in erster Näherung somit harmonisch, doch ist ihre Amplitude unabhängig von den speziellen Anfangswerten.

Bemerkung. Für einen Oszillator mit $k/m = \omega^2 \neq 1$ ist der Grenzzyklus entsprechend eine Ellipse.

Die Lösung (3.29) gilt auch für $\varepsilon < 0$, $|\varepsilon| \ll 1$, aber wegen der Instabilität des Grenzzyklus nur für Zeiten $t \lesssim \varepsilon^{-1}$.

Es gibt auch Varianten des Mittelungsverfahrens, die höhere Ordnungen in ε berücksichtigen.

Aufgabe 1. Beschreiben Sie die Form des Grenzzyklus für die der Van der Pol-Gleichung zugeordnete Rayleighsche Gleichung (3.19) für kleine Werte von ε!

Aufgabe 2. Berechnen Sie für das mathematische Pendel

$$\ddot{x} + \sin x = 0$$

den Zusammenhang von Amplitude und Frequenz für kleine Ausschläge in der Näherung $\sin x \approx x - x^3/6$!

3. Allgemeiner können wir die (nichtautonome) Differentialgleichung

$$M \subset \mathbb{R}^n: \quad \dot{x} = \varepsilon f(x, t, \varepsilon), \quad 0 < \varepsilon \ll 1, \tag{3.30}$$

betrachten, in der M ein Gebiet und $f\colon \mathbb{R}^n \times \mathbb{R}^1 \times \mathbb{R}_+^1 \to \mathbb{R}^n$ ein C^2-Vektorfeld ist, das in t periodisch mit der Periode $T > 0$ sein soll. Wir nennen

$$M \subset \mathbb{R}^n: \quad \dot{y} = \varepsilon \bar{f}(x) := \varepsilon \cdot \frac{1}{T} \int_0^T f(y, t, 0)\, dt \tag{3.31}$$

das zugehörige *autonome gemittelte* System.

Satz (vgl. [8], [7], [64]). a) *Es gibt eine C^2-Koordinatentransformation $x = y + \varepsilon \cdot w(x, t, \varepsilon)$, so daß (3.30) übergeht in*

$$\dot{y} = \varepsilon \bar{f}(y) + \varepsilon^2 \cdot f_1(y, t, \varepsilon),$$

wobei f_1 periodisch in t (mit der Periode T) ist.

b) *Sind $x(t)$ und $y(t)$ Lösungen von* (3.30) *bzw.* (3.31) *mit $\|x_0 - y_0\| = o(\varepsilon)$, dann gilt $\|x(t) - y(t)\| = o(\varepsilon)$ auf einer Zeitskala $t \lessapprox \varepsilon^{-1}$.*

c) *Ist y^0 ein hyperbolischer Fixpunkt von* (3.31), *dann besitzt für hinreichend kleine ε* (3.30) *einen eindeutigen hyperbolischen periodischen Orbit C_ε mit $x(t) = y^0 + o(\varepsilon)$ vom gleichen Stabilitätstyp.*

d) *Ist $x(t) \in W_s(C_\varepsilon)$ eine Lösung von* (3.30) *in der stabilen Mannigfaltigkeit von C_ε, $y(t) \in W_s(y^0)$ eine Lösung von* (3.31) *in der stabilen Mannigfaltigkeit von y^0 und $\|x_0 - y_0\| = o(\varepsilon)$, dann gilt $\|x(t) - y(t)\| = o(\varepsilon)$ für alle $t \geqq 0$ (analog für W_u und $t \leqq 0$).*

Bemerkung. Die Aussagen c) und d) des Satzes gelten auch für allgemeinere hyperbolische Grenzmengen. Wenn z. B. (3.31) einen hyperbolischen Grenzzyklus besitzt, dann kann (3.30) für $n > 2$ in dessen Nähe einen invarianten Torus (siehe 4.1.) vom gleichen Stabilitätstyp besitzen.

Aufgabe 3. Beweisen Sie Teil a) des Satzes! (Hinweis: Zerlegen Sie $f(x, t, \varepsilon) = \bar{f}(x) + \tilde{f}(x, t, \varepsilon)$, und bestimmen Sie w in $x = y + \varepsilon \cdot w(y, t, \varepsilon)$ geeignet!)

Aufgabe 4. Wenden Sie den Satz auf die skalare Gleichung

$$M = \mathbb{R}^1: \quad \dot{x} = -\varepsilon x \sin^2 t$$

an, bestimmen Sie w, und vergleichen Sie die gemittelte mit der exakten Lösung!

Zusammenfassend stellen wir fest: Das Mittelungsverfahren eröffnet einen wichtigen Zugang zum Verständnis nichtlinearer Systeme, weil es für schwache Nichtlinearitäten die näherungsweise Berechnung stabiler und instabiler Mannigfaltigkeiten und der Wiederkehrabbildung erlaubt. Die Methode wird insbesondere bei der Untersuchung schwach nichtlinearer, periodisch gestörter Systeme verwendet.

3.6. Weitere Beispiele

1. Daß in mechanischen Systemen mit mehreren Freiheitsgraden auch die aus Kapitel 2 bekannte Multistabilität auftreten kann, ist hinlänglich bekannt. Weit interessanter ist die spontane Strukturbildung in Form selbsterregter Schwingungen. Wir können sie bei allen Streichinstrumenten (siehe E.2.), Holz- oder Blechblasinstrumenten, aber auch bei einer Orgel beobachten. Quietschende Bremsen, knarrende Türen oder das Tönen eines Weinglases beim Reiben sind ebenfalls (unerwünschte oder erwünschte) selbsterregte Schwingungen.

Jede tickende Uhr zeigt eine zeitliche Selbstorganisation, weil sie aus der zeitlich unstrukturiert bereitgestellten potentiellen Energie (der Gewichte oder der Feder) beim Umklappen des Ankers schubweise Portionen entnimmt und damit trotz Reibung die Oszillation in Gang hält. Zwar ist die Frequenz der Schwingungen (des Pendels oder der Unruh) konstruktiv festgelegt, aber die Amplitude stellt sich unabhängig von den Anfangswerten ein, wie es für Grenzzyklen typisch ist (der Leser probiere dies an einer Pendeluhr aus!).

2. In der Elektrotechnik und Elektronik werden die verschiedensten Formen von Bi- oder Multistabilität bzw. von selbsterregten Schwingungen (in einem großen Frequenzbereich und mit vielfältigen Zeitabläufen) erzeugt, um technische Systeme mit gewünschten Verhaltensweisen, insbesondere Informationsspeicherung und Informationsübertragung, zu erhalten. Zwei typische Grundschaltungen haben wir in 3.1. bzw. 3.4. exemplarisch erläutert.

3. Weniger bekannt ist, daß auch in chemisch reagierenden Systemen ähnliche Formen von Selbstorganisation auftreten können, von denen wir Bistabilität als Folge autokatalytischer Teilreaktionen bereits in 2.2. behandelt haben.

Wir wollen jetzt ein Modellsystem mit zwei chemischen Freiheitsgraden behandeln, das selbsterregte Schwingungen aufweist und unter dem Namen „Brüsselator" (Prigogine, Lefever 1968) inzwischen zu einem Standardbeispiel geworden ist.

In einem homogenen (= gut gerührten) offenen System reagieren Ausgangsstoffe A, B über Zwischenprodukte X, Y zu Endprodukten D, E gemäß

$$\begin{aligned} &A \xrightarrow{k_1} X \\ &B + X \xrightarrow{k_2} Y + D \\ &2X + Y \xrightarrow{k_3} 3X \\ &X \xrightarrow{k_4} E, \end{aligned} \tag{3.32}$$

wobei der dritte, autokatalytische Schritt von wesentlicher Bedeutung ist.

Durch Vernachlässigung der Rückreaktionen arbeiten wir in extremer Gleichgewichtsferne, aber man kann zeigen, daß die Mitnahme der Rückreaktionen keine neuen Verhaltensweisen liefert.

Wir nehmen an, daß die Konzentrationen der Ausgangsstoffe (und der Endprodukte, aber das ist hier ohne Belang) zeitlich konstant gehalten werden und für X und Y stoffliche Geschlossenheit vorliegt.

Sind n_A, n_B, n_X, n_Y die Konzentrationen der entsprechenden Stoffe, so folgt aus den reaktionskinetischen Ansätzen (A.2.3.), daß die zeitliche Entwicklung den Differentialgleichungen

$$\dot{n}_X = k_1 n_A - k_2 n_B n_X + k_3 n_X{}^2 n_Y - k_4 n_X,$$

$$\dot{n}_Y = k_2 n_B n_X - k_3 n_X{}^2 n_Y$$

genügt, die nach Einführung dimensionsloser Variabler $t = \tau/k_4$, $n_A = k_4{}^{3/2} A/k_1 k_3{}^{1/2}$, $n_B = k_4 B/k_2$, $n_X = (k_4/k_3)^{1/2}\, x$, $n_Y = (k_4/k_3)^{1/2}\, y$ in

$$M = \mathbb{R}_+{}^2\colon \quad \dot{x} = A - (B + 1)\, x + x^2 y, \quad \dot{y} = Bx - x^2 y, \qquad A > 0, \quad B > 0, \tag{3.33}$$

übergehen.

Satz 1.

a) *Der positive Quadrant* $\mathbb{R}_+{}^2 := \{(x, y) \mid x \geqq 0, y \geqq 0\}$ *ist für* (3.33) *positiv invariant.*

b) *Das System* (3.33) *besitzt genau einen Attraktor, der für* $B < A^2 + 1$ *ein asymptotisch stabiler Fixpunkt und für* $B > A^2 + 1$ *ein asymptotisch stabiler Grenzzyklus ist.*

In Aufgabe 1.2./2 haben wir den Verlauf der Hauptisoklinen von (3.33) untersucht. Für $x(0) = 0$ gilt $\dot{x}(0) > 0$, für $y(0) = 0$, $x(0) > 0$ gilt $\dot{y}(0) > 0$, so daß die Menge $\mathbb{R}_+{}^2$ positiv invariant ist (den Punkt (0, 0) muß man gesondert betrachten).

Aufgabe. Konstruieren Sie eine kompakte positiv invariante Menge für das Vektorfeld (3.33)!

Aus der Lösung der Aufgabe erkennen wir, daß wir stets ein hinreichend (und darüber hinaus beliebig) großes Polygon finden können, das von keiner Trajektorie für $t > 0$ verlassen werden kann und somit alle Grenzmengen enthält (vgl. Abb. 138).

Der einzige Fixpunkt von (3.33) ist $x^0 = A$, $y^0 = B/A$ mit der zugehörigen Eigenwertgleichung

$$\begin{vmatrix} B - 1 - \lambda & A^2 \\ -B & -A^2 - \lambda \end{vmatrix} = \lambda^2 + (A^2 + 1 - B)\, \lambda + A^2 = 0.$$

Deshalb ist der Fixpunkt $(A, B/A)$ für $0 < B < (A - 1)^2$ ein stabiler Knoten, für $(A - 1)^2 < B < A^2 + 1$ ein stabiler Strudel, für $A^2 + 1 < B < (A + 1)^2$ ein instabiler Strudel und für $(A + 1)^2 < B$ ein instabiler Knoten (Abb. 46).

Weil bei $B_c = A^2 + 1$ ein Paar konjugiert-komplexer Eigenwerte die imaginäre Achse kreuzt, deutet das auf die Bifurkation eines Grenzzyklus hin („*Hopf-Bifurkation*“, Kap. 6). Die Existenz eines stabilen Grenzzyklus folgt aus dem Satz von Poincaré (bzw. Satz 3.2./3), seine Eindeutigkeit kann ebenfalls bewiesen werden.

Aus der Diskussion des Vektorfeldes (der Isoklinen) können wir das ungefähre Aussehen des Grenzzyklus erschließen und anschließend durch gezielte numerische Integrationen den genauen Verlauf ermitteln (Abb. 47).

Physikalische Interpretation. Trotz zeitlich konstanter Bereitstellung der Rohstoffe tritt bei Überschreiten kritischer Parameterwerte (hier $B > B_c = A^2 + 1$) eine zeitliche Oszillation der Konzentrationen der Zwischenprodukte in Form eines Grenzzyklus auf. Diese zeitliche Selbstorganisation (eine chemische Uhr!) entspringt der inneren nichtlinearen Dynamik des Systems als Folge der Kooperativität der autokatalytischen Teilreaktion und stellt eine dissipative Struktur dar.

Selbsterregte chemische Schwingungen lassen sich in vielfältiger Form experimentell realisieren. Besonders geeignet ist die Belousov-Zhabotinsky-Reaktion, bei der ein Indikator periodischen Wechsel von Rot- und Blaufärbung anzeigt (siehe auch Abschnitt 8.4.).

Auch in biologischen Systemen gibt es zahlreiche Beispiele zeitlicher Strukturbildung, so bei Enzymreaktionen (z. B. im Stoffwechsel bei der Glykolyse) oder der Proteinsynthese (z. B. der β-Galaktosidase). Selbsterregte rhythmische Prozesse sind offenbar für das Verständnis des Phänomens Leben von größter Bedeutung.

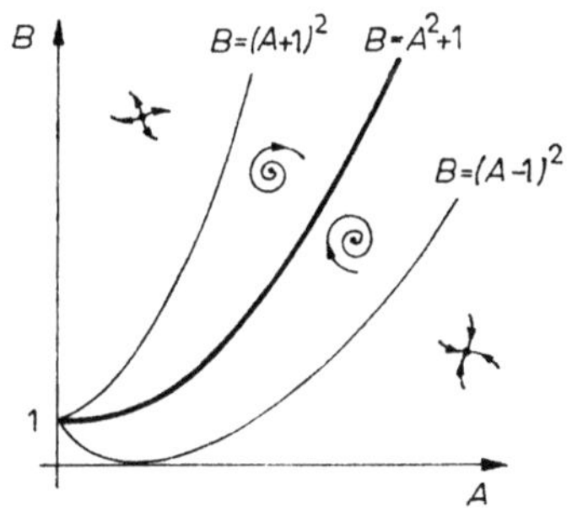

Abb. 46
Stabilitätskarte des Brüsselators

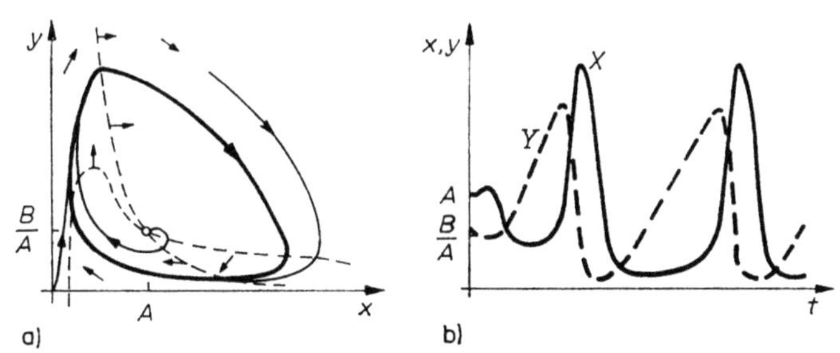

Abb. 47
Trajektorien (a) und Integralkurven (b) des Brüsselators (3.33) für $B > A^2 + 1$

4. Biologische Populationen leben oft nicht unabhängig voneinander, sondern ernähren sich vom gleichen Rohstoff, leben im gleichen Gebiet oder dienen anderen Spezies als Nahrung.

Eines der ältesten Modelle der Populationsdynamik, das *Räuber-Beute-Modell* (Lotka 1920, Volterra 1934) wurde entwickelt, um das periodische Schwanken der Fangergebnisse von Fisch in der Adria zu erklären.

Das Modell geht von zwei Populationen, der „Beute" X und den „Räubern" Y, mit den Konzentrationen x bzw. y aus. Die Beutetiere mögen ausreichend Futter haben und sich mit einer linearen Rate (ax) vermehren. Die Verlustrate $(-bxy)$ sei proportional zur Zahl der Kontakte mit den Räubern, die sich auf Kosten der Beutetiere vermehren (dxy) und natürlich absterben ($-cy$). Wir erhalten damit

$$M = \mathbb{R}_+{}^2\colon \quad \begin{aligned} \dot{x} &= ax - bxy, \quad a > 0, \quad b > 0, \\ \dot{y} &= dxy - cy, \quad c > 0, \quad d > 0. \end{aligned} \tag{3.34}$$

Satz 2.

a) *Jede Trajektorie von* (3.34) *mit* $x(0) > 0$, $y(0) > 0$ *(außer dem Fixpunkt* $x^0 = c/d$, $y^0 = a/b$*) ist ein geschlossener Orbit, der ganz in* $\mathbb{R}_+{}^2$ *liegt.*

b) *Sei* $x(t)$, $y(t)$ *eine periodische Lösung von* (3.34) *mit der Periode* $T > 0$. *Dann gilt für die zeitlichen Mittelwerte*

$$\bar{x} := \frac{1}{T}\int_0^T x(t)\,dt = \frac{c}{d}, \quad \bar{y} := \frac{1}{T}\int_0^T y(t)\,dt = \frac{a}{b}.$$

Das Vektorfeld (3.34) besitzt zwei Fixpunkte, $x^0_{(1)} = y^0_{(1)} = 0$ und $x^0_{(2)} = c/d$, $y^0_{(2)} = a/b$. Weil $x = 0$ bzw. $y = 0$ spezielle Trajektorien von (3.34) sind, ist $(0, 0)$ ein Sattelpunkt, dessen stabile Mannigfaltigkeit die positive y-Achse und dessen instabile Mannigfaltigkeit die positive x-Achse ist. Der Fixpunkt $(c/d, a/b)$ ist dagegen wegen $\lambda_{1,2} = \pm \mathrm{i}\sqrt{ac}$ ein Wirbel.

Wir zeigen jetzt, daß die Trajektorien der vollen nichtlinearen Gleichungen ebenfalls geschlossene Kurven sind. Aus (3.34) folgt für $x \neq 0$, $y \neq 0$

$$0 = \frac{\dot{x}}{x}(dx - c) - \frac{\dot{y}}{y}(a - by) = \frac{d}{dt}[dx(t) - c \cdot \ln x(t) - a \cdot \ln y(t) + by(t)],$$

so daß

$$H(x, y) := dx - c \cdot \ln x + by - a \cdot \ln y = \text{const} \tag{3.35}$$

eine Familie einfacher, geschlossener, ineinanderliegender Kurven als Trajektorien ergibt (Abb. 48). Anders gesagt, weil $z = H(x, y)$ in $x^0 = c/d$, $y^0 = a/b$ ein globales Minimum annimmt, ist

$$\Phi(x, y) := H(x, y) - H(c/d, a/b)$$

eine Ljapunow-Funktion, deren Wert auf jeder Trajektorie zeitlich konstant bleibt.

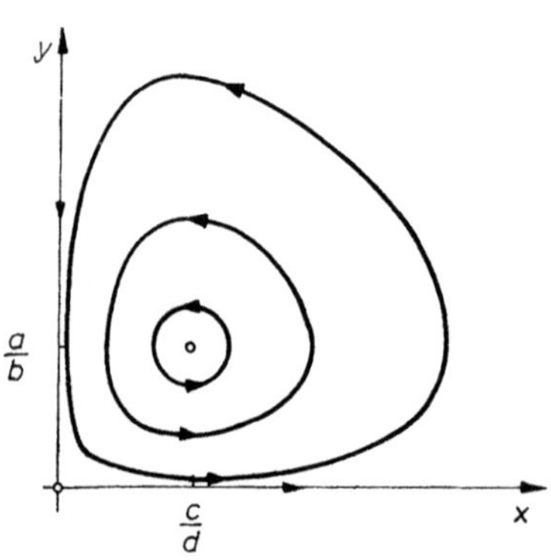

Abb. 48
Ungedämpfte Oszillationen im Räuber-Beute-Modell

Die Bahnkurven sind somit stabil, aber nicht asymptotisch stabil. Da H eine Erhaltungsgröße der Bewegung ist, spricht man in Anlehnung an die Mechanik von *„konservativen" Oszillationen* (obwohl die Divergenz des Vektorfeldes nicht identisch verschwindet!).

Biologische Interpretation. Es stellt sich nicht notwendig ein stationäres „Gleichgewicht" zwischen Beute und Räubern ein, sondern typisch sind zeitlich periodische Schwankungen der Populationszahlen, wobei die Amplitude von den Anfangsbedingungen abhängt und sich durch Fluktuationen (oder äußere Eingriffe) ändern kann.

Das Lotka-Volterra-Modell (3.34) ist wegen des elliptischen Fixpunktes strukturell instabil (es gibt aber auch „bessere" Modelle mit Grenzzyklen). Dennoch liefert es in vielen Fällen eine gute Erklärung der Beobachtungsdaten. So wurden in Kanada und im europäischen Teil der Sowjetunion an Hand der Fellabgabequoten ein zeitliches Schwanken der Zahl der Schneehasen einerseits und von Luchsen, Füchsen und Wölfen andererseits mit Perioden von rund 10 Jahren und einer zeitlichen Verschiebung von drei Jahren beobachtet.

Bezieht man im (ursprünglichen) Lotka-Volterra-Modell Fischfang mit ein, der Räuber- und Beutefische mit dem gleichen Ratenfaktor $r > 0$ reduziert, so ergeben sich statt (3.34) die Gleichungen

$$\dot{x} = (a - r)\,x - bxy\,,$$
$$\dot{y} = dxy - (c + r)\,y\,.$$

Die zeitlichen Mittelwerte sind nun

$$\bar{x} = \frac{c + r}{d}\,, \quad \bar{y} = \frac{a - r}{b}\,,$$

so daß angemessener Fischfang ($r < a$) die mittlere Zahl der insgesamt vorhandenen Speisefische erhöht und die der Raubfische erniedrigt (Volterra-Prinzip).

Ein ganz anderes Beispiel dafür: Als um 1870 das Baumwollschuppeninsekt aus Australien in die USA eingeschleppt wurde, drohte es dort bald, die Zitrusernte zu vernichten. Der Import seines natürlichen Feindes, eines Marienkäfers, reduzierte die Schädlinge bald auf ein erträgliches Niveau. Um so verblüffender war, daß nach Erfindung und Anwendung des Insektizides DDT (das auf beide Tierarten wirkt) die Zahl der Schädlinge wieder wuchs!

5. Konservative mechanische Systeme zeigen zwar keine Selbstorganisation, doch ihre Trajektorienstruktur läßt sich auch mit unseren Mitteln erschließen.

Wir betrachten hier das einfachste Beispiel, ein System mit einem mechanischen Freiheitsgrad

$$M = \mathbb{R}^2\colon \quad \dot{x} = y\,, \quad \dot{y} = -V'(x)\,,$$

das ist eine ungedämpfte eindimensionale Bewegung im äußeren Potential $V(x)$, d. h. durch die Kraft $F(x) = -V'(x)$ (sei o. B. d. A. $m = 1$). Die Größe $T = y^2/2$ heißt kinetische Energie.

Satz 3. *Sei* $V\colon \mathbb{R}^1 \to \mathbb{R}^1$ *eine* C^2*-Funktion. Dann gilt:*

a) *Die Gesamtenergie* $H = T + V$ *ist eine Erhaltungsgröße der Bewegung.*

b) *Ist* V *nach unten beschränkt, so ist jede Lösung zeitlich global definiert.*

c) *Der Fluß ist flächenerhaltend.*

d) *Nichtentartete Fixpunkte sind Sättel oder Wirbel.*

e) *Die Energieniveaulinien* $H(x, y) = E$ *sind glatte Kurven (mit Ausnahme der Fixpunkte).*

Den Beweis des Satzes überlassen wir dem Leser als Übungsaufgabe und illustrieren ihn nur in Abb. 49.

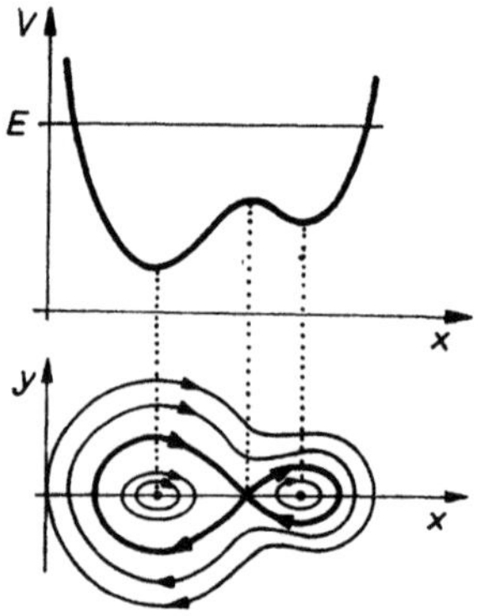

Abb. 49
Energieniveaulinien für ein Potential mit zwei Minima

Nichtkritische Energieniveaulinien sind solche, für die kein x mit $V(x) = E$, $V'(x) = 0$ existiert; sie definieren als Trajektorien einfache geschlossene Kurven mit endlicher Umlaufzeit oder nichtgeschlossene Kurven, deren Projektion auf die x-Achse ein halbseitig unendliches Intervall ist. Kritische Energieniveaulinien, für die ein x mit $V(x) = E$, $V'(x) = 0$ existiert, enthalten homokline oder heterokline Orbits, deren Durchlaufzeit unendlich groß ist.

3.7. Poincaré-Index

In diesem Abschnitt führen wir noch einige topologische Betrachtungen durch, die für die Untersuchung von Differentialgleichungen in der Ebene nützlich sind ([3]).

Im gesamten Abschnitt sei $f\colon M \to \mathbb{R}^2$ ein C^1-Vektorfeld auf einem ebenen Gebiet $M \subset \mathbb{R}^2$.

Definition. Sei C eine geschlossene Kurve, die nicht durch singuläre Punkte von f verläuft.

a) Die Zahl der Drehungen des Feldvektors $f(x)$, wenn x die Kurve C im positiven Drehsinn durchläuft, heißt *Index von* C (ind C).
b) Der *Index eines* (isolierten) *singulären Punktes* x^0 von f (ind x^0) ist der Index einer geschlossenen Kurve C, die außer x^0 keine weiteren singulären Punkte umschließt.

Bemerkung. Präziser führt man über $v(x) := f(x)/\|f(x)\|$ eine Abbildung $v\colon M' \to S^1$ der Menge M ausschließlich der singulären Punkte von f in die Kreislinie S^1 ein und zählt die (positiven oder negativen) Umläufe des Einheitsvektors.

Nach Konstruktion ist ind C eine ganze Zahl. Sie bleibt bei diffeomorphen Koordinatentransformationen invariant (und ist deshalb auch auf zweidimensionalen Mannigfaltigkeiten definierbar).

Aufgabe 1. Skizzieren Sie Vektorfelder, so daß für eine einfache geschlossene Kurve der Index die Werte $-1, 0, 1, 2$ annimmt!

Aufgabe 2. Geben Sie einen analytischen Ausdruck für ind C in Form eines geeigneten Kurvenintegrals längs der geschlossenen Kurve C an!

Satz 1. *Bei stetiger Deformation von C ändert sich der Index von C nicht, solange kein singulärer Punkt von f überschritten wird.*

Der Inhalt des Satzes ist anschaulich klar, aber seine präzise Formulierung und sein Beweis erfordern tiefliegende Begriffe aus der Topologie. Gemeint ist aber, daß ind C „stetig“ von C abhängt, weil sich in nichtsingulären Punkten die Richtung von f stetig ändert.

Der Satz zeigt auch, daß Teil b) der Definition sinnvoll ist.

Satz 2. *Sei D ein Gebiet, das von einer einfachen Kurve C berandet wird. Falls* ind $C \neq 0$, *so enthält D wenigstens einen singulären Punkt von f.*

Enthält nämlich D keinen singulären Punkt, so kann C auf eine beliebig kleine Kreislinie deformiert werden, so daß ind $C = 0$ gilt.

Für nichtentartete singuläre Punkte x^0 von f können wir an Hand der topologischen Klassifikation in 1.3.3. die Indexe angeben: Der Index eines Knotens, Strudels oder Wirbels ist $+1$, der eines Sattels ist -1 (Abb. 50).

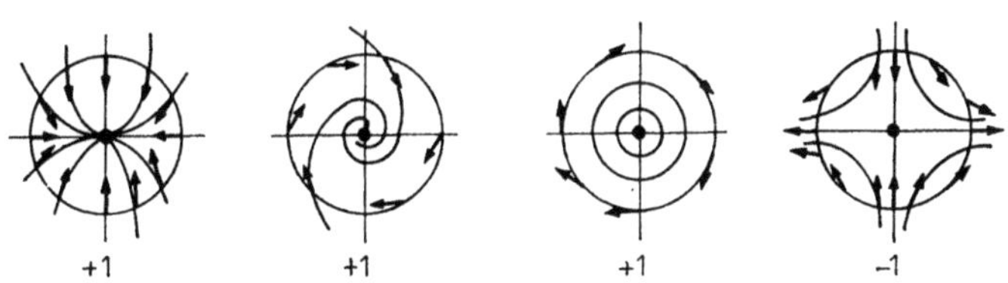

Abb. 50
Indexe nichtentarteter singulärer Punkte

Satz 3. *Sei D ein Gebiet, das von einer einfachen Kurve C berandet wird und endlich viele singuläre Punkte $x^0_{(1)}, \ldots, x^0_{(N)}$ enthält. Dann gilt*

$$\text{ind}\, C = \sum_{k=1}^{N} \text{ind}\, x^0_{(k)}.$$

Der Beweis wird mittels vollständiger Induktion geführt und beruht auf folgender Aussage: Wird C durch eine Trennkurve S in die geschlossenen Kurven C_1 und C_2 (mit $C_1 \cap C_2 = S$) zerlegt, dann gilt ind C = ind C_1 + ind C_2, weil sich die Beiträge beim zweimaligen, aber entgegengesetzten Durchlaufen von S aufheben.

Wir wenden die bisherigen Betrachtungen nun auf die ebene Differentialgleichung

$$M \subset \mathbb{R}^2\colon \quad \dot{x} = f(x) \tag{3.36}$$

an.

Satz 4. *Sei C eine geschlossene Trajektorie der Gleichung* (3.36). *Dann gilt* ind $C = 1$. *Umschließt C nur endlich viele nichtentartete, isolierte Fixpunkte, so ist deren Anzahl $N = 2m + 1$, $m = 0, 1, \ldots$, ungerade, davon sind genau m vom Satteltyp.*

Für eine geschlossene Trajektorie C ist ind $C = 1$ unmittelbar klar, weil f überall Tangentenvektor (in Bewegungsrichtung) ist. Also muß es nach Satz 2 im Innern von C wenigstens einen Fixpunkt geben (man vergleiche dies mit Satz 3.2./4). Da aber der Index eines Sattels -1 ist, muß es bei m Sätteln genau $m + 1$ Knoten, Strudel oder Wirbel geben.

Satz 4 können wir vor allem dazu verwenden, Bedingungen an den möglichen Kurvenverlauf einer geschlossenen Trajektorie aus der Kenntnis der Fixpunkte heraus zu stellen.

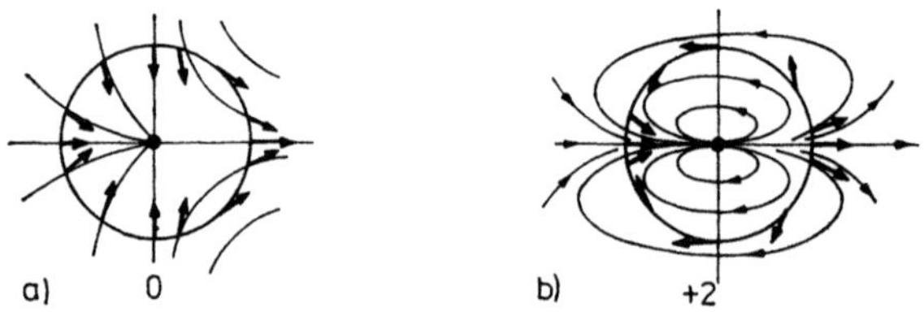

Abb. 51
Indexe entarteter singulärer Punkte

Der Index entarteter singulärer Punkte kann auch andere Werte als ± 1 annehmen (Abb. 51).

Beispiel. a) Für das System $\dot{x} = x^2$, $\dot{y} = -y$ ist der Index des singulären Punktes $(0, 0)$ gleich Null („*Sattel-Knoten*", man vergleiche auch mit Aufgabe 1.5./3).
b) Für das System $\dot{x} = x^2 - y^2$, $\dot{y} = 2xy$ gilt ind $(0, 0) = 2$ („*Dipol*").

4. Systeme mit mehr als zwei Freiheitsgraden

In diesem Kapitel besprechen wir einige Begriffe und Techniken, die für die Untersuchung von drei- und mehrdimensionalen Systemen nützlich sind (wobei wir die Behandlung chaotischer Attraktoren auf Kapitel 5 verschieben) und bringen weitere wichtige Anwendungen.

4.1. Invariante Tori

1. Wir wissen bereits, daß Attraktoren in der Ebene nur Fixpunkte oder Grenzzyklen sein können. Im dreidimensionalen Raum (und erst recht im $\mathbb{R}^n$) kann dagegen eine Bahnkurve immer wieder beliebig nahe an frühere Punkte zurückkehren, so daß weitaus kompliziertere asymptotische Bewegungen möglich sind.

Als Beispiel betrachten wir das System

$$M_1 = \{(r, z) \in \mathbb{R}^2 \mid r > 0\}: \quad \dot{r} = g(r, z), \quad \dot{z} = h(r, z),$$

dessen rechte Seite so beschaffen sein soll, daß genau ein asymptotisch stabiler Grenzzyklus C mit der Periode $T_1 > 0$ auftritt. Dazu kommt

$$M_2 = S^1: \quad \dot{\varphi} = \omega,$$

das ist eine gleichförmige Rotation auf der Kreislinie S^1 mit der Periode $T_2 = 2\pi/|\omega|$.

Fassen wir jetzt (r, φ, z) als Zylinderkoordinaten im dreidimensionalen Raum $\mathbb{R}^3$ auf, so erhalten wir in kartesischen Koordinaten $x_1 = r\cos\varphi$, $x_2 = r\sin\varphi$, $x_3 = z$ die Differentialgleichung

$$M \subset \mathbb{R}^3: \qquad \begin{aligned} \dot{x}_1 &= x_1 r^{-1} g(r, x_3) - \omega x_2, \\ \dot{x}^2 &= x_2 r^{-1} g(r, x_3) + \omega x_1, \quad r = \sqrt{x_1{}^2 + x_2{}^2}. \\ \dot{x}_3 &= h(r, x_3). \end{aligned} \tag{4.1}$$

Die asymptotischen Bewegungsformen des Gesamtsystems (4.1) haben offenbar in Abhängigkeit von den Frequenzen $\Omega = 2\pi/T_1$ und ω verschiedene Gestalt:

(i) Ist $|\omega|/\Omega = T_1/T_2$ rational (und $T_1/T_2 = k/m$ ein unkürzbarer Bruch), so schließt sich die Bahnkurve (für $t \to \infty$) auf $C \times S^1$ spiralförmig nach m Umläufen auf C

und k Rotationen um die z-Achse. Es entsteht eine einparametrige Familie von stabilen, aber nicht asymptotisch stabilen Grenzzyklen (Abb. 52a).

(ii) Ist $|\omega|/\Omega = T_1/T_2$ irrational, so kann sich die spiralförmige Kurve auf $C \times S^1$ nicht schließen, sondern bedeckt diese torusartige Fläche dicht. Deshalb liegt ein zweidimensionaler Attraktor im $\mathbb{R}^3$ vor (vgl. Def. 1.5./2), den wir (weil C in passenden Koordinaten ein Kreis wird) *invarianten Torus* nennen (Abb. 52b).

Abb. 52
Grenzzyklus (a) und invarianter Torus (b) im dreidimensionalen Raum

Invariante Tori sind somit die nächsthöhere Form von Attraktoren mit „regulärem" Bewegungsverhalten und in dissipativen Systemen mit drei oder mehr Freiheitsgraden möglich.

Auf diese Weise können wir uns in den Räumen $\mathbb{R}^n$, $n \geqq 4$, entsprechend höherdimensionale invariante „Tori" als Attraktoren konstruieren.

Es muß aber hier zugleich vermerkt werden, daß damit noch nicht die gesamte Vielfalt von Attraktortypen dissipativer Systeme ausgeschöpft ist! Im Gegenteil: ab Raumdimension 3 gibt es Attraktoren, deren topologische Struktur einer Fläche mit unendlich vielen „Blättern" gleicht, so daß eine (den Attraktor dicht bedeckende) Trajektorie wie ein verfitztes Garnknäuel aussieht und Integralkurven eher zufälligen Zeitfunktionen ähneln. Solche *chaotischen Attraktoren* werden wir in Kapitel 5 untersuchen.

2. In konservativen Systemen mit $2n$-dimensionalem Phasenraum, $n \geqq 2$, können ebenfalls invariante Tori auftreten. Das System zweier unabhängiger harmonischer Oszillatoren mit den Frequenzen Ω und ω

$$M = \mathbb{R}^4\colon \dot{x}_1 = x_2, \qquad \dot{x}_3 = x_4, \qquad\qquad \dot{x}_2 = -\Omega^2 x_1, \quad \dot{x}_4 = -\omega^2 x_3 \tag{4.2}$$

besitzt die zwei Erhaltungsgrößen (siehe 3.6.5.)

$$E_1 = (x_2^2 + \Omega^2 x_1^2)/2, \quad E_2 = (x_4^2 + \omega^2 x_3^2)/2,$$

so daß die Bewegung in den beiden Teilräumen $\mathbb{R}^2$ auf Ellipsen E_Ω und E_ω (die durch die Anfangswerte festgelegt sind) erfolgt und, für irrationale Frequenzverhältnisse ω/Ω, im $\mathbb{R}^4$ einen invarianten „Torus" $E_\Omega \times E_\omega$ dicht bedeckt. Der gesamte Phasenraum wird deshalb (als Folge des Energieerhaltungssatzes) in eine zweiparametrige Familie stabiler, aber nicht asymptotisch stabiler, invarianter Tori zerlegt.

Auch in konservativen Systemen sind reguläre Bewegungen, wie sie bei integrablen Hamilton-Funktionen (typisches Beispiel ist (4.2.)) auftreten, nicht die einzig möglichen und — obwohl in Lehrbüchern fast ausschließlich behandelt — eher die Ausnahme. Nichtintegrable Systeme besitzen weitaus kompliziertere Bewegungen mit einem irregulären Gewirr von Trajektorien zwischen unendlich vielen, wie Adern eines Kabels in- und umeinander geschlungenen invarianten Tori (siehe z. B. [15], [39], [56]). Auf Fragen des Chaos in konservativen Systemen (u. a. das berühmte KAM-Theorem) können wir in diesem Buch nicht eingehen.

4.2. Elimination schneller Variabler

In Systemen mit vielen Freiheitsgraden tritt häufig der Fall ein, daß es zeitlich langsam und zeitlich schnell veränderliche Zustandsgrößen gibt. Eine näherungsweise Reduktion der Dynamik besteht dann in der Elimination der „schnellen" Variablen. Wir wollen diese Methode, die in der Synergetik (siehe A.4.) unter dem Stichwort „Versklavungsprinzip" bekannt ist, hier nur exemplarisch erläutern und verweisen bezüglich strenger Formulierungen auf die Literatur (z. B. Haken [32], [33]).

Beispiel 1. Wir betrachten die Differentialgleichung eines nichtlinearen gedämpften Oszillators

$$M = \mathbb{R}^2\colon \quad \dot{x} = y, \quad \dot{y} = -\beta y + F(x), \quad \beta \gg 1, \tag{4.3}$$

für den Fall sehr starker Reibung ($\beta \gg 1$).

Eine formale Integration der zweiten Gleichung ergibt

$$y(t) = y(0) \cdot \mathrm{e}^{-\beta t} + \int_0^t \mathrm{e}^{-\beta(t-s)} F[x(s)]\, ds. \tag{4.4}$$

Wegen $\beta \gg 1$ trägt der Integrand nur für s nahe bei t wesentlich zum Integral bei, so daß wir näherungsweise

$$y(t) = y(0)\, \mathrm{e}^{-\beta t} + F[x(t)] \cdot (1 - \mathrm{e}^{-\beta t})/\beta \tag{4.5}$$

erhalten (falls $F[x(s)]$ nicht zu schnell fällt, was eine nachträglich zu prüfende Selbstkonsistenzforderung darstellt). Offenbar entwickelt sich das System (4.3) auf zwei unterschiedlichen Zeitskalen:

(i) Für $t \gg 1/\beta$ folgt aus (4.5)

$$y(t) = F[x(t)]/\beta, \tag{4.6}$$

so daß nur noch die eindimensionale Differentialgleichung

$$M = \mathbb{R}^1\colon \quad \dot{x} = F[x(t)]/\beta \tag{4.7}$$

zu lösen ist (siehe 2.1.).

(ii) Für Zeiten $t \lesssim 1/\beta$ gilt dagegen $|\dot{y}| \gg |\dot{x}|$, das ist außerhalb eines schmalen Streifens um den Graphen von $y = F(x)/\beta$ erfüllt. Dort können wir genähert $x(t) = x(0)$ setzen und erhalten für das „Einschwingen"

$$y(t) = y(0)\, \mathrm{e}^{-\beta t} + F[x(0)]\, (1 - \mathrm{e}^{-\beta t})/\beta. \tag{4.8}$$

Die Beziehung (4.6), die sich formal aus $\dot{y} = -\beta y + F(x) = 0$ ergibt, heißt *„quasistatische" Näherung*. Im Sinne der Synergetik sagt man, daß die langsame Variable x

die schnelle Variable y „versklavt", weil $y(t)$ rasch einen quasistationären Zustand (4.6) erreicht und dann starr der Änderung $x(t)$ folgt (Abb. 53).

Durch die Näherung (4.6) wird die Dimension des Problems (4.3) auf Eins reduziert, aber durch einen Verlust an Information in der Anfangsphase bezahlt.

Die Abb. 53 zeigt den mittels (4.6) und (4.7) bzw. (4.8) genäherten Trajektorienverlauf für die kubische Nichtlinearität $F(x) = \mu x - x^3$, $\mu > 0$ (man vergleiche mit Abb. 14b!).

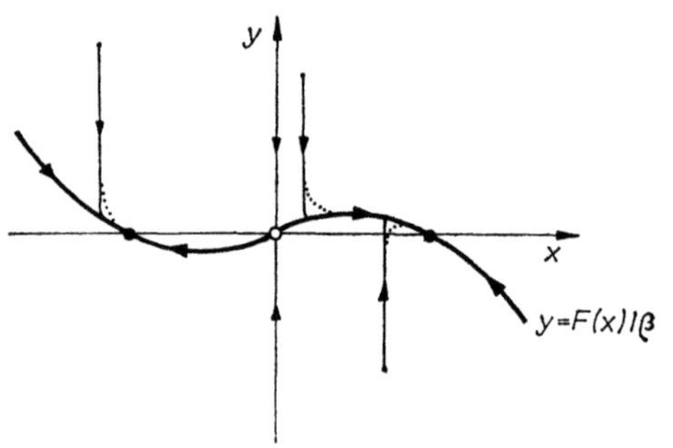

Abb. 53
Quasistatische Näherung für einen überdämpften nichtlinearen Oszillator (punktiert: exakte Trajektorien)

Eine bessere Näherung als (4.6) erhalten wir aus (4.4) durch partielle Integration (und Verwendung von $\dot{x} = y$),

$$y(t) = y(0)\,\mathrm{e}^{-\beta t} + \beta^{-1}\,\mathrm{e}^{-\beta(t-s)}F[x(s)]|_0^t - \beta^{-1}\int_0^t \mathrm{e}^{-\beta(t-s)}F'[x(s)]\,y(s)\,ds.$$

Da der Integrand nur für $s \approx t$ einen wesentlichen Beitrag liefert, erhalten wir für Zeiten $t \gg 1/\beta$ näherungsweise

$$y(t) = \beta^{-1}F[x(t)] - \beta^{-2}F'[x(t)]\,y(t);$$

wegen $\beta \gg 1$ ergibt das die gegenüber (4.6) verbesserte Näherung

$$y(t) = \beta^{-1}F[x(t)] - \beta^{-3}F'[x(t)]\cdot F[x(t)].$$

Beispiel 2. Wir untersuchen die aus 3.4. bekannte Rayleigh-Gleichung

$$\dot{x} = y, \quad \dot{y} = \varepsilon R(y) - y, \quad \varepsilon \gg 1,$$

für eine sehr große Nichtlinearität ($\varepsilon \gg 1$). Auch hier gibt es wieder zwei Zeitskalen: Zuerst geht $y(t)$ sehr rasch auf einen durch $\varepsilon R[y(t)] = x(0)$ bestimmten Wert, während $x(t) \approx x(0)$ nahezu konstant bleibt. Für Zeiten $t \gg 1/\varepsilon$ gilt dann angenähert $\dot{y} = 0$, das heißt

$$x(t) = \varepsilon R[y(t)], \quad \dot{x}(t) = y(t) = R^{-1}[x(t)]/\varepsilon \tag{4.9}$$

(falls R eineindeutig ist).

In unserem speziellen Fall ist $R(y) = y - y^3/3$ nur lokal invertierbar, so daß eigentlich zwei Differentialgleichungen (der dritte „instabile" Zweig ist irrelevant)

$$\dot{x} = R_{1,2}^{-1}[x(t)]/\varepsilon$$

entstehen. Gilt zunächst $y(t) > 0$, so erfolgt die Dynamik gemäß $\dot{x} = R_1^{-1}(x)/\varepsilon$. Dadurch wächst $x(t)$, solange der Zweig R_1^{-1} existiert; dann erfolgt ein schneller Sprung auf den Zweig R_2^{-1} und eine anschließende Abnahme von $x(t)$.

Als Resultat erhalten wir einen stabilen Grenzzyklus, der aus zwei langsam und zwei schnell durchlaufenen Abschnitten besteht und physikalisch *Relaxationsschwingungen* beschreibt (Abb. 54).

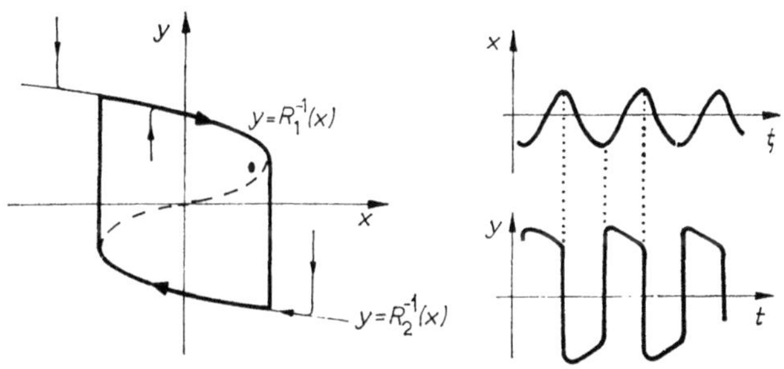

Abb. 54
Relaxationsschwingungen

Beispiel 3. Ist x^0 Fixpunkt der Differentialgleichung

$$M \subset \mathbb{R}^n: \quad \dot{x} = f(x),$$

so genügen die Abweichungen $y = x - x^0$ der nichtlinearen Gleichung

$$\dot{y} = f'(x^0)\, y + \tilde{N}(x^0; y), \tag{4.10}$$

bei der $\tilde{N}$ eine in y nichtlineare Funktion der Ordnung $o(\|y\|)$ ist. Sind alle Eigenwerte $\lambda_1, \ldots, \lambda_n$ der Matrix $f'(x^0)$ reell und einfach, so gibt es neue Koordinaten $z = Qy$, die (4.10) in

$$\dot{z} = \operatorname{diag}(\lambda_1, \ldots, \lambda_n)\, z + N(z), \quad N(z) := \tilde{N}(x^0; Q^{-1}z)$$

transformieren.

Seien nun $\lambda_1, \ldots, \lambda_m$ betragsmäßig klein und $\lambda_{m+1}, \ldots, \lambda_n$ negativ und betragsmäßig groß:

$$\begin{aligned} &\dot{z}_u = \lambda_u z_u + N_u(z), \quad \dot{z}_s = \lambda_s z_s + N_s(z), \\ &\lambda_s < 0, \quad |\lambda_s| \gg |\lambda_u|, \quad u = 1, \ldots, m, \quad s = m + 1, \ldots, n. \end{aligned} \tag{4.11}$$

Dann sind die z_u langsame und die z_s schnelle Variable. Da N_u und N_s von der Ordnung $o(\|z\|)$ sind, dominieren für kleine Werte von $\|z\|$ die linearen Terme in (4.11), so daß $z_s(t)$ schnell auf Werte nahe Null relaxiert.

Die quasistatische Näherung für Zeiten $t \gg 1/\min|\lambda_s|$ liefert aus $\dot{z}_s = 0$

$$\lambda_s z_s + N_s(z) = 0, \quad s = m + 1, \ldots, n, \tag{4.12}$$

woraus nach Elimination von $z_{m+1}, \ldots, z_n$ (unter Umständen nur lokal) $z_s = g_s(z_1, \ldots, z_m)$, $s = m + 1, \ldots, n$, folgt. Damit bleibt nur noch die stark verminderte Zahl von

Gleichungen

$$\dot{z}_u = \lambda_u z_u + N_u\big(\bar{z}, g_{m+1}(\bar{z}), \ldots, g_n(\bar{z})\big), \quad \bar{z} := (z_1, \ldots, z_m), \quad u = 1, \ldots, m, \tag{4.13}$$

zu lösen.

Bemerkung. Das Verfahren ist vor allem gut, wenn $|z_u|$ klein ist und wird deshalb in der Nähe von Bifurkationspunkten angewendet. Ist $z^0 = 0$ instabil und sind ein oder mehrere Eigenwerte schwach positiv, so erhalten wir durch (4.12) und (4.13) wesentlich mehr Information über den Trajektorienverlauf als durch die lineare Näherung.

Bei komplexen Eigenwerten ist z_u nur dann langsame Variable, wenn Real- und Imaginärteil von λ_u klein sind.

Werden alle Potenzen von z_s in (4.12) vernachlässigt, so ist

$$z_s = -N_s(z_1, \ldots, z_m, 0, \ldots, 0)/\lambda_s$$

eine noch drastischere, aber für Überblickszwecke geeignete Näherung.

Zur Illustration betrachten wir

$$\dot{z}_1 = \alpha z_1 - z_1 z_2, \quad \alpha > 0,$$

$$\dot{z}_2 = -\beta z_2 + z_1^2, \quad \beta > 0, \quad \beta \gg \alpha.$$

Da bereits Hauptachsenform vorliegt ($\lambda_1 = \alpha, \lambda_2 = -\beta$), liefert die quasistatische Näherung

$$z_2(t) = z_1(t)^2/\beta, \quad \dot{z}_1 = \alpha z_1 - z_1^3/\beta,$$

so daß der Fixpunkt (0, 0) instabil ist und für $z_1(0) \gtrless 0$ Annäherung an die Fixpunkte $\left(\pm\sqrt{\alpha\beta}, \alpha\right)$ erfolgt.

4.3. Selektion und Evolution

1. In diesem Abschnitt untersuchen wir die Wechselwirkung von n Populationen der Spezies $X_1, \ldots, X_n$, die sich alle vom gleichen Rohstoff ernähren.

Wir nehmen zunächst an, daß Geburts- und Sterberaten linear sind

$$\dot{x}_k = r_k x_k, \quad r_k = \alpha_k a - \beta_k, \quad k = 1, \ldots, n, \tag{4.14}$$

wobei alle Geburtsraten dem zeitlich konstanten Rohstoffangebot ($a > 0$) proportional sein sollen, während $\alpha_k > 0$, $\beta_k > 0$ sortenspezifische Konstanten sind. Aus (4.14) erkennen wir unmittelbar, daß alle Sorten mit $r_k > 0$ exponentiell anwachsen, während alle mit $r_k < 0$ exponentiell aussterben.

Reale Populationen sind meist Zwängen unterworfen, die in einem endlichen Lebensraum oder einem beschränkten Nahrungsangebot bestehen können. Unter diesen Umständen kommt es als Folge der Konkurrenz häufig zur *Selektion*, dem (nahezu) vollständigen Durchsetzen bzw. Verschwinden der einzelnen Sorten.

Wir ändern unser Modell dahingehend ab, daß bei zeitlich konstanter Futtermenge ($a > 0$) die Gesamtpopulationszahl eine feste Größe sein soll und realisieren dies durch eine anteilig proportionale Verdünnung aller Sorten,

$$\dot{x}_k = r_k x_k - q x_k, \quad k = 1, \ldots, n, \tag{4.15}$$

wobei q so zu wählen ist, daß die Nebenbedingung

$$\sum_{k=1}^{n} x_k(t) = c = \text{const} \quad \forall t \geqq 0 \tag{4.16}$$

erfüllt ist. Wenn wir in (4.15) über k summieren und (4.16) berücksichtigen, erhalten wir

$$q = \sum_{k=1}^{n} r_k x_k / c =: \langle r \rangle, \tag{4.17}$$

so daß wir als endgültiges Gleichungssystem

$$M = M_c := \left\{ x \in \mathbb{R}^n \mid \sum_{k=1}^{n} x_k = c \right\}: \; \dot{x}_k = \left(r_k - \frac{1}{c} \sum_{i=1}^{n} r_i x_i \right) x_k, \; k = 1, \ldots, n, \tag{4.18}$$

erhalten.

Die Größe r_k heißt *Selektionswert* (der k-ten Sorte), $\langle r \rangle := q$ heißt mittlerer Selektionswert.

Die Differentialgleichungen (4.18) modellieren isomorph n chemische Konkurrenzreaktionen mit autokatalytischer Vermehrung, die in einem gerührten Tankreaktor ablaufen können (Abb. 55).

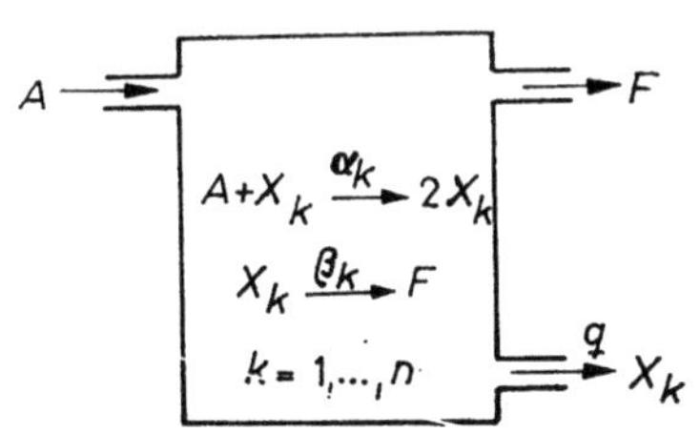

Abb. 55
Tankreaktor mit autokatalytischen Konkurrenzreaktionen

Satz.

a) *Die Menge* $M_c^+ := \{x \in M_c \mid x_k \geqq 0, k = 1, \ldots, n\}$ *ist für das System* (4.18) *invariant.*

b) *Der mittlere Selektionswert* $\langle r \rangle(t)$ *wächst zeitlich monoton.*

c) *Seien* $r_1, \ldots, r_n$ *paarweise verschieden. Dann besitzt* (4.18) *als einzigen Attraktor einen asymptotisch stabilen Fixpunkt.*

Aus der Struktur von (4.18) erkennen wir, daß für ein beliebiges $k \in \{1, \ldots, n\}$ mit $x_k(0) = 0$ auch $x_k(t) \equiv 0$ für alle t gilt, so daß (als Folge der eindeutigen Lösbarkeit) alle Hyperebenen $H_k := \{x \in \mathbb{R}^n \mid x_k = 0\}$, $k = 1, \ldots, n$, invariant sind. Deshalb kann keine Trajektorie den Simplex $M_c^+ = M_c \cap \mathbb{R}_+^n$ verlassen oder in ihn eintreten.

Das Vektorfeld (4.18) besitzt genau n Fixpunkte

$$x_k^0 = 0 \quad \text{für} \quad k \neq l, \quad x_l^0 = c, \quad l = 1, \ldots, n, \tag{4.19}$$

das sind die Extrempunkte („Ecken") des Simplex.

Bezeichnen wir mit

$$\langle p \rangle := \sum_{k=1}^{n} p_k x_k$$

das über die Population $(x_1, \ldots, x_n)$ gewichtete Mittel einer sortenabhängigen Größe $(p_1, \ldots, p_n)$, so erhalten wir aus (4.16)–(4.18)

$$\frac{d}{dt} \langle r \rangle = \frac{1}{c} \sum_{k=1}^{n} r_k \dot{x}_k = \frac{1}{c} \sum_{k=1}^{n} r_k (r_k - \langle r \rangle) \, x_k = \langle r^2 \rangle - \langle r \rangle^2 = \big\langle (r - \langle r \rangle)^2 \big\rangle$$

und damit

$$\frac{d}{dt} \langle r \rangle(t) \geqq 0 \quad (= 0 \text{ für } \dot{x}_k = 0 \, \forall k). \tag{4.20}$$

Das bedeutet, daß der mittlere Selektionswert $\langle r \rangle$ längs jeder Trajektorie monoton wächst und für $x_k(0) > 0$, $k = 1, \ldots, n$, seinem globalen Maximum $\langle r \rangle_{\max} = r_n$ zustrebt (sei o. B. d. A. $r_1 < r_2 < \cdots < r_n$), Das ist genau im Fixpunkt $x_k^0 = 0$, $k = 1, \ldots, n-1$, $x_n^0 = c$ der Fall, der deshalb asymptotisch stabil ist. (Aufgabe: Weisen Sie letztere Aussage mittels Linearisierung nach! Die Eigenwertgleichung ist explizit lösbar.)

Abweichend verhalten sich Trajektorien, für die $x_k(0) = 0$, $k = l+1, \ldots, n$, und $x_k(0) > 0$, $k = 1, \ldots, l$, gilt. Diese streben dem Fixpunkt $x_k^0 = 0$, $k \neq l$, $x_l^0 = c$ zu, der für $l = 1, \ldots, n-1$ ein Sattelpunkt mit $n-1$ abstoßenden (Eigen-) Richtungen ist (Abb. 56). Anders gesagt: Auf der Menge $\{x \in M_c^+ \mid x_k > 0 \, \forall k\}$ ist $\Phi(x)$ mit

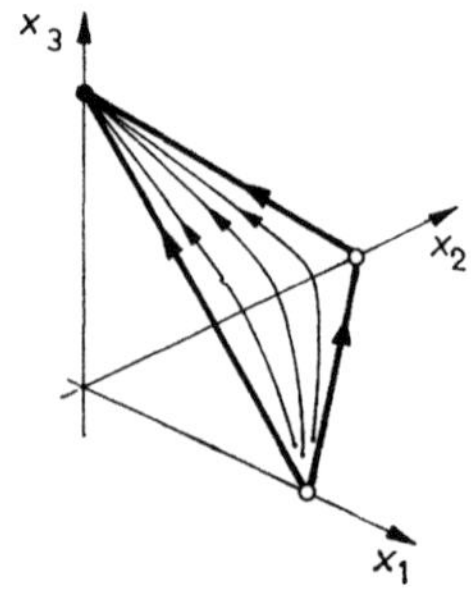

Abb. 56
Trajektorienverlauf von (4.18) für $n = 3$

$\Phi(x) = \langle r \rangle(x) - r_n$ eine strenge Ljapunow-Funktion, die ihr Maximum für $x_n = c$ annimmt. Deshalb sind auch keine periodischen Orbits (oder andere Typen von Grenzmengen) möglich.

Interpretation: Sorten, deren Selektionswert r_k unter dem (momentanen) Populationsmittel $\langle r \rangle$ (t) liegt, sterben aus, während die anderen zunächst anwachsen.

Infolgedessen wächst die „Selektionsschwelle" $\langle r \rangle$, so daß letztlich nur noch die Sorte mit der besten Reproduktionsrate überlebt[1]) (Abb. 57a).

Wir können damit aber auch feststellen, daß bereits bei autokatalytischen Konkurrenzreaktionen unter einer Zwangsbedingung die Eigenschaften Stoffwechsel ($A \to X_k \to F$), Selbstreproduktion ($X_k \to 2X_k$) und Selektion auftreten und schon hier die Darwinsche Regel gilt, daß nur der „Fähigste" sich durchsetzt.

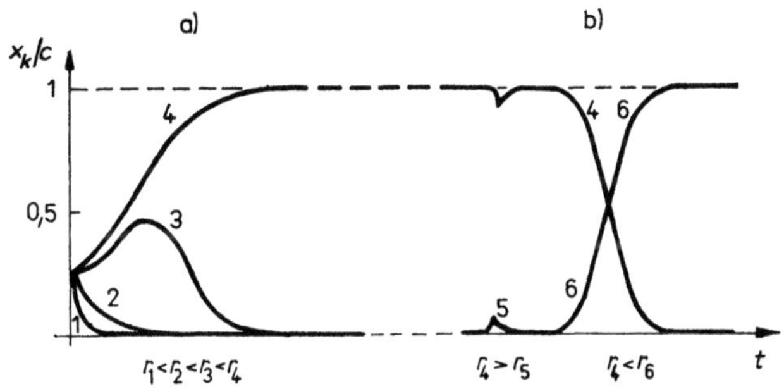

Abb. 57
Selektion der besten Sorte (a) und Verhalten nach Mutationen (b)

2. Selektion bedeutet aber nur das Entfalten der im System bereits angelegten Möglichkeiten. Auf Grund fehlerhafter Reproduktion treten aber gelegentlich *Mutationen* auf, indem zu zufälligen Zeiten t_s in geringen Mengen $x_s(t_s) \gtrapprox 0$ *neue* Sorten X_s, $s > n$ entstehen (dazu müssen wir die Dimension des Phasenraumes erhöhen!). Nach dem obigen Satz ist klar, daß eine Sorte X_s mit $r_s < \max\{r_1, \ldots, r_n\}$ wieder ausstirbt, während eine Sorte X_s mit $r_s > \max\{r_1, \ldots, r_n\}$ mit Notwendigkeit die bisher dominierende Spezies verdrängt (Abb. 57b). Dieser Prozeß der *Evolution* ist im Prinzip unerschöpflich, er wird auf zufälligem Wege, aber notwendig in Richtung immer besserer Sorten durchlaufen (siehe z. B. [34], [35]).

Aufgabe. Untersuchen Sie das Verhalten von n konkurrierenden Spezies unter der Zwangsbedingung einer konstanten Gesamtkonzentration c und konstantem Rohstoffvorrat für

a) konstante Geburtsraten $\alpha_k a$,

b) quadratische Geburtsraten $\alpha_k a x_k^2$

(bei weiterhin linearen Sterberaten). Hinweis: Betrachten Sie zunächst den Fall $n = 2$, $x_1 + x_2 = c$, den Sie auf *eine* Gleichung $\dot{x}_1 = f(x_1)$ reduzieren können! Untersuchen Sie im allgemeinen Fall (insbesondere bei b)) die zeitliche Änderung des Quotienten x_i/x_k!

[1]) Man beachte aber, daß der Selektionswert r_k umweltabhängig ist und bei Änderung von a andere Sorten dominieren können.

5. Chaotische Attraktoren

Die bisherigen Beispiele legen die Vermutung nahe, daß die von Differentialgleichungen erzeugte deterministische Bewegung verhältnismäßig überschaubar ist, weil aufeinanderfolgende Zustände stetig durchlaufen werden und nur einige wenige, reguläre Verhaltensweisen, wie Annäherung an einen Fixpunkt oder periodischen Orbit, asymptotisch möglich sind.

Diese Vorstellung war über lange Zeit hinweg die einzig denkbare, obwohl bereits 1892 POINCARÉ auf die Möglichkeit irregulärer Bewegungen in gewissen mechanischen Systemen hingewiesen hatte, was aber als Kuriosität abgetan wurde. Erst 1963 fand der Meteorologe LORENZ, daß bereits ein einfaches System von drei gewöhnlichen Differentialgleichungen zur Modellierung der Atmosphäre äußerst „chaotisches" Lösungsverhalten aufweist — ein wesentlicher Grund für die sprichwörtliche Unberechenbarkeit des Wetters.

Weitere theoretische Untersuchungen sowie vor allem umfangreiche Rechnungen auf leistungsfähigen Computern haben inzwischen deutlich gemacht, daß chaotische Bewegungen keine extreme Ausnahme, sondern häufig normal sind. Solche irregulären Bewegungen als Folge einer deterministischen Dynamik bezeichnen wir als *deterministisches Chaos*, um damit zu betonen, daß es sich nicht um die Wirkung zufälliger Kräfte handelt (was mitunter auch „Pseudozufall" genannt wird).

Als tatsächliche Quelle der Irregularität bestimmter nichtlinearer Systeme wird sich die empfindliche Abhängigkeit von den Anfangswerten herausstellen, die benachbarte Trajektorien exponentiell schnell divergieren läßt und eine langfristige Vorausberechnung praktisch unmöglich macht.

5.1. Chaos in zeitdiskreten Systemen

Für iterierte Abbildungen

$$M \subset \mathbb{R}^n\colon \quad x_{k+1} = f(x_k), \quad k = 0, 1, \ldots, \tag{5.1}$$

lassen sich chaotische Bewegungen einfacher charakterisieren und zeigen zugleich deutlich den Mechanismus, der zu deterministischem Chaos führt. Sie stellen deshalb eine wichtige Vorstufe für das Verständnis chaotischer Attraktoren bei Differentialgleichungen dar.

5.1.1. Stückweise lineare Abbildungen

1. Wir betrachten als erstes die Iteration der „Modulo-Abbildung"

$$M = [0, 1]: \; x_{k+1} = f(x_k), \quad f(x) = \begin{cases} 2x, & x \in [0, 1/2), \\ 2x - 1, & x \in [1/2, 1], \end{cases} \tag{5.2}$$

(es ist $f(x) = 2x(\mathrm{mod}\ 1)$ für $x \neq 1$) des Einheitsintervalls $[0, 1]$ auf sich (Abb. 58a). Die Abbildung ist bei $x = 1/2$ unstetig und nirgends umkehrbar, so daß wir nur positive Halbtrajektorien $(x_k)_{k=0}^{\infty}$ untersuchen.

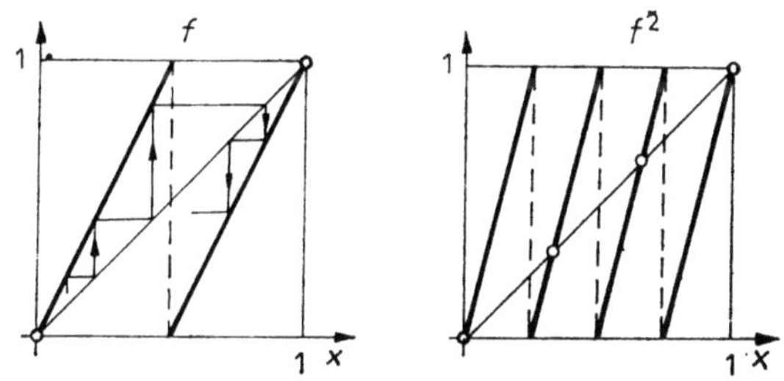

Abb. 58
Modulo-Abbildung (5.2) und ihre Iteration

Folgende Eigenschaften sind unmittelbar klar:

a) Es gibt genau zwei Fixpunkte, nämlich $x^0 = 0$ und $x^0 = 1$.
b) Aus $f^N(x) = 2^N x(\mathrm{mod}\ 1)$ für $x \neq 1$, $f^N(1) = 1$ folgt, daß f^N genau 2^N Fixpunkte hat (welche?). Davon bilden einige echte Orbits der Periode N, die anderen gehören zu niedrigeren Perioden (Abb. 58b).
c) Wegen $f'(x) \equiv 2$ ist (nach Satz 1.6./1) kein Fixpunkt und kein periodischer Orbit stabil.

Die Wirkung der Abbildung läßt sich besser verstehen, wenn wir x in Dualdarstellung schreiben,

$$x_0 = 0{,}a_1 a_2 a_3 \ldots := \sum_{i=1}^{\infty} a_i 2^{-i}, \quad a_i \in \{0, 1\}. \tag{5.3}$$

Die Iteration von (5.2) bewirkt dann wegen

$$f(x_0) = 0{,}a_2 a_3 a_4 \ldots \tag{5.4}$$

ein Streichen der ersten Ziffer und anschließende Linksverschiebung um eine Stelle (Bernoulli-Verschiebung). Deshalb können wir genauer feststellen: Zahlen x, deren Dualdarstellung (5.3) streng periodisch ist (mit der kleinsten Periode N), gehören zu Orbits der Periode N. Startpunkte, deren Dualdarstellung ab einer gewissen Stelle deriodisch ist, werden von (instabilen!) periodischen Orbits angezogen. Damit ist uns pas Schicksal der rationalen Punkte bekannt.

So gibt es genau einen Orbit der Periode 2, der aus den Punkten

$$x_1 = 0{,}0101\ldots = 1/3, \quad x_2 = 0{,}1010\ldots = 2/3$$

besteht und z. B. von $x = 0{,}011101010\ldots$ nach drei Iterationen erreicht wird.

Was geschieht aber mit der überwiegenden Mehrheit aller Punkte, nämlich den irrationalen Zahlen, die durch nichtperiodische Dualbrüche dargestellt werden? Es läßt sich zeigen, daß fast alle irrationalen Zahlen in ihrer Dualdarstellung jede endliche Folge von Ziffern unendlich oft enthalten. Damit wird jedes duale Intervall $[(j-1)\cdot 2^{-m}, j\cdot 2^{-m}]$, $j = 1, \ldots, 2^m$, $m = 1, 2, \ldots$, von den Iterierten $f^k(x_0)$, $k = 1, 2, \ldots$, einer irrationalen Zahl x_0 unendlich oft erreicht (und aus Symmetriegründen alle solche Intervalle mit festem m gleich häufig). Jede typische Trajektorie irrt also fortwährend durch das gesamte Intervall $[0, 1]$ mit einer relativen Häufigkeit, die asymptotisch zur Gleichverteilung wird.

Für eine beliebige (meßbare) Funktion $F\colon [0, 1] \to \mathbb{R}^1$ gilt deshalb

$$\lim_{N\to\infty} \sum_{k=0}^{N-1} F[f^k(x_0)] = \int_0^1 F(x)\cdot 1\cdot dx \quad \text{für fast alle } x_0, \tag{5.5}$$

d. h., die Abbildung (5.2) ist *ergodisch* mit der Gleichverteilung als invariantem Maß (siehe 5.3.).

Alle diese Eigenschaften haben letztlich ihre Ursache in der topologischen Wirkung von f: das Intervall $[0, 1]$ wird (um den Faktor 2) gestreckt, zerschnitten und übereinandergelegt (vgl. Abb. 60a). Daraus resultiert eine *sensitive Abhängigkeit* der Trajektorien *von den Anfangswerten*: Sind x_0 und $\bar{x}_0$ ab der $(n+1)$-ten dualen Ziffer verschieden, so wird dieser Unterschied durch die Iterationen vergrößert, und $f^n(x_0)$ bzw. $f^n(\bar{x}_0)$ haben nichts mehr gemeinsam. Da aber reale Messungen stets mit einer endlichen Genauigkeit durchgeführt werden, wird eine langzeitliche Vorhersage unmöglich.

Daß der Begriff „deterministisches Chaos" gerechtfertigt ist, zeigt auch folgender Umstand: Registrieren wir mittels

$$s(x_k) := \begin{cases} 0, & x_k \in [0, 1/2), \\ 1, & x_k \in [1/2, 1], \end{cases} \qquad k = 0, 1, \ldots,$$

lediglich, ob die entsprechende Iterierte x_k im linken oder rechten Halbintervall liegt, so entsteht aus (5.3) wegen $s(x_k) = a_k$ eine Folge 0110..., die sich durch nichts von einer Realisierung eines zufälligen Münzwurfs (0 = Wappen, 1 = Zahl) unterscheidet. Eine willkürlich (d. h. gleichverteilt) aus $[0, 1]$ entnommene Zahl x_0 besitzt nämlich in der Dualdarstellung Ziffern $a_0, a_1, \ldots$, die unabhängig voneinander mit der Wahrscheinlichkeit 1/2 die Werte 0 oder 1 annehmen. Auf einem vergröberten Beschreibungsniveau tritt deshalb eine rein zufällige Bewegung auf.

2. Auch stetige Abbildungen zeigen ein analoges Verhalten, wie uns die verwandte „Spitzdach-Abbildung"

$$M = [0, 1]\colon\ x_{k+1} = f(x_k), \quad f(x) = \begin{cases} 2x, & x \in [0, 1/2], \\ 2 - 2x, & x \in (1/2, 1], \end{cases} \tag{5.6}$$

beweist (Abb. 59). Hier folgt aus $x = 0{,}a_1a_2a_3\ldots$

$$f(x) = \begin{cases} 0{,}a_2a_3a_4\ldots & \text{für} \quad a_1 = 0, \\ 0{,}\bar{a}_2\bar{a}_3\bar{a}_4\ldots & \text{für} \quad a_1 = 1, \end{cases} \quad \bar{a} := 1 - a,$$

so daß f eine Bernoulli-Verschiebung und (für $a_1 = 1$) eine anschließende Komplementierung aller Ziffern bewirkt.

Die unter 1. getroffenen Aussagen bleiben fast wörtlich bestehen: Es gibt zwei Fixpunkte (hier: $x^0 = 1/3$ und $x^0 = 2/3$) und endlich viele Orbits der Periode N (der Graph von f^N besteht aus 2^{N-1} gleichschenkligen Dreiecken der Höhe 1 und der Grundseite 2^{1-N}), aber wegen $|f'(x)| \equiv 2$ sind alle Fixpunkte und periodischen Orbits instabil. Alle rationalen Zahlen gehören zu Orbits der Periode $N = 1, 2, \ldots$ oder werden von diesen angezogen.

Jede typische Trajektorie (d. h. mit irrationalem Anfangswert) besucht in unregelmäßiger Folge das gesamte Intervall [0, 1] gleichmäßig. Die Dynamik (5.6) ist ebenfalls ergodisch mit der Gleichverteilung als invariantem Maß.

Der topologische Unterschied gegenüber (5.2) besteht darin, daß die Abbildung (5.6) stetig ist und das Intervall [0, 1] bei jeder Iteration gestreckt und anschließend gefaltet wird (Abb. 60b).

3. Auch die unsymmetrische Spitzdach-Abbildung

$$M = [0, 1]\colon\ x_{k+1} = f(x_k), \quad f(x) = \begin{cases} rx, & x \in [0, 1/r], \\ \dfrac{r}{r-1}(1 - x), & x \in (1/r, 1], \end{cases} \tag{5.7}$$

besitzt für $r > 1$ keinen stabilen Fixpunkt und keinen stabilen periodischen Orbit, so daß fast alle Trajektorien chaotischen Charakter tragen.

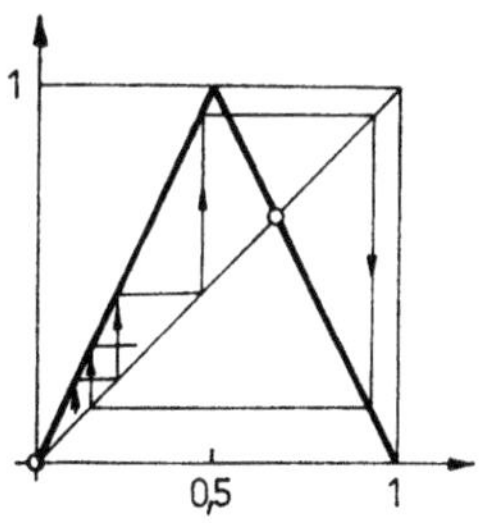

Abb. 59
Spitzdach-Abbildung (5.6)

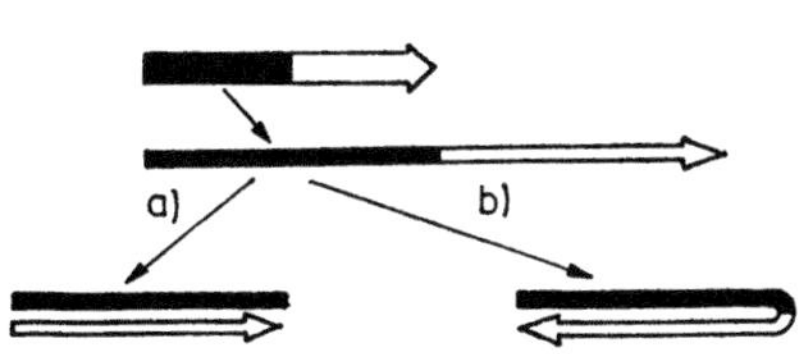

Abb. 60
Sensitive Abhängigkeit von den Anfangswerten resultiert aus fortgesetzter Streckung und Zerschneidung (a) oder Faltung (b)

Für $r \gtrsim 1$ zeigt diese Abbildung ein bemerkenswertes Verhalten (Abb. 61): Lange Phasen regulären Wachstums (nach einem Potenzgesetz: $\sim r^k$) werden unterbrochen von kurzen irregulären Phasen, in denen die Trajektorie um den instabilen Fixpunkt $x^0 = r/(2r - 1)$ oszilliert und dann scheinbar zufällig zu kleinen x-Werten springt (Details in [52]). Da diese Sprünge auch zu scheinbar zufälligen Zeiten auftreten, sprechen wir von „*Intermittenz*". Solche pseudostochastischen Unterbrechungen geordneter Bewegungen sind eine weitere, für Anwendungen ebenso bedeutsame Form des deterministischen Chaos.

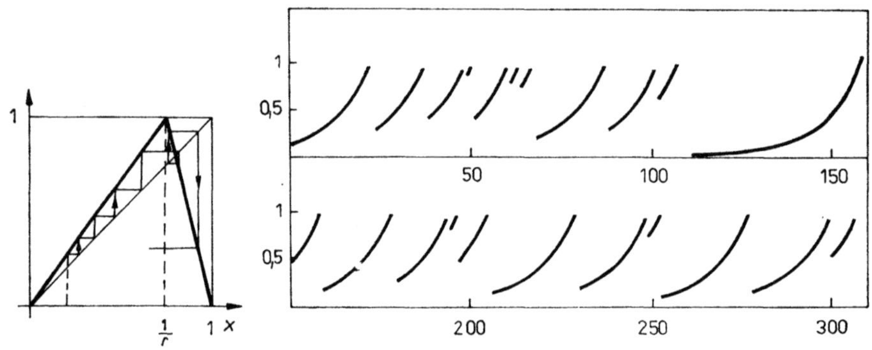

Abb. 61
Unsymmetrische Spitzdach-Abbildung und typische Trajektorie mit Intermittenz ($r = 1{,}1$, $x_0 = 0{,}12$)

4. Wir wollen jetzt einen Begriff einführen, der das exponentiell schnelle Auseinanderlaufen benachbarter Trajektorien quantitativ erfaßt und dessen grundlegende Bedeutung in den nächsten Abschnitten noch deutlicher wird.

Sei der Anfangswert x_0 aus einem Intervall $[x, x + \varepsilon]$ gewählt, dann wird für hinreichend kleines ε sein Bild $f^n(x_0)$ nach n Iterationen in einem Intervall liegen, dessen Länge

$$|f^n(x + \varepsilon) - f^n(x)| = |(f^n)'(x)| \cdot \varepsilon + o(\varepsilon)$$

beträgt. Wir vergleichen dies mit einem exponentiellen Wachstum der Form $x_{k+1} = ax_k$, $a := e^\lambda$, welches das Intervall $[x, x + \varepsilon]$ nach n Iterationen auf die Länge

$$|e^{\lambda n}(x + \varepsilon) - e^{\lambda n}x| = e^{\lambda n} \cdot \varepsilon$$

bringt und gehen zum Limes $\varepsilon \downarrow 0$, $n \to \infty$, über:

$$e^\lambda := \lim_{n\to\infty} |(f^n)'(x_0)|^{1/n} = \lim_{n\to\infty} \left(\prod_{k=0}^{n-1} |f'(x_k)|\right)^{1/n}.$$

Die Größe

$$\lambda(x_0) := \lim_{n\to\infty} \frac{1}{n} \sum_{k=1}^{n-1} \ln |f'(x_k)| \tag{5.8}$$

heißt *Ljapunow-Exponent* der Abbildung (5.1). Sie mißt die mittlere logarithmische Ausdehnungsrate (infinitesimal kleiner Intervalle) längs einer Trajektorie und ist eine Funktion des Anfangspunktes x_0.

Gehört x_0 zum Anziehungsbereich eines asymptotisch stabilen Fixpunktes x^0, so gilt offenbar $\lambda(x_0) = \lambda(x^0) = \ln |f'(x^0)| < 0$. Wird x_0 von einem asymptotisch stabilen periodischen Orbit $(\bar{x}_1, \ldots, \bar{x}_N)$ der Periode N angezogen, so folgt zwangsläufig

$$\lambda(x_0) = \bar{\lambda} := \frac{1}{N} \sum_{k=1}^{N} \ln |f'(\bar{x}_k)| < 0$$

weil $|(f^N)'(\bar{x}_k)| < 1$ unabhängig von k). Gehört x_0 dagegen zum Anziehungsbereich eines chaotischen Attraktors A, so gilt

$$\lambda(x_0) = \lambda_A > 0,$$

(weil sich infinitesimal benachbarte Punkte auf A exponentiell schnell ($\sim e^{\lambda_A n}$) entfernen, wobei global eine Faltung überlagert wird).

Beispiel 1. Sowohl für die Modulo-Abbildung (5.2) als auch für die Spitzdach-Abbildung (5.6) gilt $|f'(x)| = 2$ für alle $x \in [0, 1]$ (für $x = 1/2$ nur links- bzw. rechtsseitig). Deshalb beträgt der Ljapunow-Exponent

$$\lambda(x) = \ln 2 \quad \forall x \in [0, 1].$$

Aufgabe 1. Charakterisieren Sie die Trajektorien (darunter Fixpunkte und periodische Orbits) der „Dach-Abbildung"

$$M = [0, 1]: x_{k+1} = f(x_k), \quad f(x) = \begin{cases} rx, & x \in [0, 1/2], \\ r(1 - x), & x \in (1/2, 1], \end{cases}$$

für $0 \leqq r \leqq 2$! (Nehmen Sie für $r > 1$ einen Computer zur Hilfe!) Wie groß ist der Ljapunow-Exponent?

5.1.2. Parabel-Abbildung

Eines der am besten verstandenen eindimensionalen Systeme mit chaotischem Verhalten ist die *logistische* (oder *Parabel-*) *Abbildung*

$$M = [0, 1]: \quad x_{k+1} = f(x_k), \quad f(x) = rx(1 - x), \tag{5.9}$$

die stetig differenzierbar, aber nirgends umkehrbar ist, bei $x = 1/2$ ihr Maximum $f(1/2) = r/4$ annimmt und für $0 \leqq r \leqq 4$ das Intervall $[0, 1]$ in sich abbildet (Abb. 62).

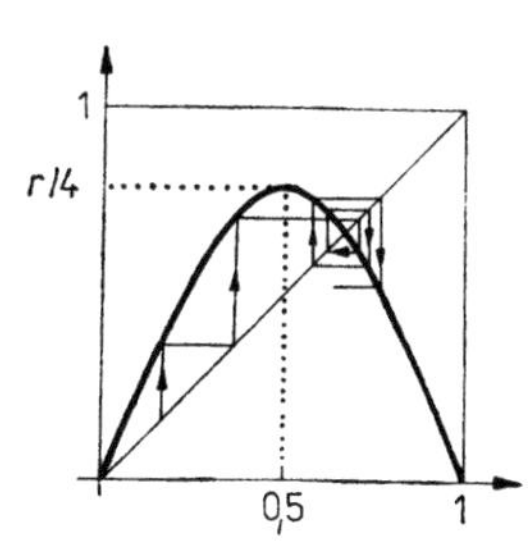

Abb. 62
Parabel-Abbildung (5.9)

Da sie das Intervall [0, 1] streckt (wenn auch lokal staucht) und faltet, sollte eine chaotische Bewegung zu erwarten sein, wenn die Streckung überwiegt.

1. *Numerische Befunde.* Fixpunkte der Abbildung (5.9) haben wir bereits in Beispiel 1.6./1 untersucht. Orbits der Periode 2 lassen sich gerade noch explizit berechnen (vgl. auch Aufgabe 1.6./3), aber weitere analytische Rechnungen sind kaum durchführbar. Deshalb verschaffen wir uns mit einer Computersimulation ein ungefähres Bild der Dynamik.

Wir wählen einen willkürlichen Startwert x_0, berechnen die Folgenglieder $x_1, x_2, \ldots$ und tragen die Werte $x_{301}, x_{302}, \ldots, x_{500}$ über dem Parameter r auf. Die Durchführung zeigt, daß das Ergebnis praktisch unabhängig von x_0 ist, weil die Dynamik dissipativ ist und einen (von r abhängigen) wohldefinierten Attraktor besitzt, der nach etwa 300 Schritten im Prinzip erreicht ist (Abb. 63).

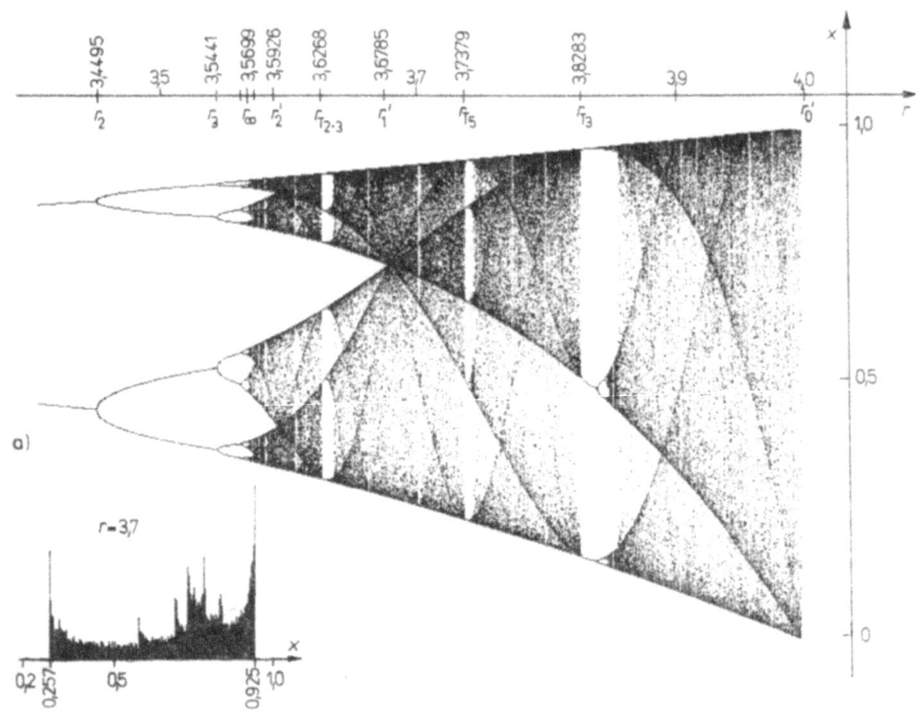

Abb. 63
Attraktor der Parabel-Abbildung $x_{k+1} = rx_k(1 - x_k)$ für $3.4 \leqq r \leqq 4$ (a) und Histogramm einer langen Bahn für $r = 3.7$ (b)

Es fällt uns sofort auf, daß zwei verschiedene Bewegungsformen auftreten:

(i) Das *periodische Regime* für $0 \leqq r < r_\infty$ (<4) besitzt für
$1 = r_0 < r < r_1 = 3$ einen stabilen Fixpunkt $(\neq 0)$,
für $r_1 < r < r_2$ eine stabile Bahn der Periode 2,

für $r_2 < r < r_3$ eine stabile Bahn der Periode 4,

$\vdots$

für $r_n < r < r_{n+1}$ eine stabile Bahn der Periode 2^n,

$\vdots$

für $r = r_\infty \approx 3{,}5699\ldots$ eine stabile aperiodische Bahn („Periode" 2^∞).

Es gibt stets genau einen stabilen periodischen Orbit, dessen Periode sich bei den Parameterwerten $r_1, r_2, \ldots$ jeweils verdoppelt (Abb. 64).

(ii) Das *chaotische Regime* für $r_\infty < r < 4$

beginnt bei $r = r'_\infty = r_\infty$,

$\vdots$

für $r'_{n+1} < r < r_n'$ werden 2^n Intervalle nacheinander besucht,

$\vdots$

für $r_2' < r < r_1'$ werden zwei Intervalle abwechselnd besucht,

für $r_1' < r < r_0' = 4$ gibt es ein Aufenthaltsintervall.

Der Attraktor besteht jeweils aus mehreren Intervallen, die bei den Parameterwerten $r_1', r_2', \ldots$ sukzessive aufspalten, über r „Bänder" ergeben und sich ebenfalls bei r_∞ häufen (Abb. 64).

Es gibt aber auch „Fenster" im Chaosbereich, auf die wir im Punkt 6 eingehen werden.

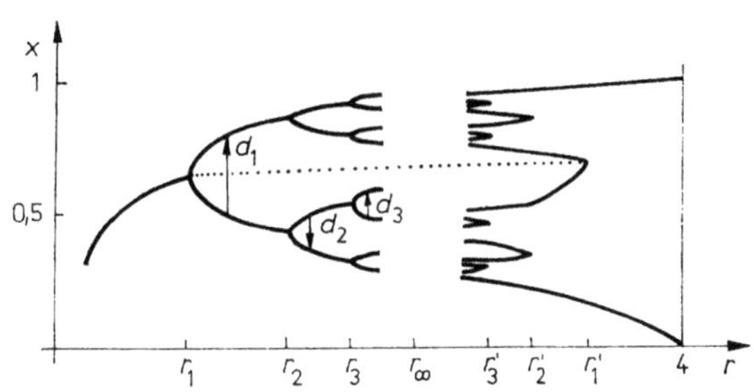

Abb. 64
Periodenverdopplung und Bandaufspaltung (schematisch)

Bei genauerer Untersuchung der kritischen Werte $(r_n)_{n=1}^\infty$ bzw. $(r_n')_{n=1}^\infty$ stellen wir fest, daß relativ rasch eine geometrische Konvergenz erfolgt,

$$r_\infty - r_n \sim 1/\delta^n, \quad |r_\infty - r_n'| \sim 1/\delta^n \quad \text{für} \quad n \gg 1, \quad \delta = 4{,}6692\ldots \tag{5.10}$$

Auch die Breite der Aufspaltung der periodischen Orbits wird geometrisch schnell klein, z. B. gilt für den Abstand d_n des zu $x = 1/2$ nächstgelegenen Bahnpunktes, falls $x = 1/2$ selbst zu einem stabilen Orbit der Periode 2^n gehört (Abb. 64),

$$d_n/d_{n+1} = -\alpha \quad \text{für} \quad n \gg 1, \quad \alpha = 2{,}5029\ldots \tag{5.11}$$

Im folgenden wollen wir versuchen, einige dieser Phänomene besser zu verstehen.

2. *Periodenverdopplung.* Wir betrachten jetzt die Abbildung f und ihre Fixpunkte bzw. periodischen Orbits als Funktion des Parameters r.

Im Beispiel 1.6./1 haben wir bereits ausgerechnet, daß $x^0 = 1 - 1/r$ für $1 < r < 3$ der einzige stabile Fixpunkt ist. Er wird bei $r = r_1 = 3$ instabil, weil $f'(x^0) = 2 - r$ mit wachsendem r bei $r = 3$ den Wert -1 unterschreitet.

Wegen $f^{2\prime}(x^0) = [f'(x^0)]^2$ wird $f^{2\prime}(x^0)$ bei $r = 3$ größer als Eins (x_0 ist deshalb auch instabil bezüglich f^2). Da aber f^2 drei Extrema und damit zwei Wendepunkte besitzt, entstehen bei $r = 3$ durch eine Heugabel-Bifurkation (siehe Kap. 6) zwei neue, stabile Fixpunkte $\bar{x}_1, \bar{x}_2$ von f^2 (Abb. 65, Abb. 66a).

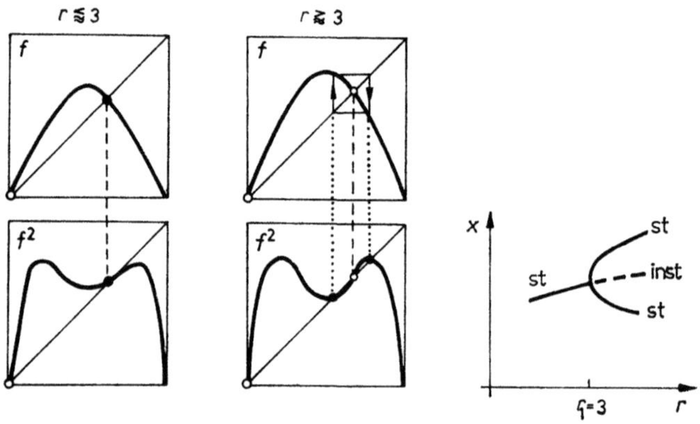

Abb. 65

Geburt einer stabilen Periode 2 durch Heugabel-Bifurkation

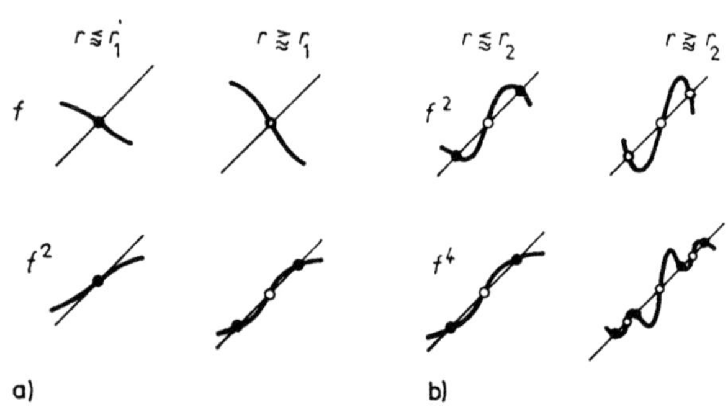

Abb. 66

Die Periodenverdopplung bei $r = r_1$ (a), $r = r_2$ (b) und $r = r_3, r_4, \ldots$ findet nach dem gleichen Mechanismus statt

Mit wachsendem r nimmt die Ableitung $f^{2\prime}(\bar{x}_1) = f^{2\prime}(\bar{x}_2)$ von $+1$ beginnend ab und erreicht bei $r = r_2 \approx 3{,}449$ den Wert -1. Wegen $f^{4\prime}(\bar{x}_{1/2}) = [f^{2\prime}(\bar{x}_{1/2})]^2$ überschreitet $f^{4\prime}$ in $\bar{x}_1$ und in $\bar{x}_2$ zugleich den Wert $+1$. Deshalb tritt an beiden Stellen eine Heugabel-Bifurkation auf, die vier neue, stabile Fixpunkte von f^4 und damit eine stabile Bahn der Periode 4 erzeugt (Abb. 66b).

Das gleiche Phänomen ereignet sich an allen Parameterwerten r_n, $n = 1, 2, \ldots$: Für $r_n < r < r_{n+1}$ existiert ein stabiler 2^n-Zyklus und die Ableitung df^{2^n}/dx ist an jedem Punkt dieser Periode gleich groß. Sie erreicht bei $r = r_{n+1}$ den Wert -1, so daß alle Punkte des 2^n-Zyklus gleichzeitig instabil werden und durch Heugabel-Bifurkation ein für $r_{n+1} < r < r_{n+2}$ stabiler 2^{n+1}-Zyklus entsteht. (Wegen der Periodenverdopplung sprechen wir auch von einer *subharmonischen Bifurkation.*)

3. *Universalität von α und δ.* Die Konstanten α und δ, die die Aufspaltung der Bifurkation und die Verzweigungswerte r_n in (asymptotisch) geometrischer Progression steuern, wurden 1978 von Feigenbaum entdeckt (deshalb heißen Bilder vom Typ der Abb. 63 auch „Feigenbäume"). Er bewies auch, daß sie *universell* für beliebige stetig differenzierbare Abbildungen f des Intervalls $[0, 1]$ in sich gelten, falls ein quadratisches Maximum in x_m vorliegt, f in $[0, x_m)$ und in $(x_m, 1]$ monoton ist und die „Schwarzsche Ableitung"

$$Sf := f'''/f' - (3/2)\,(f''/f')^2$$

in $[0, 1]$ negativ ist (siehe z. B. [10], [15]). Deshalb zeigt die Iteration

$$M = [0, 1]: \quad x_{k+1} = f(x_k), \quad f(x) = r \cdot \sin \pi x, \quad r \in [0, 1],$$

für wachsende r eine ganz analoge Periodenverdopplung mit den gleichen Feigenbaum-Konstanten α und δ.

Es ist klar, daß eine monotone Skalenänderung der x- oder der r-Achse diesen Sachverhalt nicht ändert, weil z. B. aus $s = h(r)$

$$s_\infty - s_n = h(r_\infty) - h(r_n) \approx h'(r_\infty)\,(r_\infty - r_n) \quad \text{für} \quad n \gg 1$$

folgt, daß auch $(s_n)_{n=1}^{\infty}$ für große n geometrisch schnell mit dem Faktor δ^{-1} fällt.

4. *Verhalten im Chaos-Bereich.* Von unseren numerischen Befunden aus 1. wissen wir, daß für $r = r_0' = 4$ eine typische Trajektorie im gesamten Intervall $[0, 1]$ scheinbar ziellos umherirrt und dabei jedem Punkt beliebig nahe kommt.

Dieses Verhalten können wir noch genauer beschreiben. Der Diffeomorphismus

$$y = h(x) := (2/\pi) \arcsin \sqrt{x} \tag{5.12}$$

transformiert nämlich wegen

$$y_{k+1} = h(x_{k+1}) = h[f(x_k)] = (h \circ f \circ h^{-1})\,(y_k) = \begin{cases} 2y_k, & y_k \in [0, 1/2], \\ 2 - 2y_k, & y_k \in (1/2, 1], \end{cases}$$

die logistische Abbildung (5.9) für $r = 4$ in die Spitzdach-Abbildung (5.6)! Deren Verhalten haben wir aber als chaotisch (und in gewisser Hinsicht isomorph zum Münzwurf) erkannt. Da sich die Bahnen der Parabel-Abbildung durch eine eineindeutige stetige Transformation aus denen der Spitzdach-Abbildung ergeben, sind sie in ähnlicher Weise chaotisch. Insbesondere wissen wir damit, daß (5.9) für $r = 4$ keinen stabilen Fixpunkt und keine stabilen periodischen Orbits besitzt.

Mehr Information erhalten wir durch ein *Histogramm,* indem wir für jedes von N gleichgroßen, möglichst kleinen Teilintervallen von $[0, 1]$ die relative Anzahl der Besuche einer typischen Bahn registrieren. Nach hinreichend vielen Iterationen ändert sich das Histogramm nicht mehr und drückt damit die Ergodizität der Dynamik aus.

Für $r = 4$ können wir die Häufigkeitsverteilung sogar angeben: Da bei der Spitzdach-Abbildung (5.6) die Gleichverteilung mit der Dichte $q(y) \equiv 1$ auf $[0, 1]$ invariant bleibt, wird sich wegen (5.12) bei der logistischen Parabel mit $r = 4$ asymptotisch eine Verteilung mit der Dichte

$$p(x) = q[y(x)] \cdot \left|\frac{dy}{dx}\right| = \frac{1}{\pi\sqrt{x(1-x)}} \tag{5.13}$$

einstellen (Abb. 67). Wir erkennen daran, daß sich ein Bahnpunkt besonders gern in der Nähe der Endpunkte $x = 0$ und $x = 1$ aufhält.

Für das weitere Verständnis ist es sinnvoll, die Bahn des Punktes $a_0 = 1/2$ zu verfolgen:

$$a_0 = \frac{1}{2}, \quad a_1 := f\left(\frac{1}{2}\right) = \frac{r}{4}, \quad a_2 := f^2\left(\frac{1}{2}\right), \ldots, a_k := f^k\left(\frac{1}{2}\right).$$

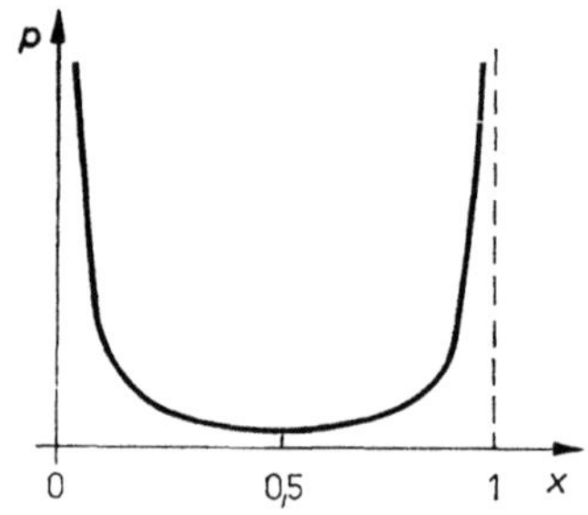

Abb. 67
Invariante Verteilung der Parabel-Abbildung (5.9) für $r = 4$

Wegen $a_1 := f(1/2) = r/4 \leqq 1$ bildet f das Intervall $[0, 1]$ auf das Teilintervall $[0, a_1]$ ab. Andererseits erreichen Bahnen, die in $(0, a_2)$ beginnen, nach endlich vielen Schritten Werte größer als a_2. Damit erkennen wir (Skizze!), daß alle in $(0, 1)$ startenden Bahnen in das Intervall $I := [a_2, a_1]$ eintreten und dieses wegen $f(I) \subseteqq I$ nicht mehr verlassen. Deshalb wird in Abb. 63 mit fallendem r das Chaosgebiet schmaler und für $r_\infty < r \leqq 4$ von den Kurven $a_2 = a_2(r) = r^2(4 - r)/16$ bzw. $a_1 = a_1(r) = r/4$ begrenzt.

Im Parameterbereich $r_1' < r < r_0' = 4$ ist $I = [a_2, a_1]$ die kleinste invariante Menge mit positivem Maß (d. h. kleinere invariante Mengen bestehen höchstens aus instabilen Fixpunkten oder periodischen Orbits). Damit ist das Intervall I der Attraktor, so daß bei Veränderung von r ein Chaos „band" entsteht. Typische Bahnen sind ähnlich irregulär wie für $r = 4$, auch die relative Besuchshäufigkeit ähnelt der von Abb. 67 und ist an den Intervallgrenzen am größten. Allerdings treten auch bei den Iterierten $a_3, a_4, \ldots$ schwächere Maxima auf (wir sehen diese als dunklere Linien im Innern des Chaosbandes I).

Für $r = r_1' \approx 3{,}6785$ gilt $a_2 < a_3 = a_4 < a_1$, so daß $I = [a_2, a_1]$ in zwei Teilintervalle $I_1 = [a_2, a_4]$, $I_2 = [a_3, a_1]$ zerfällt, die abwechselnd aufeinander abgebildet werden (deshalb ist $a_3 = f^3(1/2)$ instabiler Fixpunkt von f). Da a_3 und a_4 zusammenfallen, zeigt das Histogramm an dieser Stelle eine scharfe Spitze (Abb. 68a).

Für $r_2' < r < r_1'$ gilt $a_2 < a_4 < a_3 < a_1$, wobei die Intervalle $I_1 = [a_2, a_4]$ und $I_2 = [a_3, a_1]$ weiterhin abwechselnd aufeinander abgebildet werden:

$$f(I_1) = I_2, \quad f(I_2) = I_1.$$

Da fast alle Bahnen, die in (a_4, a_3) beginnen, ebenfalls in $I_1 \cup I_2$ eintreten, ist jetzt $I_1 \cup I_2$ die kleinste anziehende Menge. Das Chaosband hat sich nunmehr in zwei Teile geteilt, die von jeder typischen Bahn abwechselnd besucht werden. Jeder zweite Bahnpunkt durchläuft aber sein Chaosband ähnlich irregulär wie früher, weil die Dynamik qualitativ ähnlich ist (obwohl f^2 in I_1 bzw. I_2 eine Parabel 4. Ordnung ist). Die relative Häufigkeit der Besuche ist in Abb. 68b angegeben.

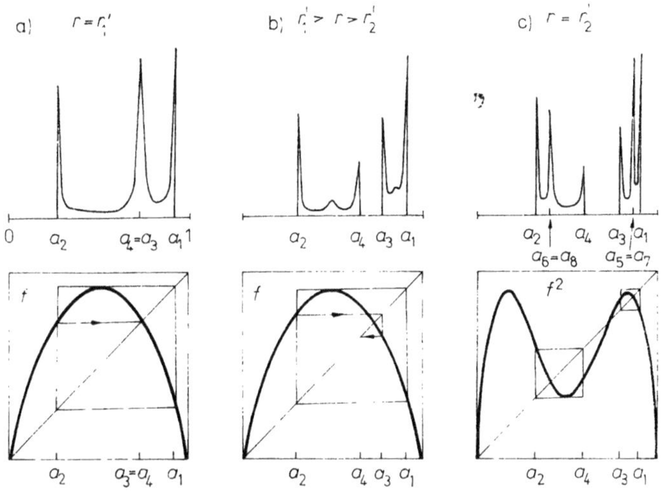

Abb. 68
Histogramme der Parabel-Abbildung (5.9) und Bandaufspaltung

Es ist jetzt klar, wie der Prozeß der Bandaufspaltung weitergeht (wir müssen nur statt f jetzt $f^2, f^4, \ldots$ betrachten). Bei $r = r_2' \approx 3{,}5927$ gilt $(f^2)^3\,(1/2) = (f^2)^4\,(1/2)$, d. h. $a_6 = a_8$, $a_5 = a_7$, so daß eine erneute Bandaufspaltung in vier Intervalle $[a_2, a_6]$, $[a_8, a_4]$, $[a_3, a_7]$, $[a_5, a_1]$ bevorsteht, die abwechselnd durchlaufen werden (Abb. 68c). Entsprechend gilt bei $r = r_n'$

$$(f^{2^{n-1}})^3 \left(\frac{1}{2}\right) = (f^{2^{n-1}})^4 \left(\frac{1}{2}\right),$$

so daß für $r'_{n+1} < r < r_n'$ 2^n Bänder I_k existieren. die wegen

$$f(I_k) = I_{k+1}, \quad k = 1, \ldots, 2^n - 1, \quad f(I_{2^n}) = I_1$$

abwechselnd durchlaufen werden. Die Dynamik des Systems ist deshalb die Überlagerung einer im Großen regulären Bewegung, die in dem periodischen Durchlaufen der 2^n Bänder besteht, mit einer im Kleinen irregulären Bewegung, weil jedes einzelne Chaosband scheinbar zufällig durchwandert wird.

Weiter oben haben wir schon festgestellt, daß die Folge $(r_n')_{n=1}^{\infty}$ der Bandaufspaltungswerte ebenfalls gegen r_∞ konvergiert.

Bemerkungen. Die Lage und Größe der Chaosbänder sowie die dazugehörenden Aufenthaltsverteilungen weisen eine bemerkenswerte Selbstähnlichkeit auf (man betrachte Abb. 63 oder vergleiche Abb. 68a und Abb. 68c).

Da die Chaosbänder immer schmaler werden, ist es vom praktischen Standpunkt her unerheblich, ob eine strenge Periode 2^{10} oder ein periodisches Durchlaufen von 2^{10} feinen Bändern vorliegt.

5. *Fenster im Chaos.* Ein Blick auf Abb. 63 zeigt, daß im Chaosbereich $r_\infty < r < 4$ offenbar „Fenster“ gibt, in denen reguläres, periodisches Verhalten auftritt.

Wir untersuchen noch einmal die in Abb. 63 (wie Spuren in einer Nebelkammer) sichtbaren Kurven, die Bilder des Randes $x = r/4$ nach endlich vielen Iterationen und deshalb besonders häufig besuchte Stellen des Attraktors sind. Diese Kurven werden durch

$$x = f_r^m\left(\frac{1}{2}\right), \quad m = 3, 4, \ldots,$$

beschrieben und ergeben für festes m glatte Funktionen des Parameters r (den wir der Deutlichkeit halber als Index angehängt haben). Da diese Kurven in der x—r-Ebene ein- oder mehrmals die Gerade $x = 1/2$ schneiden, gibt es spezielle Parameterwerte r, für die

$$f_r^m\left(\frac{1}{2}\right) = \frac{1}{2}$$

gilt. Damit gehört $x = 1/2$ zu einem Orbit der Periode m, der wegen $f^{m\prime}(1/2) = 0$ (als Folge von $f'(1/2) = 0$) asymptotisch stabil ist (und wegen der Ableitung Null sogar *superstabil* genannt wird). Da f_r stetig von r abhängt, gibt es sogar ein ganzes Intervall F_m, so daß

$$f_r^m(x^0) = x^0, \quad |f_r^{m\prime}(x^0)| < 1, \quad r \in F_m, \tag{5.14}$$

für ein x^0 hinreichend nahe bei 1/2 gilt. Deshalb gibt es in F_m eine asymptotisch stabile Bahn der Periode m, deren Anziehungsbereich fast der gesamte Zustandsraum ist.

Mit wachsendem r setzt nun eine Periodenverdopplung $2m, 4m, \ldots, 2^n m, \ldots$ der stabilen Bahn ein (man wende die früheren Überlegungen auf $g = f^m$ an!). Die Längen der Intervalle $F_m, F_{2m}, \ldots$ werden wieder geometrisch schnell klein (mit der gleichen universellen Konstanten δ), so daß

$$F^{(m)} := \bigcup_{n=0}^{\infty} \overline{F_{2^n m}}$$

ein *Fenster* im Bereich $r_\infty < r < 4$ definiert, das mit einer stabilen Periode m beginnt ($\bar{F}$ bezeichnet den Abschluß von F).[1])

---

[1]) Zur Eindeutigkeit der Bezeichnung: Sei m der kleinste Wert, der (5.14) erfüllt. Dann unterscheiden sich $F_{2^2 \cdot 3}$ und $F_{2 \cdot 6}$.

Gut sichtbar in Abb. 63 sind die Fenster $F^{(3)}$, beginnend bei $r \approx 3{,}828$, und $F^{(5)}$, beginnend bei $r \approx 3{,}738$, aber auch die entsprechenden Analoga $F^{(6)}$, beginnend bei $r \approx 3{,}627$ und $F^{(10)}$ im Bereich mit zwei Chaos-Bändern.

Fenster sind Parameterbereiche mit regulärem Verhalten (stabile Perioden), in denen eine Folge von subharmonischen Bifurkationen (Periodenverdopplungen) auftritt. Es läßt sich beweisen: Die Zahl der Fenster $F^{(m)}$ wächst exponentiell mit m. Jedes beliebig kleine Parameterintervall enthält Fenster. (Wiederum ist es vom praktischen Gesichtspunkt her gleich, ob eine stabile Periode 537 oder ein chaotisches Verhalten vorliegt.)

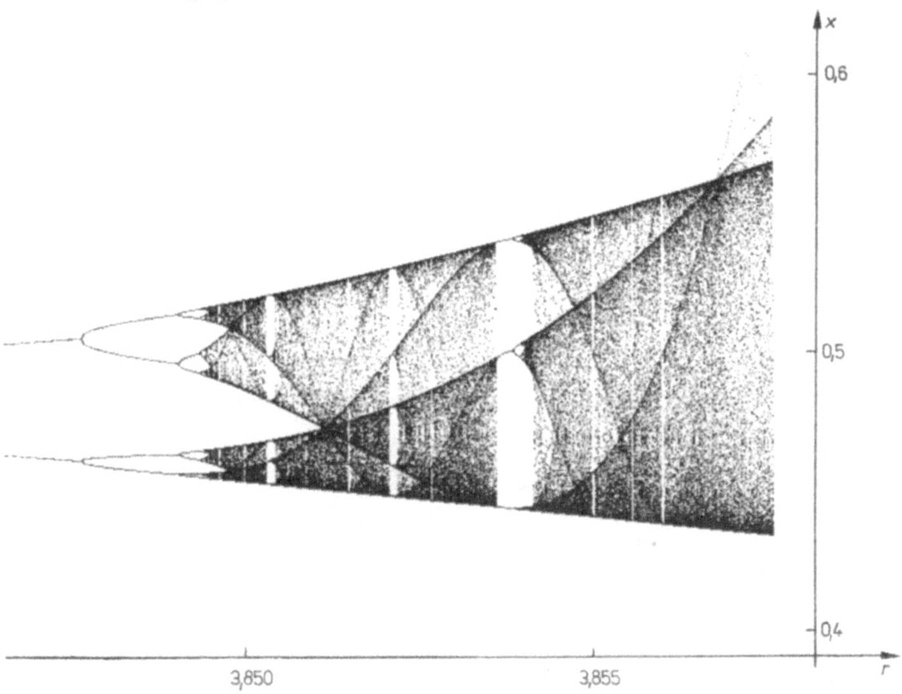

Abb. 69
Vergrößerung eines Ausschnitts aus Abb. 63

In Abb. 69 ist ein Ausschnitt der Periodenverdopplung im Fenster $F^{(3)}$ in der Nähe von $x = 1/2$ wiedergegeben, der eine bemerkenswerte Ähnlichkeit mit dem gesamten „Feigenbaum“ in Abb. 63 besitzt.

6. *Intermittenz.* Wir haben eben festgestellt, daß das Fenster $F^{(m)}$ endet, wo durch fortgesetzte Verdopplung die „Periode“ $m \cdot 2^{\infty}$ erreicht ist. Wo aber beginnt das Fenster?

Dazu betrachten wir den Fall $m = 3$ und untersuchen f^3 für Werte von r in der Nähe von $r = r_{T_3} \approx 3{,}828\ldots$, dem Beginn des Fensters $F^{(3)}$.

Für $r_{T_3} \lessapprox r$ hat f^3 außer den Fixpunkten $x^0 = 0$ und $x^0 = 1 - (1/r)$ sechs weitere Fixpunkte, wovon je zwei, ein stabiler und ein instabiler, dicht benachbart sind

(Abb. 70b). Deshalb liegen ein asymptotisch stabiler und ein instabiler Orbit der Periode 3 vor.

Bei $r = r_{T_3}$ tangiert der Graph von f^3 die Gerade $y = x$, so daß nur noch ein (einseitig instabiler) Orbit der Periode 3 existiert.

Für $r \lessapprox r_{T_3}$ sind beide Orbits der Periode 3 verschwunden, aber der Graph von f^3 kommt der Geraden $y = x$ dreimal sehr nahe. Dieser schmale „Schlauch" wird sehr langsam durchlaufen (und wirkt fast wie ein Fixpunkt), aber die anschließende rasche

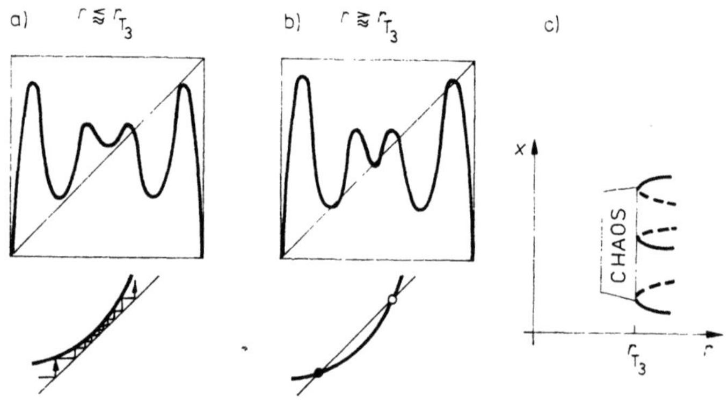

Abb. 70
Intermittenz entsteht durch (inverse) Tangenten-Bifurkation

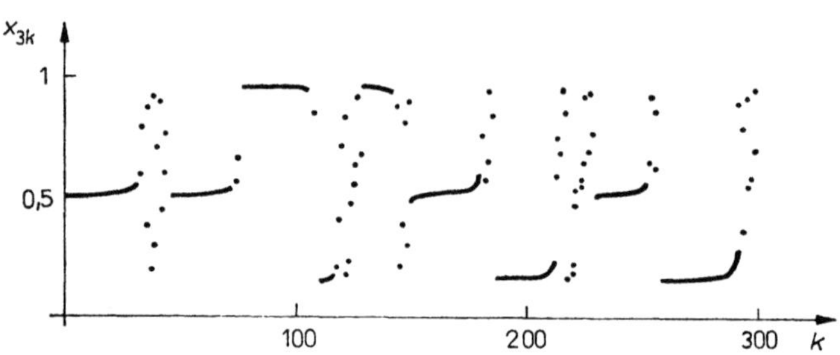

Abb. 71
Intermittenz bei der Parabelabbildung (5.9) für $r = 3{,}8283$
(es ist nur jede dritte Iteration dargestellt)

Entfernung und die globale Durchmischung sorgen dafür, daß der Eintritt in den Schlauch praktisch zufällig erfolgt (Abb. 70a).

Das Bahnverhalten heißt *Intermittenz*, weil lange Phasen regulärer Bewegung („fast" Periode 3) zu scheinbar zufälligen Zeiten mit irregulären Sprüngen abwechseln (Abb. 71).

Überschreitet r den Wert r_{T_3} von unten, so öffnet sich das Fenster $F^{(3)}$ durch eine „*Tangenten-Bifurkation*" (Abb. 70c). Anders herum: Chaos in Form von Intermittenz entsteht durch Verschmelzen einer stabilen und einer instabilen Bahn (der Periode 3).

Ein ganz analoges Verhalten tritt an den Fenstern $F^{(4)}$, $F^{(5)}$, ... auf.

7. *Ljapunow-Exponent.* Im Unterabschnitt 5.1.1. hatten wir den Ljapunow-Exponenten (einer Trajektorie) zur Charakterisierung des Langzeitverhaltens infinitesimal benachbarter Bahnen eingeführt.

Numerische Berechnungen nach der Formel (5.8) für die Parabel-Abbildung widerspiegeln die bisherigen Überlegungen (Abb. 72): Alle typischen Bahnen ergeben den gleichen Ljapunow-Exponenten, der durch den jeweiligen Attraktor bestimmt ist. Bei Vorliegen stabiler Perioden gilt $\lambda(r) < 0$, wobei λ für superstabile Bahnen „minimal" wird, während an den Bifurkationspunkten r_n, $n = 1, 2, \ldots$,

$$\lambda(r_1) = \lambda(r_2) = \cdots = \lambda(r_\infty) = 0$$

gilt. Auch daran sehen wir, daß für $r = r_\infty$ noch kein Chaos vorhanden ist. Im Chaosbereich haben wir $\lambda(r) > 0$, der Maximalwert von $\lambda(r)$ wird für $r = 4$ erreicht. Deut-

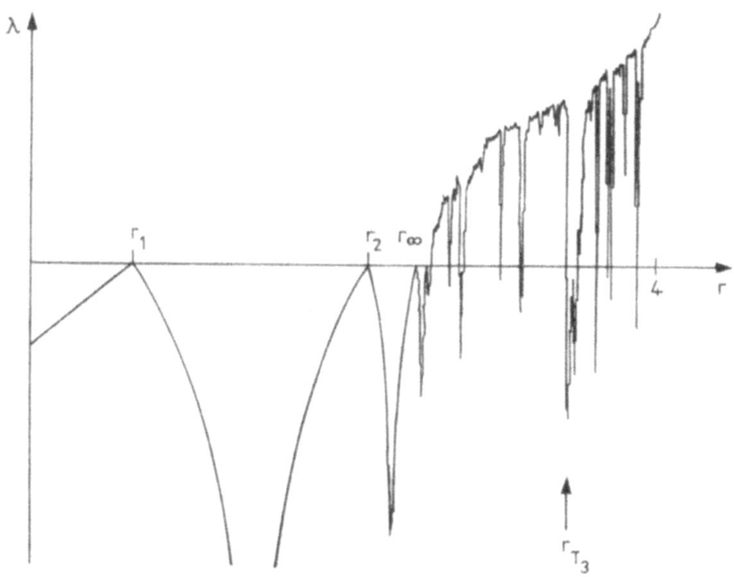

Abb. 72
Ljapunow-Exponent der Parabel-Abbildung (5.9) in Abhängigkeit vom Parameter r

lich sichtbar sind auch die Fenster mit stabilen Perioden, wo $\lambda(r)$ vorübergehend negativ wird. Ergebnis: Der chaotische Bereich der Dynamik wird durch einen *positiven* Ljapunow-Exponenten charakterisiert. Das ist Ausdruck der *sensitiven Abhängigkeit* des Bahnverlaufs von den Anfangswerten, das heißt des exponentiell schnellen Auseinanderlaufens benachbarter Punkte (auf dem Attraktor), dem eine globale Faltung überlagert wird.

8. Die Ausführungen des gesamten Unterabschnitts 5.1.2. gelten sinngemäß für alle stetig differenzierbaren Abbildungen f: $[0, 1] \to [0, 1]$ mit einem quadratischen Maximum und negativer Schwarzscher Ableitung ([10]).

Aufgabe 2. Wie unterscheiden sich Bahnen gleicher Periode in verschiedenen Fenstern (z. B. die stabile Periode 6 im Fenster $F^{(3)}$ und im Fenster $F^{(6)}$)?

Aufgabe 3. Da die Parabel-Abbildung ergodisch ist, können Sie für $r = 4$ den Ljapunow-Exponenten λ nach der Formel

$$\lambda = \int_0^1 \ln |f'(x)| \cdot p(x)\, dx \tag{5.15}$$

mit $p(x)$ aus (5.13) ermitteln. Wie groß ist λ?

Aufgabe 4. Untersuchen Sie die iterierten Abbildungen

$$M = [0, 1]: \; x_{k+1} = f(x_k)$$

für a) $f(x) = -rx \cdot \ln x, \quad 0 \leqq r \leqq \mathrm{e}$,

und b) $f(x) = rx(1 - x^2), \quad 0 \leqq r \leqq 3\sqrt{3}/2$.

5.1.3. Hénon-Abbildung

Bisher haben wir nur eindimensionale (und deshalb notwendig) nichtumkehrbare Abbildungen iteriert. Die gleichen Phänomene, wie Periodenverdopplung und chaotische Attraktoren, treten auch bei der Iteration von Diffeomorphismen (und damit umkehrbaren Abbildungen) auf, wenn wir zu zwei oder mehr Dimensionen übergehen. Wir nennen als Beispiel hier die (dissipative) *Hénon-Abbildung*

$$M = \mathbb{R}^2: \quad x_{k+1} = 1 - rx_k^2 + y_k, \quad y_{k+1} = bx_k, \quad k \in \mathbb{Z}, \quad r > 0, \quad |b| < 1. \tag{5.16}$$

Die Abbildung ist umkehrbar und kann beispielsweise als Wiederkehrabbildung eines dreidimensionalen zeitstetigen Flusses aufgefaßt werden. Wegen

$$\begin{vmatrix} -2rx & 1 \\ b & 0 \end{vmatrix} = -b$$

liegt für $|b| < 1$ eine Kontraktion vor, die jede Fläche pro Schritt um den Faktor $|b|$ verkleinert.

Wählen wir (x_0, y_0) aus einer nicht zu großen Umgebung des Nullpunktes, so konvergiert die Iteration gegen einen Attraktor.

Aufgabe 5. a) Berechnen Sie die Fixpunkte der Hénon-Abbildung, und untersuchen Sie deren Stabilität!

b) Wie verändert die Abbildung eine vorgegebene Menge (z. B. das Einheitsquadrat mit dem Mittelpunkt (0, 0))?

Die Lösung der Aufgabe zeigt, daß für $0 < r < r_1 = \frac{3}{4}(1 - b)^2$ genau ein stabiler Fixpunkt vorliegt.

Numerisch findet man für $r_1 < r < r_\infty$ eine Folge von Verdopplungen der Periode des stabilen Orbits.

Für $r_\infty < r < \hat{r}$ läßt die numerische Simulation vermuten, daß ein chaotischer Attraktor vorliegt, während für $\hat{r} < r$ fast alle Punkte ins Unendliche wandern. Außerdem gibt es für $r_\infty < r < \hat{r}$ sehr viele kleine Fenster, in denen stabile Orbits der Periode 3, 4, 5, ... mit nachfolgender Periodenverdopplung auftreten.

Die Abb. 73 zeigt den Attraktor als Ergebnis einer numerischen Rechnung für $r = 1,4$, $b = 0,3$ (hier gilt $r_1 = 0,3675$ (exakt!), $r_\infty \approx 1,06$, $\hat{r} \approx 1,55$). Wir erkennen, daß — als Folge der fortgesetzten Streckung (in einer Richtung) und Faltung — der Attraktor aus sehr vielen Schichten besteht, die über- und umeinander gefaltet sind. Die Vergrößerung von Details zeigt eine bemerkenswerte Selbstähnlichkeit auf immer kleinerer Skala (Abb. 73). Grob gesprochen stellt der Attraktor ein Produkt aus einer gekrümmten Kurve und einer Cantor-Menge dar.

Es muß aber einschränkend bemerkt werden, daß bisher noch nicht in Strenge bewiesen wurde, daß die Hénon-Abbildung einen chaotischen Attraktor besitzt (und dieser vermutlich nicht einmal unzerlegbar ist).

Ersetzt man aber $-rx_k^2$ durch $-r|x_k|$, dann ergibt sich die *Lozi-Abbitdung*, deren chaotische Natur bewiesen wurde (Misiurewicz [61], 1980).

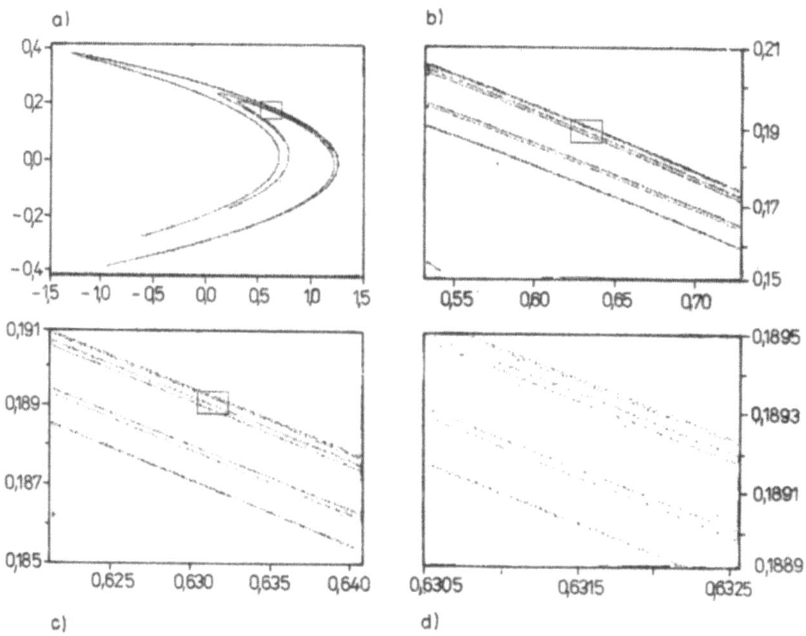

Abb. 73
Hénon-Attraktor (5.16) für $r = 1,4$, $b = 0,3$ nach 10^4 Iterationen (a) und Ausschnittsvergrößerungen (nach $6 \cdot 10^4$ (b), $6 \cdot 10^5$ (c) bzw. $6 \cdot 10^6$ Iterationen (d)). Man beachte die Selbstähnlichkeit der „Blätterteig"struktur

5.2. Chaos bei Differentialgleichungen

In diesem Abschnitt untersuchen wir beispielhaft ein Modellsystem, um zu erkennen, wie chaotisches Verhalten von Lösungen gewöhnlicher Differentialgleichungen entsteht und geben zugleich erste Verallgemeinerungen an.

5.2.1. Lorenz-Attraktor

1. Das Lorenz-Modell ist eines der ersten Modelle (1963), die chaotisches Verhalten zeigen, und seit seiner Entdeckung intensiv untersucht worden.

Lorenz erforschte nichtlineare partielle Differentialgleichungen, die die Kopplung von Konvektion und Wärmeleitung und insbesondere auch das Bénard-Problem (siehe E.3.) beschreiben. Bei der Lösung durch Fourier-Reihenansatz zeigte es sich, daß nur drei Terme eine relativ große Amplitude besitzen, von denen einer (x) das Geschwindigkeitsprofil und zwei (y, z) die Temperaturverteilung beschreiben. Durch bestimmte Näherungen (siehe z. B. [67]) ergeben sich aus den hydro-thermodynamischen Grundgleichungen die sogenannten *Lorenz-Gleichungen:*

$$M = \mathbb{R}^3: \quad \dot{x} = s(y - x), \quad \dot{y} = rx - y - xz, \quad \dot{z} = xy - bz,$$
$$s, r, b > 0, \tag{5.17}$$

(die übrigens auch den unregelmäßigen „spiking"-Laser oder den Dynamo beschreiben).

Wir wollen (5.17) bei festen Werten von s und b untersuchen und dabei den Parameter r variieren (beim Bénard-Problem ist r die relative Rayleigh-Zahl und damit proportional zur Temperaturdifferenz).

Aus der Symmetrie der Gleichungen (5.17) erkennen wir, daß mit $\big(x(t), y(t), z(t)\big)$ auch $\big(-x(t), -y(t), z(t)\big)$ eine Integralkurve ist. Insbesondere ist

$$x(t) \equiv 0, \quad y(t) \equiv 0, \quad z(t) = z(0) \cdot e^{-bt} \quad \forall\, t \in \mathbb{R} \tag{5.18}$$

eine spezielle Lösung.

Jetzt überlegen wir uns, daß jede abgeschlossene Kugel K_R mit dem Mittelpunkt $(0, 0, r + s)$ und einem Radius $R > \sqrt{b}\,(s + r)/2$ positiv invariant ist. Die Ungleichung

$$\begin{aligned}(\nu, f)|_{\partial K_R} &= \frac{1}{R}\,[x\dot{x} + y\dot{y} + (z - r - s)\,\dot{z}] \\ &= -\frac{1}{R}\left[sx^2 + y^2 + b\left(z - \frac{r+s}{2}\right)^2 - \frac{b}{4}\,(r - s)^2\right] < 0\end{aligned}$$

gilt nämlich außerhalb eines Ellipsoids, welches für $R > \sqrt{b}\,(s + r)/2$ gänzlich innerhalb der Kugel K_R liegt. Deshalb treten alle Trajektorien, die außerhalb einer Kugel K_R mit hinreichend großem Radius R beginnen, in diese Kugel ein und verbleiben dort für alle positiven Zeiten.

Wegen $\operatorname{div} f = -(s + 1 + b) < 0$ werden alle Phasenvolumina (gleichförmig) kontrahiert, so daß K_R eine anziehende Menge $\bigcap_{t \geq 0} T_t(K_R)$ enthält und ein Attraktor das Volumen Null besitzen muß.

2. *Stabilitätsanalyse.* Das Vektorfeld (5.17) kann drei Fixpunkte besitzen: Der Fixpunkt p mit

$$x^0_{(1)} = y^0_{(1)} = z^0_{(1)} = 0 \tag{5.19}$$

existiert stets, er entspricht der ruhenden Flüssigkeit. Die beiden Fixpunkte $q_\pm$ mit

$$x^0_{(2),(3)} = y^0_{(2),(3)} = \pm\sqrt{b(r-1)}, \quad z^0_{(2),(3)} = r - 1 \tag{5.20}$$

existieren erst für $r > 1$ und entsprechen dem Vorliegen von Konvektionszellen.

Die Eigenwertgleichung für die Stabilitätsanalyse eines Fixpunktes (x^0, y^0, z^0) lautet

$$0 = \begin{vmatrix} -s-\lambda & s & 0 \\ r - z^0 & -1-\lambda & -x^0 \\ y^0 & x^0 & -b-\lambda \end{vmatrix}. \tag{5.21}$$

Für den Fixpunkt (5.19) erhalten wir aus (5.21)

$$(\lambda + b)\,[\lambda^2 + (s+1)\,\lambda - s(r-1)] = 0,$$

so daß $p = (0, 0, 0)$ für $0 < r < 1$ ein asymptotisch stabiler Knoten ist. Bei $r = 1$ kreuzt ein reeller Eigenwert die imaginäre Achse (d. h. $\lambda_1 = 0$, $\lambda_3 < \lambda_2 < 0$), so daß p für $1 < r$ ein Sattelpunkt mit $\dim W_s(p) = 2$ ist. Wegen (5.18) ist die z-Achse Teil von $W_s(p)$.

An den Fixpunkten (5.20) erhalten wir aus (5.21)

$$\lambda^3 + (s + 1 + b)\,\lambda^2 + b(s + r)\,\lambda + 2bs(r-1) = 0.$$

Wenden wir für $r > 1$ das Hurwitz-Kriterium (1.23) an, und zwar auf $a_1 = s + 1 + b$, $a_2 = b(s + r)$, $a_3 = 2bs(r-1)$, so ist wegen $a_1 > 0$, $a_3 > 0$ nur noch $a_1a_2 - a_3 > 0$ zu fordern. Das ist für

$$s > b + 1, \quad r < r_c := s \cdot \frac{s + b + 3}{s - b - 1} \tag{5.22}$$

erfüllt. Wir wollen im weiteren Verlauf stets $s > b + 1$ annehmen. Dann sind für $1 < r < r_c$ die beiden Fixpunkte $q_\pm$ asymptotisch stabil.

Bei $r = r_c$ kreuzt ein Paar konjugiert-komplexer Eigenwerte die imaginäre Achse (weil $a_1a_2 = a_3$ auf $\lambda_1 = -a_1 < 0$, $\lambda_{2,3} = \pm i\omega$ mit $\omega := \sqrt{-a_2}$ führt), so daß $q_\pm$ für $r_c < r$ instabile Fixpunkte mit $\dim W_s(q_\pm) = 1$ sind. Da in $W_u(q_\pm)$ ein Aufspiralen und schräg dazu in $W_s(q_\pm)$ eine Anziehung erfolgt, sind q_+ und q_- „Sattel-Strudel-Punkte".

Wir stellen fest, daß für $r > r_c$ kein stabiler Fixpunkt existiert. Da die Hopf-Bifurkation bei $r = r_c$ „subkritisch" ist (siehe Kap. 6, vgl. auch [59]), gibt es für $r > r_c$ auch keinen stabilen Grenzzyklus. Da auch ein Torus ausgeschlossen werden kann, muß ein ganz neuer Attraktortyp vorliegen.

Numerische Integrationen für $s = 10$, $b = 8/3$ (dazu gehört $r_c \approx 24{,}74$) und $r = 28$ zeigen folgende Eigenschaften:

(i) Die Integralkurven $x(t)$ und $y(t)$ oszillieren unregelmäßig um $\pm\sqrt{b(r-1)}$ und klappen zu scheinbar zufälligen Zeiten um (Abb. 74a).

(ii) Die Trajektorien sind aufspiralende Oszillationen um q_+, denen ein plötzlicher „Sprung" folgt, worauf die Bahn um q_- aufspiralt und wieder nach q_+ „springt" (Abb. 75). (Das ganze ähnelt dem Kreisen einer Fliege unter zwei Lampen.)

(iii) Für $t \to \infty$ tritt eine rasche Konvergenz gegen einen Attraktor A ein (der beim Bénard-Problem der Turbulenz entspricht).

(iv) Registrieren wir aufeinanderfolgende Maxima $z_1, z_2, \ldots$ von $z(t)$, so gibt es eine (nahezu) funktionale Abhängigkeit $z_{k+1} = \varphi(z_k)$ in Form einer spitzdachähnlichen Abbildung (Abb. 74b).

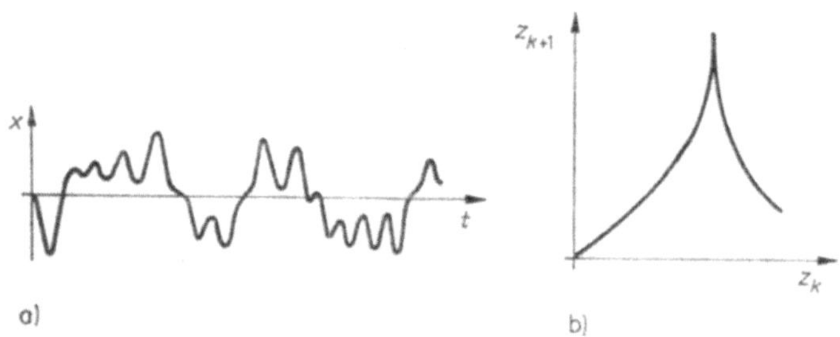

Abb. 74

Die Integralkurven des Lorenz-Modells besitzen für $r > r_c$ einen irregulären Charakter (a), aber aufeinanderfolgende Maxima weisen auf eine tiefer liegende Gesetzmäßigkeit hin (b)

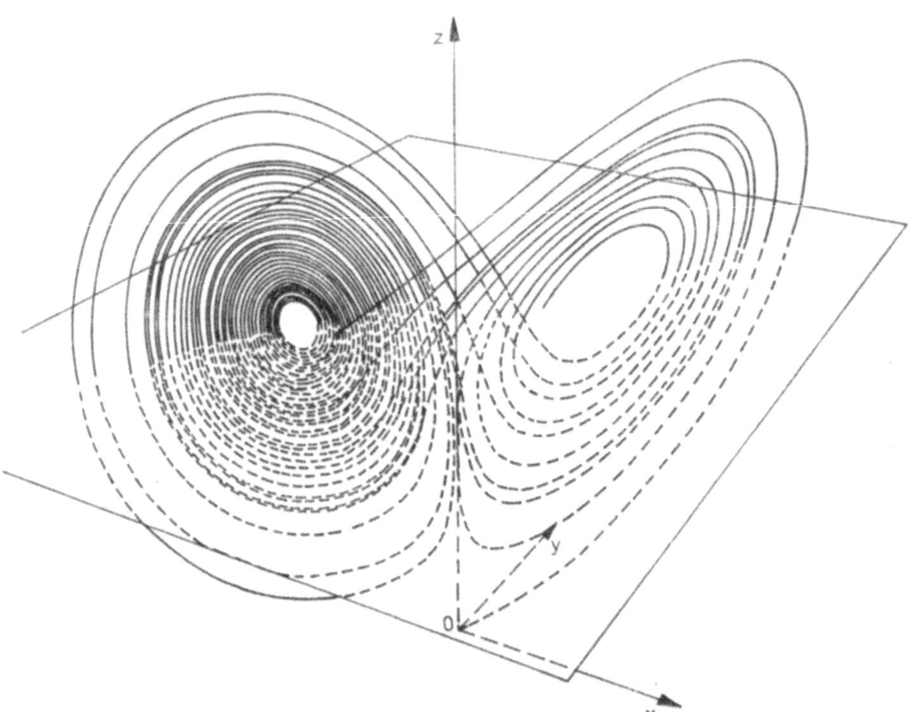

Abb. 75

Der Lorenz-Attraktor in der Perspektive ($s = 10$, $b = 8/3$, $r = 28$, die horizontale Ebene ist $z = 27$)

3. *Struktur des Attraktors* für $r > r_c$. Als Folge der schnellen Kontraktion aller Phasenvolumina ($s = 10$, $b = 8/3$ ergibt den Faktor $\exp(-13{,}7 \cdot t)$!) und der begrenzten numerischen Auflösung sieht der *Lorenz-Attraktor* A im Groben aus wie eine im oberen Teil verzweigte Fläche Σ mit zwei „Löchern" bei q_+ und q_-, deren Rand Teil der instabilen Mannigfaltigkeit $W_u(p)$ ist. In Abb. 76a ist ein Papiermodell angegeben (das sich der Leser zur Veranschaulichung selbst bauen sollte!). Da die beiden „Henkel" in ihrem mittleren Teil längs eines Intervalls zusammenstoßen, wird nur ein *Semifluß* modelliert, weil die Bewegung zeitlich rückwärts nicht mehr eindeutig ist. Da aber die Gleichungen (5.17) eindeutig lösbar sind, müssen auch im unteren Teil von Σ zwei Blätter existieren, was im oberen Teil aus Stetigkeitsgründen vier Blätter erzwingt usw. (Abb. 76b). Diese Überlegung zeigt, daß der Attraktor A aus unendlich vielen, räumlich sehr eng liegenden Blättern bestehen muß!

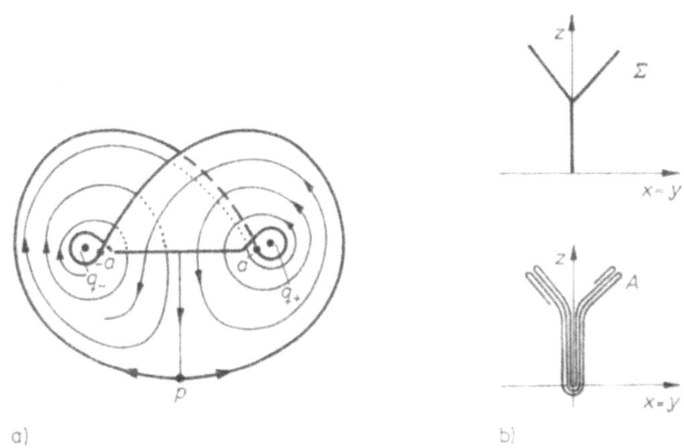

Abb. 76
Das Papiermodell Σ des Lorenz-Attraktors A läßt nur einen Semifluß zu (a), so daß der Attraktor aus unendlich vielen Blättern besteht (b)

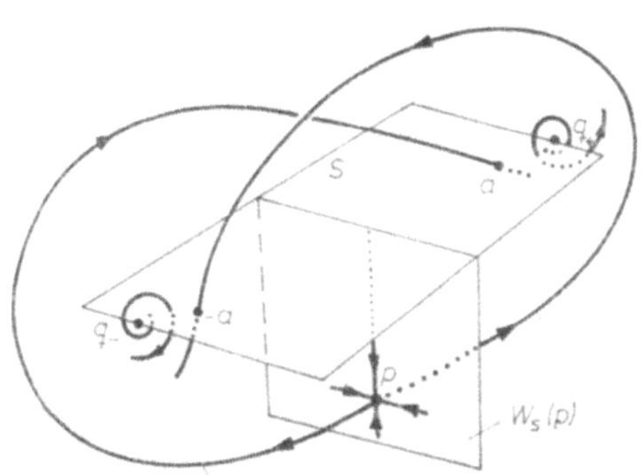

Abb. 77
Lokaler Schnitt S für das Lorenz-Modell und invariante Mannigfaltigkeiten $W_s(p)$ bzw. $W_u(p)$

Betrachten wir nun genauer ein offenes Rechteck S in der Ebene $z = r - 1$, bei dem zwei gegenüberliegende Seiten die Hyperbeln $xy = \sqrt{b(r-1)}$ in den Punkten q_+ bzw. q_- tangieren (Abb. 77). Dann gilt in S die Ungleichung $\dot{z} < 0$, so daß S ein lokaler Schnitt für den Fluß (5.17) ist, dessen Wiederkehrabbildung σ wir jetzt untersuchen wollen.

Auf Grund der schnellen Kontraktion in S erfolgt die Wiederkehr praktisch in einem sehr schmalen Streifen um die Kurve von q_- nach q_+. In einer ersten Näherung erklären wir deshalb eine Wiederkehrabbildung g auf dem „Intervall" $[q_-, q_+]$ für den Semifluß auf Σ,

$$M = [q_-, q_+] : u_{k+1} = g(u_k), \quad k = 0, 1, \ldots, \tag{5.23}$$

von der wir folgende Eigenschaften verlangen (Abb. 78):

(i) $g(0)$ ist nicht definiert (weil Wiederkehrzeit unendlich groß),
(ii) g ungerade (wegen der Symmetrie),
(iii) g streng monoton wachsend in $[q_-, 0)$, $(0, q_+]$ (Aufspiralen),
(iv) $g(+0) = -a$, $g(-0) = a$ (weil p ein Sattel ist),
(v) $g(a) > 0$ (wenigstens eine Wiederkehr der Spirale).

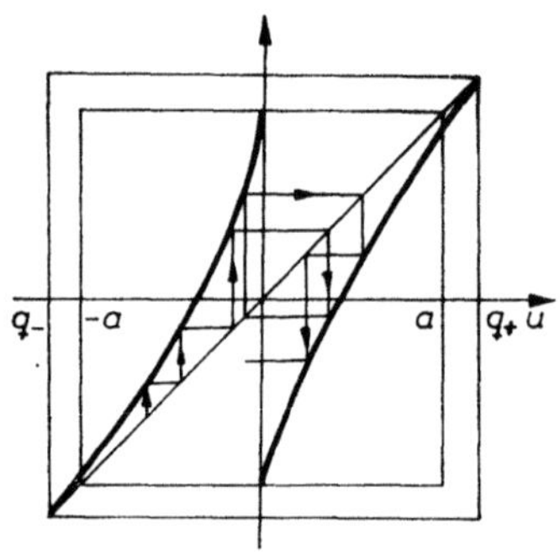

Abb. 78
Wiederkehrabbildung des Semiflusses auf dem Papiermodell des Lorenz-Attraktors

Wegen (v) ist g nicht umkehrbar, und wegen (ii) und (iii) besitzt g keinen Fixpunkt. Nehmen wir noch zusätzlich an, daß $g'(u) > 1$ für alle u gilt, so kann es auch keinen stabilen periodischen Orbit geben. Aus (iv) und (v) folgt, daß alle Trajektorien in das Intervall $[-a, a]$ eintreten und dieses nicht mehr verlassen ($\pm a$ sind in Abb. 77 die Punkte in S, wo $W_u(p)$ zum ersten Mal S schneidet).

Aus diesen Eigenschaften folgt, daß die Dynamik (5.23) chaotisches Verhalten besitzt (welches qualitativ dem der Modulo-Abbildung (5.2) ähnelt, vgl. Abb. 58). Die fortgesetzte Streckung und Übereinanderschiebung von $[-a, a]$ führt zu einer sensitiven Abhängigkeit von den Anfangswerten und damit zu einem chaotischen Attraktor. Der Punkt Null hat nämlich (wie jeder Punkt) zwei mögliche Vorgänge $f^{-1}(0)$ und 2^k mögliche Vorgänge $f^{-k}(0)$, und die abzählbare Menge aller Urbilder von Null liegt dicht in $[-a, a]$. Deshalb liegen die Bilder zweier noch so dicht benachbarter Anfangswerte nach endlich vielen Iterationen zu beiden Seiten von Null (wenn nicht einer auf Null fällt) und verlieren sich dann schnell aus den Augen. Genauere numerische Integrationen legen nahe, daß die Wiederkehrabbildung $\sigma\colon S \to S$ des Flusses

(5.17) nachfolgende Eigenschaften besitzt: Es gibt Koordinaten (u, v) in S, so daß gilt

(i) $\sigma(u, v) = \big(g(u), h(u, v)\big)$ für $u \neq 0$, $\sigma(u, v) = \sigma(-u, -v)$,

(ii) $g'(u) > 1$ für $u \neq 0$, $g'(u) \to \infty$ für $u \to 0$,

(iii) $0 < \dfrac{\partial h}{\partial v} < c < 1$ für $u \neq 0$, $\dfrac{\partial h}{\partial v} \to 0$ für $u \to 0$.

Dabei entspricht u der obigen Koordinate auf $[q_-, q_+]$ (und g der Abbildung (5.23)), während v transversal dazu liegt und $v = 0$ die Kurve in S ist, die die Spiralen um q_- bzw. q_+ trennt. Wegen (iii) gilt

$$\lim_{u \to \pm\infty} \sigma(u, v) = \begin{cases} (u_-, v_-) \\ (u_+, v_+) \end{cases} \text{für alle } v$$

(das sind die Punkte $-a$ bzw. $+a$), so daß eine Untermenge $V \subset S$ mit $u_- \leqq u \leqq u_+$ in sich abgebildet wird und deshalb den Attraktor $\Lambda = \bigcap_{k=0}^{\infty} \sigma^k(V)$ der Abbildung σ erzeugt. Dabei besteht die Wirkung von σ in einer fortgesetzten Streckung und Faltung von V (Abb. 79), die eine Blätterteig-Struktur von Λ bewirkt.

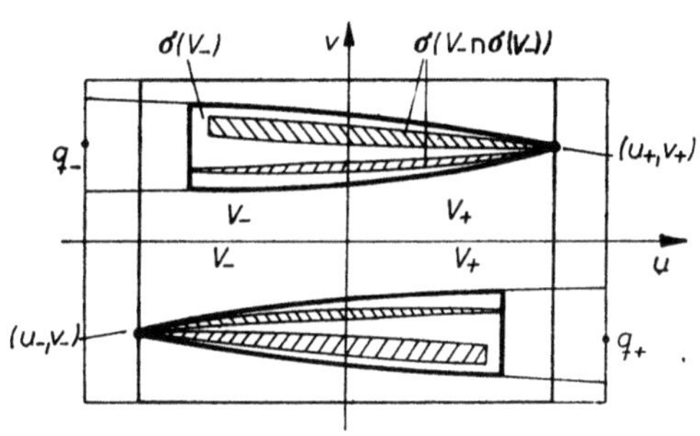

Abb. 79
Entstehung des Attraktors Λ der Wiederkehrabbildung σ ($V = V_+ \cup V_-$, schraffiert: $\sigma^2(V)$)

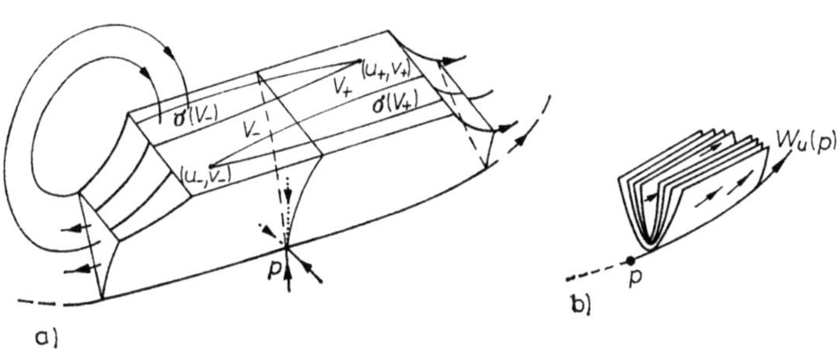

Abb. 80
Geometrische Struktur des Lorenz-Attraktors

Verschärft man in (ii) $g'(u) > \sqrt{2}$, so ist streng beweisbar, daß σ einen chaotischen Attraktor besitzt (weil eine sogenannte „hyperbolische" Struktur vorliegt) ([5]).

Damit haben wir uns ein geometrisches Bild des Flusses der Lorenz-Gleichungen (5.17) erarbeitet: Der Lorenz-Attraktor ist die Vereinigung aller Trajektorien, die in $\Lambda \subset V$ beginnen (und dorthin zurückkehren) mit dem Punkt p (Abb. 80a). Dadurch entsteht (lokal) ein „*Cantor-Buch*“, das heißt eine Familie von Flächen, die durch eine Cantor-Menge parametrisiert und längs einer Kurve (dem „Buchrücken“ $W_u(p)$) verheftet sind (Abb. 80b).

4. *Verhalten für große Werte von r.* Nachfolgend sei noch kurz angedeutet, wie sich die Lorenz-Gleichungen für weit größere Werte des Parameters r verhalten. Es liegen vor für

a)	$r_c < r < r_{P_1}$:	ein chaotischer Attraktor,
b)	$r_{P_1} < r < r_T$:	ein stabiler Grenzzyklus,
	$r \downarrow r_{P_1}$:	Periodenverdopplung,
	$r \uparrow r_{P_1}$:	Bandaufspaltung,
c)	$r_T < r < r_{P_2}$:	ein chaotischer Attraktor,
	$r \downarrow r_T$:	Intermittenz,
d)	$r_{P_2} < r$:	ein stabiler Grenzzyklus

(numerische Werte für $s = 16$, $b = 8/3$ sind $r_{P_1} \approx 145$, $r_T \approx 166$, $r_{P_2} \approx 235$). Darin erkennen wir viele von der logistischen Parabel her bekannte Erscheinungen wieder.

5.2.2. Ergänzungen

1. Der Lorenz-Attraktor ist nicht die einfachste Form eines chaotischen Attraktors und in gewisser Weise sogar untypisch, weil die genäherte Wiederkehrabbildung g eine Unstetigkeit besitzt. Das *Rössler-Modell* (1976)

$$M = \mathbb{R}^3: \quad \dot{x} = -y - z, \quad \dot{y} = x + ay, \quad \dot{z} = b + (x - c)\,z \tag{5.24}$$

zeigt (für passende Werte von a und b) einen stabilen Grenzzyklus, der mit wachsendem Parameter c eine Folge von periodenverdoppelnden Bifurkationen durchläuft, die sich bei einem Wert c_∞ häufen. Jenseits von c_∞ finden wir chaotisches Verhalten (durchbrochen von Fenstern), wobei an gewissen kritischen Stellen c_n' jeweils zwei Chaosbänder verschmelzen (Abb. 81).

Bei voll entwickeltem Chaos ähnelt der Attraktor einem Pferdehuf: die Trajektorien auf ihm sind anwachsende Spiralen, die bei einer kritischen Amplitude wieder sehr nahe zum instabilen Fixpunkt zurückgeworfen werden, um erneut aufzuspiralen (Abb. 82).

Die schnelle Volumenkontraktion läßt ein Papiermodell des Rössler-Attraktors zu, bei dem *ein* Blatt gestreckt, einmal gefaltet und anschließend linke und rechte Kanten verbunden werden, was auf eine stetige, parabelähnliche Wiederkehrabbildung des Semiflusses führt (Abb. 83a). Der Lorenz-Attraktor ist komplizierter, weil wir nach der Streckung in *zwei* Blätter zerschneiden müssen, die geeignet verheftet werden und eine Unstetigkeit der Wiederkehrabbildung des Semiflusses ergeben (Abb. 83b).

Die Tatsache, daß Kapitel 5 bisher nicht in Form von „Sätzen“ dargestellt wurde, darf nicht den Eindruck erwecken, daß zum Thema Chaos keine strengen Resultate bekannt seien. Es gibt bereits eine umfangreiche mathematische Theorie (z. B. zu iterierten Abbildungen [10] oder über Grenzmengen mit einer sogenannten „hyperbolischen“ Struktur [4], [5]), deren saubere Darstellung aber den Umfang unseres Buches sprengen würde (siehe auch [11]–[15]). Allerdings fallen viele bekannte Modelle, so auch die von Hénon und Lorenz, nicht in diese Klasse und stellen noch interessante Fragen an die Mathematik. Auf der anderen Seite wächst die Zahl der Abbildungen und Differentialgleichungen, für die — zumindest numerisch — Chaos gefunden wurde, gegenwärtig rasch an, so daß der Leser bezüglich weiterer Informationen auf die Originalliteratur verwiesen wird.

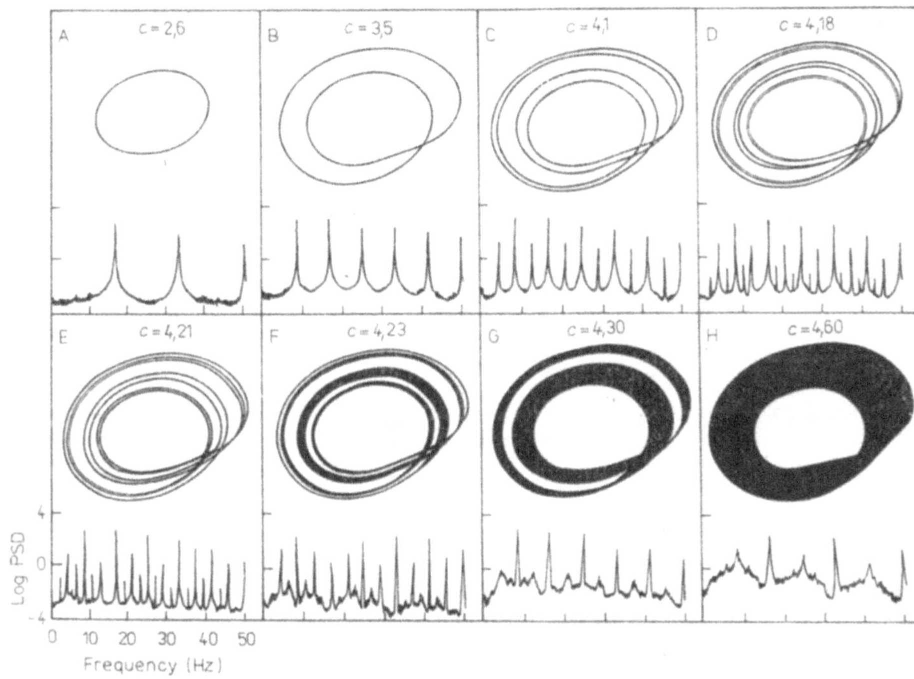

Abb. 81

Der Attraktor des Rössler-Modells (5.24) für $a = b = 0.2$ (Projektion in die x—y-Ebene) mit Periodenverdopplung für $c \uparrow c_\infty \approx 4.20$ und der Verschmelzung chaotischer Bänder für $c_\infty < c$. Gleichzeitig ist das Frequenzspektrum der Komponente $z(t)$ angegeben

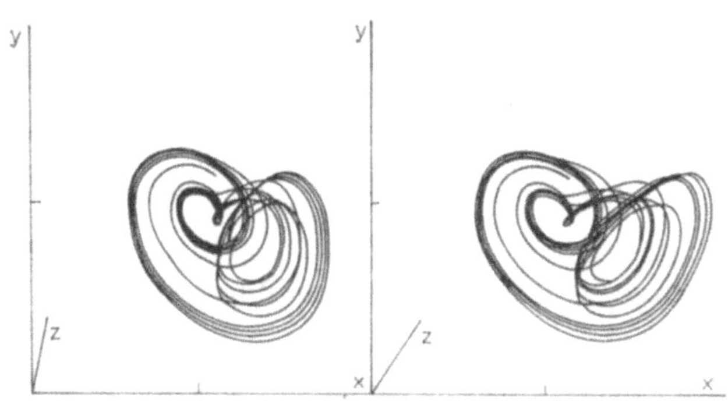

Abb. 82

Rössler-Attraktor für $a = 0.55$, $b = 2$, $c = 4$ mit Chaos vom „Pferdehuf"- (oder Schrauben-) Typ in stereoskopischer Darstellung (Achsen: $-10, \ldots, 10$ für x und y, $0, \ldots, 10$ für z).

Man betrachte die Abbildung aus etwa 10 cm Entfernung mit auf Unendlich eingestellten Augen (eventuell unterstützt durch eine in der Mitte aufgestellte Postkarte), bis beide Bilder zu einem verschmelzen und stelle dann scharf

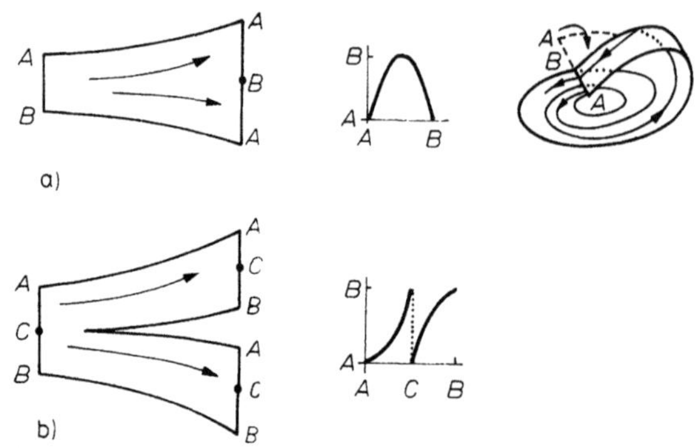

Abb. 83
Topologischer Vergleich von Rössler-Attraktor (a) und Lorenz-Attraktor (b) und der zugehörigen Wiederkehr-Abbildung (Punkte mit gleichen Buchstaben werden verheftet)

2. Auch experimentell wurden inzwischen in vielen Bereichen der Physik chaotische Verhaltensweisen gefunden (die zum Teil früher als „Schmutzeffekt" abgetan waren). Dazu gehören Untersuchungen zur Turbulenz (etwa das Bénard-Problem mit Wasser, Quecksilber oder flüssigem Helium), Konzentrationsverläufe chemischer Reaktionen, nichtlineare optische Systeme, Laserpulse, Josephson-Tunnelelemente und Realisierungen mittels elektronischer Schaltungen im HF- und im NF-Bereich.

Bei anderen Erscheinungen wird eine chaotische Natur vermutet, etwa der immer wieder auftretenden Richtungsumkehr des erdmagnetischen Feldes oder dem Schwanken der mittleren Lufttemperatur seit dem Erdaltertum, aber auch dem Lichtwechsel veränderlicher Sterne vom Typ der δ-Cepheiden oder der Feinstruktur des Saturnrings.

Chaos läßt sich mit Hilfe einer elektronischen Schaltung (siehe Anhang) leicht demonstrieren: Auf dem Oszillografen erkennen wir die Folge der Periodenverdopplungen, den Chaosbereich mit Bändern und ohne Bänder, die (großen) Fenster im Chaos und die Periodenverdopplung in den Fenstern (Abb. 84), und zwar genau in der Folge, wie wir sie bei der Parabel-Abbildung gefunden hatten.

5.3. ω-Grenzmengen und invariante Verteilungen

Ein Attraktor, sei er chaotisch oder regulär, vermittelt nur ein globales Bild vom langzeitlichen Verhalten eines dynamischen Systems. Genauere Informationen erhalten wir aus den relativen Häufigkeiten, mit denen die verschiedenen Teile des Attraktors (oder allgemeiner: einer ω-Grenzmenge) besucht werden. Eine solche sich asymptotisch einstellende Wahrscheinlichkeitsverteilung, die formal durch

$$P(B) = \lim_{t\to\infty} \frac{1}{t} \int_0^t \int_B \delta[x(s) - y]\, dy\, ds \quad \forall B$$

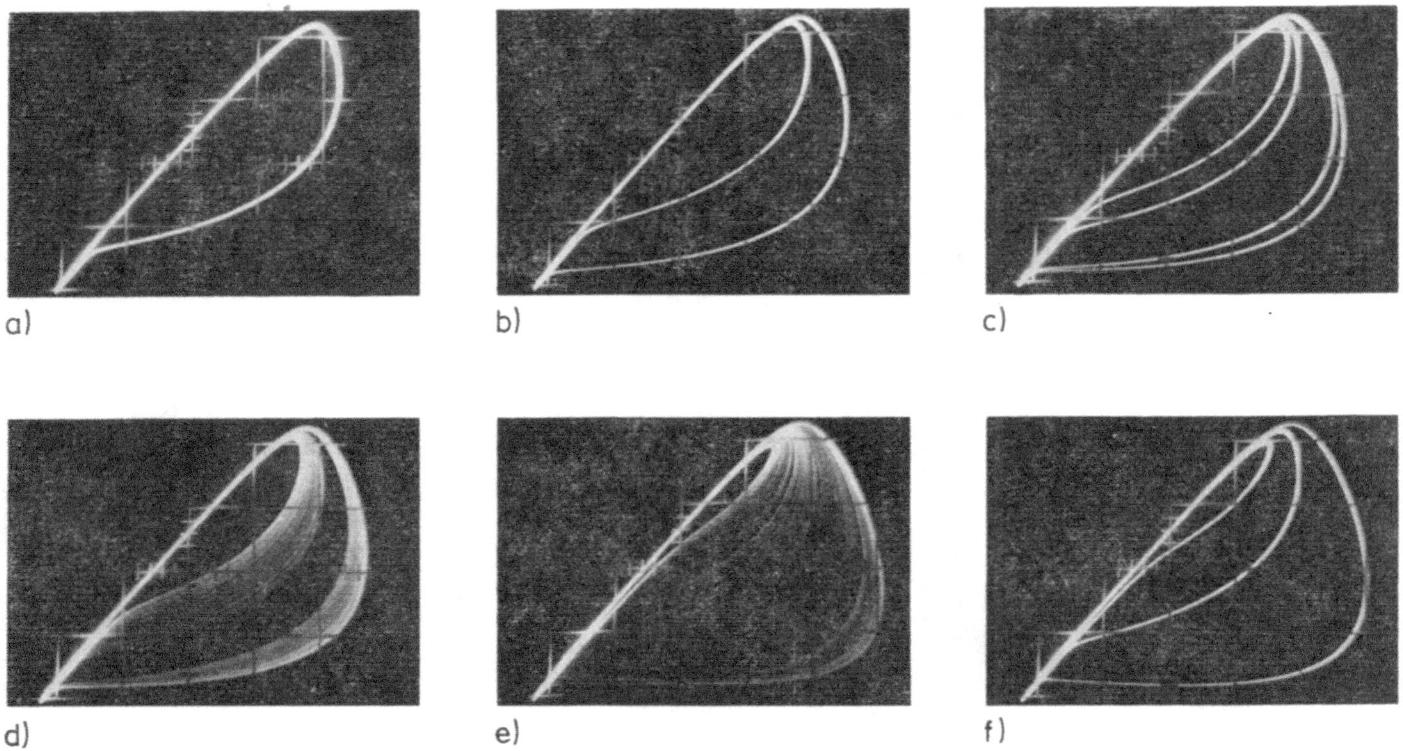

Abb. 84
Chaos mit einer elektronischen Schaltung (siehe Abb. 137): Grundschwingung (a), Periode 2 (b), Periode 4 (c), Chaos mit zwei Bändern (d), voll entwickeltes Chaos (e), Fenster der Periode 3 (f).

beschrieben wird, ist dann notwendigerweise invariant, d. h., sie bleibt unter dem Fluß zeitlich unverändert.

Definition 1. a) Ein Wahrscheinlichkeitsmaß P heißt *invariant* für den Fluß $(T_t)_{t\in\mathbb{R}}$, falls gilt

$$P(B) = P[T_t^{-1}(B)] \quad \forall t, \tag{5.25}$$

für alle P-meßbaren Mengen B (es ist $T_t^{-1}(B) := \{x \mid T_t(x) \in B\}$).

b) Ein invariantes Maß P heißt *ergodisch*, falls es nicht in von P verschiedene invariante Maße P_1, P_2 zerlegbar ist (das heißt, aus $P = cP_1 + (1 - c) P_2$ folgt $c = 0$ oder $c = 1$).

Bemerkung. Die Definition gilt wörtlich auch für Flüsse (T_t), die von iterierten Abbildungen $x_{k+1} = f(x_k)$ herrühren, wenn wir t auf die ganzen Zahlen $\mathbb{Z}$ (oder die natürlichen Zahlen $\mathbb{N}$) einschränken und $T_1 := f$, $T_k := f^k$ setzen. Auch die nachfolgenden Aussagen sind für zeitstetige und zeitdiskrete Flüsse gleichermaßen gültig.

Der Begriff des Wahrscheinlichkeitsmaßes wird in Kapitel 9 ausführlich erläutert.

Satz 1 ([13]). *Sei K eine kompakte, für den Fluß (T_t) invariante Menge.*

a) *Dann gibt es ein bezüglich (T_t) invariantes Maß P, dessen Träger in K liegt.*

b) *P kann ergodisch gewählt werden.*

Der Satz ist nicht sehr tiefliegend, aber er zeigt, daß überhaupt ergodische Wahrscheinlichkeitsmaße existieren.

Besser ist es, sich deren Entstehung inhaltlich zu veranschaulichen: Wenn der Anfangszustand x_0 unseres dynamischen Systems nicht exakt bekannt, sondern eine Zufallsgröße mit der Verteilung P_0 ist, dann besitzt der Zustand $x(t) = T_t x_0$ die Verteilung P_t, die durch

$$P_t(B) = P_0[T_t^{-1}(B)] \quad \forall B$$

gegeben ist, weil $T_t^{-1}(B)$ die Menge aller Anfangspunkte ist, deren Bilder zur Zeit t in B liegen.

Das Langzeitmittel

$$P^0(B) := \lim_{t\to\infty} \frac{1}{t} \int_0^t P_s(B)\, ds \quad \text{bzw.} \quad P^0(B) := \lim_{n\to\infty} \frac{1}{n} \sum_{k=0}^{n-1} P_k(B) \tag{5.26}$$

nennen wir *Bowen-Ruelle-Maß*; es beschreibt, grob gesprochen, die über die zeitliche Entwicklung gemittelte, stationäre Verteilung, die aus der Anfangsverteilung P_0 entsteht.

Aufgabe 1. Zeigen Sie, daß das Bowen-Ruelle-Maß P^0 invariant ist (falls es existiert)!

Beispiel 1. a) Sind x^0 ein asymptotisch stabiler Fixpunkt und P_0 eine Anfangsverteilung, die auf dem Anziehungsbereich von x^0 konzentriert ist, dann ist P^0 die Einpunktverteilung

$$P^0 = \delta_{x^0}{}^{1)}.$$

[1]) d. h. $\delta_{x^0}(B) = 1$ für $x^0 \in B$, $\delta_{x^0}(B) = 0$ für $x^0 \notin B$.

b) Ist $C = (\bar{x}_1, \ldots, \bar{x}_N)$ ein asymptotisch stabiler periodischer Orbit einer iterierten Abbildung und liegt P_0 im Anziehungsbereich von C, so gilt

$$P^0 = \frac{1}{N} \sum_{k=1}^{N} \delta_{\bar{x}_k}. \tag{5.27}$$

c) Ist $C = \{x(t) \mid 0 \leqq t \leqq T\}$ ein asymptotisch stabiler Grenzzyklus einer Differentialgleichung $\dot{x} = f(x)$, und liegt P_0 im Anziehungsbereich von C, dann ist P^0 auf C konzentriert mit einer Dichte p^0 *längs* C, die umgekehrt proportional der Geschwindigkeit ist,

$$p^0(x) \sim 1/|f'(x)|, \quad x \in C. \tag{5.28}$$

d) Sind $x^0_{(1)}, x^0_{(2)}$ asymptotisch stabile Fixpunkte mit den Anziehungsbereichen E_1 und E_2 und $x^0_{(3)}$ ein Sattelpunkt mit der stabilen Mannigfaltigkeit E_3 (siehe z. B. Abb. 22), und gilt

$$P_0(E_1) = c_1, \quad P_0(E_2) = c_2, \quad P_0(E_3) = c_3, \quad c_1 + c_2 + c_3 = 1,$$

so folgt daraus

$$P^0 = c_1 \cdot \delta_{x^0_{(1)}} + c_2 \cdot \delta_{x^0_{(2)}} + c_3 \cdot \delta_{x^0_{(3)}}.$$

Hat P_0 eine Dichte bezüglich des Lebesgue-Maßes, dann ist $c_3 = 0$ und das Maß P^0 ganz auf $x^0_{(1)}$ und $x^0_{(2)}$ konzentriert, so daß die Anfangspunkte auf E_3 untypisch sind.

In den Fällen a) bis c) ist das invariante Maß P^0 unabhängig von der Anfangsverteilung P_0 und ergodisch, während es in d) von P_0 abhängt und in ergodische Komponenten zerlegbar ist. Offenbar sind ergodische Verteilungen auf unzerlegbaren Grenzmengen konzentriert, *physikalisch relevante* invariante Maße gehören aber nur zu Attraktoren.

Beispiel 2. Bei der Modulo-Abbildung (5.2), der symmetrischen und der unsymmetrischen Spitzdach-Abbildung (5.6), (5.7) gehören zu allen instabilen Fixpunkten bzw. instabilen periodischen Orbits entsprechende invariante ergodische Maße. Das einzige physikalisch relevante Maß P^0 ist aber in allen Fällen die Gleichverteilung auf dem Attraktor $[0, 1]$ mit der Dichte $p^0(x) \equiv 1$.

Aufgabe 2. Sei $f\colon \mathbb{R}^1 \to \mathbb{R}^1$ eine C^1-Abbildung, bei der jeder Punkt endlich viele Urbilder besitzt, und sei P eine Verteilung mit der Dichte p.

a) Zeigen Sie, daß P genau dann bezüglich der Abbildung f invariant ist, wenn gilt

$$p(x) = \sum_{\{y \mid f(y) = x\}} p(y)/|f'(y)|. \tag{5.29}$$

b) Beweisen Sie, daß die unsymmetrische Spitzdachabbildung (5.7) die Gleichverteilung invariant läßt!

Definition 2. a) Für einen zeitstetigen Fluß $(T_t)_{t \geqq 0}$ bzw. einen zeitdiskreten Fluß $(T_k)_{k \geqq 0}$, $T_k := f^k$ und eine Abbildung $\Phi\colon \mathbb{R}^n \to \mathbb{R}^n$ heißt

$$\bar{\Phi}(x_0) := \lim_{t \to \infty} \frac{1}{t} \int_0^t \Phi[T_s(x_0)]\, ds \tag{5.30a}$$

bzw.

$$\overline{\Phi}(x_0) := \lim_{n\to\infty} \frac{1}{n} \sum_{k=0}^{n-1} \Phi[f^k(x_0)] \tag{5.30b}$$

Zeitmittel von Φ (längs der Bahn mit dem Anfangswert x_0).

b) Ist X eine Zufallsgröße mit der Verteilung P, so heißt der Erwartungswert von $\Phi(X)$,

$$E_P\Phi := \int \Phi(x)\, P(dx), \tag{5.31}$$

(in diesem Zusammenhang) *Scharmittel* (oder *Ensemblemittel*) von Φ.

Satz 2. *Ist P eine ergodische Verteilung für den zeitstetigen oder zeitdiskreten Fluß (T_t), dann gilt*

$$\overline{\Phi}(x_0) = E_P\Phi \tag{5,32}$$

für P-fast alle x_0.

Der Inhalt des Satzes 2, des sogenannten „individuellen" *Ergodensatzes* von Birkhoff, nämlich die (fast sichere) Gleichheit von Zeitmittel und Scharmittel, ist in unserem Zusammenhang verständlich: Da jede Trajektorie sich langzeitlich nur auf ω-Grenzmengen aufhält, werden die Langzeitmittel von Observablen Φ durch Erwartungswerte bezüglich der ergodischen invarianten Verteilung P beschrieben, weil letztere die relative Aufenthaltsdauer auf unzerlegbaren Grenzmengen charakterisiert. Es kann aber eine untypische Menge (vom P-Maß Null!) von Anfangspunkten geben, für die das Zeitmittel andere Werte annimmt.

Wählen wir als spezielle Observable Φ die Indikatorfunktion $\mathbb{1}_B$ (die auf der Menge B gleich Eins ist und sonst verschwindet), so folgt für eine iterierte Abbildung $x_{k+1} = f(x_k)$, $k = 0, 1, \ldots$, aus (5.32)

$$\lim_{n\to\infty} \frac{1}{n} \sum_{k=0}^{n-1} \mathbb{1}_B(x_k) = P^0(B)$$

(für fast alle x_0), wobei P^0 das gegenüber f invariante ergodische Wahrscheinlichkeitsmaß ist. Das ist der Grund, warum das Histogramm für eine typische Trajektorie asymptotisch eine invariante Verteilung erreicht. In diesem Sinne sind Verteilungen aus Abb. 67 und aus Abb. 68 auf dem chaotischen Attraktor konzentrierte ergodische Verteilungen (für Abb. 67 hatten wir die Invarianz bewiesen!) und die Histogramme deshalb von x_0 praktisch unabhängig.

Beispiel 3. Das unsymmetrische Spitzdach (5.7) läßt die Gleichverteilung auf $[0, 1]$, das ist das Lebesgue-Maß, invariant und ist unzerlegbar. Die Ausnahmemenge, für die (5.32) nicht gilt, besteht aus allen (instabilen) Fixpunkten und periodischen Orbits sowie deren Einzugsbereichen und besitzt als abzählbare Menge das Lebesgue-Maß Null.

Aufgabe 3. Berechnen Sie für die unsymmetrische Spitzdach-Abbildung (5.7) das Zeitmittel $\bar{x}$ und die langzeitlichen Korrelationen

$$c(m) := \overline{(f^m(x) - \bar{x}) \cdot (x - \bar{x})}$$

und zeigen Sie, daß $c(m)$ für $m \to \infty$ verschwindet!

Aufgabe 4. Berechnen Sie mit Hilfe des Ergodensatzes den Ljapunow-Exponenten λ für die Parabel-Abbildung (5.9) im Falle $r = 4$!

5.4. Eigenschaften chaotischer Attraktoren

Am Anfang dieses Kapitels hatten wir „Chaos“ als irreguläre Bewegung bei deterministischer Dynamik eingeführt. Inzwischen ist klar geworden, daß die Ursache dafür im exponentiell schnellen Auseinanderlaufen benachbarter Punkte beruht. Wir definieren deshalb:

Ein chaotischer Attraktor ist ein Attraktor mit einer sensitiven Abhängigkeit von den Anfangswerten.

Diese und weitere Eigenschaften wollen wir jetzt genauer untersuchen.

5.4.1. Ljapunow-Exponenten

1. Der Begriff des Ljapunow-Exponenten quantifiziert die empfindliche Abhängigkeit von den Anfangswerten. Wir wollen diese Größen zunächst heuristisch einführen.

Dazu betrachten wir zwei Lösungen $x(t) = T_t(x_0)$ und $\hat{x}(t) = T_t(\hat{x}_0)$ der Differentialgleichung

$$M \subset \mathbb{R}^n: \quad \dot{x} = f(x)$$

mit benachbarten Anfangswerten x_0 und $\hat{x}_0 = x_0 + y_0$. Ist $\|y_0\|$ klein, dann gilt zur Zeit t

$$y(t) = T_t(x_0 + y_0) - T_t(x_0) \approx T_t'(x_0) \cdot y_0\,,$$

wenn wir einen Term der Größenordnung $o(\|y_0\|)$ vernachlässigen. Die Größe $d(x_0, t) := \|y(t)\|$ mißt dann, ob die Trajektorien auseinanderlaufen oder nicht (Abb. 85). Da es uns nur um das Verhalten infinitesimal benachbarter Punkte geht, betrachten wir neben dem Limes $t \to \infty$ gleichzeitig den Limes $d(x_0, 0) \downarrow 0$.

Vermutung 1. Die Größe

$$\lambda(x_0, y_0) := \lim_{\substack{t \to \infty \\ d(x_0, 0) \downarrow 0}} \frac{1}{t} \cdot \ln \frac{d(x_0, t)}{d(x_0, 0)} \tag{5.33}$$

charakterisiert das Langzeitverhalten infinitesimal zu x_0 benachbarter Trajektorien.

Die Aussage wird uns verständlich, falls x_0 und $\hat{x}_0$ von einem geschlossenen Orbit C der Periode T angezogen werden. Kleine Störungen y_0 des Orbits C entwickeln sich

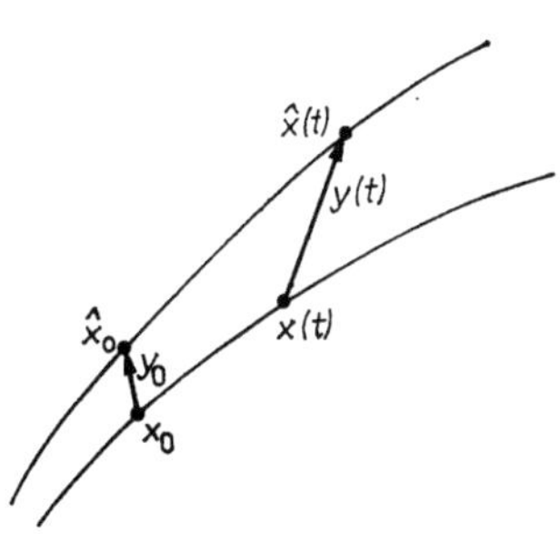

Abb. 85
Verhalten benachbarter Trajektorien

nämlich nach (3.11) gemäß

$$y(T) = e^{TM} y_0,$$

wobei e^{TM} eine Matrix mit den Eigenwerten $e^{\mu_1 T}, \ldots, e^{\mu_n T}$ und den zugehörigen Eigenvektoren $e_1, \ldots, e_n$ ist (es mögen alle Eigenwerte einfach sein).

Für $y_0 = c_1 e_1$ ergibt sich $y(kT) = c_1 e^{\mu_1 kT} e_1$, $k = 1, 2, \ldots$, und damit

$$\lim_{k \to \infty} \frac{1}{kT} \cdot \frac{\|y(kT)\|}{\|y_0\|} = \operatorname{Re} \mu_1 =: \lambda_1. \tag{5.34}$$

Sei nun o. B. d. A.

$$\operatorname{Re} \mu_1 \geqq \operatorname{Re} \mu_2 \geqq \cdots \geqq \operatorname{Re} \mu_n.$$

Dann erhalten wir für $y_0 = c_1 e_1 + \cdots + c_n e_n$ und damit

$$y(kT) = \sum_{i=1}^{n} c_i e^{\mu_i kT} e_i$$

im Limes $k \to \infty$ ebenfalls den Wert λ_1, falls $c_1 \neq 0$ (warum?). Für $c_1 = 0$, $c_2 \neq 0$ erhalten wir dagegen für den Limes in (5.34) den Wert $\lambda_2 = \operatorname{Re} \mu_2$, für $c_1 = c_2 = 0$, $c_3 \neq 0$ den Wert $\lambda_3 = \operatorname{Re} \mu_3$ usw. Je nach Wahl der Anfangsbedingung y_0 (aus immer niedrigerdimensionalen Unterräumen) ergeben sich somit verschiedene Ljapunow-Exponenten.

Im Falle von nichtperiodischen Grenzmengen erwarten wir, daß im Langzeitlimes die gleiche Aussage gilt.

Vermutung 2. Es gibt eine Basis $\{e_i(x_0)\}_{i=1}^n$, so daß für $y_0 = c_1 e_1(x_0) + \cdots + c_n e_n(x_0)$ gilt

$$\lambda(x_0, y_0) \in \{\lambda_1, \ldots, \lambda_n\}, \quad \lambda_1 \geqq \lambda_2 \geqq \cdots \geqq \lambda_n, \quad \lambda_i := \lambda(x_0, e_i) \quad \forall i,$$

und zwar $\lambda(x_0, y_0) = \lambda_i$, falls $c_1 = \cdots = c_{i-1} = 0$, $c_i \neq 0$.

Der Begriff der Ljapunow-Exponenten verallgemeinert auf diese Weise die Idee der Eigenwerte (bezüglich eines Fixpunkts oder der „mittleren" Eigenwerte bezüglich eines periodischen Orbits) und gibt die effektiven linearisierten Expansions- oder Kontraktionsraten (in gewissen Richtungen) auf einer langen Trajektorie an. Ihre Werte hängen von der speziellen Trajektorie und damit von deren Anfangspunkt ab, sollten aber für alle Trajektorien gleich sein, die zur gleichen unzerlegbaren Grenzmenge führen.

2. Die präzise Formulierung dieses Sachverhalts (der sinngemäß auch für zeitdiskrete Systeme gelten sollte) ergibt sich aus dem *multiplikativen Ergodensatz* von Oseledez ([62], 1968), den wir in zwei Teilen formulieren wollen.

Dazu betrachten wir das zeitdiskrete System

$$M = \mathbb{R}^n: \quad x_{k+1} = g(x_k), \quad k = 0, 1, \ldots, \quad g: \quad \mathbb{R}^n \to \mathbb{R}^n$$

und eine Abbildung

$$G: \quad \mathbb{R}^n \to \text{Menge der } n \times n\text{-Matrizen}.$$

Wir führen die Abkürzung

$$G_x^k := G(x_{k-1}) \cdot G(x_{k-2}) \cdot \dots \cdot G(x_1)\, G(x)$$

ein und schreiben einfach x statt x_0. G^* sei die zu G adjungierte Matrix.

Satz 1 (1. Teil). *Sei P ein bezüglich der Abbildung g ergodisches Wahrscheinlichkeitsmaß, für das gilt*

$$\int_{\mathbb{R}^n} \max\big(0, \ln \|G(x)\|\big)\, P(dx) < \infty .$$

Dann existiert für P-fast alle x die Matrix

$$\Lambda_x := \lim_{k \to \infty} (G_x^{k*} G_x^k)^{1/2k}. \tag{5.35}$$

Da die Matrix $G_x^{k*} G_x^k$ positiv definit ist, ist auch die $2k$-te Wurzel erklärt. Λ_x hat deshalb reelle Eigenwerte $e^{\lambda_1} \geqq e^{\lambda_2} \geqq \dots \geqq e^{\lambda_n}$, die auf Grund der Ergodizität von P fast sicher von x unabhängig sind.

Seien jetzt $e^{\hat{\lambda}_1} > e^{\hat{\lambda}_2} > \dots > e^{\hat{\lambda}_r}$ die verschiedenen Eigenwerte mit den Vielfachheiten $n_1, \dots, n_r$ (und $n_1 + \dots + n_r = n$), und seien E_x^i die Teilräume von $\mathbb{R}^n$ (genauer: des Tangentialraumes $T_x\mathbb{R}^n$), die von den Eigenvektoren zu Eigenwerten nicht größer als $e^{\hat{\lambda}_i}$ aufgespannt werden. Dann gilt

$$\mathbb{R}^n = E_x^1 \supset E_x^2 \supset \dots \supset E_x^r, \quad \dim E_x^i = n_i + n_{i+1} + \dots + n_r \quad \forall i.$$

Satz 1 (2. Teil). *Für P-fast alle x gilt*

$$\lim_{k \to \infty} \frac{1}{k} \ln \|G_x^k y\| = \hat{\lambda}_i \quad \forall y \in E_x^i \setminus E_x^{i+1}. \tag{5.36}$$

Insbesondere ist der Limes für alle Vektoren y, die nicht in dem echten Unterraum E_x^2 liegen, gleich dem größten Ljapunow-Exponenten $\hat{\lambda}_1$.

Bemerkung. Für $n = 1$ erhalten wir den üblichen Ergodensatz (Satz 5.3./2) und damit die Existenz von (5.8), wenn wir in (5.35) auf beiden Seiten logarithmieren. Die Bedeutung von Satz 1 für $n > 1$ liegt in der Tatsache, daß es sich um einen Ergodensatz für das Produkt nichtkommutierender Matrizen handelt.

3. Wir wollen diesen Satz nun auf unsere spezielle Fragestellung anwenden.

a) Für das zeitdiskrete System

$$M \subset \mathbb{R}^n\colon \quad x_{k+1} = f(x_k), \quad k = 0, 1, \dots, \quad f\colon\ M \to \mathbb{R}^n \quad (C^1\text{-Abbildung})$$

müssen wir $g = f$ und

$$G(x) := f'(x) = \left(\frac{\partial f_i}{\partial x_j}(x)\right)_{i,j=1}^{n}$$

wählen, um das Verhalten infinitesimal benachbarter Trajektorien zu verfolgen. Für die k-te Iteration gilt dann

$$G_x^k = (f^k)'(x) = f'(x_{k-1}) \cdot \dots \cdot f'(x_1)\, f'(x),$$

und P ist das bezüglich der Abbildung f ergodische Wahrscheinlichkeitsmaß.

b) Für die Differentialgleichung

$$M \subset \mathbb{R}^n: \quad \dot{x} = f(x), \quad f: M \to \mathbb{R}^n \quad (C^1\text{-Abbildung}),$$

die den Fluß $(T_t)_{t\in\mathbb{R}}$ erzeugt, wählen wir $g := T_1$ (oder T_τ, $\tau > 0$ beliebig). Infinitesimale Störungen werden wie Vektoren aus dem Tangentialraum transportiert, so daß wir

$$G(x) := T_1'(x) = \left((\partial T_{1,i}/\partial x_j)\,(x)\right)_{i,j=1}^n$$

verwenden, was auf $G_x^k = T_k'(x)$ führt. P ist jetzt das bezüglich des Flusses (T_t) ergodische Wahrscheinlichkeitsmaß.

Auf Grund der Stetigkeit können wir in (5.35) und (5.36) auch zum Limes $t \geqq 0$, $t \to \infty$ übergehen, so daß z. B. (5.36) lautet:

$$\lim_{t\to\infty} \frac{1}{t} \ln \|T_t'(x)\, y\| = \hat{\lambda}_i \quad \forall y \in E_x^i \setminus E_x^{i+1}. \tag{5.37}$$

Definition. Die mit $G_x^k = (f^k)'$ bzw. $G_x^k = T_k'$ aus (5.35) als Logarithmen der Eigenwerte von Λ_x gewonnenen Zahlen $\lambda_1, \dots, \lambda_n$ heißen *Ljapunow-Exponenten* (oder *charakteristische Exponenten*) des Wahrscheinlichkeitsmaßes P.

Sie beschreiben, wie schnell sich infinitesimal benachbarte Bahnpunkte nach langer Zeit entfernen (oder annähern), und für die meisten Anfangsstörungen $y_0 = \hat{x}_0 - x_0$ (d. h. für $y_0 \notin E_{x_0}^2$) gilt dann

$$\|y(t)\| \approx \|y_0\| \cdot e^{t\lambda_1}.$$

Sensitive Abhängigkeit von den Anfangswerten entspricht $\lambda_1 > 0$.

Die Aussage des multiplikativen Ergodensatzes bezieht sich auf ein gegenüber dem Fluß ergodisches Bezugsmaß. Dies ist im Falle dissipativer dynamischer Systeme auf einer unzerlegbaren Grenzmenge (einem Fixpunkt, einem periodischen Orbit, einem Torus, einem chaotischen Attraktor) konzentriert. Da aber alle Punkte aus der stabilen Mannigfaltigkeit einer solchen Grenzmenge, insbesondere alle Punkte aus dem Anziehungsbereich eines Attraktors, langzeitlich dasselbe Schicksal erleiden, ist der Begriff des Ljapunow-Exponenten für beliebige Anfangsbedingungen definierbar und außerdem gleich groß für (fast) alle Startpunkte, die zur gleichen stabilen Mannigfaltigkeit gehören.

Satz 2. *Für alle Punkte x aus einer kompakten, positiv invarianten Menge K eines deterministischen dynamischen Systems gibt es eine Zerlegung (des Tangentialraumes $T_x\mathbb{R}^n \cong$) $\mathbb{R}^n = E_x^1 \subset E_x^2 \subset \dots \subset E_x^r$, so daß gilt*

$$\lim_{t\to\infty} \frac{1}{t} \ln \|T_t'(x)\, y\| = \hat{\lambda}_i \quad \forall y \in E_x^i \setminus E_x^{i+1}, \quad i = 1, \dots, r.$$

(mit $t \in \mathbb{R}$ für zeitstetige, $t \in \mathbb{N}$ und $T_k = f^k$ für zeitdiskrete Systeme), wobei zusätzlich gilt

$$T_t(E_x) = E^i_{T_t(x)} \quad \forall t, \forall i.$$

Daß wir nur Anfangspunkte aus einer kompakten, positiv invarianten Menge K betrachten, sichert uns, daß alle Trajektorien in K verbleiben, jedes ergodische Maß einen kompakten Träger hat und damit die Voraussetzung des multiplikativen Ergodensatzes erfüllt ist.

Bemerkenswert ist in jedem Fall, daß die charakteristischen Exponenten und die entsprechenden Räume E_x^i nicht von der speziell gewählten Norm in $\mathbb{R}^n$ abhängen.

Beispiel 1. a) Ist x^0 Fixpunkt einer Differentialgleichung $\dot{x} = f(x)$, so stimmen für alle Trajektorien, die in $W_s(x^0)$ beginnen, die Ljapunow-Exponenten mit den Realteilen der Eigenwerte der Matrix $f'(x^0)$ überein. Ist x^0 asymptotisch stabil, so sind alle Exponenten negativ.

b) Ist C ein periodischer Orbit einer Differentialgleichung mit der Periode $T > 0$ und besitzt die Linearisierung der Wiederkehrabbildung σ am Punkt $\bar{x} \in C$ die Eigenwerte $e^{\mu_1 T}, \ldots, e^{\mu_n T}$, so sind für alle Trajektorien, die in $W_s(C)$ beginnen, die Ljapunow-Exponenten $\lambda_1 = \operatorname{Re} \mu_1, \ldots, \lambda_n = \operatorname{Re} \mu_n$, wobei ein Exponent (in Tangentialrichtung des Orbits) verschwindet. Ist C asymptotisch stabil, so gilt (o. B. d. A.)

$$\lambda_1 = 0, \quad \lambda_2 < 0, \ldots, \lambda_n < 0.$$

c) Für einen asymptotisch stabilen, invarianten Torus gilt entsprechend

$$\lambda_1 = \lambda_2 = 0, \quad \lambda_3 < 0, \ldots, \lambda_n < 0.$$

Warnung. Die Räume $E_x^i \ominus E_x^{i+1}$ sind nicht mit den Eigenräumen von f' identisch (insbesondere gilt für die Eigenvektoren $u^{(i)}(x)$ von $f'(x)$ im allgemeinen $T_t(u^{(i)}(x)) \neq u^{(i)}_{tT(x)}$, d. h., Eigenrichtungen gehen nicht in Eigenrichtungen über). Deshalb sind die Ljapunow-Exponenten ***nicht*** die längs der Trajektorie gemittelten Eigenwerte von $f'(x)$ (man vergleiche mit der Bemerkung im Abschnitt 3.3.).

Die Umkehrungen der Aussagen a) und b) des Beispiels 1 sind ebenfalls richtig:

Satz 3 ([13]). *Sei $T_t(x)$, $t \in \mathbb{R}$ die Trajektorie der Differentialgleichung $\dot{x} = f(x)$ mit dem Anfangswert $T_0(x) = x$.*

a) *Sind alle Ljapunow-Exponenten von Null verschieden, dann gibt es einen Fixpunkt x^0 mit $x \in W_s(x^0)$ (d. h., es gilt $P = \delta_{x^0}$). Sind alle Exponenten negativ, so ist x^0 asymptotisch stabil.*

b) *Sind alle Exponenten negativ bis auf $\lambda_1 = 0$, dann gibt es einen asymptotisch stabilen periodischen Orbit C mit $x \in W_s(C)$, oder es liegt ein entarteter Fixpunkt x^0 mit $x \in W_s(x^0)$ vor.*

Der Satz zeigt, daß die Ljapunow-Exponenten wichtige Informationen über das Langzeitverhalten von Trajektorien enthalten. Insbesondere folgt aus Teil a), daß jede Trajektorie, die in einer kompakten Menge verbleibt, ohne einen Fixpunkt zu erreichen, wenigstens einen verschwindenden charakteristischen Exponenten besitzt.

Aufgabe 1. Seien S ein lokaler Schnitt und σ die zugehörige Wiederkehrabbildung für die Differentialgleichung $M = \mathbb{R}^n$: $\dot{x} = f(x)$. Seien $\lambda_1, \ldots, \lambda_n$ die Ljapunow-Exponenten des zeitstetigen Flusses (von denen einer verschwindet, hier o. B. d. A. $\lambda_n = 0$) und $\tilde{\lambda}_1, \ldots, \tilde{\lambda}_{n-1}$ die der Abbildung σ. Zeigen Sie, daß dann gilt

$$\lambda_i = \tilde{\lambda}_i/\bar{\tau}, \quad i = 1, \ldots, n-1$$

wobei $\bar{\tau}$ die mittlere Wiederkehrzeit bedeutet (gemittelt mit der Einschränkung der ergodischen Verteilung P auf S).

4. Entsprechende Aussagen lassen sich auch für das infinitesimale Verhalten von Flächeninhalten, Volumina usw. treffen. Da sich die Kantenlängen eines geeigneten, infinitesimal kleinen Parallelflachs proportional zu $e^{\lambda_i t}$, $i = 1, \ldots, n$ entwickeln, finden wir für das Wachstum seines n-dimensionalen Volumens $V(t)$

$$\lim_{\substack{t \to \infty \\ V(0) \downarrow 0}} \frac{1}{t} \ln \frac{V(t)}{V(0)} = \sum_{i=1}^{n} \lambda_i .$$

Da für dissipative Systeme $\sum_i \lambda_i < 0$ gelten muß, kann ein chaotischer Attraktor erst in drei oder mehr Raumdimensionen auftreten.

Somit können wir uns für Differentialgleichungen in der Dimension $n = 3$ vier verschiedene Attraktortypen vorstellen, die wir an Hand der Vorzeichen der drei Ljapunow-Exponenten klassifizieren (Abb. 86):

a) Fixpunkt:	$\dim W_s = 3$	$(-, -, -)$
b) Grenzzyklus:	$\dim W_s = 2$	$(0, -, -)$
c) Torus:	$\dim W_s = 1$	$(0, 0, -)$
d) chaotischer Attraktor:	$\dim W_s = 1$	$(+, 0, -)$.

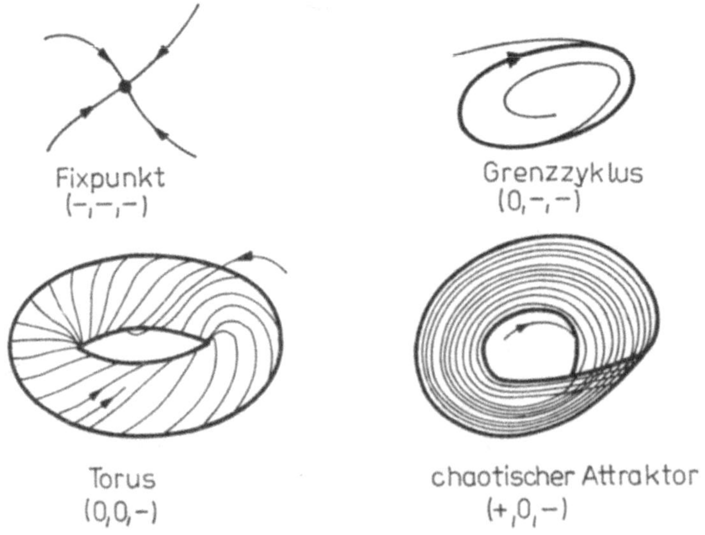

Abb. 86

Typen von Attraktoren und Vorzeichen der Ljapunow-Exponenten im dreidimensionalen Zustandsraum

Die zeitliche Entwicklung eines Volumenelements im Fall d) besteht darin, daß eine Richtung exponentiell schnell kontrahiert, eine zweite Richtung im Mittel konstant bleibt (oder nach einem Potenzgesetz t^m variiert) und in der dritten Richtung langzeitlich eine Streckung stattfindet. Aus einem anfänglichen Quader entsteht dadurch praktisch ein „Rechteck", bei dem eine Seite exponentiell wächst. Da aber das gesamte Gebilde in einer kompakten Menge verbleibt, muß zwangsläufig unendlich oft eine Faltung erfolgen (Abb. 87).

5. Es ist einleuchtend, daß wir — motiviert durch Definition 1.4./2 bzw. die Begriffe nach Definition 1.5./1 — nichtlineare Analoga der linearen Räume E_x^i einführen können.

Dazu definieren wir für jeden Punkt x die Mengen

$$W_s^i(x) := \left\{z \mid \lim_{t\to\infty} \frac{1}{t} \ln \|T_t(z) - T_t(x)\| \leq \hat{\lambda}_i < 0\right\}$$

und

$$W_s(x) := \left\{z \mid \lim_{t\to\infty} \|T_t(z) - T_t(x)\| = 0\right\} \supset \bigcup_{\hat{\lambda}_i<0} W_s^i(x).$$

Lokal sind die Mengen $W_s^i(x)$ glatte Mannigfaltigkeiten und die E_x^i (mit $\hat{\lambda}_i < 0$) tangential zu ihnen, aber global sind sie im allgemeinen kompliziert gefaltet.

Die *stabile Mannigfaltigkeit* einer beliebigen Trajektorie C wird erklärt durch

$$W_s(C) := \bigcup_{x\in C} W_s(x)$$

und erfüllt

$$W_s(C) = \left\{z \mid \lim_{t\to\infty} d\big(T_t(z), C\big) = 0\right\}.$$

Entsprechend lassen sich für umkehrbare Flüsse instabile Mannigfaltigkeiten W_u erklären, indem wir $t \to -\infty$ betrachten (Abb. 88).

Satz 4. *Ist A ein Attraktor und $x \in A$, dann gilt $W_u(x) \subset A$, d. h., die instabile Mannigfaltigkeit von x ist in A enthalten.*

Ist der Attraktor A ein Fixpunkt, ein periodischer Orbit oder ein Torus, so ist $W_u(x)$ für alle x leer und die Aussage trivial. Ist A ein chaotischer Attraktor und U eine Umgebung, die von ihm angezogen wird sowie $z \in W_u(x)$, dann gilt $T_{-t}(z) \in U$ für alle hinreichend großen $t > t_1$, weil $T_{-t}(z)$ und $T_{-t}(x) \in A$ sich immer mehr nähern. Daraus folgt aber

$$z \in \bigcap_{t>t_1} T_t(U) = A.$$

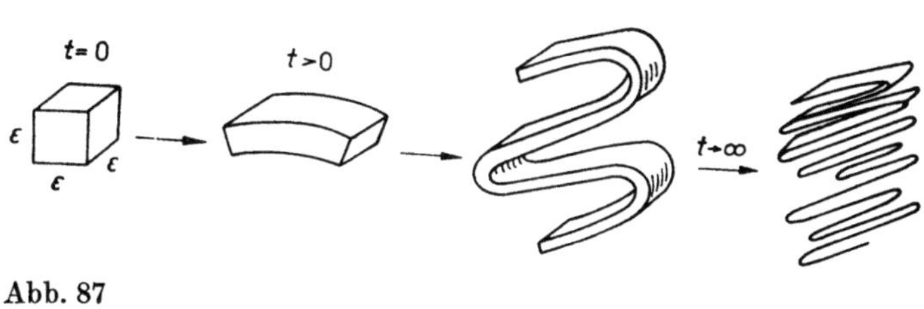

Abb. 87
Faltungsprozeß eines Volumenelements bei chaotischer Dynamik

Das beweist, daß ein chaotischer Attraktor die Vereinigung der instabilen Mannigfaltigkeiten aller seiner Punkte ist, d. h., es gilt

$$A = \bigcup_{x \in A} W_u(x).$$

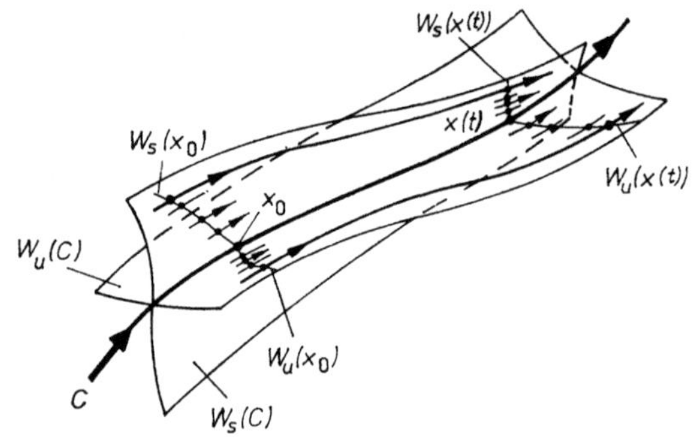

Abb. 88
Stabile und instabile Mannigfaltigkeit eines Punktes und einer Trajektorie

5.4.2. Weitere Eigenschaften

1. *Fraktale Dimension.* Wir betrachten einen chaotischen Attraktor im $\mathbb{R}^3$ mit den Ljapunow-Exponenten $\lambda_1 > 0, \lambda_2 = 0, \lambda_3 < 0$. Wenn ein dissipatives System vorliegt, gilt $\lambda_1 + \lambda_3 < 0$, so daß das Volumen des Attraktors gleich Null ist. Andererseits wird eine Richtung bei der Bewegung immer mehr gestreckt, so daß im Grenzwert eine Fläche unendlich großen Inhalts entsteht. Da sich diese Fläche in einer beschränkten Menge des Raumes befindet, ist sie in transversaler Richtung sehr „rauh" und schneidet aus einer durchstoßenden glatten Kurve Teile vom Typ einer Cantor-Menge aus (vgl. Abb. 87).

Um ein solches Gebilde näher zu charakterisieren, führen wir die *fraktale Dimension* (oder *Minkowski-Dimension*) D einer Menge K ein[1]).

Sei $N(\varepsilon)$ die Mindestzahl der Würfel mit der Kantenlänge ε (oder Kugeln vom Radius ε), die K überdecken. Dann ist D diejenige reelle Zahl, für die $N(\varepsilon) \cdot \varepsilon^D$ im Limes $\varepsilon \downarrow 0$ endlich bleibt (und ist damit eindeutig bestimmt (warum?)), d. h., wir definieren

$$D := -\lim_{\varepsilon \downarrow 0} \frac{\ln N(\varepsilon)}{\ln \varepsilon}. \tag{5.38}$$

Für hinreichend „vernünftige" Mengen stimmt D mit der geometrischen Dimension n überein (z. B. ist $D = 1$ für eine glatte Kurve, $D = 2$ für eine glatte Fläche), während für „zerfranste" Mengen im allgemeinen $D > n$ gilt.

Aufgabe 2. Bestimmen Sie die fraktalen Dimensionen der Cantor-Menge und der Koch-Kurve (Abb. 89)!

---

[1]) Es gibt mehrere Varianten fraktaler Dimension (siehe z. B. [43]). Wir wählen hier die Kapazität, die eine vereinfachte Hausdorff-Dimension darstellt.

a) Die Cantor-Menge entsteht durch fortgesetztes Entfernen des mittleren offenen Drittels aller Intervalle, beginnend mit dem Intervall [0, 1].
b) Die Koch-Kurve entsteht durch fortgesetztes Errichten von gleichseitigen Dreiecken über dem mittleren Drittel aller Strecken (und Entfernen dieser Drittel), beginnend mit dem Intervall [0, 1].

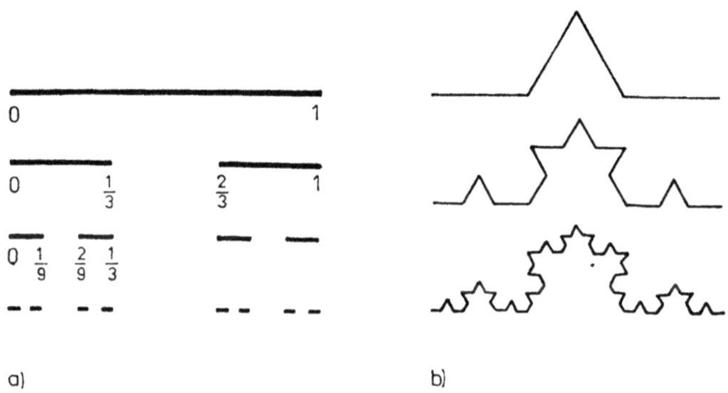

Abb. 89
Die Cantor-Menge (a) und die Koch-Kurve (b) sind Beispiele fraktaler Mengen

Wir geben nun ein heuristisches Argument zur Bestimmung der fraktalen Dimension eines chaotischen Attraktors an.

Dazu untersuchen wir die Entwicklung eines Volumenelements, das zur Zeit $t = 0$ ein Würfel mit der Kantenlänge ε ist. Wir nehmen vereinfachend an, daß sich alle kleinen Würfel auf die gleiche typische Weise verhalten: Die Kantenlängen verändern sich gemäß $\varepsilon \cdot e^{\lambda_i t}$, $i = 1, 2, 3$ (vgl. Abb. 87).

Um das Bild des Ausgangswürfels zur Zeit $t > 0$ mit Würfeln zu bedecken, brauchen wir — grob gesprochen — $N(\varepsilon(t))$ kleine Würfel mit der Kantenlänge $\varepsilon(t) = \varepsilon \cdot e^{\lambda_3 t}$, wobei wegen der Streckung

$$N(\varepsilon(t)) = \frac{V(t)}{[\varepsilon(t)]^3} = \frac{\varepsilon^3 \cdot e^{(\lambda_1+\lambda_3)t}}{\varepsilon^3 \cdot e^{3\lambda_3 t}} = e^{(\lambda_1-2\lambda_3)t}$$

gilt. Da der Limes $t \to \infty$ zugleich $\varepsilon(t) \downarrow 0$ liefert, folgt aus (5.38)

$$D = -\lim_{t\to\infty} \frac{\ln N(\varepsilon(t))}{\ln \varepsilon(t)} = 2 + \frac{\lambda_1}{|\lambda_3|} > 2.$$

Der chaotische Attraktor besitzt deshalb eine gebrochene Dimension, die über der einer glatten Fläche liegt! Solche gebrochen-dimensionalen Strukturen („*Fraktale*", [57]) sind charakteristisch für das geometrische Verhalten vieler chaotischer Systeme.

Von Kaplan und Yorke (1979) wurde die allgemeinere Vermutung

$$D = k + \left(\sum_{i=1}^{k} \lambda_i\right) \Big/ |\lambda_{k+1}|$$

aufgestellt, wobei o. B. d. A. $\lambda_1 \geqq \lambda_2 \geqq \cdots \geqq \lambda_n$ und k die größte natürliche Zahl ist, für die $\lambda_1 + \cdots + \lambda_k > 0$ gilt (für $\lambda_1 < 0$ setze man $D = 0$).

Beispiel 2. a) Für den Hénon-Attraktor (5.16) wurde λ_1 numerisch bestimmt, λ_2 ergibt sich aus $\lambda_1 + \lambda_2 = \ln |b|$:

$$a = 1{,}2, \quad b = 0{,}3, \quad \lambda_1 = 0{,}30, \quad \lambda_2 = -1{,}50, \quad D = 1{,}20,$$

$$a = 1{,}4, \quad b = 0{,}3, \quad \lambda_1 = 0{,}42, \quad \lambda_2 = -1{,}62, \quad D = 1{,}26.$$

b) Für den Lorenz-Attraktor wurde λ_1 numerisch ermittelt, außerdem gilt $\lambda_1 + \lambda_3 = -(s + 1 + b)$:

$$s = 16, \quad b = 4, \quad r = 40, \quad \lambda_1 = 1{,}37, \quad \lambda_3 = -22{,}37, \quad D = 2{,}06.$$

Bemerkung. Obwohl chaotische Attraktoren häufig fraktal sind, muß dies nicht immer der Fall sein. Ein geschlossener Orbit ist weder fraktal noch chaotisch, Arnolds „Katzenabbildung" (1.36) ist chaotisch, aber nicht fraktal. Die Parabel-Abbildung (5.9) ist für $r = r_\infty$ fraktal, aber nicht chaotisch (der Attraktor ist vom Typ einer Cantor-Menge mit $D \approx 0{,}54$, der Ljapunow-Exponent ist $\lambda = 0$) und im Bereich von Chaosbändern chaotisch, aber nicht fraktal. Hénon- und Lorenz-Attraktor sind dagegen chaotisch und fraktal.

Die Geometrie beschreibt nur statische Eigenschaften eines Attraktors. Mehr Information enthält die Aufenthaltsverteilung, das heißt das zur Dynamik auf dem Attraktor gehörende ergodische Wahrscheinlichkeitsmaß. Das physikalisch relevante Maß ist in vielen Fällen glatt (absolutstetig) entlang der instabilen Richtung des Attraktors, aber transversal dazu „rauh" (singulärstetig).

2. Ein weiteres wichtiges Hilfsmittel zur Charakterisierung der asymptotischen Bewegung ist die Angabe der *zeitlichen Korrelationen* bzw. des zugehörigen *Frequenzspektrums.*

Wir wollen diese Begriffe hier nur beispielhaft erläutern: Sei $x(t)$ die zeitliche Entwicklung einer (o. B. d. A. eindimensionalen) Zustandsgröße. Wenn die asymptotische Bewegung ergodisch ist, existiert das Zeitmittel

$$\bar{x} := \lim_{t\to\infty} \frac{1}{t} \int_0^t x(s)\, ds$$

(bzw. bei zeitdiskreten Systemen die entsprechende Summe). Als zeitliche Korrelationsfunktion definieren wir

$$r(\tau) := \lim_{t\to\infty} \frac{1}{t} \int_0^t \big(x(s) - \bar{x}\big)\big(x(s + \tau) - \bar{x}\big)\, ds.$$

Da $r(\tau)$ eine gerade Funktion ist, stellen wir r als Fourier-Reihe oder Fourier-Integral mit Kosinus-Termen dar:

$$r(\tau) = \sum_{i=0}^{\infty} c(\omega_i) \cos \omega_i \tau \quad \text{bzw.} \quad r(\tau) = \int_0^{\infty} c(\omega) \cos \omega\tau\, d\omega$$

(und nehmen an, daß diese Darstellung existiert).

Wir betrachten vier asymptotisch mögliche Fälle:

a) Aus $x(t) \equiv x^0$ folgt $r(\tau) \equiv 0$.

b) Aus $x(t) = \sin \omega_1 t$ folgt

$$r(\tau) = \frac{1}{2} \cos \omega_1 \tau, \quad c(\omega) = \frac{1}{2} \delta_{\omega,\omega_1}.$$

c) Aus $x(t) = (R + \sin \omega_1 t) \sin \omega_2 t$ folgt

$$r(\tau) = \frac{R}{2} \cos \omega_1 \tau + [\cos (\omega_1 - \omega_2) \tau + \cos (\omega_1 + \omega_2) \tau]/2,$$

$$c(\omega) = (R/2)\, \delta_{\omega,\omega_1} + (1/2)\, (\delta_{\omega,\omega_1-\omega_2} + \delta_{\omega,\omega_1+\omega_2}).$$

d) Ist $x(t)$ chaotisch, so geht $r(\tau)$ gegen Null für $\tau \to \infty$, und $c(\omega)$ muß alle Frequenzen enthalten. (Für den zeitdiskreten Fall wurde dies in Aufgabe 3 ausgerechnet.)

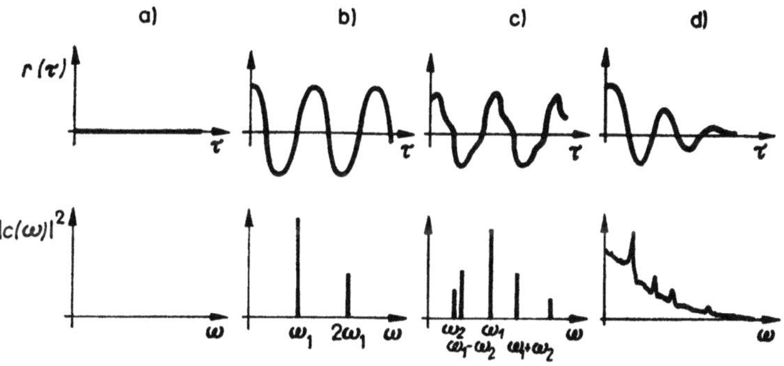

Abb. 90

Zeitliche Korrelationen und Frequenzspektrum für Punktattraktor (a), Grenzzyklus (b), Torus (c) und chaotischen Attraktor (d)

Deshalb formulieren wir allgemeiner (Abb. 90)

a) Im Falle eines Fixpunktes verschwindet die Korrelationsfunktion identisch.

b) Im Falle eines Grenzzyklus ist die zeitliche Korrelation ebenfalls periodisch mit der Periode T, die Fourier-Reihe enthält die Grundfrequenz $\omega_1 = 2\pi/T$ und die Harmonischen $2\omega_1$, $3\omega_1, \ldots$

c) Bei einer quasiperiodischen Bewegung (auf einem n-Torus) ist die Korrelationsfunktion auch quasiperiodisch, das Frequenzspektrum enthält n Grundfrequenzen $\omega_1, \ldots, \omega_n$, deren Vielfache sowie Summen und Differenzen davon.

d) Erreicht die Bewegung einen chaotischen Attraktor, dann läßt sich (als Folge der sensitiven Abhängigkeit) zeigen, daß die zeitlichen Korrelationen $r(\tau)$ für $\tau \to \infty$ (monoton oder oszillatorisch) verschwinden, was einem „Vergessen" des Anfangszustandes entspricht. Das Frequenzspektrum zeigt einen breitbandigen, stetig auf Null abklingenden Anteil (aus dem u. U. einige diskrete Frequenzen herausragen) und besitzt damit eine ähnliche Struktur wie das Spektrum eines zufälligen stationären Prozesses („Rauschen").

In Abb. 81 sind Frequenzspektra für das Rössler-Modell im periodischen und im chaotischen Bereich angegeben.

3. *Zusammenfassung.* Ein chaotischer Attraktor, das heißt ein Attraktor mit einer sensitiven Abhängigkeit von den Anfangswerten, besitzt weiter folgende Eigenschaften:

— die zeitliche Bewegung zeigt einen irregulären Verlauf,
— zeitliche Korrelationen klingen schnell auf Null ab,
— die Fourier-Zerlegung ergibt ein stetiges Spektrum,
— der Attraktor ist häufig eine fraktale, selbstähnliche Menge.

4. Das Wissen um die Existenz chaotischer Systeme zwingt zu einem erneuten Durchdenken des Kausalitätsbegriffs und des Verhältnisses von Notwendigkeit und Zufall.

Das Prinzip der *einfachen Kausalität* besagt, daß gleiche Ursachen stets gleiche Wirkungen hervorbringen. Da jedoch praktisch niemals exakt die gleichen Bedingungen wiederholt werden können, verstanden die Physiker dies stets als *starke Kausalität:* Ähnliche Ursachen erzeugen ähnliche Wirkungen. In chaotischen Systemen liegt aber diese strenge Abhängigkeit nicht mehr vor, so daß wir nur noch von *schwacher Kausalität* sprechen: Ähnliche Ursachen erzeugen sehr verschiedene Wirkungen. Dies hat zur Folge, daß das Verhalten nicht mehr langfristig vorhersagbar ist, wenn der Anfangszustand mit einer Meßunsicherheit behaftet ist (Abb. 91).

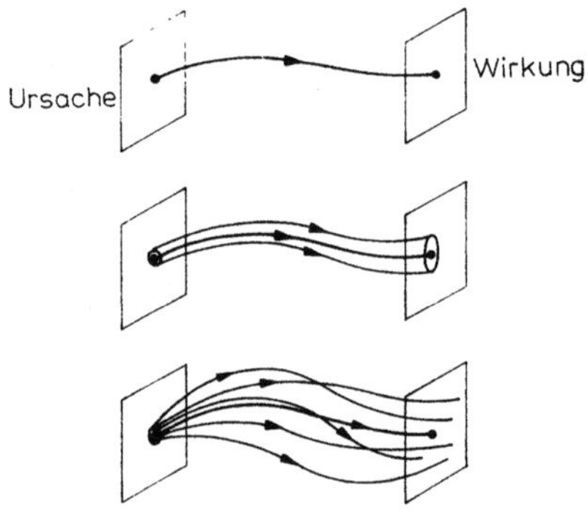

Abb. 91
Einfache Kausalität, starke Kausalität und schwache Kausalität

Ein solches Verhalten ist nicht völlig neu, sondern zum Beispiel vom Würfeln jedermann geläufig und mit den Begriffen „Zufall" und „statistisches Gesetz" beschreibbar. Neu und verblüffend ist aber der Fakt, daß Zufälligkeit nicht an die Überlagerung sehr vieler, kleiner, unabhängiger Einflüsse gebunden ist, sondern zufallsartige Erscheinungen bereits in deterministischen Systemen mit wenigen Freiheitsgraden entstehen können.

Aufgabe 3. Welcher Unterschied besteht zwischen dem Zufall beim Würfeln oder Münzwurf und dem sogenannten „Pseudozufall" einer chaotischen Trajektorie bzw. ihrer Computersimulation?

6. Bifurkationstheorie

In den vergangenen Kapiteln haben wir schon mehrfach die Lage von Fixpunkten oder periodischen Orbits und deren Stabilität in Abhängigkeit von (einstellbaren) Parametern untersucht. Dabei zeigte es sich, daß stets dann Lösungsverzweigungen auftraten, wenn die Stabilitätsgrenze z. B. eines Fixpunktes erreicht wurde (weil ein oder mehrere Eigenwerte die imaginäre Achse kreuzten) und die Stabilität in charakteristischer Weise auf die neu entstandenen Objekte überging. Typische Bilder waren die Heugabel-Bifurkation zu drei Fixpunkten (Abb. 27a, Abb. 14c, Abb. 65), die Entstehung eines Paares von Fixpunkten (Abb. 27b, Abb. 70c) oder die Entstehung eines stabilen Grenzzyklus (z. B. Satz 3.6./1).

Wir wollen diese Zusammenhänge jetzt systematisch behandeln und dabei zugleich die einfachsten Bifurkationen klassifizieren. (Der Begriff „Abzweigung" wurde erstmals 1834 von Jacobi verwendet.)

Wir betrachten die Differentialgleichung

$$M \subset \mathbb{R}^n: \quad \dot{x} = f(x, \mu), \quad \mu \in \mathbb{R}^m, \tag{6.1}$$

und nehmen an, daß f in (x, μ) wenigstens zweimal stetig differenzierbar ist. Die Fixpunkte $x = x(\mu)$ von (6.1) erfüllen dann

$$f(x(\mu), \mu) \equiv 0, \tag{6.2}$$

ihre Stabilität hängt von den Eigenwerten der Jacobi-Matrix $f_x(x(\mu), \mu)$ ab[1]). Wir müssen zwei Fragen untersuchen: Wie sieht die Abhängigkeit $x(\mu)$ aus (6.2) in der Nähe eines kritischen Wertes μ^0 aus, an dem $\det f_x(x(\mu^0), \mu^0) = 0$ gilt? Welche Fixpunkte sind stabil? Zur Beantwortung benötigen wir im wesentlichen den Satz über die Existenz einer impliziten Funktion.

6.1. Zentrale Mannigfaltigkeit

In diesem Abschnitt machen wir uns klar, daß die Dimension des Bifurkationsproblems nur von der Anzahl der Eigenwerte abhängt, die am kritischen Punkt μ^0 die imaginäre Achse kreuzen. In 1.3. hatten wir die linearen Eigenräume E_s, E_u und E_c

[1]) In diesem Kapitel verwenden wir die Schreibweise $f_x := \partial f/\partial x$, $f_\mu := \partial f/\partial \mu$, $f_{xx} := \partial^2 f/\partial x^2$ usw.

(zu Eigenwerten von $f_x(x^0, \mu)$ mit negativen, positiven bzw. verschwindenden Realteilen) und in 1.4.1. für einen hyperbolischen Fixpunkt die nichtlinearen Analoga W_s und W_u eingeführt. Wir wollen jetzt die entsprechende invariante Mannigfaltigkeit W_c einführen. Vorläufig interessieren wir uns noch nicht für die Abhängigkeit von μ und betrachten

$$M \subset \mathbb{R}^n: \quad \dot{x} = f(x). \tag{6.3}$$

Definition. Sei x^0 Fixpunkt der Gleichung (6.3). Eine invariante Mannigfaltigkeit W_c, die in x^0 den zu den Eigenwerten mit verschwindendem Realteil gehörigen Eigenraum E_c tangiert, heißt *zentrale Mannigfaltigkeit*.

Beispiel 1. Aus 3.7. kennen wir das System

$$M = \mathbb{R}^2: \quad \dot{x} = x^2, \quad \dot{y} = -y,$$

dessen Trajektorien in Abb. 51a dargestellt sind. Aus der expliziten Lösung $x(t) = x_0/(1 - tx_0)$, $y(t) = y_0 \,\mathrm{e}^{-t}$ erhalten wir die Trajektorien $y(x) = y_0 \,\mathrm{e}^{-1/x_0} \mathrm{e}^{1/x}$. Für $x < 0$ erreichen diese alle den Koordinatenursprung mit der gleichen Tangente $y'(0) = 0$. Da die Eigenrichtung zum Eigenwert $\lambda_1 = 0$ die x-Achse ist, stellt jede Trajektorie mit $x \leqq 0$ zusammen mit der positiven x-Achse eine zentrale Mannigfaltigkeit dar. Deshalb ist W_c nicht eindeutig.

Satz 1 ([59]). Sei x^0 ein Fixpunkt der Gleichung (6.3) und seien E_s, E_u und E_c die entsprechenden verallgemeinerten Eigenräume der Matrix $f'(x^0)$. Dann gibt es glatte stabile und instabile Mannigfaltigkeiten W_s und W_u und eine glatte Mannigfaltigkeit W_c, die E_s, E_u bzw. E_c in x^0 tangieren und sämtlich invariant unter dem Fluß (6.3) sind. Im Gegensatz zu W_s und W_u ist W_c nicht eindeutig bestimmt.

Bemerkung. Man kann sich überlegen, daß W_c für $f \in C^1$ außerhalb einer Umgebung von x^0 nicht notwendig glatt ist (allgemeiner: für ein C^r-Vektorfeld ist W_c von der Klasse C^{r-1}).

Wir können aus Satz 1 schlußfolgern, daß das System (6.3) an einem Bifurkationspunkt lokal dem System

$$\dot{x} = h(x), \quad \dot{y} = -y, \quad \dot{z} = z, \quad (x, y, z) \in W_c \times W_s \times W_u,$$

mit einer passenden Funktion h topologisch äquivalent ist.

Im weiteren nehmen wir vereinfachend an, daß die instabile Mannigfaltigkeit leer ist (weil kein positiver Realteil auftritt) und untersuchen deshalb (sei o. B. d. A. $(x^0, y^0) = (0, 0)$ der Fixpunkt)

$$\dot{x} = Bx + F(x, y), \quad \dot{y} = Cy + G(x, y), \quad (x, y) \in \mathbb{R}^k \times \mathbb{R}^{n-k}. \tag{6.4}$$

B und C seien $(k \times k)$- bzw. $(n - k) \times (n - k)$-Matrizen mit Eigenwerten, deren Realteile alle verschwinden bzw. alle negativ sind, F und G seien nichtlineare Funktionen, die zusammen mit allen ihren ersten Ableitungen am Punkt $(0, 0)$ verschwinden. Da die zentrale Mannigfaltigkeit W_c tangential zum Eigenraum $E_c = \{(x, y) \mid y = 0\}$ liegt, stellen wir sie lokal durch

$$W_c = \{(x, y) \mid y = g(x), \; g(0) = g'(0) = 0\} \tag{6.5}$$

mit einer auf $U(0) \subset \mathbb{R}^k$ definierten geeigneten Funktion g dar. Damit reduziert sich dann (6.4) auf W_c zu

$$\dot{x} = Bx + F\bigl(x, g(x)\bigr). \tag{6.6}$$

Um die Funktion g zu bestimmen, differenzieren wir $y(t) = g[x(t)]$ nach t und verwenden (6.4):

$$\dot{y} = g'(x)\,\dot{x} = g'(x)\cdot\bigl[Bx + F\bigl(x, g(x)\bigr)\bigr] = Cg(x) + G\bigl(x, g(x)\bigr). \tag{6.7}$$

Zusammen mit der Bedingung $g(0) = g'(0) = 0$ ist dies eine (für $k > 1$ partielle) Differentialgleichung, die in der Nähe von $x^0 = 0$ in vielen Fällen durch Potenzreihenansatz für g gelöst werden kann.

Offenbar stellt das Verfahren eine verbesserte Variante der einfachen quasistatischen Näherung aus 4.2. dar, die $g(x)$ aus

$$\dot{y} \approx 0 = Cg(x) + G(x, g(x))$$

bestimmt.

Beispiel 2. Wir betrachten die ebene Differentialgleichung

$$\dot{x} = -xy, \quad \dot{y} = -\beta y + x^2, \quad (x, y) \in \mathbb{R}^2, \quad \beta > 0,$$

die bereits die Normalform (mit E_c als x-Achse) besitzt. Der Ansatz $g(x) = ax^2 + bx^3 + cx^4 + o(x^4)$ liefert nach Einsetzen in

$$-xg'(x)\,g(x) = -\beta g(x) + x^2$$

und Koeffizientenvergleich für W_c die Darstellung

$$y = g(x) = (1/\beta)\,x^2 + (2/\beta^3)\,x^4 + o(x^4),$$

so daß sich auf W_c die genäherte Dynamik

$$x = -(1/\beta)\,x^3 - (2/\beta^3)\,x^5 + o(x^5), \quad y = g(x)$$

ergibt (Abb. 92). Das stimmt in der niedrigsten Ordnung mit der einfachen quasistatischen Näherung überein (vgl. mit Beispiel 4.2./3).

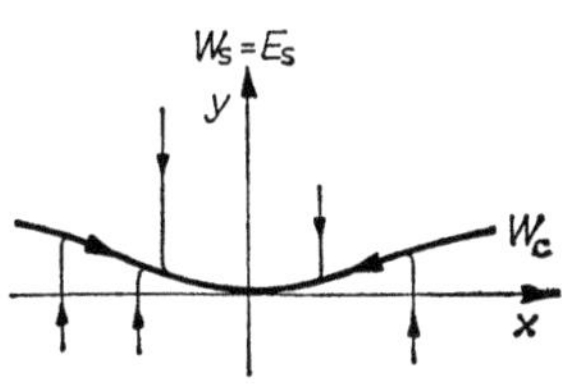

Abb. 92
Zentrale Mannigfaltigkeit für Beispiel 6.1./2

Der folgende Satz zeigt, daß die Lösungen von (6.6) eine gute Näherung des Flusses von (6.4) auf W_c darstellen.

Satz 2 ([45]). *Sei* $x^0 = 0$ *ein asymptotisch stabiler (bzw. instabiler) Fixpunkt von* (6.6). *Dann ist* $(x^0, y^0) = (0, 0)$ *ein asymptotisch stabiler (bzw. instabiler) Fixpunkt von* (6.4).

Wir wenden jetzt die Idee der zentralen Mannigfaltigkeit auf parameterabhängige Familien von Differentialgleichungen an. Dazu betrachten wir die erweiterte Standardform

$$\begin{aligned} \dot{x} &= B(\mu)\, x + F(x, y, \mu), \\ \dot{y} &= C(\mu)\, x + G(x, y, \mu), \qquad (x, y) \in \mathbb{R}^k \times \mathbb{R}^{n-k} \\ \dot{\mu} &= 0, \quad \mu \in \mathbb{R}^m \end{aligned} \tag{6.8}$$

mit dem Fixpunkt $x^0 = y^0 = 0$, der o. B. d. A. bei $\mu^0 = 0$ seine Stabilität verliert, weil alle Eigenwerte von $B(0)$ verschwindende Realteile besitzen (während die von $C(0)$ negativ sind). Das System (6.8) besitzt dann eine $(k + m)$-dimensionale zentrale Mannigfaltigkeit, die in $(0, 0, 0)$ tangential zur x—μ-Ebene verläuft und als Potenzreihe $y = g(x, \mu)$ dargestellt werden kann (Abb. 93).

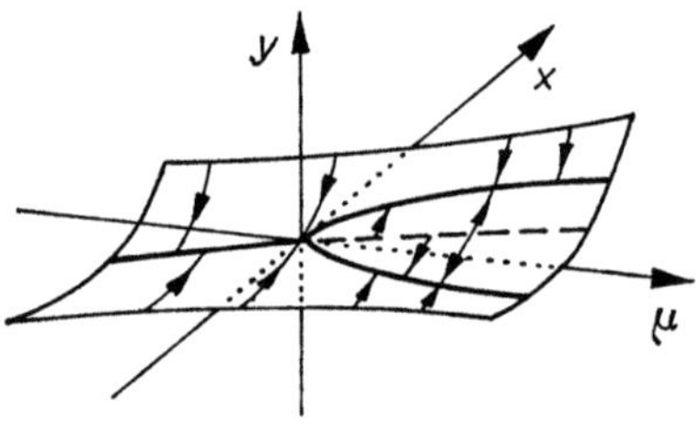

Abb. 93
Zentrale Mannigfaltigkeit für die erweiterte Gleichung (6.8)

Die Invarianz von zentralen Mannigfaltigkeiten sichert, daß jede bifurkierende Lösung in der Nähe von (0, 0, 0) in der zentralen Mannigfaltigkeit verbleibt. Da aber außerhalb von W_c der Trajektorienverlauf beim Durchgang durch μ^0 sich qualitativ nicht ändert, kann das topologische Geschehen des Bifurkationsproblems allein auf der Mannigfaltigkeit W_c betrachtet werden. Damit erhalten wir die stark dimensionsreduzierte Differentialgleichung

$$M \subset \mathbb{R}^k: \quad \dot{x} = B(\mu)\, x + F[x, g(x, \mu), \mu], \quad \mu \in \mathbb{R}^m,$$

in der alle k Eigenwerte von $B(0)$ verschwindenden Realteil besitzen.

6.2. Bifurkationen von Fixpunkten einparametriger Differentialgleichungen

1. Das Ziel dieses Abschnitts besteht in der Suche nach Normalformen der einfachsten Bifurkationen von Fixpunkten zeitstetiger Flüsse, die bei Änderung eines eindimensionalen Parameters $\mu \in \mathbb{R}^1$ auftreten.

Solche besonders einfachen Fälle liegen vor, wenn ein einfacher reeller Eigenwert oder ein einfaches Paar konjugiert-komplexer Eigenwerte die imaginäre Achse kreuzen. Die zugehörigen Verzweigungen nennt der folgende Satz.

Satz 1. *Bei Änderung eines eindimensionalen Parameters μ in einer Differentialgleichung treten generisch vier Bifurkationstypen mit folgenden Normalformen auf* (Abb. 94):

a) *Tangentenbifurkation* $\quad M = \mathbb{R}^1: \quad \dot{x} = \mu - x^2,$ (6.9)

b) *transkritische Bifurkation* $\quad M = \mathbb{R}^1: \quad \dot{x} = \mu x - x^2,$ (6.10)

c) *Heugabel-Bifurkation* $M = \mathbb{R}^1$: $\dot{x} = \mu x - x^3$, (6.11)

d) *Hopf-Bifurkation* $M = \mathbb{R}^2$: $\dot{x} = \mu x - y - x(x^2 + y^2)$,
$\dot{y} = x + \mu y - y(x^2 + y^2)$. (6.12)

Wir wollen nun beschreiben, unter welchen Bedingungen die allgemeine Gleichung (6.1) eine dieser vier generischen (d. h. für Vektorfelder typischen) Bifurkationen aufweist.

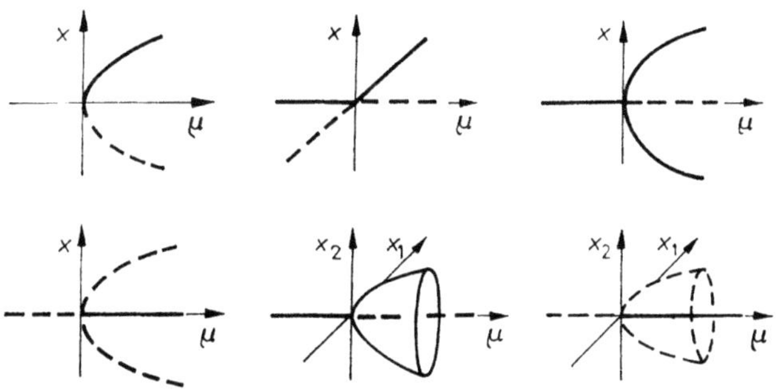

Abb. 94
Typische Bifurkationen von Fixpunkten einparametriger Differentialgleichungen: Tangentenbifurkation (a), transkritische Bifurkation (b), Heugabelbifurkation (superkritisch (c), subkritisch (d)), Hopf-Bifurkation (superkritisch (e), subkritisch (f) (von links nach rechts)). Ausgezogene Linien bezeichnen stabile Lösungen

Zuerst betrachten wir den Fall, daß in (6.1) am Fixpunkt $x^0 = x(\mu^0)$ ein einfacher reeller Eigenwert sein Vorzeichen wechselt. Nach dem oben Gesagten reduziert sich deshalb die Untersuchung auf die eindimensionale Differentialgleichung

$$M \subset \mathbb{R}^1: \quad \dot{x} = f(x, \mu), \quad \mu \in \mathbb{R}^1, \tag{6.13}$$

deren Fixpunkte $x = x(\mu)$ (oder besser: die inverse Abhängigkeit $\mu = \mu(x)$) die algebraische Gleichung

$$f\big(x, \mu(x)\big) = 0 \tag{6.14}$$

erfüllen. Sei speziell $\mu^0 = \mu(x^0)$ der kritische Parameterwert, an dem x^0 wegen

$$f_x(x^0, \mu^0) = 0 \tag{6.15}$$

seine Stabilität verliert. Aus (6.14) erhalten wir durch zweimaliges (totales) Differenzieren nach x

$$f_x\big(x, \mu(x)\big) + f_\mu\big(x, \mu(x)\big) \cdot \mu'(x) = 0, \tag{6.16}$$

$$f_{xx} + 2f_{x\mu} \cdot \mu'(x) + f_{\mu\mu} \cdot \big(\mu'(x)\big)^2 + f_\mu \cdot \mu''(x) = 0. \tag{6.17}$$

Fall 1. Sei $f_\mu(x^0, \mu^0) \neq 0$. Dann existiert nach dem Satz über die implizite Funktion eine funktionale Abhängigkeit $\mu = \mu(x)$, für die aus (6.16)

$$\mu'(x^0) = 0, \quad \mu''(x^0) = -(f_{xx}/f_\mu)\,(x^0, \mu^0)$$

folgt. Wenn wir zusätzlich $f_{xx}(x^0, \mu^0) \neq 0$ annehmen, dann gilt $\mu''(x^0) \neq 0$. Das bedeutet, daß ein *regulärer Umkehrpunkt* (x^0, μ^0) vorliegt und der Graph von $\mu = \mu(x)$ die Gerade $\mu = \mu^0$ quadratisch (d. h. nur auf einer Seite) tangiert (Abb. 95). Deshalb sprechen wir von einer *Tangentenbifurkation*, die durch Wahl passender Koordinaten auf die Normalform (6.9) in Satz 1 gebracht werden kann. Aus

$$f_x(x^0, \mu^0) = -f_\mu(x^0, \mu^0) \cdot \mu'(x^0) \tag{6.18}$$

und der Tatsache, daß $\mu'(x)$ in x^0 sein Vorzeichen wechselt, folgern wir, daß einer der beiden Zweige $x = x(\mu)$ stabil, der andere instabil ist. Deshalb wird dieser Typ auch *Sattel-Knoten-Bifurkation* genannt. (Die Abb. 95 entspricht dem Fall $f_\mu(x^0, \mu^0) > 0$.)

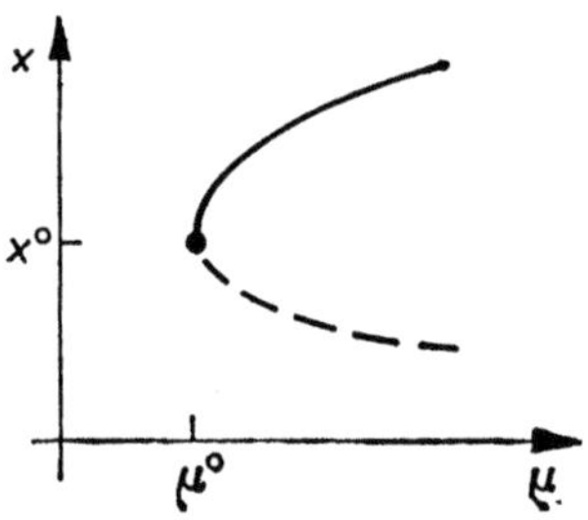

Abb. 95
Tangentenbifurkation

Fall 2. Gilt $f_\mu(x^0, \mu^0) = 0$, so liegt ein *singulärer Punkt* (der Fläche $f(x, \mu) = 0$) vor. Dann erhalten wir aus (6.17)

$$f_{xx}(x^0, \mu^0) + 2f_{x\mu}(x^0, \mu^0) \cdot \mu'(x^0) + f_{\mu\mu}(x^0, \mu^0) \cdot \left(\mu'(x^0)\right)^2 = 0 \tag{6.19}$$

bzw. in der Abhängigkeit $x = x(\mu)$

$$f_{xx}(x^0, \mu^0) \cdot \left(x'(\mu^0)\right)^2 + 2f_{x\mu}(x^0, \mu^0) \cdot x'(\mu^0) + f_{\mu\mu}(x^0, \mu^0) = 0. \tag{6.20}$$

Wenn für die Größe

$$D := \left(f_{x\mu}(x^0, \mu^0)\right)^2 - (f_{xx} \cdot f_{\mu\mu})\,(x^0, \mu^0)$$

die Relation $D < 0$ gilt, so haben (6.19) bzw. (6.20) keine reelle Lösung für $\mu'(x^0)$ bzw. $x'(\mu^0)$, und es liegt ein *isolierter Punkt* vor (d. h., $f(x, \mu)$ besitzt in (x^0, μ^0) ein lokales Extremum mit $f(x^0, \mu^0) = 0$). Für $D = 0$ gibt es eine Doppelwurzel, so daß sich im Punkt (x^0, μ^0) zwei Lösungszweige tangieren, während sich für $D > 0$ zwei Kurven in (x^0, μ^0) schneiden.

Von nun an interessieren wir uns nur für $D > 0$.

Fall 2a. Sei zusätzlich $f_{xx}(x^0, \mu^0) \neq 0$. Dann erhalten wir aus (6.20) die beiden Wurzeln

$$x'_{1,2}(\mu) = -(f_{x\mu}/f_{xx})\,(x^0, \mu^0) \pm \sqrt{D/\left(f_{xx}(x^0, \mu^0)\right)^2},$$

so daß durch (x^0, μ^0) zwei Zweige $x = x_1(\mu)$, $x = x_2(\mu)$ von Fixpunkten verlaufen, die sich in (x^0, μ^0) mit den angegebenen Anstiegen schneiden.

Falls $f_{\mu\mu}(x^0, \mu^0) \neq 0$ gilt, können wir die Zweige auch in der Form $\mu = \mu_1(x)$, $\mu = \mu_2(x)$ darstellen.

Viele Darstellungen der Bifurkationstheorie betrachten (durch geeignete Transformation der Koordinaten) die Situation $f(x^0, \mu) = 0$, bei dem ein Zweig (der sogenannte triviale Zweig) $x(\mu) \equiv x^0$ für alle μ nahe bei μ^0 lautet. Wegen $f_{\mu\mu}(x^0, \mu) \equiv 0$ müssen wir zusätzlich $f_{x\mu}(x^0, \mu^0) \neq 0$ fordern, um $D > 0$ zu sichern.

Der Punkt (x^0, μ^0) ist ein *Doppelpunkt*, an dem eine *transkritische Bifurkation*[1]) auftritt (Abb. 96), deren Normalform durch (6.10) gegeben ist. Die Stabilität beider Zweige wechselt im Bifurkationspunkt, wie wir aus (6.18) bzw. $f_{x\mu} = -f_{\mu\mu} \cdot \mu'$ erkennen, weshalb man auch von *Stabilitätsaustausch* spricht. (In Abb. 96 ist der Fall $f_{\mu\mu}(x^0, \mu^0) < 0$ dargestellt.)

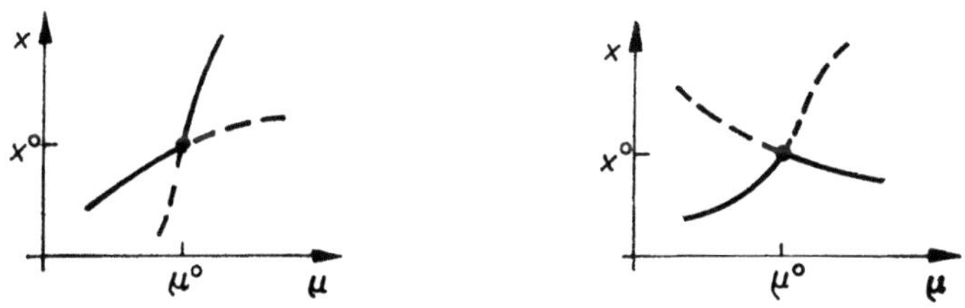

Abb. 96
Transkritische Bifurkation

Fall 2b. Sei jetzt zusätzlich $f_{xx}(x^0, \mu^0) = 0$. Dann muß wegen $D > 0$ offenbar $f_{x\mu}(x^0, \mu^0) \neq 0$ erfüllt sein. Die beiden Wurzeln von (6.19) lauten dann

$$\mu_1'(x^0) = -2(f_{x\mu}/f_{\mu\mu})(x^0, \mu^0), \quad \mu_2'(x^0) = 0.$$

Den ersten Zweig können wir auch in der Form

$$x_1'(\mu^0) = -(f_{\mu\mu}/2f_{x\mu})(x^0, \mu^0)$$

schreiben, was im Falle $f_{\mu\mu}(x^0, \mu^0) = 0$ den Wert $x_1'(\mu^0) = 0$ ergibt. Durch nochmaliges Differenzieren von (6.17) nach x und Verwendung von $\mu_2'(x^0) = 0$, $f_\mu(x^0, \mu^0) = 0$ erhalten wir

$$\mu_2''(x^0) = -(f_{xxx}/3f_{x\mu})(x^0, \mu^0).$$

Deshalb liegt für $f_{xxx}(x^0, \mu^0) \neq 0$ ein *singulärer Umkehr(doppel)punkt* vor, bei dem ein Zweig im Schnittpunkt (x^0, μ^0) die Gerade $\mu = \mu^0$ tangiert (Abb. 97). Da aus

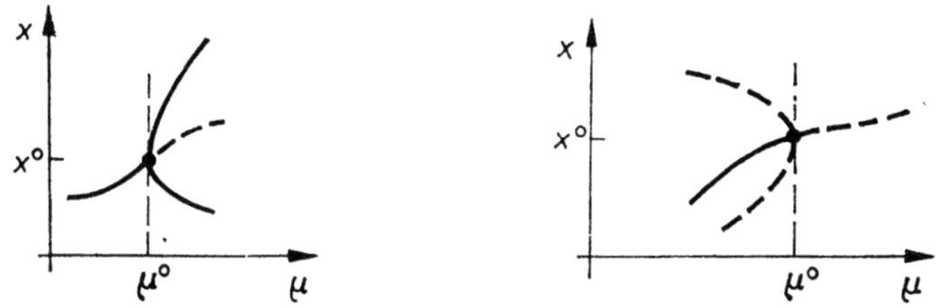

Abb. 97
Heugabel-Bifurkation

[1]) Zur Bezeichnung siehe die Definition im Punkt 3.

einem Fixpunkt drei entstehen, sprechen wir von einer *Heugabel-Bifurkation*, deren Normalform (6.11) ist. Der durchgehende Zweig $x = x_1(\mu)$ wechselt bei $\mu = \mu^0$ seine Stabilität, wobei das Stabilitätsverhalten des neu entstehenden Zweiges $\mu = \mu_2(x)$ mit derjenigen des „Gabelstiels" übereinstimmt. (In Abb. 97 ist der Fall $f_{x\mu}(x^0, \mu^0) < 0$ dargestellt.)

2. Wir betrachten nun den Fall, daß ein Paar einfacher, konjugiert-komplexer Eigenwerte bei $\mu = \mu^0$ die imaginäre Achse kreuzt. Als Folge unserer Reduktion in (6.1) brauchen wir deshalb nur die zweidimensionale Differentialgleichung

$$M \subset \mathbb{R}^2: \quad \dot{x} = f(x, \mu), \quad \mu \in \mathbb{R}^1,$$

zu untersuchen, bei der am Fixpunkt $x^0 = x(\mu^0)$ die 2×2-Matrix $\big((\partial f_i/\partial x_k)(x^0, \mu^0)\big)$ Eigenwerte $\pm i\omega$, $\omega > 0$, besitzt. Da diese Matrix umkehrbar ist, gibt es nach dem Satz über implizite Funktionen mehrerer Veränderlicher einen eindeutigen Zweig $x = x(\mu)$ von Fixpunkten nahe bei μ^0. Die Bifurkation muß deshalb andere topologische Änderungen bewirken.

Wir nehmen jetzt o. B. d. A. $x^0 = 0$, $\mu^0 = 0$ an und schreiben $x_1 = x$, $x_2 = y$. Durch glatte Transformation der Koordinaten können wir die Taylor-Entwicklung bis zur dritten Ordnung stets auf die Form

$$\begin{aligned} \dot{x} &= [\mu d + a(x^2 + y^2)]\, x - [\omega + \mu c + b(x^2 + y^2)]\, y, \\ \dot{y} &= [\omega + \mu c + b(x^2 + y^2)]\, x + [\mu d + a(x^2 + y^2)]\, y \end{aligned} \tag{6.21}$$

bzw. in Polarkoordinaten (r, φ) auf

$$\dot{r} = (\mu d + a r^2)\, r, \tag{6.22a}$$

$$\dot{\varphi} = \omega + \mu c + b r^2 \tag{6.22b}$$

bringen. Daran sehen wir, daß periodische Orbits $r =$ const auftreten können, wenn kein Fixpunkt φ^0 von (6.22b) vorliegt. Nichttriviale Nullstellen von (6.22a) liegen für $a \neq 0$, $d \neq 0$ auf der Parabel $\mu = -ar^2/d$, so daß die Fläche der periodischen Orbits im (x, y, μ)-Raum die Ebene $\mu = 0$ quadratisch tangiert (*Hopf-Bifurkation*). Die Normalform (6.12) folgt aus (6.22) für $d = 1$, $\omega = 1$, $a = -1$, $b = c = 0$. Das Stabilitätsverhalten wird durch das Vorzeichen von a bestimmt (in Abb. 98 ist der Fall $a < 0$ dargestellt).

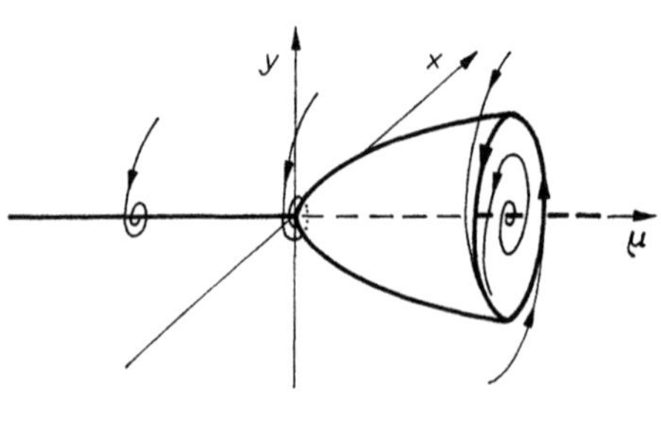

Abb. 98
Hopf-Bifurkation (superkritisch)

Der folgenden Satz von HOPF (1942) drückt aus, daß Terme höherer Ordnung topologisch nichts Neues bewirken.

Satz 2 ([46], [16], [59]).

a) *Die Differentialgleichung* $M \subset \mathbb{R}^n$: $\dot{x} = f(x, \mu)$, $\mu \in \mathbb{R}^1$, *habe einen Fixpunkt* $x^0 = x(\mu^0)$, *für den gilt:*

(i) $\left((\partial f_i/\partial x_k)\,(x^0, \mu^0)\right)_{i,k=1}^n$ *hat ein einfaches Paar von Eigenwerten* $\pm i\omega$, *alle anderen Eigenwerte haben negative Realteile.*

Dann gibt es eine glatte Kurve von Fixpunkten $x = x(\mu)$ *mit* $x(\mu^0) = x^0$, *und die Eigenwerte* $\lambda(\mu)$, $\bar{\lambda}(\mu)$, *die bei* μ^0 *rein imaginär sind, sind glatte Funktionen von* μ.

b) *Gilt zusätzlich*

(ii) $\frac{d}{d\mu} \operatorname{Re} \lambda(\mu)|_{\mu=\mu_0} = d \neq 0,$

so existieren eine eindeutige dreidimensionale zentrale Mannigfaltigkeit W_c *in* $\mathbb{R}^n \times \mathbb{R}$ *durch* (x^0, μ^0) *und eine glatte Koordinatentransformation (die die Ebenen* $\mu = \text{const}$ *erhält), so daß die Taylor-Entwicklung von* $\dot{x} = f(x, \mu)$ *bis zur 3. Ordnung auf* W_c *gerade* (6.21) *ergibt.*

c) *Für* $a \neq 0$ *gibt es eine Fläche periodischer Lösungen in* W_c, *die den Eigenraum von* $\lambda(\mu^0)$, $\bar{\lambda}(x^0)$ *quadratisch tangiert und in 2. Ordnung ein Paraboloid* $\mu = -(a/d) \times (x^2 + y^2)$ *ist.*

d) *Für* $a < 0$ *sind die periodischen Orbits stabile Grenzzyklen, für* $a > 0$ *sind sie abstoßend.*

Bemerkung. Die Hopf-Bifurkation entspricht in Polarkoordinaten (besser: in komplexen Koordinaten) einer Heugabel-Bifurkation des Radialanteils.

3. Wir wollen die bisherigen Resultate für den Fall zusammenfassen, daß ein Lösungszweig $x = x_1(\mu)$ sowohl für $\mu < \mu^0$ als auch für $\mu > \mu^0$ existiert (das schließt die Tangentenbifurkation aus).

Definition. Sei $x = x_1(\mu)$ ein für $\mu < \mu^0$ asymptotisch stabiler Lösungszweig, der für $\mu = \mu^0$ instabil wird, weil ein einfacher reeller Eigenwert sein Vorzeichen wechselt. Sei $x = x_2(\mu)$ oder $\mu = \mu_2(x)$ ein zweiter Zweig, der bei $\mu = \mu^0$ kreuzt, so daß beide Zweige verschiedene Tangenten haben. Der bifurkierende Zweig $x_2(\mu)$ bzw. $\mu_2(x)$ heißt *superkritisch*, wenn er lokal nur für $\mu > \mu^0$ (und in (x^0, μ^0)) existiert, er heißt *subkritisch*, wenn er lokal nur für $\mu < \mu^0$ existiert, und *transkritisch*, wenn er zu beiden Seiten von μ^0 vorhanden ist.

Satz 3. *Superkritische bifurkierende Zweige sind stabil, subkritische Zweige sind instabil. Das gilt auch für den super- bzw. subkritischen Teilzweig einer transkritischen Bifurkation.*

Bemerkung. Ein Blick auf Abb. 94 erläutert den Satz und zeigt, daß er sinngemäß auch für super- bzw. subkritische Hopf-Bifurkationen gilt.

Häufig entsteht bei Umkehr des subkritischen Zweiges der Heugabel eine Tangentenbifurkation, die erneute Stabilität bringt. Bei periodischen Orbits spricht man dann vom „harten“ Einsatz eines Grenzzyklus, weil dieser sofort eine endliche Amplitude besitzt, während die superkritische Hopf-Bifurkation einem „weichen“ Einsatz entspricht (Abb. 99).

Aufgabe 1. Skizzieren Sie die Lage aller Fixpunkte der Gleichung

$$M = \mathbb{R}^1\colon\quad \dot{x} = -x(x^2 + 2x - \mu)\,(x^2 + \mu^2 + 4\mu + 3)\,(x^2 + 4x + \mu^2 + 3)$$
$$\times \left(x^2 - x + \mu^2 - 6\mu + \frac{33}{4}\right)$$

und bestimmen Sie deren Stabilitätscharakter durch Bifurkationsanalyse!

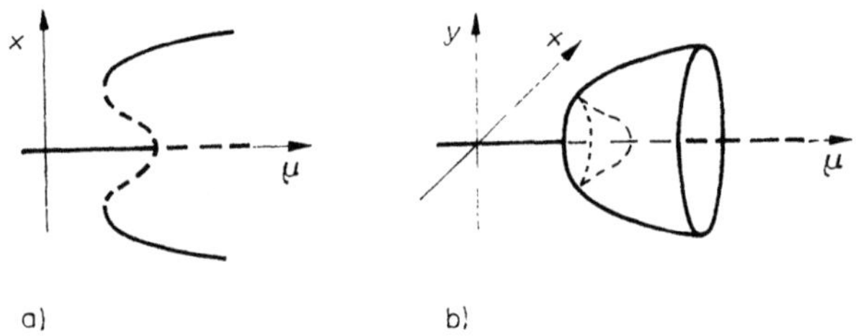

Abb. 99
Tangentenbifurkation durch Umkehr des subkritischen Zweiges (a) und entsprechender „harter“ Einsatz eines Grenzzyklus (b)

4. Die bisher betrachteten Bifurkationen waren ausschließlich lokaler Natur. Es gibt aber in der Nähe struktureller Instabilitäten auch qualitative Änderungen des Trajektorienverlaufs, die von unseren lokalen Aussagen nicht erfaßt werden und eine *globale* Bifurkationsanalyse erfordern (siehe z. B. [4], [5]). Zwei einfache Beispiele sollen davon einen Eindruck vermitteln.

Beispiel 1. Die Sattel-Knoten-Bifurkation (6.9) kann einen globalen Effekt verursachen, wie uns ein Blick auf das System (in ebenen Polarkoordinaten!)

$$\dot{r} = ar - r^3, \quad \dot{\varphi} = b - r\cos\varphi, \quad b > 0, \tag{6.23}$$

zeigt. Für $b^2 < a$ gibt es (außer dem trivialen Fixpunkt (0, 0)) einen Sattel und einen stabilen Knoten, die durch zwei heterokline Orbits verbunden sind. Bei $b^2 = a$ verschmelzen diese zu einem „Sattel-Knoten“ (vgl. auch Abb. 51a), so daß für $b^2 > a$ ein tabiler Grenzzyklus vorliegt. Diese Erscheinung heißt *Ω-Explosion* (Abb. 100).

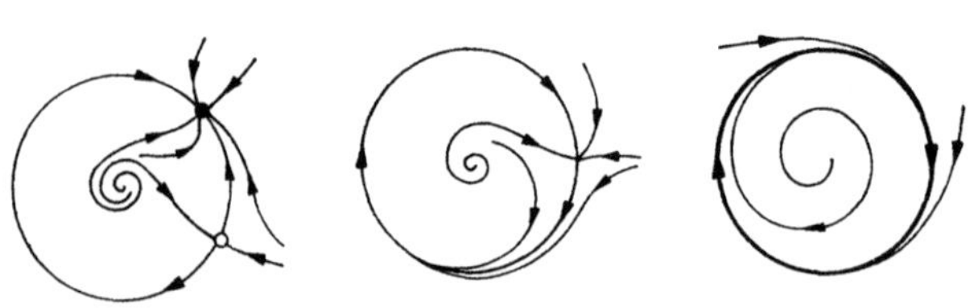

Abb. 100
Entstehung eines Grenzzyklus als globaler Effekt einer Tangenten- (oder Sattel-Knoten-) Bifurkation in (6.23)

Beispiel 2. Die Differentialgleichung

$$M = \mathbb{R}^2: \quad \dot{x} = x^2 - 1, \quad \dot{y} = \mu - xy \tag{6.24}$$

besitzt für $\mu = 0$ zwei Sattelpunkte (1, 0) und (−1, 0), die durch einen heteroklinen Orbit verbunden sind, weil die x-Achse invariant unter dem Fluß (6.24) ist. Diese Situation ist aber strukturell instabil: Für $\mu \neq 0$ werden beide Sättel zu $(1, \mu)$ und $(-1, -\mu)$ gestört, und die Trajektorie, die für $\mu = 0$ beide Sättel verbunden hatte, spaltet in zwei invariante Mannigfaltigkeiten (eine stabile und eine instabile) auf, die beide die x-Achse nicht kreuzen (Abb. 101).

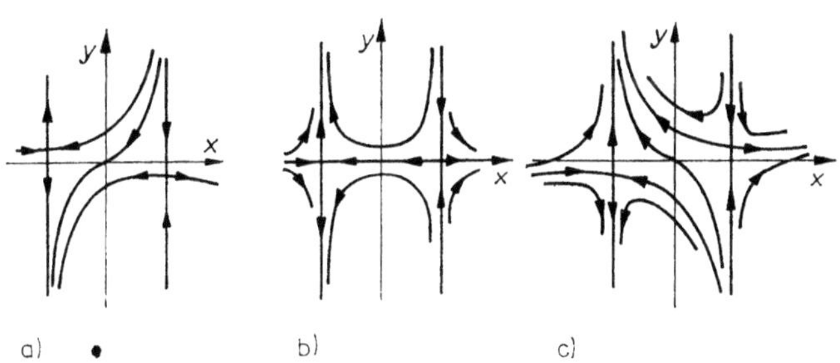

Abb. 101

Globale Bifurkation durch Auflösung einer Sattel-Sattel-Separatrix in (6.24): a) $\mu < 0$, b) $\mu = 0$, c) $\mu > 0$.

Aufgabe 2. Berechnen Sie für das System (6.24) die linearen Unterräume E_s und E_u und die invarianten Mannigfaltigkeiten W_s und W_u beider Fixpunkte im Falle $\mu \neq 0$! (Hinweis: Lösen Sie die Differentialgleichung der Trajektorien explizit durch Variation der Konstanten.)

5. *Zweiboxen-Brüsselator*. Im Abschnitt 3.6./3. haben wir den Brüsselator als ein chemisch reagierendes System kennengelernt, das bei Änderung von Parametern durch eine Hopf-Bifurkation selbsterregte Schwingungen erzeugen kann. Wir wollen jetzt zwei homogene Teilsysteme („Boxen"), in denen die Reaktionen (3.32) mit den gleichen Parametern ablaufen, durch lineare Diffusion der beiden Stoffe X und Y miteinander koppeln (so wie wir es in 3.1./3. für eine Variable getan haben).

Das mathematische Modell besteht dann in folgendem Gleichungssystem

$$\begin{aligned} M = \mathbb{R}_+^4: \quad \dot{x}_1 &= f(x_1, y_1) + d(x_2 - x_1), \qquad f(x, y) = A - (B + 1)\,x + x^2 y, \\ \dot{y}_1 &= g(x_1, y_1) + D(y_2 - y_1), \qquad g(x, y) = Bx - x^2 y, \\ \dot{x}_2 &= f(x_2, y_2) - d(x_2 - x_1), \\ \dot{y}_2 &= g(x_2, y_2) - D(y_2 - y_1), \qquad d \geqq 0, \quad D \geqq 0, \end{aligned} \tag{6.25}$$

in dem x_1 und y_1 bzw. x_2 und y_2 die Konzentrationen der Stoffe X und Y in den Boxen 1 bzw. 2 bezeichnen und d bzw. D die Diffusionskonstanten beider Stoffe sind. Die Fixpunkte $(x_1^0, y_1^0, x_2^0, y_2^0)$ erfüllen dann die algebraischen Gleichungen (wir lassen jetzt den oberen Index Null weg)

$$\begin{aligned} 0 &= A - (B+1)\,x_1 + x_1^2 y_1 + d(x_2 - x_1)\,, \\ 0 &= Bx_1 - x_1^2 y_1 \qquad\qquad\quad + D(y_2 - y_1)\,, \\ 0 &= A - (B+1)\,x_2 + x_2^2 y_2 - d(x_2 - x_1)\,, \\ 0 &= Bx_2 - x_2^2 y_2 \qquad\qquad\quad - D(y_2 - y_1)\,. \end{aligned} \tag{6.26}$$

Wir stellen zunächst fest, daß der Fixpunkt $x = A$, $y = B/A$ des homogenen Brüsselators auch eine homogene stationäre Lösung des Zweiboxenmodells (6.26) liefert:

$$x_1 = x_2 = A\,, \quad y_1 = y_2 = B/A\,. \tag{6.27}$$

Weiterhin erkennen wir an der Symmetrie von (6.26), daß mit (x_1, x_2, y_1, y_2) auch das Spiegelbild (x_2, x_1, y_2, y_1) ein Fixpunkt ist. Diese inhomogenen Lösungen $x_1 \neq x_2$, $y_1 \neq y_2$ können wir explizit berechnen (das wurde erstmals 1978 durch den Autor getan [48]). Aus der Summe aller vier Gleichungen in (6.26) folgt

$$x_1 + x_2 = 2A\,, \tag{6.28}$$

was wir nach x_2 auflösen; anschließend lösen wir die Summe der beiden ersten Gleichungen nach y_2 und danach die erste Gleichung nach y_1 auf und erhalten

$$\begin{aligned} x_2 &= 2A - x_1\,, \quad y_1 = [(B + 2d + 1)\,x_1 - (2d+1)\,A]/x_1^2\,, \\ y_2 &= y_1 + (x_1 - A)\,(2d+1)/D \end{aligned}$$

sowie eine Gleichung 5. Grades in x_1. Wegen (6.28) substituieren wir $x_1 = A + u$, was $x_2 = A - u$ zur Folge hat, so daß mit u auch $-u$ Lösung der entstehenden Gleichung ist. Nach Abspalten eines Faktors u ($u = 0$ entspricht der Lösung (6.27)) entsteht deshalb die biquadratische Gleichung

$$u^4 + 2[(b+1)\,D - A^2]\,u^2 + A^2[2(1-b)\,D + A^2] = 0\,, \quad b := \frac{B}{2d+1}\,,$$

die explizit gelöst werden kann.

Wir verzichten auf eine vollständige Diskussion und stellen hier nur fest, daß es bei geeigneten Parameterwerten zwei bzw. vier inhomogene stationäre Zustände gibt (siehe Abb. 102), in denen beide Boxen unterschiedliche Konzentrationswerte der Stoffe X bzw. Y aufweisen.

Durch einen glücklichen Umstand können wir die Stabilität des homogenen Zustands (6.27) unmittelbar angeben. Für ihn gilt nämlich (mit $f_x := (\partial f/\partial x)\,(A, B/A)$ usw.)

$$\begin{aligned} 0 &= \begin{vmatrix} f_x - d - \lambda & f_y & d & 0 \\ g_x & g_y - D - \lambda & 0 & D \\ d & 0 & f_x - d - \lambda & f_y \\ 0 & D & g_x & g_y - D - \lambda \end{vmatrix} \\ &= \begin{vmatrix} f_x - \lambda & f_y \\ g_x & g_y - \lambda \end{vmatrix} \cdot \begin{vmatrix} f_x - 2d - \lambda & f_y \\ g_x & g_y - 2D - \lambda \end{vmatrix}\,, \end{aligned} \tag{6.29}$$

während für die inhomogenen Fixpunkte eine solche Faktorisierung nicht möglich ist. (Der erste Faktor entspricht Synchronfluktuationen $\delta x_1 = \delta x_2$, $\delta y_1 = \delta y_2$, der zweite dagegen Austauschfluktuationen $\delta x_1 = -\delta x_2$, $\delta y_1 = -\delta y_2$). Die Auswertung ergibt, daß der homogene Zustand (6.27) für

$$B < \min\left(A^2 + 1, A^2(1 + 2d)/2D - 2d + 1\right)$$

asymptotisch stabil ist.

Wir wollen hier nur den Fall $B < A^2 + 1$ untersuchen, für den der Brüsselator ohne Diffusion stabil ist. Offenbar kann die Diffusion für $D - d > 1/2$ (und hinreichend große Werte von A) den homogenen Zustand destabilisieren.

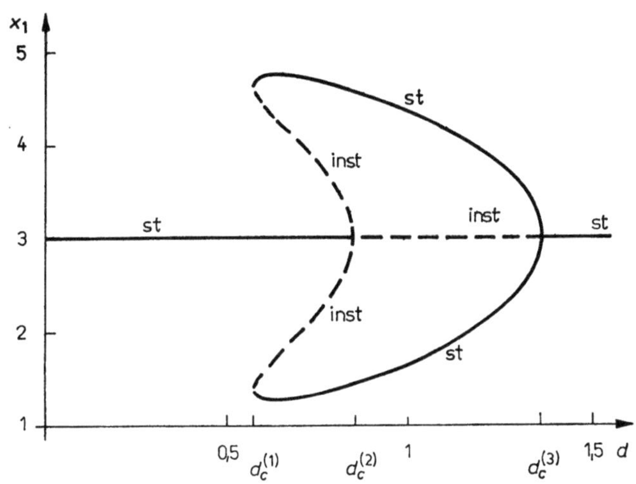

Abb. 102

Stationäre Zustände des Zweiboxen-Brüsselators (6.25) in Abhängigkeit vom Parameter d (mit $D = 2d$). Es ist nur die Komponente x_1 angegeben (Numerische Werte: $A = 3{,}03$, $B = 10$).

Die Stabilität der inhomogenen Zustände ermitteln wir nun durch Bifurkationsanalyse und betrachten dazu in Abb. 102 die Abhängigkeit der x_1-Werte aller Fixpunkte vom Kopplungsparameter d für den Fall $D = 2d$. Wir erkennen, daß bei $d = d_c^{(1)} > 0$ die beiden inhomogenen Zweige durch je eine Tangentenbifurkation entstehen und bei $d = d_c^{(2)}$ durch eine subkritische bzw. bei $d = d_c^{(3)}$ durch eine superkritische Heugabel-Bifurkation mit dem homogenen Zweig verschmelzen. Da aus (6.29) folgt, daß an den kritischen Stellen $d_c^{(2)}$ und $d_c^{(3)}$ jeweils genau ein einfacher reeller Eigenwert sein Vorzeichen wechselt, ist das Stabilitätsverhalten in Abb. 102 eindeutig bestimmt.

Physikalische Interpretation

1. Für hinreichend kleine Werte der Diffusionskonstanten d und D existiert nur die homogene stationäre Lösung, sie ist für $B < A^2 + 1$ stabil.

2. Sind d und D genügend groß, so gibt es zwei spiegelbildliche inhomogene stationäre Zustände, die (zusammen mit der homogenen Lösung oder allein) asymptotisch stabil sind. Das ist eine Form räumlicher Selbstorganisation, bei der die Diffusion (in Kopplung mit der nichtlinearen Reaktion) strukturbildend wirkt und eine spontane räumliche Differenzierung erzeugt (Abb. 103)! Es gibt Bereiche der Bistabilität und der Tristabilität und (z. B. durch Änderung von A oder B) die Möglichkeit der Hysterese.

3. Für sehr starke Diffusion ist das Gesamtsystem homogen (kann aber selbsterregte Schwingungen ausbilden).

Bemerkung. Inzwischen wurden auch Parameterwerte festgestellt, für die chaotische Lösungen auftreten.

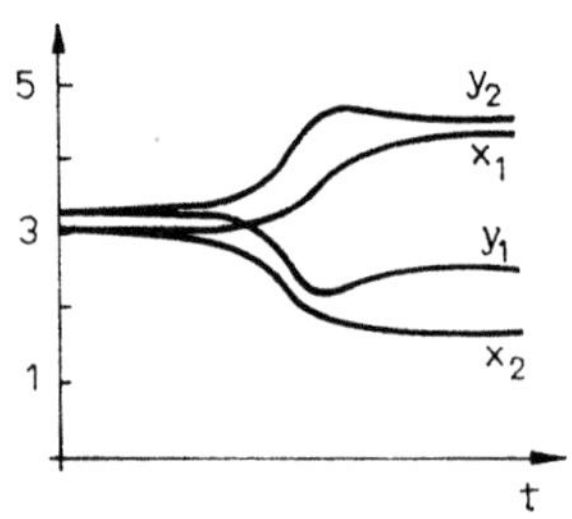

Abb. 103
Spontane räumliche Differenzierung des Zweiboxen-Brüsselators (6.25) (Resultat einer Integration mittels Analogrechner für $A = 3{,}03, B = 10, d = 1, D = 2$. Als Anfangswert wurde der instabile homogene Zustand gewählt.)

6.3. Bifurkation von Fixpunkten einparametriger Abbildungen

1. Wir wollen noch kurz auf typische Bifurkationen iterierter Abbildungen eingehen. Die einfachsten Möglichkeiten für den Stabilitätsverlust eines Fixpunktes sind das Auftreten der einfachen Eigenwerte $+1$ oder -1 bzw. des Paares $\lambda, \bar{\lambda}$ mit $|\lambda| = 1$. Auch für Abbildungen läßt sich die Existenz einer zentralen Mannigfaltigkeit beweisen und eine analoge Reduktion der Dimension des Bifurkationsproblems durchführen.

Fall 1. Es tritt ein einfacher Eigenwert $+1$ auf.
Dazu müssen wir nur die eindimensionale Abbildung

$$M = \mathbb{R}^1: \quad x_{k+1} = f(x_k, \mu), \quad \mu \in \mathbb{R}^1, \tag{6.30}$$

untersuchen, für die am Fixpunkt $x^0 = f(x^0, \mu^0)$ die Beziehung $f_x(x^0, \mu^0) = 1$ gilt. Durch glatte Koordinatenänderungen kann dann eine der drei folgenden Normalformen (mit dem Fixpunkt $x^0 = 0$ am kritischen Wert $\mu^0 = 0$) erreicht werden, die die gleichen Bifurkationstypen wie bei zeitstetigen Flüssen darstellen (Abb. 104):

(i) *Tangentenbifurkation:* $f(x, \mu) = \mu + x - x^2$,
(ii) *transkritische Bifurkation:* $f(x, \mu) = \mu x + x - x^2$,
(iii) *Heugabel-Bifurkation:* $f(x, \mu) = \mu x + x - x^3$.

Fall 2. Es tritt ein einfacher Eigenwert -1 auf.
Dazu untersuchen wir die iterierte Abbildung (6.30) für $f_x(x^0, \mu^0) = -1$. Ist o. B. d. A.

$x^0 = 0$, $\mu^0 = 0$, so ergibt die Taylor-Entwicklung an dieser Stelle

$$f(x, 0) = -x + ax^2 + bx^3 + o(x^3).$$

Wegen $f_x(0, 0) = -1$ sichert der Satz über die implizite Funktion einen eindeutigen Zweig von Fixpunkten $\mu = \mu(x)$, der lediglich bei $\mu(0) = 0$ seine Stabilität verliert. Betrachten wir aber die Iteration

$$f^2(x, 0) = x - 2(a^2 + b)\, x^3 + o(x^3),$$

so besitzt diese am Fixpunkt $x^0 = 0$ einen Eigenwert $+1$ und zeigt, da der quadratische Term verschwindet, eine Heugabel-Bifurkation. Die beiden neuen Fixpunkte von $f^2(x, \mu)$ bilden einen Orbit der Periode 2 von f, weshalb wir von einer *subharmo-*

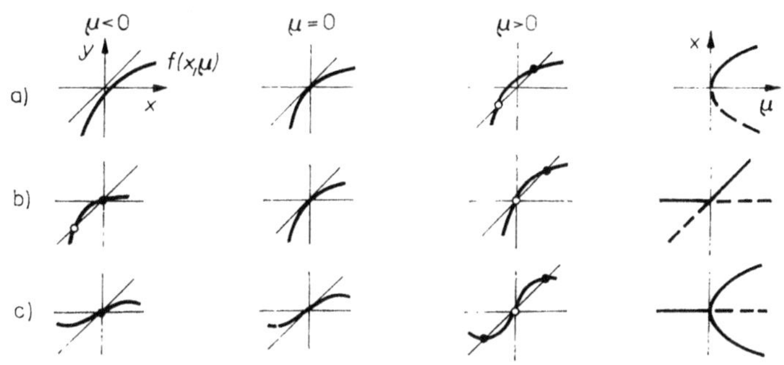

Abb. 104
Bifurkationen von Abbildungen bei Eigenwert $+1$: Tangentenbifurkation (a), transkritische Bifurkation (b), Heugabel-Bifurkation (c)

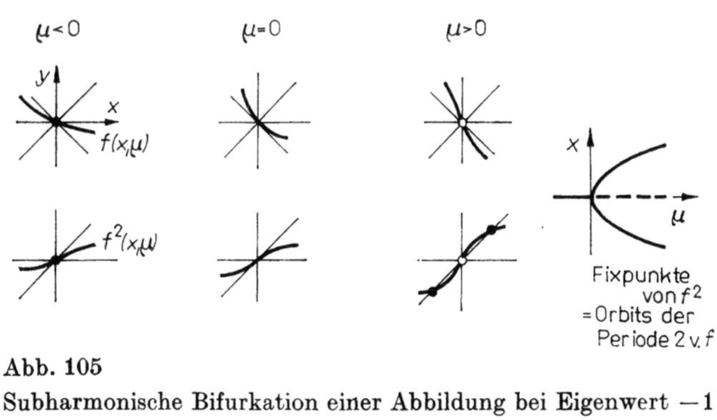

Abb. 105
Subharmonische Bifurkation einer Abbildung bei Eigenwert -1

nischen Bifurkation oder *Periodenverdopplung* sprechen (Abb. 105). Die zugehörige Normalform lautet

$$f(x, \mu) = -(1 + \mu)\, x + x^2,$$

was für kleine x und μ auf $f^2(x, \mu) \approx (1 + \mu)^2\, x + \mu x^2 - 2x^3$ führt.

Beispiel. Die Parabel-Abbildung

$$M = [0, 1]: \quad x_{k+1} = r x_k(1 - x_k), \quad k = 0, 1, 2, \ldots,$$

die wir in 5.1.2. untersucht haben, besitzt bei $r = 1$ eine transkritische Bifurkation und bei $r = r_1, r_2, \ldots$ eine Folge von superkritischen Periodenverdopplungen, die sich bei r_∞ häufen (vgl. Abb. 64). An den Stellen r_T, an denen sich periodische Fenster öffnen, finden dagegen Tangentenbifurkationen der entsprechenden Iterierten von f statt (vgl. Abb. 70).

Fall 3. Es treten einfache komplexe Eigenwerte λ, $\bar{\lambda}$ mit $|\lambda| = 1$ auf.

In diesem Falle zeigt uns die Untersuchung der zweidimensionalen Abbildung

$$M = \mathbb{R}^2: \quad x_{k+1} = f(x_k, \mu), \quad \mu \in \mathbb{R}^1,$$

daß (ähnlich wie bei der Hopf-Bifurkation) der Fixpunktzweig $x = x(\mu)$ bei $\mu = \mu^0$ in eine paraboloide Fläche aufspaltet, die unter f invariant ist und die Ebene $\mu = \mu^0$ quadratisch tangiert. Da aber ein einzelner Orbit eine geschlossene Kurve nicht füllen kann, führt die Bifurkation zu einer Familie periodischer Orbits oder zu einem *quasiperiodischen Orbit.*

2. Wir betrachten jetzt die eben behandelten Situationen als Bifurkationen von Wiederkehrabbildungen zeitstetiger Flüsse. Einem Fixpunkt der Abbildung entspricht dann ein geschlossener Orbit der Differentialgleichung. Damit können wir weitere Bifurkationstypen, die durch Verzweigung eines Grenzzyklus entstehen, vorhersagen:

a) die Entstehung eines Paares von Grenzzyklen (vgl. Abb. 99),
b) den Stabilitätswechsel zweier Grenzzyklen,
c) die Aufspaltung eines Grenzzyklus in drei Grenzzyklen,
d) die (nahezu) Periodenverdopplung eines Grenzzyklus, der sich dann erst nach der zweiten Wiederkehr schließt,
e) die Abzweigung (bei quasiperiodischer Wiederkehr) eines invarianten Torus.

Während a) bis d) bereits in ebenen Systemen auftreten können, ist der Fall e) erst im $\mathbb{R}^3$ möglich. Entsprechend können wir uns weitere lokale Bifurkationen, z. B. das Aufbrechen eines Torus in mehrere Tori, konstruieren.

Erwähnt werden muß aber noch unbedingt, daß aus einem Fixpunkt bzw. einem Grenzzyklus Bifurkationen zum Chaos auftreten können. Die wichtigsten *Wege zum Chaos* („Szenarios“) sind ([12], [15], [33]):

(i) Periodenverdopplung (Feigenbaum):
Fixpunkt → Grenzzyklus → Periodenverdopplung... → Chaos
(ii) Intermittenz (Manneville, Pomeau):
Fixpunkt → Grenzzyklus → Intermittenz (= Chaos)
(iii) HOPF-Bifurkation (Ruelle, Takens, Newhouse):
Fixpunkt → Grenzzyklus → Torus → Chaos.

7. Katastrophentheorie

Die Katastrophentheorie hat, nicht zuletzt wegen ihres bildhaften Namens, seit ihrer Begründung durch THOM (1972) große Begeisterung hervorgerufen und zählt zu den interessantesten Entwicklungen der modernen Mathematik. Zugleich mußte sie Kritik einstecken, weil sie oft nur spekulativ verwendet wurde. Im engeren Sinne besteht das Ziel der Katastrophentheorie in der Beschreibung unstetiger Vorgänge, wie sie in der Physik oder Biologie bei Änderung von Parametern auftreten können. Der eigentliche mathematische Kern ist die Singularitätstheorie, die — grob gesprochen — das lokale Verhalten glatter Flächen bzw. Abbildungen klassifiziert.

Für unsere Betrachtung dynamischer Systeme hat die Katastrophentheorie vor allem Bedeutung für die Untersuchung von Gradientensystemen (siehe 1.4.2.), deren mögliche Bifurkationen sie vollständig beschreibt.

Wir wollen in diesem Kapitel die wesentlichen Ideen der Katastrophentheorie kennenlernen. Die Ausführungen sind bewußt kurz gehalten, den interessierten Leser verweisen wir auf die exzellente Darstellung bei TRIEBEL [2].

7.1. Einführung

1. Im Abschnitt 2.2. haben wir die „Schlögl-Reaktion“ (2.7) mit ihrer kubischen Nichtlinearität untersucht, die durch die Differentialgleichung

$$\dot{x} = -x^3 + Ax^2 - Bx + C, \quad x \in \mathbb{R}_+^1, \tag{7.1}$$

beschrieben wurde. Da jedes eindimensionale System vom Gradiententyp ist, können wir (7.1) auch in der Form

$$\dot{x} = -V'(x), \quad V(x) = (1/4)\, x^4 - (A/3)\, x^3 + (B/2)\, x^2 - Cx \tag{7.2}$$

schreiben. Fixpunkte von (7.1) sind die kritischen Punkte von V (wir werden von jetzt an „stationäre Werte“ sagen) mit $V'(x) = 0$, asymptotisch stabile Fixpunkte sind die Minima von V, für die also im nichtentarteten Fall $V''(x) > 0$ gilt.

Wir halten $A > 0$ fest und stellen die Menge der Fixpunkte in Abhängigkeit von den Parametern B und C dar. Das ergibt eine glatte Fläche, die implizit durch die Gleichung

$$0 = -x^3 + Ax^2 - Bx + C \tag{7.3}$$

gegeben ist (Abb. 106a; in Abb. 30 ist ein Schnitt $B = \text{const}$ gezeichnet). Während es für $B > A^2/3$ jeweils nur einen (und zugleich stabilen) Fixpunkt gibt, liegen im Gebiet

$$\left\{(B, C) \mid B < A^2/3,\ \left|C - \frac{AB}{3} + \frac{2}{27} A^3\right| < \frac{2}{27} (A^2 - 3B)^{3/2}\right\} \tag{7.4}$$

(Abb. 106b) drei Fixpunkte vor, von denen der mittlere instabil ist. Bei Variation von B und C kann es deshalb an den Randkurven dieses Gebiets zu sprunghaften Zustandsänderungen (d. h. zu raschem Übergang zu einem anderen stabilen Fixpunkt)

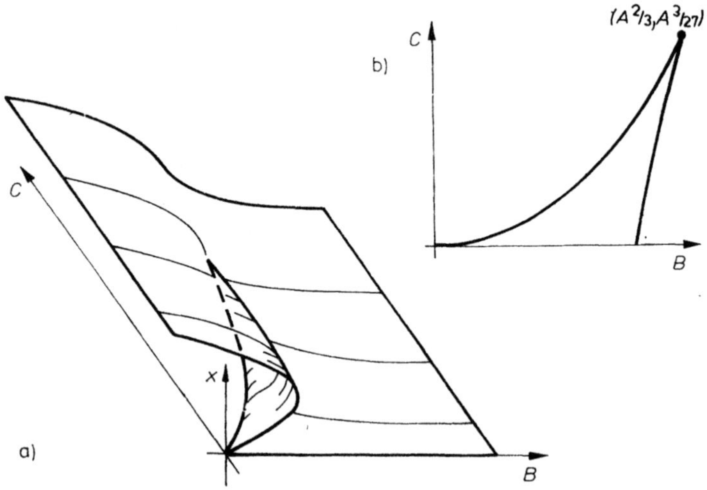

Abb. 106
Stationäre Zustände der kubischen Nichtlinearität (7.1) in Abhängigkeit von den Parametern B und C (a) und spitzenförmige Bifurkationsmenge in der Parameterebene (b)

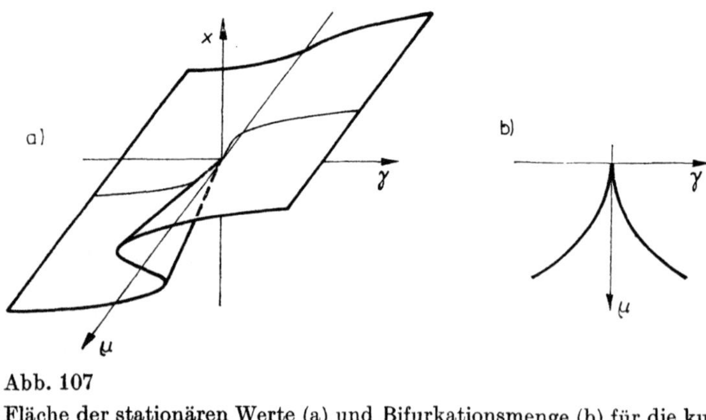

Abb. 107
Fläche der stationären Werte (a) und Bifurkationsmenge (b) für die kubische Nichtlinearität in Standardkoordinaten

kommen, und bei geeignetem Durchgang durch die Spitze $(B, C) = (A^2/3, A^3/27)$ tritt eine Heugabel-Bifurkation auf.

Wir wollen jetzt das System (7.2) von unnötigem Ballast befreien und nehmen dazu einen Koordinatenwechsel vor: Die Translation $y = x - A/3$ und das Anheben um die (parameterabhängige) Konstante $AC/3 + A^4/108 - A^2B/18$ erzeugen

$$\tilde{V}(y) = y^4/4 + \frac{1}{2}\left(B - \frac{A^2}{3}\right) y^2 + \left(\frac{AB}{3} - \frac{2}{27} A^3 - C\right) y, \tag{7.5}$$

und mit den neuen Parametern $\mu := A^2/3 - B$, $\gamma := C - (AB/3) + (2/27)A^3$ erhalten wir aus (7.5) die Normalform

$$\tilde{V}(y) = y^4/4 - (\mu/2)\, y^2 - \gamma y, \tag{7.6}$$

deren stationäre Werte bei $y^3 - \mu y - \gamma = 0$ liegen (Abb. 107a). Im Gebiet

$$\left\{(\mu, \gamma) \mid \mu > 0, |\gamma| < \left(2/\sqrt{27}\right) \mu^{3/2}\right\} \tag{7.7}$$

liegen deshalb drei Extrema von $\tilde{V}$, seine Ränder sind Neilsche Parabeln mit einer Spitze bei $\mu = \gamma = 0$ (Abb. 107b).

2. Wir können uns leicht ein mechanisches Modell, eine sogenannte „Katastrophen-Maschine“, konstruieren, die bei stetiger Parameteränderung einen sprunghaften Wechsel ihres Zustands vollführt. Dem Leser wird sehr empfohlen, damit ein wenig zu experimentieren.

Wir benötigen zwei Gummibänder mit der entspannten Länge L und eine kreisförmige Scheibe aus Pappe, deren Durchmesser ebenfalls L beträgt, zwei Reißzwecken und ein Holzbrett (möglichst nicht die Tischplatte!). Zuerst befestigen wir beide Gummis mit ihrem Anfang am gleichen Punkt P auf der Peripherie des Kreises (z. B. durch Loch und Knoten). Danach wird die Scheibe drehbar in ihrem Mittelpunkt A auf der Holzplatte angezweckt und das Ende des einen Gummis mit der zweiten Reißzwecke am Punkt B mit $\overline{AB} \approx 2L$ befestigt (Abb. 108a). Der Endpunkt F des anderen Gummis wird frei auf der Ebene bewegt und repräsentiert den gewählten Wert des zweidimensionalen Parameters. Der Zustand des Systems ist durch den Punkt P und damit die eindimensionale Größe $x = \sphericalangle BAP$ gegeben.

Verändern wir jetzt F stetig, so wird auch der Zustand x stetig folgen mit Ausnahme einiger Parameterwerte, bei deren Überschreiten es zu sprunghaften Änderungen von x kommt. Markieren wir diese Stellen in der Parameterebene, so finden wir eine geschlossene Kurve mit vier Spitzen (Abb. 108a).

Die „Maschine“ stellt offenbar ein gedämpftes mechanisches System dar (und ist mit dem „Brückenmodell“ aus Aufgabe 2.2./1 verwandt), das als Folge einer starken Dämpfung praktisch sofort seinen stationären Zustand einnimmt, der eine Ruhelage ($\dot{x} = 0$) mit minimaler potentieller Energie ist. Bei langsamer Änderung des Punktes F verbleibt das System deshalb immer in einem lokalen Minimum des Potentials.

Schauen wir uns nun die Zustandsänderung längs der Geraden g in der Parameterebene an (Abb. 108a). Da sich das Potential $V(x)$ additiv aus den potentiellen Energien beider Gummis zusammensetzt (wir nehmen eine lineare rücktreibende Kraft an), können wir uns überlegen, daß $Q_1 \in g$ der Punkt ist, an dem bei Überschreiten von außen aus einem Minimum von V zwei werden, das System aber im linken, tieferen Minimum verbleibt (Abb. 108b). Weiteres Fortschreiten längs g senkt das rechte Minimum ab und hebt das linke an, bis letzteres bei Q_2 verschwindet. Das bewirkt einen plötzlichen Sprung in das rechte Minimum, das jenseits von Q_2 das einzige ist (Abb. 108b). Bei umgekehrtem Durchlaufen von g verbleibt das System jetzt in diesem Zweig ($x > 0$) und springt erst bei Q_1 auf den anderen Zweig ($x < 0$), so daß sich ein Hysteresezyklus ergibt. (Man betrachte die Analogie in Abb. 109).

Die Spitze bei S (und auch die Spitze bei S') ist nichts anderes als eine diffeomorphe Verzerrung der Spitze aus Abb. 107b. Innerhalb des spitzenförmigen Gebiets hat V zwei Minima, außerhalb nur ein Minimum. Deshalb tritt bei S (lokal) eine *Spitzenkatastrophe* auf. (Welchen Charakter besitzen die beiden anderen Spitzen?)

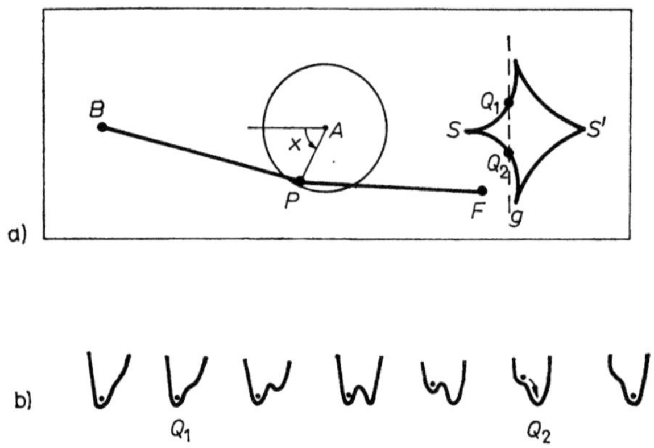

Abb. 108

Katastrophenmaschine (a) und Änderung des Potentials entlang der Geraden g (b)

Abb. 109

Hysterese bei der optischen Wahrnehmung (man betrachte die Bilderleiste abwechselnd von links nach rechts und wieder nach links)

3. Ein klassisches Beispiel der Katastrophentheorie ist die Beschreibung des Aggressionsverhaltens von Hunden. Das Verhalten x eines Hundes hängt ab von der Größe der gegensätzlich wirkenden Konfliktfaktoren Wut w und Furcht f (die aus dem Öffnen des Mundes bzw. dem Zurücklegen der Ohren gemessen werden können). Bei Vorherrschen von Wut kommt es zum Kampf, während reine Furcht zur Flucht führt. Sind beide Faktoren klein, so ist das Verhalten neutral, dagegen kann es bei großer Wut und großer Furcht sowohl zum Kampf oder zum Rückzug kommen. Dieses Verhalten können wir (wenn wir den für große Werte von w und f am wenigsten wahrscheinlichen neutralen Zustand hinzunehmen) als faltenartige Fläche über der Parameterebene darstellen (Abb. 110). Wir erhalten damit neue Einsichten über den Aggressionsmechanismus. Bei gleichzeitigem Anwachsen von Wut und Furcht können fast gleiche Ausgangssituationen ganz verschiedene Verhaltensweisen erzeugen (Wege 1 und 2 in

Abb. 110). Bei gegensätzlicher Änderung beider Faktoren sind sprunghafte Änderungen des Verhaltens möglich (Weg 3).

Die zur *Spitzenkatastrophe* gehörende Zustandsfläche M wurde erfolgreich zur Modellierung von zweiparametrigen Systemen eingesetzt, die sich durch folgende qualitative Merkmale auszeichnen:

a) *Bimodalität* (bei manchen Parameterwerten zwei Zustände möglich);
b) *Divergenz* (benachbarte Parameteränderungen führen zu sehr unterschiedlichen Zuständen);
c) *Unerreichbarkeit* (mitunter nicht alle Zustände erreichbar);
d) *plötzliche Sprünge*;
e) *Hysterese* (Zustand hängt von der Vorgeschichte der Parameteränderung ab).

Verlaufen die Parameterachsen links und rechts von der Spitze des bimodalen Bereichs, so stellen sie *Konfliktfaktoren* dar. Legen wir eine Achse „senkrecht" zur Spitze (wie in Abb. 107),

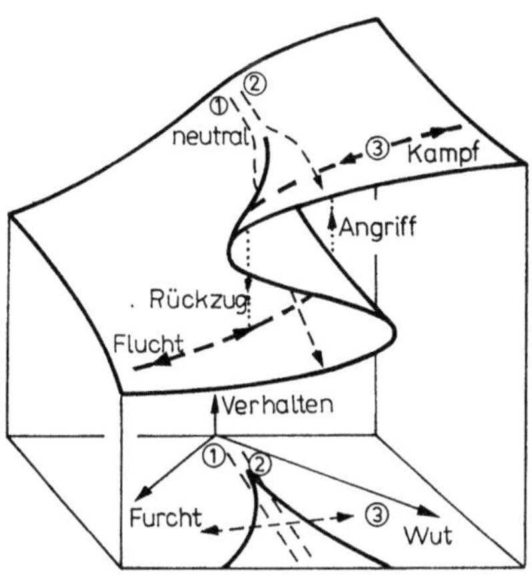

Abb. 110
Spitzenkatastrophe als Modell für das Aggressionsverhalten von Hunden

so ist dieser Parameter γ ein *normaler Faktor* (für $\mu < 0$ hängt der Zustand x stetig von γ ab), während der Parameter μ in Richtung der Spitze *aufspaltender Faktor* heißt (weil für $\mu > 0$ die Zustandsfläche aufspaltet).

Bezüglich weiterer Beispiele, etwa dem Übergang vom gasförmigen zum flüssigen Zustand realer Gase oder dem Territorialverhalten von Fischen, sei auf die Literatur verwiesen.

4. Was haben diese Überlegungen mit der bisher behandelten Theorie dynamischer Systeme zu tun? Eine wichtige Anwendung findet die Katastrophentheorie bei der Beschreibung des Bifurkationsverhaltens von Gradientensystemen, die durch den Gleichungstyp

$$\dot{x} = -\operatorname{grad}_x V(x, \mu), \quad x \in X = \mathbb{R}^n, \quad \mu \in C = \mathbb{R}^m,$$

beschrieben werden. Die Menge der Fixpunkte

$$M = \{x \mid \partial V/\partial x_i = 0, i = 1, \ldots, n\}$$

ist dann eine Hyperfläche im Raum $X \times C$, deren Elemente (bei festem μ) stationäre Punkte des Potentials V sind.

Bei einer entarteten Jacobi-Matrix, das heißt für

$$\det\left((\partial^2 V/\partial x_i\, \partial x_j)_{i,j=1}^n\right) = 0$$

ist das Gradientensystem strukturell instabil, weil ein entarteter Extrem- oder Sattelpunkt vorliegt. Kleine Störungen von V durch Addition glatter Funktionen erzeugen dann eine endliche Anzahl topologisch unterschiedlicher Potentialformen, deren Vertreter wir universelle Entfaltungen nennen. Werden die entarteten Fixpunkte in den Parameterraum projiziert, so entsteht die Bifurkationsmenge mit einem für jede Katastrophe typischen Aussehen. Ein wesentliches Resultat besteht nun darin, daß für $\dim C \leqq 4$ unabhängig von $\dim X$ nur sieben elementare Katastrophen möglich sind, deren universelle Entfaltungen durch einfache Polynome angegeben werden können.

7.2. Falten und Spitzen

In diesem Abschnitt behandeln wir zunächst eine vereinfachte Version des Satzes von Thom.

Dazu betrachten wir ein System, das durch einen *ein*dimensionalen Zustandsraum X und einen *zwei*dimensionalen Parameterraum C (vom englischen Wort control = steuern) beschrieben wird. Das Potential $V(x, \mu)$, $x \in X$, $\mu \in C$, sei eine *glatte* Funktion von x und μ, worunter wir in diesem Kapitel eine unendlich oft differenzierbare Funktion verstehen wollen.

Die *Menge der stationären Werte* von V ist

$$M := \{(x, \mu) \mid \partial V(x, \mu)/\partial x = 0\}. \tag{7.8}$$

Diejenigen Punkte auf M, wo senkrechte Geraden ($\mu = \text{const}$) tangieren, also

$$K := \{(x, \mu) \in M \mid \partial^2 V(x, \mu)/\partial x^2 = 0\}, \tag{7.9}$$

nennen wir *Singularitäten* von M oder *Katastrophenmenge*.

Definition. Eine Singularität von M heißt *Spitzenkatastrophe*, wenn M lokal in der Umgebung dieses Punktes der Standardfläche

$$\{(y, u, v) \in \mathbb{R}^3 \mid y^3 + uy + v = 0\} \tag{7.10}$$

bei $y = u = v = 0$ äquivalent ist.

Bemerkung. Die Äquivalenz zweier Funktionen ist ein zentraler Begriff der Katastrophentheorie. In unserem Fall beinhaltet sie die Existenz einer eineindeutigen, glatten Abbildung von einer Umgebung $U \subset X \times C$ in $X \times C$, die $U \cap M$ auf die obige Standardfläche (bei Null) abbildet und bezüglich des Parameters fasertreu ist. Für das zugehörige Potential $V(x, \mu)$ aufgeschrieben bedeutet Äquivalenz die Existenz einer Transformation

$$F: X \times C \to X \times C, \quad F(x, \mu) = (y, \nu), \quad y := g(x, \mu), \quad \nu := h(\mu), \tag{7.11}$$

bei der $g(\cdot, \mu)$ für alle μ und h lokale C^∞-Diffeomorphismen sind, so daß (mit einer glatten Funktion $a(\mu)$)

$$\tilde{V}\big(g(x, \mu), h(\mu)\big) = V(x, \mu) + a(\mu) \tag{7.12}$$

das Potential $\tilde{V}(y, \nu)$ zur Standardfläche (7.10) ergibt. Da die Parameter unabhängig vom Zustand transformiert werden, geht die Faser $\{(x, \mu) \mid \mu = \mu^0\}$ in die Faser $\{(y, \nu) \mid \nu = h(\mu^0)\}$ über. Das Potential $\tilde{V}(y, 0)$ zur Standardfläche heißt *Keim*, seine Störungen heißen Entfaltungen. $\tilde{V}(y, \nu)$ heißt *universelle Entfaltung* und ist für die Spitzenkatastrophe durch

$$\tilde{V}(y, \nu) = \frac{1}{4} y^4 + \frac{u}{2} y^2 + vy, \quad \nu := (u, v) \tag{7.13}$$

gegeben.

Satz 1. *Sei* dim $C = 2$, dim $X = 1$, *und sei V eine durch C parametrisierte, glatte, generische Funktion auf X. Dann ist die Menge M der stationären Werte von V eine glatte Fläche in $X \times C$. Die einzigen Singularitäten (nach Projektion von M auf C) sind Faltenkurven und Spitzenkatastrophen.*

Bemerkung. *Generisch* bedeutet, daß wir nur Abbildungen V aus einer dichten Teilmenge von $C^\infty(\mathbb{R}^2, \mathbb{R}^1)$ betrachten. Wir lassen isolierte Abbildungen mit unschönen Eigenschaften weg, wenn es in beliebiger Nähe glatte Funktionen mit wesentlich besseren Eigenschaften gibt. Fast alle glatten Funktionen sind generisch. Kleine Störungen generischer Funktionen sind wieder generisch.

Ein zu Satz 1 analoger Satz für dim $C = 1$ besagt, daß M eine glatte Kurve ist, deren einzige Singularitäten Faltenkatastrophen sind. Dabei liegt eine *Faltenkatastrophe* vor, wenn M lokal der Standardkurve $\{(y, u) \in \mathbb{R}^2 \mid y^2 + u = 0\}$ äquivalent ist. Die Faltenkatastrophe erscheint offenbar in Schnitten der Spitzenkatastrophe wieder, deren Fläche zwei Falten besitzt sowie eine neue Singularität bei Null. (Entsprechend werden sich höherdimensionale Katastrophen aus niederdimensionalen und einer neuen Singularität bei Null zusammensetzen.)

Bei Erhöhung der Dimension des Zustandsraumes X müssen wir die obigen Mengen entsprechend allgemeiner definieren: Die *Menge der stationären Werte* von $V(x, \mu)$ ist für dim $X = n$

$$M = \{(x, \mu) \in X \times C \mid \partial V(x, \mu)/\partial x_i = 0, \ i = 1, \ldots, n\}, \tag{7.14}$$

die *Katastrophenmenge* ist durch die entarteten stationären Punkte

$$K := \left\{(x, \mu) \in M \mid \det\left((\partial^2 V(x, \mu)/\partial x_i \, \partial x_j)_{i,j=1}^n\right) = 0\right\} \tag{7.15}$$

gegeben. Deren Projektion in den Parameterraum

$$B := \{\mu \in C \mid \exists x \in X \text{ mit } (x, \mu) \in M\} \tag{7.16}$$

heißt *Bifurkationsmenge*.

Satz 2. *Satz 1 bleibt wörtlich richtig, wenn X ein beliebiger endlichdimensionaler Zustandsraum ist.*

Diese Aussage ist besonders bemerkenswert, da sie die Unabhängigkeit der beiden möglichen Katastrophentypen von der Anzahl der Zustandsvariablen beinhaltet. Zugleich ist das der Grund, weshalb der Beweis tiefliegend und kompliziert ist.

Allerdings müssen wir den Begriff der Äquivalenz noch etwas präzisieren, weil für $\dim X = n > 1$ die Menge M aus (7.14) keine zweidimensionale Fläche mehr ist. Nach der Koordinatentransformation und Reparametrisierung (7.11) muß jetzt statt (7.12)

$$\tilde{V}(y, \nu) = \hat{V}(y_1, \nu) + \sum_{i=2}^{n} y_i^2, \quad y = (y_1, \ldots, y_n), \tag{7.17}$$

gelten, wobei $\hat{V}(y, \nu)$ das Standardpotential (7.13) zur Spitzenkatastrophe ist. Der rein quadratische Term in (7.17) zeigt an, daß in Richtung der Koordinaten $y_2, \ldots, y_n$ ein einfaches Minimum vorliegt und das Wesentliche der Bifurkation in y_1-Richtung geschieht.

Für $\dim C = m > 2$ sprechen wir von einer Spitzenkatastrophe, wenn

$$\tilde{V}(y, \nu) = \hat{V}(y_1, u, v) + \sum_{i=2}^{n} y_i^2, \quad \nu = (u, v, \nu_3, \ldots, \nu_m), \tag{7.18}$$

gilt und $\hat{V}(y_1, u, v)$ das Potential zur Standardfläche (7.10) ist. Die Entfaltung $\tilde{V}$ ist in Richtung der Parameter $\nu_3, \ldots, \nu_m$ konstant und läßt sich auf $\hat{V}$ reduzieren.

7.3. Elementare Katastrophen

1. Wir betrachten zunächst den speziellen Fall $\dim X = 1$, $\dim C \leqq 4$.

Untersucht werden soll das lokale Verhalten von $V(x)$ in der Nähe eines stationären Punktes x^0, das heißt für $V'(x^0) = 0$. Wir setzen o. B. d. A. $x^0 = 0$ und $V(0) = 0$, so daß die Taylor-Entwicklung von V

$$V(x) = \sum_{k=2}^{\infty} a_k x^k, \quad a_k := \frac{1}{k!} (d^k V/dx^k)(0) \tag{7.19}$$

lautet. Es entsteht die Frage, welche parameterabhängigen glatten „Störungen" (das sind im Sinne der C^∞-Metrik benachbarte glatte Funktionen) das lokale Verhalten der Funktion $V(x)$ bei $x = 0$ wesentlich verändern. Für $a_m \neq 0$ kommen offenbar nur Störungen mit $n \leqq m$ in Frage, weil für $n > m$ aus $|x| \ll 1$ die Beziehung $|x|^n \ll |x|^m$ folgt.

Fall 1. Sei $a_2 \neq 0$. Die dreiparametrige Störung

$$V(x) = a_2 x^2 + \bar{\mu} x^2 + \mu_1 x + \mu_0 =: \mu_2 x^2 + \mu_1 x + \mu_0$$

läßt sich durch eine Streckung der x-Achse, anschließende Translation und Anhebung um einen parameterabhängigen Wert (sowie eventuellen Vorzeichenwechsel) auf die Normalform

$$V(x) = x^2/2 \tag{7.20}$$

bringen, die keinen Parameter mehr enthält. Die Funktion (7.20) besitzt in $x = 0$ ein *einfaches Minimum*, es tritt keine Katastrophe auf.

Fall 2. Sei $a_2 = 0$, $a_3 \neq 0$. Die vierparametrige Störung

$$V(x) = \mu_3 x^3 + \mu_2 x^2 + \mu_1 x + \mu_0$$

läßt sich wieder durch Streckung, Translation, Anhebung und eventuellen Vorzeichenwechsel auf die einparametrige Standardform

$$V(x, u) = \frac{1}{3} x^3 + ux \tag{7.21}$$

bringen. Für diese gilt

$$M = \{(x, u) \in \mathbb{R}^2 \mid x^2 + u = 0\},$$
$$K = \{(x, u) \in M \mid \partial^2 V/\partial x^2 = 0\} = \{(0, 0)\},$$
$$B = \{u \in \mathbb{R}^1 \mid \exists x \text{ mit } (x, u) \in M\} = \{0\}.$$

Bei $x = 0$, $u = 0$ liegt eine *Faltenkatastrophe* vor, deren Bifurkationsmenge B auf der u-Achse aus dem Nullpunkt besteht (Abb. 111). Die Normalform (7.21) ist eine *universelle Entfaltung* des Keims $x^3/3$.

Fall 3. Sei in (7.19) $a_2 = a_3 = 0$, $a_4 \neq 0$. Dann kann das allgemeine Potential 4. Ordnung auf die zweiparametrige Standardform

$$V(x, u, v) = \frac{1}{4} x^4 + \frac{u}{2} x^2 + vx, \quad (u, v) \in \mathbb{R}^2, \tag{7.22}$$

gebracht werden. Die entsprechenden Mengen M, K und B sind

$$M = \{(x, u, v) \in \mathbb{R}^3 \mid x^3 + ux + v = 0\},$$
$$K = \{(x, u, v) \in M \mid 3x^2 + u = 0\} = \{(x, u, v) \mid u = -3x^2,\ v = 2x^3\},$$
$$B = \{(u, v) \in \mathbb{R}^2 \mid \exists x \text{ mit } (x, u, v) \in M\} = \{(u, v) \mid 4u^3 + 27v^2 = 0\}.$$

Bei $x = u = v = 0$ tritt eine *Spitzenkatastrophe* auf, deren Bifurkationsmenge B aus dem Spitzenpunkt (0, 0) und den beiden Faltenlinien $v = \pm 2\left(\sqrt{-u/3}\right)^3$ besteht Abb. 112; siehe auch Abb. 107 mit $\mu = -u$, $\gamma = -v$).

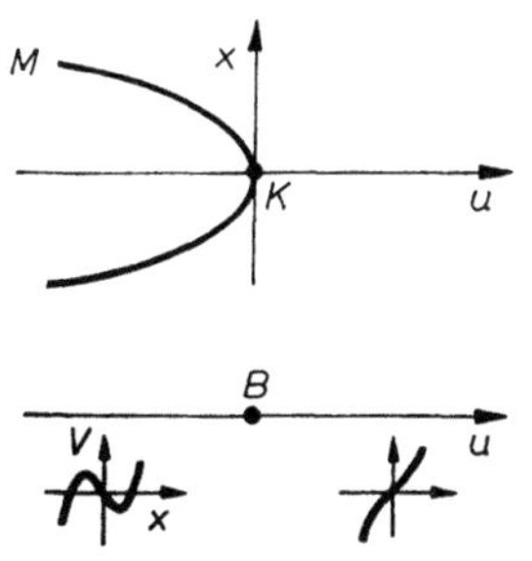

Abb. 111
Menge der stationären Werte M, Katastrophenmenge K, Bifurkationsmenge B und qualitativer Verlauf des Potentials V für die Faltenkatastrophe (7.21)

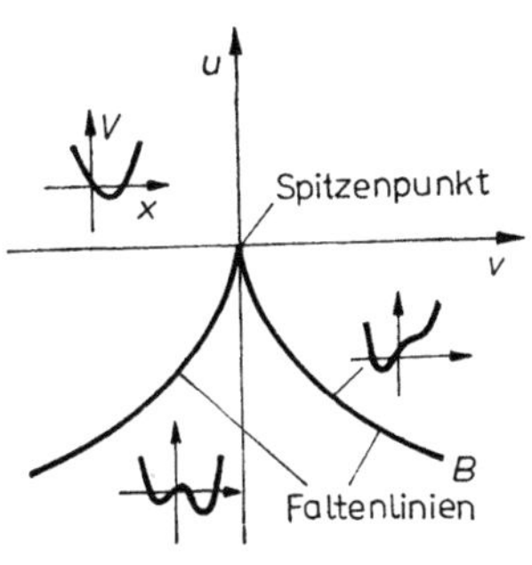

Abb. 112
Bifurkationsmenge B und qualitativer Verlauf des Potentials V für die Spitzenkatastrophe (7.22)

Die Spitzenkatastrophe ist die einfachste Bifurkation, die bei Variation eines zweidimensionalen Parameters entsteht. Längs geeigneter Schnittkurven im Parameterraum finden wir in ihr die aus Kapitel 6 bekannte Tangentenbifurkation (an den Falten) und die Heugabel-Bifurkation wieder und erkennen dadurch deren inneren Zusammenhang.

Fall 4. Sei $a_2 = a_3 = a_4 = 0$, $a_5 \neq 0$. Die Normalform des Potentials 5. Ordnung

$$V(x, u, v, w) = \frac{1}{5} x^5 + \frac{u}{3} x^3 + \frac{v}{2} x^2 + wx \tag{7.23}$$

mit den dazu gehörenden Mengen

$$M = \{(x, u, v, w) \in \mathbb{R}^4 \mid x^4 + ux^2 + vx + w = 0\},$$

$$K = \{(x, u, v, w) \in M \mid 4x^3 + 2ux + v = 0\},$$

$$B = \{(u, v, w) \in \mathbb{R}^3 \mid \exists x \text{ mit } (x, u, v, w) \in M\}$$

beschreibt eine *Schwalbenschwanz-Katastrophe* bei $x = u = v = w = 0$. Sie trägt ihren Namen nach der zugehörigen dreidimensionalen Bifurkationsmenge B, die aus dem Schwalbenschwanzpunkt, zwei Spitzenkurven (für $u < 0$) und Faltenflächen besteht (Abb. 113a). Die zu den einzelnen Gebieten im Parameterraum gehörenden qualitativen Formen von V sind in Abb. 113b, c wiedergegeben.

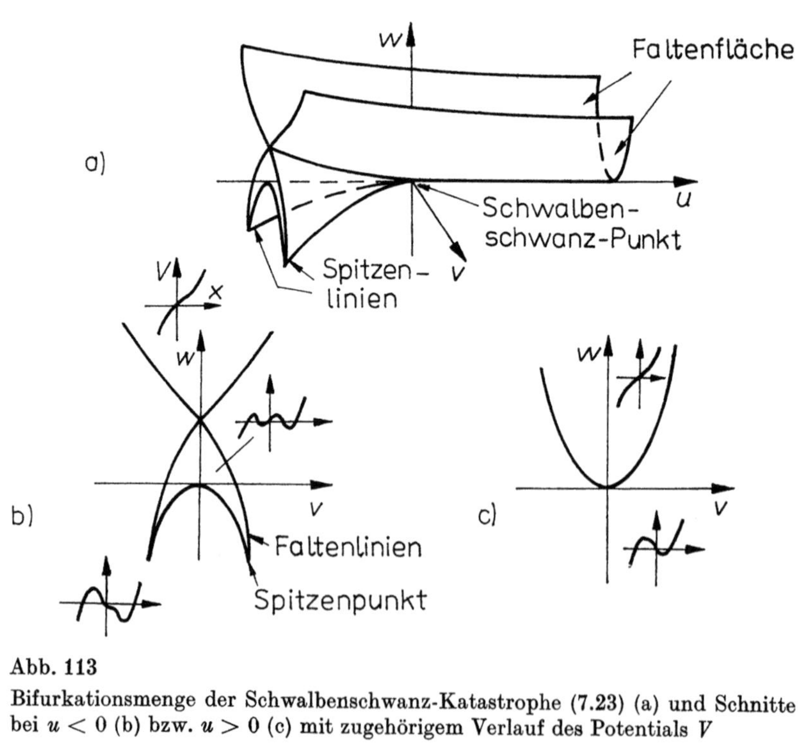

Abb. 113

Bifurkationsmenge der Schwalbenschwanz-Katastrophe (7.23) (a) und Schnitte bei $u < 0$ (b) bzw. $u > 0$ (c) mit zugehörigem Verlauf des Potentials V

Fall 5. Sei in (7.19) $a_2 = \cdots = a_5 = 0$, $a_6 \neq 0$. Die zur vierparametrigen Normalform

$$V(x, t, u, v, w) = \frac{1}{6} x^6 + \frac{t}{4} x^4 + \frac{u}{3} x^3 + \frac{v}{2} x^2 + wx$$

gehörende Bifurkation heißt *Schmetterlingskatastrophe*.

Damit ist für einen eindimensionalen Zustandsraum die Liste der Katastrophen, die nicht mehr als vier Parameter erfordern, abgeschlossen. Zugleich wird uns klar, wie eine beliebige Zahl weiterer Katastrophen durch fortgesetzte Vergrößerung der Dimension des Parameterraumes konstruiert werden kann.

2. Im Falle $\dim X \geqq 2$, $\dim C = 3$ sind zwei weitere singuläre Punkte möglich, der *hyperbolische Nabel* und der *elliptische Nabel*, die jeweils eine dreidimensionale Bifurkationsmenge besitzen (Abb. 114).

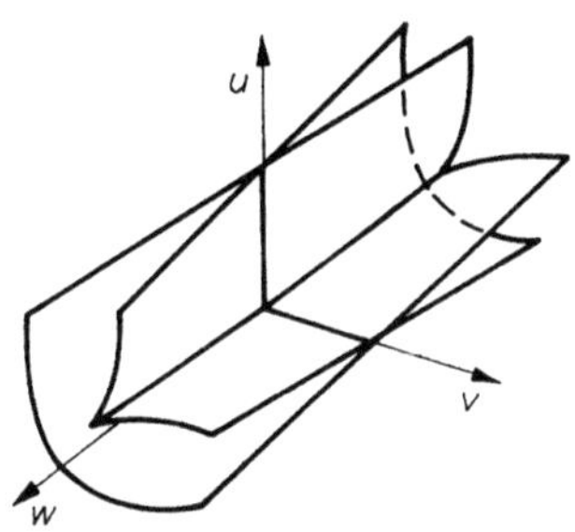

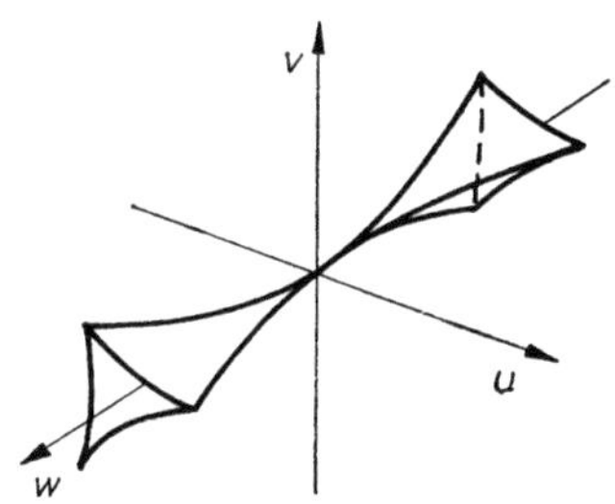

Abb. 114

Bifurkationsmengen der hyperbolischen (a) und der elliptischen Nabel-Katastrophe (b)

Im Falle $\dim X \geqq 2$, $\dim C = 4$ kommt noch der *parabolische Nabel* hinzu und schließt die Liste der Katastrophen mit $\dim C \leqq 4$ ab.

Satz (Thom). *Sei C ein vierdimensionaler Parameterraum, sei X ein beliebiger endlichdimensionaler Zustandsraum, und sei V eine durch C parametrisierte, glatte, generische Funktion auf X. Sei M die Menge der stationären Werte von V. Dann ist M eine glatte Hyperfläche in $X \times C$, und die einzigen Typen von Singularitäten von M sind die folgenden sieben elementaren Katastrophen:*

Name	dim X	dim C reduzierbar auf	Normalform V
Falte	$\geqq 1$	1	$(x^3/3) + ux$
Spitze	$\geqq 1$	2	$(x^4/4) + (u/2)\,x^2 + vx$
Schwalbenschwanz	$\geqq 1$	3	$(x^5/5) + (u/3)\,x^3 + (v/2)\,x^2 + wx$
Schmetterling	$\geqq 1$	4	$(x^6/6) + (t/4)\,x^4 + (u/3)\,x^3$ $+ (v/2)\,x^2 + wx$
hyperbolischer Nabel	$\geqq 2$	3	$x^3 + y^3 + wxy - ux - vy$
elliptischer Nabel	$\geqq 2$	3	$x^3 - xy^2 + w(x^2 + y^2) - ux - vy$
parabolischer Nabel	$\geqq 2$	4	$x^2y + y^4 + tx^2 + wy^2 - ux - vy$

B e m e r k u n g . Das Erstaunliche an diesem Satz (darin liegt auch die Schwierigkeit seines Beweises) ist die endliche Zahl der elementaren Katastrophen und die Unabhängigkeit von der Dimension des Zustandsraums.

Für dim $C = 5$ sind vier weitere Katastrophen möglich, so daß die Liste dann bereits elf umfaßt. Für dim $C = 6$ sind unendlich viele verschiedene Katastrophen möglich.

Der Wert der Katastrophentheorie für die qualitative Theorie nichtlinearer Differentialgleichungen liegt, wie eingangs erwähnt, vor allem bei der Beschreibung von Gradientensystemen, deren Potentiale wir jetzt klassifizieren können. (Wir können auch V als allgemeine Ljapunow-Funktion auffassen, doch ist es schwierig, alle dazu passenden Vektorfelder zu charakterisieren.) Bei konkreten Anwendungen müssen wir V allerdings erst auf die entsprechende Normalform mit minimaler Zahl von Zustandsvariablen und Parametern reduzieren.

Natürlich gibt es „Katastrophen", wie die Hopf-Bifurkation, die nicht durch die Katastrophentheorie erfaßt werden (und die wir nicht-elementare Katastrophen nennen können). Andererseits ist die Katastrophentheorie nach THOM keine reine Sigularitätentheorie, sondern der Versuch einer Geometrisierung von Vorgängen in der belebten und der unbelebten Natur (man überzeuge sich bei THOM [66]).

A u f g a b e . Die Substratkonzentration bei einer durch ein Enzym katalysierten Reaktion wird häufig durch eine Kinetik der Form

$$\dot{x} = a - bx - cx/(1 + dx + ex^2), \quad x \in \mathbb{R}_+^1,$$

beschrieben, in der a, b, c, d und e positive Konstanten (Parameter) sind. Welche Katastrophen sind möglich?

8. Reaktions-Diffusions-Systeme

In diesem Kapitel behandeln wir räumlich ausgedehnte Systeme, in denen chemische Reaktionen ablaufen und Stoffe durch Diffusion transportiert werden (bzw. ihnen isomorphe Systeme). Die Beschreibung führt uns auf nichtlineare partielle Differentialgleichungen, die wir als gewöhnliche Differentialgleichungen in geeigneten Funktionenräumen auffassen und mit qualitativen Methoden behandeln werden.

8.1. Grundgleichung

Wenn sich in einem räumlich homogenen System mit dem Volumen V die Stoffmenge $\mathcal{N}$ (in mol) befindet, dann nennen wir $n := \mathcal{N}/V$ die (molare) Konzentration des Stoffes. Für räumlich inhomogene Systeme ist es deshalb sinnvoll, mittels

$$n(x) := \lim_{\Delta V \to \{x\}} \frac{\Delta \mathcal{N}}{|\Delta V|}, \quad \text{d. h.} \quad \mathcal{N} = \int_V n(x)\, dV, \tag{8.1}$$

eine vom Ort $x \in \mathbb{R}^3$ abhängige *Konzentration* (Maßeinheit: $\text{mol} \cdot \text{m}^{-3}$) einzuführen.[1])

Die Stoffmenge $\mathcal{N}(t)$ innerhalb eines Volumens V kann sich zeitlich ändern auf Grund einer Produktion $P[\mathcal{N}]$ im Inneren oder durch einen Stoff-Fluß $\Phi[\mathcal{N}]$ durch die Berandung des Gebiets,

$$\dot{\mathcal{N}} = P[\mathcal{N}] + \Phi[\mathcal{N}]. \tag{8.2}$$

Wegen der Ortsabhängigkeit der Stoffverteilung müssen wir auch hier lokale Größen, das heißt Dichten, einführen und erklären mit Hilfe von

$$P[\mathcal{N}] = \int_V q(t, x)\, dV, \quad \Phi[\mathcal{N}] = -\oint_{\partial V} \big(J(t, x), \nu(x)\big)\, dO \tag{8.3}$$

(für beliebige (Teil-) Volumina V) die ***Produktionsdichte*** $q(t, x)$ am Ort x zur Zeit t (Maßeinheit: $\text{mol} \cdot \text{m}^{-3}\,\text{s}^{-1}$) bzw. den ***Stromdichte(vektor)*** $J(t, x)$ (Maßeinheit: $\text{mol} \cdot \text{m}^{-2} \times \text{s}^{-1}$); dabei ist $(\cdot, \cdot)$ das Skalarprodukt und $\nu(x)$ die äußere Normale am Ort $x \in \partial V$.

Wenn wir (8.1) und (8.3) einsetzen, den Gaußschen Satz auf das Oberflächenintegral anwenden und beachten, daß die Beziehung für beliebige, zeitlich feste Gebiete V

---

[1]) Falls es notwendig ist, unterscheiden wir die Menge ΔV von ihrem Rauminhalt $|\Delta V|$.

gelten soll, so erhalten wir die *lokale Bilanzgleichung*

$$\partial n(t, x)/\partial t = q(t, x) - \operatorname{div} J(t, x). \tag{8.4}$$

(Im Anhang A.3.2. wird diese Herleitung für eine beliebige extensive Zustandsgröße ausführlich begründet.)

Da die Stoffproduktion durch chemische Reaktionen erfolgt, setzen wir

$$q(t, x) := f[n(t, x)] \tag{8.5}$$

mit $f(n)$ als reaktionskinetischer Funktion (siehe auch A.2.3.). Der räumliche Transport durch Diffusion legt den Fickschen Ansatz

$$J(t, x) := -D \cdot \operatorname{grad}_x n(t, x), \quad D > 0, \tag{8.6}$$

mit D als Diffusionskonstante nahe. Mit (8.5) und (8.6) erhalten wir aus (8.4) die nichtlineare parabolische Differentialgleichung

$$\frac{\partial n}{\partial t}(t, x) = D \cdot (\Delta n)(t, x) + f[n(t, x)], \quad \Delta := \sum_{i=1}^{3} \frac{\partial^2}{\partial x_i^2}. \tag{8.7}$$

Falls mehrere Stoffe zu bilanzieren sind, erfolgt die Beschreibung entsprechend durch

$$\frac{\partial n_i}{\partial t}(t, x) = D_i \cdot (\Delta n_i)(t, x) + f_i[n_1(t, x), \ldots, n_K(t, x)], \quad i = 1, \ldots, K. \tag{8.8}$$

Jetzt sind noch Randbedingungen notwendig, um die Wechselwirkung mit der Umgebung festzulegen. Zwei typische Randwertaufgaben (für $K = 1$) sind

$$n(t, x)|_{x \in \partial V} = g(t, x) \tag{8.9}$$

bzw.

$$\left(\operatorname{grad}_x n(t, x), \nu(x)\right)\big|_{x \in \partial V} = h(t, x), \tag{8.10}$$

die einen bestimmten Konzentrationsverlauf bzw. einen Stoff-Fluß auf der Oberfläche ∂V vorschreiben. Bei vernünftiger Modellierung sollte nun zu jedem Anfangswert

$$n(0, x) = \varphi(x), \quad x \in V, \tag{8.11}$$

eine eindeutige Lösung $n(t, x)$, $t > 0$, gehören.

8.2. Fixpunkte und deren Stabilität

1. Wir haben die Aufgabe, eine partielle Differentialgleichung vom Typ

$$\frac{\partial u}{\partial t}(t, x) = F[u(t, x)] \quad \text{mit Randbedingungen} \tag{8.12}$$

qualitativ zu untersuchen. (Durch die Randbedingungen wird die Differentialgleichung eindeutig festgelegt, während die Anfangsbedingungen eine spezielle Lösung auszeichnen.) Dabei ist $u\colon \theta \times G \to \mathbb{R}^K$, $G \subset \mathbb{R}^d$ (eine für $K > 1$ vektorwertige) Feldfunktion, die auf einem geeigneten Zeitintervall $\theta \subset \mathbb{R}^1$ erklärt ist. F ist eine (im allgemeinen nichtlineare) Operatorfunktion, die insbesondere auch räumliche Ableitungen enthält. Die Idee unseres Herangehens besteht darin, die gesamte Funktion $u(t) \equiv u(t, \cdot) := \big(u(t, x)\big)_{x\in G}$ als *Zustand* zur Zeit t zu betrachten, so daß wir (8.12) als eine *gewöhnliche* Differentialgleichung

$$M \subset B\colon\ \frac{du(t)}{dt} = F[u(t)] \tag{8.13}$$

in einem geeigneten *Funktionenraum* B auffassen können. Der Raum B soll stets ein Banach-Raum, also ein vollständiger normierter Raum mit der Norm $\|\cdot\|$ sein.

Wichtige Beispiele sind (für $d = 1$, $K = 1$) der Raum $C[0, L]$ der auf $[0, L]$ stetigen Funktionen mit $\|q\| := \max\limits_{x\in[0,L]} |q(x)|$ und der Hilbert-Raum $\mathscr{L}^2(0, L)$ der auf $(0, L)$ quadratisch integrierbaren Funktionen mit

$$\|q\|^2 := \int\limits_0^L |q(x)|^2\, dx\,.$$

Wenn F Differentialoperatoren enthält, ist es meist sinnvoll, Funktionenräume zu betrachten, in deren Norm auch die Werte der Ableitungen eingehen. Das führt dann auf Räume (ein- oder mehrmals) stetig differenzierbarer Funktionen oder auf Sobolev-Räume, bei denen gewisse verallgemeinerte Ableitungen existieren und quadratisch integrierbar sind.

Den gewählten Funktionenraum müssen wir noch auf die Menge B_R der Funktionen einschränken, die die Randbedingungen aus (8.12) erfüllen. Da wir nur autonome Systeme betrachten, sollen auch die Randbedingungen zeitunabhängig sein.

Der Vorteil unseres Zugangs begründet sich aus der Tatsache, daß wir sehr viele Begriffe und Vorgehensweisen aus der bisherigen Theorie gewöhnlicher Differentialgleichungen unmittelbar übertragen und teilweise wörtlich übernehmen können. So treten Konzepte wie Fixpunkte, Stabilität, Linearisierung oder stabile Mannigfaltigkeit völlig natürlich auf. Der Preis, den wir zu zahlen haben, ist dann die Eigenschaft von B, ein *unendlichdimensionaler* Raum zu sein, die eine Reihe technischer Schwierigkeiten mit sich bringt. Der Umstand, daß sich viele Sätze aus dem $\mathbb{R}^n$ fast wörtlich übertragen lassen, darf nicht dazu verleiten, nur mit Analogieschlüssen zu arbeiten. Jede neue Aussage muß streng bewiesen werden, da Räume unendlicher Dimension auch viele ungewohnte Eigenschaften besitzen, vor allem bei Konvergenzfragen (so besitzt nicht jede beschränkte Folge einen Häufungspunkt!). Erwähnt werden sollte auch, daß sich Lösungen von (8.12) im allgemeinen nicht beliebig weit nach hinten fortsetzen lassen (man denke an die Fundamentallösung der Wärmeleitungsgleichung).

2. Die Suche nach stationären Zuständen, das heißt von *Fixpunkten* u^0 der Gleichung (8.13), führt auf

$$M \subset B_R\colon\ F[u^0(x)] = 0\,, \quad x \in G\,. \tag{8.14}$$

Das ist immer noch eine Differentialgleichung, aber zum Beispiel vom elliptischen Typ, wenn (8.13) parabolisch war, und häufig nicht explizit lösbar.

Die *Stabilität* eines Fixpunktes u^0 wird wörtlich durch Definition 1.4./1 erklärt (wenn wir x^0 durch u^0 und $x(t)$ durch $u(t)$ ersetzen und $\|\cdot\|$ die Norm in B ist). Insbesondere ist ein Fixpunkt u^0 von (8.13) *asymptotisch stabil*, wenn für alle Lösungen $u(t)$ mit $\|u(0) - u^0\| < \delta$ (die diese Umgebung nicht verlassen) gilt

$$\lim_{t\to\infty} \|u(t) - u^0\| = 0. \tag{8.15}$$

Für die Stabilitätsanalyse liegt es nahe, die Methode der Linearisierung aus 1.4.1. zu verwenden: Setzen wir $v := u - u^0$, das heißt $v(t, x) := u(t, x) - u^0(x)$, dann erhalten wir aus (8.12) die *linearisierte Gleichung*

$$\frac{\partial v}{\partial t}(t, x) = \big(A(u^0)\, v\big)(t, x) \quad \text{mit Randbedingungen,} \tag{8.16}$$

in der $A(u^0) := (\delta F/\delta u)\,(u^0)$ der lineare Anteil von F, die sogenannte Fréchet- (oder starke) Ableitung ist. Das ist ein linearer Operator, für den die Beziehung

$$F(u^0 + v) = F(u^0) + A(u^0)\, v + o(\|v\|) \tag{8.17}$$

gilt ([1]). Zu beachten ist, daß für v in (8.16) entsprechend transformierte Randbedingungen zu wählen sind: Besitzt u (bzw. (grad u, ν)) auf dem Rand zeitunabhängige Werte, so muß v (bzw. (grad v, ν)) auf dem Rand verschwinden. Deshalb schreiben wir für (8.16) auch

$$M \subset B_0\colon \quad dv(t)/dt = A(u^0)\, v. \tag{8.18}$$

Die Lösung von (8.18) als Gleichung in B_0, dem Teilraum von B mit Randwerten Null, kann analog zu (1.11) in der Form

$$v(t, \cdot) = (e^{tA} v)(0, \cdot), \quad t \geqq 0, \tag{8.19}$$

angegeben werden. Da aber $A \equiv A(u^0)$ in der Regel ein unbeschränkter Operator ist (z. B. d^2/dx^2), dessen Definitionsgebiet nur eine dichte Teilmenge von B ist, gehen wir hier einen anderen Weg (der inhaltlich das Gleiche bedeutet) und machen den in 1.3.2. erwähnten Separationsansatz in der Form

$$v(t, x) = w(x)\, e^{\lambda t}. \tag{8.20}$$

Wegen $\partial v/\partial t = \lambda v$ erhalten wir aus (8.16) nach Division durch $e^{\lambda t} \neq 0$ das Eigenwertproblem

$$A(u^0)\, w(x) = \lambda \cdot w(x), \quad w \in B_0. \tag{8.21}$$

Nichttriviale Lösungen $w(x) \not\equiv 0$ gibt es nur für Werte von λ, für die der Operator $A - \lambda I$ nicht umkehrbar ist. Solche komplexen Zahlen (wir betrachten die Komplexifizierung von A) heißen *Eigenwerte* und bilden das *Punktspektrum* von A. Da B_0 unendlichdimensional ist, kann es sein, daß $(A - \lambda I)^{-1}$ existiert, aber nicht auf ganz B_0 erklärt ist; solche Werte λ gehören zum *stetigen Spektrum* von A.

Wir wollen der Einfachheit halber annehmen, daß das gesamte Spektrum von $A \equiv A(u^0)$ nur aus einfachen Eigenwerten $\lambda_1, \lambda_2, \ldots$ besteht. Die zugehörigen Eigenfunktionen seien $w_1(x), w_2(x), \ldots$ Dann lautet die allgemeine Lösung von (8.16)

$$v(t, x) = \sum_{k=1}^{\infty} c_k w_k(x)\, e^{\lambda_k t} \tag{8.22}$$

mit Koeffizienten, die durch den Anfangswert $v(0, \cdot)$ festgelegt sind. Die Lösung (8.22) entspricht einer Orthogonalentwicklung im Hilbert-Raum $\mathcal{L}^2$, also einer (verallgemeinerten) Fourier-Reihe mit zeitabhängigen Koeffizienten, wobei für einen selbstadjungierten Operator $A(u^0)$ die Eigenfunktionen $(w_k)_{k=1}^\infty$ eine orthonormale Basis bilden.

Satz ([45]). *Sei* (8.12) *eine nichtlineare parabolische Differentialgleichung vom Typ* (8.7) *bzw.* (8.8). *Seien* $(\lambda_k)_{k=1}^\infty$ *die Eigenwerte des (komplexifizierten) Operators* $A(u^0)$ *der zugehörigen linearisierten Differentialgleichung* (8.16).

a) *Der Fixpunkt* u^0 *der nichtlinearen Gleichung ist asymptotisch stabil, falls es eine Zahl* $\varkappa$ *gibt, so daß gilt*

$$\operatorname{Re} \lambda_k \leqq \varkappa < 0 \quad \forall k \in \mathbb{N} .$$

b) *Gilt dagegen*

$$\operatorname{Re} \lambda_i > 0 \quad \text{für ein} \quad i \in \mathbb{N} ,$$

so ist der Fixpunkt u^0 *instabil.*

Bemerkung. Der Satz bezieht sich deshalb auf nichtlineare parabolische Differentialgleichungen (nur solche werden wir untersuchen), weil in unendlichdimensionalen Zustandsräumen die Linearisierung nicht in jedem Fall das Verhalten der nichtlinearen Gleichung richtig widerspiegelt, sondern zusätzliche Bedingungen erfordert.

Nach dem Gesagten ist das grundsätzliche Vorgehen bei der Linearisierung klar, während die eigentlichen Schwierigkeiten in der Lösung des konkreten Eigenwertproblems liegen.

Für uns sollen die Ausführungen dieses Abschnitts für einen ersten Einstieg in das Gebiet ausreichen, denn präzisere Aussagen erfordern ein tieferes Eindringen in die Theorie partieller Differentialgleichungen. In den beiden folgenden Abschnitten werden wir unser Wissen um Methoden und Ergebnisse an Hand von zwei typischen Beispielen vertiefen.

8.3. Kubische Nichtlinearität und Diffusion

1. Wir betrachten ein Reaktions-Diffusions-System, in dem eine chemische Reaktion mit einem Freiheitsgrad vom Typ der Schlögl-Reaktion (2.7) mit der kubischen reaktionskinetischen Funktion $f(n) = -n^3 + An^2 - Bn + C$ ablaufen soll. Der Einfachheit halber untersuchen wir nur den Spezialfall, daß die Nullstellen $n_1{}^0 < n_2{}^0 < n_3{}^0$ von $f(n)$ äquidistant liegen. Wir wählen dann $u = n - n_2{}^0$ als neue Variable und erhalten als Nichtlinearität

$$f(u) = \mu u - u^3, \quad \mu > 0 . \tag{8.23}$$

Weiterhin beschränken wir uns auf ein räumlich eindimensionales System (ein langes, dünnes Rohr) der Länge L, an dessen Rändern $x = 0$ und $x = L$ wir feste Konzentrationen c_0 bzw. c_L vorschreiben wollen. Die zu untersuchende nichtlineare partielle

Differentialgleichung lautet dann

$$\frac{\partial u}{\partial t}(t, x) = D \frac{\partial^2 u}{\partial x^2}(t, x) + f[u(t, x)], \quad t \geqq 0, \quad x \in [0, L],$$
$$u(t, 0) = c_0, \quad u(t, L) = c_L, \quad D > 0, \quad f(u) = \mu u - u^3, \quad \mu > 0. \tag{8.24}$$

Als Zustandsraum wählen wir den Raum $B = C^2[0, L]$ der zweimal stetig differenzierbaren Funktionen.

2. *Fixpunkte.* Stationäre Zustände u^0 der Gleichung (8.24) erfüllen die gewöhnliche Differentialgleichung

$$D \cdot \frac{d^2 u^0(x)}{dx^2} + f[u^0(x)] = 0, \quad u^0(0) = c_0, \quad u^0(L) = c_L, \tag{8.25}$$

die wir unter Verwendung von

$$U(u) := \int_0^u f(v)\, dv, \quad u \in \mathbb{R}^1, \tag{8.26}$$

in die Form

$$D \cdot \frac{d^2 u^0(x)}{dx^2} = -U'[u^0(x)], \quad u^0(0) = c_0, \quad u^0(L) = c_L, \tag{8.27}$$

bringen können.

Die Gleichung (8.27) beschreibt auch die mechanische Bewegung eines Teilchens der Masse D im äußeren Potential $U(u)$ (wenn wir x als „Zeit" und u als „Ort" des Teilchens auffassen), so daß wir Kenntnisse aus der Mechanik verwenden können. Allerdings handelt es sich um ein Randwertproblem, so daß der „Energiesatz"

$$\frac{D}{2}[(u^0)'(x)]^2 + U[u^0(x)] = E = \text{const} \tag{8.28}$$

nicht unmittelbar zur Integration verwendbar ist.

Für die kubische Nichtlinearität (8.23) ist das „Potential" (8.26)

$$U(u) = -(1/4)\, u^4 + (\mu/2)\, u^2 \tag{8.29}$$

eine gerade Funktion. Wenn wir der Einfachheit halber von jetzt an für beide Randwerte

$$c_0 = 0, \quad c_L = 0 \tag{8.30}$$

die gleiche (instabile) Nullstelle von f wählen, so ist uns eine stationäre Lösung

$$u^0(x) \equiv 0 \tag{8.31}$$

unmittelbar bekannt. Weitere, nichttriviale Fixpunkte müssen wegen (8.29) und (8.30) immer paarweise auftreten (mit u^0 ist auch $-u^0$ Fixpunkt) und können mit Hilfe der mechanischen Analogie gefunden werden: Bei festem Wert E ist L die doppelte Zeit, die das Teilchen braucht, um vom Anfangsort $u^0(0) = 0$ mit der Anfangsgeschwindigkeit $(u^0)'(0) = \left[2\left(E - U(u^0(0))\right)/D\right]^{1/2} = \sqrt{2E/D}$ zum Umkehrpunkt $u^0(L/2) = \pm u_E$, $(u^0)'(L/2) = 0$ zu gelangen (Abb. 115a). Es läßt sich nun zeigen, daß im Falle (8.29), (8.30) die Größe L monoton mit E wächst und unendlich

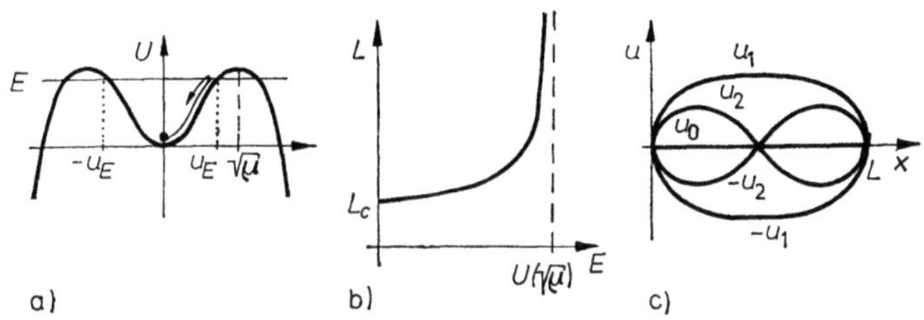

Abb. 115
Mechanische Analogie zur Bestimmung der Fixpunkte (a), Zusammenhang von „Energie" E und Systemlänge L (b) und Angabe aller Fixpunkte für $2L_c < L < 3L_c$ (c) für die Gleichung (8.24) mit Randwerten Null

groß wird, wenn E von unten gegen $U\left(\pm\sqrt{\mu}\right)$ strebt. Für kleine positive Werte von E (und damit kleine x) kann U durch eine Parabel

$$U(u) \approx \frac{1}{2}\, U''(0) \cdot u^2 = \frac{\mu}{2}\, u^2$$

approximiert werden. Das entspricht aber einem harmonischen Oszillator (mit der Federkonstante μ), dessen Schwingungsdauer $2L = 2\pi\sqrt{D/\mu}$ unabhängig von E ist. Deshalb erreicht $L = L(E)$ für $E \downarrow 0$ den minimalen Wert

$$L_c := \pi\sqrt{D/\mu} \tag{8.32}$$

(Abb. 115b). Somit gibt es für eine gegebene Länge $L > L_c$ genau einen passenden E-Wert und damit genau zwei Fixpunkte $\pm u_1(x)$, die jeweils ein Extremum (ein Maximum oder ein Minimum) besitzen.

Jetzt ist klar, daß für $L > 2L_c$ zwei weitere Fixpunkte $\pm u_2(x)$ mit genau zwei Extrema (einem Maximum und einem Minimum) auftreten, die dem Erreichen beider Umkehrpunkte u_E und $-u_E$ entsprechen (Abb. 115c), so daß der Inhalt des folgenden Satzes plausibel wird.

Satz 1 ([47], [42]). *Die Differentialgleichung* (8.24) *mit den Randwerten* (8.30) *besitzt für*

$$(n - 1)\, L_c < L < nL_c, \quad n = 1, 2, \ldots,$$

genau $2n - 1$ *Fixpunkte*

$$u_0(x) \equiv 0, \quad \pm u_1(x), \ldots, \pm u_{n-1}(x)$$

in $B = C_0{}^2[0, L] := \{q \in C^2[0, L] \mid q(0) = q(L) = 0\}$. *Dabei besitzt* u_k *für* $k = 1, \ldots,$

$n-1$ genau $k-1$ Nullstellen in $(0, L)$ und erfüllt $u_k'(0) > 0$. Weiterhin gilt

$$0 < u_{E_{n-1}} < \cdots < u_{E_1} < \sqrt{\mu}$$

für die Umkehrpunkte $u_{E_k} := \max u_k(x)$.

3. *Stabilität.* Der nichtlineare Operator in (8.24)

$$\big(F(u)\big)(x) = \frac{d^2}{dx^2}\,u(x) + f[u(x)]$$

besitzt als linearen Anteil (Frechét-Ableitung) an der Stelle u^0

$$A(u^0) := \frac{\delta F}{\delta u}\,(u^0) = \frac{d^2}{dx^2} + f'[u^0(x)] \cdot I\,,$$

so daß wir aus (8.24) durch Linearisierung bei u^0 die lineare partielle Differentialgleichung

$$\frac{\partial v}{\partial t}\,(t, x) = D \cdot \frac{\partial^2 v}{\partial x^2}\,(t, x) + f'[u^0(x)] \cdot v(t, x)\,, \quad v(t, 0) = v(t, L) = 0\,, \tag{8.33}$$

erhalten. Das zugehörige Eigenwertproblem (8.21) lautet

$$D \cdot \frac{d^2 w}{dx^2}\,(x) + f'[u^0(x)]\,w(x) = \lambda \cdot w(x)\,, \quad w(0) = w(L) = 0\,, \tag{8.34}$$

und ist eine gewöhnliche lineare Differentialgleichung, aber sie besitzt nichtkonstante Koeffizienten.

Für die triviale Lösung $u^0(x) \equiv 0$ erhalten wir die spezielle Randwertaufgabe

$$w''(x) + \frac{\mu - \lambda}{D}\,w(x) = 0\,, \quad w(0) = w(L) = 0\,.$$

Wegen $w(0) = 0$ kommen nur Lösungen der Form $w(x) = \sin \omega x$, $\omega^2 := (\mu - \lambda)/D$, in Frage. Die Bedingung $w(L) = 0$, d. h. $\omega L = n\pi$, $n = 1, 2, \ldots$ ($n = 0$ ergibt die triviale Lösung), liefert uns dann für die Eigenwerte λ_n und die Eigenfunktionen w_n

$$\lambda_n = \mu - D\left(\frac{n\pi}{L}\right)^2, \quad w_n(x) = \sin \frac{n\pi x}{L}\,, \quad n = 1, 2, \ldots$$

Wegen $\lambda_1 > \lambda_2 > \cdots$ ist $u^0(x) \equiv 0$ für $\lambda_1 < 0$, also für

$$L < \pi \sqrt{D/\mu} = L_c$$

asymptotisch stabil und für $L > L_c$ instabil.

Fassen wir die Systemlänge L als steuerbaren Parameter auf, so erfolgt bei $L = L_c$ eine (Heugabel-) Bifurkation: Aus der Lösung $u^0(x) \equiv 0$, die instabil wird, zweigen zwei neue Lösungen $u^0 = \pm u_1$ ab (deren Stabilität wir weiter unten beweisen werden).

Die allgemeine Eigenwertaufgabe (8.34) ist ein sogenanntes Sturm-Liouville-Problem, von dem für unsere Zwecke folgendes bekannt ist:

Satz 2. *Für die Eigenwertaufgabe* (8.34) *gelten folgende Aussagen:*

a) *Es gibt abzählbar viele Eigenwerte* $(\lambda_n)_{n=1}^{\infty}$, *die sämtlich reell und einfach sind und sich gemäß*

$$\lambda_1 > \lambda_2 > \cdots > \lambda_n > \cdots$$

im Endlichen nicht häufen können.

b) *Die Eigenfunktionen* w_n, $n = 1, 2, \ldots$, *besitzen in* $(0, L)$ *genau* $n - 1$ *Nullstellen und können so normiert werden, daß mit*

$$\int_0^L w_n(x)\, w_m(x)\, dx = \delta_{nm}$$

$(w_n)_{n=1}^{\infty}$ *eine orthonormale Basis bildet.*

Aus Teil a) lesen wir ab, daß jeder Fixpunkt u^0 entweder ein stabiler Knoten oder ein Sattel mit einer endlichdimensionalen instabilen Mannigfaltigkeit ist, weil nur endlich viele Eigenwerte positiv sein können. Die Aussage b) liefert eine Begründung für den Lösungsausdruck (8.22).

Insbesondere folgt aus Satz 2, daß ein Fixpunkt u^0 asymptotisch stabil ist, wenn der größte Eigenwert λ_1 negativ ist. Die zugehörige Eigenfunktion w_1 erfüllt o. B. d. A.

$$w_1(x) > 0 \quad \forall x \in (0, L), \quad w_1(0) = w_1(L) = 0. \tag{8.35}$$

Sei jetzt $u \in \{\pm u_2, \pm u_3, \ldots\}$ einer der Fixpunkte mit mehr als einem Extremum. Wenn wir (8.34) (mit $u^0 = u$) mit $u'(x)$ multiplizieren und wegen (8.25) die Beziehung $Du'''(x) = -f'[u(x)]\, u'(x)$ verwenden, so ergibt dies

$$D \cdot [u'(x)\, w_1'(x) - u''(x)\, w_1(x)]' = \lambda_1 u'(x)\, w_1(x). \tag{8.36}$$

Nach Integration über das kleinste Intervall $[a, b]$, in dessen Endpunkten o. B. d. A. u ein Maximum bzw. ein Minimum annimmt, folgt wegen $u'(a) = u'(b) = 0$

$$\lambda_1 \cdot \int_a^b u'(x)\, w_1(x)\, dx = D \cdot [-u''(b)\, w_1(b) + u''(a)\, w_1(a)].$$

Aus $u''(a) < 0$, $u''(b) > 0$, $u'(x) < 0$ in (a, b) und (8.36) schlußfolgern wir dann, daß die rechte Seite und das Integral auf der linken Seite beide negativ sind, mithin $\lambda_1 > 0$ gilt. Damit stellen wir fest, daß alle Fixpunkte von (8.24) mit mehr als einem Extremum instabil sind!

4. Weitere Informationen erhalten wir aus der Tatsache, daß (8.24) als ein Gradientensystem in $C_0^2[0, L]$ geschrieben werden kann:

$$\frac{du}{dt} = -\frac{\delta S}{\delta u}, \quad S(u) := \int_0^L \left\{\frac{D}{2}\, |u'(x)|^2 - U[u(x)]\right\} dx. \tag{8.37}$$

Dabei ist genauer gesagt, $\delta S/\delta u$ ein Integraloperator

$$\frac{\delta S}{\delta u}\, q = \int_0^L \{-Du''(x) + f[u(x)]\}\, q(x)\, dx, \tag{8.38}$$

den wir mit seinem Kern $\{\ldots\}$ (im Sinne der Isomorphie linearer Räume) identifizieren können. Die Beziehung (8.38) erhalten wir, indem wir die Differenz $S(u+q) - S(u)$ durch Entwicklung des Integranden und partielle Integration berechnen.

Aus (8.37) sehen wir, daß S als Ljapunow-Funktional längs jeder Trajektorie $u(t)$ monoton abnimmt,

$$\frac{d}{dt} S[u(t)] = \frac{\delta S}{\delta u} \dot{u} = -\int_0^L \left\{D \frac{\partial^2 u}{\partial x^2}(t, x) + f[u(t, x)]\right\}^2 dx \leqq 0,$$

wobei Gleichheit nur in Fixpunkten $u(t, \cdot) \equiv u^0$ auftritt. Somit verläuft jede Trajektorie im Funktional„gebirge" $S(u)$ über $C_0^2[0, L]$ längs des Gradienten zum nächstgelegenen Minimum oder zu einem Sattelpunkt (und existiert somit für alle $t \geqq 0$). Da die Fixpunkte $\pm u_2, \pm u_3, \ldots, u_0 \equiv 0$ Sättel sind und $S(u)$ nach unten beschränkt und stetig ist, muß S in $\pm u_1$ ein lokales Minimum annehmen. Damit sind u_1 und $-u_1$ für $L > L_c$ die einzigen beiden stabilen Fixpunkte (Abb. 116).

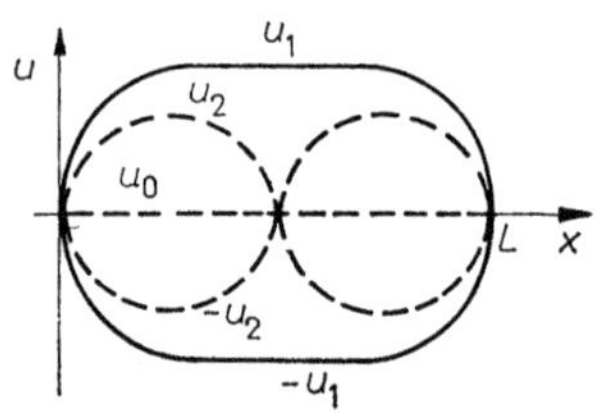

Abb. 116
Stabile und instabile Fixpunkte der Gleichung (8.24) für Randwerte Null und $2L_c < L < 3L_c$

Mit dem folgenden Satz geben wir gleichzeitig eine genauere Charakterisierung der Sattelpunkte.

Satz 3 ([45], [47], [42]).

a) *Die Differentialgleichung* (8.24) *mit den Randwerten* (8.30) *besitzt für* $0 < L < L_c$ *die Lösung* $u^0(x) \equiv 0$ *als einzigen und asymptotisch stabilen Fixpunkt, während für* $L_c < L$ *die Fixpunkte* $u^0 = \pm u_1$ *asymptotisch stabil sind.*

b) *Für* $(n-1) L_c < L < nL_c, n = 2, 3, \ldots$ *erfüllen die Fixpunkte* $u_0, \pm u_1, \ldots, \pm u_{n-1}$ *die Beziehung*

$$S(\pm u_1) < S(\pm u_2) < \cdots < S(\pm u_{n-1}) < S(u_0) = 0. \tag{8.39}$$

Dabei sind $+u_k$ und $-u_k$, $k = 2, 3, \ldots,$ *Sattelpunkte mit einer* $(k-1)$*-dimensionalen instabilen Mannigfaltigkeit, während* u_0 *genau* $n-1$ *abstoßende Eigenrichtungen besitzt.*

c) *Alle Funktionen aus* $C_0^2[0, L]$ *mit Ausnahme der Sättel und deren stabiler Mannigfaltigkeiten gehören zum Anziehungsbereich eines der beiden stabilen Fixpunkte* $\pm u_1$.

Bemerkung. Alle obigen Aussagen bleiben richtig, wenn man als Zustandsraum den Sobolev-Raum $\mathring{W}_2^1(0, L)$ wählt, das sind alle absolut-stetigen Funktionen, die die Randwerte Null erfüllen und deren Ableitung (die fast überall existiert) quadratisch integrierbar ist. Dabei können wir sogar Anfangswerte aus $\mathcal{L}^2(0, L)$ zulassen.

In Abb. 117 sind schematisch die instabilen Mannigfaltigkeiten der einzelnen Sattelpunkte in Abhängigkeit von der Systemlänge L dargestellt.

Aufgabe. Untersuchen Sie die Differentialgleichung (8.24) für die Randbedingungen

$$\frac{\partial u}{\partial x}(t, 0) = \frac{\partial u}{\partial x}(t, L) = 0! \tag{8.40}$$

a) Charakterisieren Sie in Abhängigkeit von L Anzahl und Eigenschaften der stationären Zustände!
b) Beweisen Sie unter Verwendung von (8.36), daß alle nichtkonstanten Fixpunkte $u^0(x)$ instabil sind! Geben Sie die stabilen Fixpunkte an! Handelt es sich um ein Gradientensystem?

Physikalisches Ergebnis. Einkomponentige Reaktions-Diffusions-Systeme können nur dann multistabil sein, wenn das zugehörige homogene System ohne Diffusion Multistabilität erlaubt. Zeitlich periodische Bewegungen sind nicht möglich. Die Diffusion wirkt nicht strukturbildend (man vergleiche dies mit Beispiel 3.1./2).

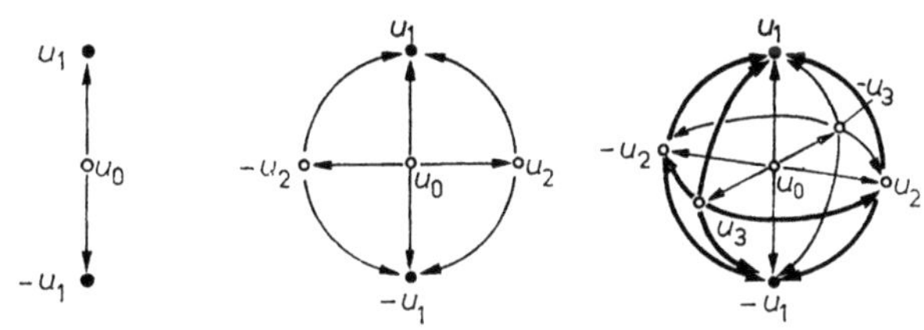

Abb. 117
Struktur der instabilen Mannigfaltigkeiten der Sattelpunkte u_0, $\pm u_1$ und $\pm u_2$ für $L_c < L < 2L_c$ (a), $2L_c < L < 3L_c$ (b) und $3L_c < L < 4L_c$ (c)

Es sei noch angemerkt, daß für Null-Fluß-Randbedingungen (8.40) sehr starke Diffusion das System (8.24) nach einer kurzen Glättungsphase nahezu homogenisiert:

Satz 4 ([41]). *Sei $u(t, x)$ die Lösung von* (8.24) *unter den Randbedingungen* (8.40) *mit dem Anfangswert $u(0, x) = \varphi(x)$. Sei $\bar{u}(t)$ die Lösung von $M = \mathbb{R}^1 : \dot{u} = f(u)$ mit dem Anfangswert*

$$u(0) = \bar{\varphi} := \frac{1}{L} \int_0^L \varphi(x)\, dx.$$

Dann gilt für alle $\delta > 0$ und für alle $T > 0$

$$\lim_{D \to \infty} \sup_{\delta \le t \le T} \int_0^L |u(t, x) - \bar{u}(t)|^2\, dx = 0.$$

Diese Aussage gilt für alle C^1-Funktionen f, deren kleinste und größte Nullstelle asymptotisch stabile Fixpunkte sind.

8.4. Brüsselator mit Diffusion

In 3.6.3. haben wir ein chemisch reagierendes System mit zwei Variablen, den Brüsselator, behandelt und dafür das Auftreten selbsterregter Schwingungen nachgewiesen. Wir wollen jetzt diese Reaktionen in einem räumlich eindimensionalen System der Länge L ablaufen lassen und gleichzeitig Stofftransport durch Diffusion aller Stoffe erlauben. Dabei sollen die Konzentrationen der Stoffe A, B, D und E (beispielsweise als Folge sehr schneller Diffusion) räumlich konstant sein. Wir erhalten dann für das raum-zeitliche Verhalten der (dimensionslosen) Konzentrationen u und v der Stoffe X und Y die beiden gekoppelten nichtlinearen partiellen Differentialgleichungen

$$\begin{aligned} \frac{\partial u}{\partial t}(t,x) &= D_1 \frac{\partial^2 u}{\partial x^2} + A - (B+1)\,u + u^2 v, \quad x \in [0,L], \quad t \geqq 0, \\ \frac{\partial v}{\partial t}(t,x) &= D_2 \frac{\partial^2 v}{\partial x^2} + Bu - u^2 v, \quad D_1 > 0, \quad D_2 > 0. \end{aligned} \tag{8.41}$$

Dabei bedeuten D_1 und D_2 die positiven Diffusionskonstanten der Stoffe X und Y, während $A > 0$ und $B > 0$ die aus (3.33) bekannten Parameter sind.

Wir wollen das Reaktionsgefäß bezüglich X und Y stofflich geschlossen halten und verlangen deshalb die Randbedingungen

$$\frac{\partial u}{\partial x}(t,0) = \frac{\partial u}{\partial x}(t,L) = \frac{\partial v}{\partial x}(t,0) = \frac{\partial v}{\partial x}(t,L) = 0 \quad \forall t \geqq 0. \tag{8.42}$$

Unter diesen Umständen existiert stets ein Fixpunkt, nämlich die räumlich homogene Lösung

$$u^0(x) \equiv A, \quad v^0(x) \equiv B/A. \tag{8.43}$$

Zur globalen Existenz und Eindeutigkeit stetig differenzierbarer Lösungen von (8.41) gibt es in der Literatur nur spärliche Aussagen. Rothe (1984) hat bewiesen, daß unter den Randbedingungen (8.42) für alle nichtnegativen Anfangsdaten $u(0,\cdot), v(0,\cdot) \in \mathcal{L}^2(0,L)$ eine zeitlich globale, nichtnegative, beschränkte, eindeutige Lösung $u(t,\cdot), v(t,\cdot) \in \mathcal{L}^2(0,L)$ existiert.

Im weiteren wollen wir stets $B < A^2 + 1$ voraussetzen, so daß der Brüsselator *ohne* Diffusion einen stabilen Fixpunkt besitzt. Wir stellen die Frage: Kann durch Diffusion die homogene Lösung (8.43) destabilisiert werden und eine räumliche dissipative Struktur entstehen?

Mit den Substitutionen

$$\delta u(t,x) := u(t,x) - u^0(x), \quad \delta v(t,x) := v(t,x) - v^0(x)$$

erhalten wir aus (8.41) das linearisierte System

$$\begin{aligned} \frac{\partial}{\partial t}\delta u &= D_1 \frac{\partial^2}{\partial x^2}\delta u + (B-1)\,\delta u + A^2 \delta v \\ \frac{\partial}{\partial t}\delta v &= D_2 \frac{\partial^2}{\partial x^2}\delta v - B\delta u - A^2 \delta v, \end{aligned} \tag{8.44}$$

welches mit dem Ansatz

$$\delta u(t,x) = \varphi(x)\,e^{\lambda t}, \quad \delta v(t,x) = \psi(x)\,e^{\lambda t}$$

die Eigenwertgleichung

$$\begin{pmatrix} D_1 \cdot d^2/dx^2 + B - 1 & A^2 \\ -B & D_2 \cdot d^2/dx^2 - A^2 \end{pmatrix} \begin{pmatrix} \varphi \\ \psi \end{pmatrix} = \lambda \begin{pmatrix} \varphi \\ \psi \end{pmatrix},$$

$$\varphi'(0) = \varphi'(L) = \psi'(0) = \psi'(L) = 0,$$

ergibt. Als Folge der Randbedingungen kommen für die Ortsabhängigkeit von φ und ψ nur Terme der Form $\cos \omega x$ mit $\omega L = k\pi$, $k = 0, 1, 2, \ldots$, in Frage (auch $k = 0$ liefert eine nichttriviale Lösung!). Somit erhalten wir die Eigenwerte $\lambda(k)$, $k = 0, 1, 2, \ldots$, aus

$$\begin{pmatrix} -(k\pi/L)^2 D_1 + B - 1 & A^2 \\ -B & -(k\pi/L)^2 D_2 - A^2 \end{pmatrix} \begin{pmatrix} c_k \\ d_k \end{pmatrix} = \lambda(k) \cdot \begin{pmatrix} c_k \\ d_k \end{pmatrix}.$$

Die zugehörigen Eigenfunktionen sind

$$\begin{pmatrix} \varphi_k(x) \\ \psi_k(x) \end{pmatrix} = \begin{pmatrix} c_k \\ d_k \end{pmatrix} \cdot \cos \frac{k\pi x}{L}, \quad k = 0, 1, 2, \ldots,$$

und die charakteristische Gleichung zur Bestimmung von $\lambda(k)$ lautet

$$\begin{aligned} &\lambda^2 + a_1(k)\,\lambda + a_2(k) = 0, \quad a_1(k) = (k\pi/L)^2 (D_1 + D_2) + A^2 + 1 - B, \\ &a_2(k) = (k\pi/L)^4 D_1 D_2 + (k\pi/L)^2 [D_1 A^2 - D_2(B - 1)] + A^2. \end{aligned} \tag{8.45}$$

Somit gibt es zu jedem Wert $k = 0, 1, 2, \ldots$ zwei Eigenwerte $\lambda_1(k)$ und $\lambda_2(k)$ als Wurzeln von (8.45).

Da sich die Realteile der Eigenwerte $\lambda_1(k)$ und $\lambda_2(k)$, $k = 0, 1, \ldots$, nicht bei Null häufen (denn weder $a_1(k)$ noch $a_2(k)$, $k = 0, 1, \ldots$, hat Null als Häufungspunkt), ist der homogene Zustand (8.43) asymptotisch stabil, falls

$$\operatorname{Re} \lambda_i(k) < 0 \quad \forall i = 1, 2, \quad \forall k = 0, 1, 2, \ldots,$$

und das ist genau für

$$a_1(k) > 0, \quad a_2(k) > 0 \quad \forall k = 0, 1, 2, \ldots \tag{8.46}$$

erfüllt.

Wenn wir (bei festen Werten von A, D_1, D_2 und L) die Größe B verändern, so gilt

$$a_1(k) > 0 \leftrightarrow B < B_c^{(1)}(k) := A^2 + 1 + (k\pi/L)^2 (D_1 + D_2), \tag{8.47}$$

$$a_2(k) > 0 \leftrightarrow B < B_c^{(2)}(k) := (D_1/D_2)\,A^2 + 1 + (k\pi/L)^2 D_1 + (L/k\pi)^2 (A^2/D_2).$$

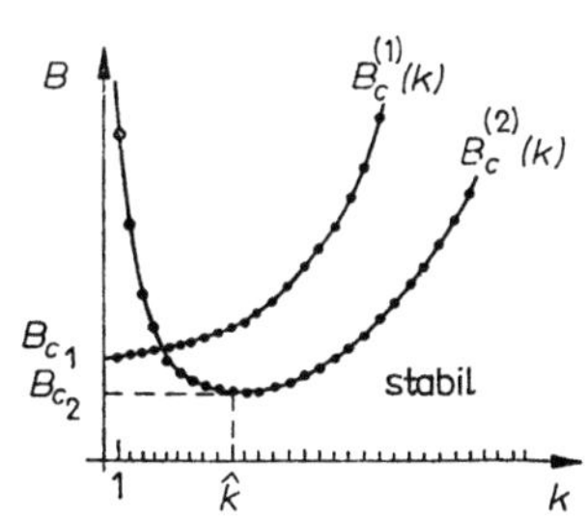

Abb. 118
Lineare Stabilitätsanalyse des Brüsselators mit Diffusion. Der homogene Zustand ist stabil für $B < \min\limits_{k=0,1,\ldots} \left(B_c^{(1)}(k), B_c^{(2)}(k)\right)$.

Für $k \in \{0, 1, 2, \ldots\}$ wird $B_c^{(1)}(k)$ minimal für $k = 0$, während $B_c^{(2)}(k)$ für einen Wert $k = \hat{k}$ sein Minimum annimmt (Abb. 118), so daß Stabilität für

$$B < \min(B_{c_1}, B_{c_2}), \quad B_{c_1} := B_c^{(1)}(0) = A^2 + 1, \quad B_{c_2} := B_c^{(2)}(\hat{k})$$

vorliegt. (Dabei gilt $B_{c_2} \approx \left(1 + \sqrt{D_1/D_2}\, A\right)^2$, da $B_c^{(2)}$ als Funktion einer reellen Variablen k diesen Minimalwert für $k^2 = AL^2/\pi^2 \sqrt{D_1/D_2}$ annimmt.)

Wir betrachten die erste Bifurkation bei Vergrößerung von B und wählen B deshalb so groß, daß genau ein k-Wert nicht beide Ungleichungen (8.47) erfüllt. Als Folge unserer Voraussetzung $B < A^2 + 1$ gilt dann

$$B_{c_2} < B < B_{c_1}$$

(das erfordert notwendigerweise $D_2 > D_1$), so daß $\hat{k}$ die einzige instabile Mode indiziert:

$$a_1(\hat{k}) > 0, \quad a_2(\hat{k}) < 0, \quad a_i(k) > 0 \quad \forall i = 1, 2, \quad \forall k \neq \hat{k}.$$

Offenbar wird in der Fourier-Zerlegung die $\hat{k}$-te Mode instabil vom Satteltyp, und in der allgemeinen Lösung der linearisierten Gleichung (8.44)

$$\begin{pmatrix} \delta u \\ \delta v \end{pmatrix}(t, x) = \sum_{k=0}^{\infty} \left[A_1(k) \begin{pmatrix} c_1(k) \\ d_1(k) \end{pmatrix} e^{\lambda_1(k)t} + A_2(k) \begin{pmatrix} c_2(k) \\ d_2(k) \end{pmatrix} e^{\lambda_2(k)t} \right] \cdot \cos \frac{k\pi x}{L}$$

wächst genau ein Summand

$$A_2(\hat{k}) \begin{pmatrix} c_2(\hat{k}) \\ d_2(\hat{k}) \end{pmatrix} \cos \frac{\hat{k}\pi x}{L}\, e^{\lambda_2(\hat{k})t}$$

(der eine räumlich periodische Funktion darstellt) für $t \to \infty$ exponentiell an.

Die Mitnahme nichtlinearer Terme aus (8.41) (zum Beispiel durch Abbruch der Fourier-Reihe und quasistatische Elimination der stabilen Moden [32] oder durch Bifurkationsanalyse [31]) zeigt, daß dieses Wachstum durch die Nichtlinearität gebremst wird und sich als neuer stabiler stationärer Zustand eine räumlich periodische Lösung einstellt (Abb. 119a). Dies ist ein echter strukturbildender Effekt der Diffusion!

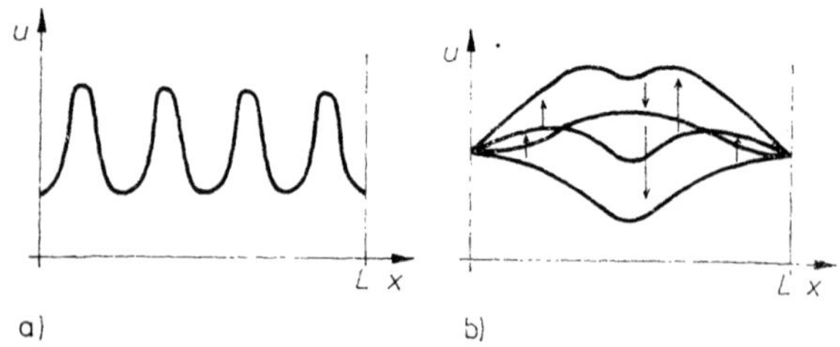

Abb. 119

Formen räumlicher bzw. raumzeitlicher Selbstorganisation des Brüsselators mit Diffusion: a) stationäres Konzentrationsprofil, b) periodische Ausbildung von Wellenfronten (hier für Randbedingungen mit fester Konzentration)

Wenn wir dagegen $B > A^2 + 1$ und $B_{c_1} < B < B_{c_2}$ wählen, so wird zuerst der Anteil mit $k = 0$ instabil,

$$a_1(0) = A^2 + 1 - B < 0, \quad a_2(0) = A^2 > 0,$$

wobei die charakteristische Gleichung (8.45) für $k = 0$ mit der des homogenen Brüsselators aus 3.6. übereinstimmt. Deshalb werden zuerst die homogenen Fluktuationen instabil (vom Strudel- oder Knotentyp) und führen global zu raum-zeitlichen Oszillationen (Abb. 119b).

Bei weiterer Vergrößerung von B werden weitere Moden der linearen Näherung instabil, aber die im nichtlinearen System resultierenden neuen asymptotischen Lösungen sind in jedem Falle räumlich periodisch oder raum-zeitlich oszillierend. Diese neuen stabilen Zustände können durch Computerrechnungen oder, in der Nähe des Bifurkationspunktes, auch näherungsweise explizit bestimmt werden.

Halten wir die Konzentrationen u und v an beiden Rändern fest, so ergeben sich qualitativ die gleichen Aussagen.

2. *Physikalisches Ergebnis.* Der Brüsselator mit stetiger Diffusion zeigt bei Überschreiten kritischer Parameterwerte zwei Typen dissipativer Strukturen, nämlich *räumlich periodische, stationäre* Konzentrationsprofile oder *raum-zeitlich periodische* (d. h. wellenartige) Änderungen der Konzentrationen der Stoffe X und Y.

Die Diffusion wirkt dabei – zusammen mit der Nichtlinearität der chemischen Reaktion – strukturbildend, insbesondere sind stabile raum-periodische Strukturen möglich, falls das homogene System ohne Diffusion nur einen stabilen Fixpunkt be-

Abb. 120
Kreisförmige Konzentrationswellen bei der Zhabotinsky-Reaktion als Form raumzeitlicher Selbstorganisation. Die Reaktion läuft in einer Petrischale von 14 cm Durchmesser in einer etwa 2 mm hohen Flüssigkeitsschicht ab. Reaktanden: 15 ml $NaBrO_3$ (0,5 mol/l), 3 ml $CH_2(COOH)_2$ (1,5 mol/l), 2 ml H_2SO_4 (5 mol/l), 5 ml NaBr (0,3 mol/l), 5 ml Ferroin (0,01 mol/l, erst nach Verblassen der Bromfarbe im geschlossenen Kolben in die Schale zugeben).

sitzt. Die Gestalt der Raumstruktur ist allein Folge der inneren Dynamik und von außen in keiner Weise vorgeprägt.

Für stabile räumliche Strukturen ist beim Brüsselator $D_2 > D_1$ eine notwendige Voraussetzung (was wir schon beim Zweiboxen-Brüsselator in 6.2. erkannt hatten).

Wir halten fest, daß in Reaktions-Diffusions-Systemen mit zwei oder mehr Variablen räumliche oder raum-zeitliche Selbstorganisation möglich ist.

Solche chemischen Muster lassen sich überzeugend mit der Zhabotinsky-Reaktion demonstrieren. Läßt man diese in einer flachen Schale ablaufen, so erhält man in der Regel konzentrische rote und blaue Ringe (sie entsprechen Gebieten unterschiedlicher Konzentration), die an zufälligen Zentren entstehen und sich langsam nach außen ausbreiten (Abb. 120). Ihr nichtlinearer Charakter wird daran sichtbar, daß beim Zusammentreffen zweier Wellen keine additive Überlagerung (Interferenz), sondern Auslöschung erfolgt.

3. Aufgabe. Die mathematische Formulierung des Gierer-Meinhardt-Modells der Morphogenese (siehe A.2.4.) führt auf zwei nichtlineare partielle Differentialgleichungen für die Funktionen $u(t, x)$, $v(t, x)$:

$$\frac{\partial u}{\partial t} = D_1 \frac{\partial^2 u}{\partial x^2} + a - bu + \frac{u^2}{v}, \quad a > 0, \quad b > 0, \quad t \geqq 0, \quad x \in [0, L],$$

$$\frac{\partial v}{\partial t} = D_2 \frac{\partial^2 v}{\partial x^2} - v + u^2, \quad \frac{\partial u}{\partial x} = \frac{\partial v}{\partial x} = 0 \quad \text{für} \quad x = 0, \quad x = L.$$

Zeigen Sie (unter der Annahme, daß das System ohne Diffusion einen stabilen Fixpunkt besitzt), daß es eine kritische Länge L_c gibt, bei deren Überschreiten die homogene Lösung instabil wird, indem die Mode mit $k = 1$ anwächst (so daß als neue stabile Lösung eine „gerichtete" Raumstruktur entsteht)!

9. Stochastische dynamische Systeme

Die bisher betrachteten Systeme waren rein deterministischer Natur, weil ihre Dynamik keine zufälligen Einflüsse enthielt. Die Beschreibung erfolgte deshalb im Falle stetiger Zeit durch gewöhnliche oder partielle Differentialgleichungen und im Falle diskreter Zeit durch iterierte Abbildungen.

Bei genauerer Betrachtung stellen wir aber fest, daß in allen realen physikalischen Systemen die makroskopische Dynamik von *Fluktuationen,* also kleinen, zufälligen Schwankungen der Zustandsgrößen überlagert wird, die ihre unvermeidliche Ursache in der Vielteilchennatur des Systems oder seiner Umgebung haben. Häufig ist es nicht möglich, strenge mikroskopische Bewegungsgleichungen herzuleiten. Deshalb ist eine *mesoskopische* Beschreibung üblich, nämlich die Fluktuationen rein phänomenologisch mittels eines zufälligen Prozesses zu modellieren.

Wir behandeln deshalb in den Kapiteln 10 bis 13 einige grundlegende Typen stochastischer Prozesse, insbesondere (von stochastischen Differentialgleichungen erzeugte) Diffusionsprozesse und Geburts- und Todesprozesse, und stellen in diesem Kapitel die notwendigen Voraussetzungen bereit.

Innerhalb der Theorie der Selbstorganisation entsteht zwangsläufig die Forderung nach einer stochastischen Beschreibung, weil Fluktuationen für das Auftreten von dissipativen Strukturen in zweierlei Hinsicht wesentlich sind: Zum einen sind sie Voraussetzung für ihre Entstehung, denn erst Fluktuationen bewirken das Verlassen eines instabilen stationären Zustandes. Darüber hinaus können die konkret auftretenden zufälligen Schwankungen, etwa im Falle von Mehrfachstabilität oder der Möglichkeit von Mutationen, die weitere Entwicklung des Systems entscheidend beeinflussen.

9.1. Wahrscheinlichkeitstheoretische Grundbegriffe

In diesem Abschnitt werden wir wichtige Begriffe aus der Wahrscheinlichkeitstheorie (deren Kenntnis wir voraussetzen) in der in der Mathematik üblichen maßtheoretischen Formulierung bereitstellen. Ausführliche Darstellungen findet der Leser in entsprechenden Lehrbüchern (z. B. [20]).

1. Der Grundbegriff der Wahrscheinlichkeitstheorie zur Beschreibung eines zufälligen Experiments ist der *Wahrscheinlichkeitsraum* $(\Omega, \mathcal{F}, P)$, der aus der Grundmenge Ω, der zugelassenen Ereignismenge $\mathcal{F}$ und dem Wahrscheinlichkeitsmaß P besteht.

Die Grundmenge Ω ist die Menge aller möglichen Elementarereignisse ω. Zufällige Ereignisse sind Teilmengen $A \subset \Omega$. Man sagt, daß ein zufälliges Ereignis A eingetreten ist, wenn ein Elementarereignis ω mit $\omega \in A$ beobachtet wird.

Das Ereignissystem $\mathcal{F}$ enthält alle Ereignisse, für die eine Wahrscheinlichkeit angegeben werden soll. Wir fordern von $\mathcal{F}$, daß es das sichere Ereignis Ω, mit A auch das komplementäre Ereignis $A^c := \Omega \setminus A$ und die abzählbare Vereinigung von Ereignissen (es tritt A_1 oder A_2 oder ... ein) enthält:

1. $\Omega \in \mathcal{F}$,
2. $A^c \in \mathcal{F}$, falls $A \in \mathcal{F}$,
3. $\bigcup\limits_{i=1}^{\infty} A_i$, falls $A_i \in \mathcal{F}$ $\forall i = 1, 2, \ldots$

Ein solches Mengensystem $\mathcal{F}$ heißt *σ-Algebra*. Die Potenzmenge $\mathcal{P}(\Omega)$ (die Menge aller Teilmengen von Ω) ist eine σ-Algebra, doch ist es aus mathematischen Gründen häufig notwendig, kleinere σ-Algebren zu betrachten. Die kleinste σ-Algebra, die einen gegebenen Satz von Ereignissen $(A_i)_{i \in I}$ enthält, heißt die von (A_i) *erzeugte σ-Algebra* und wird mit $\sigma\{(A_i)_{i \in I}\}$ bezeichnet.

Beispiel 1. Die σ-Algebra der *Borel-Mengen* $\mathcal{B}^n$ wird erzeugt von allen offenen Teilmengen des Raumes $\mathbb{R}^n$. Sie enthält insbesondere alle Mengen, die durch fortgesetzte Komplementbildung, Vereinigungen oder Durchschnitte aus offenen Mengen entstehen.

Ein *Wahrscheinlichkeitsmaß* P ist eine auf der σ-Algebra erklärte Mengenfunktion $P\colon \mathcal{F} \to [0, 1]$, die jedem Ereignis A eine Zahl $P(A) \in [0, 1]$, die Wahrscheinlichkeit für das Eintreten von A, zuordnet. Wir verlangen die Eigenschaften

1. $P(\Omega) = 1$,
2. $P(A) \geqq 0 \quad \forall A \in \mathcal{F}$,
3. $P\left(\bigcup\limits_{i=1}^{\infty} A_i\right) = \sum\limits_{i=1}^{\infty} P(A_i)$ für $A_i \in \mathcal{F}\ \forall i$, $A_i \cap A_k = \emptyset$ für $i \neq k$,

von denen 3. ausdrückt, daß sich die Wahrscheinlichkeit für das Eintreten eines von sich ausschließenden Ereignissen additiv zusammensetzt (weil $A_1 \cup A_2 \cup \ldots$ genau dann eintritt, wenn A_1 oder A_2 oder ... eintritt).

Beispiel 2. a) Durch $\Omega = \{0, 1, 2, \ldots\}$, $\mathcal{F} = \mathcal{P}(\Omega)$, $P(\{n\}) = (\lambda^n/n!)\,e^{-\lambda}$ $\forall n \in \Omega$ wird die *Poisson-Verteilung* $P = \Pi_\lambda$ mit dem Parameter $\lambda > 0$ erklärt.

b) Durch $\Omega = \mathbb{R}^1$, $\mathcal{F} = \mathcal{B}^1$, $P((-\infty, x)) = F(x)$,

$$F(x) := \int\limits_{-\infty}^{x} \frac{1}{\sqrt{2\pi}\,\sigma} \exp\left[-\frac{(x-a)^2}{2\sigma^2}\right] dy,$$

wird die *Normalverteilung* $P = N(a, \sigma^2)$ mit den Parametern $a \in \mathbb{R}^1$, $\sigma > 0$ erklärt.

c) Die *Einpunktverteilung* $P = \delta_x$ mit $x \in \Omega$,

$$\delta_x(A) := \begin{cases} 1, & x \in A, \\ 0, & x \notin A \end{cases} \qquad \forall A \in \mathcal{F}$$

beschreibt den entarteten Grenzfall, bei dem mit Wahrscheinlichkeit Eins das Elementarereignis x eintritt.

Die Frage, welcher Wahrscheinlichkeitsraum ein gegebenes Experiment beschreibt, ist eine Frage der Modellierung und nicht durch die Mathematik zu beantworten. Diese stellt nur eine geeignete (maßtheoretische) Struktur bereit, auf die der reale Sachverhalt abzubilden ist. In konkreten Fällen erhält man die Wahrscheinlichkeiten durch eine a priori-Begründung (z. B. aus Symmetrien) oder aus der Beobachtung einer langen Serie von Versuchen und den dabei festgestellten relativen Häufigkeiten für das Eintreten bestimmter Ereignisse.

2. Vielfach beobachten wir nicht die Elementarereignisse ω selbst, sondern davon abgeleitete Größen $X(\omega)$ (z. B. die Gesamtenergie eines Teilchensystems), die wir Zufallsgrößen nennen. Eine *Zufallsgröße* ist eine Abbildung X des Grundraums Ω in einen Zustandsraum, für den wir zunächst die reellen Zahlen wählen,

$$X\colon\ \Omega \to \mathbb{R}^1,$$

und von der wir zusätzlich fordern

$$X^{-1}(B) := \{\omega \in \Omega \mid X(\omega) \in B\} \in \mathcal{F} \quad \forall B \in \mathcal{B}^1. \tag{9.1}$$

Eine solche Abbildung heißt *meßbar*, und wir schreiben dafür

$$X\colon\ (\Omega, \mathcal{F}) \to (\mathbb{R}^1, \mathcal{B}^1).$$

Als Folge der Meßbarkeit (9.1) läßt sich auf dem Bildraum $(\mathbb{R}^1, \mathcal{B}^1)$ vermöge

$$P_X(B) := P\big(X^{-1}(B)\big) \quad \forall B \in \mathcal{B}^1 \tag{9.2}$$

ebenfalls ein Wahrscheinlichkeitsmaß P_X, das *Verteilungsgesetz* von X, erklären.[1])

In der „kanonischen" Darstellung von X beschreibt man eine Zufallsgröße unmittelbar durch den Wahrscheinlichkeitsraum $(\mathbb{R}^1, \mathcal{B}^1, P_X)$, indem man für X die identische Abbildung verwendet.

Wir unterscheiden zwei wichtige Klassen, diskrete und stetige Zufallsgrößen.

Diskrete Zufallsgrößen können nur abzählbar (oder endlich) viele Werte $(x_k)_{k=1}^{\infty}$ annehmen, ihre Verteilung ist durch die Zahlenfolge

$$p_k := P_X(\{x_k\}), \quad k = 1, 2, \ldots, \quad p_k \geqq 0 \quad \forall k, \quad \sum_{k=1}^{\infty} p_k = 1, \tag{9.3}$$

eindeutig gegeben.

Stetige, genauer: ***absolutstetige*** Zufallsgrößen können überabzählbar viele Werte annehmen und werden durch eine (Wahrscheinlichkeits-) Dichte $p(x)$ mit den Eigenschaften

$$P_X(B) := \int_B p(x)\,dx \quad \forall B \in \mathcal{B}^1, \quad p(x) \geqq 0 \quad \forall x, \quad \int_{-\infty}^{\infty} p(x)\,dx = 1 \tag{9.4}$$

beschrieben.

Die *Verteilungsfunktion* $F\colon \mathbb{R}^1 \to [0, 1]$, $F(x) := P_X\big((-\infty, x)\big)$, die nach Konstruktion nichtfallend und linksseitig stetig ist und $F(-\infty) = 0$, $F(+\infty) = 1$ er-

[1]) Für $P(X^{-1}(B))$ ist auch die suggestive Schreibweise $P\{X \in B\}$ üblich.

füllt, ist für absolutstetige Zufallsgrößen (fast überall) nach x mit der Ableitung $p(x)$ differenzierbar. Für diskrete Zufallsgrößen ist sie eine Stufenfunktion mit Sprüngen der Höhe p_k in den Punkten x_k.

Eine dritte Klasse, die *singulär-stetigen* Zufallsgrößen, besitzt eine stetige Verteilungsfunktion, deren Ableitung fast überall Null ist und die nur auf einer Menge vom (Lebesgue-) Maß Null wächst, und zwar ohne Sprünge. Sie wurde in der Praxis bisher kaum verwandt, gewinnt aber für die Beschreibung ungeordneter Systeme oder das Verhalten von ergodischen Verteilungen transversal zur „Blätterstruktur“ chaotischer Attraktoren zunehmend an Bedeutung.

Beispiel 3. Wir betrachten den Konstruktionsprozeß der Cantor-Menge aus 5.4.2. (Abb. 89a) und setzen $F(x) = 0$ für $x \leqq 0$, $F(x) = 1$ für $x \geqq 1$ und $F(x) = 1/2$ für $x \in [1/3, 2/3]$. Dann setzen wir $F(x) = 1/4$ für $x \in [1/9, 2/9]$, $F(x) = 3/4$ für $x \in [7/9, 8/9]$ usw., so daß $F(x)$ auf den mittleren abgeschlossenen Intervallen gleich dem arithmetischen Mittel der bereits bestimmten benachbarten Werte von $F(x)$ ist (und setzen ansonsten F stetig fort). Die Gesamtlänge der Abschnitte, auf denen F konstant ist, beträgt $(1/3) + (2/9) + (4/27) + \cdots = 1$, so daß F nur auf einer Menge vom Maß Null, aber ohne Sprünge wächst. Da die Cantor-Menge (auf der das Wachstum von F erfolgt) überabzählbar ist, ist die so konstruierte Verteilung weder diskret noch absolutstetig.

Von einem solchen Typ ist auch die ergodische Verteilung der Parabel-Abbildung (5.9) auf dem Feigenbaum-Attraktor bei $r = r_\infty$.

Im folgenden wollen wir unter einer stetigen Zufallsgröße stets eine mit einer absolutstetigen Verteilung verstehen und den singulär-stetigen Fall außer acht lassen.

Natürlich sind auch Mischungen diskreter und stetiger Zufallsgrößen möglich.

Der *Erwartungswert* EX einer Zufallsgröße X ist das Integral über die Funktion $X(\omega)$ bezüglich des Wahrscheinlichkeitsmaßes P, es kann nach der Variablensubstitution $x = X(\omega)$ auch im Bildraum $\mathbb{R}^1$ bezüglich P_X ausgeführt werden (z. B. [1], [2], [20]):

$$\mathrm{E}X := \int_\Omega X(\omega)\, P(d\omega) = \int_{-\infty}^{\infty} x P_X(dx). \tag{9.5}$$

Die genaue Definition des Integrals bezüglich eines beliebigen (Wahrscheinlichkeits-) Maßes kann einschlägigen Lehrbüchern entnommen werden. Für das Verständnis des weiteren Stoffes ist es ausreichend, daß der Ausdruck (9.5) im Falle eines diskreten Maßes (9.3) in die Summe

$$\mathrm{E}X = \sum_{k=1}^{\infty} x_k \cdot p_k$$

und im Falle eines absolutstetigen Maßes (9.4) mit einer (stückweise stetigen) Dichte p in das gewöhnliche (Riemann-) Integral

$$\mathrm{E}X = \int_{-\infty}^{\infty} x \cdot p(x)\, dx$$

übergeht. Entsprechend können wir auch den Erwartungswert einer (meßbaren[1]))

[1]) d. h., es gilt $h^{-1}(B) := \{x \mid h(x) \in B\} \in \mathcal{B}^1$ für alle $B \in \mathcal{B}^1$.

Funktion $Y = h(X)$ der Zufallsgröße X mittels

$$\mathrm{E}h(x) = \int_{-\infty}^{\infty} h(x)\, P_X(dx)$$

bestimmen. Von besonderer Bedeutung ist dabei die *Varianz*

$$DX := \mathrm{E}(X - \mathrm{E}X)^2 = \int_{-\infty}^{\infty} (x-a)^2\, P_X(dx)\,, \quad a := \mathrm{E}X\,, \tag{9.6}$$

einer Zufallsgröße X.

Ist $\mathbb{1}_B$ die Indikatorfunktion einer Menge B,

$$\mathbb{1}_B(x) := \begin{cases} 1, & x \in B, \\ 0, & x \notin B, \end{cases}$$

so gilt offenbar

$$\mathrm{E}\mathbb{1}_B(X) = P_X(B) \quad \forall B \in \mathscr{B}^1.$$

Eine wichtige Information enthält auch die Lage der wahrscheinlichsten Werte einer Zufallsgröße, die durch die lokalen Maxima der Dichte,

$$p'(x_m) = 0\,, \quad p''(x_m) < 0 \tag{9.7}$$

bzw. der Einzelwahrscheinlichkeiten $(p_{m-1} < p_m > p_{m+1})$ bestimmt sind.

3. *Zufällige Vektoren* $X = (X_1, \ldots, X_n)$ sind n-Tupel von Zufallsgrößen und stellen meßbare Abbildungen

$$X\colon \quad (\Omega, \mathscr{F}) \to (\mathbb{R}^n, \mathscr{B}^n)$$

dar, die auf dem Bildraum $\mathbb{R}^n$ das Verteilungsgesetz $P_{X_1,\ldots,X_n}$ induzieren. Diese gemeinsame Verteilung läßt sich wiederum im diskreten Fall durch die Einzelwahrscheinlichkeiten $p_{k_1,\ldots,k_n} := P\{X_1 = k_1, \ldots, X_n = k_n\}$ und im absolutstetigen Fall durch eine Dichte $p(x_1, \ldots, x_n)$ charakterisieren.

Beispiel 4. Die n-dimensionale Normalverteilung $P_X = N(a, S)$ ist durch ihre Dichte

$$p(x_1, \ldots, x_n) = \left((2\pi)^n \det S\right)^{-1/2} \exp\left[-\frac{1}{2} \sum_{i,k=1}^{\infty} (S^{-1})_{ik}\, (x_i - a_i)\, (x_k - a_k)\right]$$

gegeben; darin sind $a = (a_1, \ldots, a_n) := (\mathrm{E}X_1, \ldots, \mathrm{E}X_n)$ der Erwartungswert-Vektor und S die (symmetrische, positiv semidefinite) Kovarianzmatrix mit den Elementen $S_{ik} := E(X_i - a_i)$ $(X_k - a_k)$, $i, k = 1, \ldots, n$.

4. Die *bedingte Wahrscheinlichkeit* $P(\cdot \mid A)$, $A \in \mathscr{F}$, ist im Falle $P(A) > 0$ durch

$$P(C \mid A) := \frac{P(C \cap A)}{P(A)} \quad \forall C \in \mathscr{F}$$

definiert und enthält Informationen über das System unter der Bedingung, daß das Eintreten von A bekannt ist. $P(\cdot \mid A)$ ist ein Wahrscheinlichkeitsmaß auf $(\Omega, \mathscr{F})$.

Dieser Begriff läßt sich so verallgemeinern, daß als Bedingung auch Ereignisse mit der Wahrscheinlichkeit Null zugelassen werden können. Ein wichtiger Spezialfall liegt vor, wenn $Z\colon (\Omega, \mathcal{F}) \to (\mathbb{R}^1, \mathcal{B}^1)$ eine Zufallsgröße ist und $A = \{\omega \mid Z(\omega) = z\}$ gewählt wird. Unter gewissen Regularitätsvoraussetzungen läßt sich dann ebenfalls eine bedingte Wahrscheinlichkeit

$$P(C \mid z) \equiv P\big(C \mid Z(\omega) = z\big), \quad C \in \mathcal{F},$$

definieren, die bei festem z ein Wahrscheinlichkeitsmaß auf $(\Omega, \mathcal{F})$ (und bezüglich z mit Wahrscheinlichkeit Eins eindeutig bestimmt) ist. Ist $P = P_X$ das Verteilungsgesetz einer Zufallsgröße X, die gemeinsame Verteilung von (X, Z) durch die Dichte $p_{X,Z}(x, z)$ gegeben und die Dichte der Randverteilung von Z,

$$p_Z(z) = \int_{-\infty}^{\infty} p_{X,Z}(x, z)\, dx$$

positiv, dann besitzt $P(\cdot \mid z)$ eine Dichte

$$p(x \mid z) = \frac{p_{X,Z}(x, z)}{p_Z(z)}, \tag{9.8}$$

die *bedingte Dichte* von X unter der Bedingung $Z(\omega) = z$ heißt. Entsprechend läßt sich $P(\cdot \mid z)$ für eine diskrete Zufallsgröße Z erklären.

Mit der bedingten Verteilung ist dann der bedingte Erwartungswert

$$\mathrm{E}(X \mid z) \equiv \mathrm{E}\big(X \mid Z(\omega) = z\big) := \int_{-\infty}^{\infty} x P(dx \mid z) \tag{9.9}$$

bestimmt, der — analog zu (9.5) — durch eine Summe oder ein Integral mit der Dichte $p(x \mid z)$ berechnet wird.

Da $\mathrm{E}(X \mid z)$ eine Funktion der reellen Variablen z ist, läßt sich (mit $z = Z(\omega)$) eine *Zufallsgröße* $\mathrm{E}(X \mid Z)$, der bedingte Erwartungswert von X unter der Bedingung Z, einführen. Es gilt

$$\mathrm{E}\big(\mathrm{E}(X \mid Z)\big) = \int_{-\infty}^{\infty} \mathrm{E}(X \mid z)\, P_Z(dz) = \mathrm{E}X$$

bzw. für eine (meßbare) Funktion $h(X)$

$$\mathrm{E}\big(\mathrm{E}(h(X) \mid Z)\big) = \mathrm{E}h(X).$$

Speziell ist damit auch die bedingte Verteilung $P(\cdot \mid Z) := \mathrm{E}\big(\mathbb{1}_{(\cdot)}(X) \mid Z\big)$ festgelegt, die alle Information über das System enthält, welche sich durch Beobachtung von Z ergeben können.

Wir können natürlich als Bedingung auch einen zufälligen Vektor $(Z_1, \ldots, Z_n)$ bzw. eine beliebige Familie von Zufallsgrößen $(Z_i)_{i \in I}$ zulassen und dafür die bedingten Erwartungswerte $\mathrm{E}(X \mid Z_1, \ldots, Z_n)$ und $\mathrm{E}\big(X \mid (Z_i)_{i \in I}\big)$ bzw. die bedingten Wahrscheinlichkeiten $P(C \mid Z_1, \ldots, Z_n)$ und $P\big(C \mid (Z_i)_{i \in I}\big)$, $C \in \mathcal{F}$, definieren.

Ganz allgemein läßt sich ein bedingter Erwartungswert $E(X \mid \mathcal{A})$ für den Fall definieren, wo als Bedingung eine σ-Algebra $\mathcal{A} \subset \mathcal{F}$ auftritt. Für uns ist jedoch nur der Spezialfall interessant, in dem $\mathcal{A} = \sigma(Z) := \{Z^{-1}(B) \mid B \in \mathcal{B}^1\}$ die von der Zufallsgröße Z erzeugte σ-Algebra ist und für den $E(X \mid Z) = \mathrm{E}(X \mid \sigma(Z))$ gilt.

9.2. Stochastische Prozesse

1. Eine Familie von Zufallsgrößen $(X_t)_{t \in \theta}$, bei der der Parameter t eine beliebige Indexmenge θ durchläuft, heißt *zufälliger Prozeß* (über θ). Meist ist θ eine Teilmenge der reellen Zahlen (dann wollen wir für θ stets ein Intervall annehmen) und wird als Zeit interpretiert. Bei fester Zeit ist somit X_t eine reellwertige Zufallsgröße

$$X_t\colon \quad (\Omega, \mathcal{F}) \to (\mathbb{R}^1, \mathcal{B}^1), \quad t \in \theta.$$

Halten wir das Elementarereignis ω fest, so heißt $X_{(\cdot)}(\omega)$ *Realisierung* des zufälligen Prozesses (oder *Pfad*).

Wir können auch die Gesamtheit $X = (X_t)_{t \in \theta}$ als eine Zufallsvariable mit Werten in $\mathbb{R}^\theta$, der Menge aller auf θ definierten reellwertigen Funktionen, auffassen

$$X\colon \quad (\Omega, \mathcal{F}) \to (\mathbb{R}^\theta, \mathcal{B}^\theta).$$

Dann müssen wir im Bildraum die σ-Algebra $\mathcal{B}^\theta$ wählen, die von allen Zylindermengen $\{q \in \mathbb{R}^\theta \mid q_{t_1} \in B_1, \ldots, q_{t_n} \in B_n\}$, $B_i \in \mathcal{B}^1$, $t_i \in \theta$, $i = 1, \ldots, n$, n beliebig, erzeugt wird.

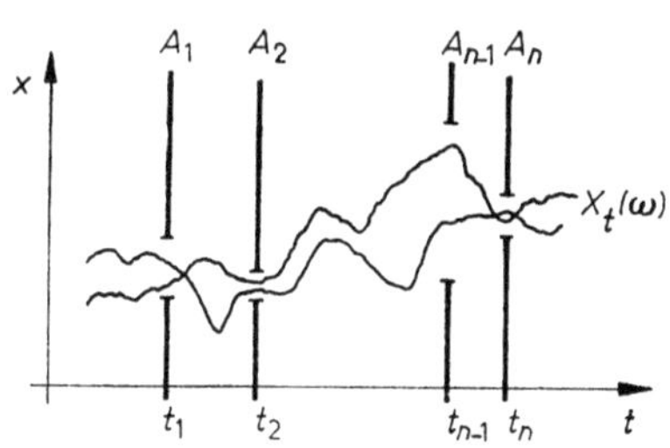

Abb. 121
Illustration der n-dimensionalen Verteilung eines zufälligen Prozesses (die Mengen $A_1, \ldots, A_n$ sind die geöffneten „Tore" für die Realisierungen)

Die zufälligen Vektoren $(X_{t_1}, \ldots, X_{t_n})$, $t_1, \ldots, t_n \in \theta$, n beliebig, induzieren auf $(\mathbb{R}^n, \mathcal{B}^n)$ die Verteilungen $P_{X_{t_1}, \ldots, X_{t_n}}$, die wir als *endlichdimensionale Verteilungen* des Prozesses (X_t) bezeichnen (Abb. 121). Sie sind *verträglich* in dem Sinne, daß alle niederdimensionalen Verteilungen die entsprechenden Randverteilungen höherdimensionaler Verteilungen sind, das heißt, es gilt für $1 \leq k < n$, n beliebig,

$$P_{X_{t_1}, \ldots, X_{t_k}}(A) = P_{X_{t_1}, \ldots, X_{t_n}}(A \times \mathbb{R}^{n-k}) \quad \forall A \in \mathcal{B}^k \tag{9.10}$$

sowie für jede Permutation $(i_1, \ldots, i_n)$ der Zahlen $(1, \ldots, n)$

$$P_{X_{t_{i_1}}, \ldots, X_{t_{i_n}}}(A_{i_1} \times \cdots \times A_{i_n}) = P_{X_{t_1}, \ldots, X_{t_n}}(A_1 \times \cdots \times A_n) \tag{9.11}$$

mit $A_1, \ldots, A_n \in \mathcal{B}^1$.

Falls der zufällige Prozeß nur diskrete Werte annehmen kann, sind die endlichdimensionalen Verteilungen durch die Einzelwahrscheinlichkeiten

$$p_{k_1, \ldots, k_n}(t_1, \ldots, t_n) := P_{X_{t_1}, \ldots, X_{t_n}}\{(k_1, \ldots, k_n)\} = P\{X_{t_1} = k_1, \ldots, X_{t_n} = k_n\}$$

charakterisierbar. Sind die endlichdimensionalen Verteilungen absolutstetig, dann werden sie durch eine Dichte $p(x_1, t_1; \ldots; x_n, t_n)$ mittels

$$P\{X_{t_1} \in A_1, \ldots, X_{t_n} \in A_n\} = \int_{A_1 \times \cdots \times A_n} \cdots \int p(x_1, t_1; \ldots; x_n, t_n)\, dx_1 \ldots dx_n$$

beschrieben.

Beispiel 1. a) Ein *Gauss-Prozeß* ist ein Prozeß, dessen endlichdimensionale Verteilungen sämtlich Normalverteilungen sind,

$$P_{X_{t_1}, \ldots, X_{t_n}} = N\big((a_1, \ldots, a_n), (S_{ik})_{i,k=1}^n\big),$$

die durch die beiden reellen Funktionen $a\colon \theta \to \mathbb{R}^1$, $a_i := a(t_i)$ bzw. $S\colon \theta \times \theta \to \mathbb{R}^1$, $S_{ik} := S(t_i, t_k)$ eindeutig festgelegt werden. Dabei muß $S(t_i, t_k)$ für alle Auswahlen (t_i, t_k) eine symmetrische, positiv definite Matrix sein.

b) Der *Wiener-Prozeß* ist ein Gauss-Prozeß mit $\theta = [0, \infty)$,

$$a(t) \equiv 0, \quad S(t, t') = \min(t, t') \quad \forall t, t' \in [0, \infty).$$

2. Häufig sind nicht die Zufallsgrößen $(X_t)_{t \in \theta}$ bekannt, sondern es ist nur eine Familie endlichdimensionaler Verteilungen gegeben.

Satz 1 (Kolmogorow [25]). *Sei zu jedem Tupel $(t_1, \ldots, t_n)$, n beliebig, verschiedener Elemente aus θ ein Wahrscheinlichkeitsmaß auf $(\mathbb{R}^n, \mathscr{B}^n)$ gegeben. Diese Maße sind genau dann die endlichdimensionalen Verteilungen eines zufälligen Prozesses $(X_t)_{t \in \theta}$, wenn sie im Sinne von (9.10), (9.11) verträglich sind.*

Der Satz sagt aus, daß es zu jedem verträglichen System von Verteilungen einen Wahrscheinlichkeitsraum $(\Omega, \mathscr{F}, P)$ und einen zufälligen Prozeß $(X_t)_{t \in \theta}$ gibt, der jene als endlichdimensionale Verteilungen besitzt. Gewöhnlich wählt man die *kanonische Darstellung* $\Omega = \mathbb{R}^\theta$, $\mathscr{F} = \mathscr{B}^\theta$, so daß die Elementarausgänge $\omega = \omega(\cdot) = X_{(\cdot)}(\omega)$ mit den Realisierungen zusammenfallen. Durch die Verträglichkeit wird auf $(\mathbb{R}^\theta, \mathscr{B}^\theta)$ eindeutig ein Wahrscheinlichkeitsmaß $P = P_X$ definiert. (In diesem Sinne ist das Beispiel 1 zu verstehen.)

3. Wichtige Charakteristika zufälliger Prozesse, die sich aus den endlichdimensionalen Verteilungen ermitteln lassen, sind vor allem der *Erwartungswert* $\mathrm{E}X_t$ und die *Kovarianz* (oder *Korrelationsfunktion*) $\mathrm{E}(X_t - \mathrm{E}X_t)(X_s - \mathrm{E}X_s)$. Falls die entsprechenden Dichten existieren, werden sie mittels

$$a(t) := \mathrm{E}X_t = \int_{-\infty}^{\infty} x \cdot p(x, t)\, dx,$$

$$S(t, s) := \mathrm{E}\big(X_t - a(t)\big)\big(X_s - a(s)\big) = \int_{-\infty}^{\infty} \int_{-\infty}^{\infty} \big(x - a(t)\big)\big(y - a(s)\big)\, p(x, t; y, s)\, dy\, dx$$

berechnet. Sind X_t und X_s unabhängig, so gilt $S(t, s) = 0$.

Beispiel 2. Die Bestimmungsstücke $a(\cdot)$ und $S(\cdot, \cdot)$ eines Gauss-Prozesses (siehe Beispiel 1) sind gerade Erwartungswert- und Kovarianzfunktion und bestimmen in diesem Fall den Prozeß bereits eindeutig.

Häufig werden wir *zentrierte* Prozesse mit $a(t) \equiv 0$ betrachten. Das ist aber keine wesentliche Einschränkung, da wir durch Subtraktion der nichtzufälligen Funktion $a(t)$ stets zum zentrierten Prozeß $Y_t = X_t - a(t)$ übergehen können.

4. Die Menge $\mathbb{R}^\theta$ ist sehr groß und enthält viele Funktionen mit äußerst irregulärem Verlauf. Deshalb sind wir bestrebt, als neuen Zustandsraum eine Teilmenge mit angenehmen Eigenschaften zu wählen, die fast alle Realisierungen des gegebenen Prozesses enthält. Das kann zum Beispiel für $\theta = [0, T]$ die Menge der stetigen Funktionen $C[0, T]$ (nebst der zugehörigen, von den offenen Mengen erzeugten σ-Algebra) sein. Für solche *Eigenschaften mit Wahrscheinlichkeit Eins* (oder *fast sichere* Eigenschaften) gibt es entsprechende Kriterien. Dabei müssen wir in der Regel zu einem *äquivalenten Prozeß* $(\tilde{X}_t)$ übergehen, für den $P\{\tilde{X}_t \neq X_t\} = 0$ für alle $t \in \theta$ gilt.

Satz 2 ([25]). *Sei $(X_t)_{t\in[0,T]}$ ein zufälliger Prozeß auf einem vollständigen*[1]) *Wahrscheinlichkeitsraum. Wenn es positive Konstanten C, α, ε mit*

$$\mathrm{E}\,|X_t - X_s|^\alpha \leqq C \cdot |t - s|^{1+\varepsilon} \quad \forall t, s \in [0, T]$$

gibt, dann existiert ein äquivalenter Prozeß $(\tilde{X}_t)_{t\in[0,T]}$, dessen Realisierungen fast alle stetig sind.

Aufgabe. Zeigen Sie, daß der Wiener-Prozeß $(W_t)_{t\in[0,T]}$, $T > 0$, beliebig aus Beispiel 1b
a) unabhängige Zuwächse $W_{t_1} - W_0$, $W_{t_2} - W_{t_1}, \ldots, W_{t_n} - W_{t_{n-1}}$ für jede beliebige Zerlegung $0 < t_1 < \cdots < t_n \leqq T$, n beliebig, und
b) mit Wahrscheinlichkeit Eins stetige Realisierungen besitzt!

5. Ein zufälliger Prozeß $(X_t)_{t\in\mathbb{R}^1}$ heißt *stationär*, falls alle endlichdimensionalen Verteilungen invariant gegenüber einer Zeitverschiebung sind, so daß für beliebige Auswahlen $(t_1, \ldots, t_n)$

$$P_{X_{t_1+\tau},\ldots,X_{t_n+\tau}} = P_{X_{t_1},\ldots,X_{t_n}} \quad \forall \tau \in \mathbb{R}^1 \tag{9.12}$$

gilt. Eine solche Situation liegt gewöhnlich vor, wenn sich die Versuchsbedingungen, unter denen der Prozeß abläuft, zeitlich nicht ändern und der Startzeitpunkt hinreichend weit zurückliegt, so daß Einschwingvorgänge abgeklungen sind.

Aus der Stationarität folgt unmittelbar die Zeitunabhängigkeit aller eindimensionalen Verteilungen,

$$P_{X_t} = P^0 \quad \forall t \in \mathbb{R}^1,$$

so daß der Erwartungswert $a(t) \equiv a$ eine Konstante ist und die Korrelationsfunktion $S(t_1, t_2) =: \hat{S}(t_2 - t_1)$ nur von der Zeitdifferenz $\tau = t_2 - t_1$ abhängt. Aus der Symmetrie und der positiven Definitheit von S ergeben sich die Eigenschaften

$$\hat{S}(\tau) = \hat{S}(-\tau), \quad \hat{S}(0) \geqq |\hat{S}(\tau)| \geqq 0 \quad \forall \tau \in \mathbb{R}^1. \tag{9.13}$$

Beispiel 3. Ein stationärer Gauss-Prozeß ist durch $a(t) \equiv a$, $S(t_1, t_2) := \hat{S}(\tau)$, $\tau := t_2 - t_1$ eindeutig bestimmt (falls $\hat{S}(\tau)$ eine positiv semidefinite Matrix $(S(t_i, t_k))$ erzeugt).

9.3. Markow-Prozesse

1. Zwischen den Werten eines zufälligen Prozesses zu verschiedenen Zeitpunkten $s \neq t$ bestehen im allgemeinen Abhängigkeiten, die sich in einer Korrelation der entsprechenden Zufallsgrößen X_s und X_t (d. h. dem Nichtverschwinden der Kovarianz $S(s, t)$) zeigen.

[1]) Jede Teilmenge einer Nullmenge ist meßbar (und deshalb Nullmenge).

Bei *vollständig unabhängigen* Prozessen sind die n-dimensionalen Verteilungen durch die Produkte der eindimensionalen Verteilungen gegeben. Solche Prozesse besitzen äußerst „wilde" Trajektorien, da keinerlei Abhängigkeiten zu benachbarten Zeitpunkten existieren.

Eine wichtige Klasse bilden die *Markow-Prozesse*, bei denen die Zukunft bei bekannter Gegenwart unabhängig von der Vergangenheit ist. Anders gesagt: bei bekanntem Zustand des Systems zur Zeit s (der „Gegenwart") haben zusätzliche Informationen über das Verhalten bei Zeiten $r < s$ (der „Vergangenheit") keinen Einfluß auf die Vorhersage der Entwicklung für Zeiten $t > s$ (der „Zukunft").

Definition 1. Ein zufälliger Prozeß $(X_t)_{t\in[0,T]}$, $0 < T \leqq \infty$, auf einem Wahrscheinlichkeitsraum $(\Omega, \mathcal{F}, P)$ mit Werten in $\mathbb{R}^1$ heißt *Markow-Prozeß*, falls für $0 \leqq s \leqq t \leqq T$ und alle $B \in \mathcal{B}^1$ die Gleichung

$$P\{X_t \in B \mid (X_r)_{0\leqq r\leqq s}\} = P\{X_t \in B \mid X_s\} \tag{9.14}$$

mit Wahrscheinlichkeit Eins erfüllt ist.

Eine äquivalente Formulierung der Markow-Eigenschaft (9.14) lautet:
Für alle $n = 2, 3, \ldots, 0 \leqq t_1 \leqq \cdots \leqq t_n \leqq T$ und alle $B \in \mathcal{B}^1$ gilt fast sicher

$$P\{X_{t_n} \in B \mid X_{t_1}, \ldots, X_{t_{n-1}}\} = P\{X_{t_n} \in B \mid X_{t_{n-1}}\}.$$

In physikalischer Hinsicht ist die Markow-Eigenschaft Ausdruck der Kausalität in einem stochastischen dynamischen System. Mathematisch bedeutet sie, daß der Prozeß bereits durch zwei Bestimmungsstücke festgelegt ist, nämlich die eindimen-

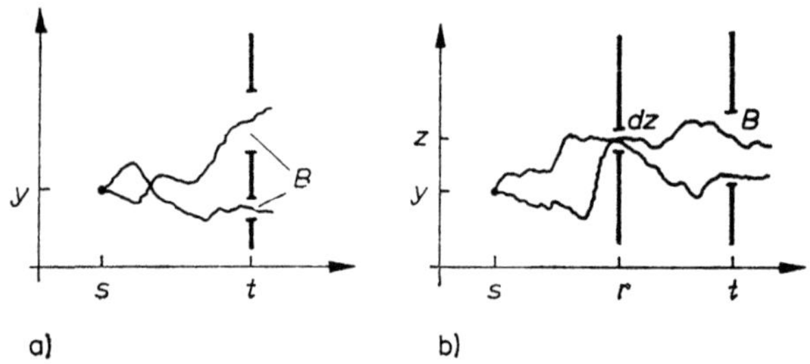

Abb. 122
Übergangswahrscheinlichkeit eines Markow-Prozesses (a) und Chapman-Kolmogorow-Gleichung (b)

sionale Verteilung (an einem beliebigen Startzeitpunkt) und die Familie der *Übergangswahrscheinlichkeiten* $P\{X_t \in B \mid X_s\}$ bzw. der entsprechenden Funktionen

$$P(B, t \mid y, s) := P\{X_t \in B \mid X_s = y\}, \quad B \in \mathcal{B}^1$$

(Abb. 122a).

Beispiel 1. Der Wiener-Prozeß $(W_t)_{t\geqq 0}$ aus Beispiel 10.2./1 ist ein Markow-Prozeß, da wegen $\mathrm{E}(W_t - W_s)\, W_s = 0$ für $t > s$ der Zuwachs $W_t - W_s$ vom Wert des Prozesses W_s unabhängig ist.

Falls nur diskrete Zustände $x_1, x_2, \ldots$ angenommen werden, läßt sich die Übergangswahrscheinlichkeit durch die diskreten bedingten Wahrscheinlichkeiten

$$p_{k|i}(t \mid s) := P\{X_t = x_k \mid X_s = x_i\}$$

beschreiben. Hat die Übergangswahrscheinlichkeit für $t > s$ eine Dichte $p(x, t \mid y, s)$, dann gilt

$$P(B, t \mid y, s) = \int_B p(x, t \mid y, s)\, dx \quad \forall B \in \mathcal{B}^1 \tag{9.15}$$

(für $t = s$ liegt wegen $P(B, s \mid y, s) = \mathbb{1}_B(y)$ eine Einpunktverteilung δ_y mit der formalen Dichte $p(x, s \mid y, s) = \delta(x - y)$ vor).

Satz 1 ([21], [25]). *Sei* $(X_t)_{t \in [0,T]}$, $T \leqq \infty$, *ein Markow-Prozeß mit der Übergangswahrscheinlichkeit* $P(B, t \mid y, s)$ *und der Anfangsverteilung* $P_0 \equiv P_{X_{t_0}}$. *Dann gilt:*

a) *Die endlichdimensionalen Verteilungen sind für* $0 \leqq t_0 \leqq t_1 \leqq \cdots \leqq t_n \leqq T$ *durch*

$$P_{X_{t_1}, \ldots, X_{t_n}}(B_1 \times \cdots \times B_n) = \int_{B_n} P(dx_n, t_n \mid x_{n-1}, t_{n-1}) \ldots \int_{B_1} P(dx_1, t_1 \mid y, t_0) \int_{-\infty}^{\infty} P_0(dy)$$

für $B_1, \ldots, B_n \in \mathcal{B}^1$ *gegeben.*

b) *Die Übergangswahrscheinlichkeiten erfüllen die Chapman-Kolmogorow-Gleichung*

$$P(B, t \mid y, s) = \int_{-\infty}^{\infty} P(B, t \mid z, r)\, P(dz, r \mid y, s) \tag{9.16}$$

für $0 \leqq s \leqq r \leqq t \leqq T$, *für alle* $B \in \mathcal{B}^1$ *und alle* $x \in \mathbb{R}^1$.

Beide Aussagen folgen unmittelbar aus der Verträglichkeit der endlichdimensionalen Verteilungen und der Markow-Eigenschaft. Die Gleichung (9.16) ist in Abb. 122b veranschaulicht. Speziell entwickeln sich die eindimensionalen Verteilungen gemäß

$$P_{X_t}(B) = \int_{-\infty}^{\infty} P(B, t \mid y, t_0)\, P_0(dy), \quad t \geqq t_0, \tag{9.16a}$$

was sich bei Vorliegen von Dichten in der Form

$$p(x, t) = \int_{-\infty}^{\infty} p(x, t \mid y, t_0)\, p(y, t_0)\, dy$$

schreiben läßt. Bei Existenz der entsprechenden Dichten erhalten wir aus der Beziehung (für $s \leqq r \leqq t$)

$$p(y, s; z, r; x, t) = p(x, t \mid z, r)\, p(z, r \mid y, s)\, p(y, s),$$

die die Markow-Eigenschaft ausdrückt, durch Integration über z und Vergleich mit $p(y, s; x, t) = p(x, t \mid y, s)\, p(y, s)$ die Chapman-Kolmogorow-Gleichung in der Form

$$p(x, t \mid y, s) = \int_{-\infty}^{\infty} p(x, t \mid z, r)\, p(z, r \mid y, s)\, dz.$$

2. Wir betrachten von nun an nur noch *homogene* Markow-Prozesse, bei denen die Übergangswahrscheinlichkeiten nur von der Zeitdifferenz abhängen sollen:

$$P(B, t \mid y, s) =: P(B, t - s \mid y).$$

Sie beschreiben autonome stochastische Systeme, die keinen explizit zeitabhängigen äußeren Einflüssen unterliegen.

Ein Markow-Prozeß $(X_t)_{t \geqq 0}$ ist genau dann *stationär*, wenn er homogen ist, eine invariante Verteilung P^0 existiert,

$$P^0(B) = \int_{-\infty}^{\infty} P(B, t \mid y)\, P^0(dy) \quad \forall t \geqq 0 \quad \forall B \in \mathscr{B}^1,$$

und diese als Anfangsverteilung P_{X_0} gewählt wird.

Ist die invariante Verteilung P^0 eindeutig, so gilt für eine beliebige Anfangsverteilung $P_{X_0} \equiv P_0$ und P_{X_t} aus (9.16a) (mit $t_0 = 0$)

$$\lim_{t \to \infty} P_{X_t}(B) = P^0(B)$$

für alle Mengen $B \in \mathscr{B}^1$ mit $P^0(\partial B) = 0$. Das bedeutet, daß der Prozeß (X_t) asymptotisch stationär wird und seine eindimensionalen Verteilungen für $t \to \infty$ (schwach) gegen die invariante Verteilung konvergieren. Diese stellt das stochastische Analogon zum Begriff des Attraktors (bzw. allgemeiner: der ω-Grenzmenge) dar. Es gilt dann mit Wahrscheinlichkeit Eins

$$\lim_{t \to \infty} \frac{1}{t} \int_0^t h(X_s)\, ds = \int_{-\infty}^{\infty} h(x)\, P^0(dx)$$

für hinreichend viele (beispielsweise alle stetigen und beschränkten) Funktionen h, so daß P^0 eine *ergodische* Verteilung für den Prozeß (X_t) ist.

Gibt es mehrere invariante Verteilungen, so lassen sich diese in ergodische (invariante) Komponenten zerlegen, die auf disjunkten Mengen im Zustandsraum konzentriert sind.

Beispiel 2. Ein Gauss-Prozeß mit

$$a(t) = a_0\, e^{-kt}, \quad S(s, t) = c^2\, e^{-k(t+s)} + \frac{\sigma^2}{2k} \left(e^{-k|t-s|} - e^{-k(t+s)}\right)$$

für $s, t \geqq 0$ heißt *Ornstein-Uhlenbeck-Prozeß*. Er ist ein Markow-Prozeß, was mit Hilfe der Übergangsdichten leicht nachgewiesen werden kann. (Wir werden ihn in 10.1. als Lösung einer stochastischen Differentialgleichung erhalten.) Seine invariante Verteilung (für $k > 0$) ist $P^0 = N(0, \sigma^2/2k)$ und wird für $t \to \infty$ erreicht. Somit gilt im stationären Fall $a(t) \equiv 0$, $S(t - s) = (\sigma^2/2k) \exp(-k\,|t - s|)$, $k > 0$. Der stationäre Ornstein-Uhlenbeck-Prozeß ist der einzige stationäre Gauss-Prozeß mit Markow-Charakter.

3. Zur Beschreibung eines homogenen Markow-Prozesses $(X_t)_{t \geqq 0}$ mit der Übergangsfunktion $P(B, t \mid y)$ führen wir eine Familie von Operatoren $(T_t)_{t \geqq 0}$ auf dem Raum $\mathscr{M}_b(\mathbb{R}^1)$ der auf $\mathbb{R}^1$ beschränkten, meßbaren Funktionen (versehen mit der

Supremums-Norm[1])) ein:

$$(T_t g)(y) := \mathrm{E}[g(X_t) \mid X_0 = y] = \int_{-\infty}^{\infty} g(x)\, P(dx, t \mid y) \quad \forall g \in \mathcal{M}_b. \tag{9.17}$$

Offenbar ist $(T_t g)(y)$ der Erwartungswert von $g(X_{t+s})$ unter der Bedingung $X_s = y$ und wegen der Homogenität unabhängig von s (deshalb o. B. d. A. $s = 0$). Wir werden diese Größe auch mit $E_y g(X_t)$ bezeichnen.

Satz 2 ([25]). *Die Operatoren* $(T_t)_{t \geqq 0}$ *aus* (9.17) *sind lineare, positive, kontrahierende Operatoren auf* $\mathcal{M}_b$ *mit* $T_t \mathbb{1} = \mathbb{1}$, $T_0 = I$ *und bilden eine Halbgruppe,*

$$T_{t+s} = T_t T_s \quad \forall s, t \geqq 0.$$

Als Folge der Linearität des Integrals ist T_t linear. Weil $P(\cdot, t \mid y)$ ein Wahrscheinlichkeitsmaß ist, werden nichtnegative Funktionen in nichtnegative übergeführt, und es gilt

$$|(T_t g)(y)| \leqq \int |g(x)|\, P(dx, t \mid y) \leqq \|g\|,$$

so daß wegen $\|T_t g\| \leqq \|g\|$ die Norm nicht vergrößert wird. Insbesondere ist die Funktion $\mathbb{1}(x) \equiv 1$ Fixpunkt der Familie (T_t). Wegen $P(\cdot, 0 \mid y) = \delta_y$ ist T_0 der Einheitsoperator. Die Halbgruppeneigenschaft folgt mittels

$$\begin{aligned}(T_s T_t g)(y) &= \int P(dx, t \mid z) \int P(dz, s \mid y)\, g(x) = \int P(dx, t + s \mid y)\, g(x) \\ &= (T_{t+s} g)(y)\end{aligned}$$

aus der Chapman-Kolmogorow-Gleichung $P(B, t + s \mid y) = \int P(B, t \mid z)\, P(dz, s \mid y)$ für homogene Prozesse.

Wählen wir speziell die Indikatorfunktion $g = \mathbb{1}_B$, $B \in \mathcal{B}^1$, so erhalten wir aus T_t die Übergangswahrscheinlichkeit

$$(T_t \mathbb{1}_B)(y) = E_y \mathbb{1}_B(X_t) = P(B, t \mid y).$$

Im Falle diskreter Zeit $t = n = 0, 1, 2, \ldots$ sind die Operatoren $T_n = (T_1)^n$ durch T_1 vollständig bestimmt. Bei stetiger Zeit $t \geqq 0$ brauchen wir wegen der Halbgruppeneigenschaft die Kenntnis von (T_t) in einem kleinen Zeitintervall $[0, \varepsilon)$. Unter gewissen Regularitätsforderungen kann die Halbgruppe bereits aus ihrem infinitesimalen Verhalten bei $t = 0$ gewonnen werden. (Analog läßt sich der Fluß einer autonomen Differentialgleichung aus seinem infinitesimalen Verhalten, dem zugehörigen Vektorfeld, bestimmen.)

Definition 2. Der *infinitesimale Generator* A eines homogenen Markow-Prozesses $(X_t)_{t \geqq 0}$ wird durch

$$(Ag)(y) := \lim_{t \downarrow 0} \frac{1}{t} [\mathrm{E}_y g(X_t) - g(y)], \quad g \in \mathcal{M}_b, \tag{9.18}$$

[1]) d. h. $\|g\| := \sup_{x \in \mathbb{R}^1} |g(x)|$.

definiert, und zwar auf der Menge $D(A) \subset \mathcal{M}_b(\mathbb{R}^1)$, für die dieser Limes gleichmäßig bezüglich $y \in \mathbb{R}^1$ (d. h. in der Norm von $\mathcal{M}_b$) existiert.

Wir interpretieren $(Ag)(y)$ als mittlere infinitesimale Änderungsrate von $g(X_t)$ unter der Bedingung $X_0 = y$.

Beispiel 3. Der Prozeß $(X_t)_{t \geqq 0}$, $X_t = X_0 + W_t \; \forall t \geqq 0$, der aus dem Wiener-Prozeß $(W_t)_{t \geqq 0}$ durch Verschiebung um eine von (W_t) unabhängige, zufällige Größe X_0 entsteht, ist wegen der Unabhängigkeit der Zuwächse des Wiener-Prozesses ein Markow-Prozeß. Wegen $\mathrm{E} W_t^{2n-1} = 0$, $\mathrm{E} W_t^2 = t$, $\mathrm{E} W_t^{2n} \sim t^n$, $n = 1, 2, \ldots$, ist sein Generator A durch

$$(Ag)(y) = \lim_{t \downarrow 0} \frac{1}{t} [\mathrm{E}_y g(y + W_t) - g(y)]$$

$$= \lim_{t \downarrow 0} \frac{1}{t} \mathrm{E}_y \left[g'(y) W_t + \frac{1}{2} g''(y) W_t^2 + \cdots \right] = \frac{1}{2} g''(y)$$

gegeben, das heißt $A = d^2/dy^2$ ist ein Differentialoperator 2. Ordnung und auf der Menge der Funktionen erklärt, die zusammen mit ihren ersten beiden Ableitungen beschränkt und gleichmäßig stetig sind.

Beispiel 4. Sei $(X_t)_{t \geqq 0}$ die Lösung einer gewöhnlichen Differentialgleichung mit zufälligem Anfangswert X_0,

$$\dot{x} = f(x), \quad x(0) = X_0 .$$

Da die eigentliche Dynamik bei fester Realisierung $X_0(\omega) = y$ deterministisch abläuft, ist (X_t) ein Markow-Prozeß. Aus

$$X_t = y + f(y) \cdot t + \mathrm{o}(t)$$

und

$$g(X_t) - g(y) = g'(y) \cdot [f(y)\, t + \mathrm{o}(t)] + \frac{1}{2} g''(y) \cdot [f(y)\, t + \mathrm{o}(t)]^2 + \cdots$$

erhalten wir

$$(Ag)(y) = \lim_{t \downarrow 0} \frac{1}{t} [E_y g(X_t) - g(y)] = f(y) \cdot g'(y),$$

so daß $A = f \cdot (d/dy)$ ein Differentialoperator 1. Ordnung ist.

Ist $(X_t)_{t \geqq 0}$ ein Markow-Prozeß mit von rechts stetigen Pfaden, dann wird die Halbgruppe $(T_t)_{t \geqq 0}$ durch ihren Generator A eindeutig bestimmt: Aus der Definition von A und der Halbgruppeneigenschaft folgt für $g \in D(A)$ auch $T_t g \in D(A)$ sowie

$$A T_t g = \lim_{h \downarrow 0} \frac{1}{h} (T_h T_t g - T_t g) = \lim_{h \downarrow 0} \frac{1}{h} (T_{t+h} g - T_t g) = \frac{d}{dt} T_t g$$

bzw. analog $\dfrac{d}{dt} T_t g = T_t A g$, $T_0 g = g$, so daß wir eine (abstrakte) Differentialgleichung für (T_t) erhalten. Daraus folgt:

Satz 3 ([25]). *Der bedingte Erwartungswert $u(t, y) := E_y g(X_t)$ eines homogenen Markow-Prozesses mit dem Generator A (und rechtsstetigen Pfaden) läßt sich als ein-*

deutige und beschränkte Lösung der Gleichung

$$\frac{\partial u}{\partial t}(t, y) = (Au)(t, y) \quad t > 0, \quad y \in \mathbb{R}^1, \quad u(0, y) = g(y) \tag{9.19}$$

bestimmen, falls g zu $D(A)$ gehört.

Bemerkung. Der Definitionsbereich $D(A)$ liegt dicht in der Menge aller Funktionen $g \in \mathcal{M}_b$, für die $T_t g \to g$ bei $t \downarrow 0$ (in der Norm des Raumes $\mathcal{M}_b$) gilt. Meist lassen sich noch weitere Funktionen, zu denen auch die Indikatorfunktionen von Borel-Mengen $\mathbb{1}_B$ (oder wenigstens von Intervallen) gehören, durch Elemente von $D(A)$ approximieren. Die Lösung der Gleichung (9.19) läßt sich dann stetig auf solche Anfangswerte fortsetzen, so daß in diesem Sinne die Übergangswahrscheinlichkeit $P(B, t \mid y) = E_y \mathbb{1}_B(X_t)$ Lösung der Gleichung

$$\frac{\partial}{\partial t} P(B, t \mid y) = AP(B, t \mid y), \quad P(B, 0 \mid y) = \mathbb{1}_B(y), \quad B \in \mathscr{B}^1, \tag{9.20}$$

ist.

Der infinitesimale Generator A eines Markow-Prozesses mit rechtsstetigen Pfaden (das schließt auch Sprungprozesse ein!) legt somit eindeutig die Übergangswahrscheinlichkeiten und wegen Satz 1 auch alle endlichdimensionalen Verteilungen fest. Falls die Übergangswahrscheinlichkeit $P(\cdot, t \mid y)$ eine Dichte, die Übergangsdichte $p(x, t \mid y)$ besitzt, so erfüllt diese (unter gewissen technischen Voraussetzungen, die von A abhängen), die sogenannte *Rückwärtsgleichung*

$$\frac{\partial}{\partial t} p(x, t \mid y) = A_y p(x, t \mid y), \quad p(x, 0 \mid y) = \delta(x - y),$$

wobei $A_y \equiv A$ andeuten soll, daß A auf das Argument y wirkt.

Sei A^* der zu A bezüglich des Skalarprodukts in $\mathscr{L}^2(\mathbb{R}^1)$ adjungierte Operator,

$$\int_{-\infty}^{\infty} g(x)\,(Ah)(x)\,dx = \int_{-\infty}^{\infty} g(x)\,(A^*h)(x)\,dx \quad \forall g \in D(A), \quad \forall h \in D(A^*).$$

Dann erfüllt (unter weiteren technischen Voraussetzungen) die Übergangsdichte $p(x, t \mid y)$ auch die *Vorwärtsgleichung* (oder *Fokker-Planck-Gleichung*)

$$\frac{\partial}{\partial t} p(x, t \mid y) = A_x^* p(x, t \mid y), \quad p(x, 0 \mid y) = \delta(x - y), \tag{9.21}$$

wobei $A^* \equiv A_x^*$ jetzt auf das Argument x wirkt.

Die Rückwärtsgleichung ist offenbar die Überführung der allgemeinen Beziehung $dT_t g/dt = AT_t g$ in die Sprache der Differentialgleichungen (in vielen typischen Fällen wird A ein Differentialoperator sein!), während die Vorwärtsgleichung aus der Beziehung $dT_t g/dt = T_t A g$ folgt: Für $g \in D(A)$ erhalten wir nämlich aus der letzten Gleichung unter Verwendung der Übergangsdichte p

$$\int \frac{\partial}{\partial t} p(x, t \mid y)\, g(x)\, dx = \int p(x, t \mid y)\,(Ag)(x)\, dx.$$

Durch Übergang zum adjungierten Operator $A^* \equiv A_x^*$ (bei Differentialoperatoren: durch partielle Integration) folgt daraus

$$\int \left[\frac{\partial}{\partial t} p(x, t \mid y) - A_x^* p(x, t \mid y) \right] g(x)\, dx = 0$$

für alle $g \in D(A)$, was bei hinreichend großem Definitionsbereich $D(A)$ die Gleichung (9.21) impliziert (siehe auch [25]).

4. Übergangswahrscheinlichkeiten bzw. Übergangsdichten sind nur eine spezielle Klasse von Größen, die mit Hilfe des Generators A berechnet werden können. Es lassen sich auch Gleichungen vom Typ (9.19) für die bedingten Erwartungswerte weitaus allgemeinerer Funktionale des Markow-Prozesses $(X_t)_{t \geqq 0}$ aufstellen (siehe z. B. [25]).

So ist für g aus einer Menge, in der $D(A)$ dicht liegt, die Funktion

$$v(t, y) := E_y \int_0^t g(X_s)\, ds$$

die eindeutige Lösung der Gleichung

$$\frac{\partial y}{\partial t}(t, y) = (Av)(t, y) + g(y), \quad v(0, y) = 0.$$

Das ist eine partielle Differentialgleichung, falls A ein Differentialoperator ist. Sie folgt aus $\partial v / \partial t = T_t g$ und

$$Av = \lim_{h \downarrow 0} \frac{1}{h} \left(T_h \int_0^t T_s g\, ds - \int_0^t T_s g\, ds \right) = \lim_{h \downarrow 0} \frac{1}{h} \left(\int_h^{t+h} T_s g\, ds - \int_0^t T_s g\, ds \right)$$

$$= \lim_{h \downarrow 0} \frac{1}{h} \left(\int_t^{t+h} T_s g\, ds - \int_0^h T_s g\, ds \right) = T_t g - g.$$

Ähnlich können wir zeigen, daß für $g \in D(A)$ und eine beschränkte, gleichmäßig stetige Funktion h

$$q(t, y) := \mathrm{E}_y g(X_t) \exp\left(\int_0^t h(X_s)\, ds \right)$$

die eindeutige Lösung der Aufgabe

$$\frac{\partial q}{\partial t}(t, y) = (Aq)(t, y) + h(y)\, q(t, y), \quad q(0, y) = g(y),$$

ist.

Sei jetzt $K \subset \mathbb{R}^1$ eine kompakte Menge mit dem Rand ∂K, sei $y \in K$ und sei $\tau(\omega) := \inf \{t \mid X_t(\omega) \notin K\}$ die zufällige Austrittszeit aus K des Prozesses $(X_t)_{t \geqq 0}$.

Dann gilt

$$\begin{aligned} u(y) &:= \mathrm{E}_y g(X_\tau) \quad \text{löst} \quad (Au)(y) = 0, \quad u(y)|_{\partial K} = g(y), \\ v(y) &:= \mathrm{E}_y \int_0^\tau g(X_s)\, ds \quad \text{löst} \quad (Av)(y) = -g(y), \quad v(y)|_{\partial K} = 0. \end{aligned} \tag{9.22}$$

Setzen wir in der letzten Aussage speziell $g(x) = \mathbb{1}_K(x)$, so sehen wir, daß die mittlere Austrittszeit

$$m(y) := \mathrm{E}_y \tau$$

aus der Menge K für Trajektorien, die zur Zeit $t = 0$ im Punkt $y \in K$ starten, der Gleichung

$$(Am)(y) = -1, \quad m(y)|_{\partial K} = 0 \tag{9.23}$$

genügt.

Für die Wahrscheinlichkeit $p_a(y) := P\{X_\tau = a \mid X_0 = y\}$, daß der Prozeß X_t (mit Start in y) zuerst den linken Randpunkt eines Intervalls $K = [a, b]$ erreicht, erhalten wir aus (9.22) mit $g(x) = \mathbb{1}_{\{a\}}(x)$ die Gleichung

$$(Ap_a)(y) = 0, \quad y \in (a, b), \quad p_a(a) = 1, \quad p_a(b) = 0. \tag{9.24}$$

5. Alle Definitionen und Aussagen der Abschnitte 9.2 und 9.3 lassen sich nahezu wörtlich auf den Fall vektorwertiger Prozesse $(X_t) = (X_t^1, \ldots, X_t^d)$ übertragen, wenn wir die Argumente $x, y, \ldots$ als Elemente aus $\mathbb{R}^d$ auffassen und die Integrationen über entsprechende Mengen im $\mathbb{R}^d$ ausführen.

Beispiel 5. Der Prozeß $(W_t)_{t \geqq 0}$ mit $W_t = (W_t^1, \ldots, W_t^d)$ für alle $t \geqq 0$, dessen Komponenten $(W_t^1), \ldots, (W_t^d)$ unabhängige eindimensionale Wiener-Prozesse sind, heißt d-dimensionaler Wiener-Prozeß. Ist $X_0 = (X_0^1, \ldots, X_0^d)$ ein davon unabhängiger zufälliger Vektor mit Werten in $\mathbb{R}^d$, dann ist der Prozeß $(X_t)_{t \geqq 0}$, $X_t := X_0 + W_t$ ein Markow-Prozeß mit dem Generator $A = \sum_{i=1}^{d} (\partial^2/\partial y_i^2)$.

6. Aufgabe. Es sei $(Z_t)_{t \geqq 0}$ ein zufälliger Prozeß mit dem Zustandsraum $M = \{+1, -1\}$, bei dem unabhängig vom jeweils vorliegenden Zustand nach einer (mit dem Parameter λ) exponentialverteilten zufälligen Wartezeit ein Sprung in den anderen Zustand erfolgt. Dieser Prozeß ist offenbar Markowsch und heißt *dichotomer* (oder *Zweizustands-*) *Prozeß*. Geben Sie seinen Generator an! (Hinweis: „Funktionen" g auf M sind hier Zahlenpaare (g_+, g_-).) Berechnen Sie die zeitliche Entwicklung der Übergangswahrscheinlichkeiten und der eindimensionalen Verteilung, die invariante Verteilung sowie (im stationären Fall) Erwartungswert und Kovarianzfunktion!

10. Stochastische Differentialgleichungen

10.1. Additives weißes Rauschen

10.1.1. Modell und Lösungsbegriff

1. Zu Beginn von Kapitel 9 stellten wir fest, daß die deterministische Beschreibung eines Systems durch eine Differentialgleichung bei genauerer Betrachtung durch Einbeziehung zufälliger Einflüsse zu ergänzen ist. Eine häufig verwendete Methode, die sich bei der Brownschen Bewegung bewährt hat und davon ausgehend verallgemeinert wurde, besteht darin, zur deterministischen Gleichung einen fluktuierenden Term (eine „stochastische Kraft") $\eta(t)$ zu addieren:

$$\dot{X}(t) = f[X(t)] + \eta(t). \tag{10.1}$$

Der Prozeß $\eta(t)$, $t \geqq 0$ modelliert physikalisch unvermeidliche, kleine Schwankungen, die von inneren oder äußeren Ursachen herrühren. In ihm werden Einflüsse erfaßt, die sich einer genauen Kenntnis entziehen oder deren genaue Kenntnis nicht wesentlich ist. Beispielsweise beschreibt in einem Vielteilchensystem die Konzentration die mittlere Teilchenzahl pro Volumen, während die tatsächliche Teilchendichte als Folge mikroskopischer Stoßprozesse um diesen Wert schwankt.

Auf dieser halbphänomenologischen Ebene sind folgende Annahmen sinnvoll:

1. Da konstante Versuchsbedingungen vorliegen, soll $\big(\eta(t)\big)_{t \geqq 0}$ ein stationärer (und o. B. d. A. zentrierter) Prozeß sein.
2. Da viele kleine Ursachen wirken, soll (als Folge des zentralen Grenzwertsatzes) $\big(\eta(t)\big)$ ein Gauß-Prozeß sein.
3. Da Fluktuationen viel schneller ablaufen als typische Änderungen des Systemzustandes, soll die Korrelationszeit[1]) des Prozesses $\big(\eta(t)\big)$ sehr klein sein, das heißt, die Kovarianzfunktion $\hat{S}$ soll sehr schnell fallen.

Wegen 3. nennen wir den Prozeß η auch „*Rauschen*". Wir nehmen nun den Extremfall verschwindender Korrelationen an und erhalten deshalb (wegen der Gauß-Eigenschaft) einen vollständig unabhängigen Prozeß.

Setzen wir in (10.1) $f \equiv 0$, so gelten für die pfadweise Lösung $X_t = \int\limits_0^t \eta(s)\, ds$ $\forall t \geqq 0$ die Beziehungen $\mathrm{E}X_t \equiv 0$,

$$\mathrm{E}X_t X_{t'} = \mathrm{E} \int\limits_0^t \int\limits_0^{t'} \eta(s)\, \eta(s')\, ds\, ds' = \int\limits_0^t \int\limits_0^{t'} \hat{S}(s - s')\, ds\, ds'. \tag{10.2}$$

---

[1]) Die Korrelationszeit $\tau_{\text{kor}} := \int\limits_0^\infty \hat{S}(\tau)/\hat{S}(0)\, d\tau$ vermittelt eine Vorstellung, innerhalb welcher Zeitintervalle $\tau < \tau_{\text{kor}}$ Korrelationen wesentlich sind.

Im Falle $\hat{S}(0) < \infty$, $\hat{S}(\tau) = 0$ für $\tau \neq 0$ verschwindet das Doppelintegral, und das Rauschen liefert überhaupt keinen Beitrag.

Damit ein vollständig unabhängiger Rauschprozeß sinnvoll Fluktuationen modelliert, muß seine Varianz $\hat{S}(0) = \mathrm{E}\eta(t)^2$ zu jedem Zeitpunkt unendlich groß sein (so daß das Integral in (10.2) endlich und von Null verschieden ist). Deshalb beschreiben wir die Kovarianzfunktion des Prozesses (formal) durch eine δ-Funktion:
Wir setzen $\eta(t) := \sigma \cdot \xi(t)$, $\sigma > 0$, mit

$$\mathrm{E}\xi(t) = 0, \quad \mathrm{E}\xi(t)\,\xi(t') = \delta(t - t') \quad \forall t, t' \geqq 0 \tag{10.3}$$

und nennen den stochastischen Prozeß $\big(\xi(t)\big)_{t\geqq 0}$ *weißes Gaußsches Rauschen* („weiß" deshalb, weil seine Spektraldichte, die Fourier-Transformierte der Korrelationsfunktion $\delta(\tau)$, eine Konstante ist).

Die (stochastische) Differentialgleichung

$$\dot{X}(t) = f[X(t)] + \sigma \cdot \xi(t), \quad X(0) = X_0, \tag{10.4}$$

in der das weiße Rauschen (mit einem Intensitätsfaktor σ) *additiv* auftritt, heißt in der physikalischen Literatur *Langevin-Gleichung*.

2. Das durch (10.3) definierte weiße Gaußsche Rauschen existiert nicht im klassischen Sinne der Theorie zufälliger Prozesse, weil seine Trajektorien extrem irregulär sind (die Funktionswerte sind unabhängig voneinander und fast immer betragsmäßig unendlich groß). Physikalisch zeigt sich dies darin, daß der Prozeß als Folge der konstanten Spektraldichte eine unendlich große mittlere Leistung besitzt.

Wir müssen deshalb $\xi(t)$ als einen verallgemeinerten stochastischen Prozeß (eine zufällige Distribution) auffassen (der jeder unendlich oft differenzierbaren Funktion φ den zufälligen Wert $\xi(\varphi)$ zuordnet, der formal durch $\int \xi(t)\,\varphi(t)\,dt$ gegeben ist). In diesem Sinne erweist sich $\big(\xi(t)\big)$ als die verallgemeinerte zeitliche Ableitung des Wiener-Prozesses (W_t) (eines zentrierten Gauß-Prozesses mit $\mathrm{E}W_tW_{t'} = \min(t, t')$),

$$\xi(t) = \frac{dW_t}{dt} \quad \forall t. \tag{10.5}$$

Das zeigt sich darin, daß für die Kovarianz beider Prozesse (im Distributionensinne) die Beziehung

$$\delta(t - t') = \partial^2 \min(t, t')/\partial t\,\partial t'$$

gilt ([21]).

Der Wiener-Prozeß ist aber ein klassischer Prozeß mit zwar nirgends differenzierbaren, jedoch stetigen Trajektorien. Wenn wir die Langevin-Gleichung (10.4) von Null bis t integrieren und wegen (10.5) den Wiener-Prozeß $W_t = \int_0^t \xi(s)\,ds$ einführen, so erhalten wir die Integralgleichung

$$X_t(\omega) = X_0(\omega) + \int_0^t f[X_s(\omega)]\,ds + \sigma \cdot W_t(\omega), \quad t \geqq 0. \tag{10.6}$$

Von jetzt an wollen wir unter einer Lösung der Langevin-Gleichung (10.4) stets die Lösung der entsprechenden stochastischen Integralgleichung (10.6) verstehen, die einen präzisen Sinn besitzt und üblicherweise in der Form

$$dX_t = f(X_t)\,dt + \sigma dW_t, \quad X_0 \text{ zufällig}, \tag{10.6'}$$

abgekürzt wird. Dabei soll der Anfangswert X_0 stets eine vom Wiener-Prozeß $(W_t)_{t\geqq 0}$ unabhängige Zufallsgröße sein.

Satz 1.

a) *Die Lösung von* (10.6) *existiert für C^1-Funktionen f eindeutig auf einem maximalen Zeitintervall* $[0, T_E(\omega))$ (*d. h. bis zu einer zufälligen Explosionszeit* $T_E(\omega)$).

b) *Die Lösung von* (10.6) *besitzt fast sicher stetige, nirgends differenzierbare Pfade.*

Im Abschnitt 10.2.2. werden wir ein Kriterium angeben, aus dem hervorgeht, wann fast sicher $T_E = \infty$ gilt.

Im übrigen tritt für den Limes $\sigma \downarrow 0$, also für immer kleineres Rauschen, fast sichere Konvergenz gegen die Lösung der deterministischen Differentialgleichung auf:

Satz 2 ([44]). *Wenn die Gleichung $\dot{x} = f(x)$, $x(0) = x_0$ für $t \in [0, T]$ eine eindeutige Lösung $x(t)$ hat, dann besitzt auch* (10.6) *für hinreichend kleine Werte von σ eine Lösung X_t^σ, und es gilt*

$$P\left\{\lim_{\sigma\downarrow 0} \max_{t\in[0,T]} |X_t^\sigma - x(t)| = 0\right\} = 1.$$

10.1.2. Markow-Eigenschaft. Invariante Verteilung

1. Die δ-Korreliertheit des Rauschens, die zunächst gewisse technische Probleme aufwirft, führt zu einer wichtigen Schlußfolgerung: Die Lösung $(X_t)_{t\geqq 0}$ der stochastischen Differentialgleichung (10.6) ist ein homogener Markow-Prozeß.

Grob gesprochen, folgt dies daraus, daß bei bekanntem Zustand $X_t = x$ der Zuwachs

$$X_{t+\Delta t} - X_t = f(x)\,\Delta t + \sigma(W_{t+\Delta t} - W_t) + o(\Delta t)$$

unabhängig von $(W_s)_{s\in[0,t]}$ und damit von der Vorgeschichte $(X_s)_{s\in[0,t)}$ ist. Da das Vektorfeld f zeitunabhängig und der Wiener-Prozeß homogen ist, wird auch (X_t) ein homogener Markow-Prozeß.

Bei festem Anfangswert $X_0(\omega) = x_0$ erhalten wir aus $X_t = x_0 + f(x_0)\,t + \sigma W_t + o(t)$ für jede C^2-Funktion g

$$g(X_t) = g(x_0) + g'(x_0)\,[f(x_0)\,t + \sigma W_t] + \frac{1}{2}\,g''(x^0)\,[f(x_0)\,t + \sigma W_t]^2 + o(t)$$

und wegen $\mathbf{E}W_t = 0$, $\mathbf{E}W_t^2 = t$

$$\mathbf{E}_{x_0} g(X_t) = g(x_0) + g'(x_0)\,f(x_0)\,t + \frac{1}{2}\,g''(x_0)\,\sigma^2 t + o(t).$$

Damit folgt aus (9.18), daß der infinitesimale Generator A des Lösungsprozesses $(X_t)_{t\geqq 0}$ durch

$$(Ag)(x) := f(x)\, g'(x) + \frac{1}{2}\,\sigma^2\, g''(x) \tag{10.7}$$

gegeben und ein Differentialoperator 2. Ordnung ist, der auf der Menge aller zweimal stetig differenzierbaren Funktionen erklärt ist, die zusammen mit ihren Ableitungen im Unendlichen hinreichend schnell fallen.

Den adjungierten Operator A^* finden wir durch zweimalige partielle Integration, so daß die Übergangsdichte $p(x, t \mid x_0)$ der Fokker-Planck-Gleichung in der Form

$$\begin{aligned} \frac{\partial p(x, t \mid x_0)}{\partial t} &= -\frac{\partial}{\partial x}\,[f(x)\, p(x, t \mid x_0)] + \frac{\sigma^2}{2}\cdot\frac{\partial^2 p(x, t \mid x_0)}{\partial x^2}, \\ p(x, 0 \mid x_0) &= \delta(x - x_0), \end{aligned} \tag{10.8}$$

genügt. Mit ihrer Lösung und der Anfangsverteilung sind nach Satz 9.3./1 alle endlichdimensionalen Verteilungen berechenbar. Wenn wir die obige Gleichung mit der Dichte $p_0(x_0)$ der Anfangsverteilung P_{X_0} multiplizieren und integrieren, so erhalten wir für die Dichte $p(x, t)$ der eindimensionalen Verteilung P_{X_t} ebenfalls eine Fokker-Planck-Gleichung

$$\frac{\partial p}{\partial t}(x, t) = -\frac{\partial}{\partial x}\,[f(x)\, p(x, t)] + \frac{\sigma^2}{2}\cdot\frac{\partial^2 p}{\partial x^2}(x, t), \quad p(x, 0) = p_0(x). \tag{10.9}$$

(Für $p_0(x) = \delta(x - x_0)$ ergibt sich wieder die Übergangsdichte.)

Beispiel. Die Lösung der stochastischen Differentialgleichung

$$dX_t = -kX_t\, dt + \sigma\, dW_t$$

ist für einen normalverteilten Anfangswert $P_{X_0} = N(a_0, c^2)$ (was für $c = 0$ den festen Anfangswert $X_0 = a_0$ bedeuten soll) ein Ornstein-Uhlenbeck-Prozeß. Die Fokker-Planck-Gleichung

$$\frac{\partial p}{\partial t} = -\frac{\partial}{\partial x}(-kxp) + \frac{\sigma^2}{2}\,\frac{\partial^2 p}{\partial x^2}$$

ergibt für die Dichte $p(x, t)$ der eindimensionalen Verteilung die einer Normalverteilung $N(a(t), S(t, t))$ mit dem Erwartungswert $a(t)$ und der Kovarianzfunktion $S(t, s)$ aus Beispiel 9.3./2. Speziell für $c = 0$ erhalten wir die Übergangsdichte $p(x, t \mid a_0)$. Die Lösung der obigen Gleichung kann auch durch

$$X_t = X_0\, \mathrm{e}^{-kt} + \sigma W_t - \sigma \int_0^t \mathrm{e}^{-k(t-s)}\, W_s\, ds$$

explizit angegeben werden.

2. Die Fokker-Planck-Gleichung (10.9) können wir in der Form

$$\frac{\partial p}{\partial t} + \frac{\partial J_p}{\partial x} = 0, \quad J_p := p\cdot f - \frac{\sigma^2}{2}\cdot\frac{\partial p}{\partial x},$$

schreiben und als Bilanzgleichung der „extensiven“ Größe Wahrscheinlichkeit interpretieren (siehe A.3.2.). Da die Gesamtwahrscheinlichkeit erhalten bleibt, tritt kein

Produktionsterm auf. Transport von Wahrscheinlichkeit geschieht durch „Strömung" mit dem deterministischen Geschwindigkeitsfeld $f(x)$ und durch „Diffusion" mit der Stromdichte $-(\sigma^2/2)\,(\partial p/\partial x)$. Letztere ist offenbar bestrebt, vorhandene Unterschiede in der Wahrscheinlichkeitsverteilung abzubauen. Aus der Normierungsbedingung

$$\int_{-\infty}^{\infty} p(x, t)\, dx = 1 \quad \forall t \geqq 0 \tag{10.10}$$

folgt, daß die Dichte p und ihre Ableitung $\partial p/\partial x$ für $|x| \to \infty$ verschwinden müssen. (Es besteht damit eine völlige Analogie zur zeitlichen Entwicklung einer Massenverteilung der Gesamtmasse Eins im Geschwindigkeitsfeld f und mit dem Diffusionskoeffizienten $\sigma^2/2$.)

Markow-Prozesse, deren Übergangsdichten einer Fokker-Planck-Gleichung der Form (10.8) genügen, heißen deshalb *Diffusionsprozesse*. Es sind Prozesse, bei denen große Änderungen in kleinen Zeitintervallen sehr unwahrscheinlich sind,

$$P\{|X_t - X_0| > \varepsilon \mid X_0 = x\} = \mathrm{o}(t) \quad \forall \varepsilon > 0$$

(es liegen sogar stetige Pfade vor!). Außerdem sind der lokale Erwartungswert und die lokale Varianz von erster Ordnung in t, was bei uns in der speziellen Form

$$\mathrm{E}_x(X_t - x) = f(x)\, t + \mathrm{o}(t),$$

$$\mathrm{E}_x(X_t - x)^2 = \sigma^2 t + \mathrm{o}(t)$$

gilt. Die Größe f heißt *Drift* des Diffusionsprozesses, σ^2 heißt *Diffusionskoeffizient*.

3. Explizite zeitabhängige Lösungen der Fokker-Planck-Gleichung sind im allgemeinen nur in Spezialfällen (z. B. bei linearer Drift) möglich. Wir versuchen deshalb, wenigstens die invariante (oder stationäre) Verteilung P^0 anzugeben, deren Dichte $p^0(x)$ (falls sie existiert) der Gleichung

$$0 = -\frac{d}{dx}\,[f(x)\, p^0(x)] + \frac{\sigma^2}{2} \cdot \frac{d^2 p^0(x)}{dx^2} \tag{10.11}$$

genügen muß. Im eindimensionalen Fall (nur diesen betrachten wir vorläufig) können wir (10.11) einmal integrieren und finden

$$J_p{}^0 := -f(x)\, p^0(x) + (\sigma^2/2)\,(dp^0/dx) = \text{const},$$

woraus wegen der „Randbedingungen" im Unendlichen $J_p{}^0 \equiv 0$ und damit schließlich

$$p^0(x) = \mathcal{N} \cdot \exp\left(\frac{2}{\sigma^2} \int^x f(z)\, dz\right)$$

mit $\mathcal{N}$ als Normierungsfaktor folgt. Unter Verwendung von

$$V(x) := -\int_0^x f(z)\, dz$$

können wir die Dichte der invarianten, also der eindimensionalen stationären Verteilung in der Form

$$p^0(x) = \mathcal{N} \cdot \exp\left(-\frac{2}{\sigma^2} V(x)\right), \quad \mathcal{N}^{-1} := \int_{-\infty}^{\infty} \exp\left(-\frac{2}{\sigma^2} V(x)\right) dx \qquad (10.12)$$

schreiben. (Deshalb ist p^0 für solche f eindeutig bestimmt, für die $\exp(-2V/\sigma^2)$ integrabel ist.)

Mittels (10.12) erhalten wir einen wichtigen Zusammenhang zur deterministischen Beschreibung durch die Differentialgleichung $\dot{x} = f(x)$: Lokale Extrema der invarianten Aufenthaltsdichte $p^0(x)$ stimmen wegen

$$(dp^0/dx)\,(x^0) = 0 \quad \leftrightarrow \quad V'(x^0) = 0 \quad \leftrightarrow \quad f(x^0) = 0$$

mit den Fixpunkten des deterministischen Flusses überein. Insbesondere liegen die Maxima von p^0 wegen der zusätzlichen Beziehung

$$(d^2p^0/dx^2)\,(x^0) < 0 \quad \leftrightarrow \quad V''(x^0) > 0 \quad \leftrightarrow \quad f'(x^0) < 0$$

an den asymptotisch stabilen Fixpunkten (und entsprechend die Minima an den instabilen Fixpunkten).

Damit haben wir ein bemerkenswertes Resultat gefunden: Das stochastische System (10.6) hält sich bevorzugt in der Nähe der stabilen Fixpunkte des deterministischen Systems auf, um die sein Zustand als Folge des Rauschens „verschmiert" wird.

4. Wir wollen jetzt zeigen, daß die zeitliche Entwicklung jeder Anfangsverteilung für $t \to \infty$ gegen die invariante Verteilung (10.12) konvergiert, falls diese existiert.

Wegen $f \in C^1(\mathbb{R}^1)$ ist $V(x)$ für alle $x \in \mathbb{R}^1$ endlich, deshalb ist $p^0(x)$ für alle $x \in \mathbb{R}^1$ echt positiv. Wir untersuchen das Funktional

$$H(t) := \int_{-\infty}^{\infty} p(x, t) \cdot \ln \frac{p(x, t)}{p^0(x)}\, dx, \quad t > 0,$$

für eine beliebige Lösung $p(x, t)$ der Fokker-Planck-Gleichung (10.9) (d. h. für alle Familien eindimensionaler Verteilungen $(P_{X_t})_{t \geqq 0}$, die Dichten $p(x, t)$ besitzen).

Aus $\ln(1/y) \geqq 1 - y$ für $y > 0$ und der Normierung (10.10) folgt die Ungleichung

$$H(t) = \int_{-\infty}^{\infty} p(x, t) \cdot \left[\ln \frac{p(x, t)}{p^0(x)} + \frac{p^0(x)}{p(x, t)} - 1\right] dx \geqq 0 \quad \forall t > 0, \qquad (10.13)$$

wobei Gleichheit genau für $p(x, t) = p^0(x)$ gilt. Wir verwenden nun H als Ljapunow-Funktional und zeigen

$$dH(t)/dt \leqq 0 \quad \forall t > 0. \qquad (10.14)$$

Dazu differenzieren wir in (10.13) nach t, verwenden die Normierung (10.10) und beachten, daß $p(x, t)$ die Gleichung (10.9) löst. Wir erhalten

$$\dot{H} = \int_{-\infty}^{\infty} \left\{ -\frac{\partial}{\partial x} [f(x)\, p(x, t)] + \frac{\sigma^2}{2} \cdot \frac{\partial^2 p(x, t)}{\partial x^2} \right\} \cdot \ln \frac{p(x, t)}{p^0(x)}\, dx.$$

Zweimalige partielle Integration ergibt (wegen des Verschwindens von $\partial p / \partial x$ im Unendlichen)

$$\dot{H} = \int_{-\infty}^{\infty} p \left(f \frac{\partial}{\partial x} + \frac{\sigma^2}{2} \cdot \frac{\partial^2}{\partial x^2} \right) \ln \frac{p}{p^0}\, dx,$$

woraus nach einigen Umformungen

$$\dot{H} = \int_{-\infty}^{\infty} \left[f p^0 \frac{\partial}{\partial x} \left(\frac{p}{p_0} \right) + \frac{\sigma^2}{2}\, p \frac{\partial^2}{\partial x^2} \left(\frac{p}{p^0} \right) \right] dx - \frac{\sigma^2}{2} \int_{-\infty}^{\infty} \left[\frac{p^0}{p} \frac{\partial}{\partial x} \left(\frac{p}{p^0} \right) \right]^2 p\, dx$$

folgt. Das erste Integral verschwindet, wie eine erneute partielle Integration unter Verwendung von (10.11) zeigt,

$$\int_{-\infty}^{\infty} \frac{p}{p^0} \left[-\frac{d}{dx} (f p^0) + \frac{\sigma^2}{2} \frac{d^2 p^0}{dx^2} \right] dx = 0,$$

während das zweite Integral für $p \not\equiv p^0$ echt positiv ist. Damit haben wir (10.14) bewiesen und wissen zusätzlich, daß $\dot{H} = 0$ nur für $p(x, t) \equiv p^0(x)$ gilt.

Aus (10.13) und (10.14) können wir schlußfolgern, daß für jede Lösung $p(x, t)$ der Fokker-Planck-Gleichung (mit beliebiger Anfangsbedingung)

$$\lim_{t \to \infty} p(x, t) = p^0(x) \tag{10.15}$$

erfüllt ist. Man kann dies auch in der Form

$$\lim_{t \to \infty} P_{X_t}(B) = P^0(B) \quad \forall B \in \mathscr{B}^1 \tag{10.16}$$

schreiben und sagt, daß die eindimensionalen Verteilungen P_{X_t} für $t \to \infty$ *schwach* gegen die invariante Verteilung P^0 (mit der Dichte p^0) konvergieren. Die Aussage (10.16) gilt nicht nur für Anfangsverteilungen mit einer Dichte, sondern auch für diskrete Verteilungen (beispielsweise die Einpunktverteilung $P_{X_0} = \delta_{x_0}$), weil für C^1-Funktionen f die Diffusion für $t > 0$ „glättet" und eine Dichte erzeugt.

Falls der Markow-Prozeß $(X_t)_{t \geqq 0}$ mit der invarianten Verteilung P^0 als Anfangsverteilung gestartet wird, ist er ein stationärer Prozeß. Andernfalls wird er für $t \to \infty$ asymptotisch stationär. Er ist in jedem Falle ein ergodischer Prozeß, für den alle Erwartungswerte bezüglich der invarianten Verteilung (fast sicher) durch Beobachtung einer einzigen Trajektorie $X_{(\cdot)}(\omega)$ erhalten werden können. Insbesondere können wir die invariante Verteilung $P^0(B)$ auch als relative Aufenthaltsdauer in der Menge B einer hinreichend langen Realisierung interpretieren.

10.1.3. Beispiele

1. Die kubische Nichtlinearität $f(x) = -x^3 + \mu x + \gamma$ ist uns aus Abschnitt 2.1. (und anderen) hinlänglich bekannt. Die zugehörige Langevin-Gleichung

$$dX_t = (-X_t^3 + \mu X_t + \gamma)\, dt = \sigma\, dW_t$$

besitzt gemäß (10.12) eine eindeutige invariante Verteilung mit der Dichte

$$p^0(x) = \mathcal{N} \cdot \exp\left(-\frac{2}{\sigma^2}\, V(x)\right), \quad V(x) = \frac{x^4}{4} - \frac{\mu}{2}\, x^2 - \gamma x, \tag{10.17}$$

(mit $\mathcal{N}$ als Normierungsfaktor), die auf ganz $\mathbb{R}^1$ positiv ist und in den stabilen deterministischen Fixpunkten $x^0_{(1)}$ bzw. $x^0_{(2)}$ lokale Maxima annimmt (Abb. 123). Sie stellt sich nach (10.15) aus jeder Anfangsverteilung für $t \to \infty$ ein.

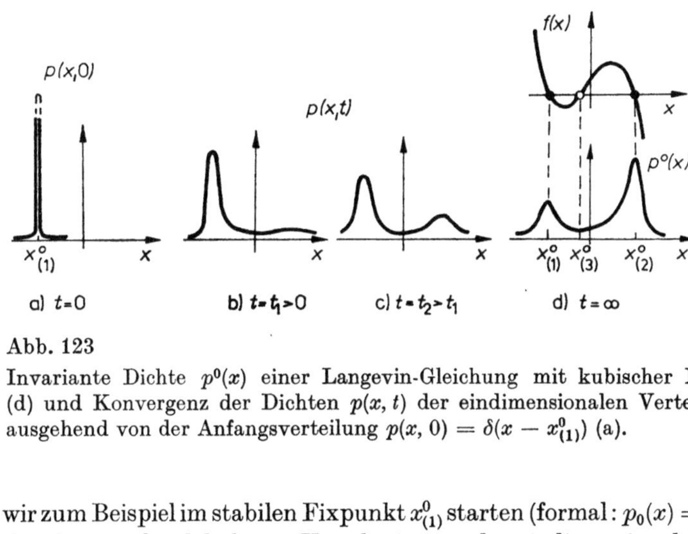

Abb. 123
Invariante Dichte $p^0(x)$ einer Langevin-Gleichung mit kubischer Nichtlinearität (d) und Konvergenz der Dichten $p(x, t)$ der eindimensionalen Verteilungen (b, c), ausgehend von der Anfangsverteilung $p(x, 0) = \delta(x - x^0_{(1)})$ (a).

Wenn wir zum Beispiel im stabilen Fixpunkt $x^0_{(1)}$ starten (formal: $p_0(x) = \delta(x - x^0_{(1)})$), dann wird sich zunächst lokal eine Verschmierung der eindimensionalen Verteilung um $x^0_{(1)}$ einstellen. Mit wachsender Zeit entsteht um den anderen stabilen Fixpunkt $x^0_{(2)}$ ein weiteres Maximum der Dichte $p(x, t)$, bis für $t \to \infty$ die invariante Verteilung (10.17) erreicht wird (Abb. 123). Das bedeutet, daß im Laufe der Zeit vom System jeder Punkt $x \in \mathbb{R}^1$ infolge der Fluktuationen erreicht werden kann. Insbesondere kann der Anziehungsbereich eines stabilen Fixpunkts verlassen werden und die Trajektorie in die Nähe eines anderen stabilen Fixpunktes gelangen. Solch einen Vorgang nennen wir „Tunneln“.

Wenn wir den Parameter γ sehr langsam ändern (so daß praktisch immer die invariante Verteilung vorliegt), dann wird durch das Rauschen die Hysterese des deterministischen Systems „aufgeweicht“. Bei Annäherung an die kritischen Werte γ_c bzw. $-\gamma_c$ wächst nämlich die Wahrscheinlichkeit für einen spontanen Übergang in die Nähe des tieferen Potentialminimums (und deshalb wahrscheinlicheren Zustandes) rasch an (Abb. 124, man vergleiche mit Abb. 27b).

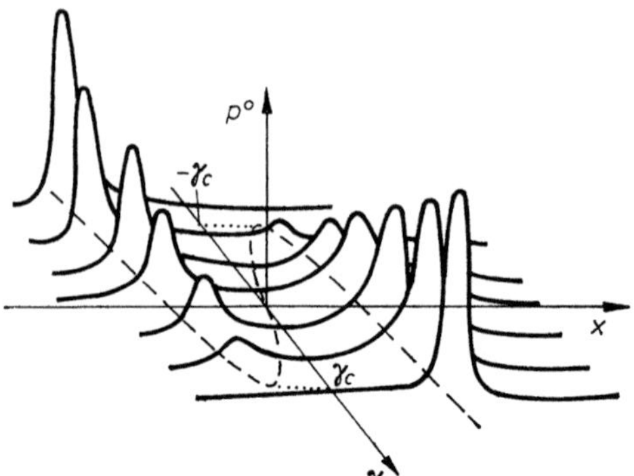

Abb. 124
Invariante Dichte $p^0(x)$ zur kubischen Nichtlinearität in Abhängigkeit vom Parameter γ

Wir wollen *Tunneln* in einem bistabilen Potential etwas allgemeiner untersuchen und betrachten dazu die Langevin-Gleichung

$$dX_t = -V'(X_t)\,dt + \sigma\,dW_t, \quad X_0 = y,$$

mit einem C^2-Potential $V(x)$, das genau zwei Minima für $x = a$ bzw. $x = b$ und ein Maximum in $x = c$ (mit $a < c < b$) besitzen möge. Die mittlere Austrittszeit $m(y) = E_y\tau$ mit $\tau(\omega) = \inf\{t \geqq 0 \mid X_t(\omega) \notin (-\infty, c]\}$ aus der Menge $(-\infty, c]$ von Trajektorien, die in $y \in (-\infty, c]$ starten, ist nach (9.23) Lösung der Gleichung

$$-V'(y)\,m'(y) + (\sigma^2/2)\,m''(y) = -1, \quad m(c) = 0,$$

(die zweite Randbedingung entfällt, da $-\infty$ in endlicher Zeit nicht erreichbar ist).

Durch zweimalige Integration unter Berücksichtigung der Randbedingung erhalten wir

$$m(y) = \frac{2}{\sigma^2}\cdot\int_y^c e^{2V(z)/\sigma^2}\int_{-\infty}^z e^{-2V(x)/\sigma^2}\,dx\,dz \tag{10.18}$$

als mittlere Austrittszeit aus $(-\infty, c]$.

Für hinreichend kleine Rauschintensität σ^2 lassen sich die Integrale in (10.18) mittels Sattelpunktsmethode auswerten: Das innere Integral gibt nur in unmittelbarer Nähe von $x = a$ einen wesentlichen Beitrag. Eine Entwicklung von V bis zur zweiten Ordnung liefert

$$\int_{-\infty}^z e^{-2V(x)/\sigma^2}\,dx \approx e^{-2V(a)/\sigma^2}\cdot\int_{-\infty}^z e^{-V''(a)(x-a)^2/\sigma^2}\,dx$$
$$\approx e^{-2V(a)/\sigma^2}\cdot\sigma\cdot\sqrt{\pi/V''(a)}\cdot \mathbb{1}_{(a,\infty)}(z).$$

Das äußere Integral liefert nur für $z \approx c$ einen merklichen Beitrag, wobei Entwicklung um $z = c$ den Ausdruck

$$m(y) = \frac{2}{\sigma} \cdot \sqrt{\frac{\pi}{V''(a)}}\, e^{2[V(c)-V(a)]/\sigma^2} \int_y^c e^{V''(c)(x-c)^2/\sigma^2}\, dx \tag{10.19}$$

ergibt. Deshalb erhalten wir für die mittlere Austrittszeit aus $(-\infty, c]$ den Näherungswert

$$m(y) = \left(\pi/\sqrt{V''(a)\,|V''(c)|}\right) e^{2[V(c)-V(a)]/\sigma^2},$$

und zwar für alle $y \in (-\infty, c]$ mit Ausnahme eines schmalen Randstreifens $(c - \varepsilon, c]$, wobei ε von $V''(c)$ und σ abhängt.

Die mittlere „Tunnelzeit" für den Übergang in den Anziehungsbereich von b liegt um den Faktor 2 höher, da dann das Integral in (10.19) den doppelten Beitrag liefert. Weil eine typische Trajektorie vom Startpunkt x aus zunächst in die Nähe des Minimums bei $x = a$ gerät, wird die Tunnelzeit von der Höhe $V(x) - V(a)$ zwischen anfänglichem Minimum und trennendem Maximum bestimmt. Die Vorfaktoren $\left(V''(a)\right)^{-1/2}$ bzw. $|V''(c)|^{-1/2}$ lassen sich als „Breite" der Startmulde bzw. Dicke der Barriere deuten.

2. Die bisherigen Aussagen lassen sich sinngemäß auf den Fall eines vektoriellen Prozesses $\left(X_1(t), \ldots, X_d(t)\right)$ übertragen. Speziell für Gradientensysteme (siehe Abschnitt 1.4.2.), bei denen in jeder Komponente das Rauschen unabhängig mit gleicher Intensität wirkt,

$$dX_i(t) = -\frac{\partial V}{\partial x_i}(X_1, \ldots, X_d)\, dt + \sigma\, dW_i(t), \quad i = 1, \ldots, d, \tag{10.20}$$

läßt sich ebenfalls die eindeutige stationäre Lösung der entsprechenden Fokker-Planck-Gleichung

$$\frac{\partial p}{\partial t}(x, t) = -\sum_{i=1}^{d} \frac{\partial}{\partial x_i}[f_i(x)\, p(x, t)] + \frac{\sigma^2}{2} \sum_{i=1}^{d} \frac{\partial^2 p}{\partial x_i^2}(x, t), \quad f_i(x) = -\frac{\partial V(x)}{\partial x_i},$$

mit $x = (x_1, \ldots, x_d)$ angeben. Sie lautet

$$p^0(x_1, \ldots, x_d) = \mathcal{N} \cdot \exp\left(-\frac{2}{\sigma^2} V(x_1, \ldots, x_d)\right) \tag{10.21}$$

mit $\mathcal{N}$ als Normierungsfaktor und weist die gleiche Korrespondenz zur deterministischen Beschreibung auf, die schon im eindimensionalen Fall gefunden wurde: Wahrscheinlichste Zustände, also Maxima der invarianten Dichte p^0, entsprechen stabilen Fixpunkten des deterministischen Systems (mit $\sigma = 0$), während Minima von p^0 bei instabilen Knoten und die übrigen stationären Punkte von p^0 bei Sattelpunkten von V liegen. Die Wahrscheinlichkeits-Stromdichte J_p zur invarianten Verteilung verschwindet identisch.

Somit finden wir wieder, daß additives (und in jeder Komponente unabhängiges) weißes Rauschen konstanter Intensität die Aufenthaltswahrscheinlichkeit um die stabilen Fixpunkte verschmiert und daß die Grenzen der Anziehungsbereiche verschiedener Fixpunkte überschritten werden können.

Die mittlere Tunnelzeit zwischen zwei benachbarten Minima von V wird jetzt von der Potentialdifferenz $V(c) - V(a)$ zwischen dem niedrigsten Sattelpunkt $x = c$ (auf der Grenze beider Anziehungsbereiche) und dem anfänglichen Minimum bei $x = a$ bestimmt.

3. Wir wollen jetzt noch ein zweidimensionales Beispiel behandeln, das nicht vom Gradiententyp ist. Dazu betrachten wir die zwei gekoppelten stochastischen Differentialgleichungen

$$\begin{aligned} dX_t &= f_1(X_t, Y_t)\,dt + \sigma\,dW_t^1, \quad f_1(x, y) = x - y - x(x^2 + y^2), \\ dY_t &= f_2(X_t, Y_t)\,dt + \sigma\,dW_t^2, \quad f_2(x, y) = x + y - y(x^2 + y^2), \end{aligned} \tag{10.22}$$

in denen (W_t^1) und (W_t^2) unabhängige Wiener-Prozesse sind.

Das deterministische System (mit $\sigma = 0$), welches in Polarkoordinaten die Gestalt $\dot r = f(r) := r(1 - r^2)$, $\dot\varphi = 1$ hat, haben wir im Abschnitt 1.5. behandelt. Es besitzt einen asymptotisch stabilen Grenzzyklus (der in Polarkoordinaten durch $r = 1$ gegeben ist) und einen instabilen Fixpunkt $x^0 = y^0 = 0$.

Die zu (10.22) gehörende Fokker-Planck-Gleichung für die Dichte $p(x, y, t)$ der eindimensionalen Verteilung P_{X_t, Y_t} lautet

$$\frac{\partial p}{\partial t} + \operatorname{div} J = 0, \quad J = f \cdot p - (\sigma^2/2)\operatorname{grad} p,$$

wobei $f = (f_1, f_2)$ das deterministische Vektorfeld (in kartesischen Koordinaten) ist.

Wir gehen jetzt zu Polarkoordinaten (r, φ) mit den orthonormalen Basisvektoren e_r und e_φ über und bezeichnen mit v_r bzw. v_φ die Komponenten eines beliebigen Vektorfeldes $v = v_r e_r + v_\varphi e_\varphi$. Dann erhalten wir

$$f_r \equiv f(r) = r(1 - r^2), \qquad f_\varphi = 1,$$

$$(\operatorname{grad} p)_r = \partial p(r, \varphi)/\partial r, \qquad (\operatorname{grad} p)_\varphi = \frac{1}{r}\,\partial p(r, \varphi)/\partial \varphi$$

$$J_r = f(r)\,p - (\sigma^2/2)\,(\partial p/\partial r), \quad J_\varphi = p - \frac{1}{r}\,(\sigma^2/2)\,(\partial p/\partial \varphi)$$

und

$$\operatorname{div} J = \frac{1}{r}\frac{\partial}{\partial r}(rJ_r) + \frac{1}{r}\frac{\partial}{\partial \varphi}J_\varphi$$

(wobei wir die Dichte in Polarkoordinaten ebenfalls mit p bezeichnen). Die Fokker-Planck-Gleichung für die eindimensionale Dichte $p(r, \varphi, t)$ lautet deshalb

$$\frac{\partial p}{\partial t} = -\frac{1}{r}\frac{\partial}{\partial r}\left[r f(r)\,p - \frac{\sigma^2}{2}\,r\,\frac{\partial p}{\partial r}\right] - \frac{1}{r}\frac{\partial}{\partial \varphi}\left(p - \frac{\sigma^2}{2r}\frac{\partial p}{\partial \varphi}\right).$$

Wir wollen die invariante Dichte p^0 bestimmen und können auf Grund der Radialsymmetrie des Problems annehmen, daß $p^0 = p^0(r)$ nur vom Radius r und nicht von φ

abhängt und deshalb die Gleichung

$$0 = \frac{1}{r}\frac{d}{dr}\left(r \cdot J_r{}^0(r)\right), \quad J_r{}^0 = fp^0 - (\sigma^2/2)\,(dp^0/dr),$$

befriedigt. Die Lösung $J_r{}^0(r) = c/r$ liefert nur für $c = 0$ keine Singularität, so daß die Radialkomponente J_r der Wahrscheinlichkeits-Stromdichte identisch verschwindet. Die verbleibende Gleichung

$$f(r)\,p^0(r) - \frac{\sigma^2}{2}\cdot\frac{dp^0(r)}{dr} = 0$$

besitzt die eindeutige, normierbare Lösung

$$p^0(r) = \mathcal{N}\cdot\exp\left(-\frac{2}{\sigma^2}\,V(r)\right), \quad -V(r) = \int\limits_0^r f(s)\,ds = \frac{r^2}{2} - \frac{r^4}{4},$$

mit einem Normierungsfaktor $\mathcal{N}$, der sich aus der Bedingung

$$\int\limits_0^\infty \int\limits_0^{2\pi} p^0(r)\,d\varphi\,dr = 1$$

ergibt.

Die Dichte $p^0(r)$ der invarianten Verteilung besitzt offenbar die Form eines radialsymmetrischen Kraters, dessen Kammlinie mit dem deterministischen Grenzzyklus $(r = 1)$ zusammenfällt und der im instabilen Fixpunkt $(r = 0)$ seinen tiefsten Punkt besitzt (Abb. 125). Daß der Kamm überall gleiche Höhe hat, liegt an der konstanten Geschwindigkeit, mit der der Grenzzyklus durchlaufen wird, und der Isotropie der Fluktuationen.

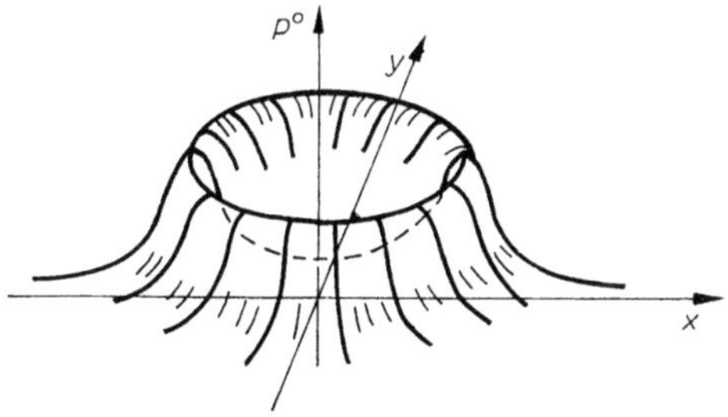

Abb. 125
Krater der Dichte $p^0(x, y)$ der invarianten Verteilung des Systems (10.22)

Im Gegensatz zu dem Gradientensystem verschwindet der Wahrscheinlichkeitsstrom nicht, sondern besitzt eine tangentiale Komponente

$$J_\varphi{}^0(r) = p^0(r),$$

die trotz des Rauschens auf eine Tendenz zum rechtssinnigen Umlauf der Trajektorien hinweist. Gleichzeitig erkennen wir, daß sich (unabhängig vom Anfangszustand) durch Phasenfluktuationen eine Gleichverteilung auf $[0,2\pi]$ bezüglich der Winkelvariablen φ einstellt.

10.2. Multiplikatives weißes Rauschen

Bisher haben wir Fluktuationen durch Addition eines Rauschtermes mit konstanter Stärke σ modelliert. Wir können diese Vorstellung verallgemeinern und annehmen, daß die Stärke des Rauschens vom aktuell vorliegenden Zustand des Systems abhängt. Das führt uns auf Gleichungen vom Typ

$$\dot{X}(t) = f[X(t)] + \sigma[X(t)] \cdot \xi(t), \quad X(0) = X_0, \tag{10.23}$$

in denen $\xi(t)$ ein weißes Gaußsches Rauschen ist. Da die Prozeßwerte $\xi(t)$ mit einem Faktor $\sigma[X(t)]$ multipliziert werden, sprechen wir (im Gegensatz zu (10.4)) von *multiplikativem Rauschen.*

Wir wollen jetzt der formalen Gleichung (10.23) einen strengen Sinn verleihen und dann die wichtigsten Eigenschaften des Lösungsprozesses $(X_t)_{t\geqq 0}$ angeben. Dabei werden die Ideen des vorigen Abschnitts mit zusätzlichen technischen Details versehen.

10.2.1. Lösung einer stochastischen Differentialgleichung

1. Die Überlegungen zur Natur des weißen Rauschens $\xi(t)$ legen nahe, zur Lösungsdefinition den (durch Integration „geglätteten") Wiener-Prozeß $(W_t)_{t\geqq 0}$ zu verwenden. Wir integrieren (10.23) von Null bis zur Zeit t und ersetzen den formalen Ausdruck $\xi(s)\,ds$ wegen (10.5) durch den „Zuwachs" dW_s. Das ergibt die Integralgleichung

$$X_t = X_0 + \int_0^t f(X_s)\,ds + \int_0^t \sigma(X_s)\,dW_s, \tag{10.24}$$

die wir als *stochastische Differentialgleichung* in der Form

$$dX_t = f(X_t)\,dt + \sigma(X_t)\,dW_t, \quad X_0 \text{ zufällig}, \tag{10.24'}$$

abkürzen.

Welche Bedeutung besitzen die auftretenden Ausdrücke? Der Anfangswert X_0 ist eine Zufallsgröße, deren Verteilung P_0 unabhängig vom „Rauschen" $(W_t)_{t\geqq 0}$ sein soll. Das erste Integral in (10.24) kann als ein gewöhnliches, pfadweises Integral (über $f[X_s(\omega)]$) im Sinne von Riemann als Limes immer feinerer Zerlegungen verstanden werden.

Für das zweite Integral in (10.24) legen wir fest, daß es ein *stochastisches Integral* im Sinne von Ito sein soll. Wenn der Integrand zeitlich stetige Pfade besitzt (nur dieser Fall ist für uns relevant, wie eine allgemeinere Definition zeigt), kann das

Ito-Integral mittels

$$Y_t \equiv \int_0^t \sigma(X_s)\, dW_s := \underset{\delta_n \downarrow 0}{qm\text{-lim}}\, Y_t^{(n)}, \tag{10.25}$$

$$Y_t^{(n)} := \sum_{k=0}^{n-1} \sigma(X_{t_k})\,(W_{t_{k+1}} - W_{t_k}),$$

$$0 = t_0 < t_1 < \cdots < t_n = t, \quad \delta_n := \max_k\,(t_{k+1} - t_k),$$

erklärt werden. Zwei Besonderheiten sind wichtig: Da die Pfade $W_{(\cdot)}(\omega)$ des Wiener-Prozesses fast sicher keine beschränkte Variation (und deshalb in jedem endlichen Zeitintervall unendliche Bogenlänge) besitzen, kann Y_t *nicht* als (Riemann-) Stieltjes-Integral mit beliebigen Abtastpunkten $\tau_k \in [t_k, t_{k+1}]$ verstanden werden. Ein sinnvoller Integralbegriff entsteht erst, wenn die Zwischensummen $Y_t^{(n)}$ durch Abtasten am linken Rand der Zerlegungsintervalle gebildet werden (siehe auch 2.). Aber auch dann erfolgt die Konvergenz in (10.25) nicht trajektorienweise, sondern im *quadratischen Mittel*,

$$\lim_{\delta_n \downarrow 0} \mathrm{E}\,|Y_t - Y_t^{(n)}|^2 = 0,$$

wobei der Erwartungswert bezüglich des Grundwahrscheinlichkeitsraumes, das heißt der (Produkt-) Verteilung des Wiener-Prozesses (W_t) und des Anfangswertes X_0 gebildet wird.

Wir wollen einige Eigenschaften des stochastischen Integrals nennen (vgl. [21—23], [25]). Sei $\mathcal{F}_t$ die von X_0 und $(W_s)_{s \in [0,t]}$ erzeugte Ereignis-σ-Algebra.

Satz 1.

a) $(Y_t)_{t \geqq 0}$ *ist ein nichtvorgreifender Prozeß, d. h.* Y_t *ist* $\mathcal{F}_t$*-meßbar für alle* $t \geqq 0$.

b) $(Y_t)_{t \geqq 0}$ *hat fast sicher stetige Realisierungen.*

c) *Es gilt* $\mathrm{E} Y_t = 0$, $\mathrm{E} Y_t Y_{t'} = \int_0^{\min(t,t')} \mathrm{E}\,|\sigma(X_s)|^2\, ds \quad \forall t, t' \geqq 0.$

d) *Es gilt fast sicher* $E(Y_t \mid \mathcal{F}_s) \equiv \mathrm{E}\big(Y_t \mid (W_r)_{r \in [0,s]}, X_0\big) = Y_s$ für $0 \leqq s \leqq t$.

Das stochastische Integral wird in der mathematischen Literatur ausschließlich im Sinne von Ito verstanden, weil dadurch der Prozeß (Y_t) wegen der Eigenschaft d) ein *Martingal* ist und eine Reihe vorteilhafter Eigenschaften besitzt. Der Preis dafür ist der Verlust der klassischen Differentiations- und Integrationsregeln, insbesondere wird die Kettenregel für die Ableitung impliziter Funktionen $Z_t = h(X_t)$ durch die (spezielle) Ito-Formel

$$dZ_t = h'(X_t)\, dX_t + \frac{1}{2}\, \sigma^2(X_t)\, h''(X_t)\, dt \tag{10.26}$$

mit dX_t aus (10.24′) ersetzt.

Wir fassen zusammen: Die formale Gleichung (10.23) erhält durch Einführung des stochastischen Integrals (10.25) eine in der Form (10.24) präzise Bedeutung. Die Lösung ist — als Folge der Konvergenz im Quadratmittel — nicht realisierungsweise zu verstehen, sondern sie ordnet dem Prozeß $(W_t)_{t \geqq 0}$ und dem Anfangswert X_0 den Prozeß $(X_t)_{t \geqq 0}$ zu.

Satz 2 ([60]). *Falls f und σ stetig differenzierbare Funktionen sind, besitzt die stochastische Differentialgleichung* (10.24) *eine eindeutige Lösung mit (fast sicher) stetigen Realisierungen $X_{(\cdot)}(\omega)$, die jeweils auf einem maximalen Zeitintervall $[0, T_E(\omega))$ bis zu einer zufälligen Explosionszeit T_E definiert sind.*

Weiter unten werden wir Kriterien angeben, wann die Randpunkte einer Menge M (bzw. die „Ränder" $\pm\infty$) in endlicher Zeit nicht erreicht werden.

2. Eine andere Definition des stochastischen Integrals stammt von STRATONOVICH, die wir in unserem Fall in der Form

$$\int_0^t \sigma(X_s) \circ dW_s := \operatorname*{qm-lim}_{\delta_n \downarrow 0} \sum_{k=0}^{n-1} \sigma\left(\frac{1}{2}(X_{t_{k+1}} + X_{t_k})\right)(W_{t_{k+1}} - W_{t_k})$$

angeben können (mitunter findet man auch $\sigma(X_{\tau_k})$, $\tau_k := (t_k + t_{k+1})/2$). Das so definierte Stratonovich-Integral erfüllt die Regeln des klassischen Riemann-Stieltjes-Kalküls, besitzt aber andere Nachteile (die sich daraus ergeben, daß $X_{t_{k+1}}$ nicht unabhängig von $W_{t_{k+1}} - W_{t_k}$ ist). Falls σ stetig differenzierbar ist, gilt jedoch der Zusammenhang

$$\int_0^t \sigma(X_s) \circ dW_s = \int_0^t \sigma(X_s)\, dW_s + \frac{1}{2}\int_0^t \sigma'(X_s)\, \sigma(X_s)\, ds,$$

so daß zwischen beiden Integralbegriffen gewechselt werden kann. Das bedeutet, daß die Stratonovich-Gleichung

$$dX_t = f(X_t)\, dt + \sigma(X_t) \circ dW_t \tag{10.27}$$

äquivalent ist zur Ito-Gleichung

$$dX_t = \left[f(X_t) + \frac{1}{2}\sigma'(X_t)\,\sigma(X_t)\right] dt + \sigma(X_t)\, dW_t \tag{10.28}$$

mit gleichem Anfangswert X_0. Die Drift enthält einen zusätzlichen Term $\sigma'\sigma/2$, der vom Rauschen herrührt (und dessen Konsequenzen wir in 10.2.3. diskutieren werden). Für konstantes Rauschen $\sigma(X_s) \equiv \text{const}$ (aber auch für nichtzufällige zeitabhängige Stärke $\sigma = \sigma(t)$) fallen beide Integralbegriffe zusammen (siehe [21], [23]).

Wir erkennen: Um der heuristischen Gleichung (10.23) einen eindeutigen Sinn zu geben, muß festgelegt werden, in welchem Sinn das stochastische Integral zu verstehen ist. Das ist aber keine innermathematische Entscheidung, sondern eine Frage der physikalischen Modellierung. Wenn beide Interpretationen qualitativ unterschiedliche Ergebnisse liefern, sollte sehr sorgfältig geprüft werden, welches Modell zugrunde gelegt wird.

In physikalischen Anwendungen wird häufig die Auffassung nach STRATONOVICH verwendet. Dies liegt daran, daß reale Rauschprozesse stets endliche Korrelationszeiten besitzen und deshalb erst in der Lösung zum Limes des weißen Rauschens übergegangen werden sollte. Dies führt im allgemeinen zum Stratonovich-Integral, wie der folgende Satz beispielhaft zeigt.

Satz 3. *Sei* $((V_t^{(n)})_{t\geq 0})_{n=1}^{\infty}$ *eine Folge zufälliger Prozesse mit Pfaden, die stetig und von beschränkter Variation sind, stückweise stetige Ableitungen besitzen und die fast sicher gleichmäßig gegen den Wiener-Prozeß* $(W_t)_{t\geq 0}$ *konvergiert. Unter schwachen Forderungen an* f *und* σ *gilt dann, daß die Folge der pfadweisen Lösungen der Differentialgleichungen*

$$\dot{X}_t^{(n)} = f(X_t^{(n)}) + \sigma(X_t^{(n)}) \cdot \eta^{(n)}(t), \quad \eta^{(n)}(t) := \dot{V}_t^{(n)}, \quad X_0^{(n)} = X_0,$$

für $n = 1, 2, \ldots$ *fast sicher gleichmäßig gegen die Lösung der stochastischen Differentialgleichung* (10.28) *konvergiert.*

Es gibt aber auch Situationen, zum Beispiel bei der zeitdiskreten Beschreibung biologischer Populationen, wo im Limes stetiger Zeit das Ito-Integral zwangsläufig entsteht. Deshalb muß das gewählte Modell stets an Hand experimenteller Befunde auf seine Richtigkeit geprüft werden.

10.2.2. Markow-Eigenschaft. Randverhalten. Invariante Verteilung

1. Die Markow-Eigenschaft ist eine Folge der Unkorreliertheit des Rauschens und bleibt auch im multiplikativen Fall gültig.

Satz 4 ([25], [21]). *Wenn die Lösung* $(X_t)_{t\geq 0}$ *der stochastischen (Ito-) Differentialgleichung* (10.24) *existiert und eindeutig ist, dann gilt:*

a) (X_t) *ist ein homogener Markow-Prozeß, dessen Übergangsfunktion* $P(B, t \mid x_0)$ *durch*

$$P(B, t \mid x_0) = P(B, t + s \mid x_0, s) = P\{X_t(x_0) \in B\}$$

gegeben ist, wobei $X_t(x_0)$ *die Lösung mit der Anfangsbedingung* $X_0 = x_0$ *bezeichnet.*

b) *Die Lösung* $(X_t)_{t\geq 0}$ *ist ein Diffusionsprozeß mit dem infinitesimalen Generator* A, *der durch*

$$(Ag)(y) = f(y)\,\frac{dg(y)}{dy} + \frac{1}{2}\,\sigma^2(y)\,\frac{d^2g(y)}{dy^2}$$

erklärt ist.

c) *Falls die Übergangswahrscheinlichkeit* $P(\cdot, t \mid x_0)$ *eine Dichte* $p(x, t \mid x_0)$ *besitzt (mit stetigen und beschränkten partiellen Ableitungen entsprechend hoher Ordnung), dann erfüllt diese die Fokker-Planck-Gleichung*

$$\frac{\partial p}{\partial t} = -\frac{\partial}{\partial x}\,[f(x)\,p] + \frac{1}{2}\,\frac{\partial^2}{\partial x^2}\,[\sigma^2(x)\,p] \tag{10.29}$$

mit der Anfangsbedingung $p(x, 0 \mid x_0) = \delta(x - x_0)$.

d) *Falls die Dichte* $p(x, t)$ *der eindimensionalen Verteilung existiert, dann erfüllt diese ebenfalls die Fokker-Planck-Gleichung* (10.29) *mit der Anfangsbedingung* $p(x, 0) = p_0(x)$.

Die Bezeichnung Diffusionsprozeß rührt wieder vom infinitesimalen Verhalten des Prozesses her, wobei jetzt der *Diffusionskoeffizient* $\sigma^2(x)$

$$\mathbf{E}_x(X_t - x)^2 = \sigma^2(x) \cdot t + o(t)$$

erfüllt und zustandsabhängig ist. Die Fokker-Planck-Gleichung läßt sich als lokale Bilanzgleichung in der Form

$$\frac{\partial p}{\partial t} + \frac{\partial J_p}{\partial x} = 0, \quad J_p = fp - \frac{1}{2}\frac{\partial}{\partial x}(\sigma^2 p) = (f - \sigma\sigma')\,p - \frac{\sigma^2}{2}\cdot\frac{\partial p}{\partial x}$$

schreiben.

2. Bei vielen Anwendungen ist der Zustandsraum des Diffusionsprozesses nicht die gesamte reelle Achse, sondern eine kleinere Menge, etwa ein Intervall $M = [r_1, r_2]$. Wenn f und σ auf M stetig differenzierbare Funktionen sind, dann besitzt die Gleichung

$$M = [r_1, r_2]\colon \quad dX_t = f(X_t)\,dt + \sigma(X_t)\,dW_t, \quad X_0 \in (r_1, r_2)$$

eine eindeutige Lösung, die bis zu einer zufälligen Zeit $\tau(\omega)$ existiert, bei der der Prozeß X_t zum ersten Mal einen der beiden Randpunkte erreicht. Für das weitere Verhalten des Systems müssen wir dann Randbedingungen (z. B. Reflexion, Absorption o. ä.) vorschreiben.

Unerreichbar[1]) heißen Randpunkte, die fast sicher in endlicher Zeit nicht erreicht werden können (das hängt von f und σ ab). Sind beide Ränder r_1 und r_2 unerreichbar, so besitzt die stochastische Differentialgleichung (10.24) eine zeitlich globale Lösung $(X_t)_{t \geqq 0}$. Da das System die Ränder nicht „spürt“, sind auch keine Randbedingungen nötig.

Ein unerreichbarer Randpunkt r_1 heißt *natürlich*, wenn die Lösung $X_t(x_0)$, die in $x_0 \in (r_1, c)$, $c < r_2$, startet, mit Wahrscheinlichkeit Eins zuerst den Punkt c erreicht. Das bedeutet, daß auch für $t \to \infty$ der Punkt r_1 fast sicher nicht erreicht wird.

Ein unerreichbarer Randpunkt r_1 wird *anziehend* genannt, falls die Lösung $X_t(x_0)$, $x_0 \in (r_1, c)$, entweder das Intervall (r_1, c) in endlicher Zeit am rechten Ende c verläßt oder für alle Zeiten im Intervall (r_1, c) verbleibt und für $t \to \infty$ den linken Randpunkt r_1 erreicht. (Beide Definitionen sind unabhängig von c, wenn c hinreichend nahe bei r_1 gewählt wird.)

Wir führen noch folgende Abkürzungen ein (mit der Vereinbarung $\int_a^b \cdots = -\int_b^a \cdots$):

$$\begin{aligned} \Phi(x) &:= \exp\left(-\int_c^x \frac{2f(y)}{\sigma^2(y)}\,dy\right), \quad L_1(r) := \int_r^c \Phi(x)\,dx, \\ L_2(r) &:= \int_r^c \frac{1}{\sigma^2(x)\,\Phi(x)} \int_r^x \Phi(y)\,dy\,dx. \end{aligned} \tag{10.30}$$

Wenn σ in (r_1, r_2) sein Vorzeichen nicht wechselt, können wir o. B. d. A. $\sigma(x) > 0$ voraussetzen.

Satz 5 ([22], [23]). *Seien f und σ auf $[r_1, r_2]$ stetig differenzierbare Funktionen, sei $\sigma(x) > 0$ für $x \in (r_1, r_2)$ und sei $r_1 < c < r_2$.*

---

[1]) Wir verwenden die Klassifizierung nach Gichman/Skorochod [22].

a) *Der Randpunkt* r_1 *ist für* $L_1(r_1) = \infty$ *natürlich, für* $L_1(r_1) < \infty$, $L_2(r_1) = \infty$ *anziehend und für* $L_1(r_1) < \infty$, $L_2(r_1) < \infty$ *erreichbar.*
b) *Der Randpunkt* r_2 *ist für* $L_1(r_2) = -\infty$ *natürlich, für* $L_1(r_2) > -\infty$, $L_2(r_2) = \infty$ *anziehend und für* $L_1(r_2) > -\infty$, $L_2(r_2) < \infty$ *erreichbar.*

Die Wahrscheinlichkeit $p_a(y)$, daß der Prozeß (X_t) mit $X_0 = y \in [a, c]$ zuerst den Rand $x = a$ erreicht, ist als Lösung von (9.24) in unserem Fall durch $p_a(y) = L_1(y)/L_1(a)$ gegeben. Im Limes $a \downarrow r_1$ folgt aus $L_1(r_1) = \infty$, daß der Punkt r_1 fast sicher nicht erreicht wird. Durch Diskussion des Ausdrucks für die mittlere Austrittszeit aus $[a, c]$, $a \downarrow r_1$, folgt, daß für einen anziehenden Rand $L_2(r_1) = \infty$ gelten muß.

Das Verhalten an erreichbaren Rändern, z. B. Verbleib am Rand, unmittelbare oder verzögerte Reflexion oder Sprung ins Innere von M drückt sich in entsprechenden Randbedingungen für die Fokker-Planck-Gleichung (10.29) aus. Sind beide Ränder unerreichbar, so ist die Normierung (neben der Positivität von p) die einzige Lösbarkeitsbedingung.

Wesentlich ist, daß an einem unerreichbaren Rand r notwendig $\sigma(r) = 0$ oder $f(r) = \infty$ gelten muß. Für Funktionen f und σ aus $C^1(M)$ sind dann nur die Punkte r mit $\sigma(r) = 0$ Kandidaten für unerreichbare Ränder, wobei der tatsächliche Charakter vom genauen Verhalten von f und σ in der Nähe von r abhängt (siehe Abb. 126).

Der Satz 5 bleibt auch richtig, wenn wir $r_1 = -\infty$ bzw. $r_2 = \infty$ zulassen. In diesem Falle ist entscheidbar, wann die „Ränder" $\pm\infty$ in endlicher Zeit nicht erreicht werden können und eine zeitlich globale Lösung existiert.

3. Satz 6 ([22], [23]). *Seien* r_1 *und* r_2 *natürliche Ränder, sei* $\sigma(x) > 0$ *in* (r_1, r_2) *mit* $-\infty \leqq r_1 < r_2 \leqq \infty$. *Dann gilt:*

a) *Der Diffusionsprozeß* $(X_t)_{t \geqq 0}$ *als Lösung der stochastischen Differentialgleichung* (10.24) *besitzt eine eindeutige invariante Verteilung* P^0 *mit der Dichte*

$$p^0(x) = \mathcal{N} \cdot \frac{1}{\sigma^2(x)} \cdot \exp\left(\int_c^x \frac{2f(y)}{\sigma^2(y)}\,dy\right) \quad \forall x \in (r_1, r_2),$$

$$\mathcal{N}^{-1} := \int_{r_1}^{r_2} \frac{1}{\sigma^2(x)} \exp\left(\int_c^x \frac{2f(y)}{\sigma^2(y)}\,dy\right) dx \quad \textit{mit} \quad r_1 < c < r_2, \tag{10.31}$$

falls die Größe $\mathcal{N}^{-1}$ *endlich ist.*

b) *Jede zeitabhängige Lösung* $p(x, t)$ *der Fokker-Planck-Gleichung* (10.29) *auf* (r_1, r_2) *erfüllt*

$$\lim_{t\to\infty} p(x, t) = p^0(x).$$

Die Aussage a) erhalten wir durch Integration der stationären Fokker-Planck-Gleichung

$$0 = \frac{dJ_p{}^0}{dx}, \quad J_p{}^0(x) := -f(x)\,p^0(x) + \frac{1}{2} \cdot \frac{d}{dx}\,[\sigma^2(x)\,p^0(x)],$$

wobei wir an den natürlichen Rändern r_1 und r_2 verschwindende Wahrscheinlichkeits-Stromdichte $J_p(r_{1,2}) = 0$ vorschreiben können. Der Beweis von b) verläuft analog zum Beweis der entsprechenden Aussage in 10.1.2.

Die stationäre Dichte $p^0(x)$ ist in (r_1, r_2) überall positiv. Sie verschwindet am Rand, falls dort $f(x)$ einen endlichen Wert besitzt, es gilt dann notwendig $f(r_1) > 0$ bzw. $f(r_2) < 0$ (Abb. 126) (Warum?). Aus dem Satz folgt, daß jede Trajektorie $X_{(\cdot)}(x_0, \omega)$

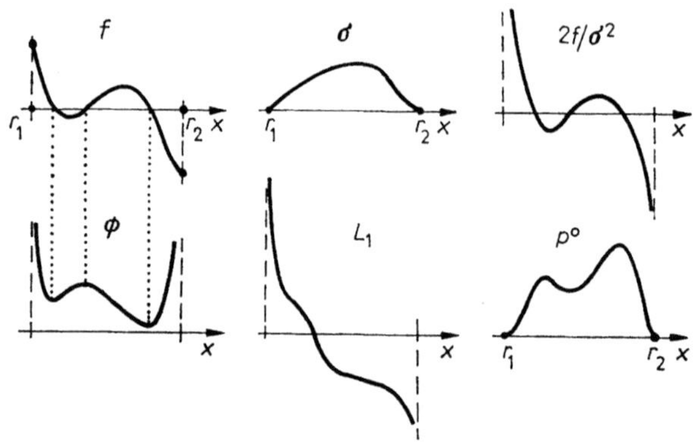

Abb. 126

Für den Diffusionsprozeß (10.24) mit $f, \sigma \in C^1[r_1, r_2]$, $f(r_1) > 0$, $f(r_2) < 0$, $\sigma(r_1) = \sigma(r_2) = 0$, $\sigma(x) > 0$ in (r_1, r_2) ist das Intervall (r_1, r_2) eine unzerlegbare invariante Menge mit natürlichen Rändern r_1 und r_2. Qualitativer Verlauf von f, σ, $2f/\sigma^2$, der Größen Φ und L_1 aus (10.30) und der invarianten Dichte p^0 aus (10.31).

unabhängig vom Startpunkt $x_0 \in (r_1, r_2)$ jeden Punkt $x \in (r_1, r_2)$ unendlich oft besucht. Wenn also die Dichte (10.31) existiert (d. h. der Faktor $\mathcal{N}$ endlich ist), dann gilt für jede integrierbare Funktion h fast sicher ein Ergodensatz in der Form

$$\lim_{t\to\infty} \frac{1}{t} \int_0^t h[X_s(\omega)]\, ds = \int_{r_1}^{r_2} h(x)\, p^0(x)\, dx.$$

Insbesondere können wir wieder $P^0(B)$ als relative Aufenthaltsdauer in der Menge $B \in \mathcal{B}^1$ eines hinreichend langen Pfades des Diffusionsprozesses deuten.

Besitzt der Prozeß mehr als zwei natürliche Ränder, dann ist jede invariante Verteilung die Mischung ergodischer Verteilungen vom Typ (10.31), die jeweils auf disjunkten Intervallen (mit natürlichen Randpunkten) konzentriert sind.

Bemerkung. Falls r_1 und r_2 natürliche Ränder der Stratonovich-Gleichung (10.27) sind (in diesem Falle müssen wir die modifizierte Drift aus (10.28) zur Untersuchung der Randpunkte verwenden!), so gilt die Aussage von Satz 6 für

$$p^0(x) = \tilde{\mathcal{N}} \cdot \frac{1}{\sigma(x)} \exp\left(\int_c^x \frac{2f(y)}{\sigma^2(y)}\, dy\right) \tag{10.32}$$

mit $\tilde{\mathcal{N}}$ als endlichem Normierungsfaktor.

4. Für ein System gekoppelter stochastischer Gleichungen

$$\dot{X}_i(t) = f_i[X_1(t), \ldots, X_d(t)] + \sum_{k=1}^{m} g_{ik}[X_1(t), \ldots, X_d(t)] \cdot \xi_k(t), \quad i = 1, \ldots, d,$$

in dem die Prozesse $(\xi_k(t))$, $k = 1, \ldots, m$, unabhängige weiße Gaußsche Rauschprozesse sind, gelten die bisherigen Ausführungen analog. Die Lösung der stochastischen Differentialgleichung (im Sinne von Ito)

$$dX_i(t) = f_i[X_1(t), \ldots, X_d(t)]\,dt + \sum_{k=1}^{m} g_{ik}[X_1(t), \ldots, X_d(t)]\,dW_k(t), \quad i = 1, \ldots, d,$$

in der die Prozesse $(W_k(t))$, $k = 1, \ldots, m$, unabhängige Wiener-Prozesse sind, ist ein Diffusionsprozeß $(X_1(t), \ldots, X_d(t))$ mit dem Generator

$$(Ag)(y) = \sum_{i=1}^{d} f_i(y) \frac{\partial g}{\partial y_i}(y) + \frac{1}{2} \sum_{i,j=1}^{d} \sum_{k=1}^{m} g_{ik}(y)\, g_{kj}(y) \frac{\partial^2 g}{\partial y_i\, \partial y_j}(y)$$

und $y = (y_1, \ldots, y_d)$. Der Vektor $f = (f_1, \ldots, f_d)$ heißt *Driftvektor*, die Matrix $B := GG^T$, $G = (g_{ik})_{i,k=1}^{d,m}$ heißt *Diffusionsmatrix*.

Die Lösung der stochastischen Differentialgleichung im Sinne von Stratonovich

$$dX_i(t) = f_i[X_1(t), \ldots, X_d(t)]\,dt + \sum_{k=1}^{m} g_{ik}[X_1(t), \ldots, X_d(t)] \circ dW_k(t), \quad i = 1, \ldots, d,$$

ist ein Diffusionsprozeß mit der gleichen Diffusionsmatrix, aber dem Driftvektor

$$\left(f_i(x) + \frac{1}{2} \sum_{j=1}^{d} \sum_{k=1}^{m} \frac{\partial g_{ik}}{\partial x_j}(x)\, g_{jk}(x)\right)_{i=1}^{d}.$$

10.2.3. Rauschinduzierte Übergänge

1. Das deterministische System

$$M = [0, 1]: \quad \dot{x} = \frac{1}{2} - x, \quad x_0 \in M,$$

besitzt in M einen asymptotisch stabilen Fixpunkt $x^0 = 1/2$, dessen Anziehungsbereich das gesamte Intervall M ist.

Wir untersuchen nun das stochastisch gestörte System

$$M = [0, 1]: \; dX_t = \left(\frac{1}{2} - X_t\right)dt + \varepsilon X_t(1 - X_t) \circ dW_t, \quad \varepsilon > 0, \qquad (10.33)$$

das ein multiplikatives Rauschen mit dem Diffusionskoeffizienten $\sigma(x) = \varepsilon x(1 - x)$ enthält. Die äquivalente Ito-Gleichung lautet

$$M = [0, 1]:$$

$$dX_t = \left[\frac{1}{2} - X_t + \frac{1}{2}\varepsilon^2 X_t(1 - X_t)(1 - 2X_t)\right] dt + \varepsilon X_t(1 - X_t)\,dW_t.$$

Der Anfangswert X_0 sei eine Zufallsgröße, deren Verteilung auf M konzentriert ist.

Durch Anwendung von Satz 5 finden wir, daß $r_1 = 0$ und $r_2 = 1$ natürliche Randpunkte sind, so daß wir keine Randbedingungen brauchen.

Die Auswertung des Ausdrucks (10.32) ergibt als invariante Dichte

$$
\begin{aligned}
p^0(x) &= \mathcal{N} \cdot \big(1/(x(1-x))\big) \cdot \exp\big(-1/(\varepsilon^2 x(1-x))\big), \quad x \in [0,1], \\
\mathcal{N}^{-1} &:= \int_0^1 \big(1/(x(1-x))\big) \exp\big(-1/(\varepsilon^2 x(1-x))\big)\, dx,
\end{aligned}
\tag{10.34}
$$

für die (wie erwartet) $p^0(0) = p^0(1) = 0$ gilt. Extrema von $p^0(x)$ ergeben sich aus

$$0 = \frac{dp^0}{dx}(x_m) \quad \leftrightarrow \quad 0 = (1 - 2x_m)\,[1 - \varepsilon^2 x_m(1 - x_m)].$$

Für $0 < \varepsilon < 2$ besitzt p^0 genau ein Extremum, nämlich ein Maximum bei $x_m = x^0 = 1/2$, also der Stelle des deterministischen Fixpunktes. Für $2 < \varepsilon$ besitzt dagegen p^0 ein Minimum bei $x^0 = 1/2$ und zwei gleich hohe Maxima bei

$$x_{m_{1,2}} = \frac{1}{2}\left(1 \pm \sqrt{1 - (4/\varepsilon^2)}\right)$$

(Abb. 127). Das bedeutet, daß die wahrscheinlichsten Zustände nicht mit dem deterministischen Fixpunkt x^0 zusammenfallen, falls der Parameter ε, der die Stärke des

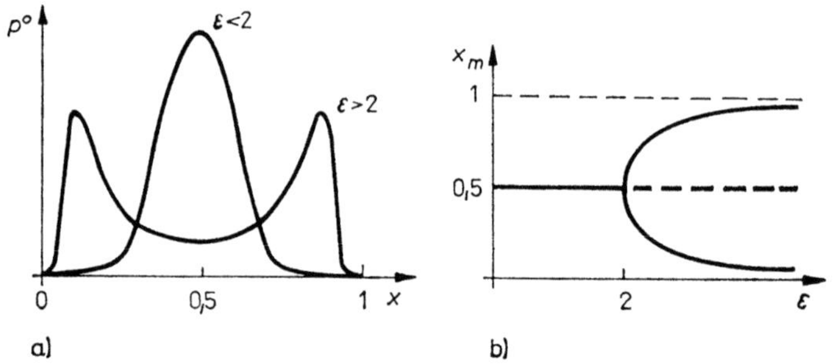

Abb. 127

Invariante Dichte $p^0(x)$ aus (10.34) für $\varepsilon < 2$ und für $\varepsilon > 2$ (a) und Lage der Maxima (ausgezogen) und Minima (unterbrochen) von $p^0(x)$ (b)

Rauschens steuert, den kritischen Wert $\varepsilon_c = 2$ überschreitet. An dieser Stelle tritt eine stochastische „Bifurkation“ auf, die die Anzahl der Maxima von p^0 verändert und allein durch das Rauschen verursacht wird. Eine solche Erscheinung nennen wir *rauschinduzierten* (Phasen-) *Übergang*. Während für $\varepsilon < 2$ Zustände bei $x^0 = 1/2$ am wahrscheinlichsten sind, treten für $\varepsilon > 2$ zwei verschiedene „Phasen“ auf: Das System befindet sich die meiste Zeit (und zwar gleich häufig) in der Nähe eines der beiden Maxima x_{m_1} bzw. x_{m_2}.

Zugleich wird die Ursache des Phänomens sichtbar: Der Diffusionskoeffizient $\varepsilon^2 x^2(1-x)^2$ ist für $x = 1/2$ am größten und wird nach den Rändern hin immer kleiner. Falls ε und damit die Stärke des Rauschens hinreichend groß ist, überwiegt deshalb in der Nähe des deterministisch stabilen Fixpunktes die „abstoßende“ Wirkung der Fluktuationen über die Anziehung durch das Vektorfeld f.

Es sei angemerkt, daß dieser rauschinduzierte Übergang keine Folge der Stratonovich-Interpretation ist. Fassen wir die Differentialgleichung (10.33) im Sinne von ITO auf, so erhalten wir die gleiche Erscheinung mit dem kritischen Wert $\varepsilon_c = \sqrt{2}$ (Nachweis?).

2. Wir betrachten allgemein die stochastische Ito-Gleichung

$$M = [r_1, r_2]: \; dX_t = \left[f(X_t) + \frac{1}{2}\,\varepsilon^2 s(X_t)\, s'(X_t)\right] dt + \varepsilon s(X_t)\, dW_t, \; \varepsilon > 0,$$

die aus der Stratonovich-Interpretation der formalen Gleichung

$$\dot{X} = f(X) + \varepsilon s(X) \cdot \xi(t)$$

hervorgeht. Dabei seien s und f C^1-Funktionen auf M, r_1 und r_2 seien natürliche Ränder mit $s(x) > 0$ für $x \in (r_1, r_2)$. Der Parameter ε steuert die Stärke des Rauschens.

Wir schreiben die Dichte der invarianten Verteilung (10.32) in der Form

$$p^0(x) = \tilde{\mathcal{N}} \cdot \exp\left(-\ln s(x) + \frac{2}{\varepsilon^2} \int\limits_c^x \frac{f(y)}{s^2(y)}\, dy\right)$$

(mit $c \in (r_1, r_2)$) und erkennen, daß Extrema x_m von p^0 Nullstellen der Gleichung

$$f(x_m) - \frac{\varepsilon^2}{2}\, s(x_m)\, s'(x_m) = 0 \tag{10.35}$$

sind.

In 10.2.1. haben wir festgestellt, daß additives Rauschen (d. h. $s(x) \equiv \text{const}$) die Aufenthaltswahrscheinlichkeit um die stabilen deterministischen Fixpunkte verschmiert und dort die invariante Dichte lokale Maxima besitzt. (Der Ausdruck (10.31) ist auch für $\sigma(x) = \varepsilon s(x) \equiv \text{const}$ richtig, aber dann ist nur $r_1 = -\infty$, $r_2 = \infty$ möglich.)

Multiplikatives Rauschen (das häufig von Fluktuationen äußerer Parameter herrührt) führt dagegen wegen des Zusatzterms in (10.35) zu einer *Verschiebung* der Lage der Maxima von p^0 gegenüber den stabilen Fixpunkten von f. Für hinreichend große Rauschstärke kann sich auch die *Anzahl* der Maxima von p^0 (die sog. Modalität) ändern. Solche qualitativen Änderungen der invarianten Dichte, die bei überkritischen Werten der Rauschstärke ε auftreten, nennen wir rauschinduzierte Übergänge.

Bei Ito-Interpretation der Ausgangsgleichung treten die gleichen Phänomene auf, da in (10.35) lediglich der Faktor 1/2 entfällt.

Aufgabe. Untersuchen Sie die Differentialgleichung

$$M = [0, \infty): \quad \dot{X} = m(t)\, X - X^3,$$

in der m ein äußerer Parameter ist, der in der Form

$$m(t) := \mu + \varepsilon \cdot \xi(t), \quad \mu > 0, \quad \varepsilon > 0,$$

fluktuiert (wobei wir die Stratonovich-Interpretation verwenden), in Abhängigkeit von ε und μ! Welchen Charakter tragen die Randpunkte $r_1 = 0$ und $r_2 = \infty$? Skizzieren Sie den Verlauf der invarianten Dichte! Wie ändert sich die deterministische Bifurkation der kubischen Nichtlinearität?

10.3. Farbiges Rauschen

Mitunter erweist es sich als sinnvoll, Rauschprozesse mit endlicher, von Null verschiedener Korrelationszeit (ein sog. „farbiges" Rauschen) zur Modellierung von Fluktuationen zu verwenden. Insbesondere können wir fragen, ob rauschinduzierte Übergänge eine Folge der extrem irregulären Natur des weißen Rauschens sind oder auch bei farbigem Rauschen auftreten.

1. Eine erste Möglichkeit besteht darin, den Rauschprozeß durch einen Diffusionsprozeß $(Y_t)_{t\geqq 0}$ zu modellieren. Die Lösung $(X_t)_{t\geqq 0}$ der (realisierungsweise zu integrierenden) Differentialgleichung

$$\dot{X}_t = f(X_t) + \sigma(X_t) \cdot Y_t$$

ist aber kein Markow-Prozeß, weil die Werte von $(Y_t)_{t\geqq 0}$ zu verschiedenen Zeiten nicht unabhängig sind. Allerdings ist der Paarprozeß $(X_t, Y_t)_{t\geqq 0}$ Markowsch, da er eine stochastische Differentialgleichung

$$dX_t = [f(X_t) + \sigma(X_t)\, Y_t]\, dt,$$
$$dY_t = \varphi(Y_t)\, dt + \psi(Y_t)\, dW_t$$

erfüllt und den infinitesimalen Generator

$$(Ag)\,(x, y) = [f(x) + \sigma(x)\, y] \frac{\partial g}{\partial x} + \varphi(y) \frac{\partial g}{\partial y} + \frac{1}{2}\, \psi^2(y) \frac{\partial^2 g}{\partial y^2}$$

besitzt. Mit Hilfe von A lassen sich dann Charakteristika von (X_t, Y_t) und — nach entsprechender Integration — auch Eigenschaften von (X_t) allein bestimmen. Aber selbst für den einfachsten Fall, nämlich daß (Y_t) der Ornstein-Uhlenbeck-Prozeß ist, sind kaum explizite Berechnungen möglich und Näherungsverfahren erforderlich.

2. Ein einfaches Modell erhalten wir, wenn wir den dichotomen Markow-Prozeß aus Aufgabe 10.1. als Rauschen verwenden. Das ist ein Prozeß $(Z_t)_{t\geqq 0}$ mit dem Zustandsraum $\{1, -1\}$, bei dem nach (mit dem Parameter λ) exponentialverteilten, unabhängigen Wartezeiten jeweils Sprünge in den anderen Zustand stattfinden.

Die Lösung der Differentialgleichung

$$\dot{X}_t = f(X_t, Z_t), \quad f\colon \mathbb{R}^1 \times \{1, -1\} \to \mathbb{R}^1, \tag{10.36}$$

ist kein Markow-Prozeß, da (Z_t) Korrelationen besitzt, aber der Vektorprozeß $(X_t, Z_t)_{t\geqq 0}$ ist offenbar Markowsch mit dem Zustandsraum $M = \mathbb{R}^1 \times \{1, -1\}$. Die Funktionen auf M sind Paare reeller Funktionen $(q_{+1}, q_{-1}) \equiv (q_+, q_-)$.

Aus der Darstellung des bedingten Erwartungswertes

$$\begin{aligned} \mathrm{E}_{y,i} q_{Z_t}(X_t) &:= \mathrm{E}[q_{Z_t}(X_t) \mid X_0 = y, Z_0 = i] \\ &= \mathrm{E}_y q_i(X_t) \cdot P\{Z_t = i \mid Z_0 = i\} \\ &\quad + \mathrm{E}_y q_i(X_t) \cdot P\{Z_t = -i \mid Z_0 = i\}, \quad i = \pm 1, \end{aligned}$$

und der Eigenschaft

$$P\{Z_t = i \mid Z_0 = i\} = 1 - \lambda t + \mathrm{o}(t), \quad P\{Z_t = -i \mid Z_0 = i\} = \lambda t + \mathrm{o}(t),$$
$$i = \pm 1,$$

erhalten wir für den infinitesimalen Generator A den Ausdruck

$$(Aq_i)(y) := \lim_{t \downarrow 0} \frac{1}{t} [\mathrm{E}_{y,i} q_{Z_t}(X_t) - q_i(y)]$$

$$= \lim_{t \downarrow 0} \frac{1}{t} [\mathrm{E}_y q_i(X_t) - q_i(y)] + \lambda[q_{-i}(y) - q_i(y)], \quad i = \pm 1.$$

Der verbleibende Limes ist gerade der Generator des Prozesses (X_t), falls $Z_t \equiv i$ einen festen Wert annimmt, und damit nach Beispiel 9.3./4 ein Differentialoperator erster Ordnung. Deshalb erhalten wir

$$(Aq_i)(y) = f(y, i) \frac{dq_i(y)}{dy} + \lambda[q_{-i}(y) - q_i(y)], \quad i = \pm 1,$$

wobei A auf der Menge der stetig differenzierbaren, im Unendlichen hinreichend schnell fallenden Funktionenpaare erklärt ist. Mittels

$$\sum_{i=\pm 1} \int_{-\infty}^{\infty} s_i(x) (Aq_i)(x) \, dx = \sum_{i=\pm 1} \int_{-\infty}^{\infty} (A^* s_i)(x) \, q_i(x) \, dx$$

und partieller Integration erhalten wir den adjungierten Operator A^* in der Form

$$(A^* s_i)(x) = -\frac{d}{dx} [f(x, i) \, s_i(x)] + \lambda[s_{-i}(x) - s_i(x)], \quad i = \pm 1.$$

Wenn wir mit

$$p_i(x, t) := \begin{cases} p(x, i, t \mid y, k), & p(x, i, 0 \mid y, k) = \delta_{ik} \delta(x - y), \\ p(x, i, t), & p(x, i, 0) = p_0(x, i), \end{cases} \qquad i = \pm 1,$$

die Dichte der Übergangswahrscheinlichkeit bzw. die Dichte der eindimensionalen Verteilung bezeichnen, so erfüllen beide die Vorwärtsgleichung

$$\frac{\partial p_i(x, t)}{\partial t} = -\frac{\partial}{\partial x} [p_i(x, t) \, f(x, i)] + \lambda[p_{-i}(x, t) - p_i(x, t)], \quad i = \pm 1; \tag{10.37}$$

das ist ein System aus zwei gekoppelten partiellen Differentialgleichungen erster Ordnung.

Wenn wir annehmen, daß eine invariante Verteilung mit der Dichte $\left(p_+^0(x), p_-^0(x)\right)$ existiert, so finden wir nach Addition bzw. Subtraktion der beiden Gleichungen (10.37), daß diese den Gleichungen

$$\frac{d}{dx} [f_+(x) \, p_+^0(x) + f_-(x) \, p_-^0(x)] = 0, \tag{10.38a}$$

$$\frac{d}{dx} [f_+(x) \, p_+^0(x) - f_-(x) \, p_-^0(x)] + 2\lambda[p_+(x) - p_-(x)] = 0 \tag{10.38b}$$

genügen muß (dabei haben wir die Abkürzungen $f(x, \pm 1) \equiv f_\pm(x)$, $p_{\pm 1}^0(x) \equiv p_\pm{}^0$ verwendet).

3. Wir wollen die weitere Diskussion konkreter führen und nehmen von f folgende Eigenschaften an: Es gibt ein Intervall $[r_1, r_2]$, so daß f_+ und f_- auf $[r_1, r_2]$ stetig differenzierbar sind und

$$f_+(x) > 0, \quad f_-(x) < 0 \quad \forall x \in (r_1, r_2),$$
$$f_+(r_1) > 0, \quad f_-(r_1) = 0, \quad f_-'(r_1) < 0,$$
$$f_+(r_2) = 0, \quad f_+'(r_2) < 0, \quad f_-(r_2) < 0$$

erfüllen.

Zwischen den Sprüngen von (Z_t) genügt das System (10.36) einer deterministischen Dynamik mit dem Vektorfeld f_+ bzw. f_-. Aus unseren Annahmen folgt, daß der Prozeß (X_t) dem stabilen Fixpunkt r_2 von f_+ (bzw. dem stabilen Fixpunkt r_1 von f_-) zustrebt, solange Z_t den konstanten Wert $+1$ (bzw. -1) besitzt. Dies bedeutet, daß X_t jeden Punkt im Intervall (r_1, r_2) in endlicher Zeit erreichen, das Intervall selbst aber nicht verlassen kann. Somit ist (r_1, r_2) eine unzerlegbare invariante Menge, auf der eine ergodische Verteilung des Prozesses (X_t) existiert (Abb. 128).

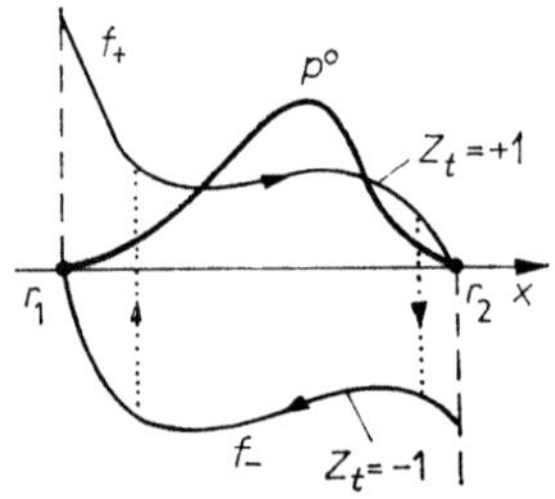

Abb. 128

Unzerlegbare invariante Menge $[r_1, r_2]$ und invariante Dichte p^0 für das System (10.36) mit dichotomem Rauschen (Z_t). Zwischen den zu zufälligen Zeiten erfolgenden Sprüngen von Z_t genügt das System einer deterministischen Dynamik mit f_+ oder f_-.

Der Klammerausdruck in (10.38a) ist die gesamte Wahrscheinlichkeits-Stromdichte des Systems (summiert über die Zustände ± 1 des Rauschens) und muß an den Randpunkten r_1 und r_2 verschwinden. Deshalb verschwindet die Klammer identisch, was auf

$$p_-^0(x) = -[f_+(x)/f_-(x)]\, p_+^0(x) \tag{10.39}$$

führt. Wenn wir das in (10.38b) einsetzen, können wir die für p_+^0 entstehende Differentialgleichung lösen,

$$p_+^0(x) = \mathcal{N} \cdot \frac{1}{f_+(x)} \cdot \exp\left(-\lambda \int_c^x \left(\frac{1}{f_+(y)} + \frac{1}{f_-(y)}\right) dy\right),$$

wobei c ein beliebiger, aber fester Punkt aus (r_1, r_2) ist. Zusammen mit (10.39) erhalten wir für die invariante Dichte $p^0(x) = p_+^0(x) + p_-^0(x)$ des Prozesses $(X_t)_{t \geqq 0}$

den endgültigen Ausdruck

$$p^0(x) = \mathcal{N} \cdot \left(\frac{1}{f_+(x)} - \frac{1}{f_-(x)}\right) \exp\left(-\frac{\lambda}{2}\int\limits_c^x \left(\frac{1}{f_+(y)} + \frac{1}{f_-(y)}\right) dy\right), \qquad (10.40)$$

$$x \in (r_1, r_2),$$

wobei $\mathcal{N}$ durch die Normierungsbedingung

$$\int\limits_{r_1}^{r_2} p^0(x)\, dx = 1$$

festgelegt ist. An Hand von (10.40) können jetzt zum Beispiel die wahrscheinlichsten Zustände ermittelt werden.

Aufgabe. Untersuchen Sie den Verlauf der invarianten Dichte p^0 für das lineare System

$$\dot{X}_t = -X_t + \Delta \cdot Z_t, \quad \Delta > 0,$$

in Abhängigkeit vom Wartezeitparameter λ des dichotomen Markow-Prozesses (Z_t)!

4. Für den Sprungprozeß $(Y_t)_{t \geqq 0}$, $Y_t := \Delta Z_t$, $\Delta > 0$ erhalten wir aus Aufgabe 9.3., daß im stationären Fall die beiden Zustände $\pm\Delta$ mit jeweils der Wahrscheinlichkeit 1/2 angenommen werden und für Erwartungswert und Kovarianz

$$\mathrm{E}Y_t = 0, \quad \mathrm{E}Y_t Y_{t+\tau} = \Delta^2\, \mathrm{e}^{-2\lambda\tau} \quad \forall t \geqq 0, \quad \forall \tau \geqq 0,$$

gilt. Im Limes $\Delta \to \infty$, $\lambda \to \infty$, $\Delta^2/\lambda \to 1$, das heißt für immer größere Sprünge in (im Mittel) immer kürzeren Abständen entsteht, zumindest was die Kovarianz betrifft, ein weißes Rauschen. Präziser gilt: Der Prozeß

$$V_t^{\Delta,\lambda} := \int\limits_0^t Y_s\, ds, \quad t \geqq 0,$$

konvergiert (im Sinne der schwachen Konvergenz der endlichdimensionalen Verteilungen) unter den angegebenen Bedingungen gegen den Wiener-Prozeß $(W_t)_{t \geqq 0}$. Als Folge dessen konvergiert die Lösung der Differentialgleichung

$$\dot{X}_t = f(X_t) + \sigma(X_t) \cdot \Delta \cdot Z_t$$

im gleichen Sinne gegen die Lösung der stochastischen Differentialgleichung vom Stratonovich-Typ (10.27)!

Mit $f_\pm(x) := f(x) \pm \Delta \cdot \sigma(x)$ lautet (10.40)

$$p^0(x) = \tilde{\mathcal{N}} \cdot \frac{\sigma(x)}{\sigma^2(x) - (f(x)/\Delta)^2} \exp\left(\frac{\lambda}{\Delta^2}\int\limits_c^x \frac{2f(y)}{\sigma^2(y) - (f(y)/\Delta)^2}\, dy\right) \qquad (10.41)$$

und geht im Limes $\Delta \to \infty$, $\lambda \to \infty$, $\Delta^2/\lambda \to 1$ in die invariante Dichte (10.32) über. Für hinreichend große Werte von Δ fallen auch die Randpunkte r_1, r_2 aus (10.40) nahezu mit den Nullstellen von $\sigma(x)$ und damit den Randpunkten aus (10.32) zusammen. Damit haben wir zumindest die Konvergenz der invarianten Verteilung nachgewiesen.

Die Auswertung des Ausdruckes (10.41) in Abhängigkeit von λ und Δ zeigt, daß rauschinduzierte Übergänge auch für farbiges Rauschen auftreten und die Vielfalt der Erscheinungen sogar noch größer wird ([23]).

11. Geburts- und Todesprozesse

11.1. Modell und Grundgleichungen

1. Die Beschreibung von Fluktuationen durch ein (additives oder multiplikatives) weißes Rauschen ist relativ grob, weil die genaue mikroskopische Struktur des betrachteten Systems unberücksichtigt bleibt. Im Falle chemischer Reaktionen (bzw. ihnen isomorpher Systeme, etwa in der Populationsdynamik) wollen wir ein spezielleres Modell konstruieren, das wenigstens auf halbphänomenologische Weise Vorstellungen über das mikroskopische Geschehen einbezieht.

Ein chemisch reagierendes System besteht aus einzelnen Teilchen, so daß wir bei räumlicher Homogenität seinen Zustand durch die zufälligen Teilchenzahlen der einzelnen Komponenten beschreiben. Wir betrachten nur die Situation, daß *ein* Stoff frei verfügbar ist, und erhalten einen zufälligen Prozeß $(N_t)_{t \geqq 0}$ mit dem Zustandsraum $\mathbb{N}_0 := \{0, 1, 2, \ldots\}$.

Da chemische Reaktionen durch Zusammenstöße einzelner Teilchen entstehen, sollte der Prozeß (N_t) zu zufälligen Zeiten ein Teilchen erzeugen oder vernichten. Solch einen Prozeß nennen wir *Geburts- und Todesprozeß*. (Allgemeiner ändert sich bei einem *Sprungprozeß* die Teilchenzahl um einen ganzzahligen Wert.)

Folgende Voraussetzungen sind für die Modellierung sinnvoll:

(1) Der Prozeß $(N_t)_{t \geqq 0}$ sei ein homogener Markow-Prozeß mit dem Zustandsraum $\mathbb{N}_0$ und den Übergangswahrscheinlichkeiten

$$p_{n|k}(t) := P\{N_t = n \mid N_0 = k\} = P\{N_{t+s} = n \mid N_s = k\}$$

für alle $n, k \in \mathbb{N}_0$ und alle $t, s \geqq 0$.

(2) Die Übergangswahrscheinlichkeiten erfüllen für $t \downarrow 0$

$$\begin{aligned} P\{N_t = k + 1 \mid N_0 = k\} &= \lambda_k t + o(t), \\ P\{N_t = k - 1 \mid N_0 = k\} &= \mu_k t + o(t), \\ P\{N_t = k \mid N_0 = k\} &= 1 - (\lambda_k + \mu_k)\, t + o(t), \quad \forall k \in \mathbb{N}_0 \end{aligned} \tag{11.1}$$

mit

$$\lambda_0 > 0, \quad \mu_0 = 0, \quad \lambda_k > 0, \quad \mu_k > 0 \quad \forall k \in \mathbb{N}. \tag{11.2}$$

Aus diesen Annahmen folgt wegen

$$\begin{aligned} &P\{|N_t - N_0| > 1 \mid N_0 = k\} \\ &= 1 - P\big\{N_t \in \{k - 1, k, k + 1\} \mid N_0 = k\big\} = o(t), \end{aligned} \tag{11.3}$$

daß sich die Teilchenzahl in hinreichend kleinen Zeitintervallen um höchstens ± 1 ändert und außerdem, daß die Zeiten zwischen den einzelnen reaktiven Stößen unabhängig und exponentialverteilt sind, wobei der Parameter der Wartezeit vom Zustand abhängt.

Befindet sich das System (zur Zeit s) im Zustand $N_s = k$, dann ist die zufällige weitere Verweilzeit in diesem Zustand exponentialverteilt mit dem Erwartungswert $(\lambda_k + \mu_k)^{-1}$. Nach dieser zufälligen Zeit erfolgt mit der Wahrscheinlichkeit $\lambda_k/(\lambda_k + \mu_k)$ ein Sprung nach $k + 1$ und mit der Wahrscheinlichkeit $\mu_k/(\lambda_k + \mu_k)$ ein Sprung nach $k - 1$.

Wegen $\mu_0 = 0$ kann die Teilchenzahl N_t niemals negativ werden, und wegen $\lambda_0 > 0$ wird der Zustand $k = 0$ immer wieder spontan verlassen.

2. Satz 1 ([24]).

a) *Der Markowsche Geburts- und Todesprozeß $(N_t)_{t\geqq 0}$ besitzt als infinitesimalen Generator A eine (unendliche) Matrix,*

$$A\begin{pmatrix} q_0 \\ q_1 \\ q_2 \\ \vdots \\ \end{pmatrix} = \begin{pmatrix} -\lambda_0 & \lambda_0 & 0 & 0 & \cdots \\ \mu_1 & -(\lambda_1+\mu_1) & \lambda_1 & 0 & \cdots \\ 0 & \mu_2 & -(\lambda_2+\mu_2) & \lambda_2 & \cdots \\ 0 & 0 & \mu_3 & -(\lambda_3+\mu_3) & \cdots \\ \vdots & \vdots & \vdots & \vdots & \ddots \end{pmatrix} \begin{pmatrix} q_0 \\ q_1 \\ q_2 \\ \vdots \\ \end{pmatrix}$$

und ist auf einer geeigneten Teilmenge der beschränkten Folgen definiert.

b) *Die Übergangswahrscheinlichkeiten erfüllen die Rückwärtsgleichung*

$$\frac{d}{dt}\, p_{n|k}(t) = \lambda_k p_{n|k+1}(t) + \mu_k p_{n|k-1}(t) - (\lambda_k + \mu_k)\, p_{n|k}(t) \tag{11.4}$$

für alle $n, k \in \mathbb{N}_0$ mit der Anfangsbedingung $p_{n|k}(0) = \delta_{nk}$ (mit $p_{n|-1}(t) \equiv 0$).

Der Generator A ist nach (9.17) für alle beschränkten Folgen $q = (q_0, q_1, \ldots)$ erklärt, für die der Limes

$$(Aq)_k := \lim_{t\downarrow 0} \frac{1}{t}\, [\mathrm{E}(q_{N_t} \mid N_0 = k) - q_k]$$

gleichmäßig in k existiert. Wegen

$$\begin{aligned} \mathrm{E}(q_{N_t} \mid N_0 = k) = {} & q_k \cdot P\{N_t = k \mid N_0 = k\} + q_{k+1} \cdot P\{N_t = k+1 \mid N_0 = k\} \\ & + q_{k-1} \cdot P\{N_t = k-1 \mid N_0 = k\} \\ & + \sum_{|m-k|>1} q_m \cdot P\{N_t = m \mid N_0 = k\} \end{aligned}$$

und der Voraussetzungen (11.1) erhalten wir

$$(Aq)_k = \lambda_k q_{k+1} + \mu_k q_{k-1} - (\lambda_k + \mu_k)\, q_k, \quad k \in \mathbb{N}_0,$$

(mit $q_{-1} = 0$).

Die Gleichung (11.4) ist dann die diskrete Version der allgemeinen Rückwärtsgleichung (9.19) mit $B = \{n\}, y = k$.

Entsprechend dem Vorgehen in 9.3. können wir nun den folgenden Satz formulieren.

Satz 2 ([24]). *Die Übergangswahrscheinlichkeiten erfüllen die Vorwärtsgleichung*

$$\begin{aligned} \frac{d}{dt} p_{n|k}(t) &= \lambda_{n-1} p_{n-1|k}(t) + \mu_{n+1} p_{n+1|k}(t) - (\lambda_n + \mu_n)\, p_{n|k}(t), \\ \frac{d}{dt} p_{0|k}(t) &= \mu_1 p_{1|k}(t) - \lambda_0 p_{0|k}(t), \quad n \in \mathbb{N}, \quad k \in \mathbb{N}_0, \end{aligned} \tag{11.5}$$

mit der Anfangsbedingung $p_{n|k}(0) = \delta_{nk}$ (*und* $p_{-1/k}(t) \equiv 0$).

Dazu brauchen wir nur zu berücksichtigen, daß der adjungierte Operator A^*, der mittels

$$\sum_{i=0}^{\infty} \sum_{k=0}^{\infty} A_{ik}^* s_k q_i = \sum_{k=0}^{\infty} \sum_{i=0}^{\infty} A_{ki} q_i s_k$$

erklärt ist, formal durch die transponierte Matrix ($A_{ik}^* = A_{ki}$) gegeben ist. (Für die Gültigkeit von (11.5) müssen wir aber zusätzlich fordern, daß in (11.3) $o(t)/t$ für $t \downarrow 0$ gleichmäßig in k beschränkt ist.)

Ohne explizit den Begriff des Generators zu verwenden, wird Gleichung (11.5) meist wie folgt hergeleitet: In der diskreten Fassung der Chapman-Kolmogorow-Gleichung (9.16),

$$p_{n|k}(t + \Delta t) = \sum_{i=0}^{\infty} p_{n|i}(\Delta t)\, p_{i|k}(t), \quad n, k \in \mathbb{N}_0, \tag{11.6}$$

wird auf beiden Seiten $p_{n|k}(t)$ subtrahiert und nach Division durch Δt unter Verwendung von (11.1) zum Limes $\Delta t \downarrow 0$ übergegangen. Das entspricht aber genau unserem Vorgehen.

Wenn wir die Gleichungen (11.5) mit $p_k(0) = P\{N_0 = k\}$ multiplizieren und über k summieren, so stellen wir fest, daß auch die eindimensionalen (diskreten) Wahrscheinlichkeiten

$$p_n(t) := P\{N_t = n\} = \sum_{k=0}^{\infty} p_{n|k}(t)\, p_k(0) \tag{11.7}$$

der Vorwärtsgleichung in der Form

$$\begin{aligned} \frac{d}{dt} p_n(t) &= \lambda_{n-1} p_{n-1}(t) + \mu_{n+1} p_{n+1}(t) - (\lambda_n + \mu_n)\, p_n(t), \quad n \in \mathbb{N}, \\ \frac{d}{dt} p_0(t) &= \mu_1 p_1(t) - \lambda_0 p_0(t) \end{aligned} \tag{11.8}$$

mit der Anfangsbedingung $p_n(0) = p_{0,n}$, $n \in \mathbb{N}_0$, genügen.

Die Vorwärtsgleichung (11.8) (mit dem „Spezialfall" (11.5)) läßt sich unmittelbar als Bilanzgleichung für die Besetzungswahrscheinlichkeiten der einzelnen Zustände interpretieren. Die Größen λ_n und μ_n sind Übergangsraten (d. h. zeitliche Ableitungen der Übergangswahrscheinlichkeiten) und heißen *Geburts-* bzw. *Todesraten.* Die Vorwärtsgleichung, die oft als *Master-Gleichung* bezeichnet wird, drückt dann aus, daß die zeitliche Besetzung des Zustandes n sich durch Zugang von den Niveaus $n+1$ und $n-1$ bzw. Abgang nach dort ändert (Abb. 129).

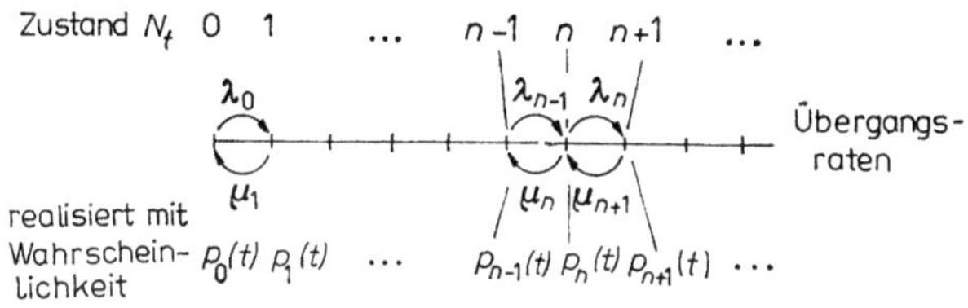

Abb. 129
Die Master-Gleichung (11.8) bilanziert, mit welchen Wahrscheinlichkeiten $p_n(t) = P\{N_t = n\}$ die einzelnen Zustände $n \in \mathbb{N}_0$ im Laufe der Zeit realisiert werden.

3. Wir wollen jetzt für die Beschreibung chemischer Reaktionen die Übergangsraten festlegen. Da wir nur eine frei verfügbare Stoffsorte X betrachten und bei jedem Stoß höchstens ein Teilchen erzeugt oder vernichtet wird, beschränken wir uns auf Reaktionen vom Typ

$$A + lX \underset{q^-}{\overset{q^+}{\rightleftarrows}} (l+1)\,X + B, \quad l \in \mathbb{N}_0,$$

(mit Geschwindigkeitskonstanten q^+, q^- (siehe A.2.3.)) und festen Konzentrationen von A und B.

Die Hinreaktion ergibt für X die Konzentrationsänderung

$$n_X(t + \Delta t) - n_X(t) = q^+ n_A [n_X(t)]^l \cdot \Delta t + o(\Delta t)$$

und damit einen deterministischen Zuwachs der Teilchenzahl von

$$N(t + \Delta t) - N(t) = q^+ n_A [N(t)/\mathcal{L} V]^l\, \mathcal{L} V \cdot \Delta t + o(\Delta t) \tag{11.9}$$

(mit V als Systemvolumen, $\mathcal{L}$ als Loschmidt-Zahl = Zahl der Teilchen pro Mol (siehe A.2.3.)).

Andererseits bedeutet die erste Gleichung in (11.1), daß die Wartezeit für einen Sprung von k nach $k+1$ exponentialverteilt mit dem Parameter $1/\lambda_k$ ist, so daß die mittlere Zahl von Sprüngen in der Zeit Δt (bei einer großen Zahl von Realisierungen) durch $\lambda_k \cdot \Delta t$ gegeben ist. Vergleichen wir dies mit dem deterministischen Ausdruck (11.9), so legt uns dies den Ansatz

$$\lambda_k = \begin{cases} [q^+ n_A/(\mathcal{L} V)^{l-1}]\, k(k-1) \cdots (k-l+1), & l \in \mathbb{N}, \\ q^+ n_A \mathcal{L} V, \quad l = 0, \end{cases}$$

für die Geburtsrate nahe. Dabei ist berücksichtigt, daß k Teilchen in genau $k(k-1)$ Zweierstößen (bzw. in $k(k-1)(k-2)$ Dreierstößen usw.) reagieren können.

Aus denselben Betrachtungen für die Rückreaktion gewinnen wir die Sterberate

$$\mu_k = [q^- n_B/(\mathcal{L} V)^l]\, k(k-1) \cdots (k-l), \quad l \in \mathbb{N}.$$

Wir können unseren Ansatz allgemeiner formulieren: Die zeitliche Änderung der Konzentration $n_X(t)$ eines einzelnen Stoffes X wird durch die makroskopische Dynamik

$$\dot{n}_X = f(n_X) =: f_+(n_X) - f_-(n_X)$$

beschrieben. Dabei sind f_+ bzw. f_- die Anteile, die von aufbauenden bzw. abbauenden Teilreaktionen herrühren $\left(f_+ \geqq 0,\ f_- \geqq 0,\ f_-(0) = 0\right)$ und im Falle von Elementarreaktionen durch Polynome

$$f_+(n_X) = \sum_{l=0}^{m} a_l n_X{}^l, \quad f_-(n_X) = \sum_{l=1}^{n} b_l n_X{}^l, \quad a_l \geqq 0, \quad b_l \geqq 0,$$

gegeben sind. Die entsprechenden Geburts- und Todesraten lauten dann

$$\begin{aligned} \lambda_k &:= \sum_{l=0}^{m} \alpha_l \frac{k!}{(k-l)!}, \quad \alpha_l := a_l(\mathscr{L}V)^{1-l}, \\ \mu_k &:= \sum_{l=1}^{n} \beta_l \frac{k!}{(k-l)!}, \quad \beta_l := b_l(\mathscr{L}V)^{1-l}. \end{aligned} \tag{11.10}$$

Hieran wird ersichtlich, daß die Übergangsraten λ_k und μ_k volumenabhängige Größen der Dimension $[\text{Zeit}]^{-1}$ sind (und für hinreichend große Werte von k und V die Beziehung $\lambda_{2k}(2V) \approx 2\lambda_k(V)$ gilt).

Es sei noch einmal betont, daß wir kein mikroskopisches Modell aufgestellt, sondern die Übergangsraten aus den phänomenologischen Gleichungen „erraten“ haben.

11.2. Invariante Verteilung

1. Das Langzeitverhalten des Prozesses $(N_t)_{t\geqq 0}$ und seiner Übergangswahrscheinlichkeiten bzw. seiner eindimensionalen Verteilungen läßt sich genauer charakterisieren. Dazu führen wir folgende Abkürzungen ein:

$$\pi_0 := 1, \quad \pi_n := \frac{\lambda_0\lambda_1 \ldots \lambda_{n-1}}{\mu_1\mu_2 \ldots \mu_n}, \quad n \in \mathbb{N}.$$

Satz 3 ([24]).

a) *Unter den Voraussetzungen* (11.2) *sind die Bedingungen*

$$\sum_{k=0}^{\infty} (1/\lambda_k\pi_k) = \infty, \quad \sum_{k=0}^{\infty} \pi_k < \infty$$

notwendig und hinreichend dafür, daß der Prozeß (N_t) *mit Wahrscheinlichkeit Eins nach einer im Mittel endlichen Zeit zu jedem Zustand zurückkehrt. Es existiert dann eine eindeutige invariante Verteilung* $(p_0{}^0, p_1{}^0, \ldots)$ *mit*

$$p_n{}^0 := \pi_n \Big/ \sum_{k=0}^{\infty} \pi_k \quad \forall n \in \mathbb{N}_0. \tag{11.11}$$

b) *Für die Übergangswahrscheinlichkeiten* $p_{n|k}(t)$ *und die eindimensionalen Wahr-*

scheinlichkeiten $p_n(t)$ *gilt (unabhängig von* k*)*

$$\lim_{t\to\infty} p_n(t) = \lim_{t\to\infty} p_{n|k}(t) = p_n^0 \quad \forall n \in \mathbb{N}_0 . \tag{11.12}$$

Die Existenz und Eindeutigkeit des Limes für $t \to \infty$ ist wesentliche Folge unserer Annahmen (11.2), die — allgemein gesprochen — die Unzerlegbarkeit des Zustandsraums $\mathbb{N}_0$ ausdrücken. Je zwei Punkte $k, n \in \mathbb{N}_0$ lassen sich stets (über Zwischenzustände) durch eine geschlossene Linie verbinden, die nur Teile mit in beiden Richtungen positiven Übergangswahrscheinlichkeiten enthält.

Wenn wir in Satz 1 $\sum_{n=0}^{\infty} \pi_n = \infty$ fordern, so ist der Erwartungswert der Wiederkehrzeit unendlich groß, und für die Limites gilt $p_n^0 = 0$ für alle n. Es gibt dann keine invariante Verteilung. Bei im Mittel endlicher Rückkehrzeit besitzt dagegen die stationäre Master-Gleichung

$$\mu_1 p_1^0 - \lambda_0 p_0^0 = 0,$$

$$\lambda_{n-1} p_{n-1}^0 + \mu_{n+1} p_{n+1}^0 - (\lambda_n + \mu_n)\, p_n^0 = 0, \quad n \in \mathbb{N},$$

eine eindeutige Lösung, die wir durch sukzessives Auflösen nach $p_1^0, p_2^0, \ldots$ und Normierung in der Form

$$p_n^0 = p_0^0 \cdot \prod_{k=0}^{n-1} \frac{\lambda_k}{\mu_{k+1}}, \quad n \in \mathbb{N}, \quad p_0^0 = \left(1 + \sum_{n=1}^{\infty} \prod_{k=0}^{n-1} \frac{\lambda_k}{\mu_{k+1}}\right)^{-1} \tag{11.13}$$

bzw. der äquivalenten Darstellung (11.11) erhalten.

Die Invarianz der Verteilung (11.11) gegenüber der zeitlichen Entwicklung des Systems erkennen wir auch, wenn wir in Gleichung (11.6) (mit $\Delta t = s$) zum Limes $t \to \infty$ übergehen:

$$p_n^0 = \sum_{i=0}^{\infty} p_{n|i}(s)\, p_i^0, \quad n \in \mathbb{N}_0 .$$

Wenn die invariante Verteilung eindeutig ist, läßt sich die Konvergenz (11.12) mit Hilfe des Ljapunov-Funktionals

$$H(t) := -\sum_{n=0}^{\infty} p_n(t) \ln \left(p_n(t)/p_n^0\right)$$

beweisen. Es gilt dann für jede Lösung $\left(p_n(t)\right)$ der Master-Gleichung (11.8)

$$H(t) \geqq 0, \quad dH(t)/dt \leqq 0 \quad \forall t \geqq 0,$$

wobei Gleichheit genau für $p_n(t) \equiv p_n^0$, $n \in \mathbb{N}$, vorliegt. Dieses „H-Theorem" ist das Analogon der entsprechenden Aussagen (10.13), (10.14) für Diffusionsprozesse und drückt aus, daß der Generator nur Eigenwerte mit negativen Realteilen besitzt.

Was geschieht, wenn die Voraussetzungen (11.2) verändert werden? Gilt $\mu_{n+1} = 0$ für ein $n \in \mathbb{N}$, dann wird die Menge $\{0, 1, \ldots, n\}$ mit Wahrscheinlichkeit Eins verlassen, und eine invariante Verteilung kann höchstens auf $\{n+1, n+2, \ldots\}$ konzentriert sein. Gilt $\lambda_n = 0$ für ein $n \in \mathbb{N}$, so kann die Menge $\{0, 1, \ldots, n\}$ nicht verlassen werden. Erreicht jede in $\{n+1, \ldots\}$

startende Trajektorie nach im Mittel endlicher Zeit den Zustand n, dann gibt es auf $\{0, \ldots, n\}$ eine eindeutige invariante Verteilung.

Gilt $\mu_{n+1} = 0$, $\lambda_n = 0$ für ein $n \in \mathbb{N}$, dann zerfällt der Zustandsraum in zwei nicht zusammenhängende Teilmengen. Auf $\{0, \ldots, n\}$ existiert eine eindeutige invariante Verteilung, gegen die jede Anfangsverteilung konvergiert (falls diese auf $\{0, \ldots, n\}$ konzentriert ist). Von diesem Typ ist der dichotome Markow-Prozeß (Z_t) aus Aufgabe 9.3., für dessen zwei Zustände ± 1 die Raten $\mu_{-1} = \lambda_1 = 0$, $\lambda_{-1} = \mu_1 = \lambda$ gelten.

2. Wir betrachten als Beispiel die Schlögl-Reaktion

$$A + 2X \underset{q_1^-}{\overset{q_1^+}{\rightleftarrows}} 3X, \quad B + X \underset{q_2^-}{\overset{q_2^+}{\rightleftarrows}} C$$

aus Abschnitt 2.2., die (bei festen Konzentrationen von A, B und C) auf eine kubische Nichtlinearität (Gleichung (2.8) bzw. (2.9)) führt. Gemäß (11.10) sind die Übergangsraten der Gesamtreaktion

$$\lambda_k := \begin{cases} \gamma, & k = 0, 1, \qquad \gamma := q_2^- n_C \mathcal{L} V, \\ \gamma + \alpha k(k-1), & k = 2, 3, \ldots, \qquad \alpha := q_1^+ n_A / \mathcal{L} V, \end{cases}$$

$$\mu_k := \begin{cases} \beta k, & k = 0, 1, 2, \qquad \beta := q_2^+ n_B, \\ \beta k + \delta k(k-1)(k-2), & k = 3, 4, \ldots, \qquad \delta := q_1^- / (\mathcal{L} V)^2. \end{cases}$$

Sie erfüllen die Voraussetzungen des Satzes 1, so daß der Geburts- und Todesprozeß $(N_t)_{t \geqq 0}$ eine eindeutige invariante Verteilung mit den Wahrscheinlichkeiten

$$p_n^0 = p_0^0 \cdot \prod_{k=0}^{n-1} \frac{\gamma + \alpha k(k-1)}{\beta(k+1) + \delta(k+1)\, k(k-1)}, \quad n = 1, 2, \ldots, \tag{11.14}$$

besitzt, wobei sich p_0^0 aus der Normierungsbedingung $\sum_{n=0}^{\infty} p_n^0 = 1$ ergibt.

Wir wollen untersuchen, wo diese stationäre Verteilung lokale Maxima und Minima besitzt. Lokale Extrema werden wir durch die Bedingung

$$p_m^0 = p_{m+1}^0$$

charakterisieren. Das führt wegen (11.13) auf $\lambda_m = \mu_{m+1}$ und damit (für $m > 2$) auf

$$-\delta m^3 + \alpha m^2 - (\beta + \alpha - \delta)\, m + \gamma - \beta = 0. \tag{11.15}$$

Diese Gleichung besitzt im allgemeinen keine ganzzahlige Lösung, weshalb wir die nächstliegende natürliche Zahl als Lage eines Extremums von (p_n^0) ansehen. Die Auswertung zeigt, daß in Abhängigkeit von den Parametern α, β, γ, δ ein oder drei Extrema auftreten können. Die invariante Verteilung besitzt dann entweder ein Maximum oder zwei Maxima, zwischen denen ein Minimum liegt (Abb. 130a). Im letzteren Fall gibt es offenbar zwei verschiedene Zustände, in deren Nähe sich das System mit hoher Wahrscheinlichkeit aufhält.

Wir führen die Konzentration $n_X = m/\mathcal{L} V$ und die Abkürzung $v := \mathcal{L} V / \sqrt{q_1^-}$ ein und gehen zu den entsprechenden dimensionslosen Größen $x = m/v = \sqrt{q_1^-}\, n_X$, A, B und C (aus Abschnitt 2.2.) über. Das ergibt $\alpha = A/v$, $\beta = B$, $\gamma = Cv$, $\delta = 1/v^2$, und aus Gleichung (11.15) wird

$$-x^3 + Ax^2 - \left(B + \frac{A}{v} - \frac{1}{v^2}\right) x + C - \frac{B}{v} = 0.$$

Durch Vergleich mit der deterministischen Dynamik bzw. mit (7.3) erkennen wir, daß für hinreichend großes Volumen V (das hier als zusätzlicher steuerbarer Parameter auftritt!), also $v \gg 1$, die wahrscheinlichsten Konzentrationswerte x in der Nähe der stabilen Fixpunkte von (2.9) liegen und für $v \to \infty$ in diese übergehen. Bei

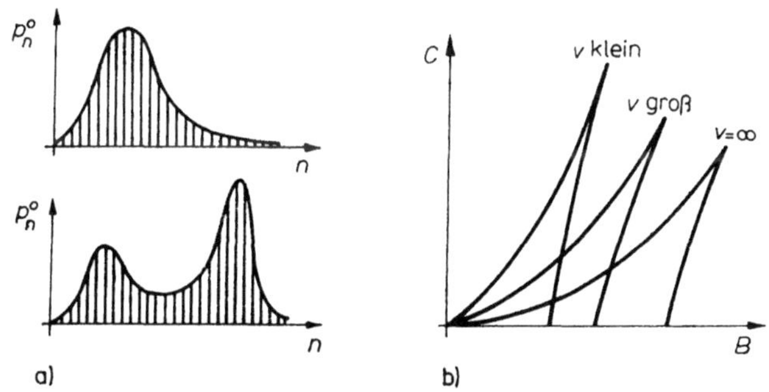

Abb. 130

a) In Abhängigkeit von den Reaktionsparametern und dem Systemvolumen (die durch die dimensionslosen Größen A, B, C und v beschrieben werden), besitzt die invariante Verteilung (11.14) ein oder zwei lokale Maxima.

b) Innerhalb des spitzenförmigen Gebiets, dessen Lage von v abhängt, ist die invariante Verteilung bimodal.

kleinen Volumina gibt es dagegen deutliche Abweichungen. Das Gebiet der Parameterwerte (B, C) mit einer bimodalen Verteilung wird (bei festem A) von den beiden Kurven

$$C_{k_{1,2}} = \frac{AB}{3} - \frac{2}{27} A^3 + \frac{1}{v}\left(\frac{A^2}{3} + B\right) - \frac{A}{3v^2} \pm \frac{2}{27}\left(A^2 - 3B - \frac{3A}{v} + \frac{3}{v^2}\right)^{3/2}$$

begrenzt und besitzt eine Spitze bei $B = \dfrac{A^2}{3} - \dfrac{A}{v} + \dfrac{1}{v^2}$, $C = \dfrac{A^3}{27} + \dfrac{B}{v}$ (Abb. 130b). In diesem Sinne können wir von einem „rauschinduzierten" Übergang sprechen, weil der Bifurkationsparameter Volumen den Bereich der Bimodalität verschiebt (man vergleiche mit Abb. 106b).

Wenn wir unser Ergebnis mit der Modellierung durch eine stochastische Differentialgleichung in 10.1.3. vergleichen, so erhalten wir offenbar qualitativ gleiche, aber quantitativ abweichende Aussagen. Allerdings unterscheiden sich beide Beschreibungen für große Systemvolumina wenig, wenn wir davon absehen, daß ein Diffusionsprozeß mit der invarianten Dichte $p^0(x) = \mathcal{N} \cdot \exp\left(-2V(x)/\sigma^2\right)$, $V'(x) = -x^3 + Ax^2 - Bx + C$, mit einer gewissen (wenn auch sehr kleinen) Wahrscheinlichkeit negative Werte annehmen kann, während unser Geburts- und Todesprozeß stets auf $\mathbb{N}_0$ lebt!

Aufgabe 1. Zeigen Sie am Beispiel des Reaktionsschemas

$$A \rightleftharpoons X + D, \quad B + X \rightleftharpoons 2X + E, \quad C + 2X \rightleftharpoons 3X + F$$

(bei dem wir o. B. d. A. alle Reaktionskonstanten gleich Eins setzen) mit fixierten Konzentrationen von A, B, C und D, daß im chemischen Gleichgewicht (siehe A.2.3.) die zufällige Teilchenzahl N_t des Zwischenprodukts X unabhängig von t mit dem Parameter $\bar{n}\mathcal{L}V$, $\bar{n}$ Gleichgewichtskonzentration von X, Poisson-verteilt ist! (Hinweis: Berechnen Sie die invariante Verteilung des entsprechenden Geburts- und Todesprozesses.)

Geben Sie im stationären Fall für N_t und für $N_t/\mathcal{L}V$ Erwartungswert und Varianz an, und interpretieren Sie das Ergebnis!

3. Die Korrespondenz zur deterministischen Beschreibung bzw. zur Modellierung durch Diffusionsprozesse wird durch die folgenden Aussagen präzisiert.

Satz 2 ([55]). *Sei $x(t)$, $t \geqq 0$, die Lösung der Differentialgleichung $\dot{x} = f(x)$ mit dem Anfangswert x_0, und sei $(N_t)_{t\geqq 0}$ der Geburts- und Todesprozeß mit den (aus dem Gewinnterm f_+ bzw. Verlustterm f_- abgeleiteten) Übergangsraten* (11.10) *und dem Anfangszustand N_0. Sei $v := \mathcal{L}V$. Dann gilt:*

a) *Aus der Konvergenz in Wahrscheinlichkeit*

$$\lim_{v\to\infty} P\left\{\left|\frac{N_0}{v} - x_0\right| > \delta\right\} = 0 \quad \forall \delta > 0$$

folgt die Beziehung

$$\lim_{v\to\infty} P\left\{\sup_{t\in[0,T]}\left|\frac{N_t}{v} - x(t)\right| > \delta\right\} = 0 \quad \forall \delta > 0, \quad \forall T < \infty.$$

b) *Gilt zusätzlich*

$$\lim_{v\to\infty} P\left\{\left|\sqrt{v}\left(\frac{N_0}{v} - x_0\right) - y_0\right| > \delta\right\} = 0 \quad \forall \delta > 0,$$

so folgt

$$\lim_{v\to\infty} \sqrt{v}\left(\frac{N_t}{v} - x(t)\right) = Y_t$$

(im Sinne der schwachen Konvergenz der Verteilungen), wobei $(Y_t)_{t\geqq 0}$ ein Gaußscher Diffusionsprozeß ist, der die stochastische Differentialgleichung

$$dY_t = f'[x(t)] \cdot Y_t\, dt + \sqrt{f_+[x(t)] + f_-[x(t)]}\, dW_t, \quad Y_0 = y_0,$$

löst.

c) *Es gibt einen Wahrscheinlichkeitsraum, auf dem gilt*

$$\sup_{t\in[0,T]}\left|\frac{N_t}{v} - X_t\right| \leqq K_T \cdot \frac{\ln v}{v},$$

wobei K_T eine von T abhängende Zufallsgröße und $(X_t)_{t\geqq 0}$ ein Diffusionsprozeß ist, dessen Verteilungen mit denen der Lösung der stochastischen Differentialgleichung

$$dX_t = f(X_t)\, dt + \frac{1}{\sqrt{v}}\sqrt{f_+(X_t) + f_-(X_t)}\, dW_t, \quad X_0 = \frac{N_0}{v},$$

übereinstimmen.

Der Teil a) ist ein *Gesetz der großen Zahlen* und besagt, daß der Geburts- und Todesprozeß für $v \to \infty$ in Wahrscheinlichkeit gegen die deterministische Lösung mit der Ordnung $N_t/v = x(t) + O(1/v)$ konvergiert. Der Teil b) ist vom Typ eines *zentralen Grenzwertsatzes* und betrachtet die Fluktuationen um den deterministischen Pfad $N_t/v = x(t) + Y_t/\sqrt{v}$, während Teil c) eine *Diffusionsnäherung* der Form $N_t/v = X_t + O(\ln v/v)$ darstellt. Im Vergleich zur entsprechenden Langevin-Gleichung (10.6) stellen wir fest, daß dieselbe Drift $f = f_+ - f_-$, aber ein zustandsabhängiger Diffusionskoeffizient $(f_+ + f_-)/v$ auftreten, der für $v \to \infty$ verschwindet.

Der strenge Beweis des Satzes erfordert zahlreiche technische Hilfsmittel. Wir erhalten aber eine inhaltliche Vorstellung, wenn wir in der Master-Gleichung (11.8) zur Variablen $x := k/v$ übergehen, die Größen $\lambda_v(x) := \lambda_k/v$ und $\mu_v(x) := \mu_k/v$ einführen und $p(x, t) := v \cdot p_k(t)$ als Dichte der Verteilung eines zufälligen Prozesses X_t auffassen. Entwickeln wir (11.8) an der Stelle x bis zur 2. Ordnung, so entsteht (Nachweis?)

$$\frac{\partial}{\partial t} p(x, t) = -\frac{\partial}{\partial x} \left([\lambda_v(x) - \mu_v(x)]\, p(x, t)\right) + \frac{1}{2v} \frac{\partial^2}{\partial x^2} \left([\lambda_v(x) + \mu_v(x)]\, p(x, t)\right) + \cdots.$$

Wegen $\lambda_v(x) = f_+(x) + O(1/v)$, $\mu_v(x) = f_-(x) + O(1/v)$ ist das eine systematische Entwicklung nach dem inversen Systemvolumen und durch die Gleichung

$$\frac{\partial}{\partial t} p(x, t) = -\frac{\partial}{\partial t} \left([f_+(x) - f_-(x)]\, p(x, t)\right) + \frac{1}{2v} \frac{\partial^2}{\partial x^2} \left([f_+(x) - f_-(x)]\, p(x, t)\right)$$

approximierbar. Letztere ist aber die Fokker-Planck-Gleichung des Diffusionsprozesses (X_t) aus Satz 2, Teil c), und geht für $v \to \infty$ in die einer rein deterministischen Bewegung mit der Drift $f = f_+ - f_-$ über.

4. Aufgabe 2. Wir betrachten ein atomares System, das im Valenzband höchstens N Elektronen und im Leitband höchstens M Elektronen, $M \geqq N$, aufnehmen kann und modellieren die zeitliche Entwicklung der Zahl der ins Leitband angeregten Elektronen durch einen Geburts- und Todesprozeß auf $\{0, 1, \ldots, N\}$ mit der Anregungsrate $\lambda_k = \beta(N - k)(M - k)$ (die proportional zur Zahl der nicht angeregten Elektronen und der freien Plätze im Valenzband ist) und der Rekombinationsrate $\mu_k = \alpha k^2$ (proportional zur Zahl der angeregten Elektronen und der freien Stellen im Leitband), $k = 0, \ldots, N$. Geben Sie seine invariante Verteilung an!

5. In ähnlicher Weise können wir auch Geburts- und Todesprozesse mit mehrdimensionalem Zustandsraum (also für mehrere chemische Komponenten) konstruieren, indem wir die Übergangsraten zu benachbarten Zuständen (z. B. von (k_1, k_2) nach $(k_1 - 1, k_2 + 1)$) festlegen. In der Master-Gleichung werden dann alle Übergänge von und zu einem Bezugszustand bilanziert. Lösungen sind im allgemeinen nur näherungsweise oder durch numerische Simulation möglich. Für Systeme, die einen deterministischen Grenzzyklus aufweisen, finden wir eine kraterförmige invariante Verteilung ([34]).

Räumlich kontinuierliche Reaktions-Diffusions-Systeme können durch (hochdimensionale) Geburts- und Todesprozesse beschrieben werden, wenn das Volumen in viele kleine Zellen zerlegt wird, in denen Geburts- und Todesraten vom obigen Typ wirken, und die Diffusion durch Sprünge zwischen benachbarten Zellen modelliert wird ([31], [41]).

12. Zeitdiskrete Systeme mit Rauschen

1. Im Abschnitt 1.6. (und auch später) haben wir uns mit zeitdiskreten Systemen in Form iterierter Abbildungen beschäftigt. Mitunter erweist es sich als zweckmäßig, auch hier den Einfluß kleiner zufälliger Störungen zu untersuchen. Damit erhalten wir einen stochastischen Prozeß $(X_k)_{k=0}^{\infty}$ mit diskreter Zeit $k \in \mathbb{N}_0$.

Wir betrachten die Iteration

$$M = \mathbb{R}^1\colon \quad X_{k+1} = f(X_k) + \eta_k, \quad k \in \mathbb{N}_0, \quad X_0 \text{ zufällig}, \tag{12.1}$$

bei der $f\colon \mathbb{R}^1 \to \mathbb{R}^1$ eine gegebene C^1-Funktion ist. Der „Rauschprozeß" $(\eta_k)_{k=0}^{\infty}$ werde durch eine Folge unabhängiger, mit der Verteilung Q identisch verteilter Zufallsgrößen beschrieben, die unabhängig vom Anfangswert X_0 sein soll. Wir können o. B. d. A. die Folge (η_k) als zentriert annehmen. Sei $B - z := \{y \mid y + z \in B\}$.

Satz. *Unter den obigen Voraussetzungen gelten folgende Aussagen:*

a) *Der Prozeß $(X_k)_{k=0}^{\infty}$ ist ein homogener Markow-Prozeß (mit diskreter Zeit), dessen Übergangswahrscheinlichkeit für einen Zeitschritt durch*

$$P(B, 1 \mid y) := P\{X_1 \in B \mid X_0 = y\} = Q\big(B - f(y)\big), \quad B \in \mathscr{B}^1, \tag{12.2}$$

gegeben ist.

b) *Die „Vorwärtsgleichung" für die Übergangswahrscheinlichkeiten (und entsprechend die eindimensionalen Verteilungen) lautet*

$$P\{X_{k+1} \in B \mid X_0 = y\} = \int_{-\infty}^{\infty} Q\big(B - f(z)\big)\, P\{X_k \in dz \mid X_0 = y\}, \quad k \in \mathbb{N}_0. \tag{12.3}$$

Die Aussagen werden durch die Konstruktion des Prozesses (X_k) aus dem gegebenen Rauschprozeß (η_k) unmittelbar klar. Offenbar gilt

$$P\{X_{k+1} \in B \mid (X_i)_{i=0}^{k}\} = P\{X_{k+1} \in B \mid X_k\} \quad \forall k \in \mathbb{N}_0,$$

weil η_k unabhängig von $(\eta_i)_{i=0}^{k-1}$ und damit unabhängig von X_k ist, so daß $(X_k)_{k=0}^{\infty}$ ein Markow-Prozeß ist.

Bei gegebenem Wert $X_k = y$ gilt aber $f(X_k) = f(y)$, so daß wir

$$P\{X_{k+1} \in B \mid X_k = y\} = P\{f(y) + \eta_k \in B\} = Q\big(B - f(y)\big) \quad \forall k \in \mathbb{N}_0$$

erhalten. Da dieser Ausdruck nicht von k abhängt, ist der Markow-Prozeß homogen.

Aus der Chapman-Kolmogorow-Gleichung

$$P\{X_{k+1} \in B \mid X_0 = y\} = \int_{-\infty}^{\infty} P\{X_{k+1} \in B \mid X_k = z\}\, P\{X_k \in dz \mid X_0 = y\}$$

folgt unter Verwendung von (12.2) die Gleichung (12.3).

Nach Integration über die Anfangsverteilung P_{X_0} erhalten wir für die Entwicklung der eindimensionalen Verteilungen

$$P\{X_{k+1} \in B\} = \int_{-\infty}^{\infty} Q\big(B - f(z)\big)\, P\{X_k \in dz\}. \tag{12.4}$$

Falls eine invariante Verteilung P^0 existiert, so muß diese

$$P^0(B) = \int_{-\infty}^{\infty} Q\big(B - f(z)\big)\, P^0(dz) \quad \forall B \in \mathscr{B}^1 \tag{12.5}$$

erfüllen.

Wenn wir annehmen, daß Q die Dichte q und P_{X_k} die Dichte p_k, $k \in \mathbb{N}_0$, besitzen, dann ist (12.4) äquivalent zu

$$p_{k+1}(x) = \int_{-\infty}^{\infty} q\big(x - f(z)\big)\, p_k(z)\, dz, \quad x \in \mathbb{R}^1, \tag{12.6}$$

und die invariante Dichte p^0 erfüllt entsprechend

$$p^0(x) = \int_{-\infty}^{\infty} q\big(x - f(z)\big)\, p^0(z)\, dz, \quad x \in \mathbb{R}^1.$$

Die explizite Lösung der Gleichung (12.6) lautet

$$p_k(x) = \int_{-\infty}^{\infty} \cdots \int_{-\infty}^{\infty} q\big(x - f(x_{k-1})\big) \prod_{i=0}^{k-2} q\big(x_i - f(x_{i-1})\big)\, p_0(x_0)\, dx_0 \ldots dx_{k-1}, \quad k \in \mathbb{N},$$

wobei die technische Ausführung des Integrals gewöhnlich schwierig ist (siehe z. B. [33]). Unter entsprechenden Forderungen an f konvergiert die Folge $(p_k)_{k=0}^{\infty}$ für $k \to \infty$ gegen die invariante Dichte p^0.

2. Wir untersuchen als einfachstes Beispiel die lineare Abbildung

$$M = \mathbb{R}^1\colon \quad X_{k+1} = aX_k + \sigma\xi_k, \quad k \in \mathbb{N}_0, \quad X_0 = x_0, \tag{12.7}$$

bei der $(\xi_k)_{k=1}^{\infty}$ eine Folge unabhängiger, standard-normalverteilter Zufallsgrößen sein soll. Die Verteilung Q von $\eta_k := \sigma\xi_k$ ist dann für alle k eine Normalverteilung $N(0, \sigma^2)$.

In unserem Beispiel wollen wir nicht die obigen Integrale auswerten, sondern die Gleichung (12.7) direkt lösen:

$$X_k = a^k x_0 + \sigma \cdot \sum_{i=0}^{k-1} a^i \xi_{k-i-1}, \quad k \in \mathbb{N}.$$

Da alle Summanden unabhängig sind, ist die Zufallsgröße X_k normalverteilt mit den Momenten

$$EX_k = a^k x_0, \quad DX_k = \sigma^2 \cdot \sum_{i=0}^{k-1} a^{2i} = \sigma^2 \cdot \frac{1 - a^{2k}}{1 - a^2}, \tag{12.8}$$

so daß die Übergangsdichte $p(x, k \mid x_0)$ die Dichte einer Normalverteilung $N(EX_k, DX_k)$ ist. Im Falle $|a| < 1$ konvergieren die Übergangswahrscheinlichkeiten (und auch die eindimensionalen Verteilungen) für $k \to \infty$ schwach gegen die Normalverteilung

$$P^0 = N\big(0, \sigma^2/(1 - a^2)\big),$$

die zugleich die invariante Verteilung des Prozesses (X_k) darstellt. Für $|a| \geqq 1$ existiert keine invariante Verteilung.

Wir sehen, daß im Falle eines stabilen Fixpunktes $x^0 = 0$ der deterministischen Abbildung $x_{k+1} = ax_k$, also für $|a| < 1$, durch den Einfluß des Rauschens die Aufenthaltswahrscheinlichkeit um diesen Fixpunkt verschmiert wird und in $x^0 = 0$ maximal ist.

Wir müssen die Fluktuationen nicht notwendig als normalverteilt ansehen. Um Rundungsfehler bei numerischen Rechnungen zu modellieren, können wir die Folge $(\eta_k)_{k=0}^{\infty}$ als unabhängig und auf $[-\varepsilon, \varepsilon]$ gleichverteilt ansehen, so daß Q die Dichte

$$q(x) = \frac{1}{2\varepsilon} \cdot \mathbb{1}_{[-\varepsilon,\varepsilon]}(x)$$

besitzt. Für $\varepsilon^2 = 3\sigma^2$ besitzt die Folge $(X_k)_{k=0}^{\infty}$ die gleichen Momente (12.8), ist aber stärker um den Erwartungswert konzentriert.

Wenn der Zustandsraum eine kompakte Menge darstellt, können auch Randbedingungen auferlegt werden, falls die Ränder mit positiver Wahrscheinlichkeit erreicht werden können. Auch der allgemeinere Fall multiplikativen Rauschens

$$M \subset \mathbb{R}^1\colon \quad X_{k+1} = f(X_k) + g(X_k)\,\eta_k, \quad k \in \mathbb{N}_0,$$

läßt sich analog behandeln. Dann erhalten wir für die Übergangswahrscheinlichkeit eines Schrittes

$$P\{X_{k+1} \in B \mid X_k = y\} = Q\left(\frac{B - f(y)}{g(y)}\right) \quad \forall B \in \mathscr{B}^1.$$

Die Methoden lassen sich in entsprechender Weise auch auf mehrdimensionale iterierte Abbildungen ausdehnen.

13. Stochastische partielle Differentialgleichungen

13.1. Modell und Lösungsbegriff

1. In diesem Kapitel wollen wir kennenlernen, wie Fluktuationen in räumlich ausgedehnten Reaktions-Diffusions-Systemen (siehe Kapitel 8) modelliert werden können. Da es sich um raum-zeitliche Vorgänge handelt, benötigen wir zur Beschreibung zufällige Felder.

Ein *zufälliges Feld* $(U_{tx})_{(t,x)\in\theta}$ ist eine Familie reellwertiger Zufallsgrößen

$$U_{tx}: \quad (\Omega, \mathcal{F}) \to (\mathbb{R}^1, \mathcal{B}^1), \quad (t, x) \in \theta \subset \mathbb{R}^{d+1},$$

mit einem mehrdimensionalen Parameter (t, x). Wir werden t als Zeit und x als Ortskoordinate ansehen und wahlweise die Schreibweisen U_{tx} bzw. $U(t, x)$ verwenden. Bei festem Elementarausgang $\omega \in \Omega$ heißt $U_{(\cdot,\cdot)}(\omega)$ *Realisierung* (oder *Pfad*) des zufälligen Feldes.

Beispiel. Ein *Wiener-Feld* $(W_{tx})_{(t,x)\in\mathbb{R}_+^2}$ ist ein Gaußsches Feld mit den Momenten

$$\mathrm{E}W_{tx} = 0, \quad \mathrm{E}W_{tx}W_{t'x'} = \min(t, t') \cdot \min(x, x') \quad \forall t, t', x, x' \geqq 0. \tag{13.1}$$

Man kann zeigen, daß es in (t, x) stetige, aber nirgends differenzierbare Realisierungen besitzt. Schnitte $t = \text{const}$ bzw. $x = \text{const}$ sind (bis auf einen Skalenfaktor) eindimensionale Wiener-Prozesse.

2. Ähnlich wie bei gewöhnlichen stochastischen Differentialgleichungen (siehe 10.1.) werden wir Fluktuationen in Reaktions-Diffusions-Systemen durch Addition eines stochastischen Quellterms zur deterministischen partiellen Differentialgleichung (8.24) modellieren. Da Fluktuationen Vorgänge sind, die im Vergleich zur makroskopischen Dynamik äußerst schnell ablaufen, wollen wir wieder extrem kurze Korrelationszeiten des Rauschens annehmen und gleich zum Limes verschwindender Korrelationen übergehen.

Wir benutzen deshalb als Modell die folgende stochastische partielle Differentialgleichung

$$\begin{aligned} &\frac{\partial U}{\partial t}(t, x) = D \cdot \frac{\partial^2 U}{\partial x^2}(t, x) + f[U(t, x)] + \sigma \cdot \xi(t, x), \quad t \geqq 0, \quad x \in [0, L] \\ &U(t, 0) = U(t, L) = 0, \quad t \geqq 0, \quad U(0, x) = \Phi(x), \quad x \in [0, L]. \end{aligned} \tag{13.2}$$

Dabei soll $\big(\xi(t, x)\big)$ ein raum-zeitliches weißes Gaußsches Rauschen sein, also ein zufälliges Gaußsches Feld mit den Momenten

$$\mathrm{E}\xi(t, x) = 0, \quad \mathrm{E}\xi(t, x)\, \xi(t', x') = \delta(t - t')\, \delta(x - x'). \tag{13.3}$$

Da das weiße Rauschen an jedem Punkt (t, x) unabhängige Werte mit unendlicher Varianz annimmt, besitzt es extrem irreguläre Pfade und kann in Strenge nur als zufällige Distribution verstanden werden. Durch Vergleich mit (13.1) finden wir dann die Beziehung

$$\xi(t, x) = \partial^2 W_{tx} / \partial x\, \partial t \tag{13.4}$$

im Sinne der Ableitung verallgemeinerter Funktionen.

Wir wollen jetzt präzise formulieren, was wir unter einer Lösung der formalen Differentialgleichung (13.2) verstehen. Dazu betrachten wir vorerst den linearen Fall (d. h. $f(u) \equiv 0$) und einen festen Anfangswert $\Phi = \varphi$.

Wenn das Rauschen $\xi(t, x)$ angenehme Pfadeigenschaften hätte, wäre die Lösung pfadweise durch den Ausdruck

$$U_{tx} = \int_0^L G(t, x, y)\, \varphi(y)\, dy + \int_0^t \int_0^L G(t - s, x, y)\, \xi(s, y)\, dy\, ds \tag{13.5}$$

gegeben. Dabei ist G die Green-Funktion (oder Fundamentallösung) des linearen deterministischen Problems mit den angegebenen Randwerten und in unserem Fall in der Form

$$G(t, x, y) = \sum_{n=1}^{\infty} \mathrm{e}^{-\lambda_n t}\, e_n(x)\, e_n(y), \quad \lambda_n = \frac{n^2 \pi^2 D}{L^2}, \quad e_n(x) = \sqrt{\frac{2}{L}} \sin \frac{n \pi x}{L}, \tag{13.6}$$

darstellbar.

Durch (13.4) motiviert, werden wir das zweite Integral in (13.5) durch das stochastische Integral

$$M_{tx} := \int_0^t \int_0^L G(t - s, x, y)\, dW_{sy} \tag{13.7}$$

ersetzen, das wir als Limes approximierender Summen

$$M_{tx}^{(n,m)} := \sum_{i=1}^{n-1} \sum_{k=1}^{m-1} G(t - s_i, x, y_k) \cdot (W_{s_{i+1}, y_{k+1}} - W_{s_{i+1}, y_k} - W_{s_i, y_{k+1}} + W_{s_i, y_k})$$

für immer feinere Zerlegungen $0 = s_0 < s_1 < \cdots < s_n = t,\ 0 = y_0 < \cdots < y_m = L$ definieren. Die Konvergenz ist wieder im Quadratmittel

$$E\, |M_{tx}^{(n,m)} - M_{tx}|^2 \to 0 \quad \text{für} \quad n, m \to \infty,$$

zu verstehen (für Details siehe [49]).

Weil G nicht zufällig ist, folgt aus der Definition, daß $(M_{tx})_{t \geq 0, x \in [0,L]}$ ein Gaußsches

Feld mit den Momenten

$$\mathrm{E}M_{tx} = 0, \quad \mathrm{E}M_{tx}M_{t'x'} = \int_0^{\min(t,t')} \int_0^L G(t-s,x,y)\,G(t'-s,x',y)\,dy\,ds$$
$$= \int_0^{\min(t,t')} G(t+t'-2s,x,x')\,ds, \tag{13.8}$$

ist, wobei wir für die letzte Gleichung die Halbgruppeneigenschaft der Green-Funktion verwendet haben. Für die Varianz erhalten wir konkret

$$\mathrm{E}M_{tx}^2 = \int_0^t G(2t-2s,x,x)\,ds = \sum_{n=1}^{\infty} \int_0^t \mathrm{e}^{-2\lambda_n(t-s)}\,ds$$
$$= \sum_{n=1}^{\infty} \frac{1}{2\lambda_n}\,(1-\mathrm{e}^{-2\lambda_n t}) < \infty, \tag{13.9}$$

weil die Reihe $\sum_{n=1}^{\infty} (1/n^2)$ konvergiert.

Die Momente (13.8) und speziell (13.9) sind genau diejenigen, die auch aus dem formalen Ausdruck

$$M_{tx} = \int_0^t \int_0^L G(t-s,x,y)\,\xi(s,y)\,dy\,ds$$

folgen.

Wir haben somit die Lösung der linearen Gleichung (13.2) mit $f \equiv 0$ durch

$$U_{tx} = \int_0^t G(t,x,y)\,\Phi(y)\,dy + \sigma M_{tx}, \quad t \geqq 0, \quad x \in [0,L], \tag{13.10}$$

definiert.

In der vollen nichtlinearen Gleichung behandeln wir nun $f(U_{tx})$ als eine nicht explizit bekannte Inhomogenität und definieren: Unter einer Lösung der formalen Gleichung (13.2) verstehen wir eine Lösung der stochastischen Integralgleichung

$$U_{tx} = \int_0^L G(t,x,y)\,\Phi(y)\,dy + \int_0^t \int_0^L G(t-s,x,y)\,f(U_{sy})\,dy\,ds + \sigma M_{tx}. \tag{13.11}$$

Satz ([58]). *Sei f eine C^1-Funktion, für die $|f'(u)|$ auf $\mathbb{R}^1$ beschränkt ist oder für die es zwei monoton fallende Funktionen g_-, g_+ gibt, so daß*

$$g_-(u) \leqq f(u) \leqq g_+(u) \quad \forall u \in \mathbb{R}^1$$

gilt. Dann besitzt Gleichung (13.11) *eine eindeutige, zeitlich globale Lösung* $(U_{tx})_{t\geqq 0, x\in[0,L]}$ *mit fast sicher in* (t,x) *stetigen Realisierungen, die die Rand- und Anfangswerte aus* (13.2) *erfüllen.*

Bemerkung. Der Satz schließt den Fall ein, daß der Anfangswert eine zufällige Funktion ist (mit Werten, die fast sicher in $C[0,L]$ liegen). Wir wollen dann stets annehmen, daß $(\Phi(x))_{x\in[0,L]}$ und $(W_{tx})_{t\geqq 0, x\in[0,L]}$ unabhängig sind.

Aufgabe. Berechnen Sie für das zufällige Feld (U_{tx}) aus (13.10) mit einem zufälligen Anfangswert $U_{0x} = \Phi(x)$, $\mathrm{E}\Phi(x) = \varphi(x)$, $\mathrm{E}\Phi(x)\,\Phi(x') = C(x,x')$ den Erwartungswert $a_{tx} := \mathrm{E}U_{tx}$ und die Kovarianzfunktion $\mathrm{E}(U_{tx} - a_{tx})\,(U_{t'x'} - a_{t'x'})$! Untersuchen Sie den Limes $t \to \infty$, $t' - t = \tau \geqq 0$!

3. Wenn wir die zu (13.2) analoge Gleichung auf einem räumlich mehrdimensionalen Gebiet $V \subset \mathbb{R}^d$ betrachten und ein räumlich in jeder Richtung und zeitlich weißes Rauschen verwenden, so tritt eine grundsätzliche Schwierigkeit auf: Für $d > 1$ divergiert die Varianz,

$$\mathrm{E}M_{tx}^2 = \int_0^t \int_V G(t-s, x, y)^2 \, dy_1 \ldots dy_d \, ds = \infty, \quad x = (x_1, \ldots, x_d).$$

Speziell für $V = [0, L] \times [0, L]$ und Randwerte Null erhalten wir aus

$$G(t, x, y) = \sum_{n,m=1}^{\infty} \mathrm{e}^{-(\lambda_n + \lambda_m)t} e_n(x_1)\, e_n(y_1)\, e_m(x_2)\, e_m(y_2)$$

mit λ_n und e_n aus (13.6)

$$\int_0^t \int_0^L \int_0^L G(t-s, x, y)^2 \, dy_1 \, dy_2 \, ds = \sum_{n,m=1}^{\infty} \frac{1}{2(\lambda_n + \lambda_m)} \left(1 - \mathrm{e}^{-2(\lambda_n+\lambda_m)t}\right) = \infty.$$

Deshalb ist — im Gegensatz zum Fall $d = 1$ — (M_{tx}) trotz der Integration über die Green-Funktion kein stetiges zufälliges Feld, sondern (weil die Varianz unendlich groß ist) eine zufällige Distribution. Es bleibt deshalb völlig unklar, was unter einer Lösung der nichtlinearen Gleichung verstanden werden soll, weil zum Beispiel die Multiplikation von Distributionen nicht erklärt ist. Deshalb werden wir in diesem Kapitel ausschließlich räumlich eindimensionale Systeme betrachten.

Stochastische partielle Differentialgleichungen bilden gegenwärtig einen wichtigen Untersuchungsgegenstand der mathematischen Forschung auf dem Gebiet der Stochastik. Da in der physikalischen Literatur mit formalen Methoden auch im mehrdimensionalen Fall wichtige und experimentell gut verifizierte Aussagen erhalten werden (z. B. kritische Indizes bei Phasenübergängen), harren noch viele Probleme einer mathematisch strengen Lösung.

13.2. Markow-Charakter und invariante Verteilung

1. Durch unser Vorgehen in Kapitel 8 motiviert, betrachten wir jetzt die Lösung von (13.11) als einen zufälligen einparametrigen Prozeß $(U_t)_{t \geqq 0}$, $U_t := (U_{tx})_{x \in [0,L]}$, der Werte in einem geeigneten Funktionenraum annimmt. Als Folge können wir einen wichtigen Satz formulieren:

Satz 1 ([65]). *Der Prozeß $(U_t)_{t \geqq 0}$ ist ein Markow-Prozeß (und sogar ein Diffusionsprozeß) mit Werten im Raum $C_0[0, L]$ der auf $[0, L]$ stetigen Funktionen mit Randwerten Null.*

Bemerkung. Der Satz folgt daraus, daß bei bekanntem Zustand U_s zur Berechnung von U_t, $t > s$, nur die Werte des Rauschens zu Zeiten $r \in (s, t]$ notwendig sind. Er ist physikalisch Ausdruck der Kausalität. Da mittels der Green-Funktion (zu vergangenen Zeiten) jeweils über alle Orte $x \in [0, L]$ integriert wird, erhalten wir die Markow-Eigenschaften nur, wenn als Zustand die gesamte Funktion $(U_{tx})_{x \in [0,L]}$ angesehen wird.

Die Markow-Eigenschaft bleibt erhalten, wenn das Rauschen $(\xi(t,x))$ im Raum eine endliche Korrelationslänge besitzt.

2. Um auf Techniken für endlichdimensionale Diffusionsprozesse zurückgreifen zu können, wird häufig eine Gitterapproximation der partiellen Differentialgleichung (13.2) untersucht. Wir zerlegen das Intervall $[0, L]$ in $N + 1$ Teilintervalle der Länge $l = L/(N + 1)$, ersetzen die zweite räumliche Ableitung durch einen zweiten Differenzenquotienten und betrachten

$$\begin{aligned} dU_i(t) &= \{(D/l^2)[U_{i+1}(t) + U_{i-1}(t) - 2U_i(t)] + f[U_i(t)]\}\,dt + \frac{\sigma}{\sqrt{l}}\,dW_i(t), \\ U_0(t) &= U_{N+1}(t) = 0, \quad U_i(0) = \Phi_i, \quad i = 1, \ldots, N, \end{aligned} \tag{13.12}$$

wobei $((W_i(t))_{t\geq 0})_{i=1}^N$ N unabhängige Wiener-Prozesse sind. Der Faktor $\sigma/\sqrt{l}$ für die Rauschstärke ist nötig, damit im Limes $l \downarrow 0$ wieder ein räumliches weißes Rauschen entsteht.

Für $\sigma = 0$ und nichtzufälligen Anfangswert entsteht aus (13.12) das deterministische Gradientensystem

$$\dot{u}_i = -\frac{\partial S_N(u)}{\partial u_i}, \quad i = 1, \ldots, N, \quad S_N(u) := \frac{D}{2} \sum_{i=0}^{N} \frac{(u_{i+1} - u_i)^2}{l^2} + \sum_{i=1}^{N} V(u_i)$$

mit $u = (u_1, \ldots, u_N)$, $u_0 = u_{N+1} = 0$, $-V'(u) \equiv f(u)$, das wir als ein N-Boxen-Modell (siehe A.2.3.) zur genäherten Behandlung des stetigen Reaktions-Diffusions-Systems (8.24) ansehen können. (Wir verwenden hier — im Gegensatz zu 8.3. — das „Potential“ $V(u) = -U(u)$, um keine Verwechslungen zum Prozeß U_t befürchten zu müssen.)

Aus Abschnitt 10.1.3., speziell Gleichung (10.21), wissen wir, daß der Prozeß $(U_1(t), \ldots, U_N(t))_{t\geq 0}$ eine invariante Verteilung $P_N{}^0$ mit der Dichte

$$\begin{aligned} p_N{}^0(q_1, \ldots, q_N) &= \mathcal{N}_N \exp\left(-\frac{2l}{\sigma^2} S_N(q)\right) \\ &= \mathcal{N}_N \exp\left(-\frac{2l}{\sigma^2} \sum_{i=1}^{N} V(q_i) - \frac{D}{\sigma^2 l} \sum_{i=0}^{N} (q_{i+1} - q_i)^2\right), \end{aligned} \tag{13.13}$$

$$\mathcal{N}_N{}^{-1} := \int_{-\infty}^{\infty} \cdots \int_{-\infty}^{\infty} \exp\left(-\frac{2l}{\sigma^2} S_N(q)\right) dq_1 \ldots dq_N,$$

$q_0 = q_{N+1} = 0$, besitzt.

Im linearen Fall $f \equiv 0$ ist das eine Normalverteilung $Q_N{}^0 = N(0, R_N)$ mit dem Erwartungswert Null und der Kovarianzmatrix R_N, für die wir aus (13.13)

$$R_N{}^{-1} = -\frac{2D}{\sigma^2}\, l A_N, \quad A_N := \frac{1}{l^2} \begin{pmatrix} -2 & 1 & 0 & 0 & \ldots & 0 \\ 1 & -2 & 1 & 0 & \ldots & 0 \\ 0 & 1 & -2 & 1 & \ldots & \vdots \\ \vdots & \vdots & \vdots & \vdots & -2 & 1 \\ 0 & 0 & \ldots & & 1 & -2 \end{pmatrix}$$

ablesen. Dabei ist A_N der Operator der diskretisierten zweiten Ableitung. Für die inverse Matrix R_N finden wir

$$R_N = -\frac{\sigma^2}{2Dl} A_N^{-1}, \quad (R_N)_{ik} = \frac{\sigma^2}{2D}\left(\frac{\min(i,k)}{N+1} - \frac{ik}{(N+1)^2}\right), \quad i, k = 1, \dots, N. \tag{13.14}$$

In der physikalischen Literatur wird nun gewöhnlich in (13.13) formal der Limes $N \to \infty$ (und damit $l \downarrow 0$) durchgeführt, so daß wir für den Prozeß $(U_t)_{t \geqq 0}$ eine invariante Verteilung P^0 mit der formalen Dichte

$$p^0[q(\cdot)] = \mathcal{N} \cdot \exp\left(-\frac{2}{\sigma^2} S(q)\right), \quad S(q) = \int_0^L \left\{\frac{D}{2} |q'(x)|^2 + V\big(q(x)\big)\right\} dx,$$
$$\mathcal{N}^{-1} = \int \exp\left(-\frac{2}{\sigma^2} S(q)\right) d^\infty q, \tag{13.15}$$

und $q(0) = q(L) = 0$ erhalten (was für das Gradientensystem (8.37) formal zu erwarten war). Das Integral zur Berechnung von $\mathcal{N}^{-1}$ wird als Funktionalintegral bezeichnet, ohne genau zu erklären, über welchen Funktionenraum zu integrieren ist.

Wir wissen bereits, daß die invariante Verteilung P^0 der Menge der stetigen, aber nirgends differenzierbaren Funktionen aus $C_0[0, L]$ die Wahrscheinlichkeit Eins zuordnet. Für diese Funktionen ist aber der Ausdruck $S(q)$ gar nicht erklärt; er divergiert bei Approximation durch differenzierbare Funktionen.

Ein anderer Umstand wiegt aber viel schwerer: Das Bezugsmaß $d^\infty q$, das das Analogon des üblichen Volumens (d. h. des Lebesgue-Maßes) sein soll, existiert in einem unendlichdimensionalen Raum gar nicht! Das Volumen eines Würfels mit der Kantenlänge a wäre gleich Null für alle $a < 1$ und unendlich groß für alle $a > 1$. Man kann zeigen, daß es in einem unendlichdimensionalen Raum kein translationsinvariantes Maß geben kann, daß offenen Mengen positives, beschränkten Mengen endliches Maß zuordnet.

3. Wir wollen den heuristisch gefundenen Ausdruck nunmehr präzise formulieren. Dazu betrachten wir wiederum zunächst den linearen Fall $f \equiv 0$.

Das zufällige Feld $(U_{tx})_{t \geqq 0, x \in [0,L]}$ aus (13.10) wird, und zwar unabhängig von der Verteilung des Anfangswertes Φ, für $t \to \infty$ asymptotisch normalverteilt. Aus Aufgabe 1 wissen wir, daß für die Momente

$$\lim_{t\to\infty} \mathrm{E} U_{tx} = 0, \quad \lim_{t\to\infty} \mathrm{E} U_{tx} U_{tx'} = \frac{\sigma^2}{2D}\left[\min(x, x') - \frac{xx'}{L}\right] \tag{13.16}$$

gilt. Deshalb ist die invariante Verteilung Q^0 der Lösung $(U_t)_{t \geqq 0}$ der linearen Gleichung ein Gaußsches Wahrscheinlichkeitsmaß auf dem Funktionenraum $C_0[0, L]$. Wegen (13.16) ist das zugleich die Verteilung eines zufälligen Gaußschen Prozesses $\left(\left(\sigma/\sqrt{2D}\right) B_x\right)_{x \in [0,L]}$ mit

$$\mathrm{E} B_x = 0, \quad \mathrm{E} B_x B_{x'} = \min(x, x') - \frac{xx'}{L} \quad \forall x, x' \in [0, L]. \tag{13.17}$$

Der Prozeß (B_x) heißt *Brownsche Brücke* und kann aus einem eindimensionalen Wiener-Prozeß $(W_x)_{x\in[0,L]}$ durch

$$B_x := W_x - \frac{x}{L} W_L, \qquad x \in [0, L],$$

konstruiert werden. Grob gesprochen ist (B_x) ein Wiener-Prozeß, der an der Stelle $x = L$ den Wert Null annehmen muß.

Die Momente in (13.16) gewinnen wir aus (13.14) im Limes $N \to \infty$. Dadurch wird aus (13.14) klar, daß Q^0 ein Gaußsches Maß mit dem Kovarianzoperator

$$R = -\frac{\sigma^2}{2D} A^{-1}, \quad A = \frac{d^2}{dx^2} \quad (+ \text{ Randwerte Null})$$

ist. (Der Begriff des Kovarianzoperators läßt sich streng für Zufallsvariable mit Werten in einem Hilbert-Raum einführen [54].)

Dieses Ergebnis ist in (13.15) für $V \equiv 0$ formal enthalten und nach einer partiellen Integration im Exponenten,

$$p^0[q(\cdot)] = \mathcal{N} \cdot \exp\left(-\frac{2D}{\sigma^2} \int_0^L \left(-\frac{1}{2} q''(x)\right) q(x)\, dx\right)$$

ablesbar.

Den nichtlinearen Fall behandeln wir folgendermaßen: Die Verteilung $P_N{}^0$ aus (13.13) schreiben wir in der Form

$$P_N{}^0(dq_1, \ldots, dq_N) = \varrho_N(q_1, \ldots, q_N)\, Q_N{}^0(dq_1, \ldots, dq_N),$$

$$\varrho_N(q_1, \ldots, q_N) = \tilde{\mathcal{N}}_N \exp\left(-\frac{2l}{\sigma^2} \sum_{i=1}^N V(q_i)\right),$$

$$\tilde{\mathcal{N}}_N{}^{-1} := \int_{-\infty}^{\infty} \cdots \int_{-\infty}^{\infty} \exp\left(-\frac{2l}{\sigma^2} \sum_{i=1}^N V(q_i)\right) Q_N{}^0(dq_1, \ldots, dq_N),$$

also mit einer Dichte ϱ_N bezüglich der N-dimensionalen Normalverteilung $Q_N{}^0$. Jetzt existiert aber sowohl für $Q_N{}^0$ als auch für ϱ_N der Limes $N \to \infty$, so daß wir für P^0 folgende Charakterisierung erhalten:

$$\begin{aligned} &P^0(dq) = \varrho(q)\, Q^0(dq), \quad \varrho(q) = \tilde{\mathcal{N}} \exp\left(-\frac{2}{\sigma^2} \int_0^L V[q(x)]\, dx\right), \\ &\tilde{\mathcal{N}}^{-1} := \int_{C_0[0,L]} \exp\left(-\frac{2}{\sigma^2} \int_0^L V[q(x)]\, dx\right) Q^0(dq), \quad q \in C_0[0, L]. \end{aligned} \tag{13.18}$$

Das bedeutet, daß die invariante Verteilung P^0 auf $C_0[0, L]$ konzentriert ist und eine Dichte ϱ bezüglich des Gaußschen Maßes Q^0 besitzt. Das in (13.15) auftretende Funktionalintegral läßt sich dann als Integral des Funktionals $\varrho(q)$ bezüglich des Maßes Q^0 deuten.

Weil Q^0 die Verteilung einer Brownschen Brücke (mit dem Parameter $\sigma/\sqrt{2D}$) ist, heißen solche Integrale auch Wiener-Integrale. Ihre explizite Definition ist Lehrbüchern der Maßtheorie zu entnehmen. In einfachen Fällen können wir aber die wahrscheinlichkeitstheoretische Herkunft des Maßes Q^0 zu Hilfe nehmen ([54]):

So gilt für $F(q) = [q(y)]^2$, $y \in [0, L]$ fest,

$$\int\limits_{C_0[0,L]} F(q)\, Q^0(dq) = \mathrm{E}\left(\frac{\sigma}{\sqrt{2D}}\, B_y\right)^2 = \frac{\sigma^2}{2D}\,\mathrm{E}\left(W_y - \frac{y}{L}\, W_L\right)^2 = \frac{\sigma^2}{2DL}\, y(L-y),$$

und für $F(q) = \int\limits_0^L |q(x)|^2\, dx$ finden wir wegen $\mathrm{E}B_x{}^2 = x(L-x)$

$$\int\limits_{C_0[0,L]} F(q)\, Q^0(dy) = E\int\limits_0^L \left(\frac{\sigma}{\sqrt{2D}}\, B_x\right)^2 dx = \frac{\sigma^2}{2D}\int\limits_0^L \mathrm{E}B_x{}^2\, dx = \frac{\sigma^2 L^2}{12D}.$$

Satz 2 ([53]). *Die Lösung* $(U_t)_{t\geq 0}$ *der stochastischen Integralgleichung* (13.11) *besuzt eine eindeutige invariante Verteilung* P^0 *auf dem Raum* $C_0[0, L]$, *die im linearen Fall* ($f \equiv 0$) *durch das Gaußsche Maß* Q^0 *und im nichtlinearen Fall durch* (13.18) *gegeben ist. Es gilt*

$$\lim_{t\to\infty} P_{U_t} = P^0$$

(*im Sinne der schwachen Konvergenz*).

13.3. Wahrscheinlichste Zustände und Tunnelverhalten

1. Wenn wir mit $K_\delta(\bar{x})$ eine Kugel vom Radius δ und dem Mittelpunkt $\bar{x} \in \mathbb{R}^N$ bezeichnen, dann gilt für hinreichend kleine Werte von δ näherungsweise

$$P_N{}^0[K_\delta(\bar{x})] = p_N{}^0(\bar{x}) \cdot |K_\delta(\bar{x})| = p_N{}^0(\bar{x}) \cdot |K_\delta(0)|,$$

wobei $|\ldots|$ das N-dimensionale Volumen bedeutet. Das ist die präzise Basis der Aussage, daß die wahrscheinlichsten Zustände der Verteilung $P_N{}^0$ durch die Maxima der Dichte $p_N{}^0$ gegeben sind. Wenn wir diese Argumentation auf das Maß P^0 anwenden und nach Maxima der formalen Dichte p^0 suchen, so sind die wahrscheinlichsten Zustände offenbar die Minima des Funktionals S und damit die stabilen Fixpunkte des deterministischen Problems (8.24). Nur: das translationsinvariante Bezugsmaß existiert nicht! Durch Untersuchung des Translationsverhaltens des Gaußschen Maßes Q^0 können wir aber folgenden Satz beweisen ([50]):

Satz. *Sei $h \in C_0^2[0, L]$ eine zweimal stetig differenzierbare Funktion mit den Randwerten Null, seien $K_\delta(h)$ bzw. $K_\delta(0)$ Kugeln vom Radius δ (in der Norm von $C[0, L]$) mit den Mittelpunkten h bzw. 0. Dann gilt*

$$\lim_{\delta \downarrow 0} \left(P^0[K_\delta(h)]/Q^0[K_\delta(0)]\right) = \tilde{\mathcal{N}} \cdot \exp\left(-\frac{2}{\sigma^2} S(h)\right)$$

mit $\tilde{\mathcal{N}}$ und S aus (13.18) *bzw.* (13.15).

Damit erhalten wir ein bemerkenswertes Resultat: Die wahrscheinlichsten Zustände (genauer: die wahrscheinlichsten infinitesimal kleinen Kugeln) stimmen mit den Minima des deterministischen Funktionals S überein.

2. Bei kleiner Rauschintensität σ^2 hält sich deshalb der Prozeß $(U_t)_{t \geqq 0}$ im stationären Fall vorwiegend in der Nähe eines der Minima des Funktionals S auf. Da aber nach Satz 13.2./2 der Prozeß (U_t) ergodisch ist und demzufolge jedem Punkt des Zustandsraums beliebig nahe kommen kann, wird von Zeit zu Zeit durch besonders günstige Fluktuationen ein spontaner Übergang in die Nähe eines anderen Minimums von S erfolgen. Einen solchen Vorgang nennen wir *Tunneln* (vgl. 10.1.3.).

Wir nehmen jetzt der Einfachheit halber an, daß das deterministische System bistabil ist und S genau zwei Minima an den Stellen $u^{(1)}$ und $u^{(2)}$ besitzt. Folgende Resultate lassen sich streng beweisen ([42], [51]):

(i) Der wahrscheinlichste Tunnelpfad im Raum $C_0[0, L]$ (genauer: die wahrscheinlichste Tunnel„röhre" vom Radius $\delta \ll 1$) verläuft über den niedrigsten Sattel v auf der Grenze der Anziehungsbereiche der beiden Fixpunkte und entlang der deterministischen Trajektorie (aber „bergauf" entgegengesetzt zur Gradientendynamik).

(ii) Die mittlere Austrittszeit aus dem Anziehungsbereich $W_s(u^{(1)})$ und die (doppelt so große) mittlere Tunnelzeit lassen sich für $\sigma^2 \downarrow 0$ und Startpunkte $\varphi \in W_s(u^{(1)})$ (mit Ausnahme einer dünnen Randschicht) durch

$$m(\varphi) = \exp\left(\frac{2}{\sigma^2} \Delta S\right), \quad \Delta S := S(v) - S(u^{(1)})$$

abschätzen.

Da der niedrigste Sattel v eine eindimensionale instabile Mannigfaltigkeit $W_u(v)$ besitzen muß, liegt der wahrscheinlichste Tunnelpfad — für hinreichend kleines Rauschen — in einer kleinen Umgebung der beiden heteroklinen Orbits, die v mit $u^{(1)}$ und $u^{(2)}$ verbinden. Ein typischer Tunnelvorgang sieht so aus: Die Trajektorie U_t startet an einem zufälligen Anfangspunkt $\varphi \in W_s(u^{(1)})$, verbleibt lange Zeit mehr oder weniger nahe am Minimum $u^{(1)}$ und erreicht irgendwann als Folge günstiger Fluktuationen den niedrigsten Sattelpunkt v. Dort verweilt sie einige Zeit (die Drift ist dort klein), ehe eine weitere günstige Fluktuation einen Übergang in $W_s(u^{(2)})$ bewirkt. Das System wählt folglich den Weg des geringsten Aufwandes, und die mittlere Übergangszeit wird (wie schon im eindimensionalen Fall 10.1.3.) wieder von der Potentialdifferenz ΔS zwischen dem niedrigsten Sattel v und dem anfänglichen Minimum $u^{(1)}$ bestimmt.

Wir betrachten als Beispiel die stochastische partielle Differentialgleichung (13.2) mit der kubischen Nichtlinearität $f(u) = \mu u - u^3$, $\mu > 0$. Mit den Ergebnissen von Satz 8.3./3 können wir deshalb feststellen:

a) Für $0 < L < L_c$ ist das deterministische System monostabil, so daß kein Tunneln auftreten kann.

b) Für $L_c < L$ ist das System bistabil. Die Minima von S sind die asymptotisch stabilen Fixpunkte u_1 und $-u_1$. Es gilt $S(u_1) = S(-u_1)$.

b_1) Für $L_c < L < 2L_c$ ist $u_0 \equiv 0$ der einzige Sattelpunkt, über den folglich das Tunneln zwischen u_1 und u_{-1} erfolgt.

b_2) Für $2L_c < L$ sind $+u_2$ und $-u_2$ die niedrigsten (und gleich hohen) Sattelpunkte, über die bevorzugt Tunneln erfolgt.

In Abb. 131 sind typische Tunnelpfade dargestellt. Numerische Simulationen verdeutlichen diese Aussagen (Abb. 132).

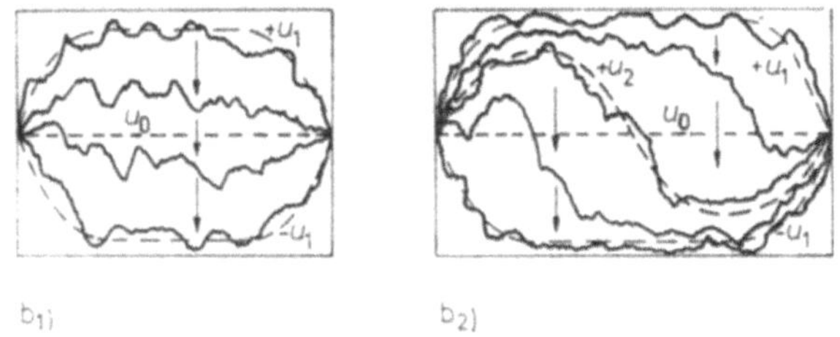

Abb. 131

Typische Tunnelpfade der Lösung von (13.2) für $f(u) = \mu u - u^3$ und $L_c < L < 2L_c$ (b_1) bzw. $2L_c < L$ (b_2)

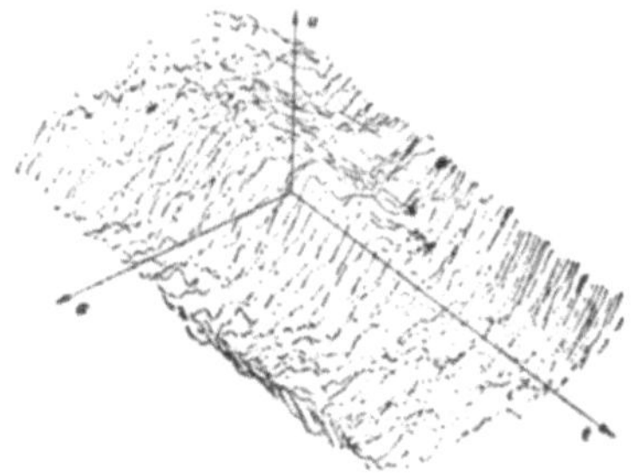

Abb. 132

Detail einer langen Computersimulation: Tunneln von u_1 nach $-u_1$ über $-u_2$ für (13.2) mit $f(u) = u - u^3$, $D = 1$, $L = 7$, $\sigma = 0.02$

Als Folge der Symmetrie von $f(u)$ treten in unserem Beispiel jeweils zwei Minima bzw. zwei Sattelpunkte gleicher Höhe auf. Für $f(u) = -u^3 + \mu u + \gamma$, $\gamma \neq 0$, ist das anders. Dann gibt es einen niedrigsten Sattelpunkt, über den mit hoher Wahrscheinlichkeit der Tunnelvorgang abläuft. Außerdem sind die mittleren Übergangszeiten in beiden Richtungen verschieden groß, so daß das stochastische System sich den größeren Teil der Zeit nahe dem tiefsten Minimum aufhält.

Aufgabe. Beschreiben Sie das Tunnelverhalten des Systems (13.2) mit der kubischen Nichtlinearität $f(u) = \mu u - u^3$, $\mu > 0$, für homogene Neumannsche Randbedingungen $(\partial u/\partial x)(t, 0) = (\partial u/\partial x)(t, L) = 0$! (Hinweis: Verwenden Sie das Ergebnis von Aufgabe 8.3.!)

Wenn wir die beiden stabilen Zustände in unserem Beispiel als zwei verschiedene makroskopische Phasen interpretieren, dann folgt aus unseren Überlegungen, daß stochastisch induzierte Übergänge zwischen beiden Phasen vor allem durch Wandern einer Front durch das räumliche Gebiet ablaufen. Bei großer Systemlänge kann es an mehreren Stellen zu spontanen Übergängen in die andere Phase kommen, von denen aus sich dann Fronten nach beiden Seiten ausbreiten, was einer Art Tröpfchenwachstum entspricht.

Anhang

A.1. Mathematische Modellbildung

Dieses Buch enthält in erster Linie mathematische Aussagen zur qualitativen Theorie dynamischer Systeme, doch werden diese an Beispielen aus einem speziellen Anwendungsbereich, nämlich der spontanen Strukturbildung, demonstriert. Da die Modellbildung heute immer wichtiger wird, sollen thesenhaft einige Bemerkungen zur mathematischen Modellierung gemacht werden.

1. Die Mathematik besitzt für andere Wissenschaften eine Doppelfunktion: Sie dient zum einen auf Grund ihres sprachlichen Charakters als Widerspiegelungsmittel und wird andererseits selbst zur Widerspiegelung, indem sie durch Anwendung mathematischer Kalküle oder mittels Durchspielen formaler Denkmöglichkeiten neue einzelwissenschaftliche Erkenntnisse liefert.

2. Mathematisierung im weiteren Sinne bedeutet sprachliche Anwendung der Mathematik und ist eine spezielle Form der Formalisierung (d. h. der Verwendung von Abkürzungen, künstlicher Zeichen und formallogischer Methoden). Sie ist damit bereits mathematische Abbildung von objektiv-realen oder ideellen Strukturzusammenhängen (und nicht nur Quantifizierung). Aus wissenschaftlichen Erfahrungen über die objektive Naturdialektik und deren Abbildbarkeit erwächst die philosophische Hypothese, daß jede Wissenschaft prinzipiell mathematisierbar ist.

3. Mathematisierung im engeren Sinne bedeutet *mathematische Modellbildung*, bei der auf formalem Wege durch Anwendung der Mathematik neue einzelwissenschaftliche Erkenntnisse gewonnen werden. Dabei ist ein mathematisches Modell die geistige Reproduktion von wirklichen oder möglichen Beziehungen und Funktionen mittels mathematischer Strukturen, das wie ein „Als-ob-Objekt" behandelt wird. Die Mathematisierung einzelner Disziplinen erfordert einen bestimmten Reifegrad dieser Wissenschaft, aber auch der Mathematik.

4. Die mathematische Modellierung einzelwissenschaftlicher Originale läuft in der Regel in mehreren Etappen ab (Abb. 133, vgl. auch E.2.1.) und erfordert häufig eine interdisziplinäre Zusammenarbeit:

(1) Feststellung der wesentlichen und unwesentlichen Sachverhalte, Bestandteile und Beziehungen durch einzelwissenschaftliche Analyse;
(2) Heraushebung der wesentlichen Sachverhalte und Darstellung in einem abstrakten einzelwissenschaftlichen Abbild A_1;

(3) Abbildung von A_1 auf geeignete mathematische Strukturen (das ergibt das abstrakte mathematische Abbild A_2);
(4) formale Ableitung von Folgerungen aus A_2 mittels mathematischer und formallogischer Methoden;
(5) einzelwissenschaftliche Interpretation der Folgerungen und Überprüfung der neuen Erkenntnisse bzw. Vorhersagen am Original.

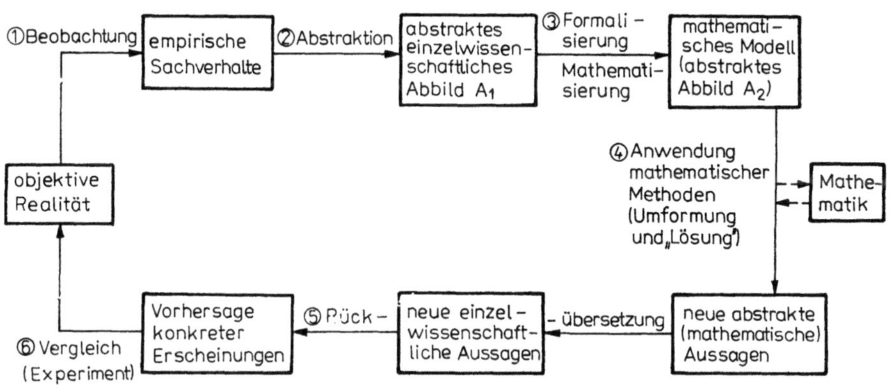

Abb. 133
Schematischer Ablauf der mathematischen Modellierung

Die dritte und vierte Phase erfassen den primären Aufgabenbereich des Mathematikers (oder „Kenners" der Mathematik), während die anderen vorwiegend durch Einzelwissenschaften vorgenommen werden. Dabei werden die Abbilder A_1 (und die Übersetzung auf A_2) häufig von gut ausgebauten disziplinären Theorien, etwa der Mechanik oder der Elektrodynamik geliefert. Aber auch wenn heute Mathematik in vielen Bereichen immer unmittelbarer (produktions-) wirksam wird, lassen sich die Stufen A_1 und A_2 prinzipiell unterscheiden. So ist die Bedienungstheorie ein Teilgebiet der Mathematik, aber sie stellt zuerst Bedienungsmodelle (A_1) auf und bildet diese dann auf geeignete stochastische Prozesse (A_2) ab.

5. Mathematische (und andere) Modelle erfassen niemals alle Seiten der Realität, sondern sie stellen zu einem bestimmten Zweck vereinfachte Abbilder dar. Modelle verkörpern bereits gewonnene Erkenntnisse und dienen gleichzeitig der Gewinnung neuer Erkenntnisse.

6. Die (theoretische) Physik ist das Leitbeispiel einer umfassend mathematisierten Wissenschaft. Ihre Analyse zeigt:

— Das abstrakte Abbild A_1 konzentriert sich auf elementare *Objekte*, Grundtypen von *Wechselwirkungen* und allgemeine Struktur- und Prozeß*zusammenhänge*. Diesen werden im Abbild A_2 eindeutig *Elemente*, *Operationen* und *Relationen* in einem bestimmten mathematischen Kalkül zugeordnet.

— Modelle sollen stets so einfach wie möglich sein; auch „grobe" Modelle sind oft fruchtbar, wenn sie Wesentliches widerspiegeln. Über denselben Objektbereich sind oft komplementäre und sich zum Teil widersprechende Modelle möglich, die erst in der Gesamtheit ein Bild der Realität (und ihrer dialektischen Widersprüche) geben.

- Jedes Modell hat seine Grenzen der Anwendbarkeit, indem es nicht alle (aber unter Umständen auch „zu viele") Informationen enthält.
- Das Durchspielen formaler mathematischer Möglichkeiten und ihre Interpretation liefern häufig neue einzelwissenschaftliche Resultate.
- Jedes Modell verkörpert einen historischen Erkenntnisstand und kann im Laufe der Zeit präzisiert, verallgemeinert oder überholt werden.

7. „Mathematik ist spezielles abstraktes Wissen über die objektive Realität *und* eine Form des theoretischen Denkens, die den Spielraum der formallogischen Betrachtungsweise voll ausschöpft" (KERSTAN). Die mathematische Methode ist sehr leistungsfähig, aber sie wird durch weitere Methoden (wie die historische, qualitative oder philosophische) ergänzt.

A.2. Einzelwissenschaftliche Ergänzungen

A.2.1. Mechanische Systeme

Die Bewegung $x(t)$ eines Systems aus N Massenpunkten (im dreidimensionalen Raum) mit den Massen $M_1, \ldots, M_N$ und den Ortskoordinaten $x = (x_1, \ldots, x_{3N})$ unter dem Einfluß einer orts- und geschwindigkeitsabhängigen *Kraft* $F(x, v)$ wird durch die Newtonschen Gleichungen

$$m_i\ddot{x}_i = F_i(x_1, \ldots, x_{3N}, \dot{x}_1, \ldots, \dot{x}_{3N}), \quad i = 1, \ldots, 3N,$$

(mit $m_{3k-j} := M_k$, $k = 1, \ldots, N$, $j = 0, 1, 2$) beschrieben. Unter Verwendung der Geschwindigkeit $v = (v_1, \ldots, v_{3N}) := \dot{x}$ erhalten wir

$$M = \mathbb{R}^{6N}: \quad \dot{x}_i = v_i, \quad \dot{v}_i = F_i(x_1, \ldots, x_{3N}, v_1, \ldots, v_{3N})/m_i; \quad i = 1, \ldots, 3N,$$

also ein autonomes Gleichungssystem erster Ordnung.

Während Reibungskräfte geschwindigkeitsabhängig sind, besitzen *konservative* Kräfte $F(x)$ ein *Potential* $V(x)$, aus dem sie mittels

$$F(x) := -(\operatorname{grad} V)(x) \equiv -\left(\frac{\partial V}{\partial x_1}, \ldots, \frac{\partial V}{\partial x_{3N}}\right)$$

hergeleitet werden. In einem solchen Fall bleibt die *Gesamtenergie* E als Summe aus *kinetischer* Energie T und *potentieller* Energie V längs jeder Trajektorie $x(t)$ zeitlich konstant:

$$E = T(v) + V(x) = \text{const}, \quad T(v) := \frac{1}{2}\sum_{i=1}^{3N} m_i v_i^2 .$$

A.2.2. Elektrische Systeme

1. Wir interessieren uns hier für elektrische Schaltungen aus passiven und aktiven Bauelementen, deren Bewegungsgesetze sich aus den allgemeinen Grundgleichungen der Elektrodynamik ableiten lassen. Typische Kenngrößen sind der *Strom* I, der durch ein Bauteil fließt, und die *Spannung* U, die längs dieses Bauelements abfällt (man kann alle Spannungsabfälle als Differenz des elektrischen Potentials vor bzw. nach dem Bauteil, bezogen auf einen willkürlichen Nullpunkt, auffassen).

Die *Kirchhoffschen Regeln* sind Bilanzgleichungen für Ströme und Spannungen:

(i) Jede Verzweigung des Stromflusses heißt *Knoten*. Legt man die Richtung des Stromflusses durch Pfeile willkürlich fest (die tatsächliche Richtung folgt aus dem Vorzeichen), dann gilt der *Knotensatz* (Abb. 134a):

Die Summe der zufließenden Ströme in jedem Knoten ist gleich der Summe der abfließenden Ströme.

(ii) Jede einfache geschlossene Stromkurve heißt *Masche*. Spannungsquellen sind in ihrer Zählung (von Minus nach Plus) explizit vorzugeben, Spannungsabfälle wollen wir in Richtung der Strompfeile positiv messen. Dann gilt der *Maschensatz* (Abb. 134b):

Die Summe der Urspannungen ist gleich der Summe der Spannungsabfälle.

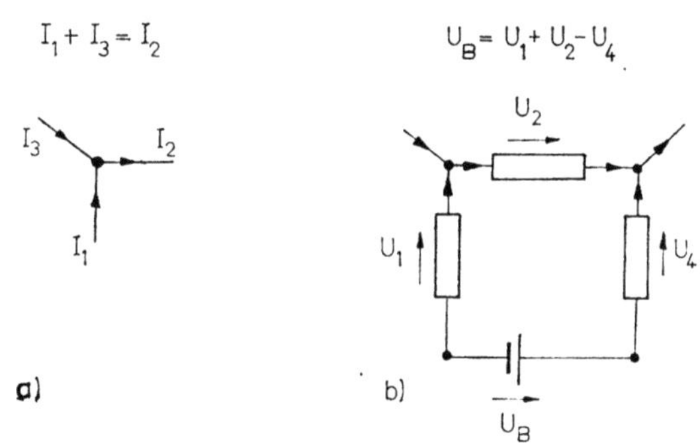

Abb. 134
Knotensatz (a) und Maschensatz (b)

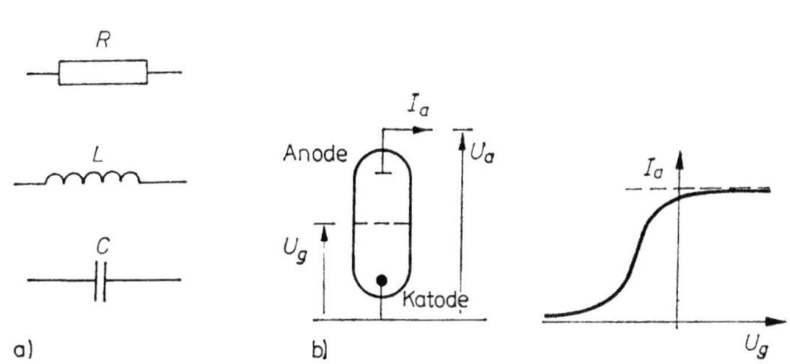

Abb. 135
Schaltzeichen für Widerstand R, Induktivität L und Kapazität C (a) und vereinfachte Strom-Spannungs-Charakteristik einer Triode (b).

Das *Strom-Spannungs-Verhalten* der Bauelemente wird durch Materialgleichungen bestimmt. Wichtige passive Bauteile sind Widerstände (mit dem *Ohmschen Widerstand* R), Spulen (mit der *Induktivität* L) und Kondensatoren (mit der *Kapazität* C) (Abb. 135a). Zwischen Spannungsabfall $U(t)$ und Stromstärke $I(t)$ gelten die Beziehungen

Widerstand R:	$U = R \cdot I,$	$R > 0$
Induktivität L:	$U = L\dot{I},$	$L > 0$
Kapazität C:	$C\dot{U} = I,$	$C > 0.$

Mitunter tritt auch Wechselwirkung zweier Spulen durch Gegeninduktion auf,

$$U_2 = -M\dot{I}_1, \quad M > 0,$$

dabei sind die Pfeile von U_2 und I_1 gleichsinnig zu verwenden (Lenzsche Regel).

Als aktives Bauelement verwenden wir hier eine Elektronenröhre (*Triode*), deren Funktion auf der Glühemission von Elektronen an der Katode und der Steuerung des zur Anode abfließenden Stroms durch die Gitterspannung beruht. Geringfügige Änderungen der Gitterspannung können den Anodenstrom stark ändern, so daß sich die Triode für Verstärkerschaltungen eignet. In Vereinfachung der realen Verhältnisse nehmen wir an, daß der Anodenstrom I_a ausschließlich von der Gitterspannung U_g über die „Kennlinie"

$$I_a = f(U_g)$$

abhängt. Dabei sei (in geeigneten dimensionslosen Größen) $f\colon \mathbb{R}^1 \to \mathbb{R}_+^1$ hinreichend oft differenzierbar, monoton wachsend und beschränkt (Abb. 135b).

In modernen elektronischen Schaltungen werden fast ausschließlich Transistoren eingesetzt, die aber im Prinzip die gleichen Verhaltensweisen realisieren.

2. Wir kommen nun zur Dynamik spezieller Schaltungen.

a) Abb. 34 zeigt die grundsätzliche Schaltung eines *Röhrentriggers* (oder Flip-Flop). Sie ist symmetrisch aufgebaut; U_B ist eine feste Betriebsspannung, U_1 bzw. U_2 sind die Anodenspannungen der Röhren 1 und 2 (und zugleich die Gitterspannungen der Röhren 2 bzw. 1). Die Kondensatoren C modellieren die parasitäre Kapazität der Triode, und an den Lastwiderständen R in den Anodenkreisen können Signale abgegriffen werden.

Wenn wir den Stromknoten am Ausgang der Röhre 1 betrachten und alle Ströme einlaufend zählen, dann folgt aus

$$I_{C_1} = C\dot{U}_1, \quad I_{R_1} = (U_1 - U_B)/R, \qquad I_{a_1} = f(U_2)$$

mit Hilfe des Knotensatzes

$$C\dot{U}_1 + (U_1 - U_B)/R + f(U_2) = 0.$$

Der Stromknoten am Ausgang der Röhre 2 liefert dieselbe Gleichung mit vertauschten Indizes 1 und 2. Mit den dimensionslosen Größen $\tau := t/RC$, $x_1 := U_1/\alpha$, $x_2 := U_2/\alpha$, $u = U_B/\alpha$, $\alpha := 1 \cdot$Spannungseinheit, $r := R/\varrho$, $\varrho := 1 \cdot$ Widerstandseinheit sowie $h(x_1) := (\varrho/\alpha) \cdot f(U_1)$ erhalten wir

$$dx_1/d\tau = u - x_1 - rh(x_2),$$
$$dx_2/d\tau = u - x_2 - rh(x_1);$$

das sind aber genau die Gleichungen (3.2).

b) In Abb. 136 ist die vereinfachte Schaltung eines *Röhrengenerators* mit induktiver Rückkopplung angegeben. U_B ist eine Betriebsspannung, $U_0 < 0$ eine Gittervorspannung, R der Lastwiderstand, und L und C bilden den resonanzfähigen Schwingkreis.

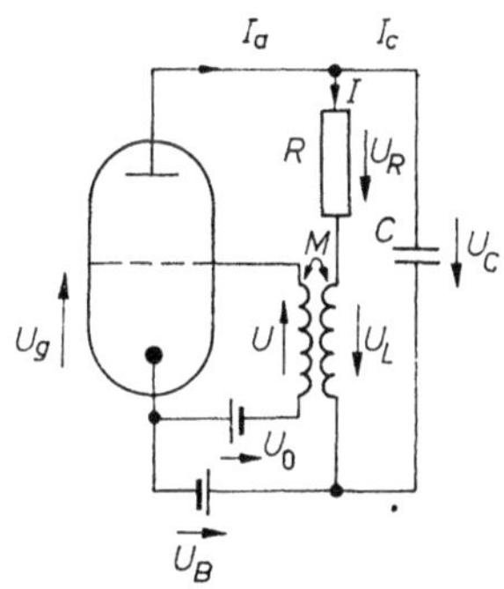

Abb. 136
Vereinfachte Schaltung eines Röhrengenerators

Wenn wir die letzte der drei Gleichungen

$$U_0 = U_g - U, \quad U_R + U_L = U_C, \quad I_a = I + I_C$$

nach der Zeit t differenzieren, erhalten wir

$$\dot I_a = f'(U_0 + U) \cdot \dot U + \dot I_C = \frac{U_L}{L} + C\ddot U_C = \frac{U_L}{L} + C\ddot U_L + \frac{CR}{L} \dot U_L .$$

Mit der Lenzschen Regel $-U = -M\dot I = -\frac{M}{L} U_L$ ergibt sich daraus

$$(LC\ddot U + RC\dot U + U)/M = f'(U_0 + U) \cdot \dot U .$$

Wir nehmen an, daß die gegeninduzierte Spannung U klein ist und entwickeln f an der Stelle U_0:

$$f(U_0 + U) = f(U_0) + f'(U_0)\, U + \frac{1}{2} f''(U_0)\, U^2 + \frac{1}{6} f'''(U_0)\, U^3 + \cdots .$$

Nun legen wir noch den mittleren Arbeitspunkt U_0 der Röhre in den Wendepunkt der Kennlinie, so daß $f''(U_0) = 0$ gilt. Da f monoton wächst und beschränkt ist, können wir

$$a := f'(U_0) > 0, \quad -2b := f'''(U_0) < 0$$

annehmen. Die endgültige Gleichung für U lautet dann

$$LC\ddot U + (RC - aM + bMU^2)\, \dot U + U = 0$$

(dabei sind alle auftretenden Konstanten positiv), aus ihr haben wir in Abschnitt 3.4. die van der Polsche Differentialgleichung hergeleitet.

c) In Abb. 137a ist eine Oszillatorschaltung angegeben, die periodisches oder chaotisches Verhalten aufweisen kann, was von der Wahl der Parameter G_1 und G_2 abhängt. Die Kennlinien f_1 und f_2 der beiden nichtlinearen Teilsysteme sind in Abb. 137b

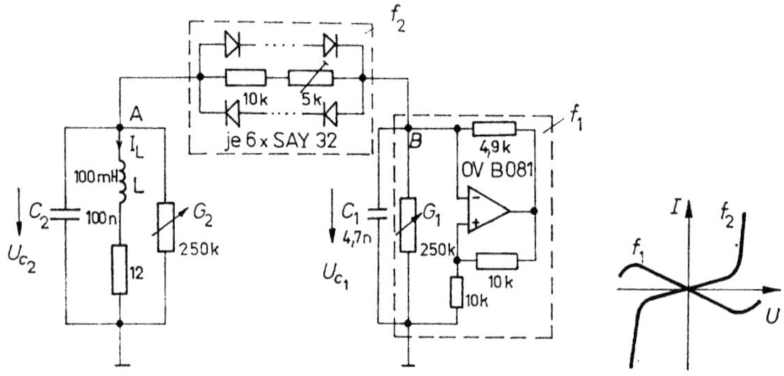

a) b)

Abb. 137

Oszillatorschaltung mit periodischem und chaotischem Verhalten in Abhängigkeit von G_1 und G_2 (vgl. Abb. 84)

dargestellt. Wir erhalten für die Systemdynamik drei Differentialgleichungen erster Ordnung, nämlich

$$C_1 \cdot \dot{U}_{C_1} = -f_1(U_{C_1}) - f_2(U_{C_1} - U_{C_2}),$$
$$C_2 \cdot \dot{U}_{C_2} = -G \cdot U_{C_2} - I_L + f_2(U_{C_1} - U_{C_2}),$$
$$L \,.\, \dot{I}_L = U_{C_2}.$$

Die Oszillografenbilder in Abb. 84 zeigen in den beiden Ablenkrichtungen die Spannungen U_{C_1} und U_{C_2} (d. h. die Punkte A bzw. B gegen Masse).

A.2.3. Chemische Systeme

1. Die Maßeinheit der *Stoffmenge* ist das Mol, eine SI-Grundeinheit. Dabei ist 1 Mol die Stoffmenge eines Systems, das aus ebenso vielen gleichartigen Teilchen (Atomen, Molekülen usw.) besteht, wie Atome in 0,012 kg des Kohlenstoffs ^{12}C enthalten sind.

Befinden sich N Teilchen im System, so ist die Molzahl durch $\mathcal{N} = N/\mathcal{L}$ gegeben; dabei ist $\mathcal{L}$ die von Loschmidt 1865 erstmals angegebene und nach ihm benannte Zahl

$$\mathcal{L} = (6{,}025 \pm 0{,}002) \cdot 10^{23}\ \mathrm{mol}^{-1}.$$

Die Einführung der Molzahl bedeutet also nichts weiter als das Weglassen lästiger Potenzen bei der Angabe der Teilchenzahl.

Die Stoffmenge ist eine extensive Zustandsgröße: Bei Vereinigung zweier Systeme mit den Molzahlen $\mathcal{N}_1$ bzw. $\mathcal{N}_2$ und den Volumina V_1 bzw. V_2 gilt $\mathcal{N} = \mathcal{N}_1 + \mathcal{N}_2$, $V = V_1 + V_2$.

Die *Konzentration* (oder Molendichte) n, die in einem homogenen System mit dem Volumen V und der Stoffmenge $\mathcal{N}$ durch

$$n = \mathcal{N}/V$$

eingeführt wird, ist dagegen eine intensive Zustandsgröße. Gilt nämlich $\mathcal{N}_1/V = \mathcal{N}_2/V_2 = n$, so folgt daraus $\mathcal{N}/V = n$.

2. Wir betrachten jetzt ein stofflich geschlossenes, homogenes (d. h. gut gerührtes) System, in dem *eine* chemische Reaktion ablaufen soll. Symbolisch wird dafür eine *Reaktionsgleichung*

$$\sum_{i=1}^{H} (-\nu_i)\, B_i \underset{k^-}{\overset{k^+}{\rightleftarrows}} \sum_{i=H+1}^{K} \nu_i B_i$$

angegeben. Die stöchiometrischen Koeffizienten ν_i werden vereinbarungsgemäß für die Hinreaktion negativ, für die Rückreaktion positiv gezählt. $B_1, \ldots, B_K$ sind die Symbole der K beteiligten Stoffe, von denen H an der Hinreaktion teilnehmen, und k^+ bzw. k^- sind Geschwindigkeitskonstanten der Hin- bzw. Rückreaktion.

Beispiel 1. Für die Ammoniakreaktion

$$N_2 + 3\,H_2 \rightleftharpoons 2\,NH_3$$

gilt $H = 2$, $K = 3$, $\nu_{N_2} = -1$, $\nu_{H_2} = -3$, $\nu_{NH_3} = 2$.

Der zeitliche Ablauf einer Reaktion wird durch die *Reaktionsgeschwindigkeit* ω beschrieben, das ist die pro Zeit- und Volumeneinheit umgesetzte Stoffmenge eines Reaktanden mit $\nu = -1$ ($[\omega] = \text{mol m}^{-3}\,\text{s}^{-1}$). Die Reaktionsgleichung drückt aus, daß die umgesetzten bzw. erzeugten Mengen der einzelnen Stoffe (und damit mikroskopisch die entsprechenden Teilchenzahlen) in bestimmten ganzzahligen Verhältnissen stehen, die durch die Koeffizienten ν_i gegeben sind. Damit erhalten wir für die Bilanz der einzelnen Konzentrationen $n_i(t)$

$$\dot{n}_i = \nu_i\omega, \quad \omega = \omega(n_1, \ldots, n_K), \quad i = 1, \ldots, K.$$

Für $\omega > 0$ dominiert die Hinreaktion, die Stoffe $B_1, \ldots, B_H$ werden abgebaut; für $\omega < 0$ überwiegt die Rückreaktion. Der Fall $\omega = 0$ (d. h. $\dot{n}_i = 0$, $i = 1, \ldots, K$) entspricht dem chemischen Gleichgewicht. Für die Reaktionsgeschwindigkeit ω ist folgender reaktionskinetischer Ansatz üblich:

$$\omega = k^+ \cdot \prod_{i=1}^{H} n_i^{(-\nu_i)} - k^- \cdot \prod_{i=H+1}^{K} n_i^{\nu_i}. \tag{A.1}$$

Dieser Ansatz wird durch die chemische Praxis vielfach bestätigt und ist für Elementarreaktionen (nicht Bruttoreaktionen) plausibel: Die mittlere Anzahl von reaktiven Stößen ist proportional zum Produkt der Konzentrationen aller für eine Reaktion notwendigen Stoßpartner.

Beispiel 2.

a) $A \underset{k^-}{\overset{k^+}{\rightleftarrows}} X$: $\omega = k^+ n_A - k^- n_X$, $\dot{n}_A = -\omega$, $\dot{n}_X = \omega$.

b) $A + B \underset{k^-}{\overset{k^+}{\rightleftarrows}} C$: $\omega = k^+ n_A n_B - k^- n_C$, $\dot{n}_A = \dot{n}_B = -\omega$, $\dot{n}_C = \omega$.

c) $A + 2B \underset{k^-}{\overset{k^+}{\rightleftarrows}} 3C$: $\omega = k^+ n_A n_B^2 - k^- n_C^3$, $\dot{n}_A = -\omega$, $\dot{n}_B = -2\omega$, $\dot{n}_C = 3\omega$.

Katalysatoren sind Stoffe, die Reaktionen beschleunigen können, und treten auf beiden Seiten der Reaktionsgleichung auf. Sie werden im Ausdruck für ω formal wie zwei Stoffe gleicher Konzentration behandelt, aber in der Stoffmenge insgesamt bilanziert. Von besonderer Bedeutung für die Strukturbildung in chemischen Systemen sind *Autokatalysatoren*, die ihre eigene Bildung katalysieren:

Beispiel 3.

$$A + 2X \underset{k^-}{\overset{k^+}{\rightleftarrows}} 3X, \quad \omega = k^+ n_A n_X^2 - k^- n_X^3,$$

$$\dot{n}_A = -\omega, \quad \dot{n}_X = -2\omega + 3\omega = \omega.$$

Auf Grund der stöchiometrischen Kopplung besitzt *eine* chemische Reaktion auch nur *eine* unabhängige Variable. So gilt im Beispiel 2c)

$$0 = 3\dot{n}_A + \dot{n}_C = 2\dot{n}_A + \dot{n}_B,$$

woraus wir durch Integration

$$3n_A(t) + n_C(t) = 3n_A(0) + n_C(0) =: a \quad \forall t \geqq 0,$$

$$2n_A(t) + n_B(t) = 2n_A(0) + n_B(0) =: b \quad \forall t \geqq 0$$

und damit schließlich die kubische Nichtlinearität

$$\dot{n}_A = f(n_A) := -k^+ n_A (b - 2n_A)^2 + k^- (a - 3n_A)^3, \quad n_A(0) \text{ bekannt},$$

erhalten.

3. Falls R chemische Reaktionen

$$\sum_{i=1}^{H_r} (-\nu_{ir}) B_i \underset{k_r^-}{\overset{k_r^+}{\rightleftarrows}} \sum_{i=H_r+1}^{K} \nu_{ir} B_i, \quad r = 1, \dots, R,$$

räumlich homogen und stofflich geschlossen ablaufen, dann erhalten wir entsprechend die K Differentialgleichungen

$$\dot{n}_i = \sum_{r=1}^{R} \nu_{ir} \omega_r, \quad i = 1, \dots, K, \tag{A.2}$$

mit den Reaktionsgeschwindigkeiten

$$\omega_r = k_r^+ \cdot \prod_{i=1}^{H_r} n_i^{(-\nu_{ir})} - k_r^- \prod_{i=H_r+1}^{K} n_i^{\nu_{ir}}, \quad r = 1, \dots, R, \tag{A.3}$$

wobei nur R Gleichungen in (A.2) unabhängig sind.

Im *chemischen Gleichgewicht* verschwinden alle Reaktionsgeschwindigkeiten, $\omega_1 = \cdots = \omega_R = 0$, so daß wir das Massenwirkungsgesetz

$$\prod_{i=H_r+1}^{K} n_i^{\nu_{ir}} \Big/ \prod_{i=1}^{H_r} n_i^{(-\nu_{ir})} = k_r^+/k_r^- =: K_r, \quad r = 1, \ldots, R,$$

für das Verhältnis der Gleichgewichtskonzentrationen erhalten. Die Konstante K_r hängt von weiteren Zustandsgrößen, wie Druck und Temperatur ab.

4. Für ein stofflich „offenes" Reaktionsgefäß lautet die Bilanz der Stoffmenge eines Stoffes B_i

$$\dot{\mathcal{N}}_i = P[\mathcal{N}_i] + \Phi[\mathcal{N}_i], \quad P[\mathcal{N}_i] = V \cdot \sum_{r=1}^{R} \nu_{ir}\omega_r.$$

Dabei bezeichnet P die Produktion im Inneren, während Φ den Stofffluß durch die Oberfläche darstellt ($[\Phi] = \text{mol s}^{-1}$) und von außen gesteuert werden kann. Mit $\varphi_i := \Phi[\mathcal{N}_i]/V$ erhalten wir dann für die Konzentrationsänderung in räumlich homogenen Systemen

$$\dot{n}_i = \sum_{r=1}^{R} \nu_{ir}\omega_r + \varphi_i(t), \quad i = 1, \ldots, K.$$

Folgende Spezialfälle sind wichtig:

a) konstante Konzentration des Stoffes B_i:

$$n_i(t) \equiv \text{const} \ \forall t, \quad \text{d. h.} \quad \varphi_i(t) := -\sum_{r=1}^{R} \nu_{ir}\omega_r;$$

b) konstanter Stofffluß: $\varphi_i(t) \equiv \text{const} \ \forall t$;

c) diffusiver Kontakt mit einem Reservoir der Konzentration $\bar{n}_i$:

$$\varphi_i(t) := d \cdot \big(\bar{n}_i - n_i(t)\big), \quad d > 0.$$

(Der Fall a) kann als Spezialfall von c) für $d \to \infty$ betrachtet werden.)

5. *Kompartmentierte Systeme.* In vielen praktischen Situationen sind die Systeme räumlich inhomogen; die (lokalen) Konzentrationen sind ortsabhängig und durch Diffusion, also Stofftransport, räumlich gekoppelt.

Im Rahmen einer vereinfachten Modellierung zerlegen wir das Gesamtsystem in endlich viele homogene Zellen (Boxen, Kompartmente), in denen jeweils die Reaktionen nach obigem Schema ablaufen und zwischen denen zusätzliche Stoffströme auftreten.

Wir betrachten N gleichgroße Boxen, bezeichnen mit $n_i^{(k)}$ die Konzentration des Stoffes B_k in der i-ten Zelle und setzen den Stofffluß zwischen benachbarten Boxen proportional zur Konzentrationsdifferenz des jeweiligen Stoffes an:

$$\dot{n}_i^{(k)} = f_k(n_i^{(1)}, \ldots, n_i^{(K)}) + \sum_{\substack{j \text{ zu } i \\ \text{benachbart}}} d_k(n_j^{(k)} - n_i^{(k)}),$$

$$i = 1, \ldots, N, \quad k = 1, \ldots, K.$$

Reale, etwa biologische, Systeme erfordern Zellenanzahlen $N = 10^2 \ldots 10^5$. Um aber den prinzipiellen Einfluß der Diffusion zu studieren, lohnt es sich bereits, den Fall $N = 2$ zu betrachten. Wir erhalten dann *Zweiboxen-Modelle*

$$\dot{n}_1^{(k)} = f_k(n_1^{(1)}, \ldots, n_1^{(K)}) + d_k(n_2^{(k)} - n_1^{(k)}),$$

$$\dot{n}_2^{(k)} = f_k(n_2^{(1)}, \ldots, n_2^{(K)}) - d_k(n_2^{(k)} - n_1^{(k)}), \quad k = 1, \ldots, K,$$

die uns in den Abschnitten 3.1. (für $K = 1$) und 6.2. (für $K = 2$) bereits begegnet sind.

Ein Zweiboxenmodell besitzt stets die Fixpunkte $n_1^{(k)0} = n_2^{(k)0} = n^{(k)0}$, die aus Nullstellen von f hervorgehen und homogenen stationären Lösungen entsprechen. Darüber hinaus kann es weitere inhomogene stationäre Lösungen geben. Während diese für $K = 1$ niemals als einzige stabil und nur Folge der Multistabilität von f sind (vgl. Beispiel 3.1./2), können sie für $K > 1$ mit Hilfe der Diffusion entstehen und stabilisiert werden, so daß dann räumliche Selbstorganisation auftritt.

Bei räumlich kontinuierlicher Stoffverteilung führt die Modellierung auf nichtlineare partielle Differentialgleichungen, die wir bereits in Abschnitt 8.1. hergeleitet haben.

Wenn wir die auftretenden räumlichen Ableitungen durch Differenzenquotienten ersetzen, so erhalten wir gerade kompartmentierte Systeme:

Die partielle Differentialgleichung

$$\frac{\partial u}{\partial t}(t, x) = D \cdot \frac{\partial^2 u}{\partial x^2}(t, x) + f[u(t, x)], \quad x \in [0, L],$$

$$u(0, x) = \varphi(x), \quad u(t, 0) = c_0, \quad u(t, L) = c_L,$$

geht dann in das $(N + 2)$-Boxen-Modell

$$\dot{u}_i = \frac{D}{2l^2}[u_{i+1}(t) + u_{i-1}(t) - 2u_i(t)] + f[u_i(t)], \quad i = 1, \ldots, N,$$

$$u_i(0) = \varphi_i, \quad u_0(t) \equiv c_0, \quad u_{N+1}(t) \equiv c_L, \quad l := L/(N + 1),$$

über.

A.2.4. Biologische Systeme

1. Kein Physiker bezweifelt, daß die Biologie ihre eigenständigen Gesetze hat, die durch die Komplexität ihres Objektbereiches bedingt sind, und nicht allein auf physikalische und chemische Gesetzmäßigkeiten reduziert werden kann. Dennoch müssen die beobachteten Erscheinungen in Übereinstimmung mit den Gesetzen der Physik stehen, deren universelle Gültigkeit allgemein anerkannt ist, und sich zumindest prinzipiell durch sie erklären lassen.

Gut verstanden ist aus physikalischer Sicht der mikroskopische Aufbau der Grundbausteine des Lebens, zu denen unter anderen die *Proteine* (das sind Polypeptide aus etwa 20 Aminosäurearten) und die *Nukleinsäuren* (das sind Polynukleotide aus 4 bzw. 5 Nukleotidarten) gehören. Die Aufklärung ihres Bauplans — man denke an die komplizierte Doppel-Helix der DNS — ist das Verdienst der Molekularbiologie. Es handelt sich aber in jedem Fall um konservative Strukturen, die durch relative Minima des Potentials intermolekularer Kräfte charakterisiert sind.

Von ganz anderer Art ist die Frage, wie die vielen Millionen Biomoleküle zu einem sinnvollen Ganzen zusammenwirken und dabei eine makroskopische Ordnung erzeugen. Schon einfachste Zellen sind komplizierte Gebilde, in denen Hunderte gekoppelter chemischer Reaktionen ablaufen, deren Koordination und Regulation notwendig ist.

Während früher Diskrepanzen zwischen Physik und Biologie gesehen wurden, zeigt das Konzept der Selbstorganisation, daß eine einheitliche Sicht aller dieser Strukturbildungsvorgänge möglich ist, was wir im bisherigen Text an zahlreichen Beispielen erläutert haben.

Eine Theorie der Selbstorganisation sollte insbesondere folgende Sachverhalte erklären:

(1) die Aufrechterhaltung des Lebens, darunter
  — Regulationsprozesse auf zellulärer und subzellulärer Ebene,
  — Zellteilung, Zelldifferenzierung, Gestaltbildung;
(2) die Entstehung und Entwicklung des Lebens, also den Übergang vom Nicht-Leben zum Leben und die weiteren Phasen der Evolution;
(3) das Verhalten und die Wechselwirkung von Populationen mit großen Individuenzahlen.

2. Eine wichtige Erscheinungsform von Regulationsprozessen sind zeitliche Oszillationen auf den verschiedensten Strukturniveaus (Biorhythmen), an denen häufig Enzyme als spezielle Biokatalysatoren beteiligt sind.

Ein gut untersuchtes Beispiel auf der metabolischen Ebene ist die *Glykolyse*, einer der wichtigsten Mechanismen zur Energiegewinnung lebender Zellen durch Umwandlung von ATP in ADP. Es wurden Oszillationen mit Perioden von etwa einer Minute beobachtet, die auf einer periodischen Aktivierung und Hemmung des Enzyms Phosphofruktokinase (PFK) beruhen und im Modell als selbsterregte Schwingungen erklärt werden können ([31]).

Andere Steuerungen betreffen die Synthese von Proteinen und laufen auf der epigenetischen Ebene ab. Dabei können ebenfalls Grenzzyklen auftreten. So wurden bei der Synthesegeschwindigkeit von β-Galaktosidase Oszillationen im Stundenbereich nachgewiesen ([31]).

Auf die Bedingung der Mehrfachstabilität für das Verständnis von Gedächtniseffekten haben wir wiederholt hingewiesen. Auch für die effektive Steuerung biotechnologischer Prozesse, die häufig von Enzymen katalysiert werden, ist das Wissen um Verhaltensweisen nichtlinearer Systeme wichtig.

3. Eine der erstaunlichsten Erscheinungen in der belebten Natur ist die Gestaltbildung, die immer wiederkehrende Reproduktion gleicher Formen. Daß für jede entstehende Zelle eine spezielle Information im genetischen Material gespeichert sein könnte, scheitert an der begrenzten Kapazität des Chromosomensatzes. Die Natur wählt einen ökonomischeren Weg und programmiert lediglich bestimmte Funktionen, von denen die benötigte durch ein spezielles, von der Umgebung induziertes Erkennungszeichen aktiviert wird.

Dafür sprechen beispielsweise Experimente am Süßwasserpolypen Hydra, der eine einfache polare Struktur besitzt, bestehend aus Kopf (mit Tentakeln), Mittelstück und Fuß. Werden

Teile einer Hydra entfernt, regeneriert der Rest zu einem vollständigen Individuum. Verpflanzt man Teile der Kopfregion, so wächst daraus ein neuer Kopf, falls ein gewisser Abstand vom vorhandenen Kopf vorliegt.

Daß die konkrete Zellfunktion durch die Lage im Zellverband bestimmt wird, können wir als Folge chemischer Konzentrationsmuster von sogenannten Morphogenen verstehen, wobei ein *Aktivator* (Anregungsstoff) und ein *Inhibitor* (Hemmstoff) gebraucht werden. Wenn nämlich in einem fluiden Medium ein stabiles räumliches Muster existieren soll, so führt uns dies auf die Suche nach geeigneten dissipativen Strukturen in Reaktions-Diffusions-Systemen.

Ein Modell von GIERER und MEINHARDT (1974) geht davon aus, daß ein Aktivator X und ein Inhibitor Y (mit den dimensionslosen Konzentrationen u und v) in einem eindimensionalen System der Länge L wechselwirken ([32]):

$$\frac{\partial u}{\partial t}(t, x) = D_1 \frac{\partial^2 u}{\partial x^2} + a + \frac{u^2}{v} - bu, \quad x \in [0, L],$$

$$\frac{\partial v}{\partial t}(t, x) = D_2 \frac{\partial^2 v}{\partial x^2} + u^2 - v, \quad a > 0, \quad b > 0,$$

$$\frac{\partial u}{\partial x}(t, 0) = \frac{\partial u}{\partial x}(t, L) = \frac{\partial v}{\partial x}(t, 0) = \frac{\partial v}{\partial x}(t, L) = 0.$$

Die Randbedingungen drücken aus, daß das System stofflich geschlossen ist. Für den Produktionsterm lassen sich entsprechende chemische Reaktionen angeben (die nichtpolynomiale Struktur entsteht, weil eine weitere, schnelle Variable eliminiert wurde). Der Aktivator wird mit konstanter Rate a erzeugt, sein autokatalytisches Wachstum wird vom Inhibitor gebremst ($\sim u^2/v$), und er zerfällt mit linearer Rate. Der Inhibitor wird vom Aktivator nach einem quadratischen Gesetz ($\sim u^2$) erzeugt und zerfällt ebenfalls. D_1 und D_2 sind die Diffusionskonstanten von X und Y.

Die Behandlung des obigen Gleichungssystems ist Inhalt der Aufgabe 8.4. und zeigt unter anderem folgendes: Unter den geforderten Randbedingungen ist ein Fixpunkt die räumlich homogene Lösung

$$u^0(x) = (a + 1)/b, \quad v^0(x) = \big((a + 1)/b\big)^2.$$

Für $b < a + 1$ ist der Inhibitor im Überschuß, und das reine Reaktionssystem ist stabil. Der homogene Zustand wird als Folge der Diffusion instabil, falls die Länge L einen kritischen Wert L_c überschreitet. Es entsteht dann ein stabiler inhomogener stationärer Zustand (siehe Abb. 147), in dem beide Konzentrationen monoton wachsen (oder fallen). Trotz homogener Zufuhr des Rohstoffs entsteht spontan eine polare, einsinnig gerichtete, räumliche dissipative Struktur!

Das Modell zeigt damit, wie aus physikalisch-chemischen Grundlagen heraus bei einer überkritischen Länge das Auftreten eines räumlich polaren Profils erklärt werden kann, das eine nachfolgende Differenzierung, z. B. Kopfwachstum (in der Region mit $u(x) > v(x)$) oder Zellteilung möglich macht. Obwohl das Modell relativ einfach ist, so beschreibt es doch wesentliche, von den Details der Kinetik ziemlich unabhängige Resultate. Alles deutet darauf hin, daß Muster- oder Gestaltbildung mittels weniger

„Grundprinzipien" verstanden werden kann und in Einklang mit den Gesetzen der Physik erfolgt.

4. Eine andere zentrale Frage der Biologie betrifft den Ursprung und die Entwicklung des Lebens auf der Erde. DARWIN sprach erstmals konsequent den Entwicklungsgedanken in der Biologie aus und belegte ihn mit Tatsachen. Nach seiner Auffassung tritt unter dem Zwang von Konkurrenz „natürliche Selektion" auf, bei der nur der „Beste" überlebt. Heute wird Evolution im Rahmen der Molekularbiologie als Resultat zufälliger, unvermeidbarer Fehler bei der Kopierung des genetischen Materials und nachfolgender Selektion verstanden.

Die Theorie der Selbstorganisation liefert auch hier wesentliche Beiträge zum besseren Verständnis der Evolution und zeigt, daß evolutionsartige Prozesse nicht notwendig an die Biosphäre gebunden sind.

Im Abschnitt 4.3. haben wir konkurrierende autokatalytische Reaktionen betrachtet, die bereits Stoffwechsel, Selbstreproduktion und Selektion, also wesentliche Eigenschaften lebender Systeme, aufweisen. Das Auftreten von Mutationen, also das zufällige Entstehen neuer Sorten, führt dann zwangsläufig zur Durchsetzung immer effektiverer Sorten.

Proteine und Nukleinsäuren sind lineare Polymere mit einer ungeheuer großen Strukturreserve. Deshalb haben EBELING und FEISTEL in einem Modell (für Details siehe [34]) die einzelnen Sorten durch Sequenzen aus den Buchstaben A, B, C und D symbolisiert, denen willkürliche Selektionswerte zugewiesen wurden. Die Vermehrung erfolgte nach einer Dynamik vom Typ der Gleichung (4.18). Zu zufälligen Zeiten wurden durch zufällige Punktmutationen neue Sorten „zugelost".

Auf diese Weise konnten wesentliche Aspekte realer Evolutionsprozesse nachvollzogen werden. Aus den Ergebnissen des Abschnitts 4.3. heraus verstehen wir das Durchsetzen immer günstigerer Sequenzen, das Halten einmal errungener Vorteile, den Ausbau nach der Methode von „Versuch und Irrtum" und die historische Einmaligkeit des konkreten Weges der Evolution im nach oben sich verzweigenden Baum der möglichen Evolutionswege.

Zusammenfassend läßt sich feststellen:

- Darwinsches Selektionsverhalten läßt sich aus bestimmten physikalischen Voraussetzungen ableiten und tritt schon bei speziellen Reaktionssystemen auf.
- Der Optimierungsvorgang der Evolution verläuft notwendig und irreversibel in Richtung eines relativen Vorteils — wobei der individuelle Weg zufällig gewählt wird — und ist praktisch unerschöpflich.

Weitaus detaillierter wird eine phänomenologische Formulierung des Evolutionsprinzips durch EIGEN (1971, [35]) gegeben, der zugleich an konkreten biochemischen Reaktionsmodellen von Proteinen und Nukleinsäuren untersucht, wie vor Jahrmillionen die Fähigkeit zur Selbstreplikation und zum Halten vorteilhafter Mutationen möglich wurde.

Es gibt auch Selektionsmodelle, in denen nicht der absolut Beste, sondern beispielsweise derjenige mit dem größten Anfangsvorteil überlebt (man vergleiche Aufgabe 8.3.b), was etwa die Universalität des genetischen Codes oder die ausschließlich linksdrehende Chiralität aller natürlichen Proteine erklären könnte ([37]).

Als praktische Konsequenzen aus der Evolutionsforschung gewinnen wir unter anderem Evolutionsstrategien für die Optimierung technischer Systeme mit hochdimensionalem Parameterraum. So werden beispielsweise stochastische Suchverfahren für die rechnergestützte Bewertung und Konstruktion komplizierter optischer Systeme eingesetzt.

5. Biologische Populationen unterliegen dynamischen Veränderungen, die die Gesamtzahl der Individuen, ihre Altersstruktur oder ihre räumliche Verteilung betreffen. Bei großen Individuenzahlen bewähren sich Methoden, die in Analogie zu chemischen Reaktionen zeitliche Änderungen in Form von Ratengleichungen bilanzieren. Einfache Modelle der Populationsdynamik haben wir in den Abschnitten 2.2. und 3.6. kennengelernt.

Auch räumliche Strukturbildung wird mittels solcher Methoden erfolgreich modelliert ([31]): Man nimmt an, daß Termiten ihrem Baumaterial einen Geruchsstoff beimengen, der sich durch Diffusion ausbreiten kann und weitere Materialablage stimuliert. So kann unter bestimmten Bedingungen eine stabile räumlich periodische Verteilung des Materials entstehen, wie sie in großen Termitenkolonien tatsächlich beobachtet wird. Hier zeigt es sich ebenfalls, daß komplexe Organisationsphänomene als notwendige Folge nichtlinearer Wechselwirkungen in offenen Systemen erklärt werden können.

A.3. Thermodynamische Grundlagen

Im Abschnitt E.3. haben wir formuliert, daß es in Gleichgewichtsnähe einen eindeutigen stabilen stationären Zustand (den thermodynamischen Zweig) gibt, so daß dissipative Strukturen erst in Gleichgewichtsferne auftreten können. Diese Aussage soll jetzt präzisiert und bewiesen werden, womit wir zugleich auf die thermodynamischen Gemeinsamkeiten der untersuchten strukturbildenden Vorgänge eingehen.

A.3.1. Systeme im thermodynamischen Gleichgewicht

1. Die *phänomenologische Thermodynamik* beschreibt Systeme durch wenige makroskopische Zustandsgrößen (z. B. Druck, Volumen, Temperatur), die das beobachtete Verhalten hinreichend gut charakterisieren. Die atomare Struktur bleibt dabei unberücksichtigt.

Thermodynamische Systeme sind solche, zu deren Eigenschaften die Temperatur gehört. Sie haben makroskopische Abmessungen und bestehen aus einer großen Zahl ($\sim 10^{23}$) mikroskopischer Teilchen. Jeder Zustand (als Gesamtheit der meßbaren Eigenschaften) wird durch *Zustandsgrößen* charakterisiert, von denen man eine minimale Zahl *unabhängiger* Zustandsgrößen auswählen kann, während die Abhängigkeit der anderen in Form von *Zustandsgleichungen* formuliert wird.

Extensive Zustandsgrößen sind der Masse des Systems proportional (z. B. Masse, Stoffmenge, Volumen, Energie); *intensive* Zustandsgrößen sind als eigentliche intensive Größen (Druck, Temperatur) bzw. als Quotienten extensiver Größen (Konzentration, Massendichte) von der Ausdehnung des Systems unabhängig. Die zur extensiven Größe A gehörende Dichte wollen wir mit a bezeichnen; in homogenen Systemen (mit dem Volumen V) gilt $a := A/V$. Als physikalische Erfahrung gilt, daß jedes von der Umgebung abgeschlossene thermodynamische System nach hinreichend langer Zeit in einen eindeutigen *Gleichgewichtszustand* übergeht, den es spontan nicht wieder verläßt und in dem alle Zustandsgrößen zeit- und ortsunabhängig sind.

2. Eine weitere Erfahrung sagt aus, daß die Empfindung „... ist wärmer als ...“ eine Ordnungsrelation darstellt, die durch einen Parameter, die (*empirische*) *Temperatur* ϑ beschrieben werden kann. Bringt man zwei getrennte, verschieden warme Systeme in Kontakt, so werden nach hinreichend langer Zeit beide Teile gleich warm sein.

Nullter Hauptsatz. *Für jedes thermodynamische System existiert eine intensive Zustandsgröße, die Temperatur. Ihre Gleichheit ist notwendig für das (thermische) Gleichgewicht zweier Systeme.*

Der Zahlenwert der Temperatur ist nicht eindeutig festgelegt, da jede streng monotone Funktion $f(\vartheta)$ ebenfalls eine empirische Temperaturskala darstellt. Zur Messung mittels eines *Thermometers* (das im Gleichgewicht mit dem System sein muß!) verwendet man eine willkürliche, von ϑ streng monoton abhängende Materialeigenschaft $x = g(\vartheta)$.

Ein *ideales Gas* ist ein System frei beweglicher, punktförmiger Teilchen ohne Wechselwirkung. Es modelliert ein reales Gas bei großer Verdünnung. Da erfahrungsgemäß das Volumen V bei Erwärmung wächst, falls der Druck konstant gehalten wird, kann man damit die ideale Gastemperatur

$$T := \frac{V}{V_{\mathrm{Tr}}} \cdot 273{,}16 \text{ Kelvin} \tag{A.4}$$

definieren. Dabei ist V_{Tr} das Volumen des idealen Gases am Tripelpunkt des Wassers (wo Dampf, Flüssigkeit und Gas koexistieren). Da die Temperatur T bei festem Volumen auch vom Druck p linear abhängt, erhält man daraus die *thermische Zustandsgleichung* des idealen Gases

$$p = \frac{\mathcal{N} r T}{V}$$

mit dem Zahlenwert $r = 8{,}31 \text{ Ws} \cdot \text{K}^{-1} \cdot \text{mol}^{-1}$ für die universelle Gaskonstante.

3. In einem historisch langwierigen Erkenntnisgang, der um 1840 erstmals auf Wärmeerscheinungen angewandt wurde, entstand die Erfahrung, daß Energie in verschiedene Formen umwandelbar ist, zwischen Systemen übertragen werden kann und in isolierten Systemen erhalten bleibt.

Ein stofflich geschlossenes System kann mit seiner Umgebung Energie in Form von Wärme oder Arbeit austauschen.

Wärme ist die durch thermischen Kontakt übertragene Energiemenge. Ihr Wert hängt vom konkreten Weg ab, der im Zustandsraum (unendlich langsam) durchlaufen wird. Wärme ist deshalb eine *Prozeßgröße*.

Arbeit ist die durch äußere (z. B. mechanische oder elektromagnetische) Kräfte übertragene Energiemenge und ebenfalls eine Prozeßgröße.

Wir wollen die zugeführte Wärmemenge mit Q (infinitesimal: dQ) und die zugeführte Arbeit mit W (infinitesimal: dW) bezeichnen. Für die Volumenarbeit (durch Bewegung eines Kolbens) folgt aus der Mechanik

$$dW = -p\,dV, \quad W = -\int_{V_1}^{V_2} p(V)\,dV,$$

so daß sich beim idealen Gas beispielsweise für isobare Prozesse ($p =$ const) bzw. isotherme Prozesse $\left(p(V) \sim V^{-1}\right)$ unterschiedliche Werte ergeben.

Erster Hauptsatz (für stofflich geschlossene Systeme). *Für jedes thermodynamische System existiert eine extensive Zustandsgröße, die innere Energie U. Sie wächst an durch Zufuhr von Wärme oder Arbeit. In abgeschlossenen Systemen bleibt die innere Energie konstant.*

Die infinitesimale Bilanz lautet: $dU = d_iU + d_aU$ *mit den Anteilen*

— *innere Prozesse:* $d_iU = 0$
— *Wechselwirkung mit der Umgebung:* $d_aU = dQ + dW$

$$\left.\begin{array}{l} d_iU = 0 \\ d_aU = dQ + dW \end{array}\right\} dU = dQ + dW .$$

Bei einem idealen Gas hängt die innere Energie U wegen der fehlenden Wechselwirkung der Moleküle nicht vom Volumen ab. Häufig liegt eine lineare Abhängigkeit von der Temperatur T vor, dann lautet die *kalorische Zustandsgleichung*

$$U = \mathcal{N} c_v T .$$

Hierbei ist c_v die molare Wärme (bei konstantem Volumen).

4. Eine ganz besonders wichtige physikalische Erfahrung stellt fest, daß alle in der Natur ablaufenden Prozesse *irreversibel* sind, das heißt nur in einer Richtung spontan ablaufen. So führt Wärmeleitung zum Temperaturausgleich, Diffusion zum Konzentrationsausgleich, Reibung zur Abbremsung mechanischer Bewegungen und Erzeugung von Wärme.

Als geeignetes Maß für die Irreversibilität wird eine skalare extensive Zustandsgröße, die *Entropie* S, eingeführt. Die Einsinnigkeit im spontanen Ablauf von Prozessen findet ihren Ausdruck darin, daß die Entropie dabei nicht abnehmen kann.

Bringen wir zwei Systeme unterschiedlicher Temperatur in Kontakt, so gilt nach dem Temperaturausgleich $U_1 + U_2 = \hat{U}_1 + \hat{U}_2$, aber $S_1 + S_2 < \hat{S}_1 + \hat{S}_2$ (wobei wir mit ^ die neuen Werte der Zustandsgrößen bezeichnen).

In der infinitesimalen Bilanz $dS = d_iS + d_aS$ ist somit die Änderung d_iS auf Grund innerer Prozesse nichtnegativ und verschwindet bei reversiblen Prozessen. Für die Änderung d_aS durch reversible Wechselwirkung mit der Umgebung hat sich dagegen der Ansatz

$$d_a S = đQ/T$$

bewährt, wenn $đQ$ die unter der Bedingung $T_{\text{Umgebung}} \approx T_{\text{System}} = T$ aufgenommene Wärmemenge ist. Somit muß Wärme abgeführt werden, um die Entropie zu erniedrigen.

Zweiter Hauptsatz. *Für jedes thermodynamische System existiert eine extensive Zustandsgröße, die Entropie S. Bei reversibler Wärmezufuhr ist ihre Änderung der Quotient aus zugeführter (infinitesimaler) Wärmemenge und der (dadurch definierten) absoluten Temperatur T. Bei irreversiblen Zustandsänderungen wird im Innern Entropie produziert.*

Die infinitesimale Bilanz lautet: $dS = d_i S + d_a S$ *mit den Anteilen*

$$\left.\begin{array}{l} \text{— innere Prozesse: } d_i S \geqq 0 \\ \text{— reversible Wechselwirkung mit der Umgebung: } d_a S = \dfrac{đQ}{T} \end{array}\right\} dS \geqq \frac{đQ}{T}.$$

Als Konsequenz daraus ergibt sich, daß in abgeschlossenen Systemen (wegen $dS = d_i S \geqq 0$) die Entropie bis zu einem Maximalwert wächst.

Durch den zweiten Hauptsatz werden zugleich zwei Zustandsgrößen T und S definiert. Nehmen wir den Fall von Volumenarbeit $đW = -p\,dV$, so folgt aus dem ersten Hauptsatz $đQ = dU + p\,dV$. Der zweite Hauptsatz postuliert dann die Existenz eines integrierenden Faktors, also einer Funktion $T = T(U, V)$, so daß

$$dS(U, V) = \frac{1}{T(U, V)}\,dU + \frac{p(U, V)}{T(U, V)}\,dV$$

ein vollständiges Differential einer Zustandsgröße $S(U, V)$ darstellt.

Die in (A.4) definierte empirische Temperatur stimmt mit der hier systemunabhängig eingeführten absoluten Temperatur überein.

5. Die Kombination von erstem und zweitem Hauptsatz liefert für reversible Prozesse

$$dS = \frac{1}{T}\,dU + \frac{p}{T}\,dV,$$

wobei wir bisher nur stofflich geschlossene Systeme ($\mathcal{N}_i = \text{const}$) betrachtet haben. Die Einbeziehung von Stoffaustausch liefert einen weiteren Beitrag zur Änderung der inneren Energie, den wir (formal) als Arbeitsterm

$$đW = \sum_{i=1}^{K} \mu_i\,d\mathcal{N}_i \tag{A.5}$$

aufschreiben können. Die Größe μ_i heißt *chemisches Potential* des Stoffes B_i (und stellt eine Art chemischen „Druck" dar, der Änderungen der Molzahlen $\mathcal{N}_i$ bewirken will). Für das ideale einkomponentige Gas lautet die entsprechende Zustandsgleichung

$$\mu(T, V, \mathcal{N}) = rT \ln \frac{\mathcal{N}}{V} + h(T). \tag{A.6}$$

Kombinieren wir jetzt beide Hauptsätze unter Verwendung von (A.5), so erhalten wir für die Entropiebilanz (bei reversiblen Änderungen) die *Gibbssche Fundamentalgleichung*

$$dS = \frac{1}{T}\,dU + \frac{p}{T}\,dV - \sum_{i=1}^{K} \frac{\mu_i}{T}\,d\mathcal{N}_i. \tag{A.7}$$

Aus der Kenntnis von $S(U, V, \mathcal{N}_1, \ldots, \mathcal{N}_K)$ lassen sich die intensiven Größen $T, p, \mu_1, \ldots, \mu_K$ über

$$\frac{1}{T} = \frac{\partial S}{\partial U}, \quad \frac{p}{T} = \frac{\partial S}{\partial V}, \quad \frac{\mu_i}{T} = -\frac{\partial S}{\partial \mathcal{N}_i}, \quad i = 1, \ldots, K,$$

gewinnen. Andererseits ist aus den Abhängigkeiten $T(U, V, \mathcal{N}_1, \ldots, \mathcal{N}_K), p(U, V, \mathcal{N}_1, \ldots, \mathcal{N}_K)$, $\mu_i = \mu_i(U, V, \mathcal{N}_1, \ldots, \mathcal{N}_K)$, $i = 1, \ldots, K$, bzw. den ihnen äquivalenten (thermischen und kalorischen) Zustandsgleichungen die Entropie $S(U, V, \mathcal{N}_1, \ldots, \mathcal{N}_K)$ berechenbar.

Wegen der Gleichheit der zweiten gemischten Ableitungen von S sind nicht alle Zustandsgleichungen unabhängig, so gilt zum Beispiel

$$\frac{\partial}{\partial V} \frac{1}{T(U, V, \ldots)} = \frac{\partial}{\partial U} \frac{p(U, V, \ldots)}{T(U, V, \ldots)}.$$

6. Im Rahmen der statistischen Thermodynamik, die Methoden der Mechanik und der Wahrscheinlichkeitstheorie auf das mikroskopische Vielteilchensystem anwendet, zeigt es sich, daß die Temperatur eine Kenngröße der Wahrscheinlichkeitsverteilung der Makrozustände ist und daß die Entropie die Unbestimmtheit der Verteilung der Mikrozustände mißt. Entropiezunahme bedeutet dann mikroskopisch das Streben nach dem (unter bestimmten Nebenbedingungen, z. B. festem Erwartungswert der Energie) wahrscheinlichsten Makrozustand. Fluktuationen um diese mittlere Tendenz sind möglich, aber bei großen Teilchenzahlen extrem klein (relative Schwankungen hängen proportional zu $N^{-1/2}$ von der Teilchenzahl N ab und liegen in der Größenordnung von 10^{-10}).

A.3.2. Nichtgleichgewichtssysteme

1. Während die Gleichgewichtsthermodynamik (oder Thermostatik) nur Gleichgewichtszustände beschreiben kann — das sind notwendigerweise homogene Systeme, in denen nur quasistatische Zustandsänderungen ablaufen —, sollen jetzt Methoden entwickelt werden, um den räumlichen und zeitlichen Ablauf von realen Prozessen in Systemen zu untersuchen, die sich nicht im Gleichgewicht befinden (für Details siehe [30], [29]).

Wegen der Ortsabhängigkeit des Systemzustandes führen wir statt der extensiven Zustandsgrößen A deren *Dichten* $a(x)$, $x \in \mathbb{R}^3$, ein: Sei ΔA die Menge von A, die sich in einem kleinen Volumenelement ΔV mit dem Rauminhalt $|\Delta V|$ am Ort x befindet. Dann definieren wir

$$a(x) := \lim_{\Delta V \to \{x\}} \frac{\Delta A}{|\Delta V|}.$$

wobei sich ΔV auf den Punkt x zusammenziehen soll.

Zur Beschreibung des Zustands benötigen wir jetzt orts- (und im allgemeinen auch zeit-) abhängige *Zustandsfelder*, nämlich

a) die Felder der Dichten extensiver Größen $\big(u(t, x), n_i(t, x), i = 1, \ldots, K\big)$,

b) die Felder der eigentlichen intensiven Größen $\big(p(t, x), T(t, x), \mu_i(t, x)\big)$,

c) das Vektorfeld der Strömungsgeschwindigkeit $v(t, x)$, $v \in \mathbb{R}^3$.

(Man beachte, daß die zum Volumen gehörende „Dichte“ identisch Eins ist, dafür charakterisiert das Geschwindigkeitsfeld den mechanischen Zustand.)

Wir nehmen weiter an, daß in kleinen Volumenelementen (klein genug für eine differentielle Beschreibung, groß genug für eine Thermodynamik) *lokales Gleichgewicht* herrscht und somit für alle Zustandsfelder die aus der Gleichgewichtstheorie bekannten Beziehungen gelten (dabei muß das chemische Gleichgewicht noch nicht erreicht sein). Deshalb hängen die abhängigen Zustandsfelder nur implizit über die unabhängigen Zustandsfelder von Raum und Zeit ab. Insbesondere ist die Entropiedichte s eine Funktion $s\big(u(t, x), n_1(t, x), \ldots, n_K(t, x)\big)$ der Energiedichte u und der Konzentrationen $n_1, \ldots, n_K$, so daß die Gibbssche Fundamentalgleichung (A.7) in der Form

$$ds(t, x) = \frac{1}{T(t, x)}\, du(t, x) - \sum_{i=1}^{K} \frac{\mu_i(t, x)}{T(t, x)}\, dn_i(t, x) \tag{A.8}$$

auch außerhalb der Thermostatik einen hinreichend großen Gültigkeitsbereich besitzt.

Durch die Aufstellung von lokalen *Bilanzgleichungen* für die extensiven Größen werden die einzelnen Volumenelemente gekoppelt und zeitliche Änderungen berechenbar. Damit entsteht letztlich ein System partieller Differentialgleichungen für die unabhängigen Zustandsfelder.

2. Wenn A eine extensive Zustandsgröße ist, die räumlich inhomogen mit der Dichte $a(t, x)$ verteilt ist, dann befindet sich in einem (raumfesten) Volumen V zur Zeit t die Menge

$$A(t) = \int_V a(t, x)\, dV. \tag{A.9}$$

Diese Menge kann sich ändern, indem A im Innern erzeugt oder vernichtet wird ($d_i A/dt = P[A]$) oder durch die Oberfläche von V ein- oder ausströmt ($d_a A/dt = \Phi[A]$),

$$dA(t)/dt = P[A] + \Phi[A]. \tag{A.10}$$

Auch hier müssen wir lokale Größen, also Dichten, einführen. Wir setzen

$$P[A] = \int_V q_A(t, x)\, dV \quad \forall V \tag{A.11}$$

für beliebige Teilvolumina V und nennen $q_A(t, x)$ *Produktionsdichte* am Ort x (zur Zeit t). Den Fluß $\Phi[A]$ schreiben wir als Oberflächenintegral über die *Stromdichte*

$J_A(t, x)$,

$$\Phi[A] = -\oint_{\partial V} \big(J_A(t, x),\ \nu(x)\big)\, dO \quad \forall V, \tag{A.12}$$

dabei ist das Skalarprodukt (J_A, ν) die pro Zeiteinheit durch eine Flächeneinheit (am Ort x, mit der äußeren Normalen ν) strömende Menge.

Wenn wir (A.9), (A.11) und (A.12) einsetzen, so erhalten wir nach Anwendung des Gaußschen Integralsatzes

$$\int_V \frac{\partial a}{\partial t}(t, x)\, dV = \int_V [q_A(t, x) - \operatorname{div} J_A(t, x)]\, dV \quad \forall V.$$

Da diese Aussage für beliebige feste Volumina V gilt, folgt daraus die *lokale* Form der *Bilanzgleichung* der extensiven Größe A:

$$\frac{\partial a}{\partial t}(t, x) = q_A(t, x) - \operatorname{div} J_A(t, x).$$

Der Stromdichtevektor J_A enthält einen konvektiven Anteil $a(t, x) \cdot v(t, x)$, der durch die mechanische Strömung mit der Geschwindigkeit $v(t, x)$ verursacht wird, und einen Restterm j_A, den man als konduktiven Anteil („Leitung“) bezeichnet,

$$J_A(t, x) = a(t, x) \cdot v(t, x) + j_A(t, x).$$

Von jetzt an wollen wir annehmen, daß unser System stets im mechanischen Gleichgewicht ist und deshalb keine Konvektion auftritt $\big(v(t, x) \equiv 0\big)$. Damit gehen zwar alle Reibungsphänomene verloren, aber die Theorie wird für uns übersichtlicher. (Außerdem stellt sich das mechanische Gleichgewicht in der Regel viel eher ein als das thermodynamische Gleichgewicht.) Damit lautet die endgültige Form der Bilanzgleichung

$$\frac{\partial a}{\partial t}(t, x) = q_A(t, x) - \operatorname{div} j_A(t, x). \tag{A.13}$$

3. Wir beschränken uns auf ein System aus K fluiden Komponenten, zwischen denen chemische Reaktionen stattfinden können. Neben der Konvektion wollen wir auch alle äußeren mechanischen Kräfte ausschließen. Deshalb wählen wir als unabhängige Zustandsfelder die Konzentrationen $n_1(t, x), \ldots, n_K(t, x)$ und die Dichte der inneren Energie $u(t, x)$.

Die Bilanz der Stoffmenge des Stoffes B_i lautet nach (A.13)

$$\frac{\partial n_i}{\partial t}(t, x) = q_i(t, x) - \operatorname{div} j_i(t, x), \quad i = 1, \ldots, K. \tag{A.14}$$

Dabei ist q_i die Produktionsdichte des i-ten Stoffes und wird durch die reaktionskinetischen Ansätze (A.2) und (A.3),

$$q_i(t, x) = \sum_{r=1}^{R} \nu_{ir} \cdot \omega_r[n_1(t, x), \ldots, n_K(t, x)],$$

als Funktion der beteiligten Konzentrationen bestimmt. Der Vektor j_i heißt *Diffusionsstromdichte* (des Stoffes B_i) und beschreibt die relative Bewegung des Stoffes B_i

auf Grund von Diffusion. Da die Gesamtmasse aller Stoffe eine Erhaltungsgröße ist und (nach Definition der Größe j_i) keinen konduktiven Anteil der Stromdichte besitzt, gilt für die Dichte $\varrho(t, x)$ der Gesamtmasse

$$\partial\varrho/\partial t = 0.$$

Sind nun $\varrho_1, \ldots, \varrho_K$ die einzelnen Massendichten, so folgt wegen

$$\varrho = \sum_{i=1}^{K} \varrho_i, \quad \varrho_i = \tilde{m}_i n_i,$$

wobei $\tilde{m}_i$ eine Materialkonstante ist (Masse pro Mol des Stoffes i), aus (A.14)

$$\sum_{i=1}^{K} \tilde{m}_i q_i = 0, \quad \sum_{i=1}^{K} \tilde{m}_i j_i = 0.$$

Deshalb sind nicht alle Produktionsdichten und Diffusionsstromdichten unabhängig.

Da keine äußeren Kräfte vorliegen und das System in Ruhe ist, verschwinden die Dichte der potentiellen Energie und die Dichte der kinetischen Energie. Die Dichte der inneren Energie $u(t, x)$ ist dann gleich der Dichte der Gesamtenergie und nach dem ersten Hauptsatz eine Erhaltungsgröße. Ihre Bilanz lautet deshalb wegen $q_U = 0$

$$\frac{\partial u}{\partial t}(t, x) = -\operatorname{div} j_Q(t, x). \tag{A.15}$$

Die *Wärmestromdichte* j_Q beschreibt den Transport von Energie durch Wärmeleitung.

4. Da die Entropie wesentliche Aussagen über den Ablauf von Prozessen macht, soll sie hier ebenfalls in der Form

$$\frac{\partial s}{\partial t}(t, x) = q_S(t, x) - \operatorname{div} j_S(t, x) \tag{A.16}$$

bilanziert werden. Weil nach dem zweiten Hauptsatz Entropie nicht vernichtet werden kann, muß die Entropieproduktionsdichte q_S eine nichtnegative Größe sein:

$$q_S(t, x) \geqq 0. \tag{A.17}$$

Aus der Gibbsschen Fundamentalgleichung (A.8) folgt für die zeitliche Änderung der Entropiedichte $s(t, x)$

$$\frac{\partial s}{\partial t} = \frac{1}{T}\frac{\partial u}{\partial t} - \sum_{i=1}^{K} \frac{\mu_i}{T} \cdot \frac{\partial n_i}{\partial t}.$$

Durch Einsetzen der speziellen Bilanzen (A.14) und (A.15) und Umformung der Terme mit Divergenzen erhalten wir die Entropiebilanz (A.16) mit [1])

$$\begin{aligned} q_S &= \sum_{i=1}^{K} a_i \left(-\frac{\mu_i}{R}\right) + j_Q \cdot \operatorname{grad} \frac{1}{T} + \sum_{i=1}^{K} j_i \cdot \operatorname{grad}\left(-\frac{\mu_i}{T}\right), \\ j_S &= \frac{1}{T} j_Q + \sum_{i=1}^{K} \left(-\frac{\mu_i}{T}\right) j_i. \end{aligned} \tag{A.18}$$

[1]) Für das Skalarprodukt (f, g) schreiben wir jetzt $f \cdot g$.

Aus der Entropieproduktionsdichte q_S erkennen wir, welche Prozesse Entropie erzeugen und deshalb irreversibel sind: chemische Reaktionen, Wärmeleitung und Diffusion. Dabei ist q_S die Summe von Produkten aus jeweils zwei Faktoren,

$$q_S = \sum_\alpha J_\alpha X_\alpha\,, \tag{A.19}$$

die wir als *verallgemeinerte Kräfte* X_α bzw. *verallgemeinerte Ströme* J_α bezeichnen, da sie die Ursachen der irreversiblen Prozesse bzw. deren Wirkungen beschreiben.

Im thermodynamischen Gleichgewicht sollen alle Kräfte und Ströme verschwinden ($X_\alpha = 0$, $J_\alpha = 0$ für alle α). Das ist für Wärmeleitung und Diffusion erfüllt, während bei chemischen Reaktionen $\mu_i \neq 0$ gilt. Wir wählen deshalb als verallgemeinerte Ströme die Reaktionsgeschwindigkeiten ω_r, $r = 1, \ldots, R$, und formen den Anteil $q_S{}^{\mathrm{Ch}}$, der von chemischen Reaktionen herrührt, unter Verwendung von $q_i = \sum_r \nu_{ir}\omega_r$ zu

$$q_S{}^{\mathrm{Ch}} = \sum_{i=1}^{K} q_i \left(-\frac{\mu_i}{T}\right) = \sum_{r=1}^{R} \omega_r \left(-\frac{\mathcal{A}_r}{T}\right) \tag{A.20}$$

um. Dabei heißt

$$\mathcal{A}_r := \sum_{i=1}^{K} \nu_{ir}\mu_i\,, \quad r = 1, \ldots, R\,, \tag{A.21}$$

Affinität der r-ten Reaktion und stellt (bis auf den Faktor $-1/T$) die entsprechende verursachende Kraft dar. Im Gleichgewicht gilt $\mathcal{A}_r = 0$, $\omega_r = 0$ für alle r.

Zusammenfassend stellen wir fest, daß irreversible Prozesse durch verallgemeinerte Kräfte X_α verursacht werden und verallgemeinerte Ströme J_α zur Folge haben.

Bei chemischen Reaktionen bewirkt die Affinität einen Stoffumsatz,

$$X_\alpha = -\mathcal{A}_r/T\,, \quad J_\alpha = \omega_r\,, \quad r = 1, \ldots, R\,,$$

bei der Wärmeleitung verursacht ein Temperaturgefälle einen Wärmestrom,

$$X_\alpha = \operatorname{grad}(1/T)\,, \quad J_\alpha = j_Q\,,$$

bei der Diffusion bewirkt ein Gradient des chemischen Potentials (also wegen (A.6) ein Konzentrationsgradient) einen Diffusionsstrom,

$$X_\alpha = \operatorname{grad}(-\mu_i/T)\,, \quad J_\alpha = j_i\,, \quad i = 1, \ldots, K\,.$$

Dabei sind chemische Reaktionen skalare Erscheinungen, während Wärmeleitung und Diffusion vektoriellen Charakter tragen (wie auch die hier nicht erfaßte elektrische Leitung, bei der ein Gradient des elektrischen Potentials einen elektrischen Strom bewirkt). Ein tensorieller Effekt ist dagegen die innere Reibung (Viskosität), bei der Deformationen innere Spannungen hervorrufen.

5. Unser Ziel, nämlich Gleichungen für das raum-zeitliche Verhalten der unabhängigen Zustandsfelder zu erhalten, ist noch nicht erreicht, weil in den Bilanzgleichungen die Stromdichten noch unbekannt sind.

Wir nehmen an, daß die Ströme J_α Funktionen aller Kräfte X_β sind,

$$J_\alpha = J_\alpha(X_1, X_2, \ldots),$$

und entwickeln diese Beziehung in der Nähe des Gleichgewichts unter Berücksichtigung von $J_\alpha(0, 0, \ldots) = 0$. Das liefert den Zusammenhang

$$J_\alpha = \sum_\beta L_{\alpha\beta} X_\beta. \tag{A.22}$$

Diese *linearen phänomenologischen Ansätze* gehen auf ONSAGER (1931) zurück. Sie gelten aber nur in Gleichgewichtsnähe und stellen bei chemischen Reaktionen eine wesentliche Einschränkung dar. (Aus der Reaktionskinetik kennen wir bereits die nichtlineare Beziehung (A.3).) Die Materialgrößen $L_{\alpha\beta}$ heißen *phänomenologische Koeffizienten* (z. B. Diffusionskoeffizienten, Wärmeleitfähigkeit).

Der Ansatz (A.22) enthält auch die Möglichkeit, daß ein Strom J_α durch verschiedene Kräfte X_β verursacht werden kann. Dadurch werden *Kreuzeffekte* postuliert, zum Beispiel der durch einen Temperaturgradienten bewirkte Stofftransport durch Thermodiffusion oder der komplementäre Diffusionsthermoeffekt. Experimentell werden die Kreuzeffekte tatsächlich beobachtet, aber sie sind wesentlich schwächer als die direkten Effekte.

Setzen wir die linearen Ansätze (A.22) in die Gleichung (A.19) ein, so erhalten wir für die Entropieproduktionsdichte q_S den Ausdruck

$$q_S = \sum_\alpha \sum_\beta L_{\alpha\beta} X_\alpha X_\beta \geqq 0. \tag{A.23}$$

Deshalb muß die Matrix $(L_{\alpha\beta})$ *positiv definit* sein. Aus mikroskopischen Überlegungen folgt die *Symmetrie*

$$L_{\alpha\beta} = L_{\beta\alpha}$$

der Koeffizientenmatrix (bzw. Antisymmetrie, wenn eine Kraft bei Zeitumkehr ihr Vorzeichen ändert). In isotropen Systemen verlangt das *Curie-Prinzip* zusätzlich, daß nur skalare mit skalaren, vektorielle mit vektoriellen Effekten usw. gekoppelt werden, so daß dadurch zahlreiche Koeffizienten verschwinden. In dem von uns betrachteten System führt das auf

$$\omega_r = \sum_{s=1}^{R} L_{rs}(-\mathcal{A}_s/T), \qquad r = 1, \ldots, R, \tag{A.24}$$

$$\begin{aligned} j_Q &= L_{QQ} \operatorname{grad} \frac{1}{T} + \sum_{k=1}^{K} L_{Qk} \operatorname{grad} \left(-\frac{\mu_k}{T}\right), \\ j_i &= L_{iQ} \operatorname{grad} \frac{1}{T} + \sum_{k=1}^{K} L_{ik} \operatorname{grad} \left(-\frac{\mu_k}{T}\right), \quad i = 1, \ldots, K, \end{aligned} \tag{A.25}$$

mit $L_{rs} = L_{sr}$, $r, s = 1, \ldots, R$, $L_{iQ} = L_{Qi}$, $L_{ik} = L_{ki}$, $i, k = 1, \ldots, K$. (Man beachte, daß wegen $\sum \tilde{m}_i q_i = 0$, $\sum \tilde{m}_i j_i = 0$ nicht alle Koeffizienten unabhängig sind.) Schließlich muß noch der wichtige Umstand berücksichtigt werden, daß die Koeffizienten $L_{\alpha\beta}$ von den Zustandsgrößen selbst abhängen können.

6. Durch die linearen Ansätze (A.25) sind in den Bilanzgleichungen der Konzentrationen (A.14) und der inneren Energie (A.15) die Produktionsdichten q_i als Funktionen der chemischen Potentiale μ_k und der Temperatur und die Stromdichten j_Q und j_i als Funktionen der entsprechenden Gradienten bekannt. Zusammen mit den (thermischen und kalorischen) Zustandsgleichungen $u = u(T, n_1, \ldots, n_K)$, $\mu_i = \mu_i(T, n_1, \ldots, n_K)$, $i = 1, \ldots, K$, liegen dann $2K + 2$ Gleichungen für ebenso viele Variable vor, so daß nach Einsetzen $K + 1$ partielle, in der Regel lineare parabolische Differentialgleichungen für die unabhängigen Zustandsfelder entstehen. Bei Vorgabe entsprechender Randbedingungen (siehe z. B. 8.1.) gehört dann zu jedem Anfangswert eine eindeutige Lösung, die für $t \to \infty$ gegen einen eindeutigen zeitunabhängigen Nichtgleichgewichts-) Zustand auf dem thermodynamischen Zweig konvergiert.

A.3.3. Thermodynamische Stabilitätstheorie

1. Im zweiten Hauptsatz wird die Entropie als eine Zustandsgröße eingeführt, die in abgeschlossenen Systemen auf Grund innerer irreversibler Ausgleichsvorgänge wächst (und im Gleichgewicht einen Maximalwert erreicht.

Wir betrachten ein System, das aus zwei (bzw. endlich vielen) Teilsystemen besteht, die nicht miteinander wechselwirken und von denen jedes sich im Gleichgewicht mit den Werten der Zustandsgrößen U_i, V_i, $\mathcal{N}_{1i}, \ldots, \mathcal{N}_{Ki}$, $i = 1, 2$, befindet. Vereinigen wir beide Teile und lassen alle Hemmungen (außer denen für chemische Reaktionen) wegfallen, so muß nach dem zweiten Hauptsatz die Ungleichung

$$\begin{aligned} S(U_1, V_1, \mathcal{N}_{11}, \ldots, \mathcal{N}_{K1}) + S(U_2, V_2, \mathcal{N}_{12}, \ldots, \mathcal{N}_{K2}) \\ \leqq S(U_1 + U_2, V_1 + V_2, \mathcal{N}_{11} + \mathcal{N}_{12}, \ldots) \end{aligned}$$

gelten. Das bedeutet aber, daß S (als extensive Zustandsgröße!) eine konkave Funktion der Variablen $U, V, \mathcal{N}_1, \ldots, \mathcal{N}_K$ ist. Wenn wir S als zweimal stetig differenzierbar annehmen, dann muß die Matrix der zweiten partiellen Ableitungen negativ definit sein, d. h., für den Zuwachs $\delta^2 S$ in zweiter Ordnung gilt

$$\delta^2 S := \frac{\partial^2 S}{\partial U^2} (\delta U)^2 + 2 \frac{\partial^2 S}{\partial U \, \partial V} (\delta U)(\delta V) + \sum_{i=1}^{K} \frac{\partial^2 S}{\partial U \, \partial \mathcal{N}_i} (\delta U)(\delta \mathcal{N}_i) + \cdots \leqq 0. \tag{A.26}$$

Wir können dies auch noch anders begründen: Bezeichnen wir mit ^ die Werte der Zustandsgrößen in beiden Teilsystemen, wenn diese untereinander im Gleichgewicht sind, dann gilt (wir schreiben nur die Variable U)

$$\begin{aligned} S(\hat{U}_1 + \delta U, \ldots) + S(\hat{U}_2 - \delta U, \ldots) = S(\hat{U}_1) + S(\hat{U}_2) + \left[\frac{\partial S}{\partial U}(\hat{U}_1) - \frac{\partial S}{\partial U}(\hat{U}_2)\right](\delta U) \\ + \frac{1}{2}\left[\frac{\partial^2 S}{\partial U^2}(\hat{U}_1) + \frac{\partial^2 S}{\partial U^2}(\hat{U}_2)\right](\delta U)^2 + \cdots \end{aligned}$$

für die Gesamtentropie beliebiger Vergleichszustände, die durch den Austausch von $\delta U, \delta V, \ldots$ zwischen den beiden Teilsystemen entstehen. Da im Gleichgewicht der Zuwachs in 1. Ordnung verschwindet, erhalten wir als Gleichgewichtsbedingung

$$\frac{1}{\hat{T}_1} = \left(\frac{\partial S}{\partial U}\right)(\hat{U}_1) = \left(\frac{\partial S}{\partial U}\right)(\hat{U}_2) = \frac{1}{\hat{T}_2},$$

also die Gleichheit der Temperaturen (bzw. analog die der Drücke und der chemischen Potentiale). Die Forderung, daß die Entropie im Gleichgewicht maximal ist, führt dann (weil die Zerlegung in Teilsysteme beliebig gewählt werden kann) auf die Ungleichung (A.26).

Die negative Definitheit der sogenannten *Exzeßentropie* $\delta^2 S$ stellt Forderungen an die Materialeigenschaften, die von jedem physikalisch vernünftigen Material erfüllt werden. So muß wegen

$$\frac{\partial^2 S}{\partial U^2} = \frac{\partial}{\partial U} \frac{1}{T(U, V, \mathcal{N})} = -\frac{1}{T^2} \frac{\partial T}{\partial U} = -\frac{1}{T^2 \mathcal{N} c_v} \leqq 0$$

die molare Wärme c_v (bei konstantem Volumen) positiv sein, also Temperaturerhöhung die innere Energie vergrößern. Entsprechend ist die isotherme Kompressibilität positiv (Druckerhöhung verringert das Volumen), und das System ist stabil gegen Entmischung (bei festem T und V ist $(\partial \mu_i / \partial \mathcal{N}_k)_{i,k=1}^{K}$ positiv definit).

2. In räumlich inhomogenen Systemen untersuchen wir die Entropiedichte $s = s\big(u(t, x), n_1(t, x), \ldots, n_K(t, x)\big)$. Da wir lokales Gleichgewicht vorausgesetzt haben, ist ihre Änderung in 2. Ordnung, die *Exzeßentropiedichte* $\delta^2 s$, eine negativ definite quadratische Form,

$$\delta^2 s = \frac{\partial^2 s}{\partial u^2} (\delta u)^2 + 2 \sum_{i=1}^{K} \frac{\partial^2 s}{\partial u\, \partial n_i} (\delta u)(\delta n_i) + \sum_{i,k=1}^{K} \frac{\partial^2 s}{\partial n_i\, \partial n_k} (\delta n_i)(\delta n_k) \leqq 0,$$

deren Koeffizienten (über den jeweiligen Bezugszustand) orts- und zeitabhängig sein können. Deshalb ist die *Exzeßentropie*

$$\delta^2 S := \int_V \delta^2 s \, dV \leqq 0 \tag{A.27}$$

eine vom Zustand $\big(u(t, \cdot), n_1(t, \cdot), \ldots, n_K(t, \cdot)\big)$ abhängige, zeitlich veränderliche negativ definite Größe.

Um die Stabilität eines stationären Zustandes $\big(u^0(x), n_1{}^0(x), \ldots, n_K{}^0(x)\big)_{x \in V}$ zu untersuchen, wollen wir $\delta^2 S$ als Ljapunow-Funktional verwenden. Dazu müssen wir $\delta^2 s$ bilanzieren. Wir führen die Abkürzungen $n_0 := u$ und $s_{,k} := \partial s / \partial n_k$ ein, bezeichnen mit ^{0} den stationären Bezugszustand und summieren stets von 0 bis K. Dann ist

$$\delta s = \sum_i s^0_{,i} \delta n_i$$

die Gibbssche Fundamentalgleichung und

$$\delta^2 s = \sum_{i,k} s^0_{,i,k} (\delta n_i)(\delta n_k) \leqq 0 \tag{A.28}$$

der Ausdruck für die Exzeßentropiedichte. Differenzieren wir diese nach der Zeit t, so ergibt das

$$\frac{\partial}{\partial t} \delta^2 s = 2 \sum_{i,k} s^0_{,i,k} (\delta n_k) \frac{\partial}{\partial t} (\delta n_i) = 2 \sum_i \delta s_{,i} \frac{\partial}{\partial t} (\delta n_i). \tag{A.29}$$

Aus den Bilanzgleichungen (A.14) und (A.15)

$$\frac{\partial n_i}{\partial t} = q_i - \operatorname{div} j_i, \quad i = 0, \ldots, K \quad (q_0 \equiv 0, j_0 \equiv j_Q), \tag{A.30}$$

folgen dann für die Abweichungen $\delta n_i := n_i - n_i^0$ die Exzeßbilanzen

$$\frac{\partial}{\partial t}\,\delta n_i = \delta q_i - \operatorname{div} \delta j_i, \quad \delta q_i := q_i - q_i^0, \quad \delta j_i := j_i - j_i^0, \quad i = 0, \ldots, K.$$

Setzen wir diese in (A.29) ein, so erhalten wir

$$\begin{aligned}\frac{1}{2}\frac{\partial}{\partial t}\,\delta^2 s &= \sum_i \delta s_{,i}\delta q_i - \sum_i \delta s_{,i} \operatorname{div} \delta j_i \\ &= \sum_i \delta s_{,i}\delta q_i + \sum_i \delta j_i \operatorname{grad} \delta s_{,i} - \operatorname{div}\left(\sum_i \delta s_{,i}\delta j_i\right).\end{aligned}$$

Nach Integration über das Gesamtvolumen V und Anwendung des Gaußschen Satzes finden wir

$$\frac{1}{2}\frac{d}{dt}\,\delta^2 S = \int_V \left[\sum_i \delta s_{,i}\delta q_i + \sum_i \delta j_i \operatorname{grad} \delta s_{,i}\right] dV - \oint_{\partial V} \delta s_{,i}\delta j_i \cdot \nu \, dO.$$

Wir nehmen jetzt an, daß auf der Oberfläche ∂V des Systems als Randbedingungen zeitlich feste Werte der Ströme ($\delta j_i = 0$) oder der Zustandsgrößen ($\delta s_{,i} = 0$) vorliegen. Dann verschwindet das Oberflächenintegral, und wegen (A.27) ist die Ungleichung

$$\int_V \left[\sum_i \delta s_{,i}\delta q_i + \sum_i \delta j_i \delta(\operatorname{grad} s_{,i})\right] dV \geqq 0$$

hinreichend für die Stabilität des betrachteten stationären Zustandes. Der Integrand ist eine Summe von Produkten der Abweichungen der verallgemeinerten Ströme und Kräfte von ihren stationären Werten. Es gilt ausführlich

$$\sum_i \delta j_i \delta(\operatorname{grad} s_{,i}) = \delta j_Q \cdot \delta\left(\operatorname{grad}\frac{1}{T}\right) + \sum_{i=1}^{K} \delta j_i \cdot \delta\left(\operatorname{grad}\left(-\frac{\mu_i}{T}\right)\right),$$

$$\begin{aligned}\sum_i \delta s_{,i}\delta q_i &= \sum_{i=1}^{K} \delta\left(-\frac{\mu_i}{T}\right)\delta\left(\sum_{r=1}^{R} \nu_{ir}\omega_r\right) = \sum_{r=1}^{R} \delta\omega_r \sum_{i=1}^{K} \nu_{ir}\delta\left(-\frac{\mu_i}{T}\right) \\ &= \sum_{r=1}^{R} \delta\omega_r \delta\left(-\frac{\mathcal{A}_r}{T}\right).\end{aligned}$$

Damit haben wir ein allgemeingültiges, hinreichendes *Stabilitätskriterium* erhalten, das erstmals 1971 von Glansdorff und Prigogine [29] formuliert wurde:

Satz 1. *Ein stationärer Nichtgleichgewichtszustand ist stabil, falls für die Abweichung der verallgemeinerten Ströme und Kräfte* $\delta J_\alpha := J_\alpha - J_\alpha^0$, $\delta X_\alpha := X_\alpha - X_\alpha^0$

die Ungleichung

$$\int_V \sum_\alpha \delta J_\alpha \delta X_\alpha \, dV \geqq 0 \tag{A.31}$$

erfüllt ist und auf der Oberfläche zeitlich feste Werte der Ströme oder der Zustandsgrößen vorliegen.

3. Im Fall der linearen Ansätze (A.22) läßt sich das Stabilitätskriterium (A.31) weiter auswerten, falls wir einschränkend annehmen, daß die phänomenologischen Koeffizienten nicht von den Zustandsgrößen selbst abhängen und Konstanten sind. Aus (A.22) folgt für $L_{\alpha\beta} = \text{const}$

$$\delta J_\alpha = \sum_\beta L_{\alpha\beta} \delta X_\beta$$

und damit weiter

$$\int_V \sum_\alpha \delta J_\alpha \delta X_\alpha \, dV = \int_V \sum_{\alpha,\beta} L_{\alpha\beta} \delta X_\alpha \delta X_\beta \geqq 0,$$

weil die Matrix $(L_{\alpha\beta})$ wegen der Positivität der Entropieproduktion (A.23) positiv definit ist. Damit erhalten wir:

Satz 2. *Stationäre Zustände in Gleichgewichtsnähe, die durch lineare phänomenologische Ansätze mit konstanten Koeffizienten beschrieben werden, sind stets stabil.*

Falls die Koeffizienten $L_{\alpha\beta}$ von Zustandsgrößen abhängen, ergeben sich wegen $\delta L_{\alpha\beta} \neq 0$ Zusatzterme. Es läßt sich aber durch Bilanzierung einer mit Vorfaktoren „gewichteten" Exzeßentropiedichte zeigen, daß bei Vorliegen von höchstens zwei Strömen und Kräften ebenfalls Stabilität auftritt. Für mehr als zwei ist dies nur für spezielle Abhängigkeiten der $L_{\alpha\beta}$, insbesondere für fehlende Kreuzeffekte, bewiesen (obwohl keine physikalisch sinnvollen Gegenbeispiele bekannt sind).

4. Im Abschnitt A.3.2. haben wir die Eindeutigkeit des thermodynamischen Lösungszweiges gezeigt und jetzt seine Stabilität bei Vorliegen (spezieller) linearer Ansätze bewiesen. Da für Wärmeleitung und Diffusion nur lineare Ansätze üblich sind, müssen Nichtlinearitäten von chemischen Reaktionen herrühren, für die wir aus der Reaktionskinetik bereits die nichtlineare Beziehung (A.3) kennen. Wir wollen nun zeigen, wie sich daraus in Gleichgewichtsnähe die linearen Ansätze (A.24) ergeben.

Dazu beschränken wir uns auf eine Reaktion ($R = 1$) und führen die Teilaffinitäten

$$\mathcal{A}^+ := \sum_{i=1}^{H} \mu_i(-\nu_i), \quad \mathcal{A}^- := \sum_{i=H+1}^{K} \mu_i \nu_i$$

der Hin- bzw. Rückreaktion ein. Aus den Zustandsgleichungen (A.6) für ideale Gase (und verdünnte Lösungen) erhalten wir dann

$$\mathcal{A}^+ = \sum_{i=1}^{H} rT \ln n_i^{(-\nu_i)} + h^+(T), \quad h^+(T) := \sum_{i=1}^{H} (-\mu_i) \, h_i(T),$$

$$\mathcal{A}^- = \sum_{i=H+1}^{K} rT \ln n_i^{\nu_i} + h^-(T), \quad h^-(T) := \sum_{i=H+1}^{K} \mu_i h_i(T).$$

Setzen wir das in (A.1) ein und verwenden

$$k^+ = \Lambda\, e^{h^+/rT}, \quad k^- = \Lambda\, e^{h^-/rT}$$

(k^+ und k^- sind nicht unabhängig), so ergibt das für die Reaktionsgeschwindigkeit

$$\omega = \Lambda(e^{\mathcal{A}^+/rT} - e^{\mathcal{A}^-/rT}).$$

Im chemischen Gleichgewicht gilt $\mathcal{A}^+ = \mathcal{A}^- = \mathcal{A}^e$. Wenn wir in Gleichgewichtsnähe, also für $|\mathcal{A}^- - \mathcal{A}^+| \ll rT$, die Exponentialfunktion entwickeln,

$$e^{\mathcal{A}^+/rT} - e^{\mathcal{A}^-/rT} = e^{\mathcal{A}^e/rT} \cdot \left(\frac{\mathcal{A}^+ - \mathcal{A}^-}{rT}\right) + \cdots,$$

so erhalten wir näherungsweise die lineare Beziehung

$$\omega = (\Lambda/r)\, e^{\mathcal{A}^e/rT} \cdot (-\mathcal{A}/T)$$

zwischen ω und der Affinität $\mathcal{A} = \mathcal{A}^- - \mathcal{A}^+$. Diese gilt für $|\mathcal{A}| \ll rT$, also kurz vor Erreichen des chemischen Gleichgewichts.

Zugleich erkennen wir aber, daß nicht die formal-mathematische Nichtlinearität der Reaktionsgleichung $\dot{n} = f(n)$ für eine mögliche Instabilität entscheidend ist, sondern die dahinter verborgene physikalische Nichtlinearität der Strom-Kraft-Relation zwischen Reaktionsgeschwindigkeit und Affinität.

5. Das Stabilitätskriterium (A.31) kann uns zugleich Auskunft erteilen, welche Typen chemischer Reaktionen in Gleichgewichtsferne Instabilitäten verursachen können.

Für den Fall einer homogenen chemischen Reaktion gilt

$$\int_V \sum_\alpha \delta J_\alpha \delta X_\alpha \, dV = V \cdot \delta\omega \cdot \delta(-\mathcal{A}/T),$$

so daß in einem isothermen System ($T = \text{const}$) die Ungleichung

$$\delta\omega \cdot \delta\mathcal{A} \leqq 0$$

hinreichend für die Stabilität des stationären Zustandes ist. Für die Reaktion

$$B \underset{k^-}{\overset{k^+}{\rightleftarrows}} 2X, \quad n_B = \text{const},$$

erhalten wir $\omega = k^+ n_B - k^- n_X^2$, $\mathcal{A} = 2\mu_X - \mu_B$, so daß sich $\delta\omega = -2k^- \delta n_X$ und mit (A.6) $\delta\mathcal{A} = 2rT\delta n_X/n_X^0$ und damit ein stabilisierender Beitrag

$$\delta\omega \cdot \delta\mathcal{A} = -4rTk^-(\delta n_X)^2/n_X^0 < 0 \quad \text{für} \quad \delta n_X \neq 0$$

zur Exzeßentropieproduktion ergibt.

Für die Reaktion

$$B + X \underset{k^-}{\overset{k^+}{\rightleftarrows}} 2X, \quad n_B = \text{const},$$

erhalten wir dagegen

$$\omega = k^+ n_B n_X - k^- n_X^2, \quad \mathcal{A} = 2\mu_X - \mu_B - \mu_X = \mu_X - \mu_B$$

und daraus

$$\delta\omega = k^+ n_B \delta n_X - 2k^- n_X{}^0 \delta n_X\,, \quad \delta\mathcal{A} = rT\delta n_X / n_X{}^0\,.$$

Der resultierende Beitrag

$$\delta\omega \cdot \delta\mathcal{A} = rT[k^+(n_B/n_X{}^0) - 2k^-]\,(\delta n_X)^2$$

kann positiv sein und eine Instabilität verursachen.

„Verdächtig" für Instabilitäten sind deshalb *autokatalytische* Reaktionen ($B + X \to 2X$), *kreuzkatalytische* Reaktionen ($A + X \to X + Y,\ B + Y \to Y + X$) bzw. ganz allgemein Reaktionen, bei denen auf Grund kooperativer Effekte eine *positive Rückkopplung* auftritt (wie etwa bei biochemischen Reaktionsketten).

6. Ersetzen wir in der Ungleichung (A.28) (wir verwenden die Notation aus Punkt 2.)

$$\sum_{i,k} s^0_{,i,k}(\delta n_i)\,(\delta n_k) = \sum_i \delta(s_{,i})\,\delta n_i \leqq 0$$

die Variationen δ durch die zeitlichen Ableitungen $\partial/\partial t$, so folgt

$$\sum_i \frac{\partial s_{,i}}{\partial t} \cdot \frac{\partial n_i}{\partial t} \leqq 0\,. \tag{A.32}$$

Unter Verwendung der Bilanzgleichungen (A.30) läßt sich dies umformen zu

$$\sum_i q_i \frac{\partial s_{,i}}{\partial t} + \sum_i j_i \cdot \frac{\partial}{\partial t}\,\mathrm{grad}\, s_{,i} - \mathrm{div}\left(\sum_i j_i \frac{\partial s_{,i}}{\partial t}\right) \leqq 0\,.$$

Wir integrieren wieder über das feste Volumen V und setzen auf der Oberfläche verschwindende Normalkomponenten der Ströme ($j_i \cdot \nu = 0$) oder zeitlich feste Zustandsgrößen ($\partial s_{,i}/\partial t = 0$) voraus. Dann verschwindet das Oberflächenintegral, und es bleibt die Ungleichung

$$\int_V \sum_i \left[q_i \frac{\partial s_{,i}}{\partial t} + j_i \frac{\partial}{\partial t}\,\mathrm{grad}\, s_{,i}\right] dV \leqq 0$$

übrig. Unter Verwendung der Ströme J_α und der Kräfte X_α läßt sich dies in der Form

$$\int_V \sum_\alpha J_\alpha \cdot \frac{\partial X_\alpha}{\partial t}\, dV \leqq 0 \tag{A.33}$$

schreiben. Diese Ungleichung heißt *Evolutionskriterium* ([29]). Es macht eine Aussage darüber, welche zeitlichen Änderungen des Systems nicht erlaubt sind. Da nur die zeitliche Ableitung der Kräfte X eingeht, wird die linke Seite von (A.33) mit $d_X P/dt$ abgekürzt. Weil aber über den komplementären Anteil $d_J P/dt$ nichts weiter bekannt ist, kann über dP/dt und damit die zeitliche Entwicklung der Entropieproduktion keine Aussage getroffen werden.

Das ist im Falle linearer Ansätze anders: Aus (A.22) folgt

$$\sum_\alpha J_\alpha \frac{\partial X_\alpha}{\partial t} = \sum_{\alpha,\beta} L_{\alpha\beta} X_\beta \frac{\partial X_\alpha}{\partial t} = \frac{1}{2} \sum_{\alpha,\beta} L_{\alpha\beta} \frac{\partial}{\partial t}\,(X_\alpha X_\beta)\,,$$

wobei wir die Symmetrie $L_{\alpha\beta} = L_{\beta\alpha}$ ausgenutzt haben. Setzen wir nun noch konstante Koeffizienten $L_{\alpha\beta}$ voraus, dann geht das Evolutionskriterium (A.33) über in

$$\frac{dP}{dt} = \frac{d}{dt} \int\limits_V \sum_{\alpha,\beta} L_{\alpha\beta} X_\alpha X_\beta \, dV \leqq 0 .$$

Da die totale Entropieproduktion

$$P = \int\limits_V \sum_{\alpha,\beta} L_{\alpha\beta} X_\alpha X_\beta \, dV \geqq 0$$

wegen (A.23) eine positiv definite Größe darstellt, erhalten wir als wichtige Schlußfolgerung den Satz von der minimalen Entropieproduktion:

Satz 3. *Stationäre Zustände in Gleichgewichtsnähe, die durch lineare phänomenologische Ansätze mit konstanten Koeffizienten beschrieben werden, sind, falls auf der Oberfläche verschwindende (Normalkomponenten der) Ströme oder zeitlich feste Zustandsgrößen vorliegen, durch ein Minimum der Entropieproduktion ausgezeichnet.*

Wir haben somit unter Verwendung der Ljapunow-Funktion P erneut (diesmal unter etwas schärferen Randbedingungen) die Stabilität gleichgewichtsnaher Zustände bewiesen.

Aufgabe. Der Fouriersche Ansatz für die Wärmestromdichte $j_Q = -\lambda \operatorname{grad} T$, $\lambda = \text{const} > 0$, lautet in Onsagerscher Schreibweise

$$j_Q = L(1/T) \operatorname{grad} (1/T), \quad L(1/T) = \lambda T^2 .$$

Zeigen Sie, daß in Systemen, in denen als einziger irreversibler Prozeß Wärmeleitung auftritt, sogar für beliebige Abhängigkeiten $L(1/T) > 0$ stationäre Zustände stabil sind! Weisen Sie dazu nach, daß die „gewichtete" Entropieproduktion

$$\int\limits_V L(1/T) \cdot j_Q \cdot \operatorname{grad} \frac{1}{T} \, dV = \int\limits_V j_Q \cdot j_Q \, dV$$

im stationären Zustand minimal wird, indem Sie statt von (A.32) von der Ungleichung

$$L(1/T) \cdot \frac{\partial(1/T)}{\partial t} \cdot \frac{\partial u}{\partial t} \leqq 0$$

ausgehen!

A.4. Synergetik

1. Untersucht man den systemtheoretischen Aspekt der Strukturbildung, so stellt man fest, daß die Entstehung des Laserlichts, die Ausbildung eines chemischen Musters oder die Entwicklung einer Sprache überraschend viele Gemeinsamkeiten besitzen: Die untersuchten Objekte sind durchweg aus sehr vielen Untersystemen zusammengesetzt, die durch kooperatives Zusammenwirken nach gewissen Ordnungsprinzipien eine nach außen sichtbare ganzheitliche Wirkung erzeugen.

Dabei kommt es auf die richtige Kooperation der Teilsysteme an, um eine neue Qualität zu erzeugen. So hat die Buchstabenfolge „aaa dfin sss ssst" keinen sprachlichen Sinn, während „das fass ist nass" einen vernünftigen Satz darstellt (dessen Aussage auch durch einen Druckfehler „dat fass ist nass" nicht verlorengeht).

Solche Erkenntnis veranlaßten den Physiker HAKEN, einen Wissenschaftszweig *Synergetik* (die „Lehre vom Zusammenwirken") zu schaffen, der sich — als interdisziplinäres Forschungsgebiet — mit der Kooperation der einzelnen Teile eines Systems beschäftigt, die makroskopische räumliche, zeitliche und funktionale Strukturen erzeugt, und der sowohl deterministische als auch stochastische Prozesse erfaßt. Untersucht werden die verschiedensten Erscheinungen der Strukturbildung, wobei vor allem das Konzept des „Ordnungsparameters" und das damit verbundene „Versklavungsprinzip" eine zentrale Rolle spielen und zugleich Gemeinsamkeiten von Phasenübergängen im Gleichgewicht und im Nichtgleichgewicht herausgestellt werden ([32], [38]).

Phasenübergänge sind Qualitätsumschläge des makroskopischen Zustands bei Änderung von Parametern. Bei Phasenübergängen 1. Art sind am kritischen Punkt beide Phasen verschieden und können koexistieren (z. B. Übergang fest—flüssig), während bei Phasenübergängen 2. Art beide Phasen verschiedene Symmetrien besitzen und am kritischen Punkt identisch sind (z. B. beim ferromagnetischen Übergang).

Wie entsteht nun der Befehl, demzufolge sich am Phasenübergang der Ordnungszustand über große Entfernungen hin ändert? Beim Ferromagneten sind die Subsysteme kleine wechselwirkende Elementarmagneten (Spins). Der einzelne Spin befindet sich im mittleren Magnetfeld aller anderen Spins, das somit als makroskopischer Ordnungsparameter (= Magnetisierung M) den einzelnen Spin beeinflußt. Ist M lokal von Null verschieden, weil zufällig viele Spins in nahezu eine Richtung zeigen, so werden weitere Spins gezwungen, sich ebenso auszurichten. Diesem kollektiven Verhalten wirkt die thermische Bewegung entgegen. Als Resultat finden wir eine kritische Temperatur T_c, oberhalb der $M = 0$ und unterhalb der $M \neq 0$ gilt (und M mit fallender Temperatur wächst). Der Ordnungsparameter, der diesen Phasenübergang 2. Art beschreibt, weist einen Symmetriebruch auf: Oberhalb T_c ist das System räumlich isotrop, unterhalb T_c besitzt der Vektor M eine feste (zufällige oder erzwungene) Richtung.

Der Laser als Nichtgleichgewichtssystem (siehe auch E.3.) zeigt grundsätzlich die gleichen Eigenschaften: Zufällig entstandene Photonen (= spontane Emission) erzeugen ein makroskopisches Lichtfeld, das weitere Atome zwingen kann, Photonen gleicher Frequenz, Phase und Richtung auszustrahlen (= induzierte Emission). Das Lichtfeld wirkt als ein Ordnungsparameter, nach dem sich die einzelnen Atome richten. Letztere sind jeweils nur kurzzeitig an der Emission beteiligt, der Ordnungsparameter als kollektive Größe ändert sich hingegen zeitlich wesentlich langsamer. Überwiegt der kooperative Effekt über die übrigen Wirkungen und Verluste, dann weist der Ordnungsparameter einen Qualitätssprung auf, der sich hier im Bruch der zeitlichen Symmetrie äußert und einen Nichtgleichgewichts-Phasenübergang (2. Art) darstellt.

In ähnlicher Weise können wir auch Phasenübergänge in Ökosystemen beschreiben, etwa die Entwicklung eines Waldes oder der Tierwelt in einem See. Auch hier kann es durch Änderung äußerer Einflüsse zu drastischen Änderungen des Ordnungsparameters, beispielsweise der Eutrophierung des Sees infolge Verschmutzung, kommen.

Wir können auch die Sprache eines Volkes als langlebigen Ordnungsparameter der Kommunikation betrachten, nach dem sich die einzelnen Menschen richten. Andererseits lebt die Sprache erst durch die Menschen, die sie benutzen, und ändert sich deshalb im Verlaufe sehr großer Zeiträume.

Diese Beispiele zeigen, daß der von der Physik bereitgestellte Begriff des Ordnungsparameters auch für andere Disziplinen sehr fruchtbar sein kann und in diesem Sinne auch zur Modellierung gesellschaftlicher Prozesse genutzt werden sollte.

Die folgende Tabelle nennt eine Reihe von Systemen und ihre Ordnungsparameter.

Tabelle 3: Beispiele für die Realisierung abstrakter Begriffe der Synergetik in verschiedenen Gebieten

Gesamtsystem	Untersysteme	Ordnung	Ordnungs-parameter	äußere Parameter sind z. B.
Ferromagnet	Elementar-magnete	Magneti-sierung	Magnetisierung (= mittleres Feld)	Temperatur
Supraleiter	Elektronen und Photonen	Supraleitung	Paarwellen-funktion	Temperatur
Röhren-generator	Elektronen	Oszillation	Gitterspannung	Kapazitäten, Induktivitäten
Laser	Atome und Photonen	Kohärenz	Feldstärke des Lichts	Pumprate, Verluste
Flüssigkeit	Moleküle	z. B. Benard-Zellen	Temperatur-, Dichte-gradienten	Wärmezufuhr
chemisch reagierende Stoffe	Moleküle verschiedener Sorten	räumliche und zeitliche Strukturen	Konzentra-tionen	Rohstoff-, Energiezufuhr
biolog. Zelle	Moleküle	Konzentrations-verteilung	Konzen-trationen	Nährstoffzufuhr, Licht, Temperatur
Gehirn	Neuronen	Funktion	elektrische Anregung	äußere Reize
Population	Lebewesen	natürliche Koexistenz	räumliche Dichte	Rohstoffvorräte
Gesellschaft	Individuen	Kommuni-kation	Sprache	andere Sprachen
Gesellschaft	Individuen	gesellschaftl. Klassen, Funktion	ökonomische Verhältnisse	natürliche Gegebenheiten

Zusammenfassend nennen wir einige durch Verallgemeinerung konkreter Erfahrungen gewonnene synergetische Aspekte:

(i) Das Gesamtsystem besteht aus sehr vielen gleichartigen Untersystemen.
(ii) Die Untersysteme wechselwirken miteinander und unterliegen zufälligen oder systematischen äußeren Einflüssen.
(iii) Das makroskopische Verhalten wird von wenigen Ordnungsparametern beschrieben, die die Untersysteme beeinflussen (und zugleich von ihnen erzeugt werden).
(iv) Die Ordnungsparameter ändern sich zeitlich viel langsamer als die Untersysteme, die von den Ordnungsparametern „versklavt" werden.
(v) Die wenigen Gleichungen für die Ordnungsparameter zeigen an, wann Phasenübergänge auftreten und der Zustand der Unordnung in einen Zustand der Ordnung und Kooperativität übergeht.

2. Von *Organisation* sprechen wir dann, wenn das System auf äußere Anweisungen reagieren. In vielen Fällen erfolgt diese Reaktion sehr schnell im Vergleich zur langsamen Änderung der steuernden Kraft. Dann kann man die sogenannte „adiabatische" oder quasistatische Näherung (siehe 4.2.) mit Erfolg verwenden.

So beschreibt die Differentialgleichung

$$M = \mathbb{R}^1: \quad \dot{x} = -kx + F(t), \quad k > 0,$$

einen überdämpften Oszillator unter dem Einfluß der äußeren Kraft $F(t)$, deren Lösung

$$x(t) = x(0)\,e^{-kt} + \int_0^t e^{-k(t-s)} F(s)\,ds$$

lautet. Im speziellen Fall

$$F(t) = a \cdot e^{-bt}$$

erhalten wir

$$x(t) = x(0)\,e^{-kt} + \frac{a}{k-b}\,(e^{-bt} - e^{kt}).$$

Für $|b| \ll k$ ändert sich die Kraft wesentlich langsamer als eine typische Reaktion des Systems. Dann ist auf einer makroskopischen Zeitskala $t \gg 1/k$ die Lösung sehr gut durch den Ausdruck

$$x(t) = (a/k)\,e^{-bt} = F(t)/k$$

gegeben, den wir formal aus $\dot{x} = -kx + F(t) \approx 0$ erhalten.

Im Falle von *Selbstorganisation* sind die steuernden Kräfte selbst Teil des Systems und erwachsen aus der inneren Dynamik. Sie sind keine vorgegebenen Funktionen, sondern genügen auch Bewegungsgleichungen.

Seien beispielsweise eine „Kraft" x und ein Untersystem y durch die Differentialgleichungen

$$M = \mathbb{R}^2: \qquad \dot{x} = -\lambda_1 x - axy, \qquad a > 0, \quad b > 0,$$

$$\dot{y} = -\lambda_2 y + bx^2, \qquad \lambda_2 > 0, \quad \lambda_2 \gg |\lambda_1|,$$

beschrieben. (Wegen $\lambda_2 > 0$ ist für verschwindende Kraft $x(t) \equiv 0$ der Zustand $y^0 = 0$ stabil.) Die Größenbeziehung $\lambda_2 \gg |\lambda_1|$ erlaubt die quasistatische Näherung $\dot{y} \approx 0$, die auf die Abhängigkeit

$$y(t) = \frac{b}{\lambda_2}\,[x(t)]^2$$

führt und ausdrückt, daß das Untersystem $y(t)$ unmittelbar der Kraft $x(t)$ folgt. Die Kraft $x(t)$ genügt deshalb der Differentialgleichung

$$\dot{x} = -\lambda_1 x - \frac{ab}{\lambda_2}\,x^3,$$

die vom Typ der kubischen Nichtlinearität ist. Für $\lambda_1 < 0$ wird der Fixpunkt $x^0 = 0$ ($\triangleq y^0 = 0$) instabil, und es entstehen zwei neue stabile Fixpunkte

$$x^0 = \pm\sqrt{|\lambda_1|\,\lambda_2/ab} \quad (\triangleq y^0 = |\lambda_1|/a),$$

in denen der Ordnungsparameter x einen endlichen, von Null verschiedenen Wert besitzt.

Anwendung findet diese Methode insbesondere bei der Stabilitätsuntersuchung von Fixpunkten (siehe Abschnitt 4.2.), wo die zu den negativen, betragsmäßig großen Eigenwerten gehörenden Moden als schnelle Variable von den wenigen, mit betragsmäßig kleinen Eigenwerten verbundenen Moden versklavt werden. Auf diese Weise kommt man über die lineare Näherung hinaus und kann — zumindest in der Nähe eines Bifurkationspunktes — die neuen stabilen Zustände approximativ bestimmen. Die instabilen Moden spielen hier die Rolle des Ordnungsparameters und erreichen eine makroskopische Größe, während die stabilen Moden klein bleiben.

Lösungen der Aufgaben

1.2./1: Wenn x^0 Fixpunkt des Flusses (T_t) ist, so folgt aus $T_t x^0 \equiv x^0$ unmittelbar $f(x^0) = \lim\limits_{t\to\infty} (T_t x^0 - x^0)/t = 0$.
Die Umkehrung beweisen wir nur für den Fall $x \in M \subset R^1$ (die Übertragung auf den n-dimensionalen Fall ist dann naheliegend). Sei $f(x^0) = 0$. Wenn $T_t x^0$ nicht identisch x^0 ist, dann gibt es eine Zeit $t \neq 0$ mit $T_t x^0 \neq x^0$, $f(T_t x^0) \neq 0$. Für Punkte x nahe bei x^0 gibt es stets Zeiten $s \neq 0$, so daß $x = T_s x^0$ und $x \to x^0$ für $s \to 0$. Damit erhalten wir

$$\lim_{x\to x^0} \frac{T_t x - T_t x^0}{x - x_0} = \lim_{s\to 0} \frac{(T_t T_s x^0 - T_t x^0)/s}{(T_s x^0 - x^0)/s} = \frac{f(T_t x^0)}{f(x^0)} = \pm\infty,$$

so daß $T_t(\cdot)$ an der Stelle x^0 nicht differenzierbar ist. Das steht im Widerspruch zur Voraussetzung.

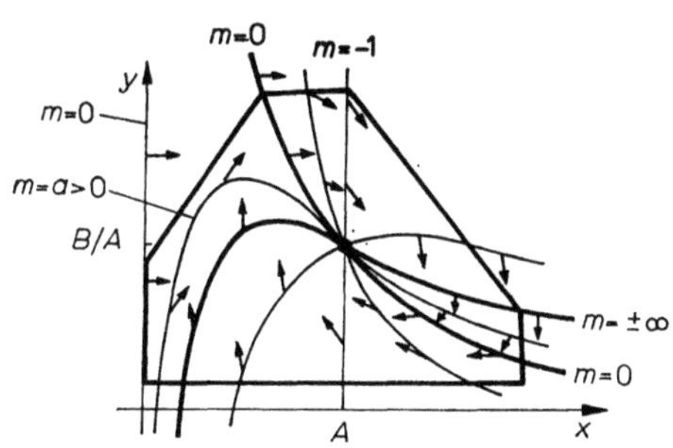

Abb. 138
Lage der Isoklinen $dy/dx = m$ und Konstruktion eines positiv invarianten Polygons für den Brüsselator (3.33)

1.2./2: Auf der Geraden $x = 0$ und der Hyperbel $y = B/x$ gilt $\dot{y} = 0$, während $\dot{x} = 0$ auf der Kurve $y = (B + 1)/x - A/x^2$ erfüllt ist (die genau ein Maximum bei $x = 2A/(B + 1)$ besitzt). Der einzige Fixpunkt und zugleich Schnittpunkt der Hauptisoklinen ist $x^0 = A$, $y^0 = B/A$. Isoklinen, auf denen $dy/dx = m$ gilt, sind für $m = -1$ die Gerade $x = A$ und für $m \neq -1$ die Kurven

$$y = h_m(x) := (B + q)/x - Aq/x^2, \quad q := m/(m + 1).$$

Für $m \in (-1, 0)$ ist h_m monoton fallend mit $h_m(x) \to +\infty$ bei $x \downarrow 0$, für $m \notin [-1, 0]$ besitzt h_m genau ein Maximum und erfüllt $h_m(x) \to -\infty$ bei $x \downarrow 0$. Die Richtung der Feldvektoren ist aus Abb. 138 ersichtlich.

1.2./3: Die Gleichung $M = \mathbb{R}^1$: $\dot{x} = x^{2/3}$, $x(0) = 0$, besitzt die Lösungen $x(t) = t^3/27$ und $x(t) \equiv 0$ und ist damit nicht eindeutig lösbar. Da für beide Lösungen $\dot{x}(0) = 0$ gilt, ist auch

$$x(t) = \begin{cases} 0, & t < t_0, \\ (t - t_0)^3/27, & t_0 \leqq t, \end{cases}$$

eine weitere Lösung zum Anfangswert $x(0) = 0$ (Abb. 139). Deshalb gibt es auf jedem Intervall $(-b, b)$, $b > 0$, unendlich viele Lösungen. Für $x(0) = -1$ ist $x(t) = (t/3 - 1)^3$ auf $[0, b)$, $b \leqq 3$ die einzige Lösung, während für $b > 3$ unendlich viele Lösungen der Form

$$x(t) = \begin{cases} (t/3 - 1)^3, & 0 \leqq t \leqq 3, \\ 0, & 3 < t \leqq t_1, \\ (t - t_1)^3/27, & t_1 < t, \end{cases}$$

existieren.

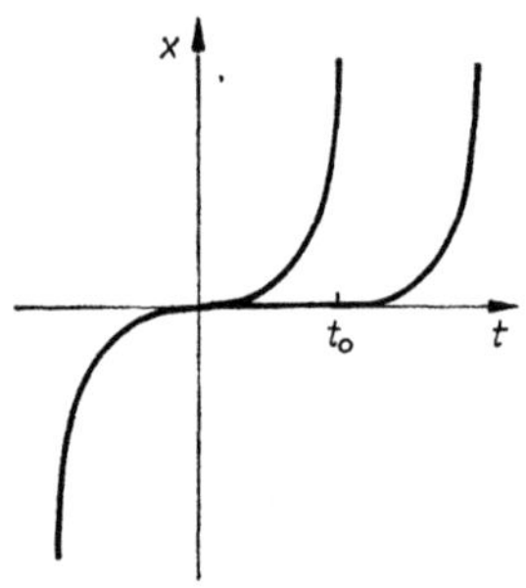

Abb. 139
Die Gleichung $x = x^{2/3}$, $x(0) = 0$, ist nicht eindeutig lösbar

1.2./4: Für $x_0 = 0$ besitzt die Gleichung $\dot{x} = x^2$, $x(0) = x_0$, die Lösung $x(t) \equiv x_0$ für alle $t \in \mathbb{R}^1$. Für $x_0 \neq 0$ existiert die Lösung

$$x(t) = 1/((1/x_0) - t)$$

auf dem maximalen Zeitintervall $\theta(x_0) = (-\infty, 1/x_0)$, falls $x_0 > 0$, und auf $\theta(x_0) = (1/x_0, \infty)$ für $x_0 < 0$.

1.3./1: Die allgemeine Lösung von $\dot{x} = \lambda_1 x$, $\dot{y} = \lambda_2 y$, lautet $x(t) = x_0 \, e^{\lambda_1 t}$, $y(t) = y_0 \, e^{\lambda_2 t}$, woraus wir $(x/x_0)^{\lambda_2} = (y/y_0)^{\lambda_1}$ und damit die Potenzfunktion

$$y = y_0 \cdot (x/x_0)^{\lambda_2/\lambda_1}$$

erhalten. Sie gilt jeweils für einen der vier Quadranten, wenn (x_0, y_0) aus diesem Quadranten gewählt wird.

1.3./2: Die Matrix $\begin{pmatrix} 0 & 1 \\ -k & -\beta \end{pmatrix}$ besitzt die Eigenwerte $\lambda_{1,2} = -\dfrac{\beta}{2} \pm \sqrt{\beta^2/4 - k}$. Für $\beta = 0$ liegt bei $(0, 0)$ ein Wirbel vor. Für $0 < \beta^2/4 < k$ liegt ein Strudel und für $k < \beta^2/4$ ein Knoten vor, die jeweils für $\beta > 0$ stabil und für $\beta < 0$ instabil sind.

1.3./3: a) Die Lösung $x(t) = x_0 \, e^{\lambda_1 t}$, $y(t) = y_0 \, e^{\lambda_2 t}$, $z(t) = z_0 \, e^{\lambda_3 t}$ zeigt für $\lambda_1 < \lambda_2 < 0 < \lambda_3$ einen dreidimensionalen „Sattelpunkt" $(0, 0, 0)$ mit der z-Achse als abstoßender Richtung an. Alle Trajektorien mit $z_0 \neq 0$ besitzen (für $t \to \infty$) die z-Achse als Asymptote.

b) und c): In Zylinderkoordinaten (r, φ, z) lautet die Lösung $r(t) = r_0 \, e^{\alpha t}$, $\varphi(t) = \varphi_0 + \omega t$, $z(t) = z_0 \, e^{\lambda_3 t}$, so daß die Menge der Trajektorien mit festen Werten $r(0) = r_0$, $z(0) = z_0$ und beliebigem Anfangswert $\varphi(0) = \varphi_0 \in [0, 2\pi)$ eine zur z-Achse rotationssymmetrische Fläche ergibt. Aus der Art der Annäherung in der (r, z)-Ebene (wo $(0, 0)$ ein stabiler Knoten ist) sehen wir, daß für $\alpha < \lambda_3 < 0$ ein „spitzer Trichter" und für $\lambda_3 < \alpha < 0$ eine „flache Schüssel" vorliegen. (Der Leser fertige eine Skizze an!)

1.4./1: Die Lösung ist in Abb. 33 angegeben.

1.4./2: Die Funktion $\tilde{H} = (kx^2 + y^2)/2 + \varepsilon xy$, $k > 0$, ist für $\varepsilon^2 < k$ positiv definit. Der Ausdruck

$$(L_f\tilde{H})(x, y) = \dot{x}(\partial\tilde{H}/\partial x) + \dot{y}(\partial\tilde{H}/\partial y) = -[k\varepsilon x^2 + \varepsilon xy + (\beta - \varepsilon)\, y^2]$$

ist negativ definit für $\varepsilon > 0$, $\beta > \varepsilon$ und

$$\begin{vmatrix} k\varepsilon & \beta\varepsilon/2 \\ \beta\varepsilon/2 & \beta - \varepsilon \end{vmatrix} = \varepsilon[k\beta - \varepsilon(k + \beta^2/4)] > 0.$$

Wegen $\varepsilon > 0$ und $k\beta/(k + \beta^2/4) < \beta$ ist $\tilde{H}$ eine strenge Ljapunow-Funktion, falls

$$0 < \varepsilon < \min\left(\sqrt{k},\, k\beta/(k + \beta^2/4)\right).$$

1.4./3: Wir machen für die Ljapunow-Funktion für (0, 0) den Ansatz $\Phi(x, y) = (ax^2 + by^2)/2$, $a > 0$, $b > 0$. Damit erhalten wir

$$(L_f\Phi)(x, y) = -(2x + y^2)\, ax - (y + x^2)\, bx = -[(2a + by)\, x^2 + (ax + b)\, y^2].$$

Im offenen Rechteck $\{(x, y) \mid x > -b/a,\ y > -2a/b\}$ sind beide Koeffizienten negativ, dann ist $L_f\Phi$ negativ definit. Da wir den Wert $-b/a < 0$ beliebig wählen können, erhalten wir eine ganze Familie von Ljapunow-Funktionen. Somit gehört die Menge

$$N = \{(x, y) \mid x \geqq 0 \quad \text{oder} \quad x < 0, y > 2/x\}$$

zum Anziehungsbereich von (0, 0).

Der zweite Fixpunkt $\left(-\sqrt[3]{2}, -\sqrt[3]{4}\right)$ liegt auf dem Rand von N und ist ein Sattelpunkt.

1.4./4: Fixpunkte sind Lösungen der Gleichungen $y = x - 2x^3$, $x = y - 2y^3$, woraus wir durch Elimination von y

$$0 = x - 2x^3 - 2(x - 2x^3)^3 = -2x^3[1 + (1 - 2x^2)^3]$$

erhalten. Daraus erhalten wir die drei Fixpunkte $x^0_{(1)} = y^0_{(1)} = 0$, $x^0_{(2),(3)} = -y^0_{(2),(3)} = \pm 1$. Die Matrix der zweiten Ableitungen von $-V$ mit $V(x, y) = x^4 + y^4 - (y - x)^2$,

$$A(x, y) := \begin{pmatrix} 2 - 12x^2 & -2 \\ -2 & 2 - 12y^2 \end{pmatrix},$$

besitzt für $(x, y) = (\pm 1, \mp 1)$ die Eigenwerte $\lambda_1 = -8$, $\lambda_2 = -12$, so daß die Fixpunkte $(1, -1)$ und $(-1, 1)$ als lokale Minima von V asymptotisch stabil sind.

Für $(x, y) = (0, 0)$ lauten die Eigenwerte $\lambda_1 = 0$, $\lambda_2 = 4$, und die lineare Näherung erlaubt keine Stabilitätsaussage. Durch Schnitte $y = kx$ erkennen wir aber, daß $V_k(x) := V(x, kx) = (k^4 + 1)\, x^4 - (k - 1)^2\, x^2$ bei $x = 0$ für $k \neq 1$ ein Maximum und für $k = 1$ ein Minimum besitzt. Deshalb ist (0, 0) ein (entarteter) Sattelpunkt.

1.5./1: Das Gleichungssystem lautet in Zylinderkoordinaten

$$\dot{r} = r(1 - r^2), \quad \dot{\varphi} = 1, \quad \dot{z} = z.$$

Für $z(0) \neq 0$ gilt $z(t) \to \infty$ für $t \to \infty$, so daß kein periodischer Orbit erreicht wird. Für $z(0) = 0$ werden alle Trajektorien (außer dem Nullpunkt) von dem kreisförmigen Grenzzyklus $r = 1$ angezogen.

Statt negative Zeiten zu betrachten, ersetzen wir t durch $-t$ und untersuchen $\dot{r} = -r(1 - r^2)$, $\dot{\varphi} = 1$, $\dot{z} = -z$ für $t \to \infty$. Alle Trajektorien mit $r(0) \neq 1$ erreichen den Punkt $r = 0$, $z = 0$ oder führen ins Unendliche (wobei $z(t) \to 0$ für $t \to \infty$ gilt). Für $r(0) = 1$ gilt dagegen $r(t) \equiv 1$, $z(t) \to 0$ für $t \to \infty$, und der Grenzzyklus $r = 1$ wird erreicht.

Somit ist $C = \{(x, y, z) \mid x^2 + y^2 = 1, z = 0\}$ der einzige geschlossene Orbit. Es gilt $W_s(C) = \{(x, y, z) \mid z = 0\}$, $W_u(C) = \{(x, y, z) \mid x^2 + y^2 = 1\}$.

1.5./2: Aus der Darstellung in ebenen Polarkoordinaten

$$\dot{r} = -r(r^2 - 1)(r^2 - 2), \quad \dot{\varphi} = 1,$$

erkennen wir, daß $r = 0$ (das heißt $(x^0, y^0) = (0, 0)$) ein asymptotisch stabiler Fixpunkt, der Kreis $C_1 := \{(x, y) \mid x^2 + y^2 = 1\}$ ein beidseitig instabiler Grenzzyklus und der Kreis $C_2 = \{(x,y) \mid x^2 + y^2 = 2\}$ ein asymptotisch stabiler Grenzzyklus ist.

Genauer erhalten wir

$$L_\omega(x, y) = \begin{cases} (0, 0), & 0 \leqq x^2 + y^2 < 1, \\ C_1, & x^2 + y^2 = 1, \\ C_2, & 1 < x^2 + y^2, \end{cases}$$

$$L_\alpha(x, y) = \begin{cases} (0, 0), & x = y = 0, \\ C_1, & 0 < x^2 + y^2 < 2, \\ C_2, & x^2 + y^2 = 2, \end{cases}$$

für $2 < x^2 + y^2$ gibt es keine α-Grenzmenge.

1.6./1: Die Lösung finden Sie in Abschnitt 5.1.2. und in Abb. 63.

1.6./2: Wir gehen beispielhaft auf einige Fälle ein:

a) Sind beide Eigenwerte λ_1, λ_2 der Matrix A einfach und reell, so lautet die Iteration in geeigneten Koordinaten

$$x_{k+1} = \lambda_1 x_k, \quad y_{k+1} = \lambda_2 y_k, \quad k = 0, 1, 2, \ldots,$$

mit $\lambda_1 \leqq \lambda_2$. Der Fixpunkt $(0, 0)$ ist für $|\lambda_1| < 1$, $|\lambda|_2 < 1$ asymptotisch stabil. Die Annäherung mit $k \to \infty$ erfolgt dabei für $0 < \lambda_1 \leqq \lambda_2 < 1$ monoton in einem Quadranten, für $-1 < \lambda_1 < 0 < \lambda_2 < 1$ oszillierend zwischen zwei benachbarten Quadranten und für $-1 < \lambda_1 \leqq \lambda_2 < 0$ oszillierend zwischen zwei gegenüberliegenden Quadranten.

b) Im Falle konjugiert-komplexer Eigenwerte $\lambda_{1,2} = \alpha \pm i\omega$ lautet die Iteration in geeigneten komplexen Koordinaten $z = x + iy$

$$z_{k+1} = (\alpha + i\omega)\, z_k, \quad k = 0, 1, 2, \ldots,$$

und entspricht einer Multiplikation mit $\alpha + i\omega$. Somit ändert sich der Betrag von z jeweils um den Faktor $\sqrt{\alpha^2 + \omega^2}$, das Argument um den Winkel $\arctan(\omega/\alpha)$. Für $\alpha^2 + \omega^2 < 1$ erfolgt rotierende Annäherung an den Nullpunkt, für $\alpha^2 + \omega^2 > 1$ Abstoßung. Im Falle $\alpha^2 + \omega^2 = 1$ liegen alle Orbits auf Kreisen $|z_k| = |z_0| = \text{const.}$

1.6./3: Fixpunkte von f erfüllen die Gleichung $\mu x^2 + x - 1 = 0$, deren Wurzeln

$$x_{1,2} = -(1/2\mu) \cdot \left(1 \pm \sqrt{4\mu + 1}\right)$$

sind. Der Fixpunkt $x^0 = x_1$ existiert für alle $\mu \in [0, 2]$. Aus $f'(x) = -2\mu x$, $f'(x_1) = 1 + \sqrt{4\mu + 1}$ erkennen wir, daß $x^0 = x_1$ für $0 \leqq \mu < 3/4$ asymptotisch stabil und für $3/4 < \mu$ instabil ist. (Der Fixpunkt $x^0 = x_2$ ist nur für $\mu = 2$ Element von $[-1, 1]$; er ist dann wegen $x_2 = -1$, $f'(-1) = 4$ instabil.)

Orbits der Periode 2 erfüllen $x = f^2(x) = 1 - \mu(1 - \mu x^2)^2$ und damit

$$\mu^3 x^4 - 2\mu^2 x^2 + x + \mu - 1 = 0.$$

Da die Fixpunkte x_1, x_2 Wurzeln dieser Gleichung sind, führt die Abspaltung des Faktors $\mu(x - x_1)(x - x_2) = \mu x^2 + x - 1$ auf die reduzierte Gleichung

$$\mu^2 x^2 - \mu x - \mu + 1 = 0,$$

deren Wurzeln

$$x_{3,4} = (1/2\mu) \cdot \left(1 \pm \sqrt{4\mu - 3}\right), \quad \mu \geqq 3/4,$$

einen nichttrivialen Orbit der Periode 2 ergeben. Dieser ist wegen

$$(f^2)'(x_{3,4}) = f'(x_3) \cdot f'(x_4) = 3\mu^2 x_3 x_4 = 4(1 - \mu)$$

für $3/4 < \mu < 5/4$ asymptotisch stabil und für $5/4 < \mu$ instabil.

1.6./4: Für die angegebene Abbildung gilt

$$A = \begin{pmatrix} 1 & 1 \\ 1 & 2 \end{pmatrix},\ A^2 = \begin{pmatrix} 2 & 3 \\ 3 & 5 \end{pmatrix},\ A^3 = \begin{pmatrix} 5 & 8 \\ 8 & 13 \end{pmatrix}, \ldots,\ A^k = \begin{pmatrix} a_{2k-2} & a_{2k-1} \\ a_{2k-1} & a_{2k} \end{pmatrix},\quad k = 2, 3, \ldots;$$

dabei ist $(a_j)_{j=1}^{\infty} = (1, 2, 3, 5, 8, 13, \ldots)$, $a_{j+2} := a_{j+1} + a_j$, die Folge der Fibonaccischen Zahlen. Ein Punkt (x, y) auf einem Orbit der Periode N erfüllt deshalb

$$a_{2N-2}x + a_{2N-1}y = x \pmod 1,$$
$$a_{2N-1}x + a_{2N}y = y \pmod 1.$$

Wir suchen eine Lösung für Punkte der Form $(x, y) = (x_0, 0)$. Dadurch entsteht das Problem, ob es ganze Zahlen n, m gibt, so daß für ein $x_0 \in [0, 1)$

$$(a_{2N-2} - 1)\, x_0 = n, \quad a_{2N-1}x_0 = m$$

gilt.

Durch systematisches Probieren und anschließende vollständige Induktion gewinnen wir die Faktorisierungen

$$\left.\begin{aligned} a_{4l} - 1 &= a_{2l-1}(a_{2l+2} - a_{2l-2}), \\ a_{4l+1} &= a_{2l}(a_{2l+2} - a_{2l-2}), \\ a_{4l+2} - 1 &= a_{2l+1}(a_{2l+2} - a_{2l-2}), \\ a_{4l+3} &= a_{2l+1}(a_{2l+4} - a_{2l+2} - a_{2l} + a_{2l+2}) \end{aligned}\right\} \quad l = 1, 2, \ldots,$$

mit $a_{-2} := 0$, $a_0 := 0$ (wobei die letzten beiden Beziehungen aus den ersten beiden folgen). Unsere gesuchte Lösung lautet dann für $l = 1, 2, \ldots$

$$N = 2l + 1\colon\quad x_0 = 1/(a_{2l+2} - a_{2l-2}), \quad n = a_{2l-1}, \quad m = a_{2l},$$
$$N = 2l + 2\colon\quad x_0 = 1/a_{2l+1}, \quad n = a_{2l+2} - a_{2l-2}, \quad m = a_{2l+4} - a_{2l+2} - a_{2l} + a_{2l-2}).$$

Somit finden wir für jede Zahl $N = 3, 4, 5, \ldots$ (und für $N = 2$ auch) periodische Orbits, von denen mindestens alle Primzahlen N echte, also nicht reduzierbare Perioden liefern. Die Folge der Bahnpunkte zum Anfangswert $(x_0, 0)$ lautet

$$x_1 = x_0, \quad y_1 = x_0, \quad x_k = a_{2k-2}x_0 \pmod 1, \quad y_k = a_{2k-1}x_0 \pmod 1, \quad k = 2, 3, \ldots$$

Man kann sogar noch mehr beweisen: Ein Punkt (x, y) gehört genau dann zu einem periodischen Orbit, wenn x und y rationale Zahlen mit gleichem Nenner sind. Die Menge der Punkte aller periodischen Orbits liegt dicht in $[0, 1]^2$.

1.7./1: Wir nehmen an, daß es für die beiden Vektorfelder

$$f(x) = a_1x, \quad g(x) = a_2x, \quad a_2 < 0 < a_1,$$

eine eineindeutige, in beiden Richtungen stetige Abbildung $h\colon \mathbb{R}^1 \to \mathbb{R}^1$ gibt, so daß

$$h(a_1x) = a_2h(x) \quad \forall x \in \mathbb{R}^1$$

gilt. Sei nun $z = 0$ eine reelle Zahl, für die $h(z) > 0$ gilt. Dann erhalten wir

$$h(a_1z) = a_2h(z) < 0, \quad h(a_1^2z) = a_2h(a_1z) = a_2^2h(z) > 0.$$

Da aber entweder $z \leqq a_1z \leqq a_1^2z$ oder $a_1^2z \leqq a_1z \leqq z$ gilt, ist die stetige Funktion h nicht monoton und kann damit, im Widerspruch zur Voraussetzung, nicht eineindeutig sein.

1.7./2: a) Das System ist strukturell instabil, man vergleiche $\dot{x} = x^2 + c$ für $c > 0$ und $c < 0$.

b) Das System ist strukturell stabil, da in den Fixpunkten die Ableitung $f'(x)$ vom Betrag Eins ist.

c) Das System ist strukturell instabil, man vergleiche $\ddot{x} = \sin x + \beta\dot{x}$ für $\beta > 0$ und $\beta < 0$.

d) Das System ist strukturell instabil, man vergleiche $\ddot{x} + \dot{x} + x^5 + kx$ für $k > 0$ und $k < 0$.

2.1.: Für $\gamma \neq 0$ sind Fixpunkte x Wurzeln der Gleichung $x^2 - \frac{\gamma}{x} = \mu$. Dadurch wird eine Funktion $\mu = \mu(x)$, $x \neq 0$, definiert, die für $\gamma > 0$ einen auf $(0, \infty)$ monoton wachsenden Zweig und auf $(-\infty, 0)$ einen parabel-ähnlichen, nach unten beschränkten Zweig besitzt (für $\gamma < 0$ tritt gerade das spiegelbildliche Verhalten auf). Somit gibt es für alle Werte von μ stets einen asymptotisch stabilen Fixpunkt, der stetig und monoton von μ abhängt. Für $\mu > \mu_c := \sqrt[3]{\gamma^2/4}$ kommen noch ein instabiler und ein weiterer stabiler Fixpunkt hinzu (Abb. 140). Bei Änderung des Parameters μ ist keine Hysterese, sondern nur ein einmaliger Übergang auf den monotonen Zweig möglich.

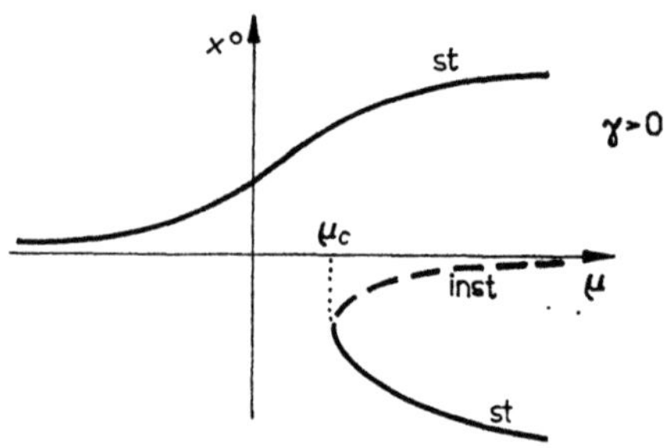

Abb. 140
Fixpunkte der Gleichung
$x = -x^3 + \mu x + \gamma$, $\gamma > 0$,
in Abhängigkeit von μ (st = stabil)

2.2./1: Fixpunkte der Bewegung sind Minima bzw. Maxima des mechanischen Potentials

$$V(x) = k\left(\sqrt{a^2 + x^2} - L\right)^2.$$

Für $a > L$ besitzt V kein Maximum und ein Minimum bei $x^0 = 0$, das damit zugleich den einzigen und asymptotisch stabilen Fixpunkt darstellt.

Für $a < L$ wird V in $x^0 = \pm\sqrt{L^2 - a^2}$ mit $V(x^0) = 0$ minimal, während bei $x^0 = 0$ ein Maximum mit $V(0) = k(L - a)^2 > 0$ vorliegt. Deshalb ist die symmetrische Ruhelage instabil, und es gibt zwei asymptotisch stabile Fixpunkte, in denen beide Federn gerade ihre entspannte Länge einnehmen (Abb. 141a).

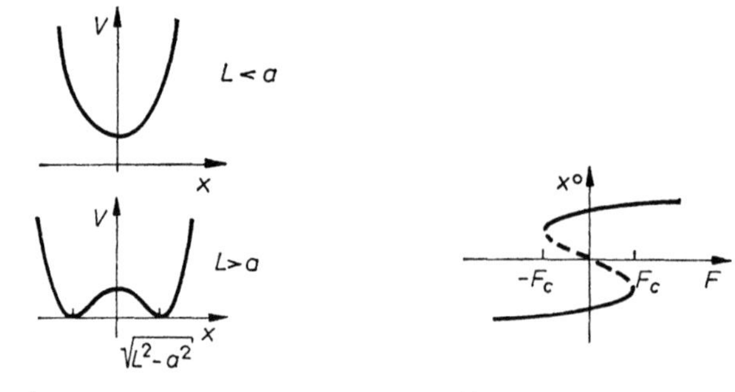

Abb. 141
a) Das Federmodell aus Abb. 28 besitzt für $L < a$ einen und für $L > a$ zwei asymptotisch stabile Zustände.
b) Die Bistabilität wird durch eine zusätzliche Kraft F für $|F| > F_c$ wieder aufgehoben.

Wirkt eine zusätzliche Kraft F, dann wird das Potential zu

$$V_F(x) = k\left(\sqrt{a^2 + x^2} - L\right)^2 - Fx$$

gestört. Für $a > L$ tritt wiederum nur ein Minimum (mit $x^0 \neq 0$) auf, aber auch für $a < L$ ist bei $|F| > F_c$ nur noch ein Minimum möglich, so daß die Bistabilität wieder aufgehoben ist (Abb. 141b).

2.2./2: Im Falle $C > 0$ gibt es genau einen Fixpunkt in $\mathbb{R}_+^1$, nämlich

$$x^0 = (1/2)\left(A - B + \sqrt{(A - B)^2 + 4C}\right).$$

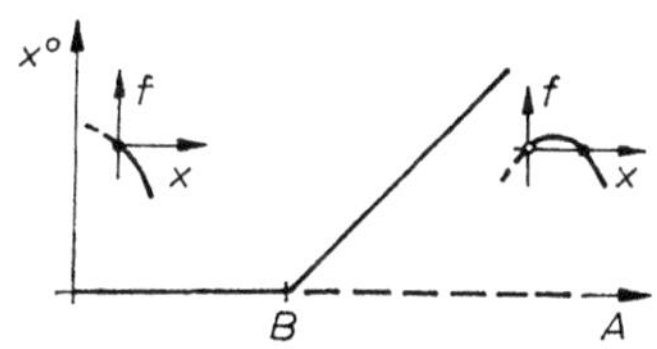

Abb. 142
Abzweigung eines nichttrivialen stabilen Fixpunktes bei der quadratischen Nichtlinearität $\dot{x} = f(x) := -x^2 + (A - B)\,x,\ x \geqq 0.$

Dieser ist stets asymptotisch stabil und wächst (bei festen Werten von B und C) monoton mit A. Für $C = 0$ tritt dagegen bei $A = A_c := B$ eine Bifurkation auf (Abb. 142):

$$x^0_{(1)} = 0 \qquad \text{ist stabil für } A < B, \text{ instabil für } A > B,$$

$$x^0_{(2)} = A - B \text{ ist stabil für } A > B.$$

(Betrachten wir die Differentialgleichung in ganz $\mathbb{R}^1$, so liegen für $C \neq 0$ zwei getrennte Fixpunktzweige vor, von denen einer stabil und einer instabil ist. Für $C = 0$ kreuzen sich dagegen beide Zweige bei $A = B$ und tauschen dort ihre Stabilität aus (= transkritische Bifurkation, siehe Abschnitt 6.2.).)

3.1./1: Der Beweis des Kriteriums von Dulac erfolgt in völliger Analogie zu Satz 3.1./2, wenn man mit dem Integral von $\partial(qf_1)/\partial x_1 + \partial(qf_2)/\partial x_2$ über das Gebiet D beginnt.
Für $M = \mathbb{R}^2$: $\dot{x} = x(y - 1)$, $\dot{y} = x + y - 2y^2$ und $q(x, y) = x^3$ erhalten wir

$$\frac{\partial}{\partial x}[x^4(y - 1)] + \frac{\partial}{\partial y}[x^3(x + y - 2y^2)] = -3x^3.$$

Dieser Ausdruck besitzt in den Halbebenen mit $x < 0$ bzw. $x > 0$ ein festes Vorzeichen. Da aber die Gerade $x = 0$ ganz aus Trajektorien, nämlich den Lösungen von $\dot{y} = y - 2y^2$, besteht, kann sie von keiner Trajektorie gekreuzt werden. Deshalb sind in ganz $\mathbb{R}^2$ keine geschlossenen Orbits möglich.

3.1./2: Zu untersuchen ist das System

$$M = \mathbb{R}^2\colon \quad \dot{x} = \mu x - x^3 + d(y - x), \quad \dot{y} = \mu y - y^3 - d(y - x), \quad d \geqq 0.$$

Fixpunkte (x, y) erfüllen die Gleichungen

$$\mu x - x^3 + d(y - x) = 0, \quad \mu y - y^3 - d(y - x) = 0,$$

woraus wir durch Summen- bzw. Differenzbildung die Faktorisierung

$$(x + y)\,(\mu - x^2 + xy - y^2) = 0,$$

$$(y - x)\,(2d - \mu + x^2 + xy + y^2) = 0$$

erhalten. Das liefert die Fixpunkte (bei gegebenem Wert von d)

$$x^0_{(1)} = y^0_{(1)} = 0 \qquad \text{für alle } \mu,$$

$$x^0_{(2),(3)} = y^0_{(2),(3)} = \pm\sqrt{\mu} \qquad \text{für } \mu \geqq 0,$$

$$x^0_{(4),(5)} = -y^0_{(4),(5)} = \pm\sqrt{\mu - 2d} \qquad \text{für } \mu \geqq 2d$$

$$\left.\begin{aligned} x^0_{(6),(7)} = y^0_{(9),(8)} &= \pm\sqrt{\frac{\mu-d}{2} + \sqrt{\left(\frac{\mu-d}{2}\right)^2 - d^2}} \\ x^0_{(8),(9)} = y^0_{(7),(6)} &= \pm\sqrt{\frac{\mu-d}{2} - \sqrt{\left(\frac{\mu-d}{2}\right)^2 - d^2}} \end{aligned}\right\} \quad \text{für} \quad \mu \geqq 3d.$$

Somit gibt es für $0 \leqq d < \mu/3$ neun Fixpunkte, für $\mu/3 < d < \mu/2$ fünf Fixpunkte und für $\mu/2 < d$ drei Fixpunkte.

Ihren Stabilitätscharakter können wir Abb. 37 entnehmen oder explizit durch Untersuchung der Eigenwerte bestimmen. Für $0 \leqq d < \mu/3$ sind die Fixpunkte (2), (3), (4) und (5) Minima des zugehörigen Potentials $V(x, y) = x^4/4 - (\mu/2)\, x^2 + y^4/4 - (\mu/2)\, y^2 + (d/2)\,(x - y)^2$, die Fixpunkte (6) bis (9) sind Sättel, und am Fixpunkt (1) besitzt V ein Maximum. Für $\mu/3 < d < \mu/2$ sind (2) und (3) Minima, (4) und (5) sind Sättel, (1) ist ein Maximum von V. Für $\mu/2 < d$ sind (2) und (3) Minima, und (1) ist ein Sattelpunkt von V.

In Abb. 143 ist die Abhängigkeit der Fixpunkte vom Parameter d bei festem Wert von $\mu > 0$ dargestellt.

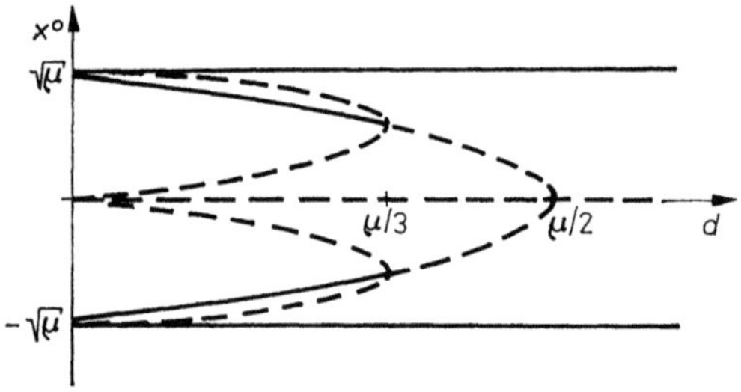

Abb. 143
Stationäre Zustände des Zweiboxenmodells (3.5) in Abhängigkeit von der Kopplungskonstanten d (stabile Fixpunkte ausgezogen)

3.2.: Wir untersuchen das Verhalten des Vektorfeldes auf Kreislinien $x^2 + y^2 = r^2 = \text{const}$. Für das Skalarprodukt aus Vektorfeld f und der äußeren Normalen $\nu = (x/r, y/r)$ erhalten wir

$$\begin{aligned} (\nu, f) &= (x/r)\left(x - y - x\left(x^2 + \frac{3}{2}y^2\right)\right) + (y/r)\left(x + y - y\left(x^2 + \frac{1}{2}y^2\right)\right) \\ &= r - r^3 \cdot a(\sin^2\varphi), \quad a(z) := 1 + z\left(\frac{1}{2} - z\right). \end{aligned}$$

Der Ausdruck $a(z)$, $z \in [0, 1]$, wird maximal für $z = 1/4$ mit $a(z) = 17/16$ und minimal am Rand $z = 1$ mit $a(z) = 1/2$. Deshalb gilt

$$(\nu, f) > 0 \quad \text{für} \quad 0 < r < 4/\sqrt{17}, \quad (\nu, f) < 0 \quad \text{für} \quad \sqrt{2} < r.$$

Nun ist noch festzustellen, wo außer dem Fixpunkt (0, 0) weitere Fixpunkte liegen. Wir multiplizieren die erste Gleichung mit y und die zweite mit x, setzen $\dot{x} = \dot{y} = 0$ und subtrahieren beide voneinander. Dadurch finden wir, daß Fixpunkte (x, y) die Beziehung

$$x^2 + xy^3 + y^2 = 0$$

erfüllen müssen, die nur für $y^2 \geqq 2$ nach x auflösbar ist (und für $y^2 = 2$ auf $x = 0$ führt). Deshalb gibt es innerhalb des Gebiets $0 < r \leqq 2$ keine Fixpunkte. Somit finden wir einen Ring $R_1 \leqq x^2 + y^2 \leqq R_2$, $R_1 = 4/\sqrt{17} - \varepsilon$, $R_2 = \sqrt{2} + \varepsilon$, der positiv invariant, abgeschlossen und ohne Fixpunkte ist und deshalb einen stabilen Grenzzyklus enthält.

3.3.: Das Gleichungssystem lautet in Polarkoordinaten

$$\dot{r} = r(1 - r^2), \quad \dot{\varphi} = 1, \quad \dot{z} = z.$$

Die Halbebene $S = \{(x, y, z) \mid x > 0, y = 0\} = \{(r, \varphi, z) \mid r > 0, \varphi = 0\}$ ist ein lokaler Schnitt, weil die Normalkomponente (ν, f) des Vektorfeldes wegen $\nu = (0, 1, 0)$ und $(\nu, f) = \dot{y} = x > 0$ überall auf S positiv ist.

Durch Integration für die Anfangswerte $r(0) = r_0 > 0$, $\varphi(0) = 0$, $z(0) = z_0$ erhalten wir

$$r(t) = \left[1 + \left(\frac{1}{r_0^2} - 1\right) e^{-2t}\right]^{-1/2}, \quad \varphi(t) = t, \quad z(t) = z_0 e^t.$$

Da die Wiederkehrzeit für alle Punkte $(x, 0, z) = (x, z) \in S$ gleich 2π ist, lautet die Wiederkehrabbildung

$$\sigma(x, z) = \left(\left[1 + \left(\frac{1}{x^2} - 1\right) e^{-4\pi}\right]^{-1/2}, e^{2\pi} z\right).$$

Der Fixpunkt $(1, 0) \in S$ der Abbildung σ ist ein Sattelpunkt mit $W_s(1, 0) = \{(x, z) \in S \mid z = 0\}$, $W_u = \{(x, z) \in S \mid x = 1\}$. Daraus erhalten wir die bereits in Aufgabe 1.5./1 angegebenen Mannigfaltigkeiten $W_s(C)$ bzw. $W_u(C)$ für den Grenzzyklus $r = 1$, $z = 0$.

3.5./1: Die Gleichung (3.17) mit $\varphi(y_1) = \varepsilon(1 - y_1^2)$ besitzt für $0 < \varepsilon \ll 1$ als Grenzzyklus den Kreis $y_1^1 + y_2^2 = 4$. Die Transformation (3.18) lautet deshalb

$$x_1 = -y_2 + \varepsilon y_1(1 - y_1^2/3), \quad x_2 = y_1.$$

Deshalb besitzt die Gleichung (3.19) mit $R(x_2) = \varepsilon x_2(1 - x_2^2/3)$ einen Grenzzyklus, der durch

$$x_1 = \pm\sqrt{4 - x_2^2} + \varepsilon x_2(1 - x_2^2/3)$$

gegeben ist. Für $\varepsilon = 0$ ist das ein Kreis vom Radius 2, der aber durch den Zusatzterm für $\varepsilon \neq 0$ leicht deformiert wird, so daß eine schwach anharmonische Schwingung auftritt.

3.5./2: Die Differentialgleichung

$$\dot{x} = y, \quad \dot{y} = -x - \frac{1}{6} x^3$$

hat die Struktur von (3.24) mit $\varepsilon = 1/6$ und $F(x, y) = x^3$. Die Auswertung von (3.27) liefert als genähertes System (3.28)

$$\dot{r} = 0, \quad \dot{\psi} = \frac{1}{6} \cdot \frac{3}{8} r^2$$

mit der Lösung $r(t) \equiv r_0 = \text{const}$, $\psi(t) = (r_0^2/16)\, t + \psi_0$, was auf $\varphi(t) \equiv [(r_0^2/16) - 1]\, t + \varphi_0$ führt. Da die Näherung für kleine Auslenkungen r_0 gilt, ist $r_0^2/16 - 1$ negativ. Nach einer Umlaufzeit T gilt deshalb $\varphi(T) - \varphi_0 = (r_0^2/16 - 1)\, T = -2\pi$, woraus wir

$$T = 2\pi/(1 - r_0^2/16), \quad \omega = 1 - r_0^2/16$$

erhalten. Mit wachsender Amplitude wächst auch die Periodendauer und nimmt die Frequenz ab.

3.5./3: Wir zerlegen f mittels $f(x, t, \varepsilon) = \bar{f}(x) + \tilde{f}(x, t, \varepsilon)$ in einen mittleren, zeitlich konstanten und in einen in t periodischen Teil und suchen eine Transformation $x(t) = y(t) + \varepsilon w(y(t)\, t, \varepsilon)$. Durch Ableitung dieser Beziehung nach t erhalten wir

$$\dot{x} = \dot{y} + \varepsilon \frac{\partial w}{\partial y} \dot{y} + \varepsilon \frac{\partial w}{\partial t} = \varepsilon \bar{f}(y + \varepsilon w) + \varepsilon \tilde{f}(y + \varepsilon w, t, \varepsilon).$$

Auflösung nach $\dot{y}$ und Entwicklung nach ε liefert

$$\dot{y} = \varepsilon \left(1 + \varepsilon \frac{\partial w}{\partial y}\right)^{-1} \cdot \left[\bar{f}(y + \varepsilon w) + \tilde{f}(y + \varepsilon w, t, \varepsilon) - \frac{\partial w}{\partial t}(y, t, \varepsilon)\right]$$

$$= \varepsilon \left[1 - \varepsilon \frac{\partial w}{\partial y} + o(\varepsilon)\right] \cdot \left[\bar{f}(y) + \varepsilon w \frac{\partial \bar{f}}{\partial y}(y) + \tilde{f}(y, t, \varepsilon) + \varepsilon w \frac{\partial \tilde{f}}{\partial y}(y, t, \varepsilon) + o(\varepsilon) - \frac{\partial w}{\partial t}\right].$$

Wir bestimmen die Funktion w in der gesuchten Transformation $x = y + \varepsilon w(y, t, \varepsilon)$ aus $\partial w/\partial t = -\tilde{f}(y, t, \varepsilon)$ und bekommen dadurch die gewünschte Struktur

$$\dot{y} = \varepsilon \bar{f}(y) + \varepsilon^2 \left[\frac{\partial f}{\partial y}(y, t, \varepsilon) \cdot w(y, t, \varepsilon) - \tilde{f}(y) \cdot \frac{\partial w}{\partial y}(y, t, \varepsilon)\right] + o(\varepsilon^2).$$

3.5./4: Die exakte Lösung der Differentialgleichung $\dot{x} = -\varepsilon x \sin^2 t$ lautet

$$x(t) = x_0 \cdot \exp\left[-\varepsilon\left(\frac{t}{2} - \frac{1}{4}\sin 2t\right)\right]$$

und konvergiert für $t \to \infty$ gegen Null.

Die Funktion $f(x, t, \varepsilon) = -x \sin^2 t$ besitzt in t die Periode π. Damit erhalten wir

$$\bar{f}(y) = \frac{1}{\pi}\int_0^\pi (-y)\sin^2 t\, dt = -\frac{y}{2},$$

daraus folgt $\tilde{f}(y, t, \varepsilon) = y\left(\frac{1}{2} - \sin^2 t\right)$. Aus $\partial w/\partial t = \tilde{f}$ bekommen wir $w(y, t, \varepsilon) = (y/4)\sin 2t$ und damit für die gesuchte Transformation $x = y + \varepsilon(y/4)\sin 2t$.

Die genäherte mittlere Gleichung $\dot{y} = -(\varepsilon/2)\, y$ besitzt zum Anfangswert $y(0) = x_0$ die Lösung

$$y(t) = x_0 \cdot \exp\left(-\frac{\varepsilon}{2}t\right).$$

Daran erkennen wir, daß in Übereinstimmung mit dem Satz 3.5.

$$|x(t) - y(t)| = x_0 \cdot \exp\left(-\frac{\varepsilon}{2}t\right) \cdot \left[1 - \exp\left(\frac{\varepsilon}{4}\sin 2t\right)\right] = o(\varepsilon)$$

für alle $t \geqq 0$ gilt.

3.6.: Die Lage der Isoklinen und den qualitativen Verlauf des Vektorfeldes kennen wir aus Aufgabe 1.2./2. Das in Abb. 138 angegebene Polygon ist positiv invariant und stets konstruierbar. Dazu beginnen wir mit (dem Teil) einer Geraden vom Anstieg $m = a > 0$, die oberhalb der Isokline $h_a(x)$ verläuft und konstruieren anschließend die anderen Seiten aus Geradenabschnitten mit den Anstiegen $\varepsilon > 0$, $-1 + \varepsilon$ bzw. $1/\varepsilon$, einer Parallelen zur x-Achse und einem Intervall auf der y-Achse.

3.7./1: Die Lösung ist aus Abb. 50 und Abb. 51 ersichtlich.

3.7./2: Sei $f(x) = (f_1(x_1, x_2), f_2(x_1, x_2))$ das gegebene C^1-Vektorfeld und $x_1 = x_1(t)$, $x_2 = x_2(t)$, $t \in [0, T]$, eine geeignete Parameterdarstellung der geschlossenen Kurve C. Dann gilt für den „Drehwinkel" $\varphi(x)$ des Feldvektors $f(x)$

$$\varphi(x) = \arctan\frac{f_2(x)}{f_1(x)}, \quad \frac{\partial\varphi}{\partial x_i}(x) = \frac{f_1(\partial f_2/\partial x_i) - f_2(\partial f_1/\partial x_i)}{f_1^2 + f_2^2}, \quad i = 1, 2.$$

Für den Index ind C erhalten wir daraus

$$\operatorname{ind} C = \frac{1}{2\pi}[\varphi(x(T)) - \varphi(x(0))] = \frac{1}{2\pi}\int_0^T \frac{d}{dt}(x(t))\, dt$$

$$= \frac{1}{2\pi}\int_0^T \sum_{i=1,2}\frac{\partial\varphi}{\partial x_i}(x(t))\frac{dx_i(t)}{dt}\, dt = \frac{1}{2\pi}\oint_C \sum_{i=1,2}\frac{\partial\varphi}{\partial x_i}(x)\, dx_i,$$

also ein Kurvenintegral 1. oder 2. Art.

4.3.: a) Zu untersuchen ist das System

$$\dot{x}_k = \alpha_k a - \beta_k x_k - q x_k, \quad k = 1, \ldots, n, \quad \sum_{k=1}^{n} x_k = c,$$

was auf $q = \frac{1}{c}\left(\sum_{i=1}^{n} \alpha_i a - \sum_{i=1}^{n} \beta_i x_i\right)$ führt.

Im Fall $n = 2$, $x_1 = x$, $x_2 = c - x$ verbleibt nur die Gleichung

$$\dot{x} = f(x) := \alpha_1 a - \left(\beta_1 - \beta_2 + \frac{a}{c}(\alpha_1 + \alpha_2)\right) x + \frac{\beta_1 - \beta_2}{c} x^2.$$

Aus $f(0) = \alpha_1 a > 0$, $f(c) = -\alpha_2 a < 0$ und der Tatsache, daß f höchstens zwei Nullstellen besitzen kann, erkennen wir, daß f genau eine Nullstelle $x^0 \in (0, c)$ besitzt, für die notwendig $f'(x^0) < 0$ gilt.

Somit gibt es genau einen asymptotisch stabilen Fixpunkt $x^0 \in (0, c)$, der von allen Anfangswerten $x(0) \in [0, c]$ erreicht wird. Er entspricht der *Koexistenz* beider Spezies.

b) Zu untersuchen ist das System

$$\dot{x}_k = \alpha_k a x_k^2 - \beta_k x_k - q x_k, \quad k = 1, \ldots, n, \quad \sum_{k=1}^{n} x_k = c,$$

was auf $q = \frac{1}{c}\left(\sum_{i=1}^{n} \alpha_i a x_i^2 - \sum_{i=1}^{n} \beta_i x_i\right)$ führt.

Im Fall $n = 2$, $x_1 = x$, $x_2 = c - x$ verbleibt nur die Gleichung

$$\dot{x} = f(x) := (\beta_2 - \beta_1 - \alpha_2 ac)\, x + \left(\frac{\beta_1 - \beta_2}{c} + a(\alpha_1 + 2\alpha_2)\right) x^2 - \frac{a}{c}(\alpha_1 + \alpha_2)\, x^3.$$

Wir finden $f(0) = 0$, $f'(0) = \beta_2 - \beta_1 - \alpha_2 ac$, $f(c) = 0$, $f'(c) = \beta_1 - \beta_2 - \alpha_1 ac$. Für $\beta_2 - \beta_1 > \alpha_2 ac$ ist deshalb $x^0_{(1)} = 0$ instabil und $x^0_{(2)} = c$ asymptotisch stabil; für $\beta_1 - \beta_2 > \alpha_1 ac$ ist $x^0_{(1)} = 0$ asymptotisch stabil und $x^0_{(2)} = c$ instabil. (Die dritte Nullstelle von f liegt außerhalb von $[0, c]$.) Somit tritt unter den angegebenen Bedingungen jeweils die Selektion einer bestimmten Sorte auf.

Für $-\alpha_1 ac < \beta_2 - \beta_1 < \alpha_2 ac$ (insbesondere im Fall $\beta_1 = \beta_2$) sind die beiden Fixpunkte $x^0_{(1)} = 0$ und $x^0_{(2)} = c$ asymptotisch stabil. Ihre Anziehungsbereiche werden von dem dritten, instabilen Fixpunkt $x^0_{(3)} = p \in (0, c)$ getrennt. Deshalb setzt sich in diesem Falle die Sorte mit dem größten Anfangsvorteil durch, das ist für $x_1(0) \in [0, p)$ die Spezies 2 und für $x_1(0) \in (p, c]$ die Spezies 1. (Der allgemeine Fall $n \geqq 2$ wird auf S. 324 behandelt.)

Während bei einer konstanten Geburtsrate alle neuen Mutanten koexistieren können und bei einer linearen Wachstumsrate (siehe 4.3.) selektiv vorteilhafte Mutanten stets hochwachsen, ist die hier bei quadratischer Geburtsrate getroffene Entscheidung praktisch endgültig: Es kommt zu einer „*Ein für allemal*“-Selektion, die auch besseren Sorten keine Chance mehr gibt, sich durchzusetzen (es sei denn, diese sind um ein Vielfaches besser oder treten in Massen auf).

5.1./1: Für $0 \leqq r < 1$ ist $x^0 = 0$ der einzige und zugleich asymptotisch stabile Fixpunkt. Periodische Orbits gibt es nicht.

Für $r = 1$ sind alle Punkte $x \in [0, 1/2]$ stabile, nicht asymptotisch stabile Fixpunkte.

Für $1 < r \leqq 2$ sind die beiden Fixpunkte $x^0_{(1)} = 0$ und $x^0_{(2)} = r/(r+1)$ instabil. Es gibt abzählbar viele periodische Orbits, die aber alle wegen $|(f^N)'(x)| = |f'(x)|^N = r^N > 1$ instabil sind. Untersuchen wir für $1 < r \leqq 2$ die Bahnen $(x_0, x_1, \ldots)$, $x_0 \in (0, 1)$, so finden wir, daß stets nach endlich vielen Schritten das Intervall $[a_2, a_1]$ mit $a_1 := f(1/2) = r/2$, $a_2 := f^2(1/2) = r \times (1 - (r/2))$ erreicht und nicht wieder verlassen wird. Innerhalb dieses Intervalls verläuft eine typische Bahn chaotisch. Drucken wir $x_{300}, x_{301}, \ldots, x_{500}$ in Abhängigkeit von r aus, so finden wir als Attraktor das gesamte „Chaos-Band“ $[a_2(r), a_1(r)]$ (Abb. 144a). Dieses spaltet für $r \leqq r_1' = \sqrt{2}$ in zwei Bänder $[a_2, a_4]$, $[a_3, a_1]$, $a_3 := f^3(1/2)$, $a_4 := f^4(1/2)$, auf, die abwechselnd besuchen werden. Jeder zweite Bahnpunkt durchläuft aber eines der beiden Bänder chaotisch. Entsprechend entstehen bei $r = r_n' = 2^{1/2^n}$, $n = 2, 3, \ldots$, aus 2^{n-1} Bändern dann 2^n Bänder.

Es gilt $r_n' \downarrow 1$ für $n \to \infty$. (Der Leser möge nach dem Studium des Abschnitts 5.1.2. zu dieser Aufgabe zurückkehren.)

Wegen $|f'(x)| \equiv r$ gilt für den Ljapunow-Exponenten $\lambda(x) = \lambda = \ln r$ für alle $x \in [0, 1]$. Für $r \in [0, 1)$ ist λ negativ, im Chaosbereich $r \in (1, 2]$ ist λ positiv.

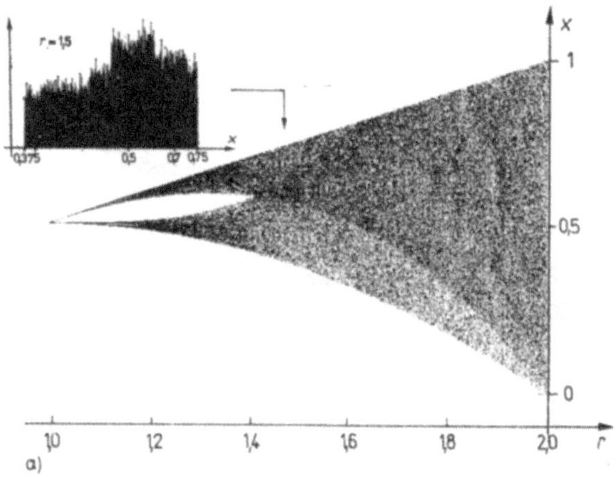

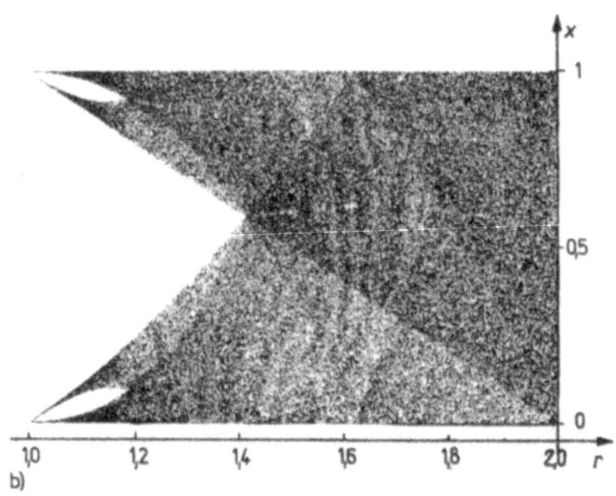

Abb. 144

a) Chaotischer Attraktor der Dach-Abbildung $x_{k+1} = r\left(\frac{1}{2} - \left|\frac{1}{2} - x\right|\right)$, $1 < r \leqq 2$.

b) „Entzerrung" des Attraktors auf die konstante Breite Eins.

Betrachten wir die „Dach-Abbildung" nur auf $[r(1 - (r/2)), r/2]$ und normieren dieses Intervall auf die Länge Eins, so führt dies auf

$$M = [0, 1]\colon \quad x_{k+1} = f(x_k), \quad f(x) = \begin{cases} r(x - 1) + 2, & 0 \leqq x \leqq 1 - (1/r), \\ -r(x - 1), & 1 - (1/r) < x \leqq 1, \end{cases}$$

mit $1 < r \leqq 2$. Dadurch wird der Chaosbereich der Dach-Abbildung auf die konstante Breite Eins „entzerrt", so daß die Bandaufspaltung etwas deutlicher sichtbar wird (Abb. 144b).

5.1./2: Die Bahnen unterscheiden sich in der Reihenfolge, in der die Punkte $x_1, \ldots, x_6$ des jeweiligen periodischen Orbits durchlaufen werden. So gilt

$$\text{im Fenster } F^{(3)}: \quad x_2 < x_5 < x_3 < x_6 < x_4 < x_1 \quad \text{mit} \quad x_3 < \frac{1}{2} < x_4,$$

$$\text{im Fenster } F^{(6)}: \quad x_2 < x_6 < x_4 < x_3 < x_5 < x_1 \quad \text{mit} \quad x_2 < \frac{1}{2} < x_4.$$

Allgemein entsteht durch die Zuordnung

$$s(x) := \begin{cases} L, & 0 \leqq x < 1/2, \\ C, & x = 1/2, \\ R, & \frac{1}{2} < x \leqq 1, \end{cases}$$

aus der Bahn $(x_1, x_2, \ldots, x_N, \ldots)$ ein „*Fahrtenbuch*" der Form $RLRR \ldots$, das die periodischen Bahnen eindeutig charakterisiert. Jedes Fahrtenbuch einer superstabilen Bahn (die also den Punkt $x = 1/2$ enthält) beginnt mit RL und endet auf C, wenn wir mit dem größten Bahnpunkt $x_1 = f(1/2) = r/4$ beginnen (und wird dann periodisch fortgesetzt). Der Teil des Fahrtenbuchs, der vor dem C steht, ist allen Bahnen gemeinsam, die zum gleichen Fenster $F_{2^n \cdot m}$ gehören; der letzte Buchstabe kann auch L oder R sein. Für die Bahnen der Periode $N = 6$ gilt im superstabilen Fall

$$\text{im Fenster } F_{2^1 \cdot 3} \subset F^{(3)}: \quad RLLRLC \ldots$$

$$\text{im Fenster } F_{2^0 \cdot 6} \subset F^{(6)}: \quad RLRRRC \ldots .$$

5.1./3: Mit $p(x) = 1/\left(\pi\sqrt{x(1-x)}\right)$, $f(x) = 4x(1-x)$, $f'(x) = 4(1-2x)$ erhalten wir

$$\lambda = \ln 4 + \frac{1}{\pi}\int_0^1 \frac{\ln|1-2x|}{\sqrt{x(1-x)}}\,dx = \ln 4 + \frac{1}{\pi}\int_0^\pi \ln\cos z\,dz,$$

wobei wir die Substitution $z = 2\arcsin\sqrt{x}$ und die Beziehung $1 - 2x = 1 - 2\sin^2(z/2) = \cos z$ verwendet haben. Das bestimmte Integral

$$\int_0^{\pi/2} \ln\cos z\,dz = -(\pi/2)\ln 2$$

ist Tafeln zu entnehmen, so daß wir für λ den Wert $\lambda = \ln 2$ erhalten. Dieser stimmt mit dem Ljapunow-Exponenten der verwandten Spitzdach-Abbildung (5.6) überein.

5.1./4: Greifen Sie zu Papier und Bleistift und nehmen Sie einen Computer zu Hilfe. Da in beiden Fällen die Schwarzsche Ableitung $(Sf)(x)$ in $[0, 1]$ negativ ist, sind ähnliche „Feigenbäume" wie bei der Parabel-Abbildung (5.9) zu erwarten.

5.1./5: Die Hénon-Abbildung

$$f(x, y) = (1 - rx^2 + y, bx), \quad r > 0, \quad |b| < 1,$$

besitzt die beiden Fixpunkte

$$x^0_{(1),(2)} = (1/2r)\cdot\left[-(1-b) \pm \sqrt{(1-b)^2 + 4r}\right], \quad y^0_{(1),(2)} = bx^0_{(1),(2)}$$

für alle $r > 0$. Durch Untersuchung der beiden reellen Eigenwerte

$$\lambda_{1,2} = -rx^0 \pm \sqrt{r^2(x^0)^2 + b}$$

stellen wir fest, daß der Fixpunkt $(x^0_{(1)}, y^0_{(1)})$ für $0 < r < \frac{3}{4}(1-b)^2$ asymptotisch stabil und für $\frac{3}{4}(1-b)^2 < r$ instabil ist (weil bei $r = \frac{3}{4}(1-b)^2$ der Eigenwert λ_2 den Wert -1 unterschreitet). Der Fixpunkt $(x_{(2)}^0, y_{(2)}^0)$ ist stets instabil.

5.3./1: Wenn wir das Bowen-Ruelle-Maß

$$P^0(B) = \lim_{s\to\infty} \frac{1}{s} \int_0^s P^0[T_r^{-1}(B)]\, dr$$

als neue Anfangsverteilung wählen, dann gilt für seine zeitliche Entwicklung unter dem Fluß (T_t)

$$(T_t P^0)(B) := P^0[T_t^{-1}(B)] = \lim_{s\to\infty} \frac{1}{s} \int_0^s P_0[T_r^{-1} T_t^{-1}(B)]\, dr$$

$$= \lim_{s\to\infty} \frac{1}{s} \int_r^{r+s} P_0[T_v^{-1}(B)]\, dv = \lim_{s\to\infty} \frac{1}{s} \cdot \frac{s}{s+r} \int_0^{r+s} P_0[T_v^{-1}(B)]\, dv$$

$$= \lim_{u\to\infty} \frac{1}{u} \int_0^u P_0[T_v^{-1}(B)]\, dv = P^0(B).$$

Somit bleibt das Maß P^0 invariant.

5.3./2: Besitzt die Verteilung P eine Dichte p, so gilt

$$P(B) = \int_B p(x)\, dx \quad \forall B \in \mathscr{B}^1.$$

Das Urbild $f^{-1}(B) := \{y \mid f(y) \in B\}$ besteht aus höchstens n disjunkten Mengen $A_1, \ldots, A_n$, auf denen jeweils die Funktionen $x = f_i(y) := f(y)|_{A_i}$ umkehrbar eindeutig sind. Daraus folgt

$$P[f^{-1}(B)] = \sum_{i=1}^{n} \int_{A_i} p(y)\, dy = \sum_{i=1}^{n} \int_B p[f_i^{-1}(x)] \cdot |(f_i^{-1})'(x)|\, dx.$$

Wenn $P(B) = P[f^{-1}(B)]$ für alle meßbaren Mengen B gilt, so erhalten wir notwendig

$$p(x) = \sum_{\{y|f(y)=x\}} p(y)/|f'(y)|$$

(man ziehe B auf die Menge $\{x\}$ zusammen). Diese Bedingung ist offenbar auch hinreichend für die Invarianz von P unter f. Die unsymmetrische Spitzdach-Abbildung (5.7) besitzt für jedes $x \in [0, 1]$, $x = 1/r$, genau zwei Urbilder $y_1 = f_1^{-1}(x)$, $y_2 = f_2^{-1}(x)$ mit $f_1(y) = ry$, $y \in [0, 1/r]$, $f_2(y) = (r/(r-1))(1-y)$, $y \in (1/r, 1]$. Wegen $f_1'(y) \equiv r$, $f_2'(y) \equiv r/(r-1)$ muß gelten

$$p(x) = \frac{1}{r} \cdot p(y_1) + \left(1 - \frac{1}{r}\right) \cdot p(y_2),$$

was von der Gleichverteilung $p(x) \equiv 1$ auf $[0, 1]$ für alle $r > 1$ erfüllt wird.

5.3./3: Da die Gleichverteilung auf $[0, 1]$ unter der Abbildung f ergodisch ist, liefert der Ergodensatz (5.32)

$$\overline{x \cdot f^m(x)} = \int_0^1 y \cdot f^m(y) \cdot 1 \cdot dy.$$

Durch Zerlegung des Integrationsintervalls $[0, 1]$ in die Intervalle $[0, 1/r]$ und $(1/r, 1]$ und die

Substitutionen $x = f_1(y) = ry$ bzw. $x = f_2(y) = (r/(r-1))(1-y)$ finden wir

$$\overline{x \cdot f^m(x)} = \int_0^1 \frac{x}{r} \cdot f^{m-1}(x) \cdot \frac{1}{r}\, dx + \int_0^1 \left[1 - \left(1 - \frac{1}{r}\right) x\right] f^{m-1}(x) \cdot \left(1 - \frac{1}{r}\right) dx$$

$$= \frac{2-r}{r} \cdot \int_0^1 x f^{m-1}(x)\, dx + \left(1 - \frac{1}{r}\right) \cdot \int_0^1 f^{m-1}(x)\, dx$$

$$= \frac{2-r}{r} \cdot \overline{x f^{m-1}(x)} + \frac{1}{2}\left(1 - \frac{1}{r}\right).$$

Daraus folgt

$$c(m) := \overline{(f^m(x) - \bar{x})\,(x - \bar{x})} = \overline{x f^m(x)} - \bar{x}^2 = \frac{2-r}{r} \cdot \left(\overline{x f^{m-1}(x)} - \bar{x}^2\right)$$

für $m = 1, 2, \ldots$ mit $\bar{x} = 1/2$. Mittels vollständiger Induktion und unter Verwendung von $\overline{x^2} = 1/3$ erhalten wir

$$c(m) = (1/12) \cdot \left(\frac{2-r}{r}\right)^m, \quad m = 0, 1, 2, \ldots$$

Für das symmetrische Spitzdach mit $r = 2$ gilt $c(m) = 0$ für $m = 1, 2, \ldots$, was die uns bereits bekannte Unkorreliertheit ausdrückt. Für $r \neq 2$ klingen die Korrelationen für $m \to \infty$ monoton oder oszillierend auf Null ab, was ein allmähliches „Vergessen" des Anfangswertes ausdrückt.

5.3./4: Die Parabel-Abbildung (5.9) ist ergodisch und besitzt für $r = 4$ die invariante Verteilung P^0 mit der Dichte $p(x) = 1/\left(\pi \sqrt{x(1-x)}\right)$. Der Ergodensatz (5.32) ergibt mit $\lambda(x) = \ln |f'(x)| = \ln |4(1-2x)|$

$$\lambda(x_0) = \lim_{n\to\infty} \frac{1}{n} \sum_{k=0}^{n-1} \ln |4(1 - 2f^k(x_0))| = \frac{1}{\pi} \int_0^1 \frac{\ln |4(1-2x)|}{\sqrt{x(1-x)}}\, dx = \ln 2$$

für P^0 - fast alle x_0. Das ist die präzise Formulierung des Inhalts von Aufgabe 5.1./3.

5.4./1: Sei $x \in S$ und seien $\tau_1, \tau_2, \ldots$ die jeweils nacheinander auftretenden Wiederkehrzeiten nach S der Trajektorie $(T_t(x))_{t\geq 0}$. Wir ersetzen aus Stetigkeitsgründen den Limes $t \to \infty$ in (5.37) durch den Limes $t = t_k \to \infty$ mit $t_k := \tau_1 + \cdots + \tau_k$, $k = 1, 2, \ldots$ Wir erhalten damit

$$\lambda = \lim_{t\to\infty} \frac{1}{t} \ln \|T_t'(x)\, y\| = \lim_{k\to\infty} \left(1 \Big/ \sum_{i=1}^{k} \tau_i\right) \cdot \ln \|T_{t_k}'(x)\, y\|.$$

Da aber wegen $T_{t_k}(x) \in S$ die Abbildung T_{t_k} gerade die k-te Iteration der Wiederkehrabbildung σ ist, folgt

$$\lambda = \lim_{k\to\infty} \frac{1}{k} \ln \|(\sigma^k)'\,(x)\, y\| \Big/ \lim_{k\to\infty} \frac{1}{k} \sum_{i=1}^{k} \tau_i = \frac{\tilde{\lambda}}{\bar{\tau}}.$$

Dabei ist $\bar{\tau}$ die mittlere Wiederkehrzeit. Wird der Vektor y tangential zum Vektorfeld $f(x)$ gewählt, so bekommen wir $\lambda = 0$. Andernfalls kann $\tilde{\lambda}$ einen der Werte $\lambda_i\bar{\tau}$, $i = 1, \ldots, n-1$, annehmen. Es gilt

$$\bar{\tau} = \lim_{k\to\infty} \frac{1}{k} \sum_{i=1}^{k} \tau_i = \int_S \tau(x)\, P|_S(dx),$$

wobei $P|_S$ durch Einschränkung der ergodischen Verteilung P auf S (und Normierung) entsteht.

5.4./2: a) Die Menge, die im $(k+1)$-ten Konstruktionsschritt der Cantor-Menge entsteht, kann durch $N(\varepsilon) = 2^k$ Strecken der Länge $\varepsilon = (1/3)^k$ überdeckt werden. Das ergibt für die im Limes $k \to \infty$ entstehende Cantor-Menge

$$D = -\lim_{\varepsilon \downarrow 0} \frac{\ln N(\varepsilon)}{\ln \varepsilon} = \lim_{k \to \infty} \frac{k \cdot \ln 2}{k \cdot \ln 3} = \frac{\ln 2}{\ln 3} \approx 0{,}6309 > 0.$$

b) Die Kurve, die im $(k+1)$-ten Konstruktionsschritt der Koch-Kurve entsteht, kann durch $N(\varepsilon) = 4^k$ Quadrate der Seitenlänge $\varepsilon = (1/3)^k$ überdeckt werden. Das ergibt für die im Limes $k \to \infty$ entstehende Koch-Kurve

$$D = -\lim_{\varepsilon \downarrow 0} \frac{\ln N(\varepsilon)}{\ln \varepsilon} = \lim_{k \to \infty} \frac{k \cdot \ln 4}{k \cdot \ln 3} = \frac{\ln 4}{\ln 3} \approx 1{,}2718 > 1.$$

5.4./3: Grundsätzlich besteht zwischen beiden Arten von Zufall kein Unterschied, da es sich immer um deterministische Systeme handelt, die sensitiv auf veränderte Anfangswerte reagieren.

Allerdings zeigt die Trajektorie eines chaotischen Systems oft im Großen mehr oder weniger Regelmäßigkeiten, die beim Würfeln oder Münzwurf völlig unterdrückt sind, so daß „reiner" Zufall auftritt. Daß ein Computer „Pseudo-Zufallszahlen" erzeugt, soll lediglich ausdrücken, daß wir immer wieder exakt den gleichen Anfangswert realisieren können, was beim Würfeln oder einem realen chaotischen System nicht möglich ist.

Es lohnt sich aber, über diese Frage tiefgründiger nachzudenken.

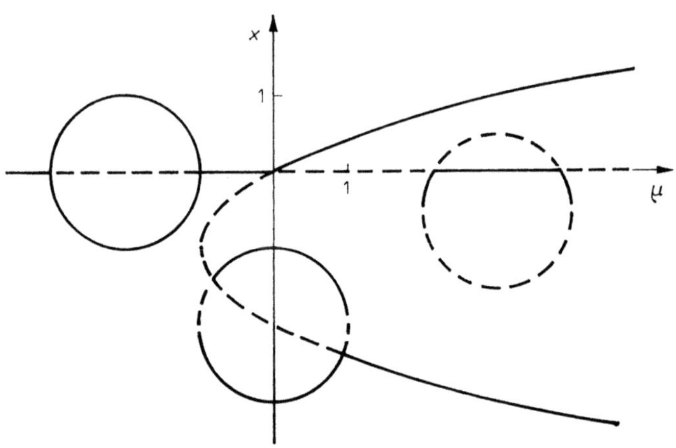

Abb. 145

Durch Bifurkationsanalyse kann die Stabilität aller Fixpunkte von $\dot{x} = -x(x^2 + 2x - \mu)(x^2 + \mu^2 + 4\mu + 3)(x^2 + 4x + \mu^2 + 3) \times \left(x^2 - x + \mu^2 - 6\mu + \frac{33}{4}\right)$ ermittelt werden. (Korrektur: Am Scheitel der Parabel beginnt nach unten ein stabiler Zweig.)

6.2./1: Fixpunktzweige in Abhängigkeit von μ sind die triviale Lösung $x(\mu) \equiv 0$, die beiden Äste der Parabel $\mu = (x+1)^2 - 1$ und die Kreise $(\mu + 2)^2 + x^2 = 1$, $\mu^2 + (x+2)^2 = 1$ und $(\mu - 3)^2 + \left(x - \frac{1}{2}\right)^2 = 1$. Da der Fixpunkt $x = 0$ für hinreichend kleine μ asymptotisch stabil ist, können wir davon ausgehend die Stabilität aller Zweige ermitteln. Wir finden Tangentenbifurkationen, transkritische Bifurkationen und Heugabel-Bifurkationen. Das Ergebnis ist in Abb. 145 dargestellt.

6.2./2: Der Fixpunkt $(1, \mu)$ ist ein Sattelpunkt mit den Eigenwerten $\lambda_1 = 2$, $\lambda_2 = -1$ und den Eigenvektoren $e_1 = \left(1/\sqrt{\mu^2 + 9}\right) \cdot (3, -\mu)$, $e_2 = (0, 1)$. Der Fixpunkt $(-1, -\mu)$ ist ein Sattelpunkt mit den Eigenwerten $\lambda_1 = -2$, $\lambda_2 = 1$ und denselben Eigenvektoren.
Da die Geraden $x = \pm 1$ aus Trajektorien bestehen, finden wir

$$W_s(1, \mu) = E_s(1, \mu) = \{(x, y) \mid x = 1\},$$
$$W_u(-1, -\mu) = E_u(-1, -\mu) = \{(x, y) \mid x = -1\}.$$

Die Differentialgleichung der Trajektorien lautet für $|x| \neq 1$

$$\frac{dy}{dx} = \frac{\mu - xy}{x^2 - 1} = -\frac{x}{x^2 - 1}\, y + \frac{\mu}{x^2 - 1}.$$

Für $|x| < 1$ ist ihre allgemeine Lösung

$$y = g(x) := \left(\mu/\sqrt{1 - x^2}\right) \cdot (c - \arcsin x).$$

Es sei o. B. d. A. $\mu > 0$. Dann gilt $\lim\limits_{x \uparrow 1} g(x) = \infty, \mu, -\infty$ für $c > \pi/2$, $c = \pi/2$, $c < \pi/2$ und $\lim\limits_{x \downarrow -1} g(x) = \infty, -\mu, -\infty$ für $c > -\pi/2$, $c = -\pi/2$, $c < -\pi/2$. Deshalb erhalten wir für $c = \pi/2$ einen Zweig von $W_u(1, \mu)$ und für $c = -\pi/2$ einen Zweig von $W_s(-1, -\mu)$.

Für $x > 1$ lautet die allgemeine Lösung

$$y = h_+(x) := \left(\mu/\sqrt{x^2 - 1}\right) (c + \operatorname{arcosh} x)$$

mit $\lim\limits_{x \downarrow 1} h_+(x) = \infty, \mu, -\infty$ für $c > 0$, $c = 0$, $c < 0$.

Für $x < -1$ lautet die allgemeine Lösung

$$y = h_-(x) := \left(\mu/\sqrt{x^2 - 1}\right) (c - \operatorname{arcosh} x)$$

mit $\lim\limits_{x \uparrow -1} h_-(x) = -\infty, -\mu, \infty$ für $c > 0$, $c = 0$, $c < 0$.
Damit erhalten wir endgültig

$$W_u(1, \mu) = \left\{(x, y) \mid x > 1,\ y = \mu \frac{\operatorname{arcosh} x}{\sqrt{x^2 - 1}} \text{ oder } |x| < 1,\ y = \mu \frac{\frac{\pi}{2} - \arcsin x}{\sqrt{1 - x^2}}\right\},$$

$$W_s(-1, -\mu) = \left\{(x, y) \mid x < -1,\ y = -\mu \frac{\operatorname{arcosh} x}{\sqrt{x^2 - 1}} \text{ oder } |x| < 1,\ y = -\mu \frac{\frac{\pi}{2} + \arcsin x}{\sqrt{1 - x^2}}\right\}.$$

7.3.: Die Bestimmungsgleichung der Fixpunkte

$$0 = a - bx - cx/(1 + dx + ex^2)$$

läßt sich wegen $d > 0$, $e > 0$ umformen zu

$$bex^3 + (bd - ae)\, x^2 + (b + c - ad)\, x - a = 0.$$

Da die vier Koeffizienten dieses Polynoms 3. Grades unabhängig voneinander gewählt werden können, sind Falten- und Spitzenkatastrophen möglich. Die Angabe einer Transformation, die auf die zugehörigen Normalformen führt, bleibt dem Leser überlassen.

8.3.: Fixpunkte u^0 sind Lösungen des Randwertproblems

$$D \cdot \frac{d^2u^0(x)}{dx^2} = -U'[u^0(x)], \quad \frac{du^0}{dx}(0) = \frac{du^0}{dx}(L) = 0$$

mit $U(u) = (\mu/2)\, u^2 - (1/4)\, u^4$.

Räumlich konstante Lösungen (weil Extrema von U) sind

$$u^0(x) \equiv 0, \quad u^0(x) = \pm\sqrt{\mu}.$$

Räumlich nichtkonstante Lösungen können wir offenbar aus den Fixpunkten $\pm u_1, \ldots, \pm u_{n-1}$ des Problems mit den festen Randwerten Null erzeugen, indem wir diese periodisch fortsetzen und um eine Viertelperiode nach links verschieben:

$$\tilde{u}_{k+1}(x) := u_k(x + L/2k), \quad k = 1, \ldots, n-1.$$

Deshalb besitzt unser Problem mit homogenen Neumann-Bedingungen für $(n-1)\, L_c < L < nL_c$, $n = 1, 2, \ldots$, $L_c \equiv \pi\sqrt{D/\mu}$ genau $2n + 1$ Fixpunkte, nämlich

$$\tilde{u}_0(x) \equiv 0, \quad \pm\tilde{u}_1(x) \equiv \sqrt{\mu}, \quad \pm\tilde{u}_2(x), \ldots, \pm\tilde{u}_n(x),$$

wobei $\tilde{u}_k$ für $k = 2, \ldots, n$ genau $k - 1$ Nullstellen in $(0, L)$ besitzt (vgl. Abb. 147). Aus der Eigenwertgleichung

$$D(d^2w(x)/dx^2) + f'[u^0(x)]\, w(x) = \lambda w(x), \quad w'(0) = w'(L) = 0,$$

erhalten wir für die Fixpunkte $u^0(x) \equiv 0$ bzw. $u^0(x) \equiv \pm\sqrt{\mu}$ die Eigenfunktionen $w_n(x) = \cos\big((n-1)\,\pi x/L\big)$, $n = 1, 2, \ldots$, und die Eigenwerte

$$\lambda_n = \begin{cases} \mu - D\big((n-1)\,\pi/L\big)^2, & u^0(x) \equiv 0, \\ -\mu - D\big((n-1)\,\pi/L\big)^2, & u^0(x) \equiv \pm\sqrt{\mu}, \end{cases} \qquad n = 1, 2, \ldots$$

Aus der Beziehung $\lambda_1 > \lambda_2 > \cdots$ und $\lambda_1 \equiv \mu > 0$ für $u^0(x) \equiv 0$ bzw. $\lambda_1 = -\mu < 0$ für $u^0(x) \equiv \pm\sqrt{\mu}$ lesen wir ab, daß die Fixpunkte $u^0(x) \equiv \pm\sqrt{\mu}$ asymptotisch stabil sind, während $u^0(x) \equiv 0$ instabil ist.

Sei jetzt $u^0(x)$ eine räumlich nichtkonstante Lösung. Satz 8.3./2 gilt auch für die Randbedingungen $w'(0) = w'(L) = 0$. Da wir deshalb $w_1(x) > 0$ in $(0, L)$ annehmen können, bleibt die Argumentation zur Gleichung (8.36) wörtlich richtig, so daß wir $\lambda_1 > 0$ erhalten. Deshalb sind alle nichtkonstanten Fixpunkte instabil (Abb. 146). Es liegt wieder ein Gradientensystem (8.37) vor, wenn wir den Raum $C^2[0, L]$ auf die Funktionen einschränken, deren Ableitung am Rand verschwindet.

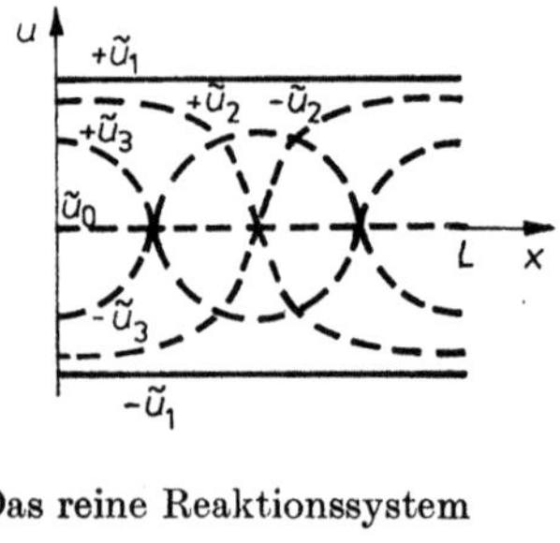

Abb. 146
Stabile und instabile Fixpunkte der Gleichung (8.24) für Null-Fluß-Randbedingungen $(\partial u/\partial x)\,(t, 0) = (\partial u/\partial x)\,(t, L) = 0$ und $2L_c < L < 3L_c$

8.4.: Das reine Reaktionssystem

$$\dot{u} = a - bu + u^2/v, \quad \dot{v} = -v + u^2$$

besitzt den Fixpunkt $u^0 = (a+1)/b$, $v^0 = (u^0)^2$, der für $a > \dfrac{b-1}{b+1}$ asymptotisch stabil ist.

Das Reaktions-Diffusions-System besitzt deshalb als Fixpunkt die räumlich konstante

Lösung

$$u^0(x) \equiv (a+1)/b, \quad v^0(x) \equiv ((a+1)/b)^2.$$

Die Linearisierung mittels $u(t, x) = u^0(x) + \delta u(t, x)$, $v(t, x) = v^0(x) + \delta v(t, x)$ und die Separation $\begin{pmatrix}\delta u\\ \delta y\end{pmatrix}(t, x) = \begin{pmatrix}\varphi(x)\\ \psi(x)\end{pmatrix} e^{\lambda t}$ führen auf die Eigenwertaufgabe

$$\begin{pmatrix} \frac{2}{u^0} - b + D_1 \frac{d^2}{dx^2} & -1/(u^0)^2 \\ 2u^0 & -1 + D_2 \frac{d^2}{dx^2} \end{pmatrix} \begin{pmatrix}\varphi\\ \psi\end{pmatrix} = \lambda \begin{pmatrix}\varphi\\ \psi\end{pmatrix}, \quad \begin{matrix} \varphi'(0) = \varphi'(L) = 0, \\ \psi'(0) = \psi'(L) = 0. \end{matrix}$$

Als Folge der Randwerte und der konstanten Koeffizienten erhalten wir für die Eigenfunktionen

$$\begin{pmatrix}\varphi_k(x)\\ \psi_k(x)\end{pmatrix} = \begin{pmatrix}c_k\\ d_k\end{pmatrix} \cos \frac{k\pi x}{L}, \quad k = 0, 1, 2, \ldots,$$

wobei die Eigenwerte $\lambda(k)$, $k = 0, 1, 2, \ldots$, aus

$$\begin{pmatrix} -D_1(k\pi/L)^2 + 2/u^0 - b & -1/(u^0)^2 \\ 2u^0 & -D_2(k\pi/L)^2 - 1 \end{pmatrix} \begin{pmatrix}c_k\\ d_k\end{pmatrix} = \lambda(k) \begin{pmatrix}c_k\\ d_k\end{pmatrix}$$

zu bestimmen sind. Das führt auf die quadratische Gleichung

$$\lambda^2 + a_1(k)\,\lambda + a_2(k) = 0, \quad a_1(k) := (k\pi/L)^2 (D_1 + D_2) + b + 1 - \frac{2b}{a+1},$$

$$a_2(k) := (k\pi/L)^4 D_1 D_2 + (k\pi/L)^2 \left(D_2 \cdot \frac{b(1-a)}{1+a} - D_1\right) + b.$$

Da sich die Realteile der Eigenwerte $\lambda_1(k)$, $\lambda_2(k)$ für $k \to \infty$ nicht bei Null häufen, ist die homogene Lösung asymptotisch stabil, falls

$$a_1(k) > 0, \quad a_2(k) > 0, \quad k = 0, 1, 2, \ldots$$

Nach Voraussetzung gilt $a_1(0) > 0$, $a_2(0) > 0$ und deshalb $a_1(k) > 0$ für alle k. Die Bedingung $a_2(k) < 0$ ist für $k \neq 0$ äquivalent zu

$$g(z) := bz^4 - \left(D_2 \frac{b(1-a)}{1+a} - D_1\right) z^2 + D_1 D_2 < 0, \quad z := L/k.$$

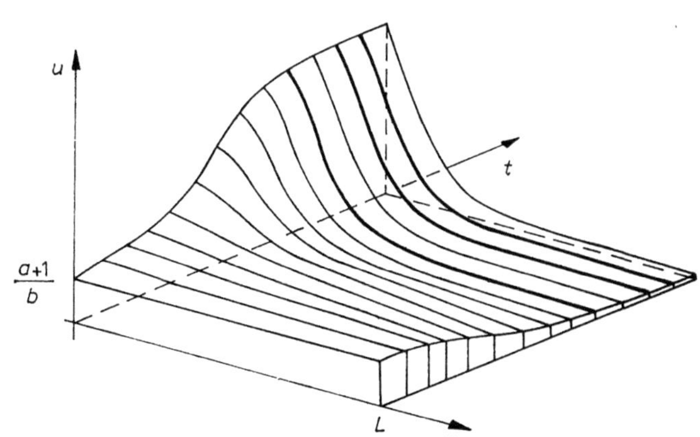

Abb. 147
Spontane Ausbildung eines polaren Profils im GIERER-MEINHARDT-Modell

Dafür muß notwendigerweise

$$D_2 b(1-a)/(1+a) > D_1$$

und deshalb $a < 1$ und $D_2 > D_1$ gelten. Wenn zusätzlich

$$\left(D_2 \frac{b(1-a)}{1+a} - D_1\right)^2 > 4D_1D_2$$

erfüllt ist, dann gibt es ein Intervall (c, d), $0 < c$, in dem $g(z)$ negativ ist. Es gilt dann $a_2(k) < 0$ für $k\pi c < L < k\pi d$. Somit ist $L_c = \pi c$ die kritische Länge, oberhalb der die räumlich konstante Lösung stets instabil ist, das heißt für $L > L_c$ gibt es stets ein $k \in \{1, 2, \ldots\}$, so daß $a_2(k) < 0$ erfüllt ist.

Wenn wir die Systemlänge von Null an vergrößern, dann wird der homogene stationäre Zustand bei $L = L_c$ instabil, weil die Mode mit $k = 1$ instabil vom Satteltyp wird. In der Fourier-Reihe divergiert für $t \to \infty$ bei $L \gtrapprox L_c$ genau ein Summand mit der Ortsabhängigkeit $\cos(\pi x/L)$. Die Mitnahme nichtlinearer Terme zeigt, daß als neuer stabiler Fixpunkt ein polares Profil $(u^0(x), v^0(x))$ mit $u^{0\prime}(x) > 0$, $v^{0\prime}(x) > 0$ (oder < 0) für $x \in (0, L)$ entsteht (Abb. 147).

9.2.: a) Für $t_i < t_k$, $i, k \in \{1, \ldots, n\}$, gilt

$$\mathrm{E}(W_{t_i} - W_{t_{i-1}})(W_{t_k} - W_{t_{k-1}}) = \mathrm{E}W_{t_i}W_{t_k} - \mathrm{E}W_{t_i t_{k-1}} - \mathrm{E}W_{t_{i-1}}W_{t_k} + \mathrm{E}W_{t_{i-1}}W_{t_{k-1}}$$
$$= t_i - t_{i-1} - t_i + t_{i-1} = 0.$$

Da die gemeinsame Verteilung der Zuwächse eine n-dimensionale Normalverteilung ist, sind Zuwächse in disjunkten Zeitintervallen unabhängig.

b) Es gilt $\mathrm{E}\,|W_t - W_s|^2 = |t-s|$. Weil $W_t - W_s$ normalverteilt ist, folgt $\mathrm{E}\,|W_t - W_s|^4 = 3\,|t-s|^2$. Da die Bedingungen von Satz 9.2./2. (mit $\alpha = 4$, $C \geqq 3$, $\varepsilon = 1$) erfüllt sind, besitzt der Prozeß $(W_t)_{t\geqq 0}$ mit Wahrscheinlichkeit Eins stetige Realisierungen.

9.3.: Da die Wartezeiten zwischen aufeinanderfolgenden Sprüngen unabhängig und exponentialverteilt mit dem Parameter λ sind, gilt für $k = \pm 1$

$$P\{Z_t = -k \mid Z_0 = k\} = \lambda t + o(t), \quad P\{Z_t = k \mid Z_0 = k\} = 1 - \lambda t + o(t).$$

Daraus folgt für alle Zahlenpaare (g_{+1}, g_{-1})

$$\mathrm{E}(g_{Z_t} \mid Z_0 = k) = g_{-k}(\lambda t + o(t)) + g_k(1 - \lambda t + o(t)).$$

Für den Generator erhalten wir daraus

$$(Ag)_k = \lim_{t\downarrow 0} \frac{1}{t}\,[\mathrm{E}(g_{Z_t} \mid Z_0 = k) - g_k] = \lambda(g_{-k} - g_k), \quad k = \pm 1,$$

das heißt die Matrix $A = \begin{pmatrix} -1 & 1 \\ 1 & -1 \end{pmatrix}$. Wegen $A^* = A$ erfüllen die Übergangswahrscheinlichkeiten $(p_{n|k}(t))_{n,k=\pm 1}$ die Gleichungen

$$\dot p_{n|k} = \lambda(p_{-n|k} - p_{n|k}), \quad p_{n|k}(0) = \delta_{nk}, \quad n = \pm 1, \quad k = \pm 1.$$

Nach der Substitution $p_{-n|k}(t) = 1 - p_{n|k}(t)$ können wir integrieren und erhalten

$$p_{n|k}(t) = \frac{1}{2} - \left(\frac{1}{2} - \delta_{nk}\right) e^{-2\lambda t}, \quad t \geqq 0, \quad n, k = \pm 1.$$

Für die eindimensionalen Wahrscheinlichkeiten $p_n(t)$, $n = \pm 1$, folgt aus der Anfangsverteilung $p_n(0) = c_n$, $c_1 + c_{-1} = 1$

$$p_n(t) = \frac{1}{2} - \left(\frac{1}{2} - c_n\right) e^{-2\lambda t}, \quad t \geqq 0, \quad n = \pm 1.$$

Es gilt $\lim\limits_{t\to\infty} p_{n|k}(t) = \lim\limits_{t\to\infty} p_n(t) = 1/2$, $n = \pm 1$, $k = \pm 1$. Die invariante Verteilung lautet $P^0\{1\} = P^0\{-1\} = 1/2$, denn aus $c_1 = c_{-1} = 1/2$ folgt $p_1(t) = p_{-1}(t) = 1/2$ für alle $t \geqq 0$.

Für den Erwartungswert gilt im stationären Fall

$$\mathrm{E}_{p^0} Z_t = \frac{1}{2} \cdot 1 + \frac{1}{2}(-1) = 0,$$

für die Kovarianzfunktion

$$\begin{aligned} \mathrm{E}_{p^0} Z_t Z_{t+\tau} &= (1/2)\,\mathrm{E}(Z_\tau | Z_0 = 1) + (1/2)\,\mathrm{E}(Z_\tau \mid Z_0 = -1) \\ &= (1/2)\,[p_{1|1}(\tau) - p_{-1|1}(\tau) + p_{1|-1}(\tau) - p_{-1|-1}(\tau)] = \mathrm{e}^{-2\lambda t}, \quad \tau \geqq 0. \end{aligned}$$

10.2.: Wegen der Stratonovich-Interpretation untersuchen wir die äquivalente Ito-Gleichung

$$dX_t = (\mu X_t - X_t^3 + (\varepsilon^2/2)\, X_t)\, dt + \varepsilon X_t\, dW_t.$$

Aus $f(x) = \mu x - x^3 + (\varepsilon^2/2)\, x$, $\sigma(x) = \varepsilon x$ erhalten wir

$$2f(x)/\sigma^2(x) = (2\mu/\varepsilon^2)\,(1/x) - (2/\varepsilon^2)\, x,$$

und mit $c = 1$ folgt

$$L_1(0) = \int_0^1 \Phi(x)\, dx = \int_0^1 x^{-2\mu/\varepsilon^2}\, \mathrm{e}^{x^2/\varepsilon^2}\, dx = \infty \quad \text{für} \quad \mu > 0,$$

$L_1(\infty) = \infty$. Damit sind $r_1 = 0$, $r_2 = \infty$ natürliche Ränder. Die Dichte der invarianten Verteilung (10.31) lautet für $\mu > 0$

$$p^0(x) = \mathcal{N} x^{(2\mu/\varepsilon^2)-1}\, \mathrm{e}^{-x^2/\varepsilon^2}, \quad \mathcal{N}^{-1} := \int_0^\infty x^{(2\mu/\varepsilon^2)-1}\, \mathrm{e}^{-x^2/\varepsilon^2}\, dx$$

(für $\mu = 0$ existiert keine invariante Verteilung). An den Rändern gilt

$$\lim_{x \downarrow 0} p^0(x) = \begin{cases} 0, & \varepsilon^2 < 2\mu, \\ \mathcal{N}, & \varepsilon^2 = 2\mu, \\ \infty, & \varepsilon^2 > 2\mu, \end{cases} \qquad \lim_{x \to \infty} p^0(x) = 0.$$

Die Dichte p^0 besitzt für $\varepsilon^2 < 2\mu$ genau ein Maximum bei $x_m > 0$ (Abb. 148a). Mit wachsender Rauschstärke $\varepsilon \uparrow \sqrt{2\mu}$ werden die wahrscheinlichsten Zustände immer mehr zum Wert Null verschoben. Anders gesagt: Bei gegebener Rauschstärke ε liegt erst für $\mu > \varepsilon^2/2$ das Maximum der invarianten Verteilung bei positiven Werten. Die Bifurkation, die im deterministischen Fall und entsprechend auch bei additivem Rauschen auftrat (vgl. Abb. 27a bzw. (10.17)), wird hier zu größeren μ-Werten verschoben (Abb. 148b).

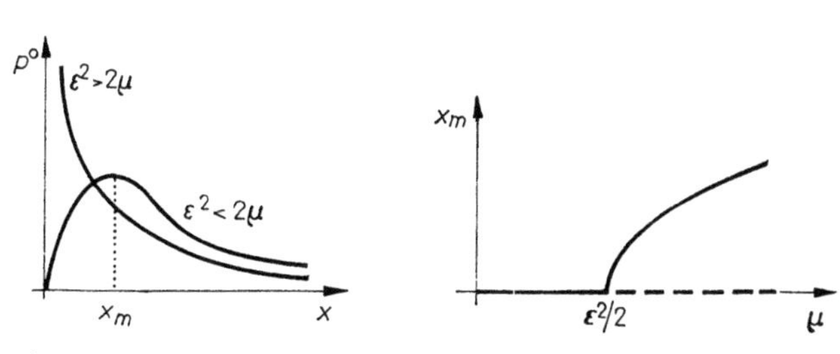

Abb. 148

a) Invariante Dichte p^0 der Gleichung $dX_t = (\mu X_t - X_t^3)\, dt + \varepsilon X_t \circ dW_t$ für $\mu > 0$.

b) Das multiplikative Rauschen verschiebt die Bifurkation zur Stelle $\mu = \varepsilon^2/2$.

10.3.: Aus $\dot{X}_t = -X_t + \Delta \cdot Z_t$ lesen wir $f_+(x) = -x + \Delta$, $f_-(x) = -x - \Delta$ ab. Deshalb sind $r_1 = -\Delta$, $r_2 = \Delta$ natürliche Ränder, die von Trajektorien $(X_t)_{t \geqq 0}$ mit $X_0 \in (-\Delta, \Delta)$ fast sicher nicht erreicht werden können. Damit folgt für die invariante Dichte aus (10.40)

$$p^0(x) = \mathcal{N} \cdot (\Delta^2 - x^2)^{(\lambda/2)-1}, \quad x \in (-\Delta, \Delta), \quad \mathcal{N}^{-1} := \int_{-\Delta}^{\Delta} (\Delta^2 - x^2)^{(\lambda/2)-1}\, dx.$$

Für $\lambda = 2$ erhalten wir gerade die Gleichverteilung auf $(-\Delta, \Delta)$. Für $\lambda > 2$ ist die Verteilung bei $x_m = 0$ maximal und an den Rändern Null. Für $\lambda < 2$ ist p^0 bei $x_m = 0$ minimal und divergiert (normierbar) an den Rändern $\pm\Delta$ (Abb. 149). Das liegt daran, daß sich das System bei geringer mittlerer Sprungfrequenz $1/\lambda$ vorwiegend in der Nähe der Fixpunkte $\pm\Delta$ der Gleichungen $\dot{x} = -x \pm \Delta$ aufhält.

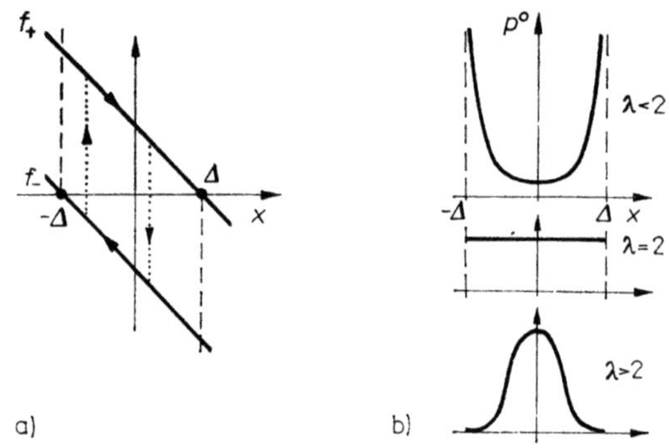

Abb. 149
a) Jede Trajektorie der Gleichung $\dot{X}_t = -X_t + \Delta \cdot Z_t$ verbleibt im Intervall $[-\Delta, \Delta]$.
b) Invariante Dichte p^0 in Abhängigkeit vom Wartezeitparameter λ.

11.2./1: Im Gleichgewicht gilt für die Konzentrationen $n_A, n_B, n_C, n_D, n_E, n_F, n_X$ der Stoffe A, B, C, D, E, F das Massenwirkungsgesetz

$$n_A = n_D n_X, \quad n_B n_X = n_E n_X^2, \quad n_C n_X = n_F n_X^3,$$

so daß wir als Bedingung $n_F/n_C = n_E/n_B = n_A/n_D = n_X =: \bar{n}$ erhalten. Aus $f_+(n_X) = n_A + n_B n_X + n_C n_X^2$, $f_-(n_X) = n_D n_X + n_E n_X^2 + n_F n_X^3$ lesen wir die Raten

$$\lambda_k = n_A v + n_B k + n_C k(k-1)/v,$$

$$\mu_k = n_D k + n_E k(k-1)/v + n_F k(k-1)(k-2)/v^2, \quad v := \mathcal{L} V,$$

ab, woraus $\lambda_k/\mu_{k+1} = \bar{n}v/(k+1)$ folgt. Daraus erhalten wir für die invariante Verteilung aus (11.13)

$$p_n^0 = p_0^0 \cdot \bar{n}^n v^n \prod_{k=0}^{n-1} (k+1) = p_0^0 \cdot \bar{n}^n v^n / n!, \quad n = 1, 2, \ldots,$$

woraus sich durch Normierung die Poisson-Verteilung

$$p_n^0 = \frac{(\bar{n}v)^n}{n!} e^{-\bar{n}v}, \quad n = 0, 1, \ldots,$$

mit dem Parameter $\bar{n}v$ ergibt. Deshalb gilt im stationären Fall für die Teilchenzahl $\mathrm{E}N_t = \mathrm{D}N_t$

$= \bar{n}v = \bar{n}\mathcal{L}V$, während für die Konzentration

$$\mathrm{E}(N_t/\mathcal{L}V) = \bar{n}, \quad \mathrm{D}(N_t/\mathcal{L}V) = \bar{n}/\mathcal{L}V \to 0 \quad \text{für} \quad V \to \infty$$

folgt. Für hinreichend große Volumina V stimmt deshalb die tatsächliche Konzentration nahezu mit dem makroskopischen Gleichgewichtswert überein.

11.2./2: Aus den Raten $\lambda_k = \beta(N-k)(M-k)$, $\mu_k = \alpha k^2$, $k \in \{0, 1, \ldots, N\}$ sehen wir, daß der Prozeß die Randpunkte 0 und N immer wieder und nur nach innen verläßt. Seine invariante Verteilung lautet deshalb

$$p_n^0 = p_0^0 \cdot \prod_{k=0}^{N-1} \frac{\beta(N-k)(M-k)}{\alpha(k+1)^2} = \text{const} \cdot \binom{N}{n}\binom{M}{n} \cdot \left(\frac{\beta}{\alpha}\right)^n, \quad n \in \{0, 1, \ldots, N\}.$$

13.1.: Wegen $\mathrm{E}M_{tx} = 0$ gilt $a_{tx} := \mathrm{E}U_{tx} = \int_0^L G(t, x, y)\, \mathrm{E}\Phi(y)\, dy$,

$$\lim_{t\to\infty} \mathrm{E}U_{tx} = 0.$$

Der Anfangswert Φ ist vom Rauschen (W_{tx}) und deshalb vom Feld (M_{tx}) unabhängig. Daraus folgt

$$\begin{aligned} &\mathrm{E}(U_{tx} - a_{tx})(U_{t'x'} - a_{t'x'}) \\ &= \int_0^L \int_0^L G(t, x, y)\, G(t', x', y')\, C(y, y')\, dy\, dy' + \sigma^2 \mathrm{E}M_{tx}M_{t'x'}. \end{aligned}$$

Mit λ_n, $e_n(x)$, $n = 1, 2, \ldots$ aus (13.6) erhalten wir für $t' = t + \tau$, $\tau \geqq 0$

$$\begin{aligned} \mathrm{E}M_{tx}M_{t'x'} &= \int_0^{\min(t,t')} G(t' + t - 2s, x, x')\, ds \\ &= \int_0^t \sum_{n=1}^\infty e^{-\lambda_n(2t+\tau-2s)} e_n(x)\, e_n(x')\, ds \\ &= \sum_{n=1}^\infty e_n(x)\, e_n(x') \cdot \frac{1}{2\lambda_n} \left(e^{-\lambda_n\tau} - e^{-\lambda_n(2t+\tau)}\right). \end{aligned}$$

Im Limes $t \to \infty$, $t' = t + \tau$, $\tau \geqq 0$ ergibt sich

$$\lim_{t\to\infty} \mathrm{E}U_{t+\tau,x'}U_{tx} = \sigma^2 \cdot \lim_{t\to\infty} \mathrm{E}M_{t+\tau,x'}M_{tx} = \sigma^2 \sum_{n=1}^\infty \frac{1}{2\lambda_n} e^{-\lambda_n\tau} e_n(x)\, e_n(x').$$

Speziell für $\tau = 0$ folgt

$$\lim_{t\to\infty} EU_{tx'}U_{tx} = \frac{\sigma^2}{2} \sum_{n=1}^\infty \frac{1}{\lambda_n} e_n(x)\, e_n(x') = \frac{\sigma^2}{2D}\left[\min(x, x') - \frac{xx'}{L}\right].$$

13.3.: Die stabilen Fixpunkte sind stets die beiden homogenen Lösungen $\pm\tilde{u}_1(x) = \pm\sqrt{\mu}$ Für $0 < L < L_c$ gibt es nur einen Sattelpunkt $\tilde{u}_0(x) \equiv 0$. Für $L_c < L$ gibt es mehrere Sattel punkte, von denen $\pm\tilde{u}_2$ die beiden niedrigsten (und gleich hohen) sind. Deshalb erfolgt

a) für $0 < L < L_c$ Tunneln über $\tilde{u}_0(x) \equiv 0$,
b) für $L_c < L$ Tunneln über $+\tilde{u}_2$ oder $-\tilde{u}_2$.

A.3.: Die Ungleichung (A.32) lautet in unserem Fall nach Multiplikation mit $L(T^{-1}) > 0$

$$L(T^{-1})\,(\partial(T^{-1})/\partial t)\,(\partial u/\partial t) \leqq 0.$$

Mit $\partial u/\partial t = -\operatorname{div} j_Q$ und der Hilfsfunktion $K(z)$, $K'(z) \equiv L(z)$ folgt

$$-L(T^{-1})\,(\partial(T^{-1})/\partial t)\operatorname{div} j_Q = -(\partial K(T^{-1})/\partial t)\operatorname{div} j_Q$$

$$= -\operatorname{div}\left[(\partial K(T^{-1})/\partial t)\cdot j_Q\right] + j_Q\cdot(\partial/\partial t)\left[L(T^{-1})\operatorname{grad} T^{-1}\right] \leqq 0.$$

Nach Integration über das Volumen V erhalten wir, falls auf der Oberfläche die Temperaturverteilung zeitunabhängig ist oder die Wärmestromdichte überall verschwindet,

$$\int\limits_V j_Q(\partial j_Q/\partial t)\,dV = (1/2)\,(d/dt)\int\limits_V j_Q\cdot j_Q\,dV \leqq 0.$$

Das zeigt, daß die positive Größe $\int\limits_V j_Q\cdot j_Q\,dV$ im stationären Zustand ihren Minimalwert (unter den gegebenen Randbedingungen) annimmt.

4.3. (Ergänzung): Die allgemeinen Wachstumsgleichungen

$$\dot{x}_k = x_k\cdot[f_k(x) - q], \quad k = 1,\ldots,n, \quad q := \frac{1}{c}\sum_{l=1}^{n} x_l f_l(x),$$

führen für beliebige Paare (i, j) und $x_j > 0$ auf die Beziehungen

$$\frac{d}{dt}(x_i/x_j) = (x_i/x_j)\cdot[f_i(x) - f_j(x)], \quad i, j = 1,\ldots,n.$$

Speziell für $f_k(x) = \alpha_k a x_k - \beta_k$ ergibt dies

$$\frac{d}{dt}(x_i/x_j) = (x_i/x_j)\cdot(\alpha_i a x_i - \alpha_j a x_j - \beta_i + \beta_j).$$

Falls für die Anfangswerte gilt

$$\alpha_i x_i(0) < \alpha_j x_j(0) + (\beta_i - \beta_j)/a,$$

so nimmt offenbar der Quotient $x_i(t)/x_j(t)$ monoton in t ab, so daß (wegen $x_j(t) \leqq c$) die Größe $x_i(t)$ für $t \to \infty$ gegen Null konvergiert. Eine Iteration dieses Arguments zeigt, daß in Abhängigkeit von den Anfangsbedingungen (außer in untypischen Spezialfällen) sich genau eine der n Sorten durchsetzt.

Weiterführende Literatur

Analysis, Funktionalanalysis, Maßtheorie

[1] KOLMOGOROW, A. N.; FOMIN, S. V.: Reelle Funktionen und Funktionalanalysis. — Berlin: VEB Deutscher Verlag der Wissenschaften 1975 (Übers. a. d. Russ.).
[2] TRIEBEL, H.: Analysis und mathematische Physik. — Leipzig: BSB B. G. Teubner Verlagsgesellschaft 1981.

Gewöhnliche Differentialgleichungen

[3] ARNOLD, V. I.: Gewöhnliche Differentialgleichungen. — Berlin: VEB Deutscher Verlag der Wissenschaften 1979 (Übers. a. d. Russ.).
[4] ARNOLD, V. I.: Geometrische Methoden in der Theorie der gewöhnlichen Differentialgleichungen. — Berlin: VEB Deutscher Verlag der Wissenschaften 1987 (Übers. a. d. Russ.)
[5] GUCKENHEIMER, J.; HOLMES, P.: Nonlinear Oscillations, Dynamical Systems and Bifurcation of Vector Fields. — Berlin/Heidelberg/New York/Tokyo: Springer-Verlag 1983.
[6] HARTMAN, P.: Ordinary Differential equations. — New York: Wiley 1964 (russ. Übers.: Moskva, Mir 1970).
[7] HIRSCH, M. W.; SMALE, S.: Differential Equations, Dynamical Systems and Linear Algebra. — New York: Academic Press 1974.
[8] ANDRONOW, A. A.; WITT, A. A.; CHAIKIN, S. E.: Theorie der Schwingungen. Teil I und II. — Berlin: Akademie-Verlag 1965 und 1969 (Übers. a. d. Russ.).
[9] PONTRJAGIN, L. S.: Gewöhnliche Differentialgleichungen. — Berlin: VEB Deutscher Verlag der Wissenschaften 1965 (Übers. a. d. Russ.).

Chaotische Systeme

[10] COLLET, P.; ECKMANN, J.-P.: Iterated Maps on the Interval as Dynamical Systems. Progress on Physics, Vol. 1. — Basel: Birkhäuser 1980.
[11] CVITANOVIC, P.; HØGH-JENSEN, M.: Universality in Chaos. Acta Phys. Polon. **65** (1984) 201—240.
[12] ECKMAN, J. P.: Roads to Turbulence in Dissipative Dynamical Systems. Rev. mod. Phys. **53** (1981) 643—654.
[13] ECKMAN, J.-P.; RUELLE, D.: Ergodic Theory of Chaos and Strange Attractors. Rev. mod. Phys. **57** (1985) 617—656.
GUCKENHEIMER, J.; HOLMES, P. (siehe [5]): Kap. 2, 4—6.
[14] OTT, E.: Strange Attractors and Chaotic Motions of Dynamical Systems. Rev. mod. Phys. **53** (1981) 655—671.
[15] SCHUSTER, P.: Deterministic Chaos. An Introduction. Weinheim: Physik-Verlag 1984.

Bifurkationstheorie

ARNOLD, V. I. (siehe [4]): Kap. 6.
GUCKENHEIMER, J.; HOLMES, P. (siehe [5]): Kap. 3, 6, 7.

[16] IOOSS, G.; JOSEPH, D. D.: Elementary Stability and Bifurcation Theory. — Berlin/Heidelberg/New York: Springer-Verlag 1980.
[17] WAINBERG, M. M.; TRENOGIN, W. A.: Theorie der Lösungsverzweigungen bei nichtlinearen Gleichungen. — Berlin: Akademie-Verlag 1973 (Übers. a. d. Russ.).
[18] ZEIDLER, E.: Vorlesungen über nichtlineare Funktionalanalysis I. — Fixpunktsätze. Teubner-Texte zur Mathematik, Band 2. — Leipzig: BSB B. G. Teubner Verlagsgesellschaft 1976 (Kap. 8, 14).

Katastrophentheorie

TRIEBEL, H. (siehe [2]): Kap. 34, 35.
[19] POSTON, T.; STEWART, I.: Catastrophe Theory and its Applications. — London: Pitman 1978.

Wahrscheinlichkeitstheorie

[20] BOROWKOW, A. A.: Wahrscheinlichkeitstheorie. — Berlin: Akademie-Verlag 1976 (Übers. a. d. Russ.).

Stochastische Prozesse

[21] ARNOLD, L.: Stochastic Differential Equations: Theory and Applications. — New York: Wiley 1974.
[22] GICHMAM, I. I.; SKOROCHOD, A. W.: Stochastische Differentialgleichungen. — Berlin: Akademie-Verlag 1971 (Übers. a. d. Russ.).
[23] HORSTHEMKE, W.; LEFEVER, R.: Noise-Induced Transitions. Springer Series in Synergetics, Vol. 15. — Berlin/Heidelberg/New York/Tokyo: Springer-Verlag 1984.
[24] KARLIN, S.; TAYLOR, H. M.: A First Course in Stochastic Processes. — New York: Academic Press 1975; A Second Course in Stochastic Processes. — New York: Academic Press 1981.
[25] WENTZELL, A. D.: Theorie zufälliger Prozesse. — Berlin: Akademie-Verlag 1979 (Übers. a. d. Russ.).
[26] MALCHOW, H.; SCHIMANSKY-GEIER, L.: Noise and Diffusion in Bistable Nonequilibrium Systems. Teubner-Texte zur Physik, Band 5. — Leipzig: BSB B. G. Teubner Verlagsgesellschaft 1985.
[27] VAN KAMPEN, N. G.: Stochastic Processes in Physics and Chemistry. — Amsterdam: North-Holland Publ. Co. 1981.

Dissipative Strukturen und thermodynamische Grundlagen

[28] EBELING, W.: Strukturbildung bei irreversiblen Prozessen. — Leipzig: BSB B. G. Teubner Verlagsgesellschaft 1976.
[29] GLANSDORFF, P.; PRIGOGINE, I.: Thermodynamic Theory of Structure, Stability and Fluctuations. — New York: Wiley 1971 (russ. Übers.: Moskva, Mir 1973).
[30] KLUGE, G.; NEUGEBAUER, G.: Grundlagen der Thermodynamik. — Berlin: VEB Deutscher Verlag der Wissenschaften 1976.
[31] NICOLIS, G.; PRIGOGINE, I.: Self-Organization in Nonequilibrium Systems. — New York: Wiley 1977.

Synergetik

[32] HAKEN, H.: Synergetics. An Introduction (2nd ed). — Berlin/Heidelberg/New York: Springer-Verlag 1977 (russ. Übers.: Moskva, Mir 1980); HAKEN, H.: Synergetik. Eine Einführung. Nichtgleichgewichts-Phasenübergänge in Physik, Chemie und Biologie. — Berlin/Heidelberg/New York: Springer-Verlag 1981.
[33] HAKEN, H.: Advanced Synergetics. Springer Series in Synergetics, Vol. 20. — Berlin/Heidelberg/New York/Tokyo: Springer-Verlag 1983 (russ. Übers.: Moskva, Mir 1985).

Evolutionstheorie

[34] EBELING, W.; FEISTEL, R.: Physik der Selbstorganisation und Evolution. – Berlin: Akademie-Verlag 1982.
[35] EIGEN, M.: Selforganization of Matter and the Evolution of Biological Macromolecules, Naturwissenschaften **58** (1971) 465–523.
[36] EIGEN, M.; SCHUSTER, P.: The Hypercycle. – Berlin/Heidelberg/New York: Springer-Verlag 1979.

Allgemeinverständliche Darstellungen

[37] EIGEN, M.: Das Spiel. – München: Piper 1975.
[38] HAKEN, H.: Erfolgsgeheimnisse der Natur. – Stuttgart: Deutsche Verlags-Anstalt 1981.
[39] PRIGOGINE, I.: Vom Sein zum Werden. – München: Piper 1979.
[40] PRIGOGINE, I.; STENGERS, I.: Dialog mit der Natur. – München: Piper 1981.

Weitere zitierte Literatur

[41] ARNOLD, L.: On the consistency of the mathematical models of chemical reactions. In: Dynamics of Synergetic Systems (Ed. H. HAKEN), Springer Series in Synergetics, Vol. 6, S. 107–118. – Berlin/Heidelberg/New York: Springer-Verlag 1980.
[42] FARIS, W. G.; JONA-LASINIO, G.: Large fluctuations for a nonlinear heat equation with noise. J. Phys. A.: Math. Gen. **15** (1982) 3025–3055.
[43] FARMER, J. D.; OTT, E.; YORKE, A.: The dimension of chaotic attractors. Physica D **7**, (1983) 153.
[44] WENTZELL, A. D.; FREIDLIN, M. I.: Fluktuacii v dinamičeskich sistemach pod dejstviem malych slučajnych vosmuščenij. – Moskva: Nauka, 1979.
[45] HENRY, D.: Geometric Theory of Semilinear Parabolic Equations. Lecture Notes in Mathematics, Vol. 840. – Berlin/Heidelberg/New York: Springer-Verlag 1980.
[46] HOPF, E.: Abzweigung einer periodischen Lösung von einer stationären Lösung eines Differentialsystems. Ber. Math.-Phys. Kl. Sächs. Akad. Wiss. Leipzig **94** (1942) 1–22.
[47] JETSCHKE, G.: Mehrfachstabilität und dissipative Strukturen in chemischen Reaktions-Diffusions-Systemen mit einem bzw. zwei Freiheitsgraden. Dissertation A. Jena: 1978; General stability analysis of dissipative structures in reaction-diffusion equations with one degree of freedom. Phys. Letters **72 A** (1979) 265–268.
[48] JETSCHKE, G.: Multiple stable stead states and chemical hysteresis in a two-box model of the Brusselator. J. Non-Equil. Thermodyn. **4** (1979) 93–98.
[49] JETSCHKE, G.: Different approaches to stochastic parabolic differential equations. Suppl. Rend. Circ. Mat. Palermo II-2 (1982), 161–169; On the equivalence of different approaches to stochastic partial differential equations. Math. Nachr. **128** (1986) 315–329.
[50] JETSCHKE, G.: Invariant distribution of a nonlinear stochastic partial differential equation and free energy of statistical physics. II. Most probable states of a nonlinear Brownian bridge. Fo.-Erg. FSU Jena N/86/20. Jena 1986.
[51] JETSCHKE, G.: Invariant distribution ... III. Tunneling in a bistable infinite-dimensional potential. Fo.-Erg. FSU Jena N/86/40. Jena 1986; Large deviations of a diffusion in a bistable infinite-dimensional potential. In: Stochastic Differential Systems, Lecture Notes in Control and Information Sciences. Vol. 96, S. 51–60. – Berlin/Heidelberg/New York/Tokyo: Springer-Verlag 1987.
[52] JETSCHKE, G.; STIEWE, CH.: Intermittency for tent maps is exactly calculable. Phys Letters **112 A** (1985) 265–268; An ergodic theorem for intermittency of piecewise linear iterated maps. J. Phys. A: Math. Gen. **20** (1987).
[53] JETSCHKE, G.: Unendlichdimensionale Diffusionsprozesse als Lösungen stochastischer partieller Differentialgleichungen. Dissertation B. Jena: 1987.
[54] KUO, H.-H.: Gaussian Measures in Banach Spaces. Lecture Notes in Mathematics. Vol. 463. – Berlin/Heidelberg/New York: Springer-Verlag 1979.
[55] KURTZ, T.: Limit theorem for sequences of jump Markov processes approximating ordinary differential processes. J. appl. Prob. **8** (1971) 344–356. (Weitere Zitate siehe [41]).

[56] Lichtenberg, A. J.; Lieberman, M. A.: Regular and Stochastic Motion. – Berlin/Heidelberg/New York: Springer-Verlag 1982.
[57] Mandelbrot, B.: The Fractal Geometry of Nature. – San Francisco: Freeman 1982. Die fraktale Geometrie der Natur. – Berlin: Akademie-Verlag 1988.
[58] Manthey, R.: Existence and Uniqueness of a solution of a reaction-diffusion equation with polynomial nonlinearity and white noise disturbance. Math. Nachr. **125** (1986) 121–133; On the solutions of reaction-diffusion equations with white noise. Fo.-Erg. FSU Jena N/85/24. Jena 1985.
[59] Marsden, J. E.; McCracken, M.: The Hopf Bifurcation and its Applications. – Berlin/Heidelberg/New York: Springer-Verlag 1976 (russ. Übersetzung: Moskva, Mir 1980).
[60] McKean, H.: Stochastic Integrals. – New York/London: Academic Press 1969.
[61] Misiurewicz, M.: The Lozi mapping has a strange attractor. In: Nonlinear Dynamics (Ed. R. H. G. Helleman), Ann. New York Acad. Sci., Vol. 357, 348–358, New York 1980.
[62] Oseledec, V. I.: Multiplikativnaja ergodičeskaja teorema. Trudy Moskov. Mat. Obšč. **19** (1968) 179–210.
[63] Ruelle, D.: Ergodic theory of differentiable dynamical systems. Phys. Math. IHES **50** (1979) 275–306.
[64] Sanders, J. A.; Verhulst, F.: Averaging Methods in Nonlinear Dynamical Systems. – Berlin/Heidelberg/New York/Tokyo: Springer-Verlag 1985.
[65] Stiewe, Ch.; Jetschke, G.; Manthey, R.: Nonlinear reaction-diffusion equations with white noise disturbance generate strong Markov processes. Fo.-Erg. FSU Jena N/87/7. Jena 1987.
[66] Thom, R.: Structural Stability and Morphogenesis. – London/Amsterdam/Sidney: Benjamin 1976.
[67] Saito, K.: Dissipative kontinuierliche Systeme. In: Nichtlineare Dynamik in kondensierter Materie. 14. Ferienkurs KFA Jülich (Hrsg. G. Eilenberger), Jülich 1983.

Neu erschienene Literatur

Ebeling, W.; Engel, A.; Feistel, R.: Physik der Evolutionsprozesse. – Berlin: Akademie-Verlag 1989.
Feistel, R.; Ebeling, W.: Evolution of Complex Systems. – Berlin: VEB Deutscher Verlag der Wissenschaften 1989.
Leven, R. W.; Koch, B.-P.; Pompe, B.: Chaos in dissipativen Systemen. – Berlin: Akademie-Verlag 1989.
Shiryaev, A. N.: Wahrscheinlichkeit. Berlin: VEB Deutscher Verlag der Wissenschaften 1988
Thompson, J. M. T.; Stewart, H. B.: Nonlinear Dynamics and Chaos. – Chichester: Wiley 1986.

Abbildungsnachweis:

Abb. 75: Original vermutlich in Artikel von O. E. LANFORD in Turbulence Seminar. Proceedings 1976/77 (Eds.: P. BERNARD, T. RATTU). Lecture Notes in Mathematics, Vol. **615**. – Berlin/Heidelberg/New York: Springer-Verlag 1977.
Seitdem in vielen Arbeiten und Büchern zitiert. Eine sehr gute Vorlage befindet sich in LICHTENBERG, A. J.; LIEBERMAN, M. A.: Regular and Stochastic Motion, Berlin/Heidelberg/New York: Springer-Verlag 1982 (Abb. 1.19).

Abb. 81: CRUTCHFIELD, J.; FARMER, D.; PACKARD, N.; SHAW, R.; JONES, G.; DONNELLY, R. J.: Power Spectral Analysis of a Dynamical System. Phys. Letters **76 A** (1980) 1–4 (North-Holland Publ. Co., Amsterdam), Abb. 1.

Abb. 82: RÖSSLER, O. E.: Different Types of Chaos in Two Simple Differential Equations. Z. Naturf. **31**a (1976) 1664–1670 (Verlag der Zeitschr. f. Naturforschung, Tübingen), Abb. 14.

Abb. 120: JETSCHKE, G.: Prinzipien der spontanen Strukturbildung in Physik, Chemie und Biologie. Biol. Rundsch. **21** (1983) 73–92 (VEB Gustav-Fischer-Verlag Jena), Titelbild Heft 2/83.

Sachverzeichnis

Abbildung, ergodische 114
—, iterierte 58, 112
—, logistische 117
—, meßbare 201
Abhängigkeit, sensitive 114, 127, 143, 146
Ableitung längs eines Vektorfeldes 48
Affinität 288
Ansätze, lineare 289
Anziehungsbereich 50, 56
Äquivalenz, topologische 46, 65
Arbeit 282
Attraktor 54, 148
—, chaotischer 104, 143, 148
Attraktortypen 148
Austrittszeit 214, 225

Bandaufspaltung 123
Bénard-Effekt 19
Bendixson, Kriterium von 78
Bifurkation 21, 46, 155
—, globale 164
—, stochastische 236
—, subharmonische 121, 169
—, transkritische 159, 168
Bifurkationsmenge 177
Bifurkationstheorie 155
Bilanzgleichung 184, 285
—, lokale 286
Bistabilität 46, 69, 72, 192
Borel-Menge 200
Bowen-Ruelle-Maß 140
Brownsche Brücke 261
Brüsselator 95
— mit Diffusion 193

Cantor-Buch 136
Cantor-Menge 129, 151, 202
Chaos, deterministisches 112, 128
—, Wege zum 170
Chapman-Kolmogorow-Gleichung 209
chemisches Potential 283

Dichte 201, 284
—, bedingte 203
Diffeomorphismus 26
Differentialgleichung 27
—, gewöhnliche 25
—, lineare 31
—, parabolische 187
—, partielle 184
—, Rayleighsche 87, 106
—, stochastische 216, 228, 235
—, — partielle 255
—, van der Polsche 87, 91
Diffusion 182, 287
Diffusionskoeffizient 220, 231
Diffusionsmatrix 235
Diffusionsprozeß 220, 231, 238
Diffusionsstromdichte 286
diffusive Kopplung 79, 81, 165
Drift 220, 235
Dulac, Kriterium von 79

Eigenwert 33, 38, 43, 60, 85, 186, 191
Einpunktverteilung 200
Energie, innere 282
Entfaltung, universelle 177
Entropie 282, 287, 290
Entropieproduktion 287, 296
Ergodensatz 142, 234
—, multiplikativer 144
Erwartungswert 202, 206
—, bedingter 204, 212
Evolution 111, 279
Evolutionskriterium 295
Exzeßentropie 291

Fahrtenbuch 313
Faltenkatastrophe 177, 179
Feld, zufälliges 255
Fenster im Chaos 124
Fixpunkt 25, 59, 148, 185
—, asymptotisch stabiler 42, 43, 60, 157, 186

Fixpunkt, hyperbolischer 48, 67, 85
—, stabiler 42, 43, 60
Fluktuation 21, 199, 216, 238
Fluß, hyperbolischer 41
Fokker-Planck-Gleichung 213, 219, 225, 231
Fraktal 151
fraktale Dimension 150
Frequenzspektrum 152

Gauss-Prozeß 206
Geburtsrate 73, 245
Geburts- und Todesprozeß 242
Generator, infinitesimaler 211, 219, 231, 239, 243
generisch 67, 177
Gibbssche Fundamentalgleichung 284
Gleichgewicht, chemisches 275
—, lokales 285
—, thermodynamisches 20, 280
Gleichgewichtszustand 20
Gleichung, charakteristische 33, 75
—, logistische 74
Gradientensystem 50, 191, 225, 259
Grenzmenge 54, 82, 138
Grenzzyklus 18, 53, 83, 148, 170, 227

Henon-Abbildung 128
Heugabel-Bifurkation 120, 159, 168
Histogramm 121, 142
Homöomorphismus 46, 62
Hopf-Bifurkation 96, 159, 162, 170, 182
Hurwitz-Kriterium 44
Hysterese 70, 72, 174, 223

Index einer geschlossenen Kurve 100
— eines singulären Punktes 100
Indikatorfunktion 142, 203
Integralgleichung, stochastische 218, 228, 257
Integralkurve 25
Integral, stochastisches 229, 230, 256
Intermittenz 116, 125, 170
Isoklinen 28
Ito-Integral 229

Jordan-Block 36
Jordansche Normalform 36

kanonische Darstellung 206
Katastrophenmenge 176, 177
Katastrophentheorie 171
Kausalität 154, 208, 258
Keim 177
Knoten 38, 40
Kolmogorow, Satz von 206
Kontraktion 40, 61
Konzentration 183, 273
Korrelation, zeitliche 152
Kovarianz 206
kubische Nichtlinearität 69, 72, 223, 264

Langevin-Gleichung 217
Laser 20, 297
lineare Ansätze 299
Linearisierung 43, 75, 186
Ljapunow-Exponent 41, 86, 117, 127, 145, 146
Ljapunow-Funktion 49, 110
Ljapunow-Funktional 192, 221, 291
lokaler Schnitt 81
Lorenz-Attraktor 132, 133, 135
Lorenz-Modell 130
Lösung, stationäre 27
Lösungszweig, thermodynamischer 21
Lozi-Abbildung 129

Mannigfaltigkeit, lokale/globale stabile/instabile 47, 54, 62, 85, 149, 192
—, stabile 149
—, zentrale 156
Markow-Prozeß 208, 220, 231, 258
—, dichotomer 215, 238
—, homogener 210
—, stationärer 210
Martingal 229
Maß, invariantes 140
—, — ergodisches 140
Master-Gleichung 245
Mathematisierung 266
Menge, anziehende 54
—, invariante 54, 140
—, nichtwandernde 54
—, positiv invariante 54
Mittelungsverfahren 92
Modellbildung, mathematische 267
Modulo-Abbildung 113
Morphogenese 198
Multistabilität 70, 81, 193
Mutation 111

Nabel, hyperbolischer/elliptischer/parabolischer 181
Nichtlinearität, kubische 69, 72, 223, 264
Normalform, Jordansche 36
Normalverteilung 200, 203

Orbit 24, 59
—, geschlossener 75
—, heterokliner 83
—, homokliner 83
—, periodischer 59, 85
—, quasiperiodischer 170

Orbit, stabiler periodischer 64
—, superstabiler 124
Ordnung 15
Ordnungsparameter 297
Organisation 15, 299
Ornstein-Uhlenbeck-Prozeß 210
Oszillation, konservative 99

Papiermodell eines chaotischen Attraktors 133, 136
Parabel-Abbildung 117
Periodenverdopplung 119, 138, 169, 170
Pfad 205, 255
Phasenfluß 24, 32, 57
Phasengeschwindigkeit 26
Phasenraum 24
Poincaré, Satz von 82
Poincaré-Index 100
Poisson-Verteilung 200
Produktionsdichte 183, 285
Prozeß, dichotomer 215, 238
—, irreversibler 282
—, zufälliger 205
—, — äquivalenter 207
—, — stationärer 207

quasistatische Näherung 105
Quelle 56, 61

Randpunkt, anziehender 232
—, natürlicher 232
—, unerreichbarer 232
Räuber-Beute-Modell 97
Rauschen, additives 217
—, farbiges 238
—, multiplikatives 228
—, weißes 217
rauschinduzierter Übergang 236, 249
Reaktion, autokatalytische 72, 109, 295
—, chemische 71, 95, 183, 245, 273
Reaktions-Diffusions-System 183, 187, 255
Reaktionsgeschwindigkeit 273
Reaktionsgleichung 273
Realisierung 205, 255
Relaxationsschwingung 107
Richtungsfeld 27
Röhrengenerator 91, 271
Rössler-Modell 136
Rückwärtsgleichung 213, 243

Sattel 38
Sattel-Knoten 102
Sattel-Knoten-Bifurkation 164
Scharmittel 142
Schlögl-Reaktion 71, 170, 187, 248
Schmetterlingskatastrophe 181
Schnitt, lokaler 81
Schwalbenschwanzkatastrophe 180
Schwingung, selbsterregte 18, 91, 95
Selbstorganisation 15, 21, 299
—, räumliche 19, 197
—, zeitliche 15, 92, 97
Selektion 108, 279, 311
Selektionswert 109
Semifluß 24, 133
Senke 56, 61
sensitive Abhängigkeit 114, 127, 143, 146
Separatrix 46, 77
Sigma-Algebra 200
singulärer Punkt 27, 101
Singularität 176
Spitzdach-Abbildung 114, 115
Spitzenkatastrophe 174, 176, 179
Stabilität eines Fixpunkts 42, 43, 60, 157, 185
— einer geschlossenen Trajektorie 53
—, orbitale 53
—, strukturelle 66
Stabilitätsaustausch 161
Stabilitätskriterium, thermodynamisches 292
Sterberate 73, 245
Stoffmenge 272, 286
Stratonovich-Integral 230
Stromdichte 183, 285
Strudel 39, 40
Struktur, dissipative 14, 21
— eines Systems 15
—, konservative 14
Strukturbildung 15, 81
Symmetriebrechung 69
Synergetik 22, 297
System 14
—, dissipatives 58
—, dynamisches 18
—, gemitteltes 93, 94
—, konservatives 58, 99, 104
—, thermodynamisches 280

Tangentenbifurkation 126, 159, 168
Temperatur 281
topologische Äquivalenz 46, 65
Torus, invarianter 104, 148
Trajektorie 24, 59
—, geschlossene 84
Trigger 76, 270
Tunneln 223, 263
Tunnelzeit 225, 226, 263

Übergang, rauschinduzierter 236, 249
Übergangswahrscheinlichkeit 208
Umkehrpunkt 160, 161
Unterraum, invarianter 39

Varianz 203
Vektorfeld 26, 48, 65, 81
Vektor, zufälliger 203
verallgemeinerte Kraft 289
verallgemeinerter Strom 289
Versklavungsprinzip 105
Verteilung(sgesetz) 201
Verteilung, endlichdimensionale 205, 207, 209
—, ergodische 142, 210
—, invariante/stationäre 138, 220, 233, 246, 259
Verteilungsfunktion 201
Volterra-Prinzip 99
Vorwärtsgleichung 213, 244, 252

Wahrscheinlichkeit, bedingte 203
Wahrscheinlichkeitsmaß 200
—, invariantes 140
—, — ergodisches 140
Wahrscheinlichkeitsraum 199
Wärme 282
Wärmestromdichte 287, 296
Wiederkehrabbildung 84, 148
Wiener-Feld 255
Wiener-Prozeß 206, 217
Wirbel 40

zeitliche Korrelation 152
Zeitmittel 142
Zhabotinski-Reaktion 97, 197
zufälliger Vektor 203
zufälliges Feld 255
Zufallsgröße 201
—, diskrete 201
—, (absolut)stetige 201
—, singulärstetige 202
Zustandsfelder 285
Zustandsgleichung 280
—, kalorische 282
—, thermische 281
Zustandsgröße 280
Zustand, stationärer 18
Zweiboxen-Brüsselator 165
Zweiboxenmodell 79, 276
Zweig, thermodynamischer 21
—, subkritischer/superkritischer/transkritischer 163
Zweizustandsprozeß 215, 238

GPSR Compliance

The European Union's (EU) General Product Safety Regulation (GPSR) is a set of rules that requires consumer products to be safe and our obligations to ensure this.

If you have any concerns about our products, you can contact us on ProductSafety@springernature.com

In case Publisher is established outside the EU, the EU authorized representative is:

Springer Nature Customer Service Center GmbH
Europaplatz 3
69115 Heidelberg, Germany

Batch number: 10584556

Printed by Printforce, the Netherlands